건축설비 포켓북

改訂第4版

建築設備ポケットブック

「건축설비포켓북」 개정4판 출간에 즈음해서...

건축설비포켓북은 건축설비 업계에 몸담고 있는 엔지니어들이라면 누구나 한 권씩은 소장하고 있는 유명한 책입니다. 1980년대 초반부터 20년 넘게 설비엔지니어들에게 전문지식을 전달해주는 역할을 담당해오면서 현재까지 건축설비 분야의 바이블로서 평가받아 오고 있습니다.

그만큼 많은 설비엔지니어들이 이 책을 통해 실무현장에서 접하게 될 다양한 상황에 필요한 지식을 습득하고 배양한다고 말할 수 있을 것입니다. 또한 이 책은 많은 대학에서 교재로 채택되어 그동안 설비업계 입문서로서도 활용되어 왔습니다.

이렇게 설비업계에서 폭넓은 독자층을 갖고 있으면서도 그동안 개정판이 나오지 않아 많은 분들이 아쉬워 하고 있었던 것으로 알고 있습니다.

이런 시점에 클린룸 시장의 첫 국산화를 실현시키며 지난 30년간 국내 시장에서 독보적인 존재로 성장해온 신성이엔지가 창립 30주년을 맞아 건축설비 업계의 일원으로서 사명을 다하고자 건축설비분야의 바이블인 건축설비포켓북 개정4판을 한글화해 발간하게 되었습니다.

신성이엔지는 기술선도 기업으로서 산업 및 생활환경에 최적의 솔루션을 제공하여 풍요롭고 건강한 사회발전에 기여하기 위하여 항상 현실에 안주하지 않고 고객의 니즈를 먼저 생각하며 앞서 개발하는 고객서비스를 제공하고 있습니다. 신성의 도전정신과 30년 간의 노하우를 바탕으로 설계에서 생산, 시공까지 고객맞춤형 서비스를 제공하는 신성은 고객만족을 최우선으로 하는 고객중심 기업이 될 것을 약속드립니다.

또한 전문기술인력 양성과 지속적인 연구개발을 통해 LCD, 반도체 산업전반에 첨단 시스템을 공급하고 있는 신성이엔지는 국내 시장에 머물지 않고 미국, 중국, 일본 등 해외시장에 진출하기 위하여 글로벌 전략의 적극적인 수행을 통해 국제적인 경쟁력을 갖춘 글로벌 기업으로 도약하는데 최선을 다하고 있습니다.

늦은 감은 있지만 건축설비포켓북 개정4판이 한글화로 출간되어 건축설비업계에 종사하고 있는 초중고급 엔지니어들의 입문 및 실무지침서로서 유용하게 활용되길 바라며 편역상 잘못된 부분은 차후 개정 증보판이 나오면 재차 편역할 수 있도록 하겠습니다.

끝으로 건축설비포켓북 개정4판 편집 및 제작을 맡아 주신 도서출판 한미 김정석 사장님을 비롯한 임직원 여러분의 노고에 깊은 감사를 드립니다.

2007년 2월

(주)신성이엔지 대표이사 김주헌

한국어판 편역자

역 자 : 조상준 상무 (공학박사, (주)신성이엔지)

남임우 상무 (공학박사, 공조냉동기계기술사, (주)신성엔지니어링)

안병국 이사 (공조냉동기계기술사, (주)신성이엔지)

※본문 내용의 편역시 오류나 기술상의 이견에 대하여 독자 여러분의 고견을 받고자 합니다.

(연락처 : (주)신성이엔지 TEL : (031)788-9000)

서문

본서는 1983년, 제3판이 발간된 이후, 필자 본인의 게으름과 태만 그리고 기술전반의 급속한 진보를 따라잡을 수 없었던 능력부족 등이 복합적으로 작용하면서 신판 발간이 지연되었습니다.

최근 십 수년 간, 설비업계의 기술진보는 히트펌프, 코제너레이션, 태양열 이용기술, 전열교환기, 설비시스템의 여러 가지 시뮬레이션 기술, 빌딩 컨트롤의 진보 등 많은 변화가 있었으며 이들 중 한가지 항목을 이해하는 데만도 많은 노력과 시간이 필요하게 되었습니다.

제4판은 상기와 같은 이유로 건축설비업계에서 우수한 엔지니어로 인정받고 있는 나카지마 야스타카(中島康孝)씨가 공동집필자로 참여해 내용을 한층 새롭게 할 수 있었습니다.

제4판은 제3판의 내용을 대폭적으로 개정한데 만족하고 있지만 전면 개정한 초판이라는 점 때문에 세세한 데까지 주의를 기울이지 못한 점도 있다고 생각됩니다.

아무쪼록 잘못된 부분이 있다면 개정판에 오류를 바로잡을 수 있도록 독자 여러분의 지도편달을 바랍니다.

이노우에 우이치(井上宇市)

범례 ―

압력	Pa : 파스칼 MPa : 메가파스칼 at : kg/cm^2 afg : kg/cm^2 절대 mAq : kg/cm^2 게이지
열량	kcal/h : 매시 킬로칼로리 Mcal(메가칼로리) = 1,000kcal Gcal(기가칼로리) = 10^6kcal RT : 미국냉동톤 = 3,024kcal
유량	ℓ/min : 매분 리터 ℓ/h : 매시 리터 kg/h : 매시 킬로그램 m^3/h : 매시 입방 미터

속도	m/s : 매초 미터
사용수량	ℓ/c · d : 매일, 1인당 리터 ℓ/m^2d : 매시, 연면적 m^2 당 리터 m^3/m^2 · a : 매년, m^2당 입방 미터
공기조건	t : 건구온도(℃) t' : 습구온도(℃) t'' : 노점온도(℃) h : 엔탈피(kcal/kg) x : 절대습도(kg/kg) φ_R 또는 φ = 상대습도(%) γ : 비중(kg/m^3)

건축설비 포켓북

차 례

제1장 기본자료 · 17

제2장 난방설비 · 29

2·1 개요 · 31

2·1·1 난방설비의 분류
2·1·2 증기난방과 온수난방
2·1·3 복사난방 (방사난방)
2·1·4 온풍닌빙

2·2 손실열량의 계산법 · 33

2·2·1 계산식
2·2·2 외기온도(t_o) 실내온도(t_r)
2·2·3 열관류율
2·2·4 틈새바람(Q_i (m^3/h))의 계산
2·2·5 천장이 높은 경우
2·2·6 교회당의 난방부하
2·2·7 손실열량 개산치
2·2·8 손실열량 계산 예제

2·3 보일러실 설비 · 44

2·3·1 보일러의 종류와 선정
2·3·2 보일러의 출력 결정법
2·3·3 코제너레이션
2·3·4 연료
2·3·5 기름연소장치

2·3·6 통풍 및 굴뚝
2·3·7 대기오염방지법에 의한 굴뚝설계법
2·3·8 건물주위의 웨이크와 굴뚝높이
2·3·9 보일러의 급수설비
2·3·10 보일러실

2·4 방열기 · 69
2·4·1 방열기의 종류
2·4·2 방열량
2·4·3 컨벡터
2·4·4 베이스 보드 히터
2·4·5 패널히터
2·4·6 팬 컨벡터 (Forced Convector)
2·4·7 방열기의 설치방법

2·5 증기난방 · 78
2·5·1 개요
2·5·2 증기난방의 방식
2·5·3 증기배관의 설계 방법
2·5·4 배관의 신축이음
2·5·5 증기난방의 설계방법

2·6 온수난방 · 88
2·6·1 온수난방 방식
2·6·2 온수난방의 설계
2·6·3 사용기기
2·6·4 온수난방의 계획방법
2·6·5 1관식 온수난방

2·7 복사난방 · 107
2·7·1 개요
2·7·2 평균복사온도 및 효과온도
2·7·3 기본식

2·7·4 패널면의 계산법
2·7·5 복사난방의 배관설계

2·8 온풍난방 ···························120
2·8·1 개요
2·8·2 풍량 계산식
2·8·3 온풍덕트에서의 열손실과 보온공사
2·8·4 유닛 히터에 의한 난방 계획법

2·9 태양열 이용시스템(난방 · 급탕) ················126
2·9·1 태양열 난(냉)방 · 급탕시스템의 분류
2·9·2 태양열 난방 · 급탕시스템의 계획과 순서
2·9·3 주요 도시에서 경사면별 월평균 일사량

제3장 환기 및 배연설비 ················137

3·1 필요환기량 ···························139
3·1·1 환기량의 계산식
3·1·2 환기량의 표준

3·2 환기설계방법 ···························142
3·2·1 개요
3·2·2 유해가스 제거를 위한 환기
3·2·3 발생열 제거를 위한 환기

3·3 송풍기 ···························144
3·3·1 송풍기의 종류와 성능
3·3·2 송풍기의 결정방법
3·3·3 송풍기의 설치방법

3·4 덕트 설계법 ···························150

3·4·1 직관덕트의 저항 ΔP_T (mmAq)
3·4·2 덕트의 국부저항
3·4·3 덕트 설계법

3·5 덕트의 구조 ························ 156
3·5·1 직관덕트
3·5·2 댐퍼

3·6 공기분포 ························ 158
3·6·1 수평방향 취출구
3·6·2 천장부착 취출구
3·6·3 공기취출구 및 흡입구의 풍속
3·6·4 후드의 흡입풍량 Q(m³/h)

3·7 덕트의 소음설계 ························ 161
3·7·1 정의 및 기타
3·7·2 실내의 허용소음
3·7·3 발생소음
3·7·4 음의 실내확산
3·7·5 덕트 각부에서의 자연감쇠
3·7·6 소음장치
3·7·7 소음설계법

3·8 배연설비 ························ 174
3·8·1 거실의 배연설비
3·8·2 특별피난계단 부속실 등의 배연

3·9 화기를 사용하는 실의 환기에 관한 규칙 ·········· 178
3·9·1 적용범위
3·9·2 배기통 및 배기구
3·9·3 가스기구용 굴뚝
3·9·4 기계환기

3 · 10 공장의 자연환기 · 182
3 · 10 · 1 계산식
3 · 10 · 2 자연환기의 계산법

제4장 공조설비 · 187

4 · 1 개요 · 189
4 · 1 · 1 공기조화
4 · 1 · 2 실내조건
4 · 1 · 3 외기조건
4 · 1 · 4 일사량

4 · 2 공조계획법 · 196
4 · 2 · 1 공조방식의 분류
4 · 2 · 2 중앙방식
4 · 2 · 3 개별방식
4 · 2 · 4 공조용 열원방식의 선정

4 · 3 냉방부하계산 · 203
4 · 3 · 1 개요
4 · 3 · 2 벽체에서의 취득열량
4 · 3 · 3 유리창에서의 취득열량
4 · 3 · 4 틈새바람에 의한 취득열량
4 · 3 · 5 인체에서의 취득열량
4 · 3 · 6 실내기구에서의 발생열량
4 · 3 · 7 외기부하, 재열부하, 기기의 부하
4 · 3 · 8 취득열량과 냉방부하의 개산치
4 · 3 · 9 취득열량계산법
4 · 3 · 10 계산예제

4 · 4 공조계산법 · 218
4 · 4 · 1 풍량의 계산식

4·4·2 취출공기의 상태 결정
4·4·3 동절기의 공조계산법
4·4·4 계산예제

4·5 공조설계법 · 229
4·5·1 기본계획과 실시설계
4·5·2 조닝과 외기냉방
4·5·3 단일덕트 정풍량방식의 설계
4·5·4 단일덕트 변풍량방식
4·5·5 유닛병용방식
4·5·6 패키지 공조기방식

4·6 공기조화기의 구성과 배열 · · · · · · · · · · · · · · · · · 240
4·6·1 개요
4·6·2 에어필터
4·6·3 공기냉각코일의 설계법
4·6·4 가열코일의 설계법
4·6·5 가습용 에어워셔의 설계법
4·6·6 전열교환기의 설계법

4·7 배관설계법 · 256
4·5·1 각종 배관방식
4·5·2 배관경 설계법

제5장 냉동기설비 · · · · · · · · · · · · · · · · · 261

5·1 냉동기의 종류 · 263

5·2 압축식 냉동기 · 264
5·2·1 냉동사이클
5·2·2 왕복식 냉동기와 스크류 냉동기
5·2·3 터보 냉동기

5·3 흡수식 냉동기 ··························268
5·3·1 개요
5·3·2 단효용 흡수식 냉동기
5·3·3 이중효용 흡수식 냉동기
5·3·4 냉온수발생기

5·4 응축기와 증발기 ·······················274
5·4·1 응축기(Condenser)
5·4·2 증발기(Evaporator)
5·4·3 냉매

5·5 냉각탑 ····························277
5·5·1 각종 냉각용수의 냉각법
5·5·2 강제통풍식 냉각탑
5·5·3 냉각탑의 수배관 설비

5·6 히트펌프 ···························279
5·6·1 개요
5·6·2 수열원 히트펌프의 설계법
5·6·3 공기열원 히트 펌프

제6장 급수·급탕·배수·소화설비 ·········285

6·1 급수설비 ···························287
6·1·1 수원과 수처리
6·1·2 급수량
6·1·3 급수설비의 기본계획
6·1·4 급수설비의 설계법
6·1·5 급수관의 설계법

6·2 급탕설비 ···························327

6·2·1 급탕온도와 급탕량의 연간 변화
6·2·2 급탕량
6·2·3 급탕배관
6·2·4 급탕가열장치의 설계
6·2·5 가열장치와 저탕조
6·2·6 태양열 이용

6·3 배수설비 · 349
6·3·1 배수관
6·3·2 통기관
6·3·3 건물옥상 우수배수
6·3·4 옥외배수
6·3·5 배수펌프
6·3·6 배수관의 재료

6·4 배수처리설비 · 366
6·4·1 정화조의 종류와 구조
6·4·2 정화조 설계법
6·4·3 배수의 재이용(중수도 설비)

6·5 소화설비 · 384
6·5·1 설치기준
6·5·2 옥내소화전 (정령 11조, 규칙 12조)
6·5·3 스프링클러설비(정령 13조, 법칙 14조)
6·5·4 옥외소화전(영19조, 규칙22조)
6·5·5 연결살수설비(정령 28조의 2, 규칙 30조의 2, 3)
6·5·6 연결송수관(정령 29조, 규칙 31조)
6·5·7 특수소화설비
6·5·8 대공간용 방수총

【부록 1】 수영풀 순환설비의 설계자료 · · · · · · · · · · 399
【부록 2】 소방법 시행령 별표 · · · · · · · · · · · · · · 402

제7장 서비스설비 · · · · · · · · · · · · · · · · · · 405

7 · 1 가스설비 · 407

7·1·1 가스의 성질

7·1·2 가스 소비량

7·1·3 도시가스의 배관설비

7·1·4 가스누출방지와 가스누출 경보

7 · 2 주방설비 · 416

7·2·1 에너지 기타 사용량

7·2·2 주방용 기기

7 · 3 세탁장설비 · 418

7·3·1 세탁물량

7·3·2 세탁량에 있어서의 각종 소비량

7 · 4 고압증기 공급설비 · · · · · · · · · · · · · · · · · 420

제8장 부표 · 423

제1장 기본자료

1·1 포화증기표

1·2 습공기표

1·3 기체의 물성표

1·4 물의 물성표

1·5 각종 재료의 비중과 열전도율

1·6 외벽의 열관류율

1·7 도량형 환산표

1·8 압력환산표

1·9 유량환산표

1·10 일 및 열량환산표

1·11 속도비교표

1·12 각종 단위

제1장 기본자료

〈표 1.1〉 포화증기표(일본기계학회, 1968)

압력(ata)	온도(℃)	비용적(m^3/kg)		비중량 (kg/m^3)	엔탈피(kcal/kg)		
p	t	v'	v''	$1/v''$	h'	h"	γ
0.0062	0	0.0010002	206.31	0.004847	− 0.01	597.5	597.5
0.010	6.699	0.00100006	131.62401	0.0075974	6.722	600.42	593.70
0.050	32.55	0.00100511	28.7184	0.034821	32.560	611.68	579.12
0.10	45.45	0.00101006	14.9467	0.066904	45.438	617.20	571.76
0.20	59.66	0.00101696	7.79127	0.12835	59.637	623.18	563.54
0.30	68.68	0.00102206	5.32592	0.18776	68.650	626.89	558.24
0.40	75.42	0.00102621	4.06715	0.24587	75.400	629.62	554.22
0.50	80.86	0.00102976	3.30001	0.30303	80.855	631.79	550.94
0.60	85.45	0.00103291	2.78214	0.35944	85.465	633.60	548.13
0.70	89.45	0.00103574	2.40834	0.41522	89.474	635.15	545.68
0.80	92.99	0.00103834	2.12544	0.47049	93.034	636.51	543.48
1.00	99.09	0.00104299	1.72495	0.57973	99.172	638.81	539.64
1.03323	100.00	0.00104371	1.67300	0.59773	100.092	639.15	539.06
1.05	100.45	0.00104406	1.64799	0.60680	100.547	639.32	538.77
1.10	101.76	0.00104510	1.57780	0.63379	101.869	639.81	537.94
1.15	103.03	0.00104611	1.51353	0.66071	103.143	640.27	537.13
1.20	104.25	0.00104710	1.45445	0.68754	104.373	640.72	536.35
1.25	105.42	0.00104805	1.39995	0.71431	105.561	641.15	535.59
1.30	106.56	0.00104899	1.34952	0.74101	106.711	641.57	534.86
1.35	107.67	0.00104991	1.30270	0.76764	107.826	641.97	534.14
1.40	108.74	0.00105080	1.25912	0.79421	108.907	642.35	533.45
1.45	109.78	0.00105167	1.21845	0.82072	109.958	642.73	532.77
1.50	110.79	0.00105253	1.18041	0.84717	110.980	643.09	532.11
1.60	112.73	0.00105419	1.11123	0.89990	112.943	643.78	530.84
1.70	114.57	0.00105579	1.04994	0.95243	114.809	644.43	529.62
1.80	116.33	0.00105734	0.995249	1.0048	116.588	645.04	528.45
1.90	118.01	0.00105883	0.946134	1.0569	118.290	645.62	527.33
2.00	119.61	0.00106028	0.901776	1.1089	119.921	646.18	526.26
2.10	121.16	0.00106169	0.861508	1.1608	121.487	646.70	525.22
2.20	122.64	0.00106305	0.824784	1.2124	122.995	647.20	524.21
2.50	126.79	0.00106693	0.731704	1.3667	127.211	648.59	521.38
3.00	132.88	0.00107284	0.616754	1.6214	133.417	650.56	517.15
3.50	138.19	0.00107819	0.533697	1.8737	138.850	652.23	513.38
4.00	142.92	0.00108312	0.470785	2.1241	143.702	653.66	509.96
4.50	147.20	0.00108770	0.421426	2.3729	148.100	654.92	506.82
5.00	151.11	0.00109202	0.381632	2.6203	152.131	656.03	503.90
6.00	158.08	0.00109997	0.321345	3.1119	159.338	657.93	498.59
7.00	164.17	0.00110723	0.277768	3.6001	165.672	659.49	493.82
8.00	169.61	0.00111396	0.244751	4.0858	171.347	660.81	489.46
9.00	174.53	0.00112026	0.218840	4.5696	176.508	661.93	485.42
10.00	179.04	0.00112622	0.197945	5.0519	181.252	662.90	481.65

【기호】 v', h' : 포화수의 비용적, 엔탈피
v'', h" : 포화증기의 비용적, 엔탈피
γ : 증발잠열

【SI 단위 환산식】
Pa = 98067×ata
KJ/kg = 4.186×kcal/kg

〈표 1.2〉 습공기표 (습구가 물에 둘러싸여 있는 경우)

t (℃)	p_w (kg/cm²)	p_s (mmHg)	x_s (kg/kg(DA))	h_s (kcal/kg(DA))	v_s (m³/kg(DA))	h_a (kcal/kg)	v_a (m³/kg)
− 10.0	2.919×10^{-3}	2.147	1.762×10^{-3}	− 1.355	0.7476	− 2.40	0.7455
− 9.0	3.158 〃	2.323	1.907 〃	− 1.029	0.7506	− 2.16	0.7483
− 8.0	3.414 〃	2.511	2.062 〃	− 0.6955	0.7536	− 1.92	0.7512
− 7.0	3.689 〃	2.713	2.229 〃	− 0.3557	0.7567	− 1.68	0.7540
− 6.0	3.983 〃	2.930	2.407 〃	− 0.00864	0.7598	− 1.44	0.7568
− 5.0	4.298 〃	3.161	2.598 〃	0.3461	0.7628	− 1.20	0.7597
− 4.0	4.635 〃	3.409	2.802 〃	0.7090	0.7659	− 0.96	0.7625
− 3.0	4.995 〃	3.674	3.021 〃	1.081	0.7690	− 0.72	0.7653
− 2.0	5.379 〃	3.957	3.255 〃	1.461	0.7722	− 0.48	0.7682
− 1.0	4.790 〃	4.259	3.505 〃	1.852	0.7753	− 0.24	0.7710
0.0	6.228 〃	4.581	3.772 〃	2.253	0.7785	0.00	0.7738
1.0	6.696 〃	4.925	4.057 〃	2.665	0.7817	0.24	0.7766
2.0	7.194 〃	5.292	4.361 〃	3.089	0.7849	0.48	0.7795
3.0	7.724 〃	5.681	4.685 〃	3.524	0.7882	0.72	0.7823
4.0	8.289 〃	6.097	5.030 〃	3.974	0.7915	0.96	0.7851
5.0	8.890 〃	6.539	5.398 〃	4.436	0.7948	1.20	0.7880
6.0	9.530 〃	7.010	5.790 〃	4.914	0.7982	1.44	0.7908
7.0	1.0209×10^{-2}	7.5093	6.207 〃	5.407	0.8016	1.68	0.7936
8.0	1.0931 〃	8.0404	6.651 〃	5.916	0.8050	1.92	0.7965
9.0	1.1698 〃	8.6045	7.123 〃	6.443	0.8084	2.16	0.7993
10.0	1.2512 〃	9.2033	7.625 〃	6.988	0.8120	2.40	0.8021
11.0	1.3375 〃	9.8381	8.157 〃	7.552	0.8155	2.64	0.8050
12.0	1.4290 〃	10.511	8.723 〃	8.137	0.8191	2.88	0.8078
13.0	1.5260 〃	11.225	9.324 〃	8.743	0.8228	3.12	0.8106
14.0	1.6288 〃	11.981	9.962 〃	9.372	0.8265	3.36	0.8135
15.0	1.7375 〃	12.780	10.64 〃	10.03	0.8303	3.60	0.8163
16.0	1.8526 〃	13.627	11.36 〃	10.70	0.8341	3.84	0.8191
17.0	1.7943 〃	14.522	12.12 〃	11.41	0.8380	4.08	0.8220
18.0	2.1030 〃	15.469	12.92 〃	12.14	0.8419	4.32	0.8248
19.0	2.2390 〃	16.469	13.78 〃	12.91	0.8460	4.56	0.8276

【SI 단위 환산식】

Pa = 133.3224×mmHg
KJ/kg = 4.186×kcal/kg

〈표 1.2〉 계속

t (℃)	p_w (kg/cm²)	p_s (mmHg)	x_s (kg/kg(DA))	h_s (kcal/kg(DA))	v_s (m³/kg(DA))	h_a (kcal/kg)	v_a (m³/kg)
20.0	2.3826×10^{-2}	17.525	14.68×10^{-3}	13.70	0.8501	4.80	0.8305
21.0	2.5343 〃	18.641	15.64 〃	14.53	0.8542	5.04	0.8333
22.0	2.6942 〃	19.817	16.65 〃	15.39	0.8585	5.28	0.8361
23.0	2.8630 〃	21.059	17.73 〃	16.29	0.8629	5.52	0.8390
24.0	3.0409 〃	22.368	18.86 〃	17.23	0.8673	5.76	0.8418
25.0	3.2284 〃	23.747	20.06 〃	18.20	0.8719	6.00	0.8446
26.0	3.4259 〃	25.199	21.33 〃	19.23	0.8765	6.24	0.8475
27.0	3.6339 〃	26.729	22.67 〃	20.29	0.8813	6.48	0.8503
28.0	3.8527 〃	28.339	24.09 〃	21.41	0.8862	6.72	0.8531
29.0	4.0830 〃	30.033	25.59 〃	22.57	0.8912	6.96	0.8560
30.0	4.3251 〃	31.814	27.17 〃	23.79	0.8963	7.20	0.8588
31.0	4.5796 〃	33.686	28.85 〃	25.07	0.9016	7.44	0.8616
32.0	4.8471 〃	35.653	30.62 〃	26.40	0.9070	7.68	0.8645
33.0	5.1280 〃	37.719	32.48 〃	27.80	0.9126	7.92	0.8673
34.0	5.4229 〃	39.889	34.45 〃	29.26	0.9183	8.16	0.8701
35.0	5.7324 〃	42.165	36.54 〃	30.79	0.9242	8.40	0.8730
36.0	6.0571 〃	44.553	38.73 〃	32.39	0.9303	8.64	0.8758
37.0	6.3976 〃	47.058	41.06 〃	34.07	0.9366	8.88	0.8786
38.0	6.7546 〃	49.684	43.51 〃	35.84	0.9431	9.12	0.8814
39.0	7.1286 〃	55.435	46.10 〃	37.69	0.9498	9.36	0.8843
40.0	7.5204 〃	55.317	48.83 〃	39.63	0.9568	9.60	0.8871
41.0	7.9307 〃	58.335	51.71 〃	41.66	0.9639	9.84	0.8899
42.0	8.3601 〃	61.493	54.76 〃	43.80	0.9714	10.08	0.8928
43.0	8.8095 〃	64.799	57.98 〃	46.05	0.9791	10.32	0.8956
44.0	9.2795 〃	68.256	61.37 〃	48.41	0.9871	10.56	0.8984

【기호】 p_w : 포화수증기압 p_s : 포화공기중의 수증기의 수증기 분압이며, p_w와 같다.
x_s, h_s, v_s : 포화공기의 절대습도, 엔탈피, 비용적
h_a, v_a : 건공기의 엔탈피, 비용적

【SI 단위 환산식】

Pa = 9.80665×10^4kg/cm² Pa = 133.3224×mmHg
KJ/kg = 4.186×kcal/kg

〈표 1.3〉 기체의 물성표(압력 : 1kg/cm²(포화수증기 제외)) (일본기계학회)

물질	온도 (℃)	비중량 γ (kg/m³)	비열 C_p $\left(\frac{kcal}{kg℃}\right)$	점성계수 η (kg s/m²)	동점성계수 ν (m²/s)	열전도율 λ $\left(\frac{kcal}{mh℃}\right)$	온도전도율 a (m²/h)	프란틀 수 P_r
				$\times 10^{-6}$	$\times 10^{-4}$			
공기	− 100	1.984	0.241	1.21	0.060	0.0135	0.0281	0.77
	− 50	1.533	0.240	1.49	0.095	0.0172	0.0468	0.73
	− 20	1.348	0.240	1.65	0.120	0.0193	0.0597	0.73
	0	1.251	0.240	1.76	0.138	0.0207	0.0689	0.72
	20	1.166	0.240	1.86	0.156	0.0221	0.0789	0.71
	40	1.091	0.241	1.95	0.175	0.0234	0.0892	0.71
	60	1.026	0.241	2.05	0.196	0.0247	0.100	0.71
	80	0.968	0.241	2.14	0.217	0.0260	0.111	0.70
	100	0.916	0.242	2.23	0.239	0.0272	0.123	0.70
	120	0.869	0.242	2.32	0.262	0.0285	0.135	0.70
				$\times 10^{-6}$	$\times 10^{-4}$			
포화 수증기	100	0.598	0.501	1.22	0.200	0.0207	0.0691	1.04
	120	1.121	0.521	1.31	0.115	0.0223	0.0382	1.05
	140	1.966	0.539	1.38	0.0688	0.0242	0.0228	1.09
	160	3.258	0.577	1.45	0.0436	0.0262	0.0139	1.13
	180	5.16	0.619	1.52	0.0289	0.0284	0.00890	1.17

〈표 1.4〉 물의 물성표(압력 : 1kg/cm²(포화온도 이상은 포화압력)) (일본기계학회)

온도 (℃)	비중량 γ (kg/m³)	비열 C_p $\left(\frac{kcal}{kg℃}\right)$	점성계수 η (kg s/m²)	동점성계수 ν (m²/s)	열전도율 λ $\left(\frac{kcal}{mh℃}\right)$	온도전도율 a (m²/h)	프란틀 수 P_r	팽창률 β (1/℃)	표면장력 (kg/m)
			$\times 10^{-4}$	$\times 10^{-6}$		$\times 10^{-4}$		$\times 10^{-3}$	$\times 10^{-3}$
0	999.9	1.008	1.829	1.79	0.489	4.85	13.3	− 0.06	7.72
10	999.7	1.002	1.336	1.31	0.505	5.04	9.36	+ 0.09	7.56
20	998.2	0.999	1.022	1.00	0.518	5.08	7.09	0.20	7.39
30	995.7	0.998	0.816	0.803	0.531	5.34	5.41	0.29	7.24
40	992.3	0.998	0.676	0.668	0.543	5.48	4.39	0.38	7.08
50	988.1	0.999	0.559	0.555	0.552	5.59	3.57	0.45	6.90
60	983.2	1.000	0.482	0.480	0.562	5.72	3.02	0.54	6.74
70	977.8	1.001	0.416	0.417	0.571	5.85	2.69	0.59	6.55
80	971.8	1.003	0.365	0.368	0.578	5.93	2.23	0.65	6.37
90	965.3	1.005	0.323	0.328	0.583	6.01	1.97	0.72	6.19
100	958.4	1.007	0.290	0.297	0.586	6.08	1.76	0.78	6.00
120	943.1	1.014	0.238	0.247	0.589	6.16	1.44	0.91	5.55
140	926.1	1.023	0.197	0.209	0.588	6.21	1.21	1.05	5.10
160	907.3	1.037	0.172	0.186	0.585	6.22	1.08	1.20	4.65
180	886.9	1.054	0.152	0.168	0.578	6.25	0.97	1.37	4.17

【SI 단위 환산식】

KJ/kg · K = 4.186×kcal/kg · ℃

Pa · S = 9.80665×kg · s/m²

w/m · k = 1.163×kcal/mh℃

Pa = 9.80665×10⁴kg/cm²

〈표 1.5〉 각종 재료의 비중(kg/m³)과 열전도율 λ(kcal/mh℃)(일본건축학회)

종류	명칭	비중	λ
시멘트	콘크리트	2,200	1.20
	경량콘크리트	1,600	0.67
	PC콘크리트	2,400	1.30
	ALC	600	0.15
	모르타르	2,000	1.12
	슬레이트	2,240	1.10
	후렉시블 보드	1,700	0.70
기와·타일·석재	기와 · 슬레이트	2,000	0.86
	타일	2,400	1.10
	아스팔트타일	1,800	0.28
	적벽돌	1,650	0.69
	대리석		(2.4)
	화강암		(3.0)
	응회석		(1.1)
목질재	합판 · 화장판	550	0.16
	목재(경량재)	400	0.12
	목재(중(中)량재)	500	0.15
	목재(중(重)량재)	600	0.16
	톱밥	200	0.080
목질섬유	연질섬유판(A 5905 A)	200~300	0.048
	상동(상동 B)	200~400	0.083
	반경질섬유판(A 5906)	400~800	0.12
	경질섬유판(A 5907)	1050	0.19
	파티클보드(A 5908)	400~700	0.15
	목모시멘트판(보통품)	430~700	0.16
	목편시멘트판(보통품)	560~700	0.16
흙	경벽(쿄토풍의 쿄카베)	1,300	0.69
	다다미	230	0.13
	합성다다미	200	0.60
플라스틱	카페트	400	0.069
	바닥용플라스틱타일	1,500	0.163
	솔리드플라스틱리놀륨	1,000~1,500	0.163
	아스팔트 루핑	1,000	0.095
	판유리	2,540	0.67

종류	명칭	비중	λ
석고	플러스터, 회반죽	1,950	0.68
	석고판	710~1,100	0.15
	석면시멘트규산칼슘판(A 5418)	600~900	0.13
	석면시멘트퍼라이트판	400~700	0.16
	석면슬레이트	1,500	1.03
보온재	글라스 울 보온재	10	0.048
	글라스 울 보온재	16	0.041
	글라스 울 보온재	20	0.038
	글라스 울 보온재	24	0.036
	글라스 울 보온재	32	0.034
	암면보온재	40~160	0.036
	뿜칠 암면	1,200	0.044
	암면흡음판	200~400	0.055
	우모펜트	140	0.037
	규산칼슘	200	0.044
	폼글라스	160	0.063
	뿜칠아스베스트	150~250	0.038
플라스틱보온재	폼 폴리스틸렌 보온판 3호	20	0.039
	폼 폴리스틸렌 보온판 4호	16	0.041
	스타이로폼	28	0.032
	스타이로(프레온 발포)	40	0.022
	경질우레탄폼	25~50	0.024
	염화비닐폼	30~70	0.031
금속	주철	7,270	41
	강(0.5C 이하)	7,830	46
	강(1.0C)	7,800	39
	동	8,900	320
	알루미늄	2,700	175
	납	11,340	30
	포금(청동)*1	8,670	22
	진유(황동)*2	8,560	85

【주】 *1 동 90%, 주석 10%
*2 동 60~70%, 아연 30~40%

【SI 단위 환산식】
w/m · k = 1.163×kcal/mh℃

〈표 1.6〉 (A) 외벽의 열관류율(kcal/m²h℃) (α_o = 20, α_i = 8)

	외장	내장	글라스울보온재 두께 (mm) (λ = 0.038)			
			0	25	50	100
목조	판 모르타르 모르타르	흙벽 흙벽 합판	2.25 2.44 2.71	0.900 0.938 0.975	0.566 0.580 0.595	0.325 0.325 0.333
콘크리트	두께 10cm 15 20	합판 합판 합판	2.87 2.58 2.34	0.996 0.954 0.926	0.602 0.589 0.610	0.336 0.332 0.328
ALC조	두께 7.5cm	합판	1.078	0.633	0.455	0.281
MCW*	알루미늄	합판	0.861	0.550	0.319	–

* MCW = 금속 커튼월

〈표 1.6〉 (B) 지붕의 열관류율(kcal/m²h℃) (α_o = 20, α_i = 8)

	방수	천장	글라스울보온재 두께 (mm)			
			0	25	50	100
콘크리트 두께 12cm	아스팔트 루핑 모르타르	없음 있음 없음 있음	1.987 1.52 3.44 2.21	0.861 0.755 1.058 0.900	0.551 0.505 0.624 0.566	0.317 0.303 0.344 0.324
ALC 판 두께 7.5cm	시트 방수	없음 있음	1.453 1.175	0.744 0.662	0.500 0.460	0.302 0.287

〈표 1.6〉 (C) 1층 바닥면의 열관류율(kcal/m²h℃) (α_o = 12, α_i = 8 (하향열류))

구조	상면	하면	글라스울보온재 두께 (mm)			
			0	25	50	100
목조	널판자 다다미	없음 없음	2.22 1.03	0.900 0.615	0.565 0.438	0.325 0.278
콘크리트 두께 12cm	염화비닐 타일	플라스터 마감 천장	2.18 1.53	0.895 0.782	0.565 0.516	0.324 0.308

〈표 1.6〉 D) 칸막이벽의 열관류율(kcal/m²h℃)

	목조		콘크리트 두께 12cm	ALC판 두께 7.5cm	콘크리트 블록
내장	합판	흙벽회반죽	플라스터	플라스터	플라스터
K 값	1.84	2.11	2.13	1.1	1.83

【SI 단위 환산식】

w/m² · k = 1.163×kcal/m²h℃

〈표 1.6〉 (E) 창 및 문 등의 열관류율 (kcal/m^{2}h℃)

종류	글라스			문			기타	
구조	일중	이중	블록	목조	스틸	스틸 이중	맹장지	빈지문
K 값	5.5	3.2	2.9	2.6	6.0	2.7	1.68	3.84

【SI 단위 환산식】

w/m^2 · k = 1.163×kcal/m^{2}h℃

〈표 1.7〉 도량형 환산표

길이	면적	체적	중량(질량)
1m = 3.2809ft 1yd = 3ft = 36in = 0.9144m 1in = 25.400mm 1m = 3.30척 1간 = 6척 = 1.8182m 1㎛ = 1μ (미크론) = 0.001mm 1mil = 0.001in = 0.0254mm	1m^2 = 10.7643ft^2 = 1.1960yd^2 1in^2 = 6.4514cm^2 = 645.14mm^2 1평 = 3.3058m^2 1a(아르) = 100m^2 1ha(헥타르) = 10,000m^2 = 2.471acre 1정 = 10단 = 3,000평 = 0.9917ha	1(미)gal = 3.7852ℓ 1(영)gal = 4.5465ℓ 1m^3 = 1kℓ = 35.3166ft^3 1석(石) = 10두(斗) = 100(升) = 180.39ℓ 1bbl(배럴) = 41.992(미)gal = 158.98ℓ 1Nm^3(노르말 입방미터) = 압력 1atm, 온도 0℃에 있어서 기체의 용적	1kg = 2.2046lb 1관 = 3.750kg 1lb = 16oz(온스) = 7000gr(그레인) 1(미)ton = 2,000lb = 907.2kg 1(영)ton = 2,240lb = 1,016kg 1N(뉴톤) = 10^{5}dyne = 1/9.80665kgf (중량 킬로그램)

【주】 접두어

T (테리) : 10^{12}	k (킬로) : 10^3	d (데시) : 10^{-1}	μ (마이크로) : 10^{-6}
G (기가) : 10^9	h (헥트) : 10^2	c (센티) : 10^{-2}	n (나노) : 10^{-9}
M (메가) : 10^6	da (데커) : 10^1	m (밀리) : 10^{-3}	p (피코) : 10^{-12}

〈표 1.8〉 압력환산표

bar	kg/cm^2 (at)	lb/in^2	atm (기압)	수은주(0℃)		수주(水柱)(15℃)			Pa (파스칼)
				mm	in	m	in	ft	
1	1.0197	14.50	0.9869	750.0	29.53	10.197	401.46	33.46	10^5
0.980667	1	14.223	0.9678	735.5	28.96	10.00	393.7	32.81	98,067
0.06895	0.07031	1	0.06804	51.71	2.0355	0.7037	27.7	2.309	68,948
1.0133	1.0333	14.70	1	760	29.921	10.34	407.2	33.93	101,325
1.3333	1.3596	19.34	1.316	1,000	39.37	13.61	535.67	44.64	133,322
0.03386	0.03453	0.4912	0.03342	25.4	1	0.3456	13.61	1.134	3,386.4
0.09798	0.09991	1.421	0.0967	73.49	2.893	1	39.37	3.281	9,806.65
$0.0_2 2489$	0.022538	0.03609	$0.0_2 2456$	1.867	0.07349	0.0254	1	0.08333	249.08
0.02986	0.03045	0.4332	0.02947	22.4	0.08819	0.3048	12	1	2,989.0
$0.0_4 1$	1.0197 ×10^{-5}	1.4504 ×10^{-4}	9.869 ×10^{-6}	7.500 ×10^{-3}	2.953 ×10^{-4}	1.0197 ×10^{-4}	4.0146 ×10^{-3}	3.346 ×10^{-5}	1

【주】 $0.0_2 1$= 0.001, 1atg = 1kg/cm^2, 게이지 = 1ata+1.0333kg/cm^2,
1ata = 1kg/cm^2 절대 , 1Pa = 1N/m^2, 1MPa = 10.2kg/cm^2 1N (뉴톤) = kg m/s^2

〈표 1.9〉 유량환산표

ℓ/s	ℓ/min	m^3/h	m^3/min	m^3/s	British gal/min	U.S. gal/min	ft^3/h	ft^3/min	ft^3/s
1	60	3.6	0.06	0.001	13.197	15.8514	127.14	2.119	0.035317
0.016666	1	0.06	0.001	$0.0_4 16666$	0.21995	0.26419	2.119	0.035317	$0.0_3 5886$
0.27777	16.666	1	0.016666	$0.0_3 27777$	3.66583	4.40316	35.3165	0.58861	$0.0_2 9801$
16.666	1,000	60	1	0.016666	219.95	264.19	2,119	35.3165	0.58861
1,000	60×10^3	3,600	60	1	13,198	15,851	127,150	2,119	35.3165
0.075775	4.5465	0.27279	$0.0_2 45465$	$0.0_4 75775$	1	1.20114	9.6342	0.16057	$0.0_2 2676$
0.063086	3.7852	0.22711	$0.0_2 37852$	0.063086	0.83254	1	8.0208	0.13368	$0.0_2 2228$
$0.0_2 7865$	0.47188	0.028315	$0.0_3 47188$	$0.0_5 78647$	0.103798	0.12467	1	0.016666	$0.0_3 27777$
0.47183	28.3153	1.6989	0.028315	$0.0_3 47188$	6.22786	7.48055	60	1	0.016666
28.3153	1,698.9	101.935	1.6989	0.028315	373.6716	448.833	3,600	60	1

【주】 10,000석(石)/24h = 75.16m^3/h = 330.9gal/min

〈표 1.10〉 일 및 열량환산표

joule	kg m	ft lb	kWh	metric H.P.h	British H.P.h	kcal	Btu.
1	0.10197	0.73756	$0.0_6 27778$	$0.0_6 37767$	$0.0_6 37251$	$0.0_3 2389$	$0.0_3 9486$
9.80665	1	7.23314	$0.0_5 27241$	$0.0_5 37037$	$0.0_5 36528$	$0.0_2 2342$	$0.0_3 9293$
1.35582	0.13825	1	$0.0_6 37661$	$0.0_5 51203$	$0.0_6 50505$	$0.0_3 3239$	$0.0_2 1285$
36×10^5	367,100	2,655,200	1	1.35963	1.34101	859.98	3,412
$2{,}648\times10^3$	27×10^4	1,952,900	0.73549	1	0.98635	632.42	2,509.7
2,684,500	273,750	198×10^4	0.74569	1.01383	1	641.33	2,544.4
4,186.8	426.85	3,087.4	$0.0_2 11628$	$0.0_2 15809$	$0.0_2 15576$	1	3.96832
1,055.1	107.582	778.168	$0.0_3 29843$	$0.0_3 39843$	$0.0_3 39258$	0.251996	1

【주】 1Gcal = 1×10^9cal = 1×10^6kcal　　1Mcal = 1×10^6cal = 1×10^3kcal　　1MW = 0.860Gcal/h
1kJ(킬로줄) = 0.23884kcal,　　1kcal = 4.1868kJ
1therm = 100,000Btu　　MBH= 1,000Btu/h
1ps(미터 제마력) = 75kg m/s = 0.7355kW　　1HP(영국 제마력) = 33,000 ft lb/min

〈표 1.11〉 속도비교표

m/s	m/min	km/h	ft/s	ft/min	mile/h	knot
1	60	3.6	3.28091	196.854	2.23698	1.9426
0.016667	1	0.06	0.05468	3.28091	0.03728	0.03237
0.27778	16.66667	1	0.91136	54.6815	0.62138	0.53962
0.30479	18.2874	1.09725	1	60	0.68182	0.59211
$0.0_2 50798$	0.30479	0.018287	0.016667	1	0.011364	$0.0_2 98684$
0.44703	26.8215	1.60931	1.46667	88	1	0.86842
0.51478	30.8867	1.8532	1.68889	101.337	1.15152	1

〈표 1.12〉 각종 단위

냉동열량	1 일본 냉동톤 = 3,320kcal/h = 13,174Btu/h = 3.860kW 1 미국 냉동톤(USRT) = 12,000Btu/h = 3,024kcal/h = 3.519kW
보일러열량	1 m^2 EDR(상당방열면적)(증기) = 650kcal/h 1 ft^2 EDR(상당방열면적)(증기) = 240Btu/h 1 kg/h 환산증발량 = 539.06kcal/h = 0.8293m^2EDR 1 lb/h 표준증발량 = 970.2Btu/h = 4.04ft^2 EDR 1 보일러마력 = 33,479Btu/h = 8,434kcal/h = 34.6 lb/h
방열량	1 kcal/m^2 = 0.3687Btu/ft^2 = 4.187kJ/m^2 1 kcal/m^2 = 3.306kcal/평 = 0.3687Btu/ft^2 1 Btu/ft^3 = 8.899kcal/m^3
비열	1 kcal/m^3℃ = 0.06243Btu/ft^3°F = 4.187kJ/m^3k 1 Btu/U.S.gal°F/in = 7.481Btu/ft^3°F = 119.8kcal/m^3℃
열전도율	1 kcal/h m ℃ = 0.6719Btu/h ft °F = 8.063Btu/h ft^2 °F/in = 1.1628W/mK 1 Btu/h ft^2 °F/in = 0.1240kcal/h m℃ = 0.1442W/mK
열관류율	1 kcal/m^2 h ℃ = 0.2048Btu/ft^2 h °F = 1.1628W/m^2 K 1 Btu/ft^2 h °F = 4.883kcal/m^2 h ℃ = 5.678W/m^2 K
엔탈피	1 kcal/kg = 1.800Btu/lb = 4.1868kJ/kg
압력강하	1 mmAq/m = 1.197in/100ft = 0.012in/ft = 9.8066Pa/m 1 lb/in^2/100ft = 23.069mmAq/m = 0.231kg/cm^2 · 100m 1 oz/in^2/100ft = 0.0144kg/cm^2/100m
물질이동계수 (용적기준)	Ka = 1 Btu/ft^3 h lb/lb = 8.899kcal/m^3 h kg/kg αa = 1 Btu/ft^3 h °F= 16.02kcal/h m^3 ℃
점성계수	1 stokes = 1 cm^2/s = 100센티스톡스(cst) 1 poise = 1 g/cm s = 0.1kg/m s 고점도에서는 1 stokes = 0.00260×(레드우드 s)

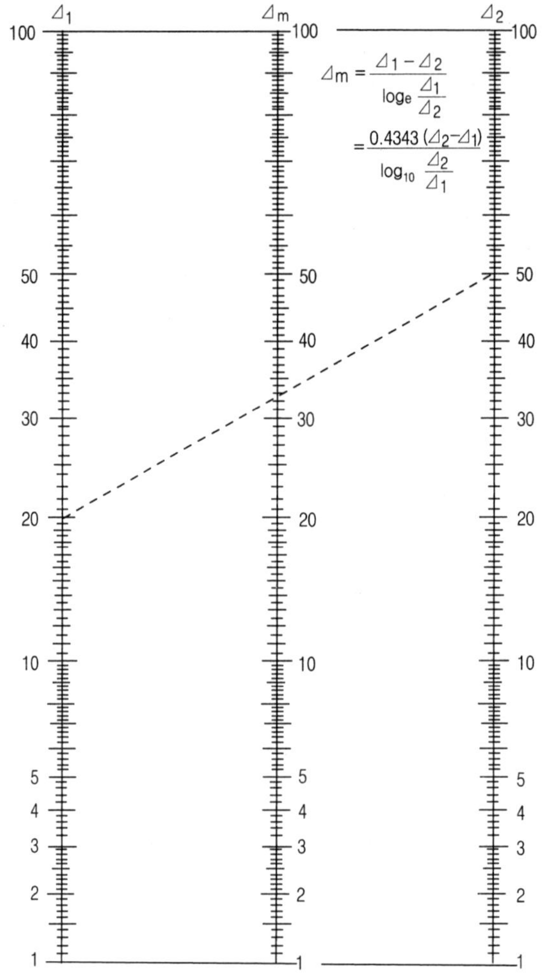

【예제】 Δ_1 = 50℃, Δ_2 = 20℃일 때 Δm = 32.5℃

〈그림 1.1〉 대수평균 온도차(MTD)

제2장 난방설비

2·1 개요

2·2 손실열량의 계산법

2·3 보일러실 설비

2·4 방열기

2·5 증기난방

2·6 온수난방

2·7 복사난방

2·8 온풍난방

2·9 태양열 이용시스템 (난방·급탕)

제2장 난방설비

2·1 개요

2·1·1 난방설비의 분류

(1) 직접난방과 간접난방

직접난방(direct heating)이란 〈표 2.1〉과 같이 방열체(방열기, 바닥패널, 스토브 등)를 실내에 설치하여 여기서 발생하는 열량으로 실내를 난방하는 방식이다. 이것에 대하여 간접난방(indirect heating)이란 기계실내에 증기코일과 같은 가열체를 설치하여 이것으로 가열한 공기를 실내로 보내서 난방하는 방식이다.

〈표 2.1〉 난방설비의 분류

직접난방	개별난방	스토브, 난로, 소형 온풍난방기
	중앙난방	증기난방 온수난방 복사난방
간접난방	개별난방	FF식 히터(클린히터)
	중앙난방	온풍난방

또 〈표 2.1〉과 같이 실내에서 스토브 등 불을 때는 기구를 사용하는 방법을 개별난방(local heating)이라 하며, 기계실에서 불을 때는 보일러 등을 이용해서 배관이나 덕트로 열을 실내로 운반하는 것을 중앙난방(central heating)이라고 한다.

〈표 2.2〉 중앙난방방식의 비교

	증기난방	저온수에 의한 온수난방	복사난방	온풍로난방
설비비(소규모)	중(中)	소(小)	대(大)	중(中)
(대규모)	소(小)	중(中)	대(大)	소(小)
운전비	대(大)	소(小)	중(中)	중(中)
연간소비에너지	대(大)	소(小)	중(中)	중(中)
방열량 조절	곤란	용이	곤란	용이
열용량	소(小)	중(中)	대(大)	소(小)
예열시간	중(中)	대(大)	대(大)	소(小)
실내 상하온도차	중(中)	소(小)	없음	대(大)
보일러기사	소형에서도 필요	소형에는 필요없음	소형에는 필요없음	필요없음
적용	대규모건축 (학교 등)	중소규모 건축 (주택, 소사무실)	주택 천장고가 높은 실	주택 대규모 공장

(2) 현상

1955년 무렵까지는 직접난방설비가 사무소, 병원, 호텔 등 대규모 건축에서부터 주택과 같은 소규모 건축에 이르기까지 거의 모든 경우에 사용되고 있었지만 1955년 이후, 공기조화가 보급되면서 대규모 건축에서는 주로 온풍난방이 이용되고 직접난방은 학교, 한랭지의 병원 등 아주 적은 경우에 한정되어 이용되게 되었다. 다만 주택과 같은 소규모 건축에는 이른바 중앙식 난방으로 하여 현재 직접난방(이중 온수난방)이 널리 보급되어 있다.

(3) 각종 난방방식

〈표 2.2〉에 각종 난방방식의 비교를 나타낸다. 이것은 일반적인 경우이며 예외도 있을 수 있다. 표중에서 방열량의 조절은 중앙보일러실에서의 조절을 의미한다.

2·1·2 증기난방과 온수난방

대건축에서 온수난방과 비교했을 때 증기난방의 장점은 ① 방열면적이 작고 또한 환수관의 배관경이 작으므로 설비비가 20~30% 정도 덜 든다. ② 장치의 열용량이 작기 때문에 예열시간이 짧다는 것 등이다. 한편 단점이라면 ① 부하에 따라 방열량을 조절하는 것이 일반적으로 불가능하여, 따뜻한 날이면 배관이 과열되기 쉽다. ② 이 때문에 온수난방 쪽이 연료소비량은 적어진다. ③ 배관의 소음(워터해머)이 생기기 쉽다. ④ 소형보일러라도 면허를 취득한 보일러기사가 있어야 하는 점 등이다.

일반적으로 온수난방은 연면적 1000m^2 이하의 냉방을 필요로 하지않는 중소규모 건축 및 학교에 많이 사용되고 이것보다 큰 규모의 건물에서는 증기난방이 사용되는 경우가 많다.

온수난방에서도 공급온수온도가 120℃, 혹은 그 이상되는 고온수를 사용하는 형식은 방열면적도 배관경도 작아지므로 설계 여하에 따라서는 증기난방보다 적게 들고, 게다가 온수난방의 장점을 그대로 갖고 있어 현재 지역난방에서는 많이 이용되고 있으며, 앞으로 대규모 건축에서도 이용될 가능성이 많다.*

2·1·3 복사난방 (방사난방)

복사난방의 장점은 ① 복사열에 의한 난방이므로 난방의 체감이 쾌적하고, ② 실온의 고저차가 없어 천장이 과열될 염려가 없다는 점, ③ 실온이 18℃ 안팎이면 되므로 다른 난방처럼 실내가 과열될 염려가 없다는 점 등이다.

* 고온수난방은 문헌(201) 참조.

단점은, ① 파이프 코일의 매설층이나 그 보온이 필요하게 되어 건축에 군살이 붙게 되므로 온수난방보다 건설비가 많이 든다. ② 열용량이 커서 예열에 많은 시간이 걸리고 또한 외기온도의 급격한 변화에 대응할 수 없다. ③ 매설층의 시공이 까다롭고 또한 준공후 수리가 곤란하다는 점이다.

복사난방의 응용은 실내가 쾌적하다는 점에서 주택, 아파트, 보육원, 상하의 온도차가 없다는 점에서 은행의 영업실, 일반건축의 입구홀, 기타 천장이 높은 곳에 많이 쓰인다. 사무소 건축을 비롯하여 기타 다층건축의 2층 이상의 층에는 바닥에 매설층을 만들어야 하기 때문에 실제적으로 그다지 사용되지 않는다.

2·1·4 온풍난방

온풍난방의 장점은 ① 실온과 동시에 실내습도와 기류를 콘트롤할 수 있는 것은 물론 동절기의 공기조화가 가능하다. ② 외기를 적극적으로 보급할 수 있으므로 실내공기의 오염도가 적다. ③ 예열부하가 극히 적어서 예열시간이 짧다. ④ 냉방설비를 용이하게 추가할 수 있다. 이에 반해 단점은 ① 송풍용 동력이 크고, 또 외기를 예열하기 때문에 부하도 커서 그만큼 경상비가 많이 든다. ② 설계가 나쁘면 실내로 소음이 전달되기 쉽다. ③ 난방실내에 열복사가 전혀 없으므로 실온을 약간 높게 잡아야 하는 등의 점이다.

이와 같은 이유로 현재 냉난방을 하는 건축에서는 중앙식 온풍난방이, 공장건축 등에는 온기노식이 많이 이용되고 있다. 또 주택에서는 냉난방이 가능한 히트펌프식 에어컨이 많이 사용되고 있어 겨울철 온풍난방을 가능하게 하고 있다.

2·2 손실열량의 계산법

2·2·1 계산식

손실열량 q_L(kcal/h) [W] = $q_T + q_I$

q_T = 벽, 창문, 바닥, 지붕 등의 구조체에서 열전도로 손실되는 열량(kcal/h) [W]

q_I = 창문, 도어 주변의 틈새바람으로 인한 손실열량(kcal/h) [W]

$$q_T = kKA(t_r - t_o - \Delta t_a) \quad \cdots\cdots (2.1)$$

$$q_I = 0.28 Q_I (t_r - t_o)\text{(kcal/h)} \quad \cdots\cdots (2.2)$$

$$= [0.33] Q_I (t_r - t_o)[\text{W}]$$

단, k = 방위계수 (〈표 2.7〉)

K = 열관류율(kcal/m²h℃)[W/m²K] (〈표 1.6〉)

t_r = 실온(℃)(〈표 2.4〉)

t_o = 외기온(℃) (〈표 2.3〉)

Δt_a = 대기복사에 의한 수정온도(℃) (〈표 2.5〉)

A = 구조체의 면적(m²)

Q_I = 틈새바람의 풍량(m³/h) (2 · 2 · 4 참조)

2 · 2 · 2 외기온도 (t_o) 실내온도 (t_r)

(1) 외기온도

난방설계에 이용하는 외기온도(TAC 온도)*를 〈표 2.3〉에 나타낸다. 표와 같이 각 지방별로 건물의 사용시간에 따라 선정한다. 열용량이 작은 건물, 예를 들면 유리면이 많은 건축이나 단열이 없는 공장 등은 아래표의 TAC 온도(2.5%), 유리면이 별로 크지 않은 철근콘크리트나 목조건축에서는 표의 TAC 온도(5.0%) 값을 취하면 된다. 예를 들면 도쿄(東京)나 오사카(大阪)에 세워지는 유리면이 그다지 많지 않은 8층 규모의 사무소 건축에서는 사용시간 8~16시에 대해 t_o = 1.7℃를 취한다.

사용시간에 대해서는 다음과 같이 한다.

0~24시 (주야난방인 건물. 예를 들면 주택, 병원의 병실, 호텔의 객실, 항온실험실)

4~23시 (역사, 병원 등)

8~16시 (사무소, 은행, 학교 등)

10~20시 (극장, 레스토랑 등)

〈표 2.3〉 난방설계용 외기온도(문헌 202)

	TAC 온도 (2.5%)				TAC 온도 (5.0%)			
	사용시간				사용시간			
	0~24	4~23	8~16	10~20	0~24	4~23	8~16	10~20
삿보로	- 12.4	- 12.0	- 9.8	- 9.5	- 10.8	- 10.4	- 8.4	- 8.3
센다이	- 5.0	- 4.8	- 2.9	- 2.4	- 4.1	- 3.8	- 1.9	- 1.6
니가타	- 2.3	- 2.2	- 1.6	- 1.4	- 1.6	- 1.5	- 0.9	- 0.8
도쿄	- 2.0	- 1.9	0.0	1.1	- 1.1	- 0.9	1.0	2.0
오사카	- 1.2	- 1.1	0.6	2.1	- 0.4	- 0.1	1.7	2.9
가고시마	- 0.8	- 0.4	(1.3)	3.3	0.3	0.8	(2.7)	4.5

* 0~24시의 TAC 온도(2.5%)란 겨울철(12월~3월)의 총시간 2,904h의 2.5%에 해당하는 72.6h가 표중의 온도 이하로 될 가능성이 있는 온도이며, 2.5%를 위험률이라 부른다.

(2) 실내온도

〈표 2.4〉에 난방 실내온도의 표준을 나타낸다. 최근 에너지절약을 위해 관공서에서는 실온 18℃로 유지하고 있지만, 이것은 온도조절기(thermostat)의 설정점이라 고려되어 설계에는 〈표 2.4〉의 온도를 이용한다.

실내온도의 상하 분포는 난방방식, 방열기의 배치, 건축 구조에 따라 크게 달라지므로 일률적으로 말할 수는 없다. 방열기나 취출구가 창문 밑에 있고 건축구조가 단열적인 실내에서는 상하 온도차가 작지만, 이런 조건에서 벗어나면 상하 온도차가 상당히 커진다. 온풍난방일 때는 취출온도가 높을수록, 풍량이 적을수록 상하 온도차는 커진다. 취출구를 유리면 가까이 배치하고 온풍의 에어커튼으로 유리면을 덮어 버리면 상하 온도차는 작아진다.

〈표 2.4〉 실내온도 (난방설계용)

실명	거실 (사무실, 관객석, 식당, 주택)	병원의 진료실, 병실	병원의 수술실, 신생아실, 미숙아실	실내 수영장	공장	
					경(輕)작업	중(重)작업
실온	20~22℃	23~24℃	26℃	28℃	18℃	13℃

〈표 2.5〉 대기복사에 의한 수정온도 (Δt_a)

부위	외벽				수평지붕
	3층 이하의 부분	4~9층		10층 이상	
		주위에 건물 있음	주위에 건물 없음		
Δta	0℃	0℃	2℃	3℃	6℃

미국의 문헌에 의하면 온풍난방시 상하방향의 표준실온은 다음 식으로 구한다.

천장고 3~4m : $t_h = t + 0.06(h - 1.5)t$ · · · · · · · · · · · · · · · · · · (2.3)

천장고 4m 이상 : $t_h = t + 0.18t + 0.183(h - 4.5)$ · · · · · · · · · · · · · · (2.3')

단, t_h = 바닥위 h(m)에서의 실온 (℃)

t = 바닥위 1.5(m)의 실온 (℃)

주위에 건물, 수목 같은 차폐물이 없을 때는 대기복사에 의한 열손실을 가산하여 실내온도를 Δta 만큼 더한 온도로 한다. 수정온도 Δta는 〈표 2.5〉의 값을 이용한다.

(3) 난방하지 않는 실의 실온 (어느 면인가 난방하고 있는 실과 인접해 있을 때)

개략적으로 난방하고 있는 실의 실온과 외기온도의 중간온도를 취한다. 바닥 밑, 천장 속 등이 외기와 통하고 있을 때는 중간온도보다 약간 낮게 잡는다. 예를 들면 실온 20℃, 외기온 0℃인 경우, 난방하지 않는 실의 실온으로서는 10℃, 외기에 통하는 바닥밑, 천장 등의 온도로는 6℃를 취한다.

정확하게 계산할 때는 다음 식에 의한다.

$$t' = \frac{t_o(\Sigma A'U' + 0.30nV) + t(AU)}{\Sigma A'U' + \Sigma AU + 0.30nV} \quad \cdots\cdots (2.4)$$

여기서, t' = 난방하지 않는 실(갑)의 실온(℃)

t = 실(갑)에 접해 있는 난방하고 있는 실(을)의 실온(℃)

t_o = 외기온도(℃)

Σ = 같은 성질의 항을 모두 합산한다는 의미

A' = 실(갑)의 외기에 접해 있는 각 벽면의 면적(m^2)

U' = A' 라는 넓이를 지닌 각 벽면의 열관류율(kcal/m^2h℃) [W/m^2K]

A = 실(갑)과 실(을)의 경계에 있는 각 벽면의 면적(m^2)

U = A라는 면적을 지닌 각 벽면의 열관류율

n = 실(갑)의 매일의 틈새바람에 의한 환기횟수

V = 실(갑)의 용적(m^3)

(4) 지중온도

지하실 측벽의 열손실 계산 등에서는, 그 벽에서 1m 떨어진 지중온도는 〈표 2.6〉과 같이 잡는다.

〈표 2.6〉 난방설계용 지중온도 [203]

	지중깊이 (m)					
	1	2	3	4	5	6
삿보로	− 3.1℃	1.5	4.1	5.7	7.2	8.0
센다이	2.5	6.4	8.7	10.1	11.3	12.0
도쿄	5.1	9.0	11.3	12.7	13.9	14.6
오사카	6.9	10.8	13.1	14.5	15.8	16.5
가고시마	7.6	11.3	13.5	14.7	15.9	16.6

(5) 방위계수

방위계수 k는 바람을 받는 강도, 일사의 유무 등을 고려해서 정한 값으로 이 책에서는 〈표 2.7〉의 값을 이용한다.

〈표 2.7〉 방위계수 k

방위	북, 북서, 서	북동, 동, 남서	남동, 남
방위계수	1.2	1.1	1.0

2·2·3 열관류율

열관류율을 다른 말로 열통과율 또는 전열계수라고 하며 이 책에서는 K로 나타내고 그 단위는 kcal/m²h℃ 이다. 건축의 대표적인 구조의 K값을 〈표 1.6〉에 나타낸다. 열관류율 K의 값은 다음 식으로 구할 수 있다.

(a) 한쪽면은 외기와 접하고 다른 한쪽면은 실내공기와 접해 있을 때

$$\frac{1}{K}=\frac{1}{\alpha_o}+\frac{\ell_1}{\lambda_1}+\frac{\ell_2}{\lambda_2}+\frac{\ell_3}{\lambda_3}+\frac{1}{C}+\frac{1}{\alpha_i} \quad \cdots\cdots (2.5)$$

(b) 양쪽면이 모두 실내공기와 접해 있을 때

$$\frac{1}{K}=\frac{1}{\alpha_i}+\frac{\ell_1}{\lambda_1}+\frac{\ell_2}{\lambda_2}+\frac{\ell_3}{\lambda_3}+\frac{1}{C}+\frac{1}{\alpha_i} \quad \cdots\cdots (2.5')$$

(c) 봉당(土間) 바닥이나 지하층의 벽처럼 한쪽이 흙에 접하고 다른쪽이 실내공기와 접할 때

$$\frac{1}{K}=\frac{1}{\alpha_i}+\frac{\ell_1}{\lambda_1}+\frac{\ell_2}{\lambda_2}+\frac{\ell_e}{\lambda_e} \quad \cdots\cdots (2.6)$$

단, K = 열관류율 (kcal/m²h℃) [W/m²K]

α_i = 실내측 벽표면의 열전달률(kcal/m²h℃) [W/m²K] (〈표 2.8〉)

α_o = 실외측 벽표면의 열전달률(kcal/m²h℃) [W/m²K] (〈표 2.8〉)

$\lambda_1, \lambda_2, \lambda_3$ = 각층의 열전도율(kcal/mh℃) [W/mK] (〈표 1.5〉)

ℓ_1, ℓ_2, ℓ_3 = 벽내 각층의 두께(m)

$(1/C)$ = 벽 내부에 에어 스페이스(중공층)가 있을 때 그 열저항(〈표 2.9〉)

ℓ_e = 흙의 두께(1m로 잡는다)

λ_e = 흙의 열전도율(kcal/mh℃) [W/mK] (〈표 2.10〉)

〈표 2.8〉 벽표면의 열전달률(kcal/m²h℃) [×1.16W/m²K]

실내측 (α_i)	수평면(상향열류)	α_i = 9.5
	수평면(하향열류)	6.0
	수직면	7.5
실외측 (α_o)	수평면, 수직면	α_o = 20

〈표 2.9〉 중공층의 열저항(1/C) (m²h℃/kcal) [×0.86m²K/W]

공기층 위치	열류방향	보통재료		단면알루미늄 상자	양면알루미늄 상자
		폭 = 1cm	2cm 이상		
수평	상향	1/C = 0.15	0.17	0.33	0.40
수직	수평	0.16	0.19	0.45	0.47
수평	하향	0.18	0.23	0.95	1.10

〈표 2.10〉 흙(土)의 열적 성질(문헌 203)

	모래	모래질 토양	토양(습)	진흙(습)
비중 (kg/m³)	1,750	1,780		1,500
λ_e (kcal/mh℃)	0.50	0.79	1.08 ~ 2.88	0.72
a (m³/h)	0.0012	0.013	0.0014 ~ 0.0036	0.0008

【주】 a는 흙의 온도전파율 m²/h

【예제 2.1】 양면을 회반죽마감한 내벽의 K 를 구하시오? 회반죽의 두께는 20mm, 중공층(에어 스페이스)의 두께는 90mm로 한다.

풀이

내표면	$\dfrac{1}{\alpha_i} = \dfrac{1}{7.5}$	$= 0.1333$
회반죽	$\dfrac{\ell}{\lambda} = \dfrac{0.020}{0.68}$	$= 0.0294$
중공층	$\dfrac{1}{C}$	$= 0.190$
회반죽	$\dfrac{t}{\lambda} = \dfrac{0.020}{0.68}$	$= 0.0294$
내표면	$\dfrac{1}{\alpha_i} = \dfrac{1}{7.5}$	$= 0.333$ (+
	$1/K$	$= 0.5154$

$$\therefore K = \frac{1}{0.5154} = 1.94\text{kcal/m}^2\text{h℃ [2.25W/m}^2\text{K]}$$

【예제 2.2】 콘크리트 바닥 밑에 현수(懸垂) 천장이 있는 경우의 열관류율을 구하시오? 콘크리트 바닥의 두께는 100mm로 하고, 그 윗면은 20mm 모르타르를 바르고, 마감은 플라스틱타일(두께 3mm)로 한다. 현수천장은 석면슬레이트판 3mm이고 윗면에 유리솜(20kg/m³) 보온재(두께 25mm)를 시공한다.

이 바닥의 상부는 사무실로 하고 하부는 실내주차장으로 한다.

풀이 실내주차장은 환기가 충분히 되고 있으므로 $\alpha_o = 20$으로 한다. 난방을 고려해서 하향열류로 하고, $\alpha_i = 6.0$으로 한다.

실내측 $\dfrac{1}{\alpha_i} = \dfrac{1}{6.0} = 0.1666$

플라스틱 타일 $\frac{\ell}{\lambda} = \frac{0.003}{0.163} = 0.0184$

모르타르 $\frac{\ell}{\lambda} = \frac{0.020}{1.12} = 0.0179$

콘크리트 $\frac{\ell}{\lambda} = \frac{0.100}{1.20} = 0.0833$

중공층 $\frac{1}{C} = 0.2300$

유리솜 $\frac{\ell}{\lambda} = \frac{0.025}{0.038} = 0.6780$

석면슬레이트 판 $\frac{\ell}{\lambda} = \frac{0.003}{1.03} = 0.0029$

실외측 $\frac{1}{\alpha_o} = \frac{1}{20} = 0.0500$ (+

$1/K = 1.2471$

$\therefore K = 0.802\text{kcal/m}^2\text{h}℃\ [0.93\text{W/m}^2\text{K}]$

【예제 2.3】 건물의 크기가 10×20m이고 바닥은 지면에 접한 콘크리트 바닥으로 할 때, 바닥의 열손실을 구하시오? $t_o = 0℃$, $t_r = 20℃$로 한다.

풀이 봉당콘크리트의 바닥 열손실은 바닥주위에서 지중을 통해 대기로 방열하기 때문에 생긴다. 이 때는 바닥주위의 길이(周長) ℓ_p당 열손실량 $K' = 1.2\text{kcal/mh}℃$를 쓴다. 이 경우 바닥의 길이는 (20+10)×2 = 60m가 되어,

$\therefore q_L = K'\ell_p(t_r - t_o) = 1.2 \times 60 \times (20-0) = 1{,}440\text{kcal/h}\ [1{,}670\text{W}]$

2·2·4 틈새바람 Q_I(m³/h)의 계산

개략적 계산에서는 실의 환기횟수 n_I와 실용적 V(m³)를 사용하여

$$Q_I = n_I V \quad \cdots\cdots (2.7)$$

n_I의 개략치를 〈표 2.11〉에 나타낸다.

또는 〈표 2.12〉에 나타낸 창면적 m²당의 풍량(Q_I/A_g)을 이용하고, 여기에 창면적을 곱해 준다. 겨울철 외부의 풍속은 일반적으로 6m/s로 한다.

도어의 틈새바람 양은 〈표 2.13〉과 같다.

〈표 2.11〉 틈새바람에 의한 환기횟수 n_l (회/h)

건축구조	환기횟수 n_l	
	난방시	냉방시
콘크리트구조(대규모 건축)	0 ~ 0.2	0
콘크리트구조(소규모 건축)	0.2 ~ 0.6	0.1 ~ 0.2
양식 목조	0.3 ~ 0.6	0.1 ~ 0.3
일식 목조	0.5 ~ 1.0	0.2 ~ 0.6
외부로부터의 입구가 있는 방 (현관홀, 다방, 일반점포 등) (바람을 마주하는 경우)	3 ~ 4	1 ~ 2
상동(바람을 등지고 있는 경우)	1 ~ 2	0.5 ~ 1

【주】 창 새시는 모두 알루미늄 새시로 한다.

〈표 2.12〉 알루미늄 새시의 틈새바람 양 Q_l/A_g (m^3/m^2h)

풍속(m/s)			2	4	6	8	10
풍압(mmAq)			0.184	0.735	1.65	2.94	4.59
미닫이문		A	0.070	0.16	0.25	0.25	0.46
		B	1.42	2.0	2.4	2.4	3.0
		C	5.1	7.0	8.4	8.4	10.5
외미닫이문		A	–	0.021	0.039	0.059	0.077
		B	0.057	0.11	0.16	0.21	0.26
		C	0.078	0.18	0.28	0.40	0.52
여닫이문		A	0.070	0.094	0.112	0.13	0.14
		B	0.14	0.23	0.30	0.40	0.52
		C	0.068	0.19	0.34	0.52	0.72
오르내리창		A	0.030	0.040	0.049	0.056	0.062
		B	0.050	0.14	0.27	0.42	0.60
		C	0.23	0.56	0.93	1.30	1.70
회전창		A	0.012	0.031	0.058	0.090	0.12
		B	0.054	0.16	0.27	0.40	0.56
		C	0.22	0.50	0.81	1.01	1.05
미닫이 이중 새시		A	0.044	0.11	0.18	0.27	0.36
		B	0.95	1.75	2.5	3.2	3.9
		C	1.6	3.3	5.1	7.1	9.0
주택용	미닫이문	A	1.10	2.3	3.4	4.7	5.9
		B	2.8	6.4	10.5	14.5	19
		C	5.0	10.5	16	22	27
	BL형, 방음	A	0.060	0.11	0.15	0.20	0.24
		B	0.13	0.28	0.48	0.66	0.86
		C	0.10	2.3	3.4	4.7	5.9

【주】 A, B, C는 기밀성의 정도를 나타내며, A는 양호, B는 중간정도, C는 불량

〈표 2.13〉 출입문의 공기침입량

폭 90cm의 여닫이문 또는 폭 190cm의 회전문에서 사람이 들어갈 때마다 문의 개폐로 침입하는 공기량
m^3/인(ft^3/인)

사용빈도	도어 체크의 유무	
	없을 때	있을 때
소(小)	2.1 (75)	1.7 (60)
중(中)	1.7 (60)	1.4 (50)
대(大)	1.1 (40)	1.1 (40)

2·2·5 천장이 높은 경우

천장 높이가 4.0m 이상인 경우는 상하 실온차가 없다는 가정하에 행한 열손실의 계산결과에 〈표 2.14〉의 계수를 곱한다. 바닥난방일 때는 천장고와 관계없이 k_H = 1.00으로 한다.

〈표 2.14〉 천장 높이에 따른 할증계수 k_H(문헌 203)

천장높이	천장복사난방	온수난방	증기난방, 유닛히터
4.2m (14ft)	1.00	1.02	1.03
4.8 (16)	1.02	1.04	1.06
5.4 (18)	1.03	1.06	1.09
6.0 (20)	1.04	1.08	1.12
6.6 (22)	1.05	1.10	1.15
7.2 (24)	1.06	1.12	1.18
7.8 (26)	1.07	1.14	1.21
8.4 (28)	1.08	1.16	1.24
9.0 (30)	1.09	1.18	1.27
9.6 (32)	1.10	1.20	1.30
10.2 (34)	–	1.22	1.33
10.8 (36)	–	1.24	1.36

2·2·6 교회당의 난방부하

콘크리트 혹은 석조로 지어진 교회당은 열용량이 크고 또한 간헐난방이기 때문에 극히 예열부하가 커진다. 독일의 연구에 따르면 예열을 포함한 열손실의 값은 (2.8)식으로 표시된다고 한다*. 콘크리트구조의 체육관이나 강당 등에서도 실내 마감이 별로 없고 지붕도 콘크리트로 열용량이 커 교

* 문헌(205) 참조

회당과 같은 정도의 간헐난방일 때는 다음 식으로 풀어도 된다.

$$q = F_w a(t_i - t_1) + F_f K_f (t_r - t_o) \quad \cdots\cdots (2.8)$$

$$a = \frac{1}{\dfrac{1}{\alpha_i} + \dfrac{2\sqrt{Z}}{\sqrt{\pi \lambda c \gamma}}} \quad \cdots\cdots (2.8')$$

단, q = 예열을 포함한 열손실량(kcal/h) [W]

F_w = 벽, 바닥, 천장 및 기둥의 내표면을 포함한 내측표면적 (m^2)

F_f = 창유리의 면적 (m^2)

t_r = 실온(℃) t_o = 외기온 (℃)

t_1 = 실내의 예열전 공기온도 (℃)

K_f = 유리의 열관류율 (kcal/m²h℃) [W/m²K]

α_i = 내면열전달률 = 8 (kcal/m²h℃) [W/m²K]

λ = 벽의 열전달률 (kcal/mh℃) [W/mK]

Z = 예열시간 (3~5시간으로 잡는다.)

π = 3.14

c, γ = 벽체의 비열(kcal/kg℃) (W/kgK), 비중(kg/m³)

2·2·7 손실열량 개략치

〈표 2.15〉(A) 난방손실열량 개략치(도쿄에서)

콘크리트 건물 (연면적 1,500㎡ 이상) 연면적당		70~90 kcal/㎡h	[×1.16W/㎡]
콘크리트 건물 최상층의 각실에 대해서		110~180	〃
콘크리트 건물 최상층 이외의 각실에 대해서		70~110	〃
양식 목조건물(1000㎡ 이하) 연면적당		90~110	〃
	각실에 대해서	110~150	〃
극장의 관람석	실용적당	15~25 kcal/㎥h	[×1.16W/㎡]
톱니형지붕의 방직공장(콘크리트)	실용적당	15~35	〃

도쿄 이외 지방의 외기온도를 t_o℃라고 하면 상기에 아래식의 보정계수를 곱하면 된다.

$$k = \frac{20 - t_o}{20}$$

【주】 상기에는 온풍난방시의 외기부하를 포함하지 않는다.

2·2·8 손실열량 계산 예제

【예제 2.4】 〈그림 2.1〉과 같은 실과 같은 손실열량을 계산하시오? 단, 이 방은 1층에 있고 2층과 옆방도 같은 온도로 난방되고 있는 것으로 한다.

조건 증기난방

실내온도 20℃

인접실온도 20℃

윗층온도 20℃

옥외온도 20℃

복도온도 $\frac{0+20}{2} = 10$℃

바닥밑 공기온도 6℃

실 길이 : 8m
너비 : 5m
천장 높이 : 3m

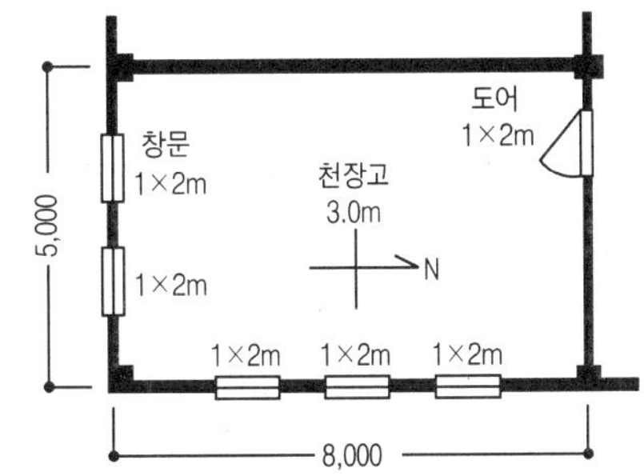

〈그림 2.1〉 손실열량 계산 예

풀이 이 실은 1층에 있으므로 수정온도($\Delta t\,a$)는 〈표 2.5〉에서 0이 된다. 각 부재의 열관류율 K를 다음과 같이 가정했을 때, 손실열량의 계산은 〈표 2.15〉(B)가 된다.

외벽 (두께 10cm 콘크리트, 내측 플라스터 · 외측 모르타르 마감) $K = 3.2$

내벽 (콘크리트 양면회반죽 마감) $K = 2.1$

바닥 (두께 15cm 콘크리트 슬라브 리놀륨 깜) $K = 1.85$

유리 (이중) $K = 3.0$

출입문 (두께 25mm) $K = 2.7$

〈표 2.15〉(B) 손실열량 계산표

			A	K	$t_i - t_o$	k	H
남	유 리	1×2×2	4	3.0	20	1.0	240
	외 벽	5×3−4	11	3.2	20	1.0	704
동	유 리	1×2×3	6	3.0	20	1.1	396
	외 벽	8×3−6	18	3.2	20	1.2	1,267
북	출입문	1×2	2	2.7	10	1.0	54
	내 벽	5×3−2	13	2.1	10	1.0	273
서	내 벽	8×3	24	2.1	0		0
바닥		8×5	40	1.85	14		1,036
천장		8×5	40		0		0
틈새바람		8×5×3	120	0.30	20	n = 0.5	360

합계 q = 4,330kcal/h

2·3 보일러실 설비

이 절에서 언급하는 보일러는 압력 0.2~8atg의 증기보일러와 수온 70~90℃의 일반 온수보일러를 대상으로 한다. 수온이 100℃를 넘는 고온수보일러(팽창탱크, 순환펌프 등) 설비에 대해서는 문헌(201)을 참조하기 바란다.

2·3·1 보일러의 종류와 선정

〈표 2.16〉 보일러 종류 (문헌 206)

보일러의 종류		보일러에서 취출하는 열매의 종류	증기압력 또는 온수온도	증발력 또는 열출력	보일러효율 (%)	주요 용도
주철제 보일러		증기	0.1MPa 이하	0.3~4 t/h	80~86	급탕 · 난방용
		저온수	120℃ 이하	29~2300MW		
원통 보일러	입형 보일러	증기	0.7MPa 이하	0.1~0.5 t/h	70~75	난방 · 프로세스용
	노통연관식 보일러	증기	1.6MPa 이하	0.5~20 t/h	85~90	급탕 · 난방 · 프로세스용
		중 · 고온수	170℃ 이하	350~9300MW		지역난방용
관류 보일러	단관식 소형 관류보일러	증기	3MPa 이하	0.1~15 t/h	80~90	난방 · 프로세스용
	다관식 소형 관류보일러	증기	1MPa 이하	0.1~2 t/h	75~90	난방 · 프로세스용
	대형 관류 보일러	증기	1MPa 이하	100 t/h 이상	90	발전용
		고온수	130℃ 이하	5.8 GW 이상		지역난방용
수관 보일러	입형 수관보일러	증기	1MPa 이하	0.5~2 t/h	85	급탕 · 난방 · 프로세스용
	이통 수관보일러	증기	0.7MPa 이하	5 t/h 이상	85~90	난방 · 프로세스용 · 발전용
전기보일러		온수	120℃ 이하	120~930MW	98	전전기식 공조보조 열원용
열매체 보일러		기상	200~350℃	1.2~2300MW	80~85	프로세스용
		액상				
진공 온수기	주철형	저온수	80℃ 이하	120~3000MW	85~90	급탕 · 난방용
	노통연관식	저온수	80℃ 이하	46~1860MW	85~88	
주택용 소형 온수보일러		온수	0.1MPa 이하	12~41MW	60~80	급탕 · 난방용

〈표 2.16〉중에서 난방용 보일러로는 ①주철제보일러와 ②노통연관식보일러가 가장 많이 사용되고 있다. ①의 장점은 수명이 길고 가격은 싸지만, 고압증기(1atg 이상)용으로는 사용할 수 없다. ②의 장점이라면 능력과 효율이 모두 ①보다 크고 또한 고압증기의 발생도 가능하다. 다만 몸통이 커서 반출입은 ①보다 어렵다. 또 연관의 부식에 의한 사고 등도 일어날 수 있다. 일반적으로 중소규모(연면적 6000m^2 이하) 건축에는 주철형이, 대규모 건축에는 노통연관식이 사용되는 경우가 많다.

수관식은 가격이 높기 때문에 대용량의 지역난방을 제외하면 최근에는 건축설비용으로 채택되는 예가 적다.

진공형 온수보일러는 내부의 압력이 대기압 이하이기 때문에 보일러법규의 제약을 전혀 받지 않는다. 60~80℃의 온수 및 급탕을 따로따로 얻을 수 있다.

2·3·2 보일러의 출력 결정법 *

(1) 보일러 출력의 단위

(a) 열출력 q

열출력은 실제증발량에 급수 및 그 증기의 엔탈피 차를 곱한 값을 말한다.

$$q = G_S \times (h_2 - h_1) \quad [KJ/h] \quad \cdots\cdots (2.9)$$

$$= G_S \times (h_2 - h_1)/3,600 \quad [kW/h]$$

$$= G_S \times (h_2 - h_1)/860 \quad (kcal/h)$$

여기서 G_S는 실제 증발량(kg/h), h_1은 급수의 비엔탈피(kcal/kg), h_2는 발생증기의 비엔탈피

(b) 정격출력 $G.O$ (Gross Output)

정격출력은 최대 연속출력으로 정상운전에 들어간 후의 1시간 당의 값을 열출력[kW]으로 나타낸 것을 말한다.

$G.O$ = 열출력 100%의 연속운전시의 실제증발량×($h_2 - h_1$)/3,606 [kW]

(c) 환산증발량 G_e (kg/h)

$$G_e = q / 539.1 \ (kcal/h) \quad \cdots\cdots (2.10)$$

$$G_e = q / 2,257 \ [kJ/h]$$

여기서 q는 (a)에서 구한 열출력(kcal/h)[kJ/h], 539.1[2,257]은 100℃의 포화수증기의 증발잠열(kcal/kg)[kJ/kg]

(2) 보일러 효율 η

$$\eta = G_S (h_2 - h_1) / Q \times H_l \quad \cdots\cdots (2.11)$$

여기서 H_l 는 연료의 저위발열량 액체연료의 경우 [kJ/kg], 기체연료의 경우 [kJ/m^3(N)] 연료소비량 Q는 1시간 당의 값으로 한다.

2·3·3·코제너레이션

코제너레이션은 열기관·발전기·배열회수시스템의 3가지 주요부로 구성되어 있으며 전력과 열을 동시에 공급하는 시스템이므로 건물축에서 전력과 열수용량의 연간 밸런스가 좋다면 높은 열효율 운전이 가능해진다. 열기관의 종류로는 디젤엔진, 가스엔진, 가스터빈 등이 있으며 각각의 종합효율 등을 〈표 2.17〉에 나타낸다.

또 소형화 된 50kW 가스코제너레이션 패키지의 예로서 열수지 등의 값을 〈표 2.18〉에 나타낸다.

* HAS 103-2000 : 「주철제 보일러의 출력시험방법」

〈표 2.17〉 각 열기관의 열전비 · 열회수율 · 발전효율 · 종합효율 등의 비교(문헌 207)

원동기	연료	열전비 *1	배열회수원		열회수율 *2 (%)	발전효율 *3 (%)	종합효율 *3 (%)
디젤엔진	경유 중유	약 1.0	배가스	배가스 온도 500℃ 정도, 출구 200℃ 정도까지 배열회수 가능	~20	35~45	80~90
			자켓수	자켓수 온도 80~90℃	~25		
가스엔진	가스	1.0~1.5	배가스	배가스 온도 600℃ 정도, 출구 120℃ 정도까지 배열회수 가능	~20	30~40 (DF 38~43)	80~90
			자켓수	자켓수 온도 80~90℃, 비등냉각에서 120℃ 증기회수도 가능	~30		
가스터빈	가스 등유 경유 A 중유	2.0~3.0	배가스	배가스 온도 600℃ 정도, 출구 150℃ 정도까지 회수 가능 증기 회수가 주체	~55	20~35	75~90
			자켓수	–	–		

【주】 *1 열전비 = $\frac{\text{공급가능열출력(kW)}}{\text{발전출력(kW)}}$

*2 저위발열량 기준 열회수율

*3 저위발열량 기준

〈표 2.18〉 50kW 가스 코제너레이션 패키지의 열수지 (문헌 204)

(연료가스 종류 : 도시가스 13A 배열회수온도 : 입구 80℃ → 출력 85℃)

조건		배열회수 온수량 : 280ℓ/min (50Hz) (100% 출력시)					배열회수 온수량 : 340ℓ/min (60Hz) (100% 출력시)				
발전출력	(%)	0	25	50	75	100	0	25	50	75	100
	(kW)	0	12.5	25	37.5	50	0	15	30	45	60
연료가스소비량	(m3/(N)/h)	5.4	8.0	10.8	13.5	16.2	7.0	10.0	13.0	16.3	19.3
배열회수량	(kW)	42.4	57.6	72.1	86.0	97.7	51.2	68.6	85.5	103	119
발전효율	(%)	0	13.5	20.0	24.0	26.7	0	13.0	20.0	23.9	26.9
배열회수효율	(%)	68.0	62.3	57.7	55.1	52.2	63.2	59.4	56.9	54.9	53.2
종합효율	(%)	68.0	75.8	77.7	79.1	78.9	63.2	72.4	76.9	78.8	80.1

2 · 3 · 4 연료

(1) 발열량

연료중에 함유되어 있는 수소는 산소와 화합해서 물이 되고, 이것은 연료중에 함유되어 있는 수분과 함께 연소시에 수증기로 변화하여 그 분량만큼 실제 발열량은 감소한다. 이 감소한 발열량을 저위발열량 H_l (kcal/kg)이라고 하고 수소나 물의 열량까지 포함한 것을 고위발열량 H_h (kcal/kg) 이라고 한다.

* 식으로 적으면, 연료 1kg 중의 탄소, 수소, 산소, 황, 수분의 양 kg을 각각 C, H, O, S, W로 표시하면,

$H_l = 8{,}100C + 29{,}000/\{H - (O/8)\} + 2\,500S - 600W$ ...... (2.12)

$H_h = H_l + 600\,(W + 9H)$ .... (2.13)

액체연료 및 기체연료의 발열량을 〈표 2.19〉, 〈표 2.20〉에 나타낸다.

〈표 2.19〉 각종 연료의 성질

	인화점	비중 (kg/ℓ)	점도 (레드우드)	저위발열량 h_ℓ (kcal/kg)	저위발열량 h_ℓ (kcal/ℓ)
백등유	40 이상	0.79		11,060	8,730
갈색등유	특1호~2호 : 50이상	0.79		11,060	8,730
경유	3호 · 특3호 : 75	0.83	33.3	11,000	9,140
A 중유	60 이상	0.86	39.0	10,840	9,240
B 중유	60 이상	0.91	149	10,500	9,560
C 중유	70 이상	0.94	428	10,340	9,730

〈표 2.20〉 가스연료의 조성과 성질

종류		조성 (용적 %) CH_4	C_mH_n	H_2	CO	기타	고위발열량 H_h (kcal/m³)	저위발열량 H_ℓ (kcal/m³)	비중 (공기 = 1.0)	공급지구
도시가스	13A	88	12	0	0	0	11,000	9,900	0.66	도쿄주변
(LPG)	12A	85	9	0	0	6	10,000		0.66	
LPG	프로판	0	100	0	0	0	24,300		1.55	
(액화석유가스)	부탄	0	100	0	0	0	32,000		2.1	

(2) 보일러의 연료사용량 (G_O)

G_O(kg/h)는 다음 식으로 구한다.

$$G_O = \frac{q}{\eta H_\ell} \qquad \cdots\cdots (2.14)$$

여기서, q = 정격출력 (kcal/h)

η = 보일러효율

H_ℓ = 연료의 저위발열량 (kcal/kg)

기체연료 사용시에는 H에 kcal/m³를 이용하면 G_O는 m³/h로서 구할 수 있다.

각종 보일러의 효율을 〈표 2.21〉에 나타낸다.

〈표 2.21〉 각종 난방용보일러의 정격출력시의 효율

종류	주철식	노통연관식	수관식	진공식	주택용
η (%)	80~86	85~90	85~90	85~90	60~80

(3) 연료중의 황(S) 함유량(중량 %)

〈표 2.22〉 연료유의 S 함유량

종류	백등유	갈색등유	경우	A 중유 1호	A 중유 2호	B 중유	C 중유
S 함유량 (%)	0.02 (0.008 이하)	0.20 (0.50 이하)	0.5 (0.05 이하)	0.5 (0.5 이하)	1.0 (2.0 이하)	2.0 (3.0 이하)	2.5 (3.5 이하)

【주】( )는 JIS K 2 203-1996(등유) K 2 204-1997(경유) K 2 205-1991(중유)에 의한 제한값

일본 도쿄도(東京都)에서는 공해방지조례시행규칙(1973.6)(2000.3.31 개정)에 의해 사용연료중 황(S) 함유량을 〈표 2.23〉과 같이 규제하고 있다.

〈표 2.23〉 도쿄도에서의 사용연료중 황(S)의 규제

지역	개설공사			신설공사		
	1일 연료사용량 (ℓ/d)			1일 연료사용량 (ℓ/d)		
	200~499	500~1999	2000~	200~499	500~1999	2000~
치요다구, 츄오구	0.5 이하	0.3 이하	0.2 이하	0.2 이하	0.1 이하	0.1 이하
다이토구, 스미다구, 고토구, 이타바시구, 기타구, 아라카와구, 아다치구	0.7 이하	0.5 이하	0.4 이하	0.5 이하	0.4 이하	0.3 이하
미나토구, 신주쿠구, 분쿄구 시부야구, 도시마구	0.7 이하	0.4 이하	0.3 이하	0.5 이하	0.2 이하	0.2 이하
시나가와구, 오타구	0.7 이하	0.6 이하	0.5 이하	0.5 이하	0.4 이하	0.3 이하
메그로구, 세타가야구, 나카노구, 스기나미구, 네리마구	0.7 이하	0.7 이하	0.6 이하	0.5 이하	0.5 이하	0.4 이하
가츠시카구, 에도가와구	0.7 이하	0.6 이하	0.5 이하	0.5 이하	0.5 이하	0.4 이하
무사시노시, 미타카시, 쵸후시, 니시도쿄시, 고마에시	0.8 이하	0.7 이하	0.6 이하	0.5 이하	0.5 이하	0.4 이하
기타의 시 · 정 · 촌 구역	1.0 이하	1.0 이하	0.8 이하	0.8 이하	0.8 이하	0.5 이하

〈표 2.24〉(A) 액체연료의 종류와 특성 (문헌 207)

연료종류		등유	A 중유	B 중유	C 중유
고발열량	(kcal/kg) [kW/kg]	11,100 [12.9]	10,800 [12.6]	10,500 [12.2]	10,400 [12.1]
저발열량	(kcal/kg) [kW/kg]	10,400 [12.1]	10,200 [11.9]	9,900 [11.5]	9,800 [11.4]
비중	(kcal/l) [kW/l]	0.79 [790]	0.86 [860]	0.93 [930]	0.85 [950]
이론공기량	(Nm^3/kg) [m^3(N)/kg]	10.8	10.6	10.4	10.3
이론연소가스량	(Nm^3/kg) [m^3(N)/kg]	11.5	11.3	11.0	10.9
이론건조 연소가스량	(Nm^3/kg) [m^3(N)/kg]	9.9	9.8	9.7	9.6
이론 CO_{2max}	(%)	15.4	15.7	15.9	16.1

〈표 2.24〉(B) 도시가스의 종류와 특성 (문헌 207)

도시가스의 종류		13A	12A
고위발열량	(kcal/Nm^3) [kW/m^3(N)]	11,000 [12.8]	10,000[11.6]
저위발열량	(kcal/Nm^3) [kW/m^3(N)]	9,900 [11.5]	
비중	(공기 = 1)	0.66	0.66
이론공기량	(m^3/1,000kcal)	0.995	0.995
폐가스량	(m^3/1,000kcal)	1.095	1.095

(4) 연소용 공기

실제의 연소용 공기량은 〈표 2.24〉(A), 〈표 2.24〉(B)에 나타낸 이론공기량보다 크며 이론공기량에 대한 실제공기량의 비를 공기과잉계수라고 하는데, 이 값은 고체연료에서 1.5 전후, 오일버너에서 1.1~1.3, 가스버너에서 1.1~1.2 정도이다.

2·3·5 기름연소장치

(1) 전체의 계통

중간규모 이상의 건물에서, 오일탱크를 탱크 실내에 설비하는 경우의 계통도를 〈그림 2.2〉에 나

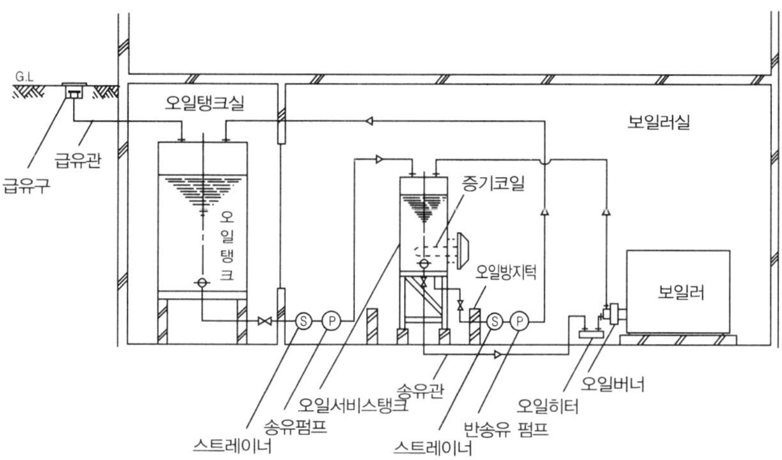

〈그림 2.2〉 급유계통도

타낸다. 도로면에 설치된 급유구에서 구경 50A~65A의 급유관을 통해 오일탱크로 송유한다. 오일탱크에서 오일펌프에 의해 서비스탱크로 급유되고, 서비스탱크에서 중력식으로 오일버너에 송유한다. 이들은 모두 소방법의 위험물규제에 관한 정부령 및 각 도현의 조례에 의해 규제되고 있으므로, 이에 따라 설계를 해야 한다.

(2) 오일버너

〈표 2.25〉에 오일버너의 종류를 나타낸다. 일반적으로 난방용으로는 유압식 분무버너(건타입)와 회전식 분무버너(로터리타입)가 사용된다. 모두 다 불착화, 저수위, 증기압력, 모터 과부하 등에 대한 안전장치를 설치하고 있으며 보일러 압력에 의해 건타입은 2위치 제어, 로터리타입은 비례제어로서 자동운전된다. 로터리형은 착화용으로 가스버너를 구비하고 있기 때문에 가스배관의 접속이 필요하다.

〈표 2.25〉 오일버너의 사양

종류, 명칭		능력 (ℓ/h)	연료	사용보일러
분무식	유압식분무버너(건타입)	5 ~ 300	등유, A 중유	소형, 중형
	회전식 버너(로터리타입)	5 ~ 3,000	A, B, C 중유	중형, 대형
	공기분무버너	5 ~ 300	B, C 중유	대형
	증기분무버너	5 ~ 3,000	B, C 중유	대형
	대형유압식버너	50 ~ 1,000	B, C 중유	대형
증발식	포트식	0.3 ~ 10	등유	가정용
	심지식	0.1 ~ 0.5	등유	가정용
	월프레임	0.5 ~ 20	등유	가정용

(3) 오일탱크에 관한 규제

법규에 정해진 지정수량을 〈표 2.26〉에 나타낸다. 이 지정수량의 1/5 이상 지정수량 미만을 취급하는 경우에는 소량 위험물에 해당하며 〈표 2.27〉의 서비스탱크 등은 이에 해당하고, 이것은 보일러실내에 설비하는 것이 허용되지만 지정수량 이상인 경우에는 「옥내탱크저장소」, 「지하탱크저장소」(이하 각각 옥내 탱크, 지하탱크라고 함) 등에 저장해야 한다. 이들 저유량의 제한을 〈표 2.27〉에 나타낸다.

〈표 2.26〉 유류의 지정수량(위험물 규제에 관한 정령 별표)

종류별	품명	성질	지정수량 (ℓ)
제4류	특수인화물	-	50
	제1석유류	비수용성 액체	200
		수용성 액체	400
	알콜류	-	400
	제2석유류	비수용성 액체	1,000
		수용성 액체	2,000
	제3석유류	비수용성 액체	2,000
		수용성 액체	4,000
	제 4 석유류	-	6,000
	동식물유류	-	10,000

〈표 2.27〉 각종 오일탱크의 저유량 제한치 (위험물 규제에 관한 정령 별표 화재예방 조례) (ℓ)

	서비스탱크	실내탱크	지하탱크
제4석유류 및 동식물유류	} 지정수량 미만	지정수량의 4배	무제한
상기 이외의 제4의 위험물		20,000	무제한

즉 소규모 건축에서 기름소비량이 적은 경우에는 소량 위험물로서 오일탱크를 보일러 실내에 설치해 서비스탱크를 생략할 수 있지만, 저유량이 지정수량 이상인 경우에는 반드시 옥내탱크 또는 지하탱크가 필요하므로 이런 경우에는 보일러실에 서비스 탱크를 설치한다.

(4) 서비스탱크

서비스탱크는 기름의 소량추출과 예열 및 버너에 대한 중력 유하(流下)를 위해 설치한다. 그 용량은 〈표 2.28〉과 같이 대략 보일러 정격출력시 연료소비량의 200% 정도로 하고 내부에 예열용 증기코일을 설치한다. 등유는 예열이 필요없고 중유의 예열온도는 〈표 2.29〉과 같다. 서비스탱크의 유면(油面)은 오일버너의 중심보다 1.0~2.5m 정도 높게 잡아 버너에 중력 급유를 한다. 탱크의 오버플로우에 대비해서 그 둘레의 바닥에는 높이 30cm 이상의 오일방지턱을 만든다. 일본 도쿄도에서는 옥내탱크의 유면이 서비스탱크의 유면보다 높을 경우, 〈그림 2.2〉와 같이 반송오일펌프를 설치하여 서비스탱크가 일정한 유면 이상이 되면 이것이 자동적으로 기동하여 옥내탱크로 기름을 반송하게 끔 하고 있다.

〈표 2.28〉 입형 오일서비스탱크의 표준 치수표

보일러의 합계 증발량 (kg/h)	탱크의 크기 내경×높이(m)	전용적 (ℓ)	중유소비량 (ℓ/h)	증기코일면적 (m^2)
200	0.3 × 0.6	42	13.8	0.036
500	0.4 × 0.6	96	34.4	0.090
1,000	0.56× 0.9	220	69	0.180
2,000	0.7 × 1.2	460	138	0.360
3,500	0.8 × 1.5	750	241	0.63
5,000	0.95× 1.5	1,060	344	0.90
6,500	1.05 × 1.6	1,380	450	1.17
9,000	1.2 × 1.8	2,030	620	1.62

〈표 2.29〉 중유의 예열

	예열최종온도	전열일 때 1ℓ/h당의 필요전력 (초온 10℃)	증기가열일 때 사용량 1,000ℓ/h 당의 코일 표면적
A 중유	20℃ 이상	6W	0.3㎡
B 중유	40~50℃	27W	1.5㎡
C 중유	75~90℃	55W	4.0㎡

증기코일의 열관류율 200kcal/㎡h℃, 증기온도 100℃로 하여 계산.
기름비열 = 0.4~0.5kcal/kg

(5) 옥내탱크

옥내탱크의 용량은 설치한 보일러의 7~10일분의 유량으로 한다. 도시에서 멀리 떨어져 있어, 탱크차가 오는 횟수가 적을 때는 14~30일분의 유량으로 한다. 옥내탱크는 〈그림 2.3〉과 같이 철근콘크리트의 탱크실내에 설치하고, 탱크와 벽면은 500mm 이상의 간격을 둔다. 탱크의 통기관(지름 32A, 지상 4m 이상에 개구) 및 탱크실의 통기관(지름 200mm, 지상 2m 이상에 개구) 이외에, 그림

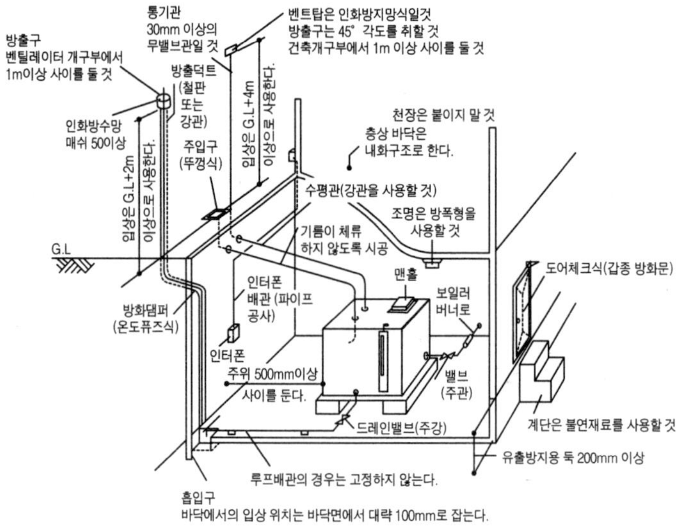

〈그림 2.3〉 표준옥내탱크의 설치방법(문헌 208)

에는 없지만 방화댐퍼식 급기구를 설치한다. 이 탱크실의 통기관, 급기구는 도쿄도의 규제이며 각 지방의 조례와는 다르다.

옥내탱크에서 서비스탱크로 급유하기 위해 오일펌프를 설치한다. 오일펌프로는 기어펌프를 사용하고 그 능력은 오일버너의 최대연소량 합계의 2배 이상으로 하며 흡입구에 스트레이너를 설치한다.

오일관은 모두 가스관(JIS G-3452)을 사용하고, 용접에 의해 접속한다. 탱크 출구의 밸브는 모두 단조강제로 규제되어 있다.

(6) 지하탱크

〈그림 2.4〉에는 피트식, 〈그림 2.5〉에는 크로켓식 지하탱크의 설치방법을 나타낸다.

두 방식 모두 탱크의 판두께는 3.2mm 이상으로 하며 탱크를 2조 이상 설치할 때는 그 합계의 유량이 지정수량의 100배 이하인 경우에는 탱크 간격을 0.5m 이상, 100배를 초과할 때는 간격을 1.0m 이상을 잡는다.

크로켓식인 경우는 피트식 외벽에 상당하는 부분은 없어도 무방하지만, 탱크의 외면에 법규에 규정된 방식보호(아스팔트 루핑, 모르타르 등)를 할 필요가 있다.

【예제 2.5】 보일러(747,000kcal) 3대에 이용하는 옥내탱크와 서비스탱크를 구하시오? 연료는 A 중유로 한다.

풀이 우선 보일러효율을 85%로 하여 보일러 1 대분의 기름소비량을 구한다.

〈표 2.24〉(A)에서 A중유의 저위발열량 H_ℓ 은 10,200kcal/kg이므로 (2.14)식에 의해

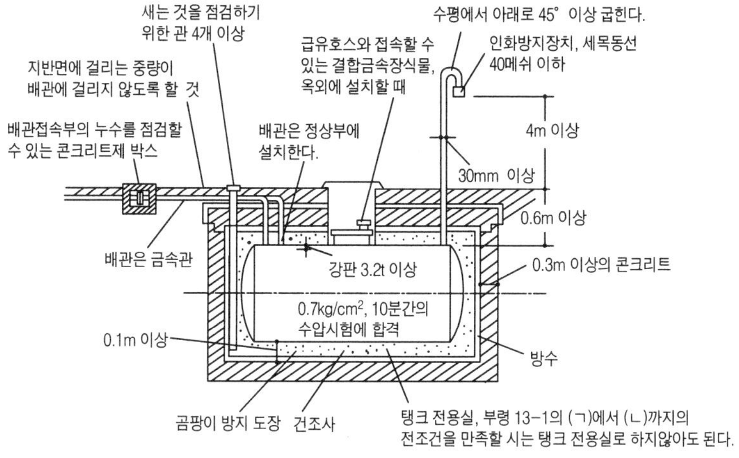

〈그림 2.4〉 지하 오일탱크

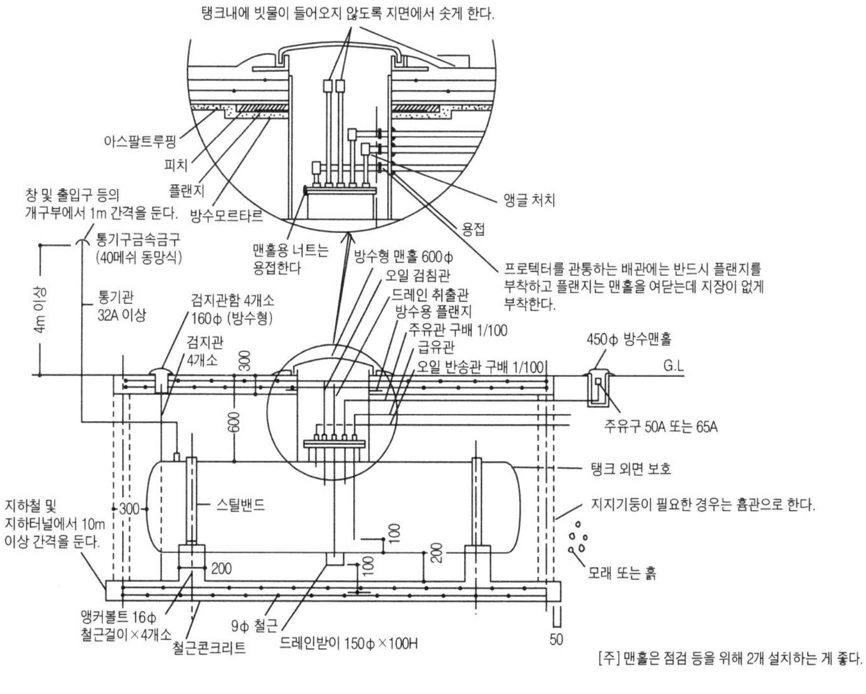

〈그림 2.5〉 크로켓(Croquettee)식 지하 저장탱크(문헌 208)

$$G_O = \frac{747,000}{0.85 \times 10,200} = 86.2\text{kg/h}$$

〈표 2.24〉(A)에서 A 중유의 비중 γ = 0.86kg/ℓ 이므로

$$Q_O = 86.2/0.86 = 100\,\ell/\text{h}$$

즉, 3대분으로 300ℓ/h 를 잡는다.

옥내탱크의 저유량은 7일 분으로 하며 하루 운전시간을 10시간, 평균부하율을 0.7로 해서 옥내탱크의 저유량 V(m^3)는

$$V = 300 \times 7 \times 10 \times 0.7/1,000 = 14.7\text{m}^3$$

즉, 4m(길이)×2m(폭)×2.2m(높이) = 17.6m^3의 탱크로 한다.

서비스탱크의 유량은 5시간 분으로 하여,

$$300 \times 5 \times 0.7 = 1,050\,\ell$$

따라서 지름 1.10m, 높이 1.2m, 내용적 1,140ℓ의 것을 선정한다. 〈표 2.28〉을 참조해서 내부의 증기코일은 0.90m^2 (구경 25mm의 동관, 길이 12m)를 선정한다.

2·3·6 통풍 및 굴뚝

(1) 개요

굴뚝의 높이는 지상높이 H_0(m)와 보일러의 아궁이에서의 높이 H_1(m)이 있는데, 전자는 대기오염방지의 점에서, 후자는 보일러의 연소효율의 점에서 결정된다.

법규상으로는 지상높이 H_0(m)은 〈표 2.30〉과 같이 규정되어 있지만 대기오염방지법에 의해 2·3·7에 나타낸 것같이 계산에 의해 구해야 한다. 또 그림의 H_2(m)에 대해서는 건축법의 고시로, 본항의 (4)와 같이 규제되고 있다.

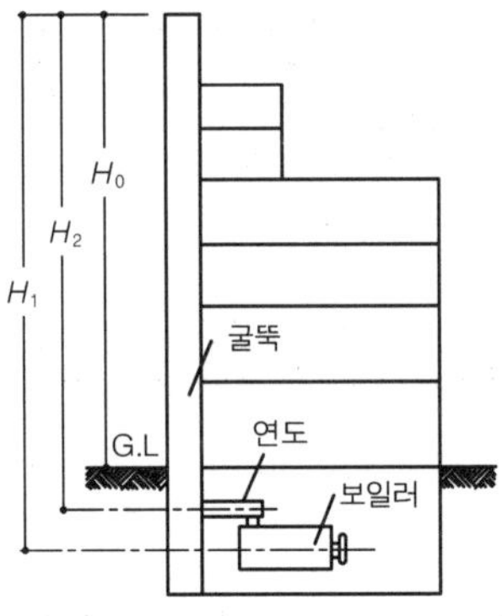

〈그림 2.6〉 굴뚝높이

〈표 2.30〉 법규에 의한 굴뚝의 지상높이 H_0 (건축기준법 고시 제1112호)

(2000.5.29 개정)

	지반면에서의 높이
중유·경유·등유·코크스·가스를 사용하는 보일러	9m 이상
상기 이외의 보일러	15m 이상

【주】 스토커, 가스발생기 등 특수한 장치의 설치, 지형 기타 주위 상황 등에 의해 방화상 지장이 없는 경우는 제한하지 않는다.

(2) 굴뚝의 통풍과 저항

이 계산법은 공조학회규격 HASS 111*에 의해 상세히 규정되어 있으며, 본 항에서는 약산법을 나타낸다.

굴뚝 높이는 굴뚝에 의한 통기력 ΔP_D가 보일러, 연도, 굴뚝 저항의 합계 ΔP_R과 같거나 또는 이것보다 크게하여 계산한다. 즉,

$$\Delta P_D \geqq \Delta P_R$$

만약 강제통풍 팬 또는 유인통풍팬이 있을 때는 그 전압을 ΔP_F라고 하면,

$$(\Delta P_D + \Delta P_F) \geqq \Delta P_R$$

(a) 굴뚝의 통풍력 ΔP_D (mmAq)는 다음 식으로 구할 수 있다.

$$\Delta P_D = H_1(\gamma_a - \gamma_m) \quad \cdots\cdots (2.15)$$

H_1 = 보일러 아궁이에서의 굴뚝높이 (m) (〈그림 2.6〉)

γ_a = 외기비중 (kg/m^3)

γ_m = 굴뚝내의 가스평균비중 (kg/m^3)

$$\gamma_m \fallingdotseq \frac{273}{273 + t_m} \times 1.29 \quad \cdots\cdots (2.16)$$

t_m = 가스평균온도 (℃)

$(\gamma_a - \gamma_m)$의 개략치를 〈표 2.31〉에 나타낸다.

〈표 2.31〉 $(\gamma_a - \gamma_m)$의 값(단 외기온 = 27℃)

가스평균온도	200℃	240℃	280℃	320℃	360℃
$(\gamma_a - \gamma_m)$ mmAq/m	0.425	0.486	0.535	0.577	0.619

기름연소 보일러의 배기가스 온도는 노통연관식 보일러에서 250~270℃, 주철제보일러에서 280~300℃인데 구체적인 사항은 제조업체에 문의한다. 이 온도는 연도부분에서 길이 1m당 약 1℃, 굴뚝내에서 0.3~0.5℃/m 온도가 내려가므로 이 몫을 빼고 굴뚝의 입·출구 가스온도를 구하여 이 평균치 t_m을 사용해서 (2.16)식의 γ_m을 구한다.

(b) 각부의 저항 합계는 다음 식으로 구한다.(첨자 B는 Boiler, F는 Flue, S는 Stack을 뜻한다).

$$\Delta P_R = \Delta P_B + \Delta P_F + \Delta P_S \quad \cdots\cdots (2.17)$$

* 이 개정판은 HASS 111-1996으로서 1996년 7월에 공조학회에서 출판했다.

여기서, ΔP_B = 보일러내 저항 (mmAq) 〈표 2.31〉

ΔP_F = 연도내 저항 (mmAq)

ΔP_S = 굴뚝내 저항 (mmAq)

〈표 2.32〉 기름연소 보일러의 내부저항 (문헌 209)

노통보일러	4 ~ 7mm	횡형 수관보일러	4~5mm
연관보일러	7 ~ 10	과열기	2~3
3패스 보일러	25 ~ 35	절탄기	3~5
입형 수관보일러	2 ~ 4	에어히터	3~5

$$\Delta P_F = \left(\lambda_F \frac{\ell_F}{d_F} + \Sigma\zeta \right) \frac{v_F^2}{2g} \cdot \gamma_F = \lambda_F \frac{\ell_F + \ell_F'}{d_F} \frac{v_F^2}{2g} \cdot \gamma_F \quad \cdots\cdots\cdots (2.18)$$

$$\Delta P_S = \left(\lambda_S \frac{\ell_S}{d_F} + \Sigma\zeta + 1 \right) \frac{v_S^2}{2g} \cdot \gamma_S = \lambda_S \left(\frac{\ell + \ell_S + \ell_S'}{d_S} \right) \frac{v_S^2}{2g} \cdot \gamma_S \quad \cdots\cdots (2.19)$$

여기서, λ_F , λ_S 는 각각 연도 및 굴뚝의 마찰저항계수이고 둘 다 금속판일 때는 0.03, 콘크리트 또는 내화벽돌일 때는 0.06을 취한다.

ℓ_F , ℓ_S = 각각 연도 및 굴뚝의 길이 (m)

ℓ_F' , ℓ_S' = 각각 연도 및 굴뚝의 국부저항상당길이 (m)〈표 2.33〉

d_F , d_S = 각각 연도 및 굴뚝의 지름 (m)

만일 단면이 장방형일 때는, 그 단변과 장변의 길이를 a, b라고 하면 다음 식으로 구한 d를 사용한다.

$$d = \frac{4ab}{2a+2b} = \frac{2ab}{a+b} \quad \cdots\cdots\cdots\cdots\cdots\cdots (2.20)$$

v_F , v_S = 각각 연도, 굴뚝 내부의 가스속도 (m/s)

ζ = 연도 또는 굴뚝의 국부저항계수 (〈표 3.10〉덕트의 국부저항 참조)

g = 9.80, λ_F , λ_S = 연도, 굴뚝 내부의 가스 비중량 (kg/m^3)

약산으로는 $\gamma_F \fallingdotseq \gamma_S \fallingdotseq \gamma_m$ 으로 해도 된다.

ℓ'/d 의 개략치를 〈표 2.33〉에 나타낸다.

(3) 굴뚝의 설계법 (통풍력에 의한)

가스의 풍량을 Q_G(Nm^3/h)로 하면, 이것은 보일러의 연료소비량(kg/h)과 kg당의 가스량(m^3/kg)의 곱이 된다. 후자는 〈표 2.33〉의 별표에 나타낸다.

〈표 2.33〉 연도부분의 국부저항 상당길이의 개산치

	ℓ'/d	주의
원형단면의 직각벤드 장방형단면의 직각벤드	40 40~50	 연도의 너비/높이의 비가 작을수록 커진다.
원형단면의 합류	16~38	직통연도에 대한 합류연도의 면적비가 1/4~1인 경우를 나타낸다. d는 직통연도의 지름
상동(직통방향)	1~10	상기의 비가 1~1/3인 경우를 나타낸다.
점확대(각도 20°)원형 상동(각도 20°)장방형	1 5	} 하류/상류의 면적비 1.25
댐퍼	12	

여기서 Nm^3/h는 노르멀 입방미터 매시라고 읽으며, 표준조건(1기압 0℃)에서의 기체용적을 말한다. 연소가스 온도를 t 라 하면, 이 온도에서 가스량은 Nm^3/h에 $(273+t)/273$을 곱한 값이 된다. 따라서 단면적을 A(m^2)라고 하면 가스 유속 v_g (m/s)는,

$$v_g = \frac{273+t}{273} \quad \frac{Q_G}{3{,}600A} \qquad \cdots\cdots (2.21)$$

이 굴뚝 내의 가스 유속은 자연통풍 보일러에서 3~5m/s, 인공통풍 보일러에서 4~8m/s로 한다. 굴뚝 내의 가스속도도 대체로 이것과 같게 잡는다. 굴뚝 설계는 가스속도를 정하여 단면을 구하고, 높이를 가정하여, 다음 예제와 같이 통풍력을 검토한다. 최근 주철보일러, 노통연관보일러는 증발률을 올리기 위해 압입통풍팬을 사용하여 보일러 내의 가스유속을 빠르게 하고 있다. 이 경우 압입통풍팬의 전압은 보일러 내의 통풍저항과 같게 잡고 따라서 보일러 출구의 가스압력은 대기압과 같거나 혹은 이보다 2~5mmAq만큼 높아진다.

여기서 증발률이란 환산증발률(kg/h)을 전열면적(m^2)으로 나눈 값을 말하며, 주철식이나 노통연관식이 모두 $100kg/m^2h$를 넘어 20년 전의 2~3배나 된다.

【예제 2.6】 그림과 같은 압입통풍팬을 장착한 정격환산증발량 3,000kg/h, A중유 소비량 215ℓ/h인 보일러 2대가 있고, 이 아궁이에서의 굴뚝높이를 45m라 한다. 이 굴뚝을 체크하시오? 철판연도의 길이는 그림과 같이 하고 굴뚝은 콘크리트제로 한다.

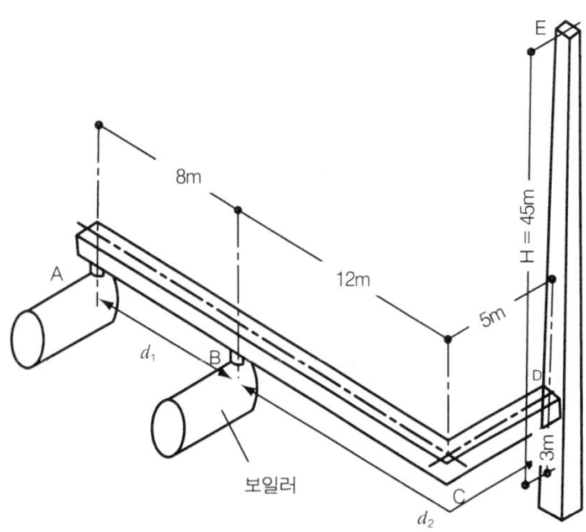

〈그림 2.7〉 보일러에서 연도, 굴뚝의 거리와 높이

풀이 A 중유의 비중은 0.86kg/ℓ (〈표 2.22〉A)이므로 2대의 중유소비량은,

$$G_0 = 0.86 \times 215 \times 2 = 370\text{kg/h} = 430\ell\text{/h}$$

〈표 2.34〉의 별표에서 A 중유의 연소가스량은 15.0Nm³/h로 되어, $Q_G' = 370 \times 15 = 5{,}550\text{Nm}^3\text{/h}$

연소가스의 보일러 출구온도는 본 항의 (2) (a)에서 250℃로 하여 이 온도에서의 가스량은,

$$Q_G = 5{,}550 \times \frac{273+250}{273} = 10{,}632\text{m}^3\text{/h} = 2.95\text{m}^3\text{/s}$$

가스유속을 6m/s로 하여 굴뚝단면적 A는,

$$A = 2.95/6 = 0.492\text{m}^2$$

여유를 보아 굴뚝과 BCD부분의 연도를 $0.7 \times 0.8\text{m} = 0.56\text{m}^2$의 안쪽치수로 한다. 연도내의 온도강하를 1℃/m, 굴뚝 내의 온도강하를 0.5℃/m로 하면 D부와 E부의 온도는,

$$t_D = 250 - 1 \times (12+6) = 232℃$$

$$t_E = 232 - 0.5 \times 45 = 209.5℃$$

따라서 굴뚝 내의 평균온도 t_m은,

$$t_m = \frac{232+209.5}{2} = 221℃$$

이에 대한 비중량 γ_m은 (2.16)식에 의해,

$$\gamma_m = \frac{273 \times 1.29}{273+221} = 0.713$$

외기온을 27℃로 하면, 이 공기의 비중량 γ_a 는,

$$\gamma_a = \frac{273 \times 1.29}{273+27} = 1.1739$$

따라서 굴뚝의 통풍력은 (2.15)식에 의해 계산되며

$$\Delta P_D = 45(1.1739 - 0.713) = 20.74\text{mmAq}$$

다음에 각부의 저항을 계산한다.

압입통풍팬을 장착하고 있는 것에서 앞서 말한 것처럼 이 팬의 전압으로 보일러저항 ΔP_B 를 공급하므로 $(\Delta P_F + \Delta P_S)$만이 저항이 된다.

우선 BCD 부분 0.7×0.8m의 단면의 상당직경 d_2 는 (2.20)식에 의해 계산한다.

$$d_2 = \frac{2ab}{a+b} = \frac{2 \times 0.7 \times 0.8}{0.7+0.8} = 0.747\text{m}$$

AB부분의 d_1 은 유속을 같다고 보면 유량이 1/2이므로,

$$d_1 = 0.747/\sqrt{2} = 0.528\text{m}$$

(2.21) 식에서 $\gamma_S \fallingdotseq \gamma_F \fallingdotseq \gamma_m = 0.713$ 으로 하면 $v_F = v_S$ 가 되어,

$$v_F = v_S = \frac{Q_G}{(\pi d_2^2/4) \times 3{,}600} = \frac{4 \times 10{,}632}{3.14 \times (0.747)^2 \times 3{,}600} = 6.742\text{m/s}$$

보일러 출구에 댐퍼가 있다면 A, B, C, D부의 국부저항 상당길이는 〈표 2.33〉에 의해

$l_1' = (\text{직각벤드} + \text{댐퍼}) \times d_1 = (50+12) \times 0.528 = 32.7$

$l_2' = \{(\text{점대부}) + (\text{합류부의 저항}) + (\text{직각벤드}) \times 2\}\, d_2 = (5+1+50\times 2) \times 0.747 = 79.2$

따라서, (2.18)식에서 $\lambda_F = 0.03$으로 하여,

$$\varDelta P_F = 0.03 \times \left(\frac{8+32.7}{0.528} + \frac{18+79.2}{0.747} \right) \times \frac{(6.742)^2}{2 \times 9.8} \times 0.713 = 10.31$$

$$\varDelta P_S = 0.06 \times \frac{45}{0.747} \times \frac{(6.742)^2}{2 \times 9.8} \times 0.713 = 6.11$$

따라서 $\varDelta P_F + \varDelta P_S = 16.42\text{mmAq}$ 로 되고 이것은 통풍력 $\varDelta P_D = 20.74\text{mmAq}$ 보다 작으므로 OK.

즉, 굴뚝은 0.7×0.8m의 단면에서 높이 H_1은 45m면 된다.

(4) 건축기준법에 의한 굴뚝 높이

최근 켄트의 식 대신에 〈표 2.34〉와 같이 굴뚝을 정하는 방법이 건설성 고시로서 공포되었다. 이것은 굴뚝통풍력에 의한 식을 개략화한 것이라고 생각된다.

〈표 2.34〉 (A) 보일러의 연료소비량 및 굴뚝높이의 규제 (건설성고시 1112호(2000.5.29)개정)

1. 보일러의 연료소비량은 보일러의 정격출력을 해당 보일러에 사용하는 연료의 저위발열량과 해당 보일러의 효율을 곱해서 나눈 값으로 한다.
2. 보일러 굴뚝의 연도접속구의 중심에서 꼭대기까지의 높이 h는 보일러의 연료소비량에 맞춰 다음 식에 적합한 것으로 한다. 다만 특별한 조사 또는 연구결과에 따라 산출하는 경우에는 그 산출식에 의할 수 있다.

$$h \geq \frac{1}{Av^2} \left(\frac{VQ}{3{,}600} \right)^2 \left(\frac{0.02\,\ell}{\sqrt{Av}} + 0.3n + 0.6 \right) + 2.0(P_b - Z_f) \qquad \cdots\cdots (2.22)$$

여기서, h = 보일러 굴뚝의 연도접속구의 중심에서 꼭대기부까지의 높이 (m)

Av = 굴뚝의 유효단면적 (m^2)

V = 연료의 단위소비량에 대한 폐가스량

(별표(1)난에 게시한 연료의 종류에 대해서는 동표 (3)난의 수치에 의할 수 있다.) (m^3)

Q = 상기의 1에 의해 계산한 연료소비량 (kg/h 또는 m^3/h)

ℓ = 보일러 굴뚝의 연도접속구의 중심에서 꼭대기부까지의 길이 (m)

n = 굴뚝의 벤드 수

P_b = 보일러 내부의 통풍저항 (Pa)

Z_f = 보일러의 송풍기 통풍력 (Pa)

〈표 2.34〉 (B) 〈표 2.34〉(A)의 별표

(1) 연료의 명칭	A 중유	B 중유	C 중유	경유	등유	석탄
(2) 저위발열량(MJ/kg)	42.7	41.4	40.8	43.1	43.5	23.0
(3) 폐가스량(m^3/kg)	15.0	14.4	14.1	15.2	15.3	9.7*1

(1) 연료 명칭	도시가스	도시가스	도시가스	LP 가스(프로판 주체)
(2) 저위발열량(MJ/kg)	16.7	18.8	41.9	96.3
(3) 폐가스량(m^3/kg)	6.2	6.9	14.7	33.3

【주】 *1 : 스토커 연소의 경우에 한함

이 고시 중에 있는 ℓ 는 연도+굴뚝의 길이, n은 연도 및 굴뚝의 굴곡의 수로 해석한다.

또 이 고시 방법에 따르지 않고 공조학회규격(HASS 111) 굴뚝계산기준에 따른 계산에 의해 높이를 구하는 것도 승인되어 있다.

【예제 2.7】 〈예제 2.6〉에서 구한 굴뚝높이가 〈표 2.34〉의 고시에 따른 것인지 아닌지를 체크하시오?

풀이 〈표 2.34〉(A)의 기호에 의해 주어진 조건을 나타낸다.

$Av = 0.7\times0.8 = 0.56\text{m}^2$

$H_2 = 45-3 = 42\text{m}$ (3m는 보일러 아궁이에서 연도접속구까지의 높이)

$Q = 370\text{kg/h}$

$V = 15.0\text{Nm}^3/\text{kg}$

$\ell = 42+26 = 68\text{m}$

$n = 3$

$P_b - Z_f = 0$ (강제통풍이므로)

$$\text{우측변} = \frac{1}{0.56^2}\left(\frac{370\times15}{3{,}600}\right)^2\left(\frac{0.02\times68}{\sqrt{0.56}}+0.3\times3+0.6\right)+0 = 25.14\text{m}$$

즉, 42>25.14m 로, 충분히 규제를 만족시킨다.

2·3·7 대기오염방지법에 의한 굴뚝설계법 *

(1) K값에 의한 지상 오염농도의 규제

굴뚝에서 배출된 연기가 지상에 도달하여 그 지상농도가 최대로 될 때의 농도를 $C_{\max}$(지표최대농도로서 단위는 ppm)라 하며, 서튼(Sutton)의 식으로 구할 수 있다.

$$C_{\max} = 0.234\times\frac{(q/3{,}600)}{uHe^2}\left(\frac{Cz}{Cy}\right) \quad\cdots\cdots\quad (2.23)$$

* 대기오염방지법시행령(1968.11) (2000.10.12 개정), 동시행규칙(1971.6)(2000.8.14 개정)

여기서 이산화황(아황산가스) SO_2를 대상으로 하면,

q = SO_2의 배출량 (m^3/h)

u = 평균풍속 (m/s)

He = 유효굴뚝높이 (m)

(C_z / C_y) = 대기안정도

C_z/C_y = 1.0으로 하고 식을 변형해서

$$q = \frac{C_{\max} \cdot u \times 3{,}600}{0.234} He^2 = K \times 10^{-3} He^2 \quad \cdots\cdots (2.24)$$

이 K값에 대해서 대기오염방지법에서는 전국의 각 지역마다 〈표 2.35〉와 같이 규제하고 있다. 즉 공업지대에서는 K값을 낮게, 전원지대에서는 K값를 높게 규제하고 있다. K값을 낮게 잡으면 동일한 q에 대해 He는 커진다.

〈표 2.35〉 각 지역에 대한 K값 (법령에서 발췌)

지역	K값
도쿄도구내, 요코하마시, 가와사키시, 나고야시, 요카이치시, 오사카시, 고베시, 아마가사키 등	K = 3.0
가와구치시, 지바시, 후지노미야시, 와카야마시, 교토시, 구라시키시, 미즈시마시, 시미즈시, 우베, 도쿠야마, 이와쿠니, 오이다 등	K = 3.5
삿보로시	K = 4.0
아오모리시, 모리오카시, 미야코시, 야마카다시 등	K = 14.5

(1999년 3월 31일 개정 · 2000년 일부 개정)

(2) 굴뚝 유효높이 H_e (m)

〈그림 2.8〉처럼 굴뚝의 유효높이 He는 굴뚝의 지상에서의 높이 Ho(m)에 굴뚝 꼭대기부로부터의 모멘텀(운동량)에 의한 상승높이 Hm과 가스와 공기온도차로 인한 부력에 의한 상승높이 Ht의 보정 Δh_{max}를 더하여 다음 식으로 He를 구한다.

$$He = Ho + 0.65(Hm + Ht) = Ho + \Delta h_{max} \quad \cdots\cdots (2.25)$$

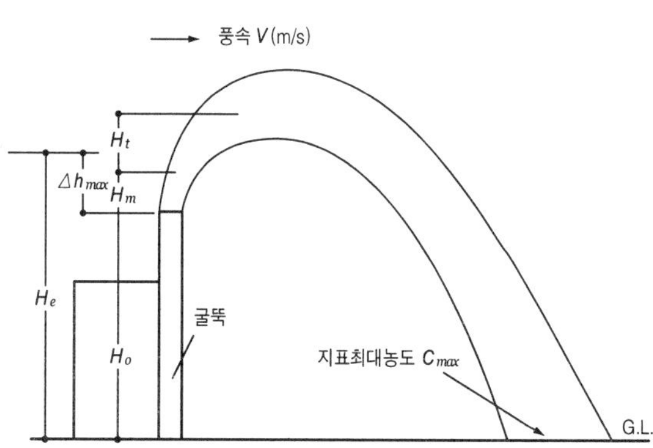

〈그림 2.8〉 굴뚝유효높이 H_e

여기서

$$Hm = \frac{0.795\sqrt{Q_g v_g}}{1+(2.58/v_g)} \quad \cdots\cdots (2.26)$$

$$Ht = 2.01\times10^{-3}\,Q_g(t_g-15)\times\{2.3\log J+(1/J)-1\} \quad \cdots\cdots (2.27)$$

$$단,\ J = \frac{1}{\sqrt{Q_g v_g}}\left(1{,}460 - \frac{296\,v_g}{t_g-15}\right)+1 \quad \cdots\cdots (2.27)'$$

단, Q_g = 15℃의 배출가스량 (m^3/s)

v_g = 굴뚝으로부터의 가스 배출속도 (m/s)

t_g = 배출가스의 온도 (℃)

(3) 계산법

SO_2의 배출량 q (m^3/h)는 다음 식에 의해 구한다.

$$q = G_0 + P_{SO2}\times22.4/32 \quad \cdots\cdots (2.28)$$

여기서, G_0 = 연료 사용량 (kg/h)

P_{SO2} = SO_2의 중량비율

이 q를 (2.24)식에 대입하고, K값으로는 그 지역의 제한치를 이용해 He를 계산한다. 이것을 He_1이라 한다.

〈그림 2.9〉(A)는 중유소비량, 유황(S)의 함유율과 K값에서 He_1를 구하는 도표이다.

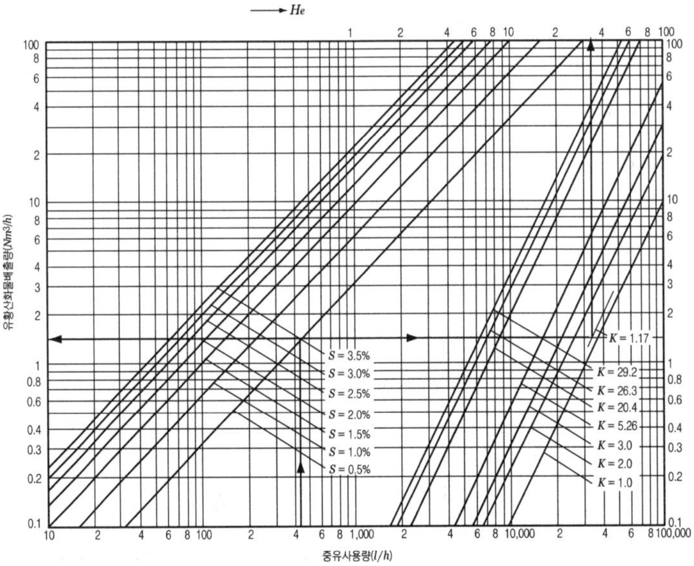

〈그림 2.9〉(A) SO_2 배출량과 굴뚝높이의 산출도표

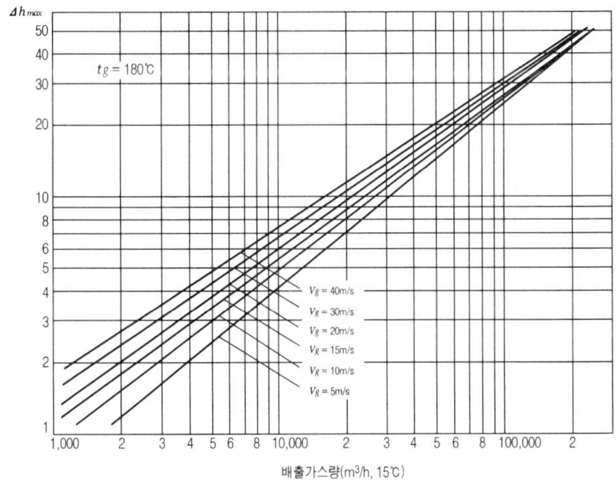

〈그림 2.9〉(B) 굴뚝 보정높이(Δh_{max}) 산출도표

【예제 2.8】〈예제 2.7〉에 제시한 보일러에 대해서 He_1 을 구하시오? 단, 이 시설은 도쿄도구내에 있고 A중유의 S는 0.5%로 한다.

풀이 〈예제 2.7〉에 의해 A중유 사용량은 370kg/h(430ℓ/h)이므로

$$q = 370 \times 0.005 \times 22.4 / 32 = 1.295\text{m}^3/\text{h}$$

도쿄에서는 〈표 2.35〉에 의해 $K = 1.17$이므로 (2.24)식에서

$$He_1 = \left(\frac{q}{K \times 10^{-3}}\right)^{1/2} = \left(\frac{1.292 \times 1000}{1.17}\right)^{-1/2} = 33.23\text{m}$$

이것은 〈그림 2.9〉(A)에서 굵은 선처럼 $q = 1.3$, He = 약 33m로 구해진다.

다음으로, (2.25)식에서 He를 계산하고(이것을 He_2라 한다) 이것이 위에서 구한 He_1보다 크면 된다. 이 때, $\Delta h_{max} = 0.65(He + Hm)$의 값은 보통의 예에서는 대략 5m 이하이고 He에 비해 작으므로 약산에서는 Δh_{max}를 무시하고 He과 He_1을 비교해도 된다.

t_g = 180℃에서 Δh_{max}를 구하는 도표를 〈그림 2.9〉(B)에 나타낸다. t_g가 180℃ 이상일 때는 〈그림 2.8〉에서 구한 값은 실제보다 작아지므로 〈그림 2.9〉(B)의 값을 쓰면 안전한 편이다.

【예제 2.9】〈예제 2.6〉에서 구한 굴뚝의 He_2를 계산한다.

풀이 굴뚝출구의 안치수는 0.7×0.8m, 가스온도는 209.5℃, 가스량 Q_g' = 5,550Nm³/h이므로 15℃의 온도로 환산하면

$$Q_g = 5{,}500 \times \frac{273+15}{273} \times \frac{1}{3{,}600} = 1.625\text{m}^3/\text{h} = 5{,}855\text{m}^3/\text{h}$$

또 굴뚝에서의 출구 가스속도는 식(2.21)에서 209.5℃에 있어서,

$$v_g = \frac{5,550}{3,600} \times \frac{273+209.5}{273} \times \frac{1}{0.7\times0.8} = 4.866\text{m/s}$$

$$\therefore\ Hm = \frac{0.795\sqrt{Q_g v_g}}{1+(2.58/v_g)} = \frac{0.795\sqrt{1.625\times4.866}}{1+(2.58/4.866)} = 1.46$$

$$J = \frac{1}{\sqrt{Q_g v_g}}\left(1,460 - \frac{296\,v_g}{t_g-15}\right)+1 = \frac{1}{\sqrt{1.625\times4.866}}\left(1,460-\frac{296\times4.866}{209.5-15}\right)+1 = 517$$

$$\therefore Ht = 2.01\times10^{-3}Q_g(t_g-15)\times\{2.30\log J + (1/J)-1\}$$

$$= 2.01\times10^{-3}\times1.625\times194.5\{2.30\log 517 + (1/517)-1\} = 3.33\text{m}$$

$$\therefore\ \Delta h_{max} = 0.65(1.46+3.33) = 3.11\text{m}$$

〈그림 2.9〉(B)에서 Q_g = 5,850m³/h, v_g = 5m/s이면, Δh_{max} = 2.7m로 되고, 이것은 전술한 3.11m보다 작다. 〈예제 2.7〉에서 굴뚝의 지상높이 Ho = 40m로 하면 He_2 = 40+3.11 = 43.11m로 되고, 이것은 앞서 구한 He_1 = 33.26보다 크므로, 이 굴뚝은 대기오염방지법의 규정에 위배되지 않음을 알 수 있다.

2·3·8 건물주위의 웨이크와 굴뚝높이 (문헌 211)

바람이 불 때는 건물 주위에 〈그림 2.10〉(A)와 같은 와류부분이 생긴다. 이것을 웨이크라고 부른다.

굴뚝을 이 웨이크 내부로 개구하면 연기는 와류때문에 웨이크 내부로 확산하므로 굴뚝 높이는 이 웨이크 상단보다 높게 잡아야 한다.

지붕이 긴 경우에는 〈그림 2.10〉(B)와 같이 길이 Lc를 초과하면 웨이크는 지붕면을 따라서 흐른다. 웨이크의 높이 Hc, 웨이크의 최대높이까지의 거리 Xc, 길이 Lc 등은 식(2.29), 〈표 2.36〉에서 구한다.

$$R = B_S^{0.67}\cdot B_L^{0.33} \quad \cdots\cdots (2.29)$$

여기서

B_S = 건물의 풍상면 높이(H)와 폭(W) 중 작은쪽 값(m)

B_L = 건물의 풍상면 높이(H)와 폭(W) 중 큰쪽 값(m)

단, $B_L>8B_S$ 일 때는 $B_L = 8B_S$로 한다.

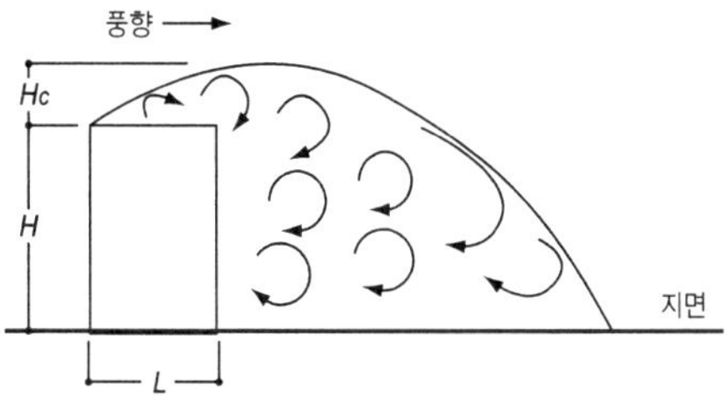

〈그림 2.10〉 (A) 바람에 의한 건물주위의 웨이크(Wake)

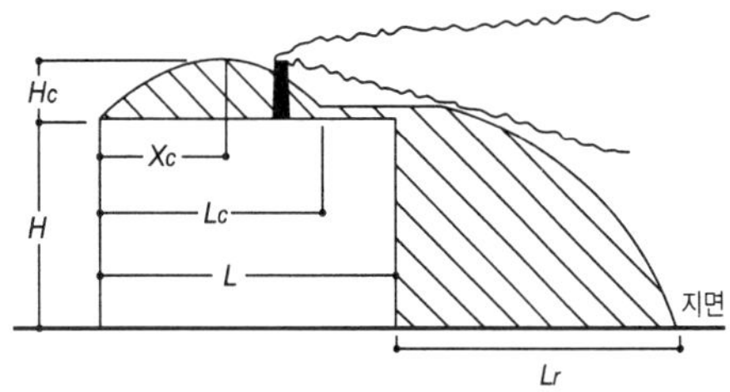

〈그림 2.10〉 (B) 바람에 의한 건물주위의 웨이크 (지붕 길이가 긴 경우)

〈표 2.36〉 웨이크 높이와 길이

H_C	X_C	L_C	L_r
0.22R	0.5R	0.9R	1.0R

2·3·9 보일러의 급수설비

(1) 온수보일러의 급수장치

온수보일러는 순환펌프의 글랜드에서 새는 소량의 누수분만 보급하면 되므로 고온수보일러를 제외하고는 팽창탱크에서 볼탭에 의한 급수를 하며 이것 이외에 따로 급수장치를 설치하지 않는다.

증기보일러 중에서 저압보일러(내압 1atg 미만)는 다음과 같이, 전동 응축수펌프 또는 진공펌프에 의해 급수를 한다. 전열면적 12m^2(관류보일러에서는 100m^2)를 초과하는 고압보일러에서는 2종류 이상의 급수장치를 필요로 하며, 최근에는 전동급수펌프를 주장치로 하고 인젝터를 부장치로 하는 것이 많다.

(2) 저압보일러의 급수장치

응축수펌프(Condensation pump) 또는 진공펌프를 사용한다. 모든 제조업체에서 탱크, 펌프, 제어반을 일체로 한 형식으로 제작하고 있다. 이것들의 능력은 방열기의 방열능력(Kcal/h)에 의해 선택한다.

【예제 2.10】 정격출력 747,000kcal/h의 보일러 3대용 진공급수펌프를 선정하시오?

풀이 747,000×3 = 2,241,000kcal/h

로 되어 2,241,000kcal/h 능력의 진공급수펌프 1대를 사용한다. 이 보일러 3대의 증발량은,

$$G_S = \frac{747,000 \times 3}{539} = 4,160\text{kg/h},\ (4,160/958.4) \times 1,000(\ell) = 4,340\ \ell/\text{h}$$

958.4 = 100 ℃의 비중량(〈표 1.4〉)

따라서 진공급수펌프의 능력은 4,340 ℓ/h 이상이면 되지만 2배의 여유를 두어 9,000 ℓ/h로 한다.

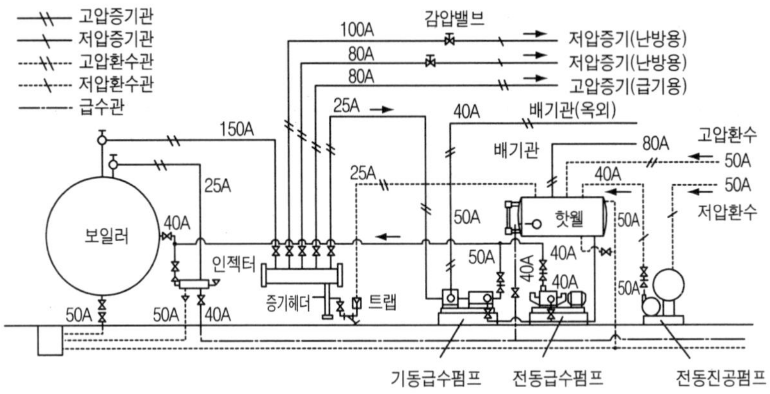

〈그림 2.11〉(A) 고압보일러의 급수장치

(3) 고압보일러의 급수장치

고압보일러용 급수장치에는 〈표 2.37〉의 3종류가 있다. 고압보일러의 급수장치 예를 〈그림 2.11〉(A)에 나타낸다. 이 그림의 각 관경은 증발량 3t/h의 보일러에 대한 것이며, 그림에는 기동급수펌프를 기입했지만 최근에는 이것을 생략하고 전동급수펌프와 인젝터만으로 하는 경우가 많다.

이러한 급수장치의 용량은 일반적으로 보일러 증발량의 1.5~2.0배 정도로 잡는다.

계산에 의하면, 해발 0m에서 90℃의 물을 흡입하는 터빈 펌프의 양정은 〈표 2.38〉과 같다. 따라서 펌프수량이 크면 핫웰은 〈그림 2.11〉(A)와 같이 바닥 위에 높이 설치해야 한다.

핫웰(환수조)이란 환수를 저수하는 탱크이며, 일반적으로 철판제로 제작되어 바닥 위에 설치하고 반드시 핫웰의 저수면 높이는 펌프의 흡입구보다 높게 잡는다.

핫웰의 수량은 난방용과 같이 대체로 증발량의 전부가 환수될 때는 증발량의 5~10분 정도의 수량으로 충분하지만, 펌프의 운전간격을 길게 잡는 경우나 혹은 공장의 급기용처럼 많은 양의 보급수를 필요로 하는 경우에는 1/2~1시간 정도로 잡는 것이 좋다.

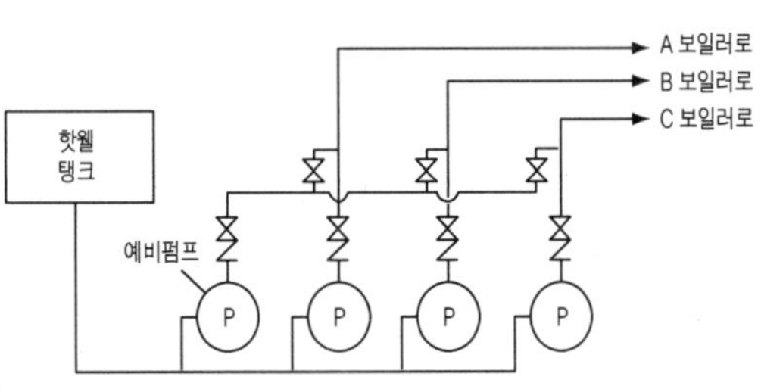

〈그림 2.11〉(B) 고압보일러 급수펌프

〈표 2.37〉 고압보일러용 급수장치

전동급수펌프	운전이 용이하고 특히 플로트스위치에 의해 자동급수를 간단히 할 수 있다.
기동급수펌프	워싱턴펌프라고 한다. 운전이 약간 복잡하여 최근에는 거의 사용되지 않는다.
인젝터	전동급수펌프가 고장일 때 수돗물을 공급한다. 완전히 예비용이다.

〈표 2.38〉 보일러 급수펌프의 흡입가능 높이

펌프수량(ℓ/min)	150	200	400	1,000	2,000
흡입양정(m)	− 0.4	− 0.3	0	+ 0.5	+ 1.3

흡입양정 부호의 마이너스는 흡입, 플러스는 압입이다. 아래 문헌*에 의한 펌프회전수 1,500, 흡입측 저항 2.0m로 하여 계산

〈표 2.39〉 인젝터 용량비

관경(A)	15	20	25	323	40	50
급수량(ℓ/h)	625	1,340	3,420	790	6,630	10,800

급수량은 압력 5.5atg의 증기를 사용해서 15℃의 물을 급수 할 때

【예제 2.11】 정격출력 747,000kcal/h의 고압보일러 3대에 사용하는 급수장치를 결정하시오? 보일러의 상용압력은 5atg, 최고사용압력은 6atg로 한다.

풀이 3대의 보일러에 전동급수펌프를 각각 1대씩 설치하고, 각 보일러에 설치한 플로트식 자동급수장치로 운전한다. 그리고 전체의 예비로서 〈그림 2.11〉(B)와 같이 동용량의 펌프를 1대 설치하며 각 보일러에는 인젝터를 설비한다.

6atg 증기의 증발잠열은 494kcal/kg이므로 1대의 증발량은,

$$G = 747{,}000/494 = 1{,}512\text{kg/h}$$

펌프수량은 이것의 2배를 잡아

$$Q_p = 1{,}512 \times 2 = 3{,}024\,\ell/\text{h} \fallingdotseq 50\,l/\text{min}$$

펌프의 양정은 (a)보일러의 최대사용압력에 상당하는 수두, (b)핫웰의 수면에서 보일러 수면까지의 높이, (c)배관의 저항, (d)여유로서 (a)+(b)+(c)의 10~20%를 더 잡는다. 즉,

(a) 최대사용압력 = 6atg ≒ 60m
(b) 높이 = 1m
(c) 마찰손실(a+b)×10% = 6m
(d) 여유 10% = 7m
계 74m

즉 펌프는 $32\phi \times 50\,\ell/\text{m} \times 74\text{m} \times 3.7\text{kW}$의 것을 총 4대 사용하고, 〈그림 2.11〉(B)처럼 1대를 예비기로 한다.

* 梶原(가지와라)著 : 펌프와 그 사용법

2 · 3 · 10 보일러실

(1) 보일러실의 바닥면적

보일러실의 바닥면적은 여러 건물의 통계에 의하면 〈표 2.40〉(A)와 같다.

〈표 2.40〉 보일러실의 바닥면적(m^2) : ( )안은 연면적에 대한 비율

연면적(m^2)	300	500	700	1,000	2,000	5,000	10,000	20,000
케이스 A	10.5m^2 (3.5%)	12.5 (2.5)	14.0 (2.0)	20 (2.0)	36 (1.8)	76 (1.5)	125 (1.3)	200 (1.0)
케이스 B				53 (5.3)	80 (4.0)	130 (2.6)	180 (1.8)	270 (1.4)
케이스 C					120 (6.0)	200 (4.0)	280 (2.8)	380 (1.9)

【주】 케이스 A : 병원, 호텔, 공장을 제외한 일반건축
케이스 B : 병원, 호텔
케이스 C : 고급병원, 고급호텔

(2) 보일러실의 천장높이

법규에 의하면 보일러 상면에서 천장까지의 높이는 1.2m 이상이 필요하고, 대들보 밑에 보일러가 있으면 대들보 밑까지를 1.2m로 잡는 것이 요망된다. 이런 점에서 노통연관식 및 주철식에서는 증발량 2t/h 미만인 경우에는 천장높이 4.0m, 증발량 3t/h인 경우에는 4.5m 정도를 필요로 한다.

(3) 기기주변의 간격

보일러의 주변은 법규상 0.45m의 간격이 필요하지만, 작업상 0.6m 이상을 잡는다. 특히 보일러 전면의 스페이스는 작업상 2m 이상을 필요로 하고, 노통연관식처럼 연관의 청소 혹은 이것을 바꿔 끼워야 하는 것은 보일러의 전장과 같게 벽까지의 거리를 잡는다. 이렇게 할 수 없을 때에는 보일러 전면의 벽에 문이나 창문을 만들어 필요시에는 이것을 열어 놓고 작업한다.

(4) 보일러실의 구조

보일러실은 내화구조로 하고, 그 출입구를 2개소 만든다. 이 두 출입문중의 하나는 양쪽여닫이로 하여 기기의 반출입을 용이하게 한다.

창문은 원칙적으로 설치할 수 없다. 다만 드라이 에리어에 면하거나 혹은 1층에서 창의 상부에 길이 1m 이상의 차양을 설치할 경우에는 망입유리의 창문은 허용된다.

(5) 보일러실의 구획

전에는 공조용 보일러는 냉동기, 냉수펌프 등의 공조용기기와 같은 실안에 설치하는 경우가 많았으나, 최근에 와서는 다음과 같은 이유로 보일러 및 그 부속기기는 보일러실로서 독립된 방에 설치하는 경우가 많다.

(가) 프레온냉매를 사용하는 압축식 냉동기는 냉동기의 고압부와 보일러 간격을 〈표 2.41〉의 숫자 이상으로 해야 한다.

(나) 흡수식 냉동기일 경우에는 여름에도 보일러에 불을 때야 하고, 보일러 표면에서의 발열을 보일러실에서만 방산하고 다른 방에는 영향을 주지 않기 위해서,

(다) 보일러실은 〈표 6.105〉에서 설명하는 바와 같이 바닥면적이 200m²를 넘으면 특수소화장치가 필요하다. 칸막이벽이 없으면 전체에 특수소화장치가 필요하다.

〈표 2.41〉 냉동기와 보일러와의 거리 *L*의 규제 (고압가스단속법보안규칙)

보일러전열면적	냉동기의 종류 *1	동일실내에서 그 사이에 격벽 없음	동일실내에서 그 사이에 방화벽 있음	인가 · 보일러 기사의 필요 유무
8m² 이하	제1종제조자	1 ≧ 1.0m	1.0 m	보일러 설치인가 필요
	제2종제조자 *1	–	–	보일러 기사 필요
8.1~14	제1종제조자	1 ≧ 2.0m	1 m	보일러 설치인가 필요
	제2종제조자	1.0	1.0	보일러 기사 필요 없음
14.1~이상	제1종제조자	1 ≧ 5m	2 m	보일러 설치신고 필요 없음
	제2종제조자	1.5	1.5	보일러 기사 필요 없음

【주】 *1 냉방능의 톤수로, 약 38RT 이상을 제1종, 38RT 미만을 제2종 제조자라 부른다.

*2 전열면적 8m² 이하로서 제2종인 경우는 냉동기의 최고압력의 리밋스위치를 장치하면 규제는 없다.

2·4 방열기

2·4·1 방열기의 종류

패널 히터(C)는 온수전용이지만 다른 것은 모두 증기에도 온수에도 사용할 수 있다.

〈표 2.42〉 방열기의 종류

번호	종류	
(A)	컨벡터	주철 방열기 대신에 널리 이용된다. 수온차를 크게 취할 수 있어 고온수에 적합하다.
(B)	베이스 보드 히터	바닥 위 높이를 30~40m로 한 컨벡터이며 의장상 좋다. 관경이 크고 철관을 사용하므로 출입구 온도차가 20℃ 이상의 고온수 이용에는 적합하지 않다.
(C)	패널 히터	1965년 무렵부터 외국업체의 라이센스로 제작되고 있으며, 프레스 한 철판을 조합한 것으로 박형이 많다.
(D)	팬컨벡터	4·2·2에 기술하는 팬코일유니트(FCU)와 동형이지만 난방전용이므로 FCU보다 소형이다.

2·4·2 방열량

(1) 방열기내의 증기응축량 G_S

$$G_S(\text{kg/h}) = \frac{\text{방열기의 방열량(kcal/h)}}{\text{증기의 증발잠열(kcal/kg)}} \quad \cdots\cdots (2.30)$$

예를 들면, 방열량 = 650kcal/h, 증기압력 0.1atg(1.133ata)인 경우, 증발잠열은 〈표 1.1〉에서 약 540kcal/kg이므로

$$G_S = \frac{650}{540} = 1.20\text{kg/h}$$

(2) 실온 및 증기(온수)온도가 변했을 때의 수정계수

증기 또는 온수온도 t_s = 102℃, 실내온도 t_r = 18.5℃일 때의 기준방열량을 q_O = 650kcal/m²h로 하고 이것 이외의 온도조건에서는 여기에 C_R을 곱한 것이 된다. 즉 방열량은 다음식으로 나타낸다.

$$q = 650C_R \quad \cdots\cdots (2.31)$$

이 C_R에는 (3)에 설명하는 온수량에 의한 보정은 포함되어 있지 않다.

〈표 2.43〉의 자료를 이용하여 계산한 수정계수 C_R을 〈표 2.44〉에 나타낸다. 모두 다 앞서 말한 t_r = 18.5℃, t_s = 102℃를 1.00으로 하고 있다. 즉 (수정 2.32) 식으로 계산한다.

〈표 2.43〉 지수 n의 값

	주철방열기	컨벡터	베이스 보드 컨벡터	핀달린 관
미국*1	1.3	1.5	1.4	–
독일*2	1.23~1.40	1.20~1.44	–	1.25

【주】 *1 문헌(212) *2 문헌(213)

〈표 2.44〉 수정계수 C_R 의 값

실온 (℃)	증기 또는 평균온수온도 t_s(℃) 60	70	80	90	102	110	120	130
16	B : 0.408	0.543	0.689	0.844	1.042	1.181	1.360	1.546
	C : 0.383	0.520	0.671	0.834	1.045	1.194	1.390	1.595
18.5	B : 0.376	0.508	0.652	0.814	1.000	1.137	1.314	1.499
	C : 0.350	0.484	0.632	0.802	1.000	1.147	1.340	1.542
20	B : 0.357	0.488	0.630	0.781	0.975	1.111	1.287	1.470
	C : 0.331	0.464	0.609	0.768	0.973	1.119	1.310	1.512
22	B : 0.332	0.461	0.600	0.750	0.942	1.076	1.251	1.434
	C : 0.307	0.436	0.579	0.735	0.938	1.082	1.271	1.471
24	B : 0.308	0.434	0.572	0.719	0.909	1.042	1.216	1.396
	C : 0.283	0.409	0.549	0.703	0.902	1.045	1.233	1.430

$$C_R = \left(\frac{ts - tr}{102-18.5}\right)^n \quad \cdots\cdots (2.32)$$

n에는 〈표 2.43〉의 미국의 값을 대입하여, 새로이 계산한 것이다. 표의 B, C는 각각 베이스 보드 히터(baseboard heater), 컨벡터(convector)에 적용한다.

【예제 2.12】 온수온도 입구 85℃, 출구 75℃인 온수컨벡터가 실내(20℃)에 있을 때의 방열량을 구하시오?

풀이 평균온수온도는 80℃이고 〈표 2.44〉에서 ts = 80℃, tr = 20℃일 때 C_R = 0.609로 되어 (2.31)식에 의해

q = 650×0.609 = 396kcal/m²h

(3) 온수방열기의 수량에 의한 보정

주철제 방열기는 내부의 순환수량에 의한 방열량의 차가 적지만* 이것에 대해 컨벡터나 베이스보드 히터처럼 핀 부착관에 온수를 통과시키는 경우에는 유량이 적어지면 방열량이 급격히 감소한다[**]. 즉, 대류 또는 베이스보드형인 경우는 실제 설계시에 관내유속은 0.4m/s 이상을 사용하고 0.3m/s 이하는 피한다. 유속 0.3m/s에 대한 유량은 관경 40A, 32A, 20A에 대해 각각 1,500, 1,100, 400ℓ/h로 된다.

보통의 온수난방에서 방열기의 출입구 온도차는 5~10℃이지만, 고온수난방에서는 20~40℃를 사용하므로 고온수인 경우에는 유속이 너무 작아지기 쉬우므로 특히 전술한 주의가 필요하다.

(4) 복사방열량의 비율

방열기의 방열량은 복사와 대류의 2성분으로 나눠지는데, 이 복사방열량이 전방열량에서 차지하는 비율을 〈표 2.45〉에 나타낸다.

2·7·2에서 설명하는 바와 같이 복사량의 비율이 커질수록 실내공기온도를 낮출 수 있어 쾌적한 난방이 된다. 이런 점에서 바닥난방이 가장 쾌적하다는 것을 알 수 있다.

〈표 2.45〉 방열기의 복사열량의 비율

	컨벡터	바닥난방	온풍난방
복사량의 전방열량에 대한 비율	10~15%	50~60%	0%

*문헌(201), **문헌(201)

2·4·3 컨벡터

〈그림 2.12〉와 같이 철판제 케이싱의 내부에 가열체(Heating Element)를 설치한다.

가열체로 가열된 공기가 굴뚝효과로 상승하여 윗쪽의 그릴(격자)에서 실내로 취출한다. 따라서 동일한 가열체를 사용하는 경우도 〈표 2.46〉과 같이 Stack height(〈그림 2.12〉, 〈그림 2.13〉의 H_S)가 클수록 굴뚝효과가 크고 공기량이 증대하므로 방열량도 커진다.

가열체는 몇 개의 동관에 알루미늄핀을 끼우고 동관을 기계적으로 확관함으로써 핀과의 접촉을 완전하게 한다. 100℃ 이상의 고온수를 사용하는 경우, 부식을 고려해서 관경 16~19mm인 강관(JIS G 3461 보일러용 강관)에 알루미늄핀을 끼운 것이 사용되지만, 저자의 의견으로는 130℃ 이하까지는 동관으로 무방하다고 생각한다.

컨벡터는 다음에 설명하는 베이스보드 히터보다는 품질이 고르지만, 카탈로그의 성능치는 각사의 사내시험 결과에 의해 작성한 것이라 신뢰성이 떨어진다.

컨벡터의 성능은 〈표 2.46〉과 같이 stack height(설치높이)의 증가에 의해 증대하며 관과 핀의 재료에 있어서는 동관 알루미늄핀이 강관 알루미핀보다 약 10% 높은 성능을 나타낸다. 유량에 대해서는 다음에 나타내는 베이스보드형 만큼은 심하지 않지만, 소유량에서는 상당히 성능의 저하를 초래한다. 여기서는 4패스와 1패스는 그 차가 크지 않다. 4패스는 4개의 관에 직렬로, 1패스는 4개에 병

〈표 2.46〉 각종 변동인자의 차에 의한 온수형 컨벡터의 성능 (문헌 214)

변동인자	방열량 q (kcal/h) 단 (4)는 열관류율 K (kcal/m²h℃)						조건
(1) stack height(Hs)	H_S (mm)	330	430	530	630	730	강관알루미늄핀
	상취출	1,630	1,760	1,890	2,000	2,080	EL = 806mm
	전취출	1,500	1,650	1,790	1,900	2,000	4패스
(2) 재료	관	동	동	강	강		EL = 806
	핀	알루미늄	동	알루미늄	강		H_S = 380
	q	1,800	1,830	1,630	1,480		
(3) 유량 L	L(ℓ/h)	20	50	100	200	500	EL = 806
	4패스	880	1,300	1,450	1,490	1,750	H_S = 380
	1패스	880	1,300	1,350	1,450	1,750	
(4) 길이(EL)	EL(mm)	306	607	806	1,205	1,606	
	4패스	K = 6.1	6.2	5.5	5.9	5.8	
	1패스	5.8		5.0		3.2	

【주】 실험조건 : 평균온수온도 t_{wm} = 100℃ 실온 t_r = 20℃, 유량은 (3)이외는 200ℓ/h
핀 0.25mm 두께×4mm피치, (2)를 제외하고 모두 강관(15.9mmϕ) 알루미늄핀
K = 열관류율(kcal/m²h℃) EL = 가열관의 길이

렬로 흐르게 한 것을 말한다. 방열체의 길이(EL)가 길어질수록 1패스의 것은 현저히 K가 감소해

〈표 2.47〉 (A) 증기형 컨벡터의 방열량(kcal/h)(방열기 길이 : 1,200mm)

폭	높이	상단 : 증기온도 (℃(압력 kgf/m²)) 하단 : 입구공기온도 (℃)				
		102 (0.1)	102 (0.1)	102 (0.1)	102 (0.1)	102 (0.1)
		18.5	18	20	20	20
160	500	2,420	2,435	2,600	2,725	2,900
	600	2,745	2,765	2,950	3,095	3,285
	700	2,845	2,870	3,060	3,210	3,410
210	500	3,100	3,125	3,335	3,495	3,715
	600	3,495	3,525	3,760	3,945	4,190
	700	3,685	3,715	3,965	4,155	4,415

〈표 2.47〉 (B) 온수형 컨벡터의 방열량 (kcal/h) (방열기 길이 : 1,200mm)

폭 (mm)	높이 (mm)	상단 : 평균온수온도(℃) 중간단 : 입구공기온도(℃) 하단 : 온수온도 강하(deg)							
		75							
		18.5				18			
		3	5	10	15	3	5	10	15
160	500	1,400	1,330	1,215	1,135	1,415	1,350	1,230	1,150
	600	1,585	1,510	1,375	1,285	1,610	1,530	1,395	1,305
	700	1,645	1,570	1,430	1,335	1,670	1,590	1,445	1,355
210	500	1,795	1,710	1,555	1,455	1,815	1,730	1,575	1,475
	600	2,025	1,925	1,755	1,640	2,050	1,955	1,775	1,660
	700	2,130	2,030	1,850	1,730	2,160	2,060	1,870	1,750

【주】 본 표의 방열기 엘리먼트는 동관(15.88mmD)알루미늄핀

〈표 2.47〉 (C) 컨벡터의 유수평균 온도별 방열량 (kcal/h)(방열기 치수 700*H*×210*D*×1200*L*)

출입구 온도차	방열기 내 평균수온 twm						
	60	70	80	90	100	110	120
5℃	900	1,200	1,560	1,930	2,350	2,800	3,250
10℃	810	1,100	1,455	1,805	2,175	2,565	2,976
15℃	760	1,030	1,360	1,690	2,035	2,405	2,785
20℃	720	1,000	1,305	1,620	1,950	2,305	2,665
증기	증기 0.1atg(102℃) 실온 18.5℃에서 q = 3,600kcal/mh						

【주】 이 표의 방열기의 엘리먼트는 동관(15.88mmD) 알루미늄핀, 48형

엘리먼트 길이(EL) ≒ (케이싱 길이−200mm)

증기능력은 모두 실온 20℃일 때

이만큼 방열량이 감소한다. 4패스에서는 길이의 영향은 거의 없다. 그 이유는 1패스인 경우는 유속이 작아서 말단의 영향을 받기 쉽지만 이 영향은 관이 길어지면 작아지기 때문이다.

〈표 2.47〉(A) (B)에 대표적인 고온수 컨벡터의 성능을 나타낸다.

2·4·4 베이스보드 히터

베이스보드 히터(Baseboard Heater)에는 복사식(주철제)과 대류식이 있는데, 일본에서는 주로 후자가 사용되고 있다. 이하에 대류식 베이스보드 히터(Baseboard Convector)에 대해 설명한다. 이것은 〈그림 2.13〉과 같이 높이가 낮은 케이싱내에 가열체를 장치한 것이다. 가열체는 일반적으로 관경 32A 또는 40A의 철관에 철핀을 끼운 것으로, 핀간격은 9.5mm(32fin/ft), 7.6mm(40fin/ft), 6.1mm(50fin/ft) 의 것이 많이 사용되고 있다.

베이스보드 히터는 단위길이당 방열량이 작아서 길이가 길어지며, 대개의 경우 외벽측의 걸레받이 부분의 전장에 케이싱을 설치하고, 이 속에 필요길이의 가열체를 창문밑에 넣는다.

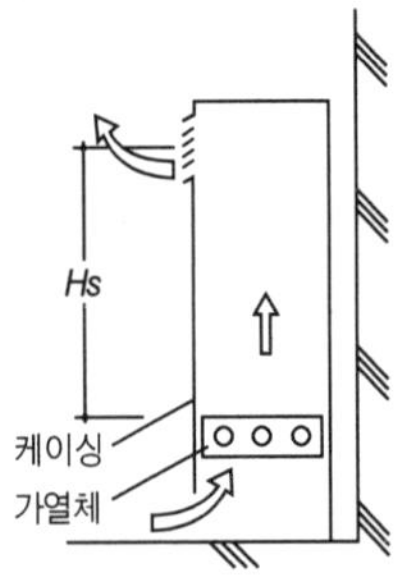

〈그림 2.12〉 컨벡터

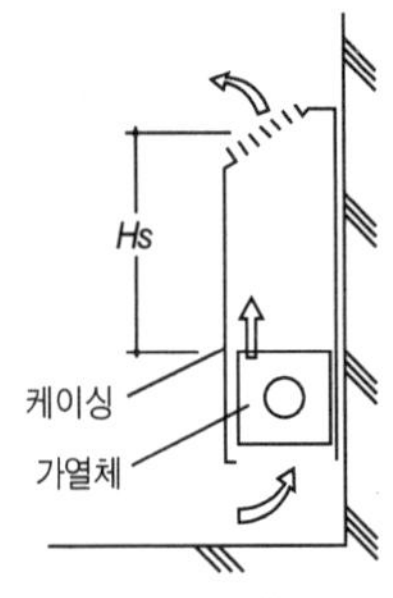

〈그림 2.13〉 베이스 보드 히터

〈표 2.48〉 고온수 사용의 베이스 보드히터의 테스트 결과 (문헌 215)

변동인자	능력비(q/q_o)			조건
길이	ℓ = 500mm	1,500	2,400	1단
	q/q_o = 117%	86%	86.5%	
수량 L (kg/h)	L = 113kg/h	155	360	ℓ = 2,300mm
	q/q_o = 88%	90%	101%	1단
단수	1단	2단	3단	ℓ = 2,400mm
	q/q_o = 86.5%	74%	55%	

【주】

단수	1단	2단	3단
q_o (설계방열량)kcal/hm	960	1,670	2,140

〈표 2.49〉 베이스 보드 히터 능력표

입구공기온도 (℃)	입구수온 (℃) (관내유속 0.6m/s)	방열량 (kcal/h)	
		수온	증기
20	65	465.1	1,097.6
	70	538.6	
	75	555.8	
	80	695.5	
	85	864.0	
	90	1043.1	
	95	1254.0	
	100	1501.8	

【주】 1,000mm, 1단, 동관 32A, 핀 108mm각, 40fin/ft

따라서 2 · 4 · 8에서 설명하는 것처럼 창문에서의 드래프트를 방지할 수 있어 실내의 상하 온도차는 극히 작아진다(실측에 따르면 천장높이 2.7m인 방에서 2~4℃).

특히 유량이 적은 고온수를 통과시킬 때는 성능이 크게 저하할 우려가 있다. 따라서 베이스보드형을 온도차 15℃ 이상의 고온수에 사용할 때는 2 · 6 · 5에서 설명한 일관식을 이용하여 관내 유속을 높이는 것이 바람직하다.

증기인 경우에는 성능 저하는 그다지 크지 않다.

또 방열체는 1단인 것이 많이 쓰이지만, 2단 또는 3단을 쓰는 경우도 있다. 3단인 경우, 온수에 대해서는 〈표 2.48〉과 같이 단위면적당 방열량이 1단인 경우의 60% 전후로 내려가므로 되도록 사용하지 않는 것이 좋다.

〈표 2.48〉에 온도 130℃ 전후의 고온수에 대한 방열량을 나타낸다. 표와 같이 단수가 늘어날수록, 또 길이가 길어질수록 성능이 저하하는 것을 알 수 있다.

2 · 4 · 5 패널히터

각 회사마다 제각기 독자적인 형식의 것이 제작되고 있다. 대부분은 북유럽의 여러 나라에서 기술을 도입한 철판용접제이며 표면은 패널형으로 되어 복사열량의 비율이 크고 소수량을 사용하므로 주택난방에 적합하다.

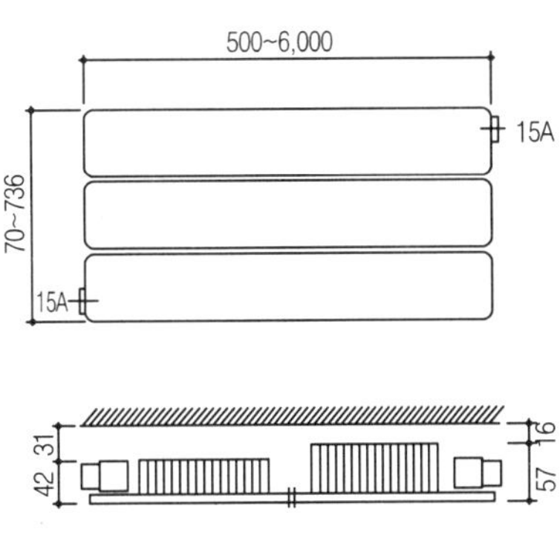

〈그림 2.14〉 페널히터(PS난방기)

〈표 2.50〉 패널히터의 표준방열량(길이 1,500mm)(PS 난방기)

	표면적 (m^2)	표준방열량 kcal/h(W)
3단 (높이 218mm)	1.44	753 (876)
5단 (높이 366mm)	2.16	1,119 (1,300.5)
7단 (높이 514mm)	2.67	1,473 (1,711.5)
10단 (높이 736mm)	3.44	1,966.5 (2,287.5)

【주】 온수출입구 온도차는 45℃

2 · 4 · 6 팬 컨벡터 (Forced Convector)

팬 컨벡터의 구조는 팬코일 유닛과 동형이며 케이싱 내부에 핀부착관의 가열체, 팬, 필터를 수용한 것으로, 팬의 운전에 의해 강제대류를 한다. 2 · 4 · 3에서 말한 컨벡터와는 달리 강제대류이기 때문에 소형으로 만들 수 있고 또 온수도 1대 10,000kcal/h 이상의 대용량의 것을 얻을 수 있으며, 내부구조의 변경으로 하향취출의 것도 있다. 난방전용이기 때문에 팬코일 유닛에 비해서 치수가 작고 또한 드립 팬(drip pan, 이슬받이 접시)도 없다.

팬의 온 · 오프제어가 서모스탯에 의해 간단하게 이루어지므로, 개별제어에는 적합하다.

반면 각 유닛의 개소에 전기배선(100V)을 필요로 하고, 상향취출인 것은 상하 온도차가 커진다.

2 · 4 · 7 방열기의 설치방법

(1) 어떤 형식의 방열기라도 가능한 한 창밑에 배치한다. 이것은 〈그림 2.15〉와 같이 방열기에서의 온풍으로 에어커튼을 만들어, 창면에서의 콜드드래프트를 방지할 수 있기 때문이다. 창의 반대측에 설치하면 그림(b)처럼 창에서의 콜드드래프트를 촉진하여 바닥면 온도가 현저히 떨어지는 결과가 된다.

(2) 컨벡터에 사용하는 가열체를 건축구조 내에 설치하는 방법을 〈그림 2.16〉에 나타낸다. 그림 (b)는 책상 등이 창밑에 있을 때 그 속에 설치하는 방법, 그림 (c), (d), (e)는 창대밑에 설치하는 방법을 나타낸 것이다. 어느 것이나 가열체 부분에 격판(배플 플레이트)을 두어, 공기가 가열체만을 유통하게끔 주의한다.

(3) 〈그림 2.17〉은 창유리가 바닥면까지 내려와 있는 경우에 격판(이것을 picture window라 한다) 창밑의 바닥내에 설치하는 방법으로, 이 경우도 그림처럼 격판을 설치하여 공기를 유통하도록 한다. 오카가티(岡垣) 등의 실험*에 의하면 그림 (a)인 경우의 방열량은 표준형 베이스보드 히터에 대하여 95%의 능력을 나타내지만, 그림 (b)의 치수로 하면 입구폭(S)은 60mm 이상에서 101%를 나타내고 방열량이 커진다. 이것은 스택 하이트(H_S)가 커지기 때문이라고 생각된다.

* 문헌 (216)

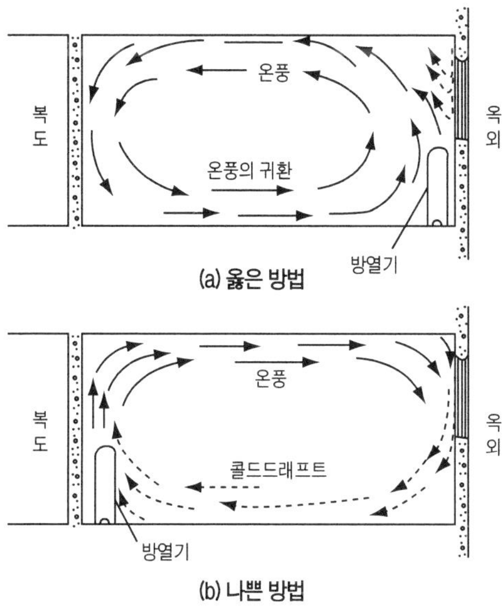

〈그림 2.15〉 방열기 배치법

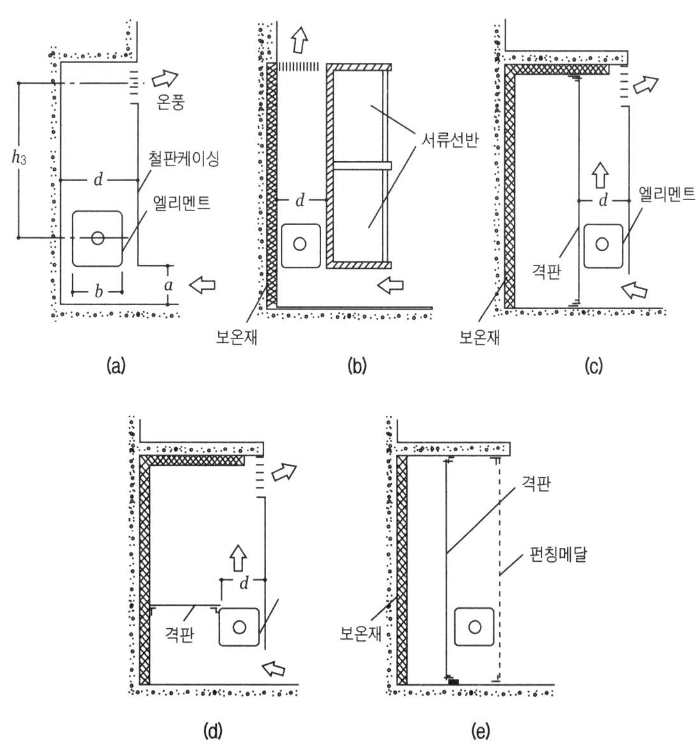

〈그림 2.16〉 은폐형 컨벡터

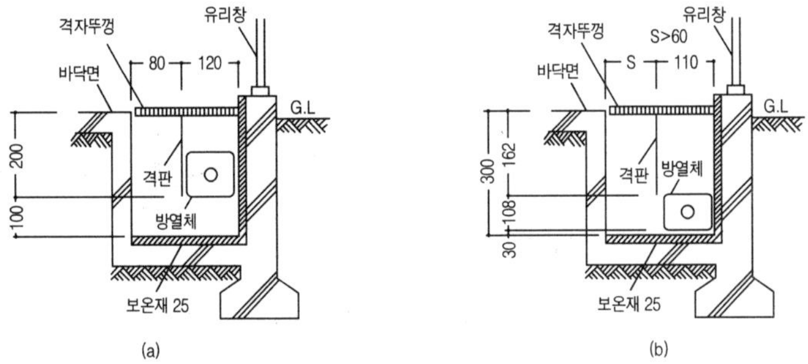

〈그림 2.17〉 바닥 밑 컨벡터

2·5 증기난방

2·5·1 개요

1955년 이전에는 증기난방이 일본 난방설비의 주류를 이루고 있었으나 2·1·1에서 설명한 것 같이 최근에는 공기조화에 밀려나 학교나 한냉지의 병원 등 일부에 한해서 이용되고 있다. 특히 온수난방과 달리 증기난방은 각 실에 서모스탯을 설치해 방열량을 제어하는 이른바 개별제어를 하지않으면 방열량 조정이 불가능하다. 그래서 날씨가 따뜻한 날에는 실내가 과열되어 창문을 열게 되고 결국 에너지를 낭비하게 된다. 이것을 방지하기 위해서는 방위별로 계통을 분리하고, 각각 본관에 자동제어밸브를 설치해 이것을 대표실의 실온으로 제어하는 것이 바람직하다.

이와 같은 이유로 규모를 불문하고 향후 에너지절약 시대에는 직접난방 중 온수난방이 많이 이용될 것으로 생각된다. 단, 2·6·1에 설명한 것 같이 외기의 최저온도가 −10℃ 이하인 곳은 동결방지의 점에서 증기난방 쪽이 유리하다. 소규모 건축에서도 보일러기사를 채용하지 않는 관점에서 오히려 온수난방이 이용되고 있다.

2·5·2 증기난방의 방식

〈표 2.51〉 증기압력 및 환수방식에 의한 분류

<table>
<tr><td rowspan="6">증기압력방식에 의한 분류</td><td rowspan="2">방식</td><td colspan="2">증기압력</td><td rowspan="2">비고</td></tr>
<tr><td>atg(kgf/cm²G)</td><td>[kPa(G)]</td></tr>
<tr><td>고압식</td><td>3~1</td><td>300~100</td><td></td></tr>
<tr><td>저압식</td><td>1~0.1</td><td>100~10</td><td></td></tr>
<tr><td>베이퍼식</td><td>0.2~진공압</td><td>20~진공압</td><td>진공 펌프 없음</td></tr>
<tr><td>진공식</td><td>0.2~−200mmHg</td><td>20~−30</td><td>진공 펌프 있음</td></tr>
<tr><td rowspan="3">환수방식에 의한 분류</td><td colspan="4">적용범위</td></tr>
<tr><td>중력식</td><td colspan="3">환수관이 보일러의 수선(水線) 이하, 환수관이 가늘다. 거의 사용되지 않는다</td></tr>
<tr><td>진공식</td><td colspan="3">환수관이 보일러의 수선 이상, 환수관이 굵다.</td></tr>
</table>

일반적으로 널리 이용되는 방식은 저압(압력 0.3atg 정도) 증기난방에 진공환수방식을 조합시킨 것이다.

2·5·3 증기배관의 설계 방법

(1) 저압증기관의 배관경 결정 방법

저압증기난방에는 보일러 압력 0.3~0.5atg가 이용된다. 이 증기관의 관경 선정표를 〈표 2.54〉에, 환수관을 〈표 2.55〉에 나타낸다. 이 표에 쓰이는 압력강하 R(at/100m)은 다음 식으로 계산한다.

$$R = \frac{P_B - P_R}{\frac{\ell}{100}(1+k)} \quad \cdots\cdots (2.33)$$

단, P_B = 보일러의 증기압력 (atg)

P_R = 방열기의 증기압력 (atg)

l = 보일러에서 가장 먼 방열기까지의 증기관 길이 (m)

k = 증기관 도중의 이음, 밸브 등의 저항합계의 직관저항에 대한 비율

보통 k = 0.50(대형장치)~1.0(소형장치)

배관중의 전압력 강하($P_B - P_R$)는 순구배인 경우 P_B의 1/3 정도로 잡는다. 〈표 2.52〉에 전압력 강하와 R의 일반적으로 사용되는 값을 나타낸다.

〈표 2.52〉 증기관의 허용압력 강하 (문헌 217)

초기 증기압력(절대압)		전압력 강하		단위마찰손실 R	
{kgf/cm²}	[kPa]	{kgf/cm²}	[kPa]	{kgf/cm²·100m}	[Pa/m]
진공환수식		0.07~0.14	7~14	0.03~0.063	0~60
1.033	100	0.005	0.5	0.007	7
1.383	135	0.1	10	0.06	60
2.033	200	0.3	30	0.23	230
3.033	300	0.3~0.7	30~70	0.5	500
7.033	700	1.0~1.75	100~170	0.5~1.2	500~1,200
10.033	1,000	0.75~2.0	175~200	0.5~2.3	500~2,300

〈표 2.53〉 증기관 관경결정시 표 사용법

복관식	증기주관 및 하향수직관 — 순구배인 경우	(A)~(F)란	R은 〈표 2.52〉에 따른다.
	증기주관 및 하향수직관 — 역구배인 경우	(H)란	
	증기수직관(상향)	(G)란	
	주관과 수직관(상향) 사이의 연락관	(H)란	

【주】 순구배란 관내의 증기와 응축수(환수)의 흐름이 같은 방향인 구배를 말하며, 역구배는 이와 반대인 경우를 말한다.

〈표 2.54〉 저압증기관의 용량표(증기량) (kg/h)

		순구배 수평관 및 하향 급기수직관 (복관식 및 단관식)						역구배 수평관 및 상향 급기수직관			
압력 강하 R	kgf/cm²/100m	0.005	0.01	0.02	0.05	0.1	0.2	복관식		단관식	
	Pa/m	4.9	9.8	19.6	49	98	196	수직관	수평관	수직관	수평관
관 종류		A	B	C	D	E	F	G	H	I	J
관경	20 A	2.5	3.8	5.4	9.0	12.8	18.5	5.4	–	3.8	–
	25	4.7	6.9	10.2	17.0	24.2	35.1	10.2	4.5	6.9	3.6
	32	9.3	13.9	20.6	33.9	49.6	71.4	20.6	9.9	1.9	8.2
	40	14.5	21.2	31.5	50.9	73.9	106.5	31.5	14.5	21.2	12.6
	50	26.6	40.0	58.1	96.9	139.2	201.0	58.1	25.4	40.0	21.8
	65	53.3	77.5	113.8	187.7	272.4	393.5	109.0	61.7	73.6	41.2
	75	84.8	123.5	181.6	299.1	423.8	617.5	157.4	102.9	116.2	66.6
	90	125.9	181.6	263.9	435.9	629.6	896.0	217.9	162.2	163.5	102.9
	100	175.6	254.3	363.2	605.4	871.7	1,259.2	284.5	232.5	211.9	157.4
	125	314.8	448.0	653.8	1,041.3	1,513.5	2,179.4	532.7	435.9		290.6
	150	496.4	726.5	1,041.3	1,695.1	2,421.5	3,511.2	932.3	738.6		
	200	1,029.1	1,501.3	2,179.4	3,511.2	4,964.1	7,143.5	2,058.3	1,622.4		
	250	1,852.5	2,712.1	3,874.4	6,174.9	8,838.6	12,591.9	3,632.3	3,026.9		
	300	2,966.4	4,237.7	6,053.8	9,807.2	13,923.8	20,583.0	5,811.7	4,843.0		

저압증기관 관경의 결정은 〈표 2.54〉를 이용한다. 본표의 어느 난을 이용하는 가는 〈표 2.53〉에 의한다.

환수관의 관경은 〈표 2.55〉 및 〈표 2.56〉을 이용해서 결정한다. R은 증기관에 채용한 R과 같은 값을 이용한다.

일반적으로 증기 및 환수주관에는 관 끝단의 압력강하를 방지하고, 배관에 느슨함이 생겨 구배를 해치지 않도록 증기주관은 40A 이하, 환수주관은 25A 이하의 가는 관은 이용하지 않는 편이 좋다.

방열기 주위의 분기관은 〈표 2.57〉을 이용해 선택한다. 방열기 밸브 및 트랩은 각 메이커의 카탈로그를 참조하여 선택하지만, 대체로 동표의 (d), (g) 난에 의해 선정하면 큰 무리는 없다.

(2) 고압증기의 배관경 결정방법

고압증기 배관의 관경 선정에 이용하는 저항 R과 전압력 강하 Δp는 〈표 2.58〉에 따른다. 예를 들면 압력 $p = 2$atg의 고압증기이고, 배관길이가 150m일 때 $\Delta p = 0.35$ 또는 0.7을 사용하면

$$R_1 = \frac{0.35}{(150/100)} = 0.23\text{at/100m}$$

$$R_2 = \frac{0.70}{(150/100)} = 0.47\text{at/100m}$$

〈표 2.55〉 저압증기의 환수관 용량표(수평관)(kg/h)

		수평관								
압력 강하 R	kgf/cm^2/100m	0.005		0.01		0.02		0.05		0.1
	Pa/m	4.9		9.8		19.6		49		98
방식		습식 (K)	건식 (L)	습식 및 진공식 (M)	건식 (O)	습식 및 진공식 (P)	건식 (Q)	습식 및 진공식 (R)	건식 (S)	진공식 (T)
관경	20 A	27.0	–	38.3	–	53.9	–	84.3	–	120.3
	25	47.2	23.6	70.6	32.6	93.2	41.7	146.5	51.7	213.1
	32	81.1	50.9	112.6	66.3	157.4	85.4	253.0	106.5	359.6
	40	128.3	78.7	180.4	107.8	253.0	138.0	404.4	168.3	561.8
	50	270.0	180.4	382.6	236.1	527.9	297.8	842.7	359.6	1,180.6
	65	450.4	293.0	629.6	404.4	888.7	494.0	1,416.6	595.7	1,985.7
	75	708.3	540.0	1,000.1	719.2	1,440.8	876.6	2,252.0	1,101.8	3,208.5
	90	1,044.9	774.9	1,483.2	1,011.0	2,130.9	1,235.0	3,365.9	1,574.0	4,722.0
	100	1,465.0	1,156.3	2,070.4	1,513.5	2,917.9	1,913.0	4,613.0	2,361.0	6,513.9
	125	2,591.0	–	3,596.0	–	5,170.0	–	7,991.0	–	11,260.1
	150	3,753.4	–	5,848.0	–	8,209.0	–	13,136.8	–	18,403.6

〈표 2.56〉 저압증기의 환수관 용량표(수직관)(kg/h)

		수직관				
압력 강하 R	kgf/cm^2/100m	0.01	0.02	0.05	0.1	
	Pa/m	9.8	19.6	49	98	
방식		진공식				건식
		(U)	(V)	(W)	(X)	
관경	20 A	70.6	93.2	146.5	213.1	21.3
	25	112.6	157.4	253.0	359.6	50.6
	32	180.4	253.0	404.4	561.8	111.4
	40	382.6	527.9	842.7	1,180.5	168.3
	50	629.6	888.7	1,416.6	1,985.7	336.6
	65	1,000.1	1,440.8	2,252.0	3,208.5	
	75	1,483.2	2,130.9	3,365.9	4,722.0	
	90	2,070.4	2,917.9	4,613.0	6,513.9	
	100	3,596.0	5,170.0	7,991.0	11,260.1	
	125	5,848.0	8,209.0	13,136.8	18,403.6	

〈표 2.57〉 방열기 분기관 관경

	증기관				환수관		
증기량 kg/h	(a) 수직관 상향 급기	(b) 수직관 역 구배	(c) 수직관 하향 급기	(d) 방열기 밸브	(e) 수직관	(f) 수평관	(g) 방열기 트랩
~ 2.1	15A	20A	15A	15A	15A	15A	15A
2.2~6.4	20	25	15	20	15	15	15
6.5~14.6	25	32	20	25	15	20	15

즉, 0.23~0.47at/100m를 이용하면 되지만, 여기서는 표준저항에 가까운 0.4를 이용하는 것으로 한다. 환수관도 증기관과 같은 0.4를 이용한다.

〈표 2.58〉 저항과 전압력 강하의 선정법

압력 *P*		표준저항 *R*		전압력 강하 ΔP	
(atg)	[kPa]	(at/100m)	[Pa]	(at)	[kPa]
2	196	0.5	490	0.35~0.70	34.3~68.6
5	490	0.5~1.0	490~980	1.0 ~ 1.4	98.0~137.7
10	980	0.5~2.5	490~2,450	1.8 ~ 2.1	176.5~206.0

이 저항을 이용해 〈표 2.59〉에서 증기관, 〈표 2.60〉에서 환수관의 배관경을 구할 수가 있다. 이 표들은 모두 가스관을 사용하는 경우이다.

〈표 2.59〉 (A) 고압증기(2.0atg)[196.0kPa]의 증기관 유량(kg/h)(문헌 218)

관경 (A)	압력강하							
	(kgf/cm² · 100m)	0.01	0.04	0.10	0.20	0.40	0.60	1.00
	[Pa/m]	9.8	39.2	98	196	392	588	980
20		6	12	21	29	41	50	65
25		12	23	38	53	77	95	120
32		23	46	75	110	160	190	250
40		36	71	120	170	230	290	370
50		65	130	210	300	440	520	700
65		130	260	410	590	850	1,100	(1,350)
75		200	400	650	950	1,350	1,700	(2,200)
100		420	830	1,350	1,950	2,700	(3,400)	(4,300)
125		740	1,500	2,400	3,400	4,900	(6,000)	(8,000)
150		1,200	2,300	3,800	5,300	(7,700)	(9,300)	(12,000)
200		2,500	4,800	7,900	11,000	(16,000)	(20,000)	(25,500)
250		4,400	8,500	14,000	(20,000)	(28,000)	(34,000)	(45,000)
300		7,000	13,500	22,000	(32,000)	(45,000)	(57,000)	(72,000)

【주】( ) 안은 유속 60m/s 이상이며, 설계에는 채용하지 않는다.

* 〈표 2.59〉는 지바타카오(千葉孝男)가 작성한 유량선도(문헌 218)에서 인용한 숫자이다.

〈표 2.59〉 (B) 고압증기(5atg)[490kPa]의 증기관 유량(kg/h)(문헌 218)

관경 (A)	압력강하								
	(kgf/cm² · 100m)	0.01	0.04	0.10	0.20	0.40	0.60	1.00	2.00
	[Pa/m]	9.8	39.2	98	196	392	588	980	1,960
20		8	17	27	41	60	73	97	140
25		17	32	54	78	115	140	170	260
32		32	63	120	160	220	270	360	510
40		41	100	170	230	270	410	550	780
50		80	180	300	430	630	770	1,000	1,450
65		180	350	600	840	1,250	1,500	2,000	(2,800)
75		280	570	930	1,300	1,900	2,300	3,000	(4,200)
100		550	1,150	1,900	2,300	3,900	4,700	(6,100)	(8,700)
125		990	2,000	3,300	4,600	6,500	8,200	(11,000)	(16,000)
150		1,600	3,100	5,100	7,200	10,500	13,000	(17,000)	(23,000)
200		3,200	6,200	11,000	16,000	(21,000)	(27,000)	(33,000)	(48,000)
250		7,700	12,000	19,000	27,000	(39,000)	(47,000)	(60,000)	(90,000)
300		9,000	18,000	40,000	53,000	(60,000)	(75,000)	(100,000)	

〈표 2.59〉 (C) 고압증기(10atg)[980kPa]의 증기관 유량(kg/h)(문헌 218)

관경 (A)	압력강하									
	(kgf/cm²·100m)	0.01	0.02	0.04	0.06	0.10	0.20	0.40	0.60	1.00
	[Pa/m]	9.8	19.6	39.2	58.8	98	196	392	588	980
20		8	11	15	19	25	35	50	61	79
25		15	22	31	38	49	69	98	121	156
32		35	49	69	85	110	156	220	271	350
40		53	76	108	132	171	242	343	422	547
50		109	155	219	269	348	493	700	858	1,200
65		181	257	363	444	577	812	1,153	1,412	1,710
75		326	462	657	804	1,042	1,480	2,100	2,575	3,310
90		500	709	1,004	1,230	1,590	2,240	3,170	3,880	5,000
100		707	1,004	1,420	1,745	2,240	3,165	4,490	5,500	7,050
125		1,295	1,830	2,600	3,190	4,110	5,840	8,290	10,150	13,100
150		2,115	3,010	4,275	5,225	6,800	9,570	13,650	16,800	21,500
200		4,400	6,260	8,870	10,900	14,050	20,000	28,300	34,900	44,850
250		8,130	11,600	16,450	20,150	26,050	37,000	52,700	64,700	83,300
300		12,920	18,300	26,000	32,000	41,300	58,700	83,500	102,200	131,500

〈표 2.60〉 고압증기의 환수관 용량표(kg/h)

압력강하		20A	25A	32A	40A	50A	65A	75A	90A	100A	125A	150A
at	Pa	증기압력 2atg(196kPa)인 경우										
0.01	9.8	27	60	120	200	400	600	1,200	1,800	2,700	5,000	8,000
0.02	19.6	40	86	180	300	600	900	1,800	2,700	4,000	7,000	12,000
0.04	39.2	60	130	260	420	860	1,400	2,600	4,000	5,700	10,000	17,000
0.06	58.8	75	160	320	530	1,100	1,700	3,200	4,800	7,200	13,000	21,000
0.1	98	100	210	430	700	1,450	2,300	4,400	6,400	9,600	17,000	28,000
0.2	196	150	310	630	1,000	2,100	3,300	6,400	9,500	14,000	26,000	41,000
0.4	392	230	450	920	1,500	3,100	4,800	9,400	14,000	20,000	37,000	60,000
0.6	588	280	560	1,200	1,900	4,000	6,000	12,000	18,000	26,000	46,000	76,000
1.0	980	380	750	1,500	2,500	5,000	8,000	16,000	23,000	34,000	60,000	100,000
증기압력 10atg(980kPa)인 경우												
0.01	9.8	37	74	150	260	510	900	1,600	2,300	3,200	6,000	10,000
0.02	19.6	57	110	240	400	800	1,400	2,400	3,500	5,000	9,200	15,000
0.04	39.2	90	170	360	600	1,200	2,100	3,300	5,400	7,600	14,000	23,000
0.06	58.8	110	220	460	780	1,600	2,700	4,800	7,000	10,000	18,000	30,000
0.1	98	160	310	640	1,100	2,200	3,600	6,500	9,500	14,000	25,000	41,000
0.2	196	240	460	1,000	1,800	3,300	5,500	10,000	15,000	21,000	38,000	63,000
0.4	392	370	720	1,500	2,500	5,000	8,500	15,000	23,000	32,000	59,000	98,000
0.6	588	470	920	2,000	3,200	6,400	11,000	20,000	30,000	42,000	76,000	126,000
1.0	980	650	1,300	2,600	4,500	9,000	15,000	27,000	40,000	56,000	105,000	170,000
2.0	1,960	1,000	2,000	4,100	7,000	13,000	23,000	42,000	65,000	88,000	160,000	265,000

2·5·4 배관의 신축이음

〈표 2.61〉 길이 1m의 강관 및 동관의 늘어난 길이 (mm)

증기압력		온도	강관의	동관의	증기압력		온도	강관의	동관의
atg	kPa	(℃)	늘어난 길이	늘어난 길이	atg	kPa	(℃)	늘어난 길이	늘어난 길이
–	–	– 30	0	0	0.48	47.1	80	1.258	1.849
–	–	– 20	0.098	0.130	1.033	101.3	100	1.494	2.209
0	0	0	0.329	0.466	2.024	198.5	120	1.717	2.540
0.075	7.4	40	0.791	1.155					

【주】 예를 들면 0℃에서 100℃까지 늘어났을 때는, 강관 : 1.494 – 0.329 = 1.165mm/m

〈표 2.62〉 각종 재료의 선팽창계수 α

재료(온도 ℃)	동 (20)	연철 (40)	강 (20)	납 (60)	스테인리스강	염화비닐 (PVC)	폴리에틸렌
$\alpha \times 10^{-6}$	16.2	12.10	11.4	29.1	17~18	70~80	55~100

〈표 2.63〉 미끄럼 신축이음의 설치간격(HASS003에서 환산)

압력		온도 (℃)	관경			
			15~50A	65~100A	125~200A	250~300A
			미끄럼 행정의 실용길이 (mm)			
			38	57	76	95
			최대 미끄럼 행정 (mm)			
			50	75	100	125
ata	kPa		최대 설치 간격 (m)			
0.423	41.5	80	27.74	41.15	54.86	68.88
1.033	101.3	100	27.74	41.15	54.86	68.88
1.460	143.2	110	26.06	41.15	54.86	68.88
2.024	198.5	120	24.38	37.03	49.38	62.48
3.685	361.4	140	21.18	32.00	42.67	53.64
6.302	618.0	160	18.44	27.89	37.49	46.94
10.220	1,002.2	180	16.15	24.99	33.22	41.45

〈표 2.64〉 곡관형 신축이음의 설치간격 (문헌 219)

관경	곡률 *R* (m)	소요 관길이 (m)	설치간격(m)						
			온도(℃)		88	100	120	140	175
			증기압력	ata	–	1.033	2.025	3.68	9.10
				kPa	–	101.3	198.5	361.4	892.4
40A	0.254	2.07			12.19	10.06	8.53	7.01	3.05
50	0.305	3.05			21.34	17.68	14.93	12.19	10.67
65	0.355	3.60			24.38	20.42	17.37	14.33	12.50
75	0.457	4.57			32.92	27.43	23.47	18.90	16.46
100	0.610	5.94			44.80	37.49	32.00	26.21	22.86
125	0.762	7.47			57.30	47.55	37.49	33.53	28.96
150	0.914	8.96			69.49	57.61	49.38	40.23	35.05
200	1.372	13.41			121.92	102.10	85.34	70.10	60.96

〈표 2.65〉 벨로우즈형 신축이음의 설치간격(문헌 219)

증기온도 (℃)		60	80	100	110	120	140	160
증기압력 (atg)				0	0.46	1.00	2.68	5.3
(kPa)				0	45.1	98.0	262.8	519.8
신축량		설치간격 (m)						
단식	35mm	48.5	36.4	29.1	26.4	24.2	20.8	18.2
	(45)mm	(62.5)	(46.9)	(37.5)	(34.0)	(31.2)	(26.8)	(23.4)
복식	70mm	97.0	72.8	58.2	52.8	48.4	41.6	36.4
	(90)mm	(125)	(93.8)	(75)	(68)	(62.4)	(53.6)	(46.8)

【주】 신축량의 ( )가 없는 숫자는 JIS B-2352에 의한다. ( )가 있는 숫자는 메이커의 제품카탈로그에 의한다.
설치간격은 기온 0℃일 때, 팽창률 = 12.0×10^{-3}mm/m℃

2 · 5 · 5 증기난방의 설계방법

Ⅰ. 각 실의 손실열량을 계산하고, 이것으로 2 · 4 · 1에서 설명한 방법에 의해 필요방열량을 산출한다. 이 방열량을 실내 필요개소에 할당하고 방열기를 배치한다. 방열기는 창 아래 그외 손실열량이 큰 곳에 설치하며 1대의 발열량은 5,000kcal/h 이내, 가능하면 3,000kcal/h 이내로 한다.

Ⅱ. 건물의 방위나 실의 사용시간을 고려하여 건물 내를 몇 개 구역으로 분할하고(이것을 조닝이라 함) 각 구역의 각 방열기에 이르는 배관을 기입한다.

가령 사무소건축의 배관계통은 일반사무실의 동서남북 각 방위 마다 4계통 외에 관리실계통, 식당계통, 강당계통 등 사용시간대별로 계통을 설정한다.

Ⅲ. 각 계통의 배관마다 각부를 통과하는 유량을 기입하고 이에 따라 배관경을 결정한다.

Ⅳ. 배관의 도중에 있는 관말 트랩장치, 감압밸브, 신축이음 등의 위치를 정하고 종류, 사이즈를 결정한다.

Ⅴ. 보일러, 펌프류를 2 · 3에 따라 계획한다.

Ⅵ. 기계주위나 필요한 경우는 각 계통마다 자동제어기기를 선정한다.

【예제 2.13】 〈그림 2.18〉과 같은 저압증기난방의 배관지름을 결정하라? 단, 진공환수, 펌프급수식으로 하고 보일러의 상용압력을 0.3atg로 한다. 또 보일러에서 가장 먼 곳의 방열기까지의 연장을 45m로 한다.

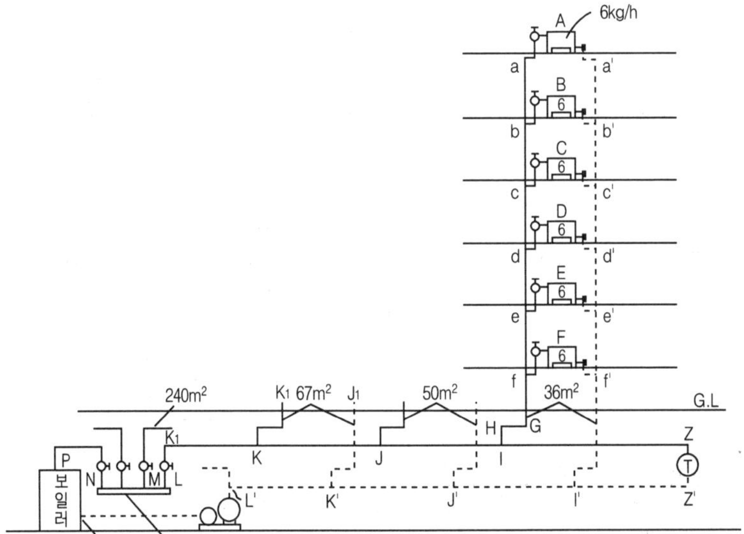

〈그림 2.18〉 설계 예제

풀이 식(2.33)에 의해 압력강하 R을 계산한다. 전압력 강하($p_B - p_R$)을 〈표 2.52〉에 의해 0.1at {kgf/cm²}, $k = 0.5$로 하여

$$R = \frac{100\ (0.1)}{45 \times 1.5} = 0.148$$

즉, 〈표 2.54〉의 R = 0.10인 곳(E구획)에서 주관의 지름을 결정한다. 관끝단(管末)의 IJ, IZ 부분은 E구획에서는 32A면 되지만 수직관이 50A이므로 이것과 동일하게 잡아 50A를 사용한다. 수직 증기관 중 역구배 부분 HG는 동표 G구획에서 선택해야 한다.

장치가 크므로 진공환수를 이용하며 환수관은 〈표 2.55〉(T) 및 〈표 2.56〉(X)구획에서 결정한다. 환수주관은 표에서는 20A면 되지만 25A미만의 가는관은 사용하지 않고 25A로 한다. (p.80)에 의해 펌프 토출관은 ZP' 부분은, 이 난방장치에 사용하는 진공펌프(가령 U-700)의 토출관에 따라 25A를 쓴다. 방열기 분기관은 〈표 2.57〉에 의한다.

〈표 2.66〉 (A)

	구간	kg/h	관경			구간	kg/h	관경	
증기 수직관	Aa	6	20	(a)구획	환수관	Aa'	6	15	(f)구획
	ab	6	25	G		a'b'	6	〃	(e)
	bc	12	32	〃		b'c'	12	20	X구획
	cd	18	32	〃		c'd'	18	〃	〃
	de	24	40	〃		d'e'	24	〃	〃
	ef	30	40	〃		e'f'	30	〃	〃
	fG	36	50	〃		f'I'	36	〃	〃
	GH	36	65	H					
	HI	36	50	G					
증기 주관	IZ	–	50		환수주관	I'Z'	–	25	T구획
	IJ	36	50			I'J'	36	〃	〃
	JK	86	50	E구획		J'K'	86	〃	〃
	KL	153	65	〃		K'L'	153	〃	〃
	NP	753	100	〃		P'Z	753	25	〃

【예제 2.14】 전 예의 장치에서 환수관이 중력환수일 때의 관경을 구하시오?

풀이 중력환수에서도 증기관의 지름은 진공환수일 때와 같다. 다만 환수관은 〈표 2.55〉~〈표 2.57〉 중, 건식환수관을 사용한다. 이 경우 $R = 0.1$이고 이것에 상당하는 건식 수평관의 지름은 없으므로 $R = 0.05$(S난)으로 수평관의 지름을 결정한다.

〈표 2.66〉(B)

구간	I'Z'	I'J'	J'K	K'L'	PZ'	a'~d'	d'~I'
kg/h	–	36	86	153	753	최대 18	최대 36
관경	25	25	32	40	25	20	25

2·6 온수난방

2·6·1 온수난방 방식

(1) 분류

〈표 2.67〉 온수순환방법에 의한 분류

중력순환식	공급수 · 환수의 수온 차에 의한 비중차를 이용해서 순환시키는 방식으로, 관경이 커지기 때문에 최근에는 거의 사용하지 않는다.
강제순환식	펌프를 이용해서 온수를 순환시키는 것으로, 최근에는 펌프의 코스트가 싸져서 전체의 설비비는 중력식보다 싸고, 난방효과도 좋기 때문에 주로 이 방식이 이용되고 있다.

〈표 2.68〉 온도에 의한 분류

보통온수 (저온수)	온도 100℃ 미만(보통 80℃ 전후)의 온수를 사용하는 것으로, 건축 난방용으로 널리 사용되고 있다.
고온수	공급수의 온수온도 100℃ 이상(보통 120~180℃)을 사용하며, 온도차를 20~60℃로 높여 온수유량을 크게 줄임으로써 관경을 작게 한다. 지역난방에 널리 쓰인다.

〈표 2.69〉 일관식과 이관식

일관식	2 · 6 · 5에 나타낸 것같이 1개의 관으로 순환시킨다. 수온차 15℃ 이상인 고온도차에 적당하며, 최근 고온수 난방의 옥내배관에 이용된다.
이관식	2개의 관으로 순환을 시킨다. 설계가 간단하여 가장 많이 이용되고 있다.

이하 본문에서는 100℃ 미만의 보통온수를 이용하는 2관식에 대해서 다루고, 1관식은 2 · 6 · 5에서 설명한다. 고온수난방에 대해서는 문헌 (210)을 참조할 것.

(2) 온수온도

외기온도가 최저 −5℃ 이하인 지방에서는 겨울철 연휴기간에 배관내의 온수가 동결할 우려가 있다. 이것을 방지하기 위해 학교 등에서 1주일 이상의 겨울방학 동안에는 방학기간 중에 1회 내지 2회 정도 난방용 보일러를 운전하여 배관 내의 수온을 규정온도로 높여야 한다. 외기 최저온도가 −10℃ 이하일 때는 증기난방을 채용한다.

온수난방에서는 방열기의 방열량을 온수온도의 변화에 의해 바꿀 수가 있다. 실내 20℃, 외기 −5℃, 온수 입구온도 85℃의 설계조건일 때 외기온이 변화했을 경우는 온수 온도를 다음과 같이 제어한다.

〈표 2.70〉 설계 온수온도와 방열량

	t_{w1}	t_{w2}	$(t_{w1}-t_{w2})$	단위면적당 방열량	온수순환량 (1,000kcal당 kg)
보통온수	80℃	70℃	10℃	100%	100
	90	77	13	134	83
고온수	100	83	17	149	59
	110	90	20	175	50
	120	97	23	204	43
	150	116	34	294	29
	200	150	50	472	20

【주】 방열량은 대류방열기를 사용한 경우의 비교

〈표 2.71〉 외기온과 온수온도의 관계

외기 (℃)		−5	0	5	10	15	20
온수 온도	입구(℃)	85	83	71	58.5	45.5	20
	출구(℃)	75	73	63	51.5	40.5	20
	온도차(℃)	10	10	8	7	5	0

2·6·2 온수난방의 설계

(1) 온수순환수량

온수순환량 L은 다음 식에 의해 결정한다. $\Delta t_w = t_{w1} - t_{w2}$로서는 보통온수에서는 일반적으로 5 ~ 10℃가 사용된다.

$$L\,(\text{kg/h}) = \frac{q}{t_{w1}-t_{w2}} \qquad \cdots\cdots (2.34)$$

q = 방열기의 방열량 (kcal/h)

t_{w1}, t_{w2} = 각각의 방열기 입구·출구의 온수온도 (℃)

(2) 강제식 온수난방의 순환수두

이 경우, 사용되는 온수순환펌프의 양정이 그대로 순환수두가 된다. 온수순환펌프의 양정으로서는, 보통온수인 경우는 되도록 0.5~3mAq를 이용한다. 온수순환펌프의 카탈로그가 주어져 있을 때는 펌프의 수량을 계산하여 이것에서 카탈로그에 의해 펌프의 양정을 거꾸로 구할 수가 있다.(예제 2.17 참조). 그리고 배관 내의 압력 강하 및 수속(水速)은 대체로 〈표 2.72〉에 따른다.

〈표 2.72〉 온수난방 각 방식의 압력강하, 수속

	압력강하 R (mm/m)	수속 (m/sec)	펌프양정(m)
중력식	0.10~0.30	0.03~0.20	−
강제식	소규모5~20 대규모 10~30	최대 1.5	1~5m
지역난방	10~30	최대 3.0	10~40m

(3) 배관의 저항

직관의 저항은 〈그림 2.19〉~〈그림 2.21〉에 따르지만 어떤 그림을 사용하는가는 관종에 따라 〈표 2.73〉을 참조한다. 예를 들면 50A의 관에 70ℓ/min의 온수를 흐르게 하는 경우, 유량 70ℓ/min을 종축으로 잡고 파라미터 50A와 만나게 하면 횡축 값의 압력강하 즉 저항 R = 7.5mmAq/m, 직관 1m당 수주 7.5mm가 되는 것을 알 수 있다.

배관 도중에 있는 엘보, 티이(T 지관)와 같은 이음류, 또는 게이트밸브, 스톱밸브와 같은 밸브류의 저항(이것을 국부저항이라 함)은 〈표 2.75〉에 나타낸 것같이 상당길이로 나타낸다. 어떤 이음의 국

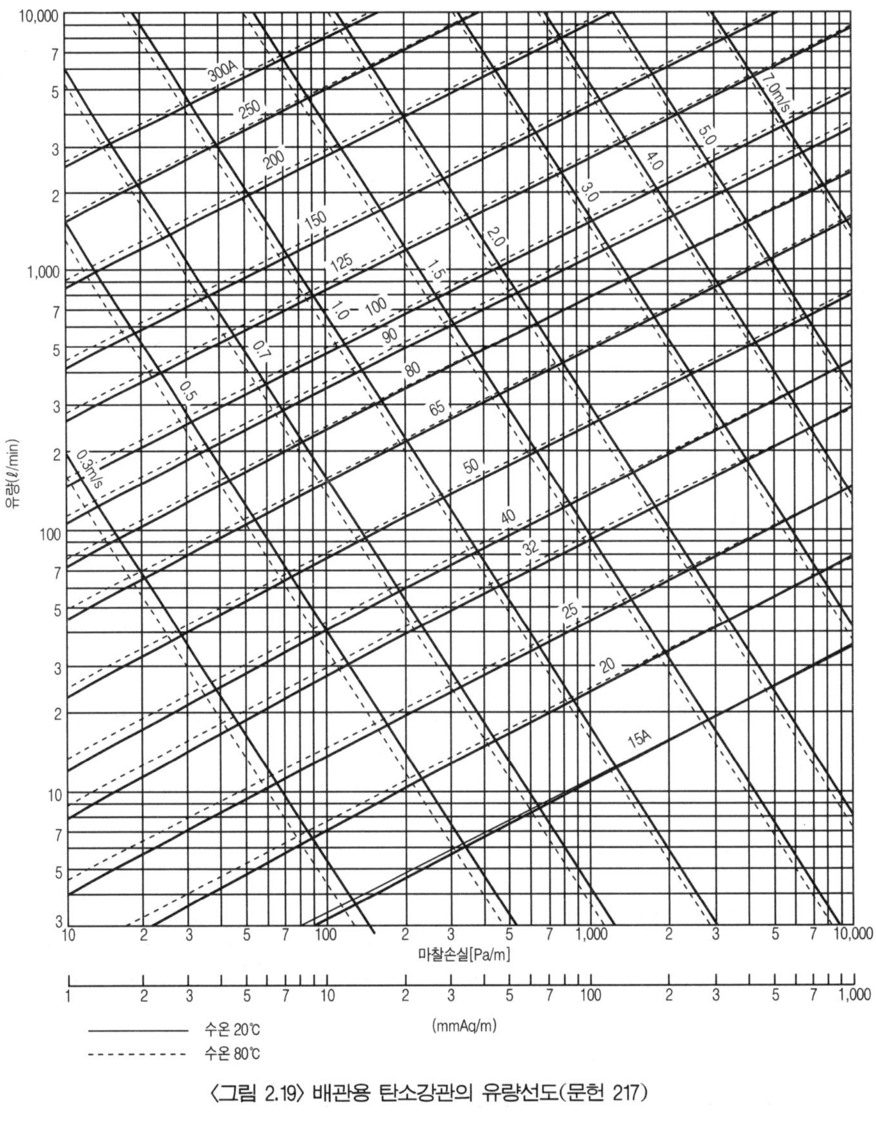

〈그림 2.19〉 배관용 탄소강관의 유량선도(문헌 217)

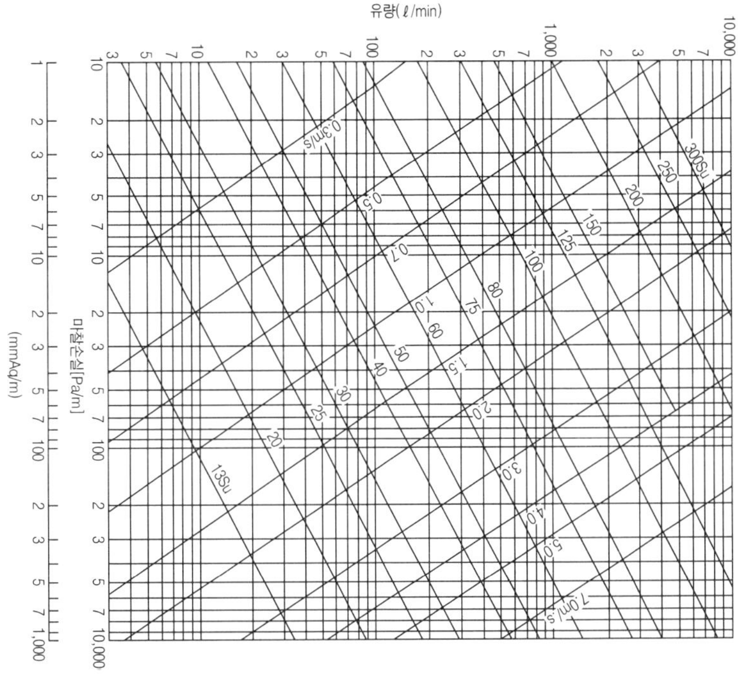

〈그림 2.20〉 일반 배관용 스테인리스 강관(수온 20℃)의 유량선도(문헌 217)

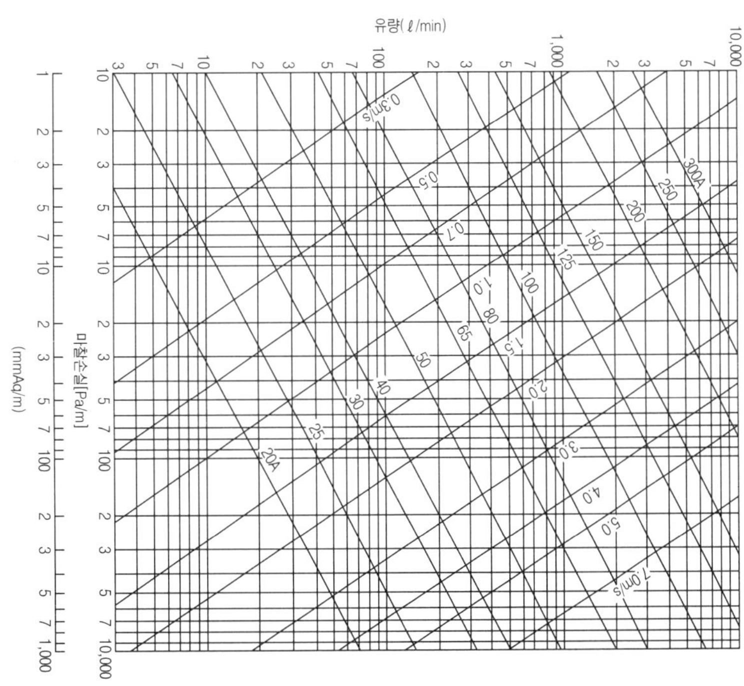

〈그림 2.21〉 압력배관용 탄소강관(스케쥴 40, 수온 200℃)의 유량선도(문헌 217)

부저항을 상당길이 ℓ'm라고 하는 것은, 그 이음과 동일 지름의 직관 lm의 저항과 그 이음의 국부저항이 같다는 의미이다.

온수난방의 설계에서는 후술할 식(2.35)에 나타낸 것 같이 배관 도중의 국부저항의 상당길이 합($\Sigma \ell'$)과 직관길이의 합($\Sigma \ell$)과의 비

$$k = \frac{\Sigma \ell'}{\Sigma \ell}$$

을 쓰지만, k의 값은 장치가 커질수록 작아져 〈표 2.73〉과 같이 된다.

〈표 2.73〉 유량선도 데이터표

관종	규격	등가응력ε(mm)	수온(℃)	그림
배관용 탄소강관	JIS G 3452	0.15	20, 80	〈그림 2.18〉
일반배관용스테인리스강관	JIS G 3448	0.005	20	〈그림 2.19〉
경질염화비닐 라이닝강관	WSP 011	0.005	20	〈그림 2.20〉
압력배관용 탄소강관(Sch 40)	JIS G 3454	0.1	200	〈그림 2.21〉

〈표 2.74〉 국부저항의 비율

k = 1.0~1.5	(주택 기타 소건축)
k = 0.5~1.0	(사무소 기타 소건축)
k = 0.2~0.5	(지역난방)

〈표 2.75〉 (A) 국부저항의 상당길이(m)

관경 (A)	90°** 표준 엘보우	45°** 표준 엘보우	티이 분류 합류	티이 직통			글로우브 밸브	앵글 밸브	게이트 밸브	스윙 체크 밸브*
				티이	이경티이 (차 3/4d)	이경티이 (차 1/2d)				
10	0.4	0.2	0.8	0.3	0.4	0.4	5.2	1.8	0.2	1.5
15	0.5	0.2	0.9	0.3	0.4	0.6	5.5	2.1	0.2	1.8
20	0.6	0.3	1.2	0.4	0.6	0.5	6.7	2.7	0.3	2.4
25	0.8	0.4	1.5	0.5	0.7	0.8	8.8	3.7	0.3	3.1
32	1.0	0.5	2.1	0.7	0.9	1.0	11.6	4.6	0.5	4.3
40	1.2	0.6	2.4	0.8	1.1	1.2	13.1	5.5	0.6	4.8
50	1.5	0.8	3.1	1.0	1.4	1.5	16.8	7.3	0.7	6.1
65	1.8	1.0	3.7	1.3	1.7	1.8	21.0	8.8	0.9	7.6
75	2.3	1.2	4.6	1.5	2.1	2.3	25.6	10.7	1.0	9.1
90	2.7	1.4	5.5	1.8	2.4	2.7	30.5	12.5	1.2	10.7
100	3.1	1.6	6.4	2.0	2.7	3.1	36.6	14.3	1.4	12.7
125	4.0	2.0	7.6	2.5	3.7	4.0	42.7	17.7	1.8	15.2
150	4.9	2.4	9.1	3.1	4.3	4.9	51.8	21.3	2.1	18.3
200	6.1	3.1	12.2	4.0	5.5	6.1	67.1	25.9	2.7	24.4
250	7.6	4.0	15.2	4.9	7.0	7.6	75.3	32.0	3.7	30.5
300	9.1	4.9	18.3	5.8	7.9	9.1	97.5	39.6	4.0	36.6
350	10.4	5.5	20.7	7.0	9.1	10.4	110	47.2	4.6	41.2
400	11.6	6.1	23.8	7.9	10.7	11.6	125	54.9	5.2	45.7
450	12.8	7.0	25.9	8.8	12.2	12.8	140	61.0	5.8	50.3
500	15.2	7.9	30.5	10.1	12.4	15.2	158	71.6	6.7	61.0
600	18.3	9.1	35.1	12.2	15.2	18.3	186	80.8	7.6	73.2

* 밸브의 저항은 전개시의 것. 45° Y형 밸브는 앵글밸브의 저항과 같다.

** 각 구경에 상당하는 밸브시트를 가지고 있는 리프트형 체크밸브는 글로우브밸브의 저항과 같다.

【예제 2.15】 도중에 엘보 2개, 게이트밸브(전개) 1개를 가지고 있는 길이 100m의 150A관에 58,000kg/h의 온수가 흐를 때 도중의 저항을 구하라?

풀이

직관길이		= 100m
150A 엘보우 (2개)	2개 × 4.9	= 9.8
150A 게이트밸브 (1개)	1개 × 1.1	= 1.1 (+
		110.9m

직관의 저항은 〈표 2.19〉에서 150A관에 58,000kg/h가 통과할 때는 5.0mmAq/m가 되므로,

$$111.9 \times 5.0 = 560 \text{mmAq}$$

온수난방의 배관경 설계를 위해 사용하는 배관저항을 R mmAq/m이라 하면, R은 (2.35)식에 의해 구할 수 있다.

$$R = \frac{H}{\ell(1+k)} = \frac{H}{\ell + \ell'} \quad \cdots\cdots (2.35)$$

단, k = 국부저항과 직관저항의 비 〈표 2.73〉

H = 이용해야 할 순환수두 (mmAq)

ℓ = 보일러에서 가장 먼 곳의 방열기에 이르는 왕복관의 길이 (m)

ℓ' = 왕복의 도중에 있는 국부저항의 상당길이 합계 (m)

〈표 2.75〉 (B) 국부저항의 상당길이(단면형상변화)(m)

관경 (A)	관의 급확대 * d/D			관의 급축소 * d/D			탱크		리턴 벤드	온수용 방열기 밸브
	1/4	1/2	3/4	1/4	1/2	3/4	입구	출구		
10	0.4	0.2	0.1	0.2	0.2	0.1	0.5	0.2	–	–
15	0.6	0.3	0.1	0.3	0.2	0.1	0.6	0.3	0.4	1.6
20	0.8	0.5	0.2	0.4	0.3	0.2	0.9	0.4	0.7	2.2
25	1.0	0.6	0.2	0.5	0.4	0.2	1.1	0.6	0.8	2.8
32	1.4	0.9	0.3	0.7	0.6	0.3	1.7	0.8	1.0	3.6
40	1.8	1.1	0.4	0.9	0.7	0.4	2.0	1.0	1.2	4.2
50	2.4	1.5	0.5	1.2	0.9	0.5	2.7	1.3	1.7	–
65	3.1	1.9	0.6	1.5	1.2	0.6	3.7	1.7	2.2	–
75	4.0	2.4	0.8	2.0	1.5	0.8	4.3	2.2	2.8	–
90	4.6	2.8	0.9	2.4	1.8	0.9	5.2	2.6		
100	5.2	3.4	1.2	2.7	2.1	1.2	6.1	3.1		
125	7.3	4.6	1.5	3.7	2.7	1.5	8.2	4.3		
150	8.8	6.7	1.8	4.6	3.4	1.8	10.1	5.8		
200	–	7.6	2.6	–	4.6	2.6	14.3	7.3		
250	–	9.8	3.4	–	6.1	3.4	18.3	8.8		
300	–	12.5	4.0	–	7.6	4.0	22.3	11.3		
350	–	–	4.9	–	–	4.9	26.2	13.7		
400	–	–	5.5	–	–	5.5	29.3	15.2		
450	–	–	6.1	–	–	6.1	35.1	17.8		
500	–	–	–	–	–	–	43.3	21.3		
600	–	–	–	–	–	–	49.7	25.3		

【주】 d, D는 관의 내경($d < D$) 관경 d를 이용해 읽는다.

〈표 2.76〉 릴리프관(팽창관)의 구경(보일러구조규격 150조)

보일러전열면적(㎡)	10 미만	10~14	15~19	20~
릴리프관의 최소경	25A	30A	40A	50A

2·6·3 사용기기

(1) 팽창수조(개방식)

팽창수조에 이어대는 물의 팽창관은 〈표 2.76〉과 같이 규칙으로 정해져 있다. 그리고 팽창관에는 밸브를 설치해서는 안된다.

온수의 팽창량 $\Delta v(\ell)$는 다음 식으로 구할 수 있다.

$$\Delta v = \left(\frac{1}{\gamma_2} - \frac{1}{\gamma_1}\right) v \quad \cdots\cdots (2.36)$$

단, γ_1 = 때기 시작할 때의 물의 비중 (kg/m^3) 〈표 1.4〉

γ_2 = 운전시 보일러내의 물의 비중 (kg/m^3)

v = 장치내에 포함된 물의 전수량 (m^2)

예를 들면 10℃에서 80℃로 가열할 때는 〈표 1.4〉에서

$$\gamma_1 = 999.7\ ,\ \gamma_2 = 972$$

$$\Delta v = \left(\frac{1}{972} - \frac{1}{999.7}\right) v = 0.0000285\,v$$

단, 장치 내에 포함되는 수량 v로서 철관내 수량은 〈표 8.3〉에서 계산한다.*

주철보일러 내의 물의 중량은 전열면적당 약 40~70ℓ/m^{2}이고, 보일러 및 방열기의 수량에 대해서는 각사 카탈로그를 참조한다. v의 개산치는 전방열량 1,000kcal에 대해 15ℓ(배관내수량을 포함해서)이다. 팽창수조의 내용적은 위에서 구한 팽창량 Δv의 1.2~1.5배로 잡는다. 〈표 2.77〉에 팽창탱크의 표준 크기를 나타낸다.

〈표 2.77〉 팽창탱크의 표준수량

방열량의 합계 1,000(kcal/h)	팽창탱크내 용적	
	개방식 (ℓ)	밀폐식 (ℓ)
4	10	55
8	20	60
12	25	70
20	40	80
28	55	100
40	75	130
60	110	210
80	150	300
100	180	360

개방식은 방열량이 5,000kcal/ℓ 늘 때마다 7.5ℓ 를 추가
밀폐식은 방열량이 5,000kcal/ℓ 늘 때마다 12.5ℓ 를 추가

【주】 밀폐식은 (문헌 220)

* 관내용적(ℓ/m)은 〈표 8.3〉의 관내단면적(cm^2)의 1/10이다.

(2) 신축이음

증기난방의 항을 참조한다.

(3) 온수가열용 열교환기

열교환기는 원통다관형(셀튜브형)이 사용된다. 대개의 경우, 물을 관내로 통과시켜 관외의 증기에 의해 가열한다. 관으로서는 지름 15~30mm의 동관을 사용한다. 필요표면적 S(m²)의 계산은 다음 식에 의한다.

$$S = \frac{q}{K(t_s - t_m)} \quad \cdots\cdots (2.37A)$$

$$t_m \fallingdotseq \frac{t_{w1} + t_{w2}}{2} \quad \cdots\cdots (2.37B)$$

$$q = L(t_{w1} + t_{w2}) \quad \cdots\cdots (2.38)$$

단, q = 가열량 (kcal/h)

K = 전열면의 열관류율 (kcal/m²h℃)(〈그림 2.23〉)

t_1 = 증기온도(℃) 〈표 1.1〉

t_{w1}, t_{w2} = 온수출구, 입구온도 (℃)

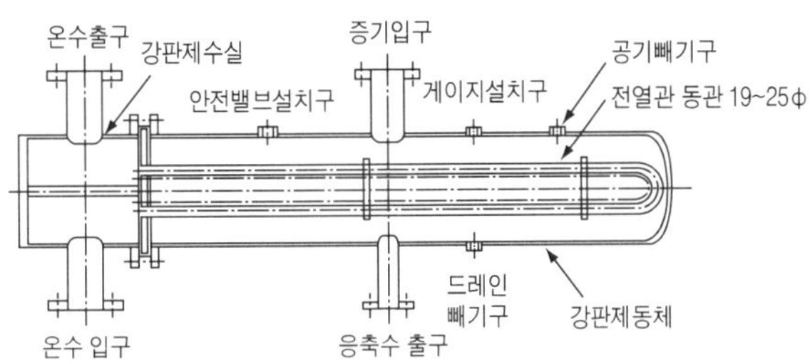

〈그림 2.22〉 열교환기의 일례

〈그림 2.23〉은 관내의 물을 관외의 증기로 가열할 때의 K를 나타낸다. 고온수에 의해 온수를 가열하는 열교환기의 K는 아무리 설계를 잘해도 700~1,000kcal/m²h℃이다.

동체 내경 D(mm)는 다음 식으로 구할 수 있다.

(정삼각형 관군 배치)

$$D \fallingdotseq \frac{q}{3}(\sqrt{69+23N} - 3) + d_0$$

p = 관의 피치 mm (일반적으로 관외경의 1.3~1.5배)

N = 관본수, d_0 = 관외경 mm

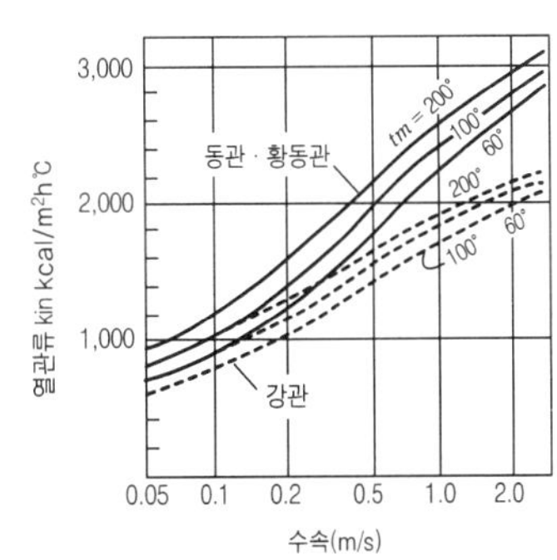

〈그림 2.23〉 열교환기의 K

【예제 2.16】 압력 0.2atg인 증기로 온수 60,000kg/h를 70℃에서 90℃로 가열하는 열교환기를 설계하시오?

풀이 $t_s = 105℃(0.2atg)$, $t_m = (70+90)/2 = 80℃$

$q = 60,000(90-70) = 1,200,000kcal/h$

동관을 사용하고 $v_w = 0.5m/s$로 하면 〈그림 2.23〉에서

$K = 1,800kcal/m^2h℃$, 필요면적 S는

$$S = \frac{1,200,000}{1,800 \times (105-80)} = 26.66m^2$$

외경 20mm, 내경 17.2mm(두께 1.4mm)의 동관을 사용하면 표면적에 대한 필요길이 ℓ은

$$\ell = \frac{26.66}{3.14 \times 0.020} = 424m$$

$v_w = 0.5m/s$를 얻기 위한 동관의 개수 n는

$$n = \frac{60,000/1,000}{3,600 \times (3.14 \times 4) \times (0.0172)^2 \times 0.50} \fallingdotseq 144개$$

따라서 1패스로 하면

관길이 $\ell = 424/144 = 2.95m$

전장을 짧게하기 위해 2패스로 하면

$\ell = 2.95/2 = 1.47m$ 즉, 약 20% 여유를 잡아 1.8m로 한다.

관의 개수 = 2×144 = 288개

관의 피치를 $1.4\,d_o = 28mm$로 하면 동체내경은 (2.39)식에서

$$D \fallingdotseq \frac{28}{3}(\sqrt{69+12 \times 288}-3)+20 = 529mm$$

즉, 550mm를 채용한다.

그러므로 동관 20mmϕ, 관길이 1.80mm 288개, 2패스, $S = 32.6m^2$, 동체내경 550mm가 된다.

2·6·4 온수난방의 계획방법

(1) 계획방법

(a) 〈그림 2.24〉와 〈그림 2.25〉와 같이 상향공급법(upfeed)과 하향공급법(downfeed)이 있다. 후자는 배관 중의 공기빼기가 유리하지만, 최상층의 천장 위에 배관 스페이스가 없는 단점으로 보통

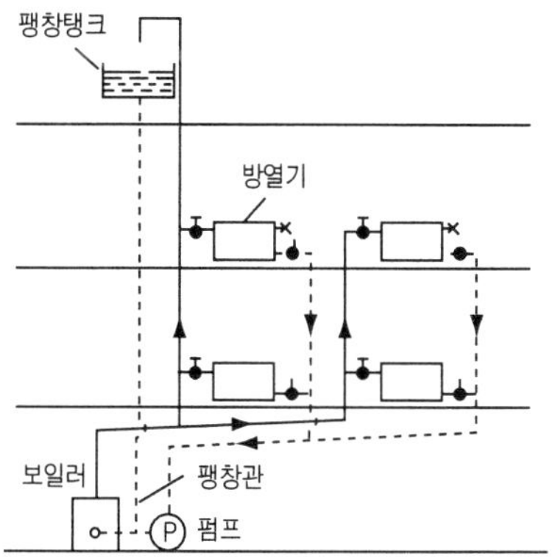

〈그림 2.24〉 상향공급법

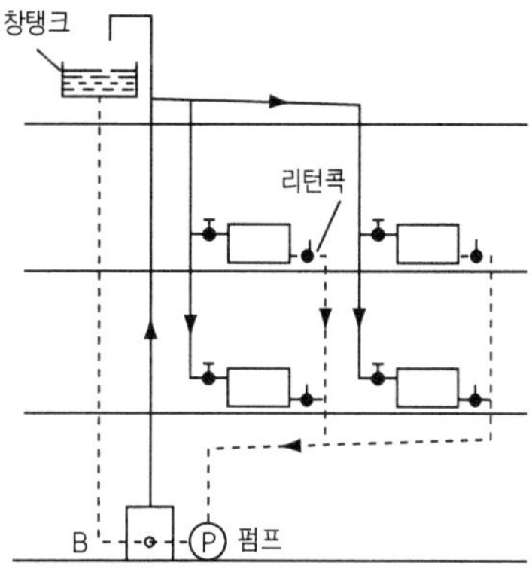

〈그림 2.25〉 하향공급법

전자가 이용된다. 상향공급법일 때는 배관 중의 공기빼기는 각 방열기의 공기빼기콕으로 한다.

(b) 증기난방과 마찬가지로 방위별, 사용별에 따라 계통을 나눈다. 유럽에서는 계통마다 소형 순환펌프를 설치해 이것을 실온으로 자동발정하는 방식이 널리 이용되고 있다.

(c) 팽창탱크의 접속위치와 펌프의 위치에 따라 관내의 수압 상황(동수구배라 함)은 서로 현저히 다르다.

〈그림 2.26〉과 〈그림 2.27〉에 그 변화를 나타낸다. 〈그림 2.26〉은 보통 온수난방에 쓰는 경우이고, 보일러(B)의 상류에 펌프(P)를 설치한 경우이다.

펌프가 정지중에는 관내 수압구배는 팽창탱크 E의 수위와 같고, Eq'r's't'인 수평선이 되지만, 펌프가 운전될 때는 E에서 BE인 압력으로 되어 이것과 P의 차이는 정압(정지시 압력에 대해) E에서 하류, P에 이르기까지는 부압이 되어, Eqrstp"p'인 동수구배로 된다. 펌프 흡입측과 토출측의 압력차(그림의 p"p의 크기)는 펌프의 양정과 같아진다. 즉, 이 경우는 장치내 대부분의 개소 압력은 팽창탱크에 의한 정수두보다

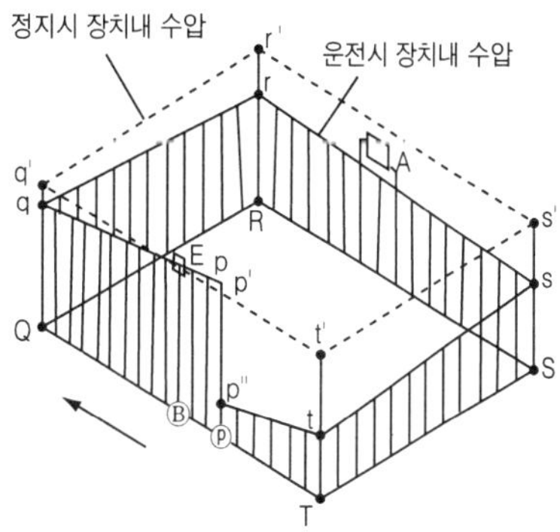

〈그림 2.26〉 온수난방의 동수구배(1)

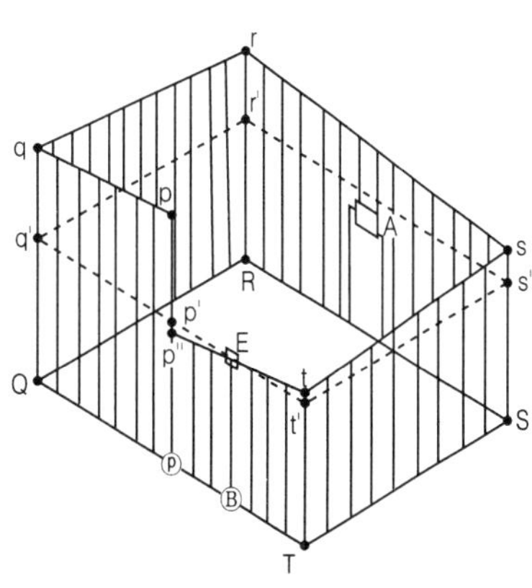

〈그림 2.27〉 온수난방의 동수구배(2)

낮아진다. 따라서 그림처럼 펌프양정을 너무 과대하게 선정하면 A인 방열기 내부는 진공상태가 된다.

따라서 펌프의 출구측에 팽창탱크를 붙인 경우, 펌프 양정은 반드시 팽창탱크와 최고의 방열기 높이 차보다 낮게 잡아야 한다.

〈그림 2.27〉은 보일러 출구측에 펌프를 설치한 예로, 고온수난방에는 이러한 방법이 쓰이고 있다.

이 경우는 앞서와는 반대로 장치 대부분의 수압은 팽창탱크에 의한 정수압보다 높아진다. 이 때는 팽창탱크의 최소압력을 최고점의 방열기 높이에 의한 수압과 온수의 포화압력〈표 1.1〉 합보다 높게 선정하면 된다.

(2) 예열시간의 계산

연소 시작부터 정상상태까지의 예열시간 τ (h)는 개략 다음 식으로 구할 수 있는데 소규모 건축(주택)인 경우는 0.5h 전후, 대규모 건축(연면적 5,000m^2 이상)에서는 1~1.5h을 필요로 한다.

$$\tau = \frac{(v + C \cdot W)(t_2 - t_1)}{q_B - (q_L + q_P)\frac{1}{2}} \qquad \cdots\cdots (2.40)$$

여기서, v = 장치내의 수량 (ℓ)

C = 철의 비열 (kcal/kg/℃)

W = 장치내의 방열기, 배관, 보일러 등에 사용되는 철의 전중량 (kg)

t_2 = 운전시 온수의 평균온도 (℃)

t_1 = 운전 개시전의 장치내 수온 (℃)

q_B = 운전시의 보일러 방열량 (kcal/h)

q_L = 실내의 손실열량 합계 (kcal/h)

q_P = 배관도중의 손실열량 합계 (kcal/h)

(3) 온수난방 배관상의 주의

(가) 배관은 1/200의 일정구배로 하고, 그 최고 지점에 배관 속의 기포가 모이도록 한다. 부득이할 때는 수평구배로 하여 온수의 방향으로 공기가 흐르도록 고려하고 말단에 공기빼기를 둔다. 이 공기는 팽창수조로 보내든가 수동식 혹은 자동식 공기빼기밸브에 의해 제거할 수 있도록 한다.

(나) 일반적으로는 고장수리 때문에 배관의 최저점에 배수밸브를 설치해 배관속의 물이 전부 배수되도록 배수밸브를 향해서 구배지게 배관한다.

(다) 방열기에는 반드시 수동 공기빼기 밸브를 설치한다.

(라) 관을 절단할 때는 리머(reamer)를 걸어 관의 걷어올림을 없애 배관도중의 저항을 적게 한다.

(마) 배관도중의 부싱은 되도록 편심부싱을 사용해 공기가 체류하지 않도록 한다.

(라) 밸브는 슬리스밸브를 사용하고, 부득이 하게 스톱밸브를 사용할 때는 밸브축을 수평으로 하여 기포가 유통될 수 있도록 한다. 〈그림 2.28〉과 같은 Y형 밸브가 가장 좋다.

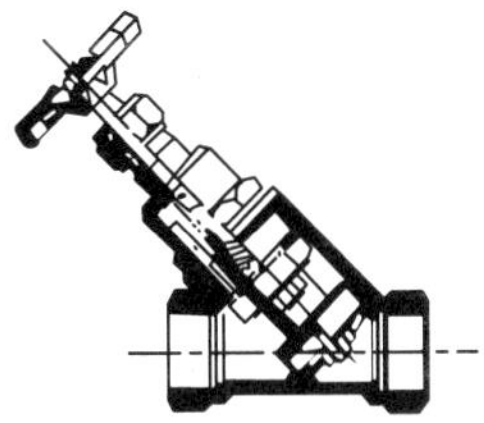

〈그림 2.28〉 Y형 밸브

(마) 보일러에서 팽창수조에 이르는 팽창관에는 절대로 밸브를 부착해서는 안된다.

(바) 배관의 열팽창에 관해서는 증기난방과 똑같은 3엘보 배관을 사용한다. 이것은 특히 고온수일 때에 엄중하게 지켜야 한다.

(사) 큰 장치에는 되도록 각 수직관에 체크밸브, 배수밸브를 설치해 고장수리시 물빼기를 고려한다.

(4) 온수난방의 설계방법

Ⅰ. 실의 손실열량 q_L(kcal/h)을 계산한다.

Ⅱ. 강제식 또는 중력식 중 어느 것을 이용할 것인지 정한다. 중력식은 120m^2 이하의 주택 등 소규모 건축에 예전에는 이용된 적이 있었지만, 현재는 거의 이용되지 않고 있으므로 특별한 경우를 제외하고는 강제식을 이용한다.

Ⅲ. 방열기 입구 및 출구의 온수온도를 결정하고 2·4·2의 방법에 의해 방열량(q_O), 2·6·2의 방법으로 온수순환량을 계산한다. 10,000m^2 이상의 대건축에서 건축고가 20m 이하일 때는 고온수를 이용하는 편이 경제적으로 유리하다. 병원 등 고압증기의 공급이 필요할 때는 고압 증기보일러를 사용하여 증기가열 열교환기로 온수를 만든다.

Ⅳ. 손실열량 q_L 을 방열량 q_O 으로 나누어 각실마다의 소요방열면적을 구하고 방열기를 적당히 배치하고 각각에 방열면적을 할당한다. 이것들과 보일러를 가장 합리적으로 연결하는 배관을 한다. 이 때 건축물내 각실의 방위나 사용시간에 따라 계통을 나눈다.

Ⅴ. 2·6·2(2)항의 방법에 의해 순환수두 H 를 구한다.

Ⅵ. 보일러에서 가장 먼 곳의 방열기에 이르는 경로를 주경로(index circuit)라 한다. 주경로에 따라 측정한 왕복 길이를 ℓ 로 하고 (2.37)식으로 이용해야 할 배관저항을 구한다.

Ⅶ. 배관 각 지점을 통과하는 온수 순환량을 구하고, 이것과 Ⅵ에서 구한 압력강하 R를 이용해 〈그림 2.19〉~〈그림 2.21〉에서 관경을 결정한다.

주경로 이외의 분기관도 Ⅵ에서 구한 R 를 이용해 일단 관경을 정한다.

Ⅷ. 이상에 의해 관경이 전부 정해지면 검산을 한다. 즉, 온수 순환량 L 과 관경에서 배관 각 지점

에 있어서 각각 다른 Ri가 구해지므로, 다음 식에 적합하도록 관경을 바꾼다.

$$H = \Sigma(\ell_i + \ell_i')Ri \quad \cdots\cdots (2.41)$$

단, H = 순환수두 (mmAq)

Σ = 보일러에서 어떤 방열기에 이르는 배관 각부의 합을 의미

ℓ_i = 직관의 길이 (m)

ℓ_i' = 국부저항의 상당길이 (m)

Ri = 배관 각부의 압력강하 (mmAq/m)

Ⅸ. Ⅷ 에 의해 정확히 H와 $\Sigma R(\ell + \ell')$가 일치하지 않을 때는 오리피스를 삽입하든가 또는 방열기 출구에 리턴콕(또는 Balancing Cock)을 설치하고 이것을 조여 저항을 부가한다. (오리피스의 저항은 문헌(201) 참조)

Ⅹ. 손실열량에서 2·3·2의 방법에 의해 보일러 형식을 정한다. 그리고 굴뚝, 순환펌프의 수량 및 마력을 계산한다.

XI. 2·6·3(1)의 방법에 의해 팽창수조의 크기를 정한다.

〈주의〉 Ⅷ및 Ⅸ에서의 검산은 상당히 번잡하므로, 급한 경우에는 이것을 생략하고 방열기 전부에 리턴콕을 설치하여, 준공후에 이것을 조절함으로써 유량을 가감하는 경우도 있다. 리턴콕은 표면온도계를 방열기의 출구관에 대고, 각실의 출구관 표면온도가 일정하게 되도록 조정하면 된다. 단, 중력식 온수난방에서는 전순환수두가 작아 리턴콕처럼 저항이 많은 기구를 싫어하므로, 검산을 하여 배관 관경을 세밀하게 결정해야 한다.

(5) 계산예

【예제 2.17】 〈그림 2.29〉와 같은 온수난방을 설계하시오? 단, 실온 20℃로 하고 송수탕 95℃, 환수탕 85℃로 한다.

풀이 방열기 A의 배관 열손실 비율을 20%로 하고 환수순환량 L은 1,000kcal/h당,

$$L = \frac{1{,}000}{95-85} \times 1.2 = 120\text{kg/h}$$

이것에서 각 구간의 유량을 알 수 있으며 〈표 2.78〉와 같이 된다. 펌프를 흐르는 유량은 동표의 F'J' 구간을 잡아 15,840kg/h로 된다. 85℃의 물 비중은 〈표 1.4〉에서 γ = 0.9687kg/ℓ가 되므로 펌프의 유량 L'은

$$L' = \frac{15{,}840}{60 \times 0.9687} = 273\ell/\text{min}$$

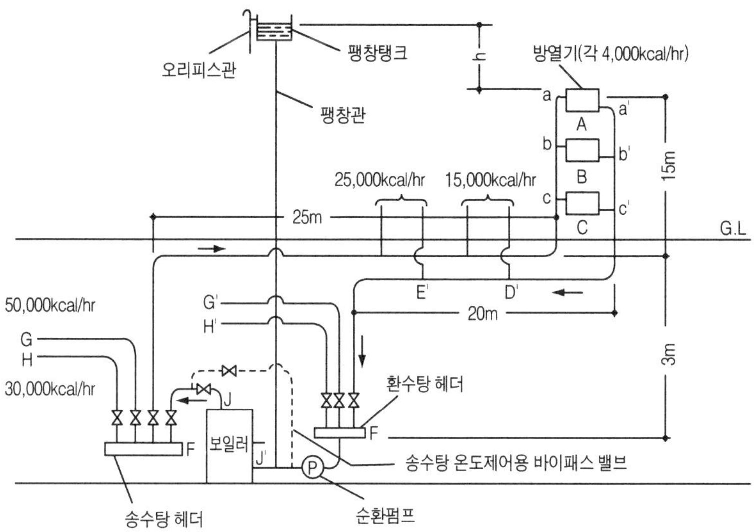

〈그림 2.29〉 2관식 온수난방 예제

〈표 2.78〉 각 구간의 유량과 관경(예제 2.18)

구간		유열량 (1,000kcal/h)	유량 (kg/h)	관경
Aa	Aa'	4	480	20
Bb	Bb'	4	480	20
Cc	Cc'	4	480	20
CD	C'D'	12	1,440	32
DE	D'E'	27	3,240	50
EF	E'F'	52	6,250	65
FJ	F'J'	132	15,840	75
GF	G'F'	50	6,000	65
HF	H'F'	30	3,600	50
ab	a'b'	4	480	20
bc	b'c'	8	960	25

즉, 10% 증가한 300ℓ/min 으로 한다. 온수순환펌프의 카탈로그에서 이 유량에 대한 펌프 구경은 65A 또는 75A가 된다. 여기서는 65A를 이용하면 300ℓ/min에 대한 양정은 1.7m가 된다. 펌프는 65A×300ℓ/min×1.7m×0.4kW를 사용한다.

다음으로 보일러에서 가장 먼 곳의 방열기를 A라고 한다. 여기에 이르는 왕복의 경로가 인덱스 서킷이 된다. FJJ'F'의 길이를 10m라고 하면 이 왕복의 전장은

$$\ell = 15+3+20+15+3+25+10 = 91\text{m}$$

$$R = \frac{1.7\times 1{,}000}{91\times(1+1)} = 9.4\text{mmAq/m}$$

그러므로 〈그림 2.19〉의 R = 10mm/m 난에서 관경을 결정하면 표기와 같이 된다.

이 경우, 방열기의 전방열량(구간 FJ)은

12,000+15,000+25,000+50,000+30,000 = 132,000kcal/h

따라서 개방식 팽창수조의 개략적인 크기는 〈표 2.77〉에서

180ℓ+32,000×7.25/5,000 ≒ 226ℓ로 된다.

보일러의 정격능력은 2 · 3 · 2(2)에서

132,000×1.15 = 152,000kcal/h

이때 〈표 2.76〉에서 팽창관은 25mm 이상이면 되므로 여기서는 32A를 쓴다. 또 팽창탱크는 최고 방열기 A에서 부터 1.7m 이상에 설치하면 된다.

【예제 2.18】〈그림 2.30〉과 같은 배관을 리버스 리턴 배관법(Reversed Return System)이라고 한다. 이 방법을 이용하면 보일러에서 개개의 방열기에 이르는 왕복의 관길이 합은 대체로 같아지므로, 보통의 방법에서 볼 수 있는 것 같은 보일러에서 가까운 방열기의 온수 순환이 좋고, 보일러에서 먼 방열기의 온수 순환이 나쁘다고 하는 결점을 없앨 수 있다. 그래서 〈그림 2.30〉의 리버스 리턴 배관의 관경과 순환펌프를 구하라?

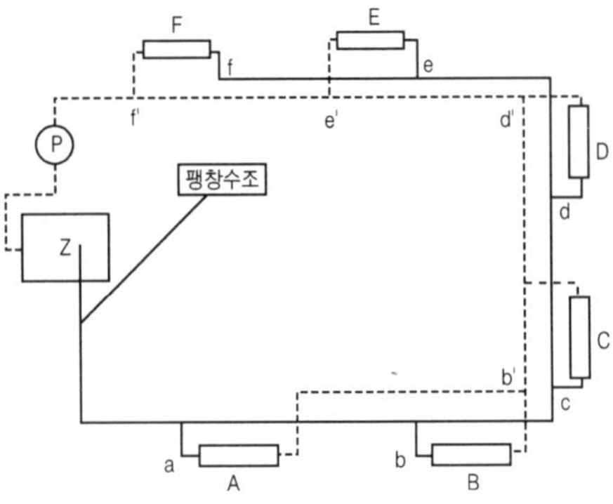

〈그림 2.30〉 리버스리턴 배관

풀이 각 방열기의 방열량을 6000kcal/h로 하고, 온수온도 t_{w1} = 85℃, t_{w2} = 70℃로 하면 식 (2.34)에서 각 방열기의 필요온수량은 6,000/15 = 400kg/h, 사용해야 할 순환펌프의 양정을 0.90m로 한다. 보일러에서 방열기 A에 이르는 환수관을 통해서 보일러로 돌아가는 거리의 전장, 즉 ZaAb'd'e'f'ⓅZ의 길이를 80m(이음 상당길이를 포함해)라 하면

$$R = \frac{0.90\times1{,}000}{80\text{m}} = 11\text{mm/m}$$

R = 10mm/m에서 〈표 2.79〉와 같이 관경을 선택한다. 방열량의 합계는 6,000×6=36,000 kcal/h이므로 팽창수조는 개방식을 사용하고 〈표 2.77〉에서 수량 75ℓ의 것이면 좋다.

순환펌프는 수량 2,400kg/h(40ℓ /min), 양정 0.90m, 모터 0.4kW의 것을 사용한다.

〈표 2.79〉 온수배관의 관경

구간	유량	관경	구간	유량	관경
za	2,400	40A	a'b'	400	20A
ab	2,000	40A	b'c'	800	25A
bc	1,600	32A	c'd'	1,200	32A
cd	1,200	32A	d'e'	1,600	32A
de	800	25A	e'f'	2,000	40A
ef	400	20A	f'z'	2,400	40A

2·6·5 1관식 온수난방

(1) 개요

1관식일 때는 아래의 어떠한 경우라도 관내 온수가 하류로 될 수록 온수가 저하하므로 같은 크기의 방열기에서는 하류로 될 수록 능력이 저하한다. 따라서 같은 능력이 필요할 때는 방열기 치수를 점점 크게 할 필요가 있다.

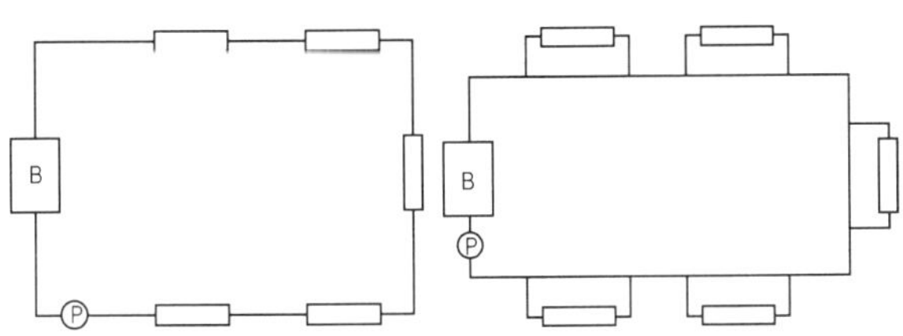

(a)직렬식 (b)바이패스식

〈그림 2.31〉 1관식 온수난방 방식

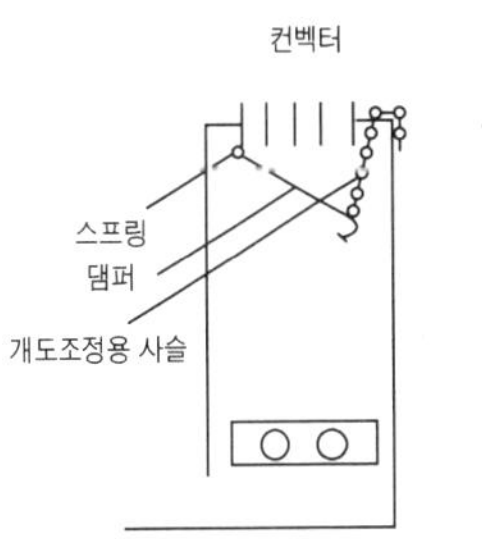

〈그림 2.32〉 댐퍼식 방열기

〈그림 2.31〉과 같이 직렬식과 바이패스식이 있다. 직렬식은 시설비는 싸지만, 각 방열기의 제어는 〈그림 2.32〉처럼 내부에 댐퍼를 설치해야 한다. 이 경우 댐퍼를 전폐해도 댐퍼 주위의 리이크 및 케이싱에서의 복사열 때문에 20% 전후의 방열이 있다.

바이패스식은 각 방열기의 제어는 방열기 밸브로 한다. 설계는 직렬식보다 까다롭다.

다층 건축에 대한 응용으로서는 〈그림 2.33〉(A)의 완전 1관식과 〈그림 2.33〉 (B)의 일부 1관식이 으며 전자는 각 방열기가 능력이 작은 경우에, 후자는 이것이 큰 경우에 이용된다.

(2) 설계법

예제에 나타낸 것과 같이

Ⅰ. 우선 각 방열기의 능력의 합계에서 주관의 입·출구 수온차를 결정하고 유량 L (kg/h)을 구한다.

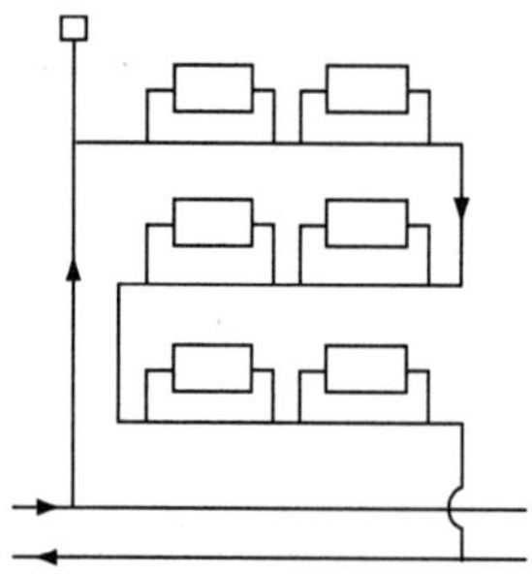

〈그림 2.33〉(A) 완전 1관식

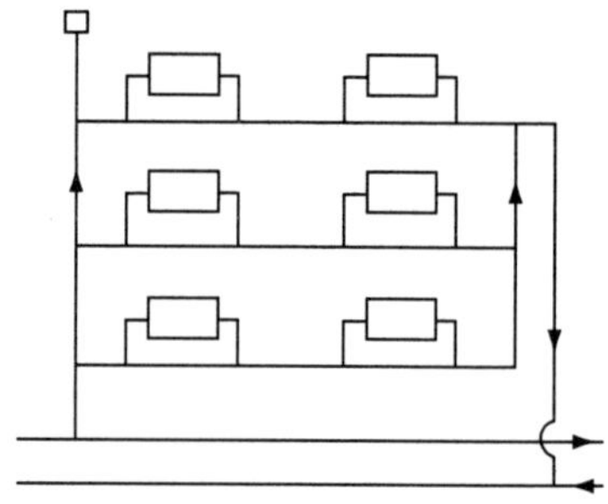

〈그림 2.33〉(B) 일부 1관식

Ⅱ. 직렬식일 때는, 이 수온차를 개개의 방열량에 비례하는 것으로 하여 각 방열기에 할당하고, 각 방열기의 출입구 수온차 Δt_R을 구한다. 각 방열기마다의 평균수온$\{t_{w1}-(\Delta t_R/2)\}$과 온도차 Δt_R에서 방열기 사이즈를 선정한다.

Ⅲ. 바이패스식일 때는 마찬가지로 각 방열기에 온도차를 할당하여 Δt_R을 구한다. 바이패스 수량을 전수량 L의 1/2로 하면, 실제 방열기 내의 온도차는 $2\Delta t_R$로 된다. 방열기의 평균수온$(t_{w1}-\Delta t_R)$과 온도차 $2\Delta t$에서 방열기 사이즈를 구한다. 바이패스관은 주관보다 1사이즈 또는 2사이즈 작게 잡고, 방열기를 통과하는 수로의 저항 ΔP_R이 바이패스관의 저항 ΔP_B보다 항상 작은 것을 확인한다. 이 때 방열기, 바이패스의 유량비(L_R/L_B)는

$$L_R/L_B \fallingdotseq \sqrt{\Delta P_B/\Delta P_R} \quad \cdots\cdots (2.42)$$

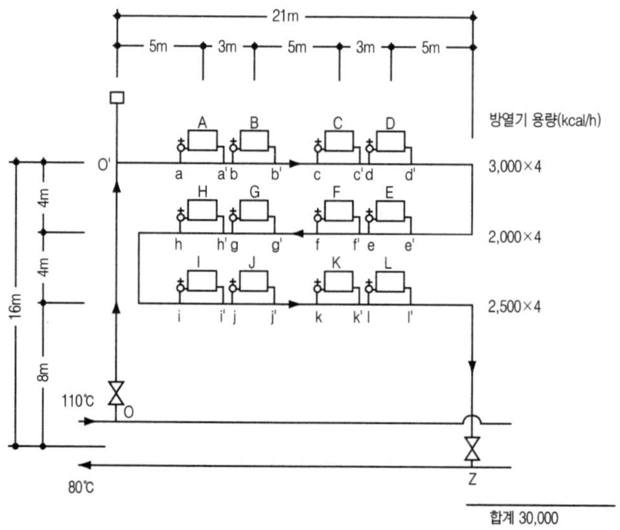

〈그림 2.34〉 1관식 예제

〈표 2.80〉 계산표

란 번호	(1) q (kcal/h)	(2) t_{w1}	(3) t_{wm}	(4) Δt_w	(5) q/ℓ	(6) ℓ (m)	(7) 케이싱길이 (mm)
A	3,000	110	107	6	2,650	1.13	1,400
B	3,000	107	104	6	2,500	1.20	1,400
C	3,000	104	101	6	2,350	1.28	1,600
중 략							
I	2,500	90	87.5	5	1,710	1.47	1,800
J	2,500	87.5	85	5	1,490	1.69	2,000
K	2,500	85	82.5	5	1,280	1.96	2,200
L	2,500	82.5	80	5	1,060	2.37	2,600

【주】 컨벡터의 치수는 여기서는 〈표 2.47〉을 참조해서 너비 210mm, 높이 700mm로 하고, 길이는 동표의 각주에 따라 상기 (7)란의 것을 이용한다.

【예제 2.19】 〈그림 2.34〉와 같이 3층 건물에서 각층에 방열기가 4대 있는 경우를 1관식으로 설계하시오? 이 온수는 지역난방플랜트에서 급열하는 것으로 하며, 이 건물의 온수온도는 입구 10℃, 출구 80℃로 하고, 건물 내의 이용압력은 4mAq로 한다.

풀이 이 방열량의 합계는,

$$(3{,}000+2{,}000+2{,}500)\times 4 = 30{,}000\text{kcal/h}$$

$$\therefore \text{ 전수량 } L = 30{,}000/(110-80) = 1{,}000\text{kg/h}$$

즉, 바이패스관에 500kg/h, 각 방열기에 500kg/h를 순환한다.

주관은 O-O'-a-e-i-l-Z를 통과하고 이 전체길이는 약 100m가 된다. 이 경우는 각 방열기에 직렬로 물이 통과하기 때문에 국부저항 상당길이는 커지고, 그 비율을 2.0으로 한다. 즉 주관의 압력강하는,

$$R = 4{,}000/(1+2.0)\times 100 = 13\text{mmAq/m}$$

$R = 13$이고 $L = 1{,}000\ell/\text{h}(17\ l/\text{min})$인 경우, 〈그림 2.19〉에서 주관사이즈는 25A가 된다.

(a) 다음에 각 방열기의 사이즈를 구한다. 우선 각 방열기의 온도강하 Δt_R은,

A, B, C, D의 각 방열기에 대해 $\Delta t_R = \dfrac{3{,}000}{30{,}000}\times 30 = 3℃$

E, F, G, H의 각 방열기에 대해 $\Delta t_R = \dfrac{2{,}000}{30{,}000}\times 30 = 2.0℃$

I, J, K, L의 각 방열기에 대해 $\Delta t_R = \dfrac{2{,}500}{30{,}000}\times 30 = 2.5℃$

이것은 주관에서의 온도차이며, 각 방열기 입구수온 t_{w1}은 〈표 2.80〉의 (2)란과 같아진다. 바이패

스식 방열기내의 평균수온 t_{wm}은 $(t_{w1}-\Delta t_R)$과 같이 (3)란이 된다.

또 각 방열기 내부의 온도강하는 $2\Delta t_R$이 되어 (4)란이 된다. t_{wm}과 Δt_R에서 방열기 카탈로그에서 사이즈를 선택할 수 있다. 여기서는 〈표 2.47〉(C)의 숫자를 이용하여 (q/ℓ)을 구하여 (5)란에 기입하고, (1)/(5)란으로 (6)란을 구한다. 이것이 엘리먼트 길이이고, 이것에 200mm를 더한 것이 케이싱길이며, 메이커의 표준치수에서 (7)란을 구할 수 있다. 〈표 2.80〉은 공간 절약 때문에 중간을 생략하고 있다.

(b) 방열기 주위의 저항을 검산한다. 이것은 가장 저항이 큰 것과 작은 것, 각각 1개씩에 대해 실시한다.

각 방열기 주위의 분기관은 〈그림 2.35〉와 같이 25A로 하고 바이패스관은 2사이즈 작은 15A관으로 한다. 우선 A의 방열기 상당길이를 구한다. 〈표 2.75〉를 참조하여 25A에 500kg/h를 통과시킬 때의 저항은 〈그림 2.19〉에서 $R = 3.3$mm/m이므로

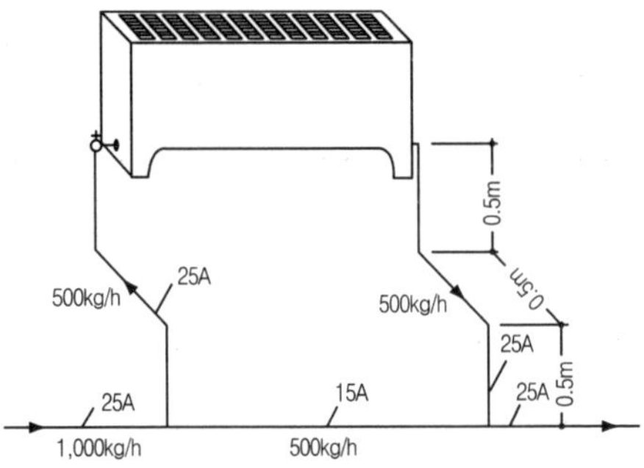

〈그림 2.35〉 방열기 주위의 배관상세

저항 $\Delta P_R = 3.3\times16.8 = 55.4$mmAq

바이패스관측의 상당길이는

〈표 2.81〉 방열기 주위의 배관상세

직관길이	방열기밸브	엘보	티이	티이	방열기	계
1.5+1.5m	1개	5개	분류	분류		
3m	2.8	0.8×5	1.5	1.5	4.0	16.8

〈표 2.82〉 바이패스관의 저항

직통관	이형티이(직통)	계
1.8cm	0.8+0.8cm	3.4

15A관에 500kg/h를 통과시킬 때는 〈그림 2.19〉에서 $R = 47$mm/m이므로

저항 $\Delta P_B = 47\times3.4 = 160$mmAq

즉, $\Delta P_R < \Delta P_B$ 이므로 OK

$\therefore L_R/L_B = \sqrt{\Delta P_B / \Delta P_R} = \sqrt{160/55.4} = 1.70$

즉, 방열기 밸브 전개인 상태에서는

$L_R = 1{,}000\times1.70/(1.7+1) = 631$kg/h

예정보다도 131kg/h 크지만, 이것은 밸브를 조여 조절한다.

2·7 복사난방

복사난방에는 건물 벽면을 방열면으로 하여 비교적 낮은 온도로 방열하는 저온식과 고온으로 가열된 철판제 방열판(Stralungsplatten)이나 가스 연소의 방열체(소위 적외선 스토브)를 사용하는 고온식이 있다. 저온식은 일반적으로 패널 히팅이라고 하며, 본절에서는 이것에 대해 설명하기로 한다.

2·7·1 개요

저온식 복사난방은 실내 벽속에 온수관을 묻고, 벽면을 그대로 가열면으로 사용하여 복사열에 의해 난방하는 방법이다.

그 이점으로는 (가)복사열에 의해 난방하므로 쾌감도가 높다. (나) 실내의 온도분포가 균등하고, 열이 실의 위쪽으로 빠지지 않으므로 경제적이다. (다) 방열기가 불필요하므로 가구의 배치가 용이하다. (라) 연료가 절약되어 운전비가 경제적이다.

이에 반해 단점으로는 (가) 온수관이 매립식이므로 시공, 수리 또는 방의 모양바꾸기 등을 할 때 손이 많이 간다. (나) 외기온도가 갑자기 변할 때, 용량이 크기 때문에 바로 방열량 조정이 안된다. (다) 주간에만 난방을 할 경우에는 열용량이 크기 때문에 예열에 시간이 걸려 비경제적이다.

복사난방에 쓰는 가열면을 패널이라 하는데, 패널 종류에는 다음 3종류가 있다.

(a) 바닥패널 : 바닥면을 가열면으로 이용하는 방법으로 시공이 쉬워 널리 사용되어 왔지만, 표면온도를 33℃ 이상으로는 올릴 수가 없으므로, 손실열량이 큰 실에서는 가열면적이 부족한 경우가 있다.

(b) 천장패널 : 천장면을 가열면으로 이용하는 방법으로 시공시 손이 많이 가지만 건물에 여분의 구조(예컨대 바닥난방의 매립콘크리이트층)가 필요치 않으므로 경제적이고, 건물의 구조체에 여분의 하중이 걸리지 않게 한다.

(c) 벽패널 : 벽면을 가열면으로 이용한다. 외부로의 손실열량이 상당히 크고, 기구에 의해 열이 완전히 차단되는 경우가 있으므로, 그다지 사용되지 않는다.

2·7·2 평균복사온도 및 효과온도

(1) 복사난방 설계시에 이용하는 온도 복사난방 설계시에 이용하는 온도로는 보통의 실내공기온도 t_r, 이외에 평균복사온도 및 효과온도가 있다. 평균복사온도(Mean Radiant Temp. 즉 MRT) t_w는 실내 각 표면온도의 평균이다. 효과온도(Operating Temp.) $O.T.$는 t_w와 실온 t_r과의 종합효과

를 나타내는 온도로 작용온도라고 부르는 경우도 있다. *O.T.*와 t_w, t_r의 관계는

$$O.T. = \frac{\alpha_S t_w + \alpha_K t_r}{\alpha_S + \alpha_K} \quad \cdots\cdots (2.43A)$$

α_S , α_K 는 각각 인체 주위의 복사, 대류에 관한 열전달률(kcal/m²h℃)이며, 실내기류가 그다지 없는 일반적인 난방 실내에서는 $\alpha_S \fallingdotseq \alpha_K$ 로 되어,

$$O.T. \fallingdotseq \frac{t_w + t_r}{2} \quad \cdots\cdots\cdots\cdots (2.43B)$$

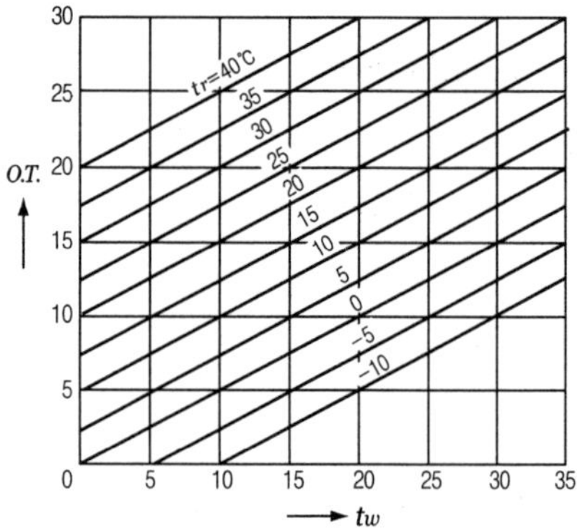

〈그림 2.36〉 효과온도(*O.T.*)

이며 t_o는 t_w와 t_r의 산술평균이 된다. 이 식을 〈그림 2.36〉에 나타낸다.

일반의 복사난방이 있는 거주실내에서는 *O.T.* = 18~20℃로 잡는다. *O.T.* = 19℃로 하면 t_w와 t_r과의 조합은 〈표 2.83〉(A)와 같게 된다.

또 각실에 대한 적당한 *O.T.*를 〈표 2.83〉(B)에 나타낸다.

〈표 2.83〉 (A) 공기온도 t_r과 벽면온도 t_w의 관계(*O.T.* = 19℃일 때)

t_r(℃)	16	18	20	22	24
t_w(℃)	22	20	18	16	14

〈표 2.83〉 (B) 각실에 대한 최적 *O.T.*

실종류	실내 수영장	주택, 사무실	아동교육	상점	경공업	중노동
적당한 O.T.	28℃	20℃	18℃	18℃	17℃	14℃

실내표면온도의 평균값에서 가열면 부분을 제외한 평균온도를 비가열면 평균복사온도(UMRT) t_w' 라 한다. 즉

$$t_w' = \frac{\Sigma A_i t_s - A_p t_p}{\Sigma A_i - A_p} \quad \cdots\cdots\cdots\cdots (2.44)$$

$$t_w = \frac{\Sigma A_i t_s}{\Sigma A_i} \quad \cdots\cdots\cdots\cdots (2.45)$$

단, A_i = 각실 표면의 면적(m²)

t_s = 각 내표면의 온도(℃)

A_p = 가열면의 면적(m²)

t_p = 가열면의 온도(℃)

또 실내벽의 각 표면온도 t_s는 다음 식으로 구할 수 있다.

$$t_s = t_r - \frac{K(t_r - t_o)}{8.0} \qquad \cdots\cdots\cdots (2.46)$$

단, t_r = 실내기온(℃), t_o = 외기온(℃)

K = 벽의 열관류율(kcal/m^{2}h℃)

(2) 가열면 허용온도

(a) 바닥패널 : 일본사람의 경우, 단시간이라면 33℃ 이하, 장시간이라도 30℃ 전후까지의 온도가 허용된다. 따라서 열손실이 큰 건물에서는 피크시에만 30℃로 유지하고, 외기온에 따라서 이것을 경감시키는 제어방법을 이용하는 것이 좋다.

(b) 천장패널 : 온도가 너무 높으면 머리에 대한 복사열이 커져서 두통이 생긴다. 영국의 연구에 의한 제한 온도를 〈표 2.84〉에 나타낸다.*

〈표 2.84〉 천장패널의 허용온도(℃)

a/b	1.0	2.0	3.0	5.0	a/b	1.0	2.0	3.0	5.0
h/a = 0.2	24.0℃	26.2	27.8	34.0	h/a = 1.0	46.0	48	–	–
0.4	28.0	33.0	49.0	–	1.4	60	–	–	–
0.6	30.5	35.5	51.0	–					

【주】 a, b = 천장패널의 길이, 너비(m) h = 사람의 머리에서 천장까지의 거리(m), 이 표는 실온 20℃인 경우

(3) 가열면의 구조

〈그림 2.37〉에 나타낸 것과 같이 여러가지 방법이 있다.

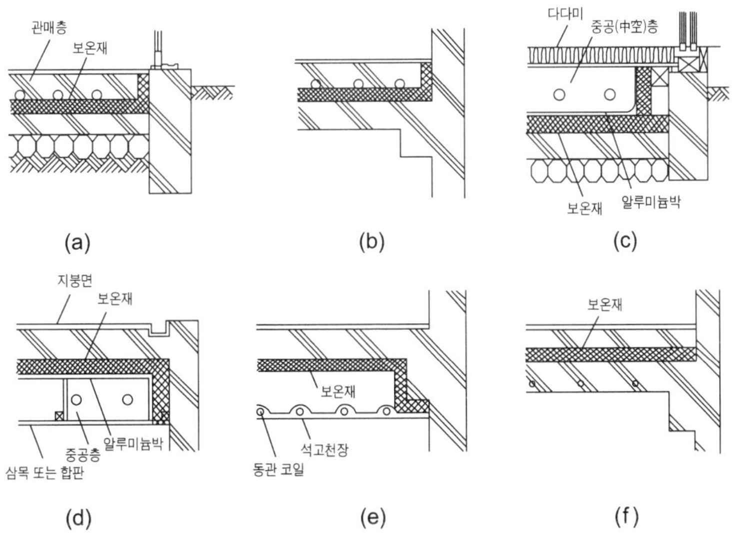

〈그림 2.37〉 가열면의 구조예

* Chrenko에 따름. (J.I.H.V.E 1953.vol. 20)

(a)는 봉당(土間) 콘크리트 바닥인 경우, (b)는 슬래브 바닥인 경우이며, 모두 매입층은 콘크리트 또는 경량콘크리트로 하고, 두께는 100~200mm로 한다.

(c), (d)는 콘크리트 주택의 일본식 방에 적용한 예이며, (c)는 다다미 밑의 에어스페이스(중공층)에 코일을 넣은 예로, 다다미의 단열성이 좋지 않기 때문에 이것만으로는 난방이 불충분하여, 이것을 보충하기 위해서 천장내에 파이프 코일을 설치한 예이다. 그림과 같이 어느 것이나 에어스페이스의 보온에는 표면을 알루미늄박으로 씌워 반사성을 좋게 할 필요가 있다.

(e), (f)는 천장패널의 예로서, (e)는 회반죽 속에 15A 동관코일을 매입한 예로 미국에 많다. (f)는 슬래브내에 코일을 매입하는 예로, 바닥면으로의 방열량을 조절하기 위해 보온재를 넣는다.

2·7·3 기본식

(1) 복사전열

표면온도 t_1의 물체표면(표면적 $F_1 m^2$)에서 t_2의 물체에 열이 복사로 전달될 때, 그 전열량을 q_s (kcal/h)라고 하면

$$q_s = \alpha_S (t_1 - t_2) F_1 \quad \cdots\cdots \quad (2.47)$$

$$= C_{1\cdot2}[(T_1/100)^4 - (T_2/100)^4] F_1 \quad \cdots\cdots \quad (2.48)$$

$$\alpha_S = \frac{(T_1/100)^4 - (T_2/100)^4}{t_1 - t_2} C_{1\cdot2} \quad \cdots\cdots \quad (2.49)$$

$$= b \cdot C_{1\cdot2} \quad \cdots\cdots \quad (2.50)$$

면 1이 면 2로 완전히 둘러싸여 있을 때에는

$$\frac{1}{C_{1\cdot2}} = \frac{1}{C_1} + \frac{F_1}{F_2}\left(\frac{1}{C_2} - \frac{1}{C_s}\right) \quad \cdots\cdots \quad (2.51)$$

$C_2 \fallingdotseq C_S$로 해서 $F_1 \ll F_2$ 일 때에는 $C_{1\cdot2} \fallingdotseq C_1$ 이 된다.

$$\therefore q_s = b \cdot C_1 \cdot F_1 (t_1 - t_2) \quad \cdots\cdots \quad (2.52)$$

단, $T_1 = t_1 + 273$ $\quad T_2 = t_2 + 273$

α_S = 복사열 전달률(kcal/m²h℃)

$C_{1\cdot2} = C_1 \cdot C_2 / C_S$ 유효복사상수 $\cdots\cdots$ (2.53)

C_1, C_2는 각 표면의 복사상수 kcal/m²h(°K)⁴ 〈표 2.84〉

C_S = 4.96(완전 흑체의 복사 상수) F_1, F_2는 t_1, t_2의 표면면적(m²)

b = 온도계수(〈그림 2.38(B)〉에 나타낸다)

천장난방, 바닥 난방의 경우에는 C_1 = 4.3kcal/m²h(°K)⁴ [C_1 = 5.0w/m²(°K)⁴] 를 이용한다.

식(2.47~53)에서 $C_1 = 4.3$으로 했을 때의 q_s/F_1의 값을 〈그림 2.38〉(A)에 나타낸다.

$$q_s = \alpha'_S \cdot F_1(t_1 - t_r) \quad \cdots (2.54)$$

로 할 때에는 (단, t_1 = 패널 표면온도, t_r = 공기온도)

$$\alpha'_S = b \cdot C_1 \frac{t_1 - t_2}{t_1 - t_r} \quad \cdots (2.55)$$

한편 다음의 설명과 같이 대류전열량은

$$q_K = \alpha_K F_1(t_1 - t_r)$$

$$\therefore q_{ges} = q_s + q_K$$
$$= (\alpha'_S + \alpha_K) F_1(t_1 - t_r) \quad \cdots (2.56)$$

〈표 2.85〉 복사상수 C (kcal/m²h(°K)⁴)[×1.16W/m²K⁴]

재료	유광알루미늄	강	아연철판	회반죽	목재	에나멜
C	0.35	3.7~40	1.13	4.4~4.6	4.6	4.2~4.6

(2) **대류전열량** q_K(kcal/h) [W], **동전달률** α_K (kcal/m²h℃)[W/m²K](〈그림 2.39〉)

$$q_K = \alpha_K(t_1 - t_r) F_1 \quad \cdots (2.57)$$

가열바닥면의 경우(바닥면온도 t_{FB})

$$\alpha_K = 1.87(t_{FB} - t_r)^{0.31} \ \text{(kcal/m}^2\text{h℃)}$$
$$= 2.18(t_{FB} - t_r)^{0.31} \ [\text{W/m}^2\text{K}] \quad \cdots (2.58)$$

가열천장면(천장온도 t_D ℃)

$$\alpha_K = 0.12(t_D - t_r)^{0.25} \ \text{(kcal/m}^2\text{h℃)}$$
$$= 0.14(t_D - t_r)^{0.25} \ [\text{W/m}^2\text{K}] \quad \cdots (2.59)$$

가열벽면(벽온도 t_W ℃)

$$\alpha_K = 1.53(t_P - t_r)^{0.31} \ \text{(kcal/m}^2\text{h℃)}$$
$$= 1.78(t_P - t_r)^{0.31} \ [\text{W/m}^2\text{K}] \quad \cdots (2.60)$$

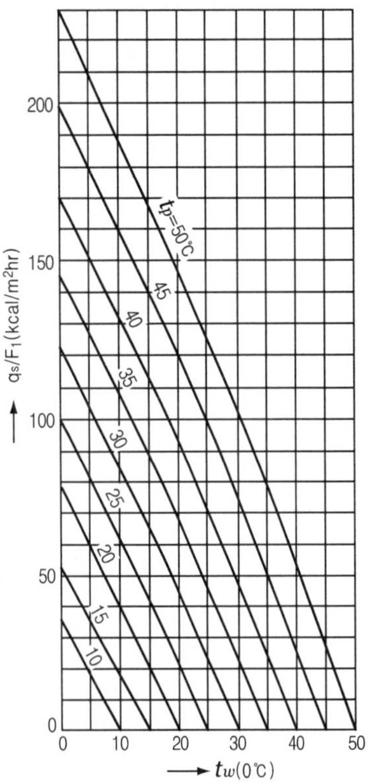

〈그림 2.38〉 (A)복사전열량

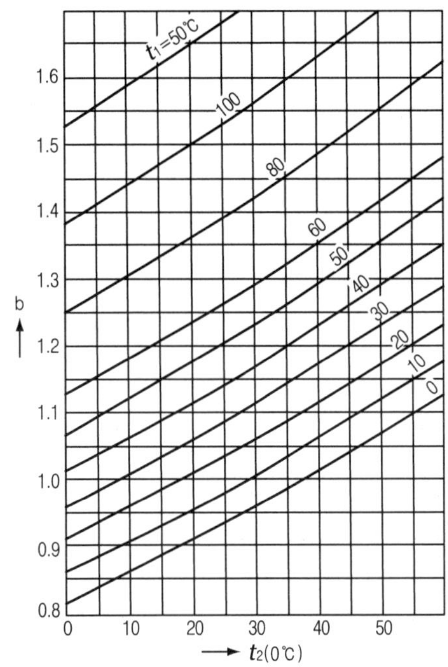

〈그림 2.38〉 (B)온도계수 b

2·7·4 패널면의 계산법

(1) 일반적인 콘크리트 바닥난방

그림과 표를 이용해 다음과 같은 순서로 계산한다.

① 우선 실내 열손실(가열면의 열손실을 제외한 양)을 가열면적으로 나누고, 가열면 부하(kcal/m^{2}h)를 구한다. 이 요구를 만족시킬 수 있는 바닥 또는 천장패널면 온도를 〈그림 2.40〉 또는 〈그림 2.41〉에서 구한다. 이 온도가 2·7·2(2)에서 설명한 허용온도 이상이 되었을 때는, 실의 열손실이 너무 크기 때문에 이중유리를 사용하거나 혹은 보온재를 넣고 열손실 계산을 다시 하여 허용값 이하가 되게 한다.

② 실내 각 벽면의 내표면온도 t_s를 식 (2.46)으로 계산해, 비가열면온도 t'_w 및 평균복사온도 t_w를 구한다.

③ 다음으로 가열면을 설계한다. 코일의 지름, 피치를 정해서 〈표 2.87〉 또는 〈표 2.88〉에서 열저항을 구한다. 또는 열저항을 정해서 코일의 피치를 구한다. 코일의 지름과 피치에 상용되고 있는 수치를 〈표 2.86〉에 나타낸다.

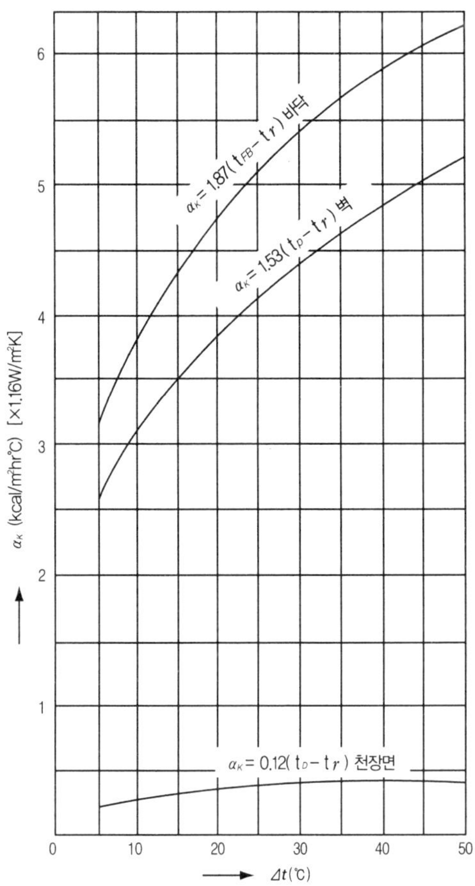

〈그림 2.39〉 대류에 의한 열전달률 α_K

〈표 2.86〉 코일의 피치 표준

지름	피치(mm)	최소피치(mm)
15A	100~250	90
20A	150~250	100
25A	150~300	150
32A	200~400	200
40A	250~500	250

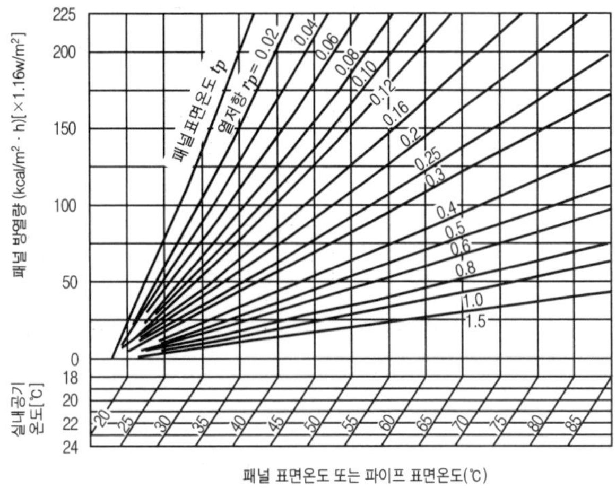

〈그림 2.40〉 바닥패널의 방열량과 패널 표면온도 및 평균온수온도 (문헌217)

〈표 2.87〉 콘크리트 바닥패널의 열저항(m² · h · ℃/kcal)(콘크리트 피복이 50mm인 경우*) (문헌217)

콘크리트 두께 (mm)	매입가스관 치수** (mm)	코일 피치 (mm)	q_p/q_d							
			1		3		5		10	
			r_{pu}	r_{pd}	r_{pu}	r_{pd}	r_{pu}	r_{pd}	r_{pu}	r_{pd}
100	15	100	0.070	0.046	0.065	0.053	0.065	0.060	0.064	0.076
		150	0.090	0.064	0.079	0.087	0.077	0.110	0.075	0.169
		200	0.097	0.084	0.084	0.127	0.081	0.171	0.079	0.280
	20	200	0.107	0.084	0.091	0.129	0.088	0.175	0.085	0.288
		300	0.149	0.125	0.119	0.211	0.113	0.298	0.108	0.514
150	15	100	0.064	0.093	0.062	0.108	0.061	0.123	0.061	0.159
		150	0.084	0.112	0.075	0.146	0.073	0.180	0.072	0.265
		200	0.108	0.136	0.091	0.193	0.087	0.251	0.085	0.401
	20	200	0.097	0.122	0.084	0.167	0.082	0.213	0.080	0.322
		300	0.124	0.168	0.102	0.259	0.098	0.350	0.095	0.577
	25	200	0.090	0.108	0.080	0.141	0.079	0.175	0.077	0.259
		300	0.128	0.147	0.106	0.220	0.102	0.293	0.098	0.476
		400	0.169	0.191	0.134	0.307	0.126	0.423	0.121	0.715
	32	300	0.115	0.124	0.098	0.178	0.095	0.232	0.093	0.364
		400	0.151	0.161	0.122	0.254	0.117	0.346	0.112	0.574
		500	0.186	0.200	0.147	0.328	0.139	0.458	0.133	0.780
200	20	200	0.095	0.177	0.083	0.239	0.081	0.302	0.079	0.457
		300	0.139	0.230	0.112	0.346	0.107	0.461	0.103	0.749
	25	200	0.085	0.143	0.077	0.177	0.076	0.211	0.075	0.295
		300	0.125	0.208	0.104	0.302	0.100	0.399	0.097	0.637
		400	0.167	0.259	0.132	0.406	0.125	0.551	0.120	0.917
	32	300	0.112	0.183	0.096	0.257	0.093	0.332	0.082	0.518
		400	0.148	0.228	0.120	0.347	0.115	0.465	0.111	0.762
		500	0.187	0.276	0.146	0.442	0.138	0.608	0.132	1.022

SI 단위 환산식 0.86m² · K/w = 1m² · h · ℃/kcal

* 패널표면

** 외경이 거의 같은 동관에 사용해도 된다.

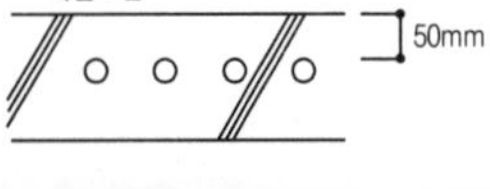

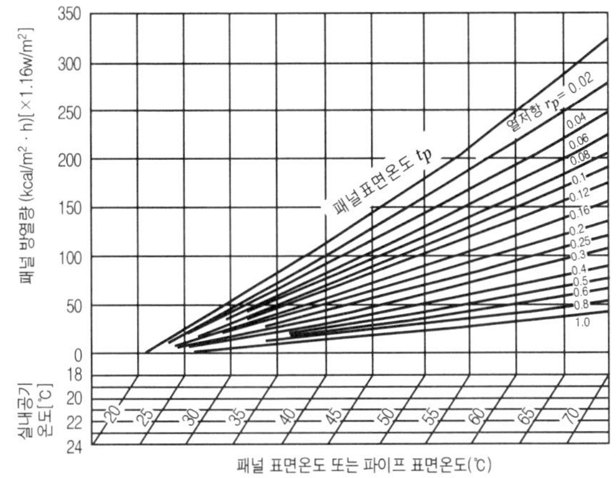

〈그림 2.41〉 천장패널의 방열량과 패널 표면온도 및 평균온수온도(문헌 217)

〈표 2.88〉 콘크리트 천장패널의 열저항($m^2 \cdot h \cdot ℃/kcal$)(콘크리트 피복이 50mm인 경우*) (문헌 217)

콘크리트 두께 (mm)	매입가스관 치수** (mm)	코일 피치 (mm)	q_u/q_p					
			1		0.5		1.0	
			r_{pd}	r_{pu}	r_{pd}	r_{pu}	r_{pd}	r_{pu}
120	15	150	0.049	0.095	0.054	0.105	0.059	0.116
		200	0.058	0.106	0.067	0.122	0.075	0.137
	20	150	0.047	0.089	0.051	0.097	0.054	0.106
		200	0.055	0.097	0.063	0.109	0.070	0.122
		250	0.064	0.108	0.076	0.126	0.088	0.144
	25	200	0.052	0.089	0.057	0.099	0.062	0.108
		250	0.060	0.099	0.068	0.114	0.077	0.128
150	15	200	0.058	0.134	0.068	0.152	0.077	0.170
		250	0.085	0.144	0.103	0.167	0.123	0.190
	20	200	0.097	0.122	0.084	0.167	0.082	0.213
		300	0.124	0.168	0.102	0.259	0.098	0.350
	25	250	0.060	0.127	0.068	0.143	0.077	0.160
		300	0.068	0.137	0.081	0.160	0.093	0.183
		400	0.084	0.161	0.104	0.194	0.125	0.228
200	15	200	0.057	0.117	0.066	0.197	0.075	0.217
		250	0.067	0.194	0.081	0.224	0.095	0.253
	20	200	0.054	0.173	0.062	0.193	0.069	0.213
		250	0.068	0.187	0.082	0.214	0.096	0.240
		300	0.072	0.198	0.089	0.230	0.105	0.262
	32	250	0.058	0.175	0.066	0.198	0.074	0.219
		300	0.065	0.187	0.077	0.215	0.088	0.248
		400	0.081	0.214	0.100	0.255	0.119	0.296

SI 단위 환산식 $0.86m^2 \cdot K/w = 1m^2 \cdot h \cdot ℃/kcal$

* 패널표면

** 외경이 거의 같은 동관에 사용해도 된다.

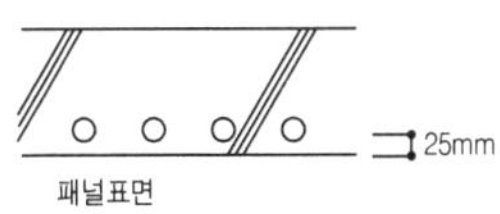

【예제 2.20】 지반 위의 콘크리트 바닥패널의 설계. 열손실의 계산, (예제 2.4) 실의 복사난방을 계산 하시오? 가열면을 바닥으로 잡는다.

풀이 우선 〈표 2.15〉(B)에서 바닥면을 제외한 열손실 Q는,

$$Q = 4{,}330-1{,}036 = 3{,}294\text{kcal/h}$$

가 된다. 바닥면 전체 40m² 중 37m²를 가열면으로 하면 패널 단위 방열량 q_p는,

$$q_p = \frac{Q}{A_p} = \frac{3{,}294}{37} = 89.0\text{kcal/m}^2\cdot\text{h}$$

가 되어 q_{mFB} 와 실내온도 t_r = 20℃에서 〈그림 2.40〉을 이용해서 패널 표면온도 t_p = 28℃를 알 수 있다.

다음으로 패널 바닥 밑의 열손실 q_d를 다음 식에서 구한다. 단 P는 바닥면 주위길이(m), C는 열손실 계수(kcal/m · h · ℃), t_s는 콘크리트 표면 온도(℃), t_o는 외기온도(℃)이다.

$$q_d = \frac{P\times C(t_s - t_o)}{A_p}$$

우선 바닥패널 주변의 단열상태에서, 〈그림 2.43〉에서 열손실 계수 C(kcal/m · h · ℃)를 이끌어낸다. 단열층의 전열계수 λ/τ (kcal/m² · h · ℃)는 스티로폼의 열전도율 λ (kcal/m · h · ℃)(〈표 1.5〉) 0.032kcal/m · h · ℃ 이므로,

$$\frac{\lambda}{\tau} = \frac{0.032}{0.025} = 1.28\text{kcal/m}^2\cdot\text{h}\cdot℃$$

가 된다. 또 〈그림 2.42〉에서 d = 300mm이다. 이상의 λ/τ, d에서 C = 1.4kcal/m · h · ℃가 된다. 다음으로 콘크리트 표면온도 t_s℃는,

$$t_s = t_p + (q_p + r)$$

가 된다. 여기서 r는 카페트, 리놀륨(linoleum) 등 콘크리트 위에 덮혀 있는 깔개의 저항으로(여기서는 리놀륨 4mm가 덮고 있다고 가정한다. 〈표 1.5〉에서 λi = 0.163kcal/m · h · ℃)

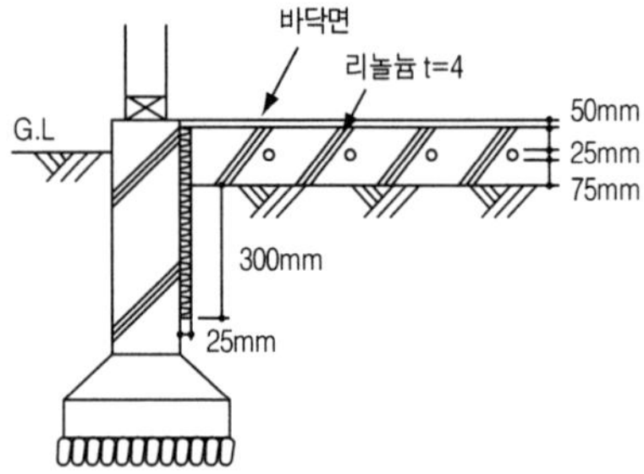

〈그림 2.42〉

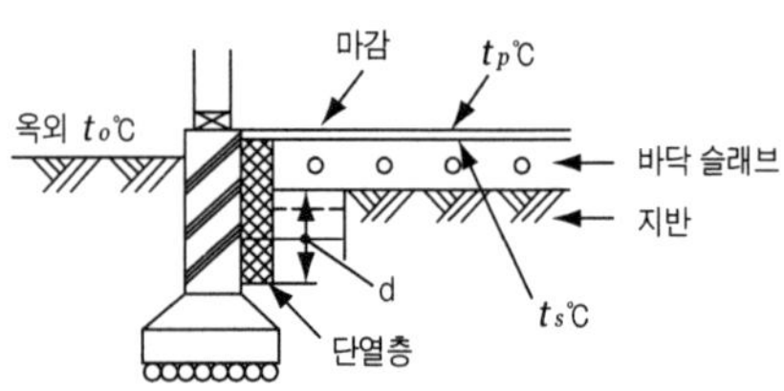

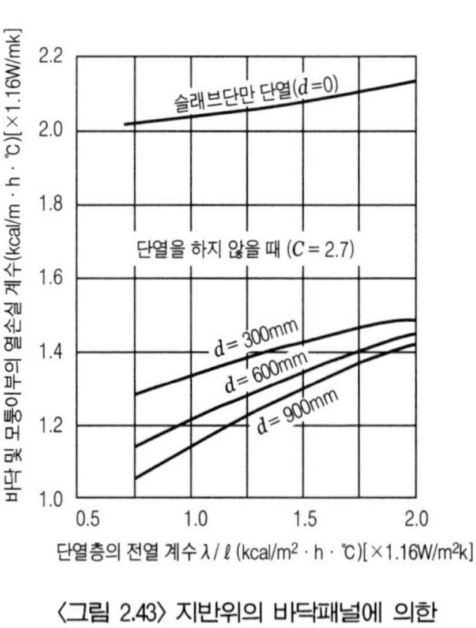

〈그림 2.43〉 지반위의 바닥패널에 의한 지반에의 열손실(문헌217)

$$r = \Sigma \frac{\delta i}{\lambda i} = \frac{0.004}{0.163} = 0.0245\text{m}^2 \cdot \text{h} \cdot ℃/\text{kcal}$$

로 하고

$$t_s = t_p + (q_p \times r)$$
$$= 28 + (89.0 \times 0.0245) = 30.2℃$$

가 되어

$$q_d = \frac{P \times C(t_s - t_o)}{A_p} = \frac{13 \times 1.4(30.2-0)}{37} = 14.8\text{kcal/m}^2 \cdot \text{h}$$

다음에 코일 관경 · 피치를 결정한다. 콘크리트 두께 및 q_p/q_d 에서 〈표 2.86〉에 의해 패널의 코일 상면 및 하부면의 내부 저항 r_{pu}, r_{pd} 를 구한다. 콘크리트 두께 150mm, q_p/q_d = 5.995, 금회는 매입 가스관 길이 20mm, 코일 피치를 200mm로 해 코일 상면의 내부 저항 r_{pu} = 0.082, 코일 하면의 내부 저항 r_{pd} = 0.213으로 했다.

그리고 q_p, r_{pu}, t_r 에 의해 〈그림 2.40〉에서 코일 표면온도 t_c = 37.5℃로 한다. 그러나 t_c는 평균치이므로 입구온도는 t_c+ 5℃ 로 해 42.5℃ 정도로 한다.

【예제 2.21】 중간층에 있는 콘크리트 바닥 패널의 경우. (예제 2.20)의 방이 2층에 있고 바닥 구조가 〈그림 2.44〉와 같은 경우, 복사난방을 계산을 하시오? 단, 실내온도 t_r = 20℃, 아래층의 온도 t_b = 20℃로 한다.

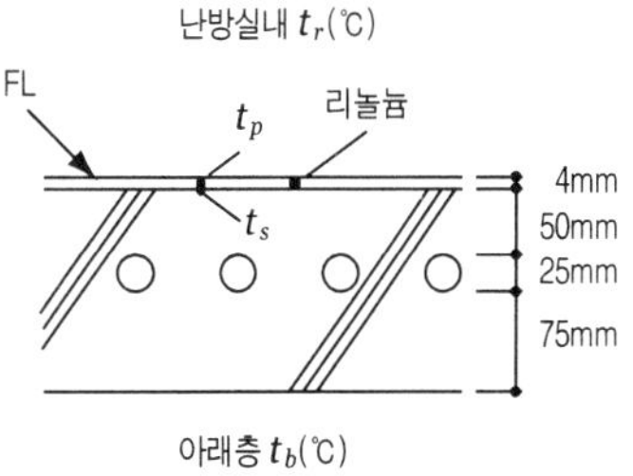

〈그림 2.44〉

풀이 우선 〈표 2.15〉(B)에서 바닥면을 제외한 열손실 Q 를 구한다. 단, 계산 대상층과 아래층 온도가 같으므로 바닥에서의 열손실이 없으므로 Q = 3,294kcal/h가 된다. 바닥면 전체 중 37m²를 가열면으로 하면 패널 단위 방열량 q_p는,

$$q_p = \frac{Q}{A_p} = \frac{3,294}{37} = 89.0\text{kcal/m}^2 \cdot \text{h}$$

로 되어 q_p와 실내온도 t_r(℃)로부터 〈그림 2.40〉에서 패널 표면온도 t_p = 28℃임을 알 수 있다.

다음에 콘크리트 표면온도 t_s(℃)는,

$$t_s = t_p + (q_p \times r)$$

가 된다. 여기서 r는 카페트, 리놀륨 등 콘크리트 위에 덮고 있는 깔개의 열저항이며(여기서는 리놀륨 4mm가 덮고 있다고 가정한다.(〈표 1.5〉에서 λi = 0.163kcal/m · h · ℃))

$$r = \Sigma \frac{\delta i}{\lambda i} = \frac{0.004}{0.163} = 0.0245\text{m}^2 \cdot \text{h} \cdot ℃/\text{kcal}$$

$$t_s = t_p + (q_p \times r) = 28 + (89.0 \times 0.0245) = 30.1805℃$$

가 된다. 아래층으로의 열손실 q_d (kcal/m² · h)는,

$$q_d = C(t_s - t_b)$$

$$C = \frac{1}{1/\alpha + l/\lambda} = \frac{1}{1/6 + 0.15/1.2} = 3.4293\text{m}^2 \cdot \text{h} \cdot ℃/\text{kcal}$$

$$q_d = C(t_s - t_b) = 3.43(30.2-20) = 34.98\text{kcal/m}^2 \cdot \text{h}$$

다음에 코일 관경 · 피치를 결정한다. 콘크리트 두께 및 q_p/q_d 에서 〈표 2.86〉에 의해 패널의 코일 상면 및 하면의 내부저항 r_{pu}, r_{pd} 를 구한다. 콘크리트 두께 150mm, q_p/q_d = 2.54, 이번에는 매입 가스관 길이 20mm, 코일 피치를 200mm로 하고 코일 상면의 내부저항 r_{pu} = 0.084, 코일 하면의 내부저항 r_{pd} = 0.167로 했다.

그리고 q_p, r_{pu}, t_r 에 의해 〈그림 2.40〉에서, 코일 표면온도 t_c = 37℃로 한다. 그러나 t_c는 평균치이므로 입구온도는 t_c+ 5℃ 로 해 42℃ 정도로 한다.

【예제 2.22】 콘크리트 천장 패널의 경우.
열손실의 계산, (예제 2.4) 실의 복사난방을 계산하시오? 가열면을 천장으로 잡는다.(〈그림 2.45〉)

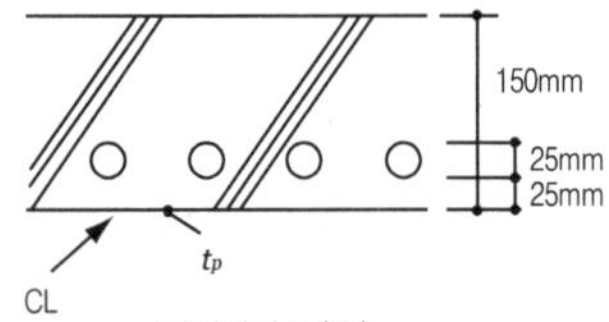

〈그림 2.45〉

풀이 우선 〈표 2.15〉(B)에서 천장면을 제외한 열손실 Q 는,

$$Q = 4{,}330 - 0 = 4{,}330\text{kcal/h}$$

가 된다. 천장면 전체 40m² 중 37m²를 가열면으로 하면 패널 단위 방열량 q_p는

$$q_p = \frac{Q}{A_p} = \frac{4{,}330}{37} = 117.027\text{kcal/m}^2 \cdot \text{h}$$

로 되어 q_p와 실내온도 t_r(℃)에서 〈그림 2.41〉로 패널 표면온도 t_p = 41℃라고 알 수 있다.

q_d는,

$$q_d = C(t_p - t_r)$$

$$C = \frac{1}{1/\alpha + \ell i/\lambda i} = \frac{1}{1/10 + 0.15/1.2 + 0.004/0.163} = 4.007\text{m}^2 \cdot \text{h} \cdot ℃/\text{kcal}$$

$$q_d = C(t_p - t_r) = 4.01(41-20) = 84.147\text{kcal/m}^2 \cdot \text{h}$$

다음에 코일 관경 · 피치를 결정한다. 콘크리트 두께 및 q_p/q_d 에서 〈표 2.87〉에 의해 패널의 코일

상면 및 하면의 내부저항 r_{pu}, r_{pd}를 구한다. 콘크리트 두께 150mm, q_p/q_d = 1.392, 이번에는 매입 가스관 길이 20mm, 코일 피치를 200mm로 하고 코일 상면의 내부저항 r_{pu} = 0.069, 코일 하면의 내부저항 r_{pd} = 0.155로 했다.

그리고 q_p, r_{pu}, t_r 에 의해 〈그림 2.40〉에서 코일 표면온도 t_c = 43℃로 한다. 그러나 t_c는 평균치이므로 입구온도는 t_c + 5℃ 로 해 48℃ 정도로 한다.

2·7·5 복사난방의 배관설계

(1) 온수유량

코일 출입구의 온수온도차 Δt로 필요열량 q(kcal/h)를 나누면, 어떤 실에 대한 온수유량 L(kg/h)을 얻게 된다.

적당히 코일을 분할하여 1대의 코일당 유량을 구하고, 온수난방의 관경 결정과 마찬가지로 코일에 이어대는 배관지름을 결정한다. 코일 유닛 1대당 코일 전장은 펌프 양정을 너무 과대하게 선정하지 않도록 가능한 한 300m 이내로 한다.

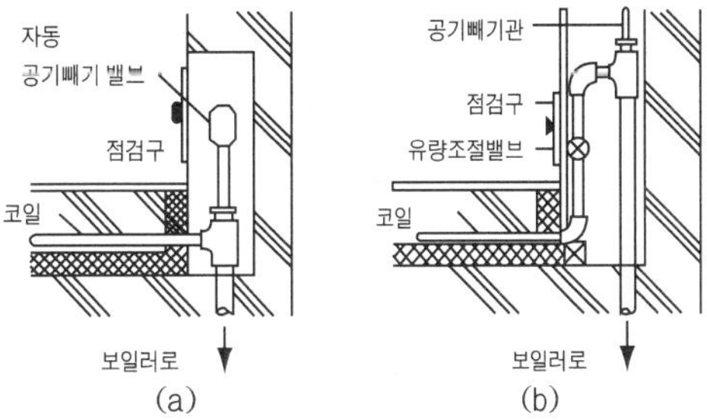

〈그림 2.46〉 공기빼기 방법

(2) 코일 속의 공기빼기 문제

코일의 배관은 수평으로 하고, 리턴측 말단에 〈그림 2.46〉(b)와 같이 공기빼기관을 설치해 각각 팽창 탱크까지 입상한다. 이 공기빼기관 대신에 〈그림 2.46〉(a)와 같이 각 개소에 자동 또는 수동의 공기빼기 밸브를 설치해도 좋지만, 공기빼기관쪽이 관리하기가 쉽다.

(3) 유량제어

되도록이면 각 코일마다 유량제어밸브를 설치한다. 제어밸브는 실내수직관에 〈그림 2.46〉(b)와 같이 설치하는 편이 배관비가 싸게 드는데, 이것이 안 될 때나 주택과 같이 개실제어가 필요할 때는 각 코일마다 혹은 각 실마다 리턴

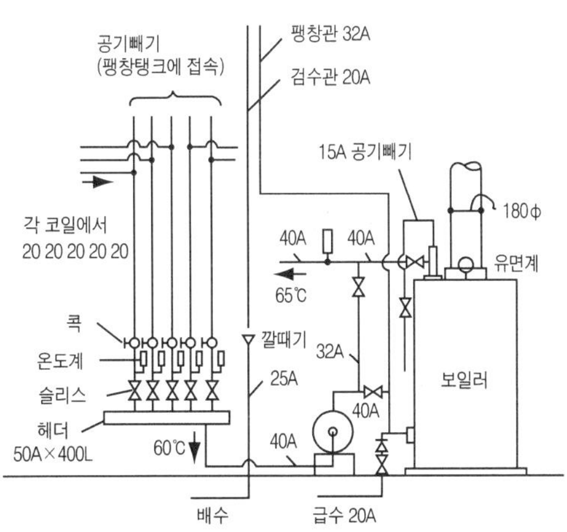

〈그림 2.47〉 보일러 주위 계통도

을 따로 따로 보일러실에서 끌어오고 이것에 각각 제어밸브를 설치한다(〈그림 2.48〉참조). 각 리턴에 각각 온도계를 달면, 유량제어를 쉽게 할 수 있다.

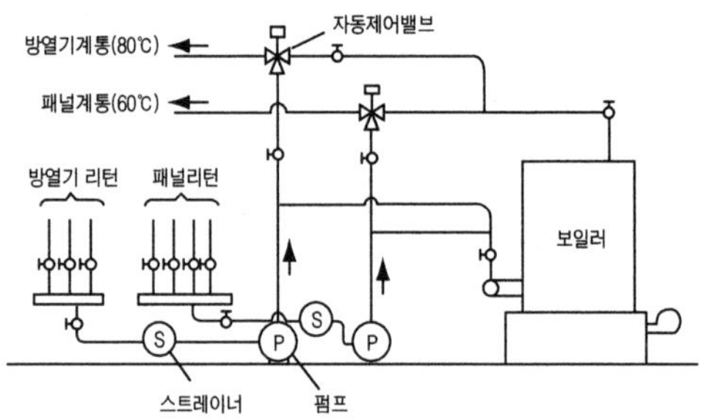

〈그림 2.48〉 온수난방 겸용 복사난방 계통도

(4) 보일러, 기타 기기의 결정

보일러, 순환펌프, 팽창탱크의 결정은 모두 온수난방과 같은 방법으로 한다. 〈그림 2.47〉은 어떤 주택에 대한 보일러 주변의 배관계통도이다. 헤더에 콕과 슬리스 밸브를 설치한 것은, 콕은 유량제어용, 슬리스 밸브는 정지를 위함이다.

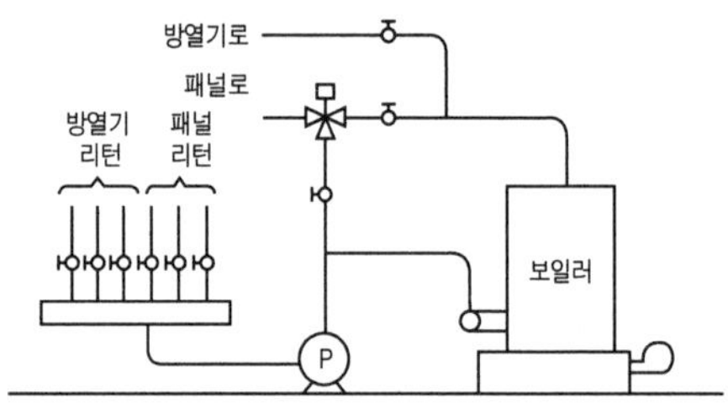

〈그림 2.49〉 상동(펌프 1대)

(5) 복사난방과 온수난방 병용

온수난방과 복사난방을 병용할 경우에는 〈그림 2.48〉과 같이 순환펌프를 2대 설치하면 용이하게 각각의 수온을 제어할 수 있다. 방열기의 설치대수가 적을 경우에는 1대의 펌프로 〈그림 2.49〉와 같이 할 수도 있지만, 이 경우에는 방열기의 온수유량 L_R 의 합계가 일반적으로 패널의 유량 L_P 의 10% 이하가 되어야 한다.

이 비율은 다음 식에서 구할 수 있는 값보다 커서는 안된다.

$$\frac{L_R}{L_P} < \frac{t_{p1} - t_{p2}}{t_{R2} - t_{R1}} \qquad \cdots\cdots (2.61)$$

t_{p1}, t_{p2} = 패널의 송 · 환수의 온수온도

t_{R1}, t_{R2} = 방열기의 송 · 환수의 온수온도

2·8 온풍난방

2·8·1 개요

온풍난방의 가열방식에는 〈표 2.89〉와 같은 3종류가 있으며 이 가운데 (a)는 현재 거의 냉방장치에 병용되어 공기조화설비의 일환으로 되어 있다. 따라서 본서에서는 공기가열 코일의 계산법을 본서에서 4 · 6 · 4에서 다루고 있다.

〈표 2.89〉 온풍난방의 종류

	사용기기	덕트	장치의 설비비	적용
(a)	가열코일 (증기 또는 온수)	있다.	150%	대건축에 많다.
(b)	기계식 온기로	없는 경우도 있다.	80%	1,000m² 이내의 일반건축, 대규모의 공장건축
(c)	유닛 히터	없는 경우가 많다.	50%	공장건축

【주】 장치의 설비비는 증기난방을 100%로 한 것이며, 대상은 6,000m²의 공장건축

2·8·2 풍량 계산식

풍량 G(kg/h)의 공기(온도 t_d℃)를 실내로 불어 넣고, 이것이 실온 t_r(℃)까지 내려가는 동안에 방출하는 열량은 공기의 비열을 C_p라고 하면 $G \cdot C_p(t_d - t_r)$(kcal/h)가 된다. 따라서 실의 손실열량을 q_S(kcal/h)라고 하면

$$q_S = G \cdot C_p(t_d - t_r) = \gamma \cdot Q \cdot C_p(t_d - t_r) \quad \cdots\cdots (2.62)$$

q_S = 실의 손실열량(kcal/hr) (현열만)[KJ/nr]

G = 실내로 송풍하는 공기중량 (kg/h)

C_p = 공기의 정압비열 = 0.24(kcal/kg/℃)[= 1.0KJ/kgK]

t_d = 송풍공기의 온도 (℃)

t_r = 실내공기의 온도 (℃)

γ = 송풍공기의 비중 (kg/m³)

Q = 송풍공기의 풍량 (m³/h)

20℃의 표준공기를 사용하여,

γ = 1.2kg/m³ C_p = 0.24(kcal/kg/℃) 로 하면,

$$q_S = 1.2 \times 0.24Q(t_d - t_r)$$

$$\therefore q_S = 1.2 \times 0.24Q(t_d - t_r) \quad \cdots\cdots (2.63)$$

$$\therefore Q = \frac{q_S}{0.28Q(t_d - t_r)} \quad \cdots\cdots (2.64)$$

$$\text{또는,}\ t_d = \frac{q_S}{0.28Q} + t_r \quad \cdots\cdots (2.65)$$

단 q_S(kcal/h), Q(m³/h), t_d(℃), t_r(℃)

위 식 중에서 식(2.63)은 온도차 및 풍량을 알고 덕트가 운반하는 유열량을 구할 때에 사용되고, 식(2.64)는 손실열량 및 온도차를 알고 풍량을 구할 때 사용되고, 식(2.65)는 환기 풍량이 최초에 부여되었을 때에 손실열량, 실온에 의해 취출구 온도를 구할 때에 사용된다.

증기가열코일을 사용하는 보통의 설계에 있어서는 $t_d - t_r$ = 10~20℃가 이용된다. 온기로(溫氣

爐)를 사용할 경우에는 40~80℃의 온도차를 이용한다. 단, 냉방과 겸용하는 팬이나 덕트를 사용할 때에는 냉방용 풍량은 난방보다 크므로, 그 풍량을 기준으로 하여 취출온도를 구한다. 이 경우는 ($t_d - t_r$)는 10~20℃로 되는 경우가 많다.

취출풍량을 적게 할수록 실내의 상하 온도차는 커져 바닥면이 추워진다.

2·8·3 온풍덕트의 열손실과 보온공사

록울(Rock Wool) 25mm로 보온된 장방형 덕트(종횡비 1:2) 내로 통과하는 온풍의 온도강하를 〈그림 2.50〉에 나타낸다. 보온재의 종류나 덕트의 종횡비가 다를 때에는 〈표 2.90〉 또는 〈표 2.91〉의 계수 k_e, k_A 를 곱한다.

〈표 2.90〉에 보온재 표준두께를 나타낸다.

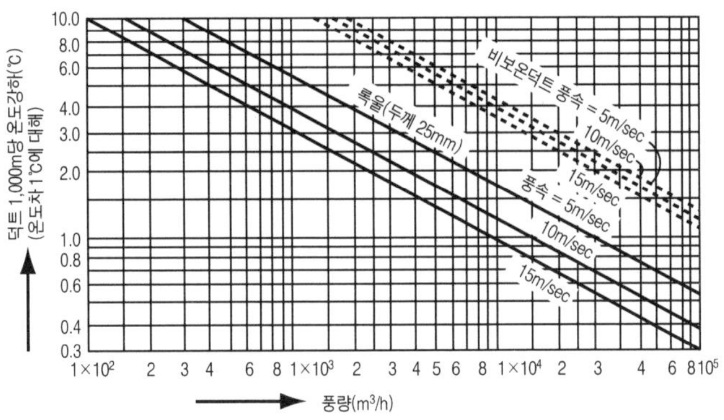

〈그림 2.50〉 덕트 내의 온도 강하

〈표 2.90〉 덕트용 보온재에 의한 계수 k_e

재료	그라스울 (유리솜)				록울 (암면)		스티로폼		일반
열전도율 λ	0.035				0.050		0.030		
두께(mm)	20	25	40	50	20	25	20	25	–
열관류율 K	1.44	1.19	0.78	0.65	1.90	1.60	1.27	0.04	K
k_I	0.90	0.74	0.49	0.41	1.19	1.00	0.79	0.62	K/1.6

【주】 λ (kcal/mh℃) [×1.16W/mK]　　K (kcal/m²h℃) [×1.16W/m²K]

〈표 2.91〉 덕트종횡비에 의한 계수 k_A

	장방형덕트						원형 덕트
종횡비 n	2	3	4	5	6	n	0.84
k_A	1.00	1.09	1.18	1.28	1.35	$\frac{n+1}{2.12\sqrt{n}}$	

【예제 2.23】 크기 800×400mm의 직관덕트에 35℃의 온풍 Q = 10,000m^3/h를 통과시키고, 이것이 15℃의 실외부분(일사를 받지 않음)을 지날 때, 길이 20m당 덕트표면에서의 열손실로 인한 온도강하를 구하시오?

(a) 덕트가 보온되지 않았을 때, (b)스티로폼(두께 20mm) 보온재가 있을 때에 대해 계산하시오?

풀이 800×400mm의 장방형 덕트의 단면적 A는,

0.8×0.4 = 0.32m^2

$$\text{풍속}, v = \frac{Q}{3{,}600A} = \frac{10{,}000}{3{,}600 \times 0.32} \fallingdotseq 8.7\text{m/sec}$$

〈그림 2.50〉에서 $Q = 1\times10^4$, v = 10m/sec, 비보온덕트 및 보온덕트일 때에는 각각 4.1℃, 1.35℃가 된다.

이 값들은 덕트 길이 1,000m당, 내외온도차 1℃당의 값이므로, 이 경우에는 k_A = 1.0으로 하여

(a) 비보온덕트일 때

$$\Delta t = \frac{20\text{m}}{1{,}000\text{m}} \times \frac{35-15}{1} \times 4.1 = 1.64℃$$

(b) 보온덕트일 때에는 k_A = 1.0, k_I = 0.79

$$\therefore\ \Delta t = 0.79 \times \frac{20}{1{,}000} \times \frac{35-15}{1} \times 1.35 \fallingdotseq 0.43℃$$

【예제 2.24】 〈예제 2.23〉의 경우 덕트 표면에서의 열손실량 q_D를 구하시오?

풀이 $q_D = \gamma\, Cp \cdot \Delta t \cdot Q$ · (2.66)

단, q_D = 덕트의 열손실량 (kcal/h)

γ = 공기의 비중 (일반적으로 1.2)

Cp = 공기의 비열 (일반적으로 0.24kcal/kgf · ℃) [=1.0KJ/kgK]

Δt = 통과공기의 온도강하 (℃)

Q = 풍량 (m^3/h)

(a) 비보온덕트일 때

q_D = 1.2×0.24×10,000×1.64 ≒ 4,720kcal/h

(b) 보온덕트일 때

q_D = 1.2×0.24×10,000×0.43 ≒ 1,240kcal/h

〈표 2.92〉 보온재의 표준두께 (mm)

보온재	송풍덕트		리턴덕트	
	실내	실외	실내	실외
그라스울(유리솜)	25	50	0~20	50
록울(암면)	30	60	0~30	60

【주】 보일러실, 주방 등 실온이 높은 방을 냉방용 덕트가 통과할 때는 옥외 두께로 한다.

2·8·4 유닛 히터에 의한 난방 계획법

중기계공장, 시장, 비행기 격납고 등은 바닥 면적이 넓고 천장이 높아 설비비를 절약하지 않으면 안된다. 상기의 건물은 소음이나 외관을 그다지 문제시하지 않으므로 유닛 히터를 쓰는 경우가 많다. 단, 냉방을 필요로 할 때에는 덕트를 사용해서 중앙식 난방을 해야 한다.

유닛 히터에는 천장걸이식과 바닥설치식의 2종류가 있다. 앞의 것은 〈그림 2.51〉과 같이 능력 10,000 ~100,000kcal/h의 소형이며, 증기를 열원으로 하여 이용되고 있다. 바닥설치형은 50,000 ~500,000kcal/h의 대형이며, 다익팬을 내장해 후술과 같이 상당한 거리까지 기류가 도달하므로, 소요대수는 적어도 된다. 바닥설치형은 〈그림 2.52〉와 같은 증기를 이용한 것과 기름 연소형 자납식(自納式) 온기로와 같이 대형인 것이 있다.

종래에 유닛 히터를 사용하는 공장은 슬레이트를 덮은 게 전부일 정도로 보온은 거의 하지않는 경우가 많았지만, 앞으로는 에너지절약을 위해 암면 기타 보온재를 붙여 외벽과 지붕의 열관류율을 2.0kcal/m²h℃ 이하, 되도록이면 1.0 정도까지 내리는 것이 요망된다.

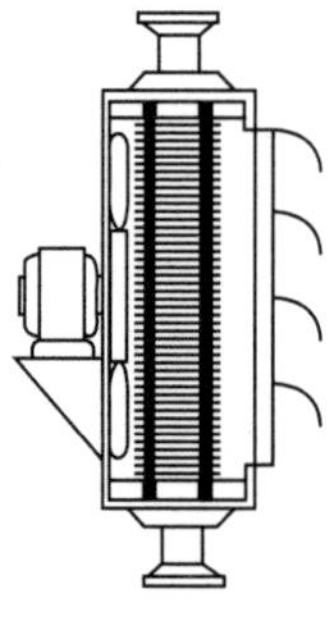

〈그림 2.51〉 천장걸이형 유닛 히터

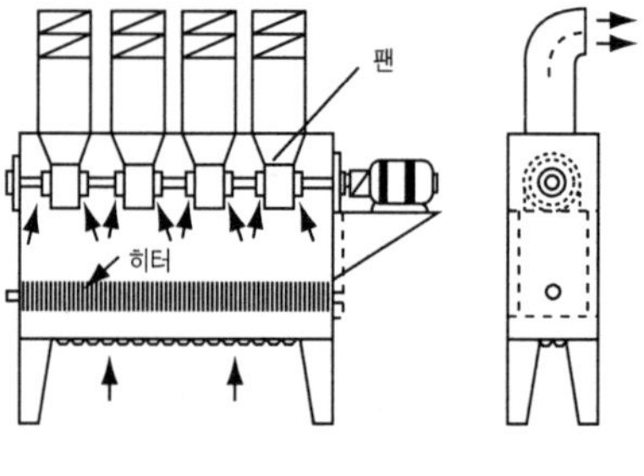

〈그림 2.52〉 바닥형(상치형) 유닛 히터

(1) 천장걸이 유닛 히터의 계획법

실의 열손실을 커버하는 유닛 히터의 대수를 정한다. 취출류가 유리면 등 열손실 면에 평행하게 되도록 배치한다. 히터 높이는 바닥에서 2.4m 이내로 하여, 온풍으로 거주부분을 덮게 한다. 예전자료에 따르면 유닛 히터 합계풍량은 실내공기를 매시 3~5회 환기하는 양이 권장되고 있다.

(2) 바닥설치식 유닛 히터에 의한 난방계획법

공장내의 공정에서 증기가 필요할 경우에는 고압증기에 의한 바닥설치식 유닛 히터도 이용되는 경우가 있지만 최근에는 기름 연소식 온기로가 사용되는 경우가 많으므로 이하에 이것에 대해 설명한다.

바닥설치식 유닛 히터는 취출풍량을 10~15m/sec로 하여 기류 도달거리를 크게 한다. 〈그림 2.53〉에 본 기기의 풍량과 도달거리의 일례를 나타낸다.* 본 그림의 도달거리는 취출구 면적이 〈표 2.93〉과 같은 경우의 값이다.

〈표 2.93〉 온기로의 취출구 면적

온기로 전능력 qt (kcal/h)	취출구 전면적 m^2
100,000	0.27
125,000	0.41
190,000	0.47
250,000	0.50
375,000	0.93
500,000	1.26

공장내의 오염가스 그외 기계배기장치의 풍량을 검토하고, 외기도입량이 이것 이상으로 되어 있는 것을 확인해 q_F 를 구한다.

유닛 히터는 벽측에 배치하고, 이것에서 수평으로 불어낸 기류로 공장 전면적을 덮는다. 이렇게 하면 기류보다 상부는 실온이 오르지 않고, 따라서 열손실 계산시에 높이에 대한 할증이 필요없게 된다.

출입구의 문이 항상 열려져 있는 경우가 많은데, 이때에는 위쪽 또는 옆쪽에 소형 유닛 히터를 설치하여 출입구를 온풍으로 덮도록 한다.

기름 연소식 유닛 히터는 각각 굴뚝 및 급유가 필요하다. 급유는 1개소에 설치한 탱크에서 각 소의 유닛 히터에 펌프로 기름을 압송순환시켜서 한다.

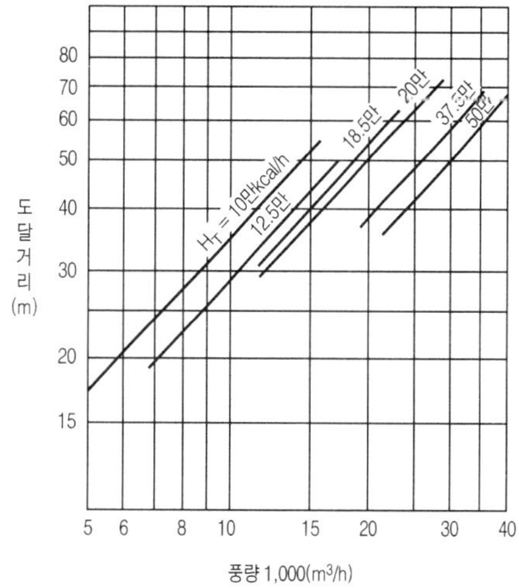

〈그림 2.53〉 바닥설치식 온기로의 도달거리

【예제 2.25】 바닥면적 40×150 = 6,000m², 실내전용적 60,000m³, 실내의 열손실량 = 500,000kcal/h (외기 0℃, 실내 15℃)가 되는 공장을 유닛 히터로 난방하시오?

풀이 외기부하를 200,0000kcal/h로 가정하고 3대를 설치하면, 1대당의 능력 q_T는,

$$q_T = \frac{500,000+200,000}{3} = 230,000\text{kcal/h}$$

* stern에 의한다.(HPAC 1960/4)

1대를 250,000kcal/h로 하여 〈그림 2.54〉와 같이 배치하면 도달거리(T)는 40~45m로 된다. 〈그림 2.53〉에서 $H_T = q_T = 250,000$, $T = 40$m에 대해 $Q = 16,500\text{m}^3/\text{h}$ 정도로 된다. 이때 〈표 2.92〉에서 취출구 면적 = 0.50m²이므로, 취출풍속은

$v = 16,500/(0.50 \times 3,600) = 9.2\text{m/s}$

공장 전용적에 대한 환기횟수 N은

$N = 16,500 \times 3/60,000 = 0.83$회

바닥 위 5m의 공간에 대한 환기횟수는

$N' = 16,500 \times 3/30,000 = 1.65$회

도입외기량을 1대당 5,000m³/h로 하고, 실내외 공기의 엔탈피를 각각 7.0, 1.0kcal/kg로 하면 외기부하q_F 는

$q_F = 1.2 \times 5,000 \times (7-1) = 36,000\text{kcal/h}$

1대당 감당하는 손실열량 q_L은

$q_L = 500,000/3 = 166,0000\text{kcal/h}$

예열열량 q_W를 $q_L + q_F$ 의 20%로 하여

$q_T = 1.2 \times (166,000+36,0000) \fallingdotseq 243,000\text{kcal/h}$

즉, 1대의 전출력이 250,000kcal/h인 것을 3대 설치하고 취출풍속은 10m/s를 선정한다.

2·9 태양열 이용시스템 (난방·급탕)

2·9·1 태양열 난(냉)방·급탕시스템의 분류

〈표 2.94〉와 같이 태양열 난방시스템에는 액티브 시스템과 패시브 시스템이 있고 전자는 집열기·집열 펌프 또는 공기식 집열기, 집열팬 등 집열설비를 사용하는 방식이다. 한편 후자는 동력을 사용하지 않고 주로 건축 부재에 의해 태양열을 집열해 난방을 보조하는 방식이며 두 시스템을 병용하는 것이 요망된다.

또 태양열 급탕시스템은 태양온수기(저탕탱크식 집열기)를 지붕에 설치하는 자연순환방식과 집열기와 저탕탱크를 분리해 배관으로 연결하는 강제순환식이 있으며 전자는 주택의 목욕·급탕만으로 사용되고 후자는 태양열을 이용해 규모가 큰 급탕시스템을 이용할 수 있는 시스템이다. 태양열 급탕에 대해서는 6·2·6을 참조할 것.

〈그림 2.55〉는 태양열 난방 급탕시스템의 대표적인 시스템도이며 운전제어시스템도 내장되어 있

〈표 2.94〉 태양열 급탕·냉난방시스템의 분류

A. 급탕시스템	자연순환식	A_1	태양열 온수기 방식
		A_2	태양열 온수기 방식 + 보조 히터
	강제순환식	A_3	집열기 + 직접 급탕방식
		A_4	집열기 + 간접 급탕방식
		A_5	증발집열기 + 히트펌프 급탕방식
B. 액티브 난(냉)방시스템	수열매식 (또는 냉매식)	B_1	수집열기 + 방열기방식 또는 바닥 패널 방식(난방)
		B_2	수집열기 + 공기분배방식(난방)
		B_3	수집열기 + 수-수 히트펌프식(냉난방)
		B_4	수(또는 증발식)집열기 + 공기-공기(또는 공기-수) 히트펌프식(냉난방)
		B_5	수집열기 + 흡수식 냉동기(냉난방)
	공기열매식	B_6	공기집열기 + 공기분배방식(난방)
C. 패시브난방 시스템	집축열식	C_1	바닥·벽 방사방식(다이렉트 게인 등)
		C_2	천장방사방식(스카이 서모 등)
		C_3	트롬베 월방식·수조방식(축열벽)
	열이동식	C_4	썬룸 공기순환방식(썬룸 등)
		C_5	서모 사이폰 방식(다이렉트 게인 등)
		C_6	히트 파이프 방식

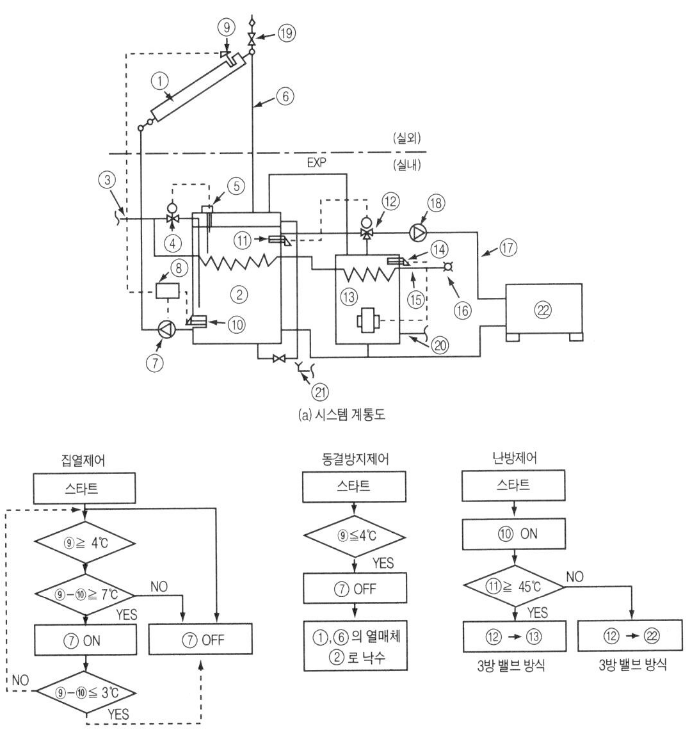

① 태양열집열기
② 축열조
③ 급수배관
④ 급수전자밸브
⑤ 레벨 스위치
⑥ 집열배관
⑦ 집열 순환 펌프
⑧ 차온 서모스탯
⑨ 고온측 검출단
⑩ 저온측 검출단
⑪ 열원 전환 서모스탯
⑫ 열원 전환 3방밸브
⑬ 보조보일러
⑭ 보일러 온도조정 서모스탯
⑮ 급탕배관
⑯ 급탕전
⑰ 열매배관
⑱ 온수순환 펌프
⑲ 자동 공기 급배기 밸브
⑳ 가스배관
㉑ 드레인 배관
㉒ 방열기

〈그림 2.55〉 난방·급탕방식의 제어법 예

는 예이다.

2·9·2 태양열 난방·급탕시스템의 계획과 순서

(1) 설치조건

태양열을 이용하기 위해서는 자연조건, 인위조건, 이용가능 태양에너지, 계절·시각 설치부위에 대해서 다음과 같은 검토가 필요하다.

① 지구상 지역의 위도, 경도, 연평균 일사량, 계절차 등에서 상정되는 수용태양에너지는 지역에 따라서 다르다. 또 경사면의 방위나 산 그림자의 자연조건도 고려한 건축계획이 필요하다.

② 설치치역이 도시계획적인 지역지구나 주변 건축군의 실정 및 동향을 확인한 건축 계획이 요망된다. 향후에도 태양광이 충분히 확보될 가능성이 있는 부지나 설치위치를 검토한다.

③ 설치위치의 구체적인 태양에너지 이용가능 상황을 파악한다. 주변시설 등의 그림자 영향을 검토해 취득 에너지량을 예측한다.

④ 태양열 이용에 있어서는 급탕, 난방, 냉방의 필요성은 계절, 시각에 따라 변동하므로 열수요에 맞춘 합리적인 설치가 중요하다.

⑤ 효율적인 태양에너지 수용을 위해 설치 부위 검토가 필요해진다. 또 건축 디자인에 영향을 주는 부위에는 집열기의 디자인성을 검토한다.

(2) 기본계획

태양열 이용시스템을 고려한 건물 계획시에는 기본적으로 다음과 같은 주의가 필요하다.

① 단열기밀이 우수한(차세대 에너지절약 기준 등에 준한다.) 계획이 요망된다.

② 건축적 방법에 따라, 열차폐·일사 도입을 컨트롤하고 열부하가 적은 계획으로 한다.

③ 패시브 냉난방을 고려하고 특히 적극적인 구체축열이 가능한 구조나 부재를 선정한다.

④ 지붕의 구배는 이용방법에 따라 최적 구배를 선정해야 한다. 그러나 만일의 집열기 파손에도 대비해 메인티넌스도 고려한다.

⑤ 집열면은 남면에서 동서 30도 이내의 흔들림각으로 하는 것을 고려한다.

⑥ 집열기와 저탕조(축열조), 저탕조(축열조)와 급탕전·보조보일러·방열기의 설치거리는 열 손실 등을 고려해 떼어놓지 않는다.

⑦ 건물 내 파이프 및 덕트 스페이스, 접속부·기기 밸브류는 건물을 상하지 않고 교환가능한 위치로 한다.

〈표 2.95〉 연간 목표 태양의존율

급탕	80%
난방(난방급탕)	50%(60%)
냉방(냉난방 급탕)	30%(40%)

【주】 일조 조건·외기온 등에서 지역에 따라 다소 다르다.

⑧ 옥외에 설치하는 기기에 대해서도 메인티넌스나 반출경로·스페이스 등을 고려한다.

(3) 에너지 부하의 조사

(a) 고려 조건의 설정

태양열 이용시스템은 야간이나 흐린 경우에도 집열이 가능하도록 다음과 같은 것을 사전에 고려할 필요가 있다. 다음 각 항목중에서 취사선택한다.

① 급탕·난방·냉방 중 어떤 부분에 태양열을 이용하는가?(난방·급탕으로 하는 것이 경제적)

② 태양 의존율을 어느 정도로 보는가?(〈표 2.95〉 참조)

③ 실내측 방열기에 무엇을 사용하는가?(바닥난방, 패널라디에이터, 팬 컨벡터, 팬 코일 유닛 등)

④ 지붕 경사각도에 의해 얻어지는 일사량을 체크한다.

⑤ 환경유지·개선인가? 에너지 코스트의 회수 또는 지구환경보전 우선인가?

(b) 필요급탕량·냉난방 부하의 조사

지금까지의 조건과 고객의 요구에 따라서 시스템이나 이용범위를 결정하고 부하조사·상정(想定)을 행한다.

① 필요급탕량에 대해서는 6장 6·2를 참조

② 냉난방부하에 대해서는 2장 2·2, 4장 4·3을 참조

(4) 집열기의 집열효율

수식 집열효율 η_c는 일반적으로 다음 식으로 나타낸다.

$$\eta_c = \text{집열량(KJ/h)} \,/\, \text{수열면집열량(KJ/h)}$$

$$= (\tau\alpha)_e - K\mathrm{t} \cdot \frac{(\mathrm{t}_p - \mathrm{t}_a)}{I_{\mathrm{TS}}}$$

단, $(\tau\alpha)_e$: 커버 유리의 태양광 투과율과 집열판의 흡수율 상당합계

$K\mathrm{t}$: 집열기의 전열 투과율(열손실)

$\mathrm{t}_p - \mathrm{t}_a$: 집열기 평균수온 − 외기온도

I_{TS} : 수열면 일사량

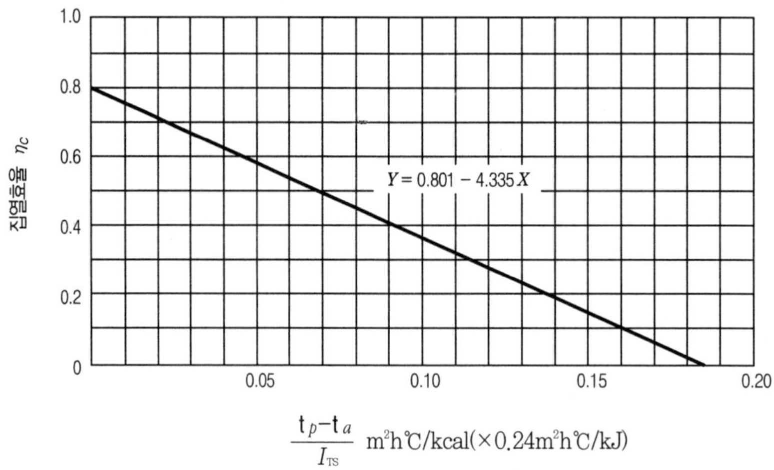

〈그림 2.56〉(A) 평판형 집열기(선택면)의 집열효율

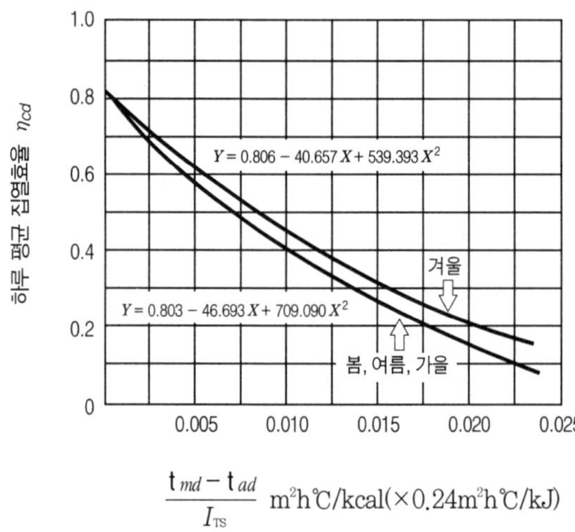

〈그림 2.56〉(B) 집열기의 하루평균 집열효율

이 η_c는 각각의 집열기에 따라 다른데 예를 들면 Y사의 집열기 집열효율은 〈그림 2.56〉(A) 및 〈그림 2.56〉(B)와 같이 구할 수 있다. 전자는 $(t_p - t_a)/I_{TS}$에 대한 순시 집열효율을 나타내며 시시각각의 일사량 I_T에 대해서 컴퓨터 시뮬레이션을 하여 시간마다 집열량을 구할 때 사용한다. 후자는 $(t_{md} - t_{ad})/I_T$에 대한 전일 집열효율(1일 평균)을 나타내고 전일 평균일사량 I_T와, t_{md} : 1일의 평균 집열온도 및 t_{ad} : 일중 평균외기온도에서 1일의 집열량 개산치를 구할 때 이용되는 그림이다.

단, t_{md}는 근사적으로 $t_{md} = \dfrac{t_s + 2t_{ed}}{3}$ 로 구해진다.

t_s : 집열개시시의 수온

t_{ed} : 집열종료시의 수온

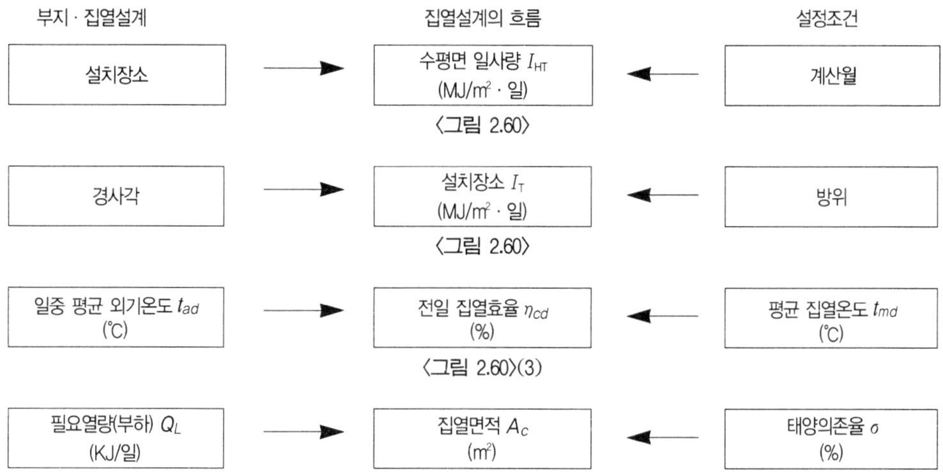

$A_c = \sigma \cdot Q_L / I_T \cdot \eta_{cd}$

〈그림 2.57〉 집열설계의 흐름

(5) 집열계획

태양에너지 이용의 경우, 집열기 설치각도는 건물외관을 결정하는 큰 요소이다. 따라서 시스템에 의해 가능한 한 집열량이 많은 집열기 설치 경사각도를 상세설계전에 대략 잡아두는 것이 중요하

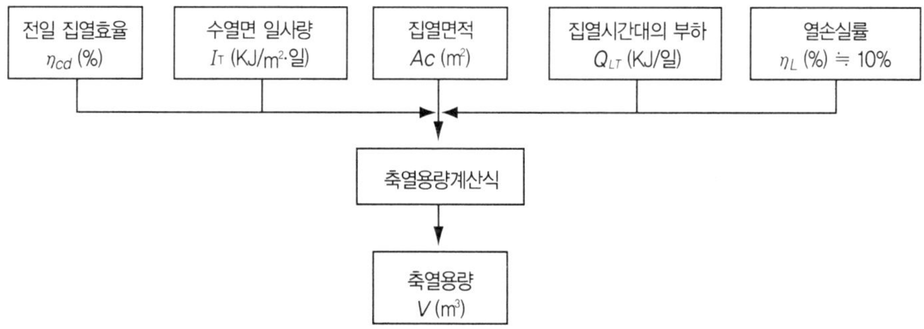

$V = (I_T \cdot \eta_{cd} \cdot Ac\,(1-\eta c) - Q_{LT}) / (t_{ed} - t_s) \times C\gamma$

단, t_{ed} : 집열종료온도　　$C\gamma$: 열매의 비열

t_s : 집열개시온도

〈그림 2.58〉 축열용량 설계의 흐름

다. 선정한 시스템이 급탕시스템이면 연간 집열량이 커지게 계획하고 급탕 난방이면 1월의 집열량이 비교적 많아지게 계획하는 것이 좋다.

또 냉방까지 고려하면 8월의 집열량을 중시해야 한다.

(6) 축열 및 보조열원 설계

(a) 축열용량 설계의 흐름(〈그림 2.58〉)

(b) 보조열원의 설계

① 필요열부하 계산에 의한 피크치를 만족하는 기기를 선택한다.

② 도시가스 · LPG · 등유 등의 연료 종류는 운전비, 유지보수 등 장래에 영향을 주므로 충분히 고려한다.

③ 급탕 보일러로 쏠라 마크 부착 기기를 선정하면 비교적 문제없이 시스템을 구성할 수 있다.

④ 2차측 시스템(팬코일, 바닥난방시스템, 급탕전, 난방기 등)과 가능한 한 가까운 위치에 배치한다.

(7) 배관 · 실내측 설계

(a) 집열계 배관설계

① 내식성이 있고 시스템의 최고 도달온도(120℃)에 견딜 수 있는 스테인리스, 동 등의 배관재료를 선정한다.

② 이종금속이 동일 배관계에 존재하는 시스템에서는 매개 이음을 사용한다.

③ 집열계 배관에서는 동결에 대한 배려로서 낙수시스템의 채용이나 부동액을 사용한다.

④ 집열기 각 유닛의 유량을 균일하게 하는 배관방식(리버스 리턴 방식 등)을 채용한다.

⑤ 배관 거리는 최대한 짧게 한다.

⑥ 파이프 샤프트는 점검 및 배관 교환이 가능한 장소로 한다.

(b) 부하측(실내) 배관설계

① 수식(水式) 시스템에서는 기본적으로 부하측 설계는 종래의 설비시스템과 같다.

② 난방시스템에서는 방열방식을 연구해 이용온도를 낮게 억제한다.

③ 부하측 시스템 그것이 축열 특성을 가질 수 있게 수식이나 공기식의 바닥난방시스템이 좋다.

④ 부하측 시스템을 가능한 한 간단한 시스템으로 구성하는데 예를들면 축열조에서 열을 직접 이용할 수 있도록 한 방식으로 한다.

⑤ 파이프 샤프트는 점검 및 배관 교환이 가능한 장소로 한다.

⑥ 전환밸브는 사용하기 쉬운 곳에 설치한다.

(c) 동결방지 방식

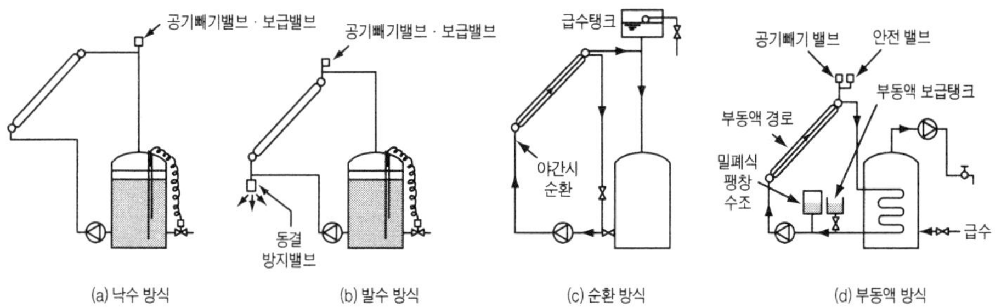

동결방지방법	기구	장점	단점
낙수방식	펌프 정지로 자연적으로 축열조로 낙수한다.	정전시도 가능	동력 큼
배수방식	자력 또는 전자밸브 동결방지밸브로 집열기 배관내의 물을 옥외로 배출	싸다	동결방지밸브의 신뢰성
순환방식	서모스탯에 의해 순환펌프를 작동해 동결을 방지	밀폐회로 가능	에너지 손실
부동액 방식	집열배관회로에 부동액을 사용	정전시도 가능	열교환기 필요, 농액도 관리

〈그림 2.59〉 동결방지제어법의 종류와 특징

2 · 9 · 3 주요 도시에서 경사면별 월평균 일사량

〈그림 2.60〉은 2 · 9 · 2. (5) 집열설계의 흐름 중 수열면 일사량 I_{HT}, I_T (KJ/m^{2}일)의 값을 각 월평균치로서 수평면, 경사각 30° 위도각, 위도 +15°, 수직면에 대해서 일본의 주요 18개 도시(삿보로, 이사히가와, 오비히로, 니이카다, 센다이, 모리오카, 도쿄, 나가노, 시즈오카, 나고야, 오사카, 히로시마, 마쯔에, 고치, 다카마츠, 후쿠오카, 가고시마, 오키나와)의 일사량 데이타이다. 단, 연평균 일사량은 주요 10개 도시(삿보로, 센다이, 도쿄, 나고야, 오사카, 히로시마, 고치, 후쿠오카, 가고시마, 오키나와)의 데이타이다. 일본의 주요도시에서 발전, 난방급탕, 냉난방 급탕용 등 각각에 적당한 경사각, 특히 월별 일사량을 간단하고 편리하게 구할 수 있다.

〈그림 2.60〉 일본의 주요 18도시의 경사면별 월평균 일사량(집열 · 발전용)

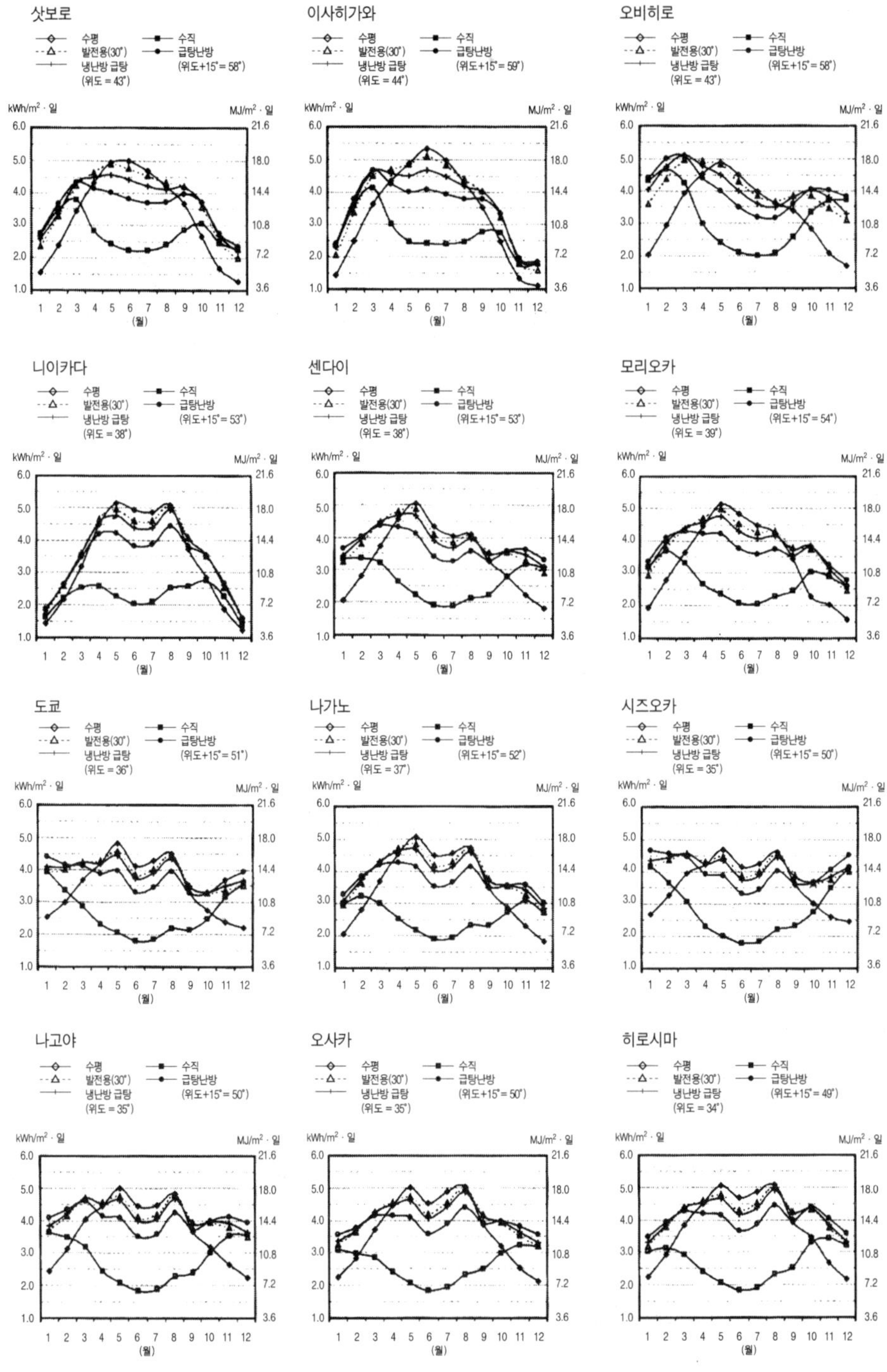

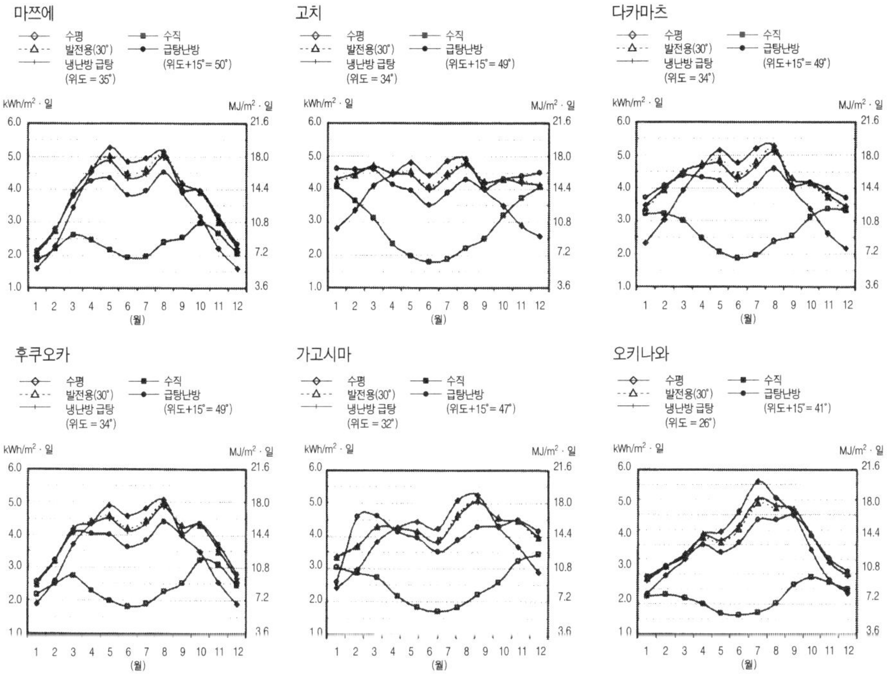

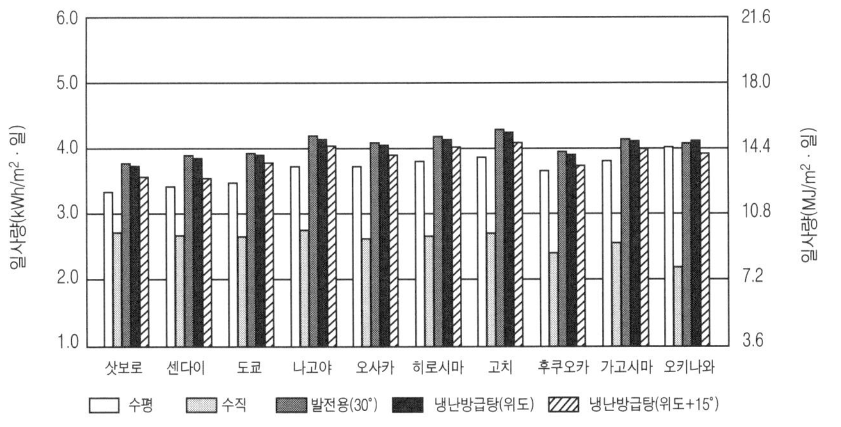

〈그림 2.61〉 일본의 주요 10개 도시의 경사면별 연평균 일사량(집열 · 발전용)

제3장 환기 및 배연설비

3·1 필요환기량

3·2 환기설계방법

3·3 송풍기

3·4 덕트 설계법

3·5 덕트의 구조

3·6 공기분포

3·7 덕트의 소음설계

3·8 배연설비

3·9 화기를 사용하는 실의 환기에 관한 규칙

3·10 공장의 자연환기

제3장 환기 및 배연설비

3·1 필요환기량

3·1·1 환기량의 계산식

(a) 실내에 발열량 q_s(kcal/h)가 있을 때 필요 환기량 Q(m^3/h)는

$$Q = \frac{q_s}{0.28(t_r - t_o)} \quad \cdots\cdots (3.1)$$

$$= \left[\frac{q_s}{1.17(t_r - t_o)}\right]$$

t_r = 실온(℃), t_o = 외기온(℃)

보일러실 등의 q_s 값을 〈표 3.1〉에 나타낸다. 변전실이나 기계실 등에서는 전기기기의 내열한계 때문에 최고 실내 온도를 보통 40℃로 억제한다.

〈표 3.1〉 설비기기의 발생열량 q_s

기기명	발생열량	기기명	발생열량
보일러	정격출력의 2~3%	흡수냉동기	RT [1*] 당 10~15kcal/h
변압기		냉온수발생기	RT [1*] 당 15~30kcal/h
75~300kW	출력(kW)의 2~3%	엘리베이터	
500~1,000kW	〃 1~2%	교류2단	권상기출력(kW)의 27~35%
발전기		직류 [2*]	MG용 모터의 35~43%
수냉식	출력(kW)의 15~20%		
공랭식	〃 30~50%		

【주】1* RT : 냉동톤, 1RT = 3,320kcal/h

2* 직류엘리베이터의 발열은 MG(Motor Generator)실과 권상기계실에서는 이 숫자가 반분된다.

(b) 실내에 M(kg/hr 또는 m^3/hr)인 가스의 발생이 있을 때 (수증기의 발생이 있을 때도 같다.) 필요환기량 Q(m^3/h)는,

$$Q = \frac{M}{p_i - p_o} \quad \cdots\cdots (3.2)$$

p_i = 실내공기 중의 가스농도(kg/m^3 또는 m^3/m^3) (〈표 3.5〉)

p_o = 도입공기 중의 가스농도(〃)

M이 kg/h일 때는 p_i, p_o도 kg/m^{3}를 사용한다.

【예제 3.1】 설비용량 1,000kVA의 변압기가 있는 변전실에서 여름(외기 32℃) 실온을 40℃로 유지하기 위한 환기량을 구하시오? 단, 변압기는 유입자냉식(油入自冷式)으로 하고, 변압기 내의 발열은 전부 실내로 방출된다. 부하측의 역률을 0.95로 하고, 변압기의 발열을 능력의 2%로 한다.

풀이 발열량 = 설비용량 × 역률 × 2%

= 1,000 × 0.95 × 0.02 = 19kW = 16,340kcal/h

t_r = 40℃, t_o = 32℃ 이므로 (3.1) 식에서

〈표 3.2〉 법규에 의한 필요환기량

<table>
<tr><th>실명</th><th colspan="4">필요환기량 V(m³/h) 단, A : 바닥면적(m²)</th><th>관련법규</th></tr>
<tr><td>거실</td><td colspan="4">V = 20A/N
A : 특수건축물의 거실 이외의 거실이 환기상 유효한 창 그외 개구부를 가지고 있는 경우에는 해당개구부의 환기상 유효한 면적에 20을 곱해 얻은 면적을 해당거실의 바닥면적에서 뺀 면적
N : 실제 상황에 따른 1인당 점유면적(특수건축물의 거실에서는 3을 넘을 때는 3으로, 그외 거실에는 10을 넘을 때는 10으로 한다.)(m²)</td><td>건기법 정령 20조의 2</td></tr>
<tr><td rowspan="4">조리장 등</td><td colspan="4">(1) 배기구 또는 배기통에 환기팬 등을 설치하는 경우
V = 40KQ
(2) 굴뚝에 환기팬 등을 설치하는 경우
V = 2KQ
(3) 배기후드를 가지고 있는 배기통에 환기팬 등을 설치하는 경우 환기풍량
V = NKQ (3 · 9 · 4 기계환기 항을 참조)
단 K : 연료의 단위연소량 당의 이론 폐가스량(m³)
Q : 불을 사용하는 설비 또는 기구의 실제상황에 따른 연료소비량(kW 또는 kg/h)</td><td rowspan="4">건기법 시행령 20조의 3,
건기법 고시 1826호</td></tr>
<tr><td>연료 종류</td><td>도시가스</td><td>LP 가스
(프로판 주체)</td><td>등유</td></tr>
<tr><td>발열량(MJ/kg)</td><td>–</td><td>50.2</td><td>43.1</td></tr>
<tr><td>이론 폐가스량
(m³/kWh)</td><td>0.93</td><td>0.93</td><td>12.1
(m³/kg)</td></tr>
<tr><td>옥내주차장</td><td colspan="4">1m² 마다 25m³/h 이상의 환기량을 가지고 있는 환기설비를 설치한다. 단, 환기에 유효한 개구부 면적이 각 층에 있어서 바닥면적의 1/10 이상인 경우는 이 제한이 없다.</td><td>도조례 32조</td></tr>
<tr><td>지하건축물</td><td colspan="4">1m² 마다 30m³/h 이상의 신선한 외기를 공급할 능력을 가지고 있는 환기설비를 설치한다. 이것과 동량의 환기능력을 가지고 있는 설비를 사용할 경우는 외기 공급량을 10m³/h 이상으로 할 수 있다.</td><td>도조례 73조의 13</td></tr>
<tr><td>사업소</td><td colspan="4">바닥면에서 4m 이하일 때, 10m³/h · 인 이상</td><td>노동안전위생규칙 600조</td></tr>
</table>

【주】 건기법(건축기준법) 도조례(도쿄도건축안전조례)

* 환기량의 기준치에 관한 각종 자료는 문헌 (301)에 정리되어 있다.

$$Q = \frac{16,340}{0.28(40-32)} = 7,300\text{m}^3/\text{h}$$

주방이나 세탁실 등에서도 실내의 발생열량(이것은 실내의 증기, 가스 등의 열소비량으로 예상할 수 있다)을 알면 위와 마찬가지로 계산할 수 있다

3·1·2 환기량의 표준(문헌 301)

(1) 법규

법규에 의한 환기량에 관한 조례를 발췌해 〈표 3.2〉에 나타낸다. 실시에 있어서는 법규 본문을 참조할 것. 〈표 3.2〉는 주로 기계환기에 의한 경우이고, 자연환기일 경우는 후술하는 〈표 3.40〉과 같이 배기통, 배기구의 유효단면적이 규제되고 있다. 법규에서는 필요환기량을 V로 표시하고 있으며, 〈표 3.2〉의 식은 이 표기에 따른다.

(2) 환기량의 표준치

기계환기를 필요로 하는 실에서 일반적으로 쓰이는 환기량의 표준값을 〈표 3.3〉에 나타낸다. 〈표 3.3〉의 숫자는 모두 환기만을 할 때의 경우이고, 공기조화가 되어 냉풍을 도입할 때는 실내발열량을 알면 식(3.1)에서 계산으로 구해진다. 이때 공기량은 적어진다. 또 공조할 경우의 도입외기량은 〈표 4.30〉를 참조한다.

〈표 3.3〉 환기량의 권장치

실명	환기횟수(회/h)	환기량(바닥면적당)(m³/hm²)	예
영업용 주방 (小)	40~60	100~150 (배기량)	소규모 레스토랑 · 국수집 등인 경우
영업용 주방 (大)	30~40	120~150 (배기량)	호텔 · 대규모 레스토랑 · 병원 등의 경우
세탁실	20~40	60~120 (배기량)	호텔 · 병원부속인 경우
화장실 (사용빈도 小)	5~10	15~30 (배기량)	사무소 건축 등
화장실 (사용빈도 大)	10~15	30~45 (배기량)	영화관 · 학교 등
지하창고	5~10	15~30 (급기량)	
실내주차장	10회 이상	30 이상 (배기량)	
보일러실	10~15	30~50 (급기량)	여름은 보일러 운전을 하지 않는 경우
보일러실 (하절기운전)	20~40	70~120 (급기량)	
변전실	10~15	30~50 (급기량)	
발전기실	30~50	150~500 (급기량)	

【주】 보일러 연소용 공기량 = 2.0m³/1,000kcal(정격출력) 또는 15m³/기름 1ℓ

발전기용 엔진 흡기량 ≒ 5m³/hps

발전기용 가스터빈의 흡기량 ≒ 12~20m³/hps

【예제 3.2】 아래 표에 나타낸 가스사용기기(후드 부착)를 갖춘 병원용 주방(천장 아래의 용적 800m³)의 환기량을 구하시오? 단, 가스발열량은 11,000kcal/m³(= 11,000/0.66×1.16 = 14,370kcal/kg)으로 한다.

풀이 후드식 각 기구의 가스소비량 G_f(m³/h)에 대한 법규상 최소환기량은 3 · 9 · 4의 $V=NkQ$ 식(3.24)로 계산하면 다음 표와 같이 되고 필요합계환기량은 13,500m³/h로 된다.

실제의 환기량은 〈표 3.3〉의 영업용 주방(大)의 환기횟수를 참조하여 40회/h로 하고, 용적은 800m³이므로,

Q = 40×800 = 32,000m³/h

즉, 배기 32,000m³/h, 급기 25,000m³/h로 하고, 나머지 7,000m³/h는 식당 기타에서 흡인한다. 이 급기는 겨울철에는 15℃까지 예열하여 송풍할 수 있도록 에어필터와 가열코일을 내장한 공조기를 설치하는 것이 바람직하다.

기구명	대수	가스소비량 G_f (m³/h)	가스소비량 (kg/h)	발열량 10³kcal/h	$N \cdot k$	$V = NkQ$
가스레인지	1	32	24.5	352.0	20×1.08×10⁻³	7,603
생선구이기	1	5	3.8	54.6		1,180
프라이기구	1	4	3.0	43.1		931
가스탕비기	2	8×2	6.1×2	175.3		3,786
					합 계	13,500

3 · 2 환기설계법

3 · 2 · 1 개요

기계환기법에는 〈표 3.4〉에 나타낸 방법이 사용되고 있다.

〈표 3.4〉 기계환기의 종류

명칭	내용	예
제1종환기	급기송풍기와 배기송풍기 양쪽을 운전한다.	대규모 보일러실, 변전실, 조리장 등
제2종환기	급기송풍기로 송풍하고, 배기는 배기구로 자연유출	소규모의 변전실, 창고 등
제3종환기	배기송풍기로 배기하고, 급기는 급기구로 자연급기	빌딩의 화장실, 탕비장, 소규모 조리장

3·2·2 유해가스 제거를 위한 환기

조리장이나 욕실용 보일러에서 직접 가스를 연소시키는 경우 등, 실내에서 발생하는 CO_2나 CO 가스를 제거하기 위한 환기법은 가스 연소량에 따라서 〈표 3.2〉의 환기량을 이용한다. 되도록 가스 발생개소의 바로 상부에 후드를 설치하여 이것으로 흡인한다. 〈그림 3.24〉는 법규(건축기준법고시 1826호)에 의한 후드설치 치수를 나타낸다. 후드에 관해서는 이외에 3·6·4를 참조한다.

최근 노동안전위생 때문에 제약공장, 연구소 등 유기용제 등을 많이 사용하는 곳에서는 아래의 법규에 의해, 그 환기법이 엄격하게 규제되고 있으므로, 해당 개소의 설계에는 이것을 참조한다.

(a) 유기용제 중독예방규칙(노동성, 2000.3.24 개정)

(b) 납중독예방규칙(노동성, 2000.3.24 개정)

(c) 특정화학물질 장해예방규칙(노동성, 2000.4.26 개정)

(d) 분진장해방지규칙(노동성, 2000.1.31 개정)

(e) 위험물의 규제에 관한 정령(소방청, 2000.4.26 개정)

〈표 3.5〉에 각종 유해물질의 허용농도를 나타낸다. 그리고 유기용제에 관해서는 위 (e)의 법규에 의해 환기방빕이 규제되고 있다.

위(c) 의 법규에 의하면 드래프트 챔버로의 흡입풍속은 0.4m/s, 천장으로의 흡입풍속은 0.5m/s 이상으로 규제되고 있다.

〈표 3.5〉 실내유해물질 허용농도 (문헌 302)

유해물질		허용농도 (ppm)	허용농도 (mg/m³)	유해물질			허용농도
가스[1*]	일산화탄소	100	110	분진[2*]	제1종	알루미나·흑연 등	1.5(mg/m³)
	이산화탄소	1,000	1,839		제2종	석탄·나무분진 등	3
	이산화유황	5	13		제3종	기타	6
	이산화질소	5	9	미생물[3*]	청정수술실·무균병실		3.5(개/m³)
	아세톤	200	480		일반수술실·신생아실		200 이하
	벤젠	10	32		병실·진찰실		200~500
	페놀	5	19				

1* ACGIH, 일본산업위생협회

2* 일본산업위생협회(1980년)

3* 스위스 병원 환기규칙(공기청정 16권 6호)

3·2·3 발생열 제거를 위한 환기

보일러실, 전기실, 세탁장 등은 열 제거가 주목적이고, 조리장도 앞에서 설명한 가스배제와 함께

열 제거가 그 목적이다. 특히 흡수식 냉동기를 사용하는 경우, 여름철 보일러실 온도는 기계환기를 하더라도 40℃까지 상승한다. 이것을 조금이라도 덜기 위해 〈그림 3.1〉과 같이 취출은 하향노즐을 이용해 거주공간으로 하고, 배기는 열방산이 가장 큰 보일러 전면의 상부에 후드를 설치하는 것이 바람직하다.

대형 조리장 등에서는 여름의 서열(署熱)과 겨울의 과냉각을 방지하기 위해 일반환기 외에 공조용 덕트를 이용하여 환기용 풍량의 약 1/3 정도의 냉풍(겨울은 온풍)을 도입하고 펑커루버로 거주역에 취출하는 것도 행해지고 있다.

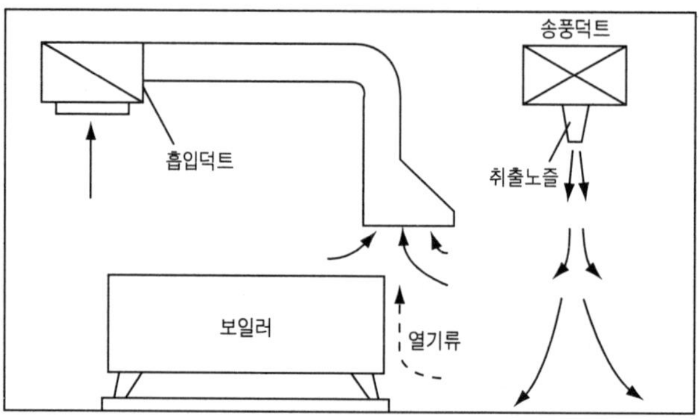

〈그림 3.1〉 하절기 운전중인 보일러실의 환기법

3·3 송풍기

3·3·1 송풍기의 종류와 성능

(1) 송풍기의 종류

건축설비에 이용되는 송풍기를 〈표 3.6〉에 나타낸다. 표준에서 다익형이 코스트가 싸기 때문에 가장 많이 이용되며 정압이 큰 곳은 리밋 로드형 또는 익형이 이용된다. 튜브형의 경우 성능은 원심 송풍기이지만, 축류송풍기와 마찬가지로 덕트의 축중심 상에 수용된다.

축류형은 소음이 크고, 이 중 프로펠러팬은 벽부착용 또는 냉각탑용 등에 많이 사용된다.

(2) 송풍기의 필요동력

송풍기의 필요동력(kW)을 계산으로 구할 경우는

〈표 3.6〉 공조용 송풍기의 적용 (문헌 303)

종류	풍량 Q (m^3/min)	정압 P_S (mmAq)	전압효율 η_T (%)
다익형 송풍기	10 ~ 5,000	10 ~ 100	(소형) 35~55 (대형) 50~65
리밋 로드형 송풍기	20 ~ 3,000	10 ~ 150	50~70
익형 송풍기	50 ~ 5,000	40 ~ 300	(소형) 50~65 (대형) 65~80
축류송풍기(튜브형)	300 ~ 6,000	10 ~ 100	55~80
횡류송풍기	~ 50	~ 5	35~50

【주】 일반적으로 사용되고 있는 것의 개략치를 나타낸다.

$$\mathrm{kW} = \frac{Q\cdot(P_T)}{6{,}120\eta_T} = \frac{Q'\,(P_T)}{102\eta_T} \quad \cdots\cdots (3.3)$$

Q : 풍량(m^3/min) Q' : 풍량(m^3/sec)

$$P_T = P_S + \left(\frac{v_d}{4.04}\right)^2 \quad \cdots\cdots (3.4)$$

P_T : 송풍기의 전압(mmAq)

P_S : 정압(mmAq)

v_d는 송풍기의 토출속도(m/sec)

η_T = 송풍기의 전압효율(〈표 3.6〉참조)

정압 P_S를 사용할 때는 정압효율 η_S를 쓰고

$$\mathrm{kW} = \frac{Q\times P_S}{6{,}120\,\eta_S} \quad \cdots\cdots (3.5)$$

(3) 송풍기의 성능변화(송풍기 법칙)

동일한 송풍기에서 회전수 n을 n'로 바꾸었을 때 풍량은 (n'/n), 정압은 $(n'/n)^2$, 마력은 $(n'/n)^3$으로 정비례하여 변화한다.

동일한 송풍기에서 다루는 기체의 밀도가 ρ에서 ρ'로 변했을 때의 풍량(m^3/min)을 일정하게 하기 위해 정압과 마력은 모두 (ρ'/ρ)에 정비례하여 변화한다. 이 때 다루어야 할 공기의 중량을 일정하게 하고자 할 때는 회전수를 (ρ'/ρ)에 반비례하여 바꾼다. 즉, 풍량, 정압은 모두 (ρ'/ρ)에 반비례하고, 마력은 $(\rho'/\rho)^2$에 반비례한다.

회전수는 일정하게 해 송풍기의 치수를 바꿀 때는 풍량은 $(치수)^3$에 비례하고, 정압은 $(치수)^2$, 마력은 $(치수)^5$에 비례해 변화한다.

3·3·2 송풍기의 결정방법

(1) 송풍기의 선택

후술할 3·4와 같이 해서 구한 덕트의 저항은 전압기준의 값 ΔP_T이고, 이것으로 송풍기의 정압 ΔP_S를 구하는 데는 다음 식을 이용한다.

$$\Delta P_S = \Delta P_T - (v_D / 4.04)^2 \cdots\cdots (3.6)$$

여기에서 v_D는 송풍기의 토출풍속(m/sec)이며, 송풍기 번호를 풍량에 의해 결정하면 카탈로그에서 v_D를 구할 수가 있다.

환기 설계에서 송풍기의 풍량 및 정압을 계산하고, 이것과 사용목적 또는 소음에 대한 요구에 따라서 카탈로그에서 송풍기 번호를 선정한다.

다익형 송풍기는 그 크기에 따라서 No. 2, 2½, 3, …처럼 번호가 붙어 있다. 이 번호는 송풍기 임펠러의 직경(in)을 6으로 나눈 숫자이다. 가령, No. 3의 송풍기 임펠러의 직경은 18in(150mm)이다.

동일 풍량, 정압을 갖는 송풍기에서도 규격이 다르면 축마력, 출구풍속 등이 다르다.

가령, 풍량 250m^3/min, 정압 25mmAq에 가까운 값을 갖는 다익송풍기는 〈표 3.7〉과 같이 5종류가 있다.

〈표 3.7〉 다익형 송풍기의 규격과 사양

규격	풍량 (m^3/min)	정압 (mm)	토출구풍속 m/min (m/sec)	모터 (kW)	회전수 (RPM)
No. 3 1/2	248.6	25.0	1,100 (18.4)	4.45	822
No. 4	250.0	25.0	850 (14.2)	3.18	617
No. 4 1/2	250.0	25.0	670 (11.2)	2.31	462
No. 5	254	25.0	550 (9.2)	2.00	389
No. 5 1/2	254	25.0	455 (7.6)	1.72	327

이것에서 알 수 있듯이 형식이 커질수록 회전수, 축마력이 작아지고 동력비는 줄어든다. 그러나 송풍기의 형식이 커지면 가격이 높아지므로 설비비는 증대한다. 위 5종류의 예 중, 가장 능률이 좋은 것(No. 5 1/2)을 선택하는 편이 바람직하다. 능률이 좋은 경우는 송풍기 소음도 작아진다.

송풍기를 설치하는 기계실에 여유공간이 없는 경우, 또는 설비비가 한정되어 있는 경우에는 부득이 하게 다소 작은 형식의 팬을 선정하는 수가 있다. 이러한 경우, 능률은 아주 나빠진다.

(2) 송풍기의 형식표시법

송풍기를 발주할 때, 그 형식 및 용량을 명기할 경우에는 〈표 3.8〉과 같이 적는다.

회전방향은 풀리측에서 보아 시계회전방향, 반시계회전방향이라 하며 취출방향은 〈그림 3.2〉에서 고른다. 구동방법도 〈그림 3.3〉을 이용해 고른다.

〈표 3.8〉 형식표시법(예)

다익형 송풍기 $5^{1}/_{2}$번 wheel overhang형	
풍량	254m^3/min
정압	25mmAq
회전수	327RPM
축마력	1.72kW
모터	2.2kW
토출방향, 회전방향	상부수직, 반시계 회전
구동방법	V 벨트

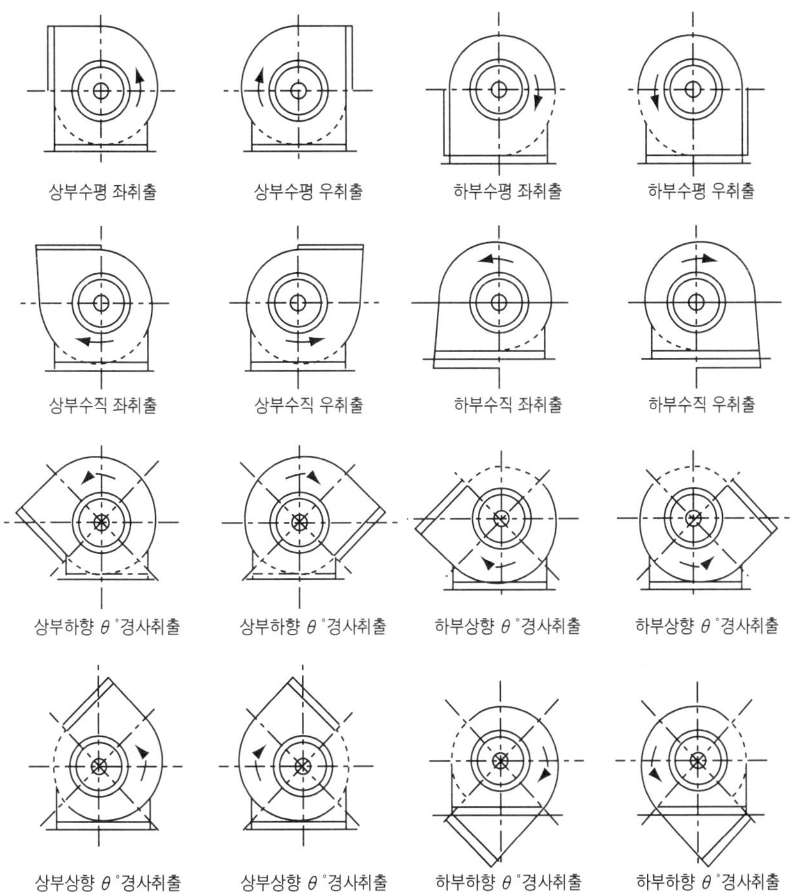

〈그림 3.2〉 다익형 송풍기의 토출방향에 의한 표준형식

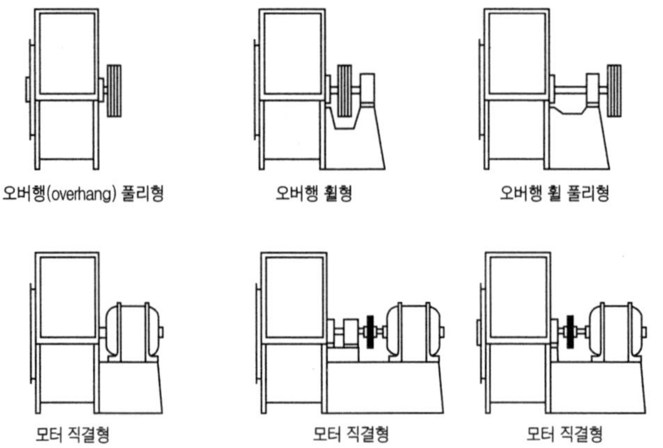

〈그림 3.3〉 전동방법에 의한 표준형식

양흡입형으로 할 때는 동일 규격에서 동일 형번의 편흡입 송풍기의 성능에 대해 풍량은 2.00배, 토출풍속은 1.11배, 회전수 1.01배, 마력은 2.04배가 된다.

다익형, 리밋 로드는 모두 양흡입으로 될 수 있지만, 터보형 및 익형송풍기는 양흡입으로 될 수 없다.

3·3·3 송풍기의 설치방법

(1) 방진 기초에 대한 고려

지하기계실, 혹은 1층 땅바닥 콘크리트 위에 송풍기가 있는 경우, 7.5kW 이하의 소형인 것은 방진기초를 생략해도 된다. 이 경우는 내진을 위해 〈그림 3.4〉와 같이 송풍기의 기초는 철근이 들어있는 바닥슬래브 위에 설치하고, 앵커볼트는 기초철근에 고정시킨다.

위에 설명한 것 이외에는 방진고무, 방진스프링 등의 방진기초로 한다. 그러나 이 방진기초들은 내진에 약점이 있다. 따라서 방진기초가 있는 경우는 공통베이스 둘레에 스톱퍼를 설치하고 또는 〈그림 3.5〉처럼 볼트형 스톱퍼를 이용해 지진시에 베이스의 상하좌우 흔들림을 일정량으로 억제할 필요가 있다. 이 스톱퍼는 〈그림 3.6〉과 같은 형식이 있고, 견고하게 앵커볼트로 콘크리트 기초에 고정시킨다. 위의 스톱퍼나 앵커볼트의 강도계산은 문헌 (304)(305)를 참조할 것.

스톱퍼에는 〈그림 3.6〉에 나타낸 1방향, 2방향, 3방향의 제약된 형식이 있다. 2방향 중에서 그림 (c)는 X-Y방향, (d) (e) (f) 는 X-Z방향의 제약으로 이용된다. 이 중, (e) (f)는 Z

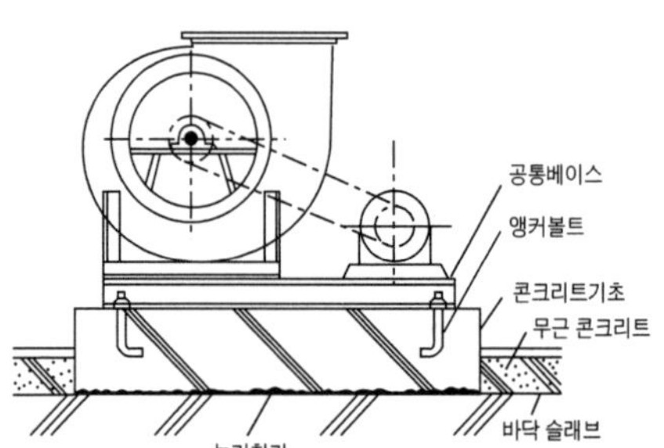

〈그림 3.4〉 콘크리트 기초위의 송풍기 설치 예 (방진 없음)

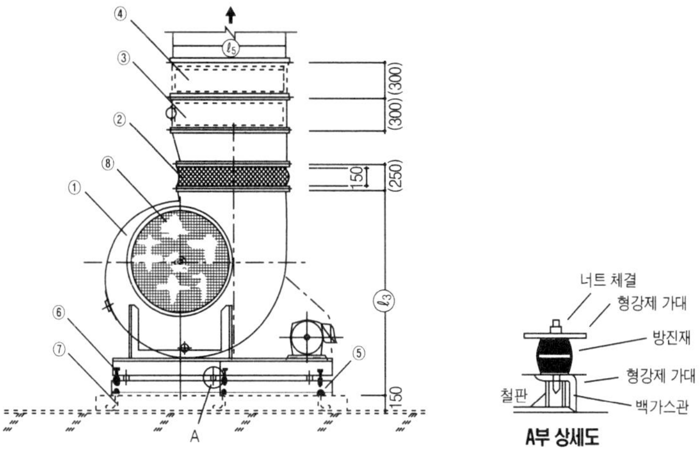

① 양흡입 다익 송풍기
② 플렉시블 커플링
③ 풍량조절 댐퍼 · 강판
④ 모터댐퍼 · 강판
⑤ 홈형강
⑥ 스톱퍼볼트
⑦ 기초볼트
⑧ 보호쇠망 · 짠쇠망

〈그림 3.5〉 방진이 있는 송풍기의 설치방법

방향의 제약은 볼트를 이용한다. 모두 베이스에 충돌하는 면에 두께 5mm 정도의 고무판을 붙이면 충돌할 때의 응력은 대폭적으로 완화할 수 있다. 그림의 (g)는 볼트에 의해 X-Z 3방향의 제약을 행하는 것으로, 도시한 것처럼 고무튜브를 접촉면에 설치한다.

송풍기와 덕트 접속은 〈그림 3.7〉과 같이 한다. 송풍기와 덕트 사이에는 방진을 위해 캔버스이음(길이 100 mm 이상)을 삽입한다.

전동기와 벨트로 구동하는 경우는 되도록 하측의 벨트를 인장측으로 잡아 벨트와 수평과의 경사는 70° 이하로 한다.

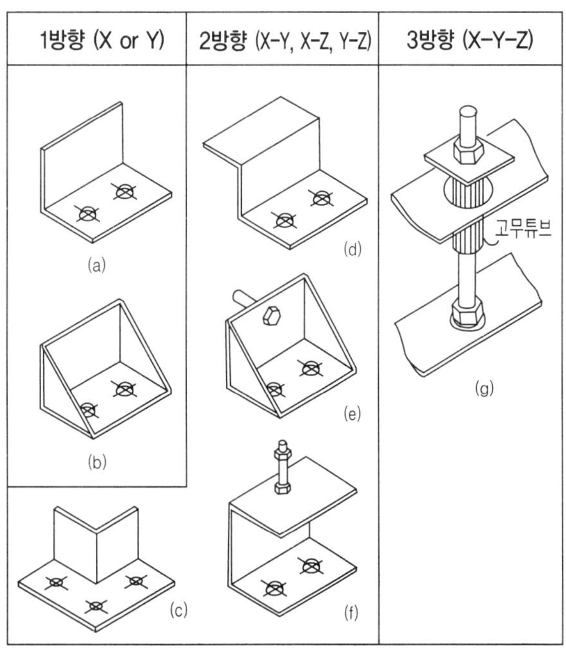

〈그림 3.6〉 각종 스톱퍼

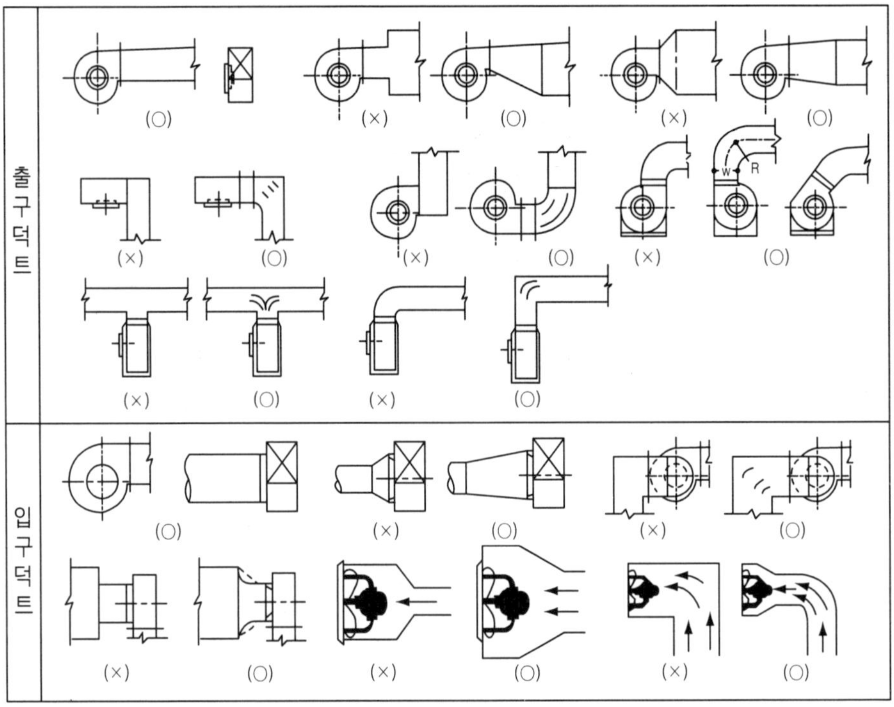

〈그림 3.7〉 송풍기와 덕트 접속법

3·4 덕트의 설계법

3·4·1 직관 덕트의 저항 ΔP_T(mmAq)

$$\Delta P_T = \lambda \frac{v^2}{2g} \frac{\ell}{d} \gamma \quad \cdots\cdots\cdots\cdots\cdots (3.7)$$

여기서, λ = 마찰저항계수

ℓ, d = 직관덕트의 길이, 직경(m)

v = 풍속(m/s)

γ = 공기비중(kg/m^3) g = 9.80

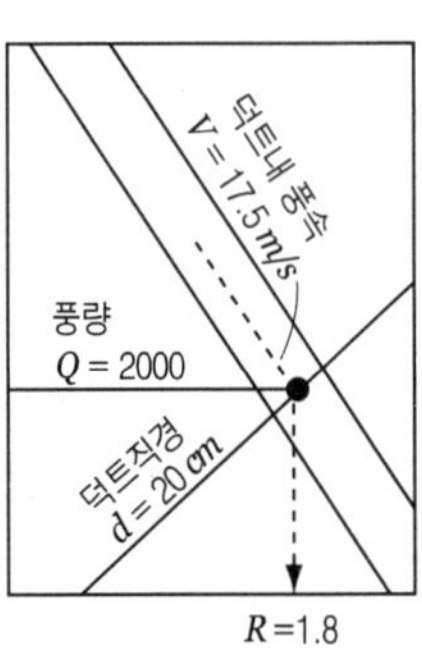

〈그림 3.8〉

아연철판덕트에 상온의 공기(비중 γ = 1.20)를 보냈을 때 직관부의 저항 도표를 〈부도 2〉에 나타냈다. 이 그림은 수평축에 길이 1m당의 저항 R(mmAq/m), 수직축에 풍량 Q (m^3/h)를 나타낸다.

덕트의 지름(cm)을 우상에서 좌하로 그은 사선에, 덕트내의 풍속을 좌상에서 우하의 사선으로 나타낸다.

가령, 지름 20cm의 덕트에 풍량 2,000m^3/h가 흐를 때는 〈그림 3.8〉과 같이 풍속 v = 17.5m/sec, 저항 R = 1.8mmAq/m로 되는 것을 알 수 있다.

덕트가 아연철판 이외일 때 혹은 상온 이외의 공기를 통화시킬 때는 〈표 3.9〉의 계수를 곱한다.

〈표 3.9〉 저항보정 계수

덕트의 내면이 특히 거칠 때 덕트의 내면이 거칠 때 덕트의 내면이 특히 매끈할 때	(콘크리트 덕트, 벽돌 덕트) (모르타르 마감) (동관, 비닐관)	k = 1.8 k = 1.3 k = 0.9
공기이 비중이 γ' 일 때		$k = \frac{\gamma'}{1.20}$

건축용으로는 장방형 단면 덕트가 많이 이용되는데, 원형덕트의 직경 d 를 장방형 덕트의 장변×단변(a×b)으로 환산하는 표를 〈표 8.1〉에 나타낸다.

3 · 4 · 2 덕트의 국부저항

덕트의 벤드, 분기관 그외의 이형부분에 생기는 저항을 국부저항이라 하고,

$$\Delta P_d = \zeta \cdot P_v \quad \cdots\cdots (3.8A)$$

ΔP_d = 국부저항(mmAq)

ζ = 국부저항계수

P_v = 속도압(mmAq)

$$P_v = \frac{v^2}{2g}\gamma = \left(\frac{v}{4.04}\right)^2 \quad \cdots\cdots (3.8B)$$

단, v 는 풍속(m/sec)

설계용으로는 온수난방의 항에서 말한 것처럼 마찰상당길이 ℓ'을 쓴다.* 〈표 3.10〉은 각 이형부에 대한 각각의 ζ 및 ℓ'/d 를 나타낸다.

가령, 곡률반경(R) 30cm, 직경(d) 15cm인 원형덕트의 벤드에 있어서는 R/d = 2이므로

$\ell'/d = 10$

$\therefore\ \ell' = 10d = 10 \times 15 = 150$cm

즉, 길이 1.5m의 직관부 마찰에 상당한다.

〈표 3.10〉 국부저항(전압기준), ζ (국부저항계수), ℓ' (마찰상당길이 m), d (덕트 직경 m)

(1) 원형덕트 벤드

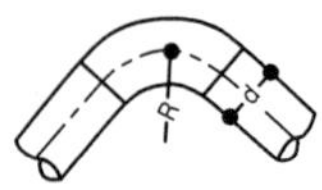

R/d	ζ	ℓ'/d
R/d = 1	0.33	17
= 1 1/2	0.24	12
= 2	0.19	10

(2) 장방형덕트 벤드

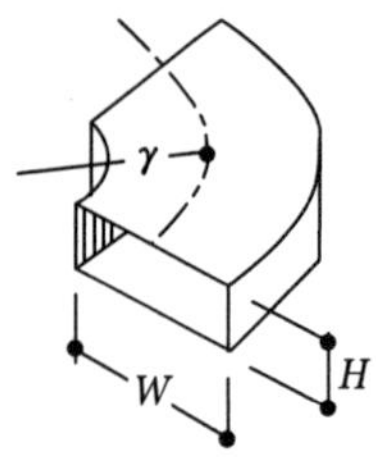

γ/W	H/W	ζ	ℓ'/W
0.5 (각엘보우)	0.25	1.3	25
	0.5	1.3	49
	1.0	1.2	75
	4.0	1.1	110
1.0	0.25	0.27	7
	0.5	0.25	9
	1.0	0.24	11
	4.0	0.19	17

(3) 가이드 베인 부착 엘보우

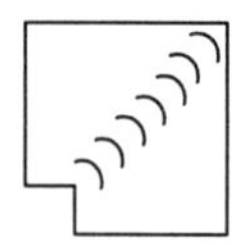

	ζ	ℓ'
(single 베인형)	0.35	18
(double 베인형)	0.10	5

(4) T 자관 분기관

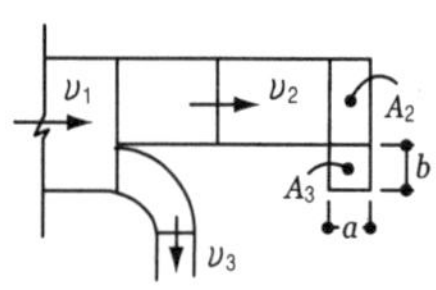

직통관 (1 → 2) 대부분 $\zeta = 0$

분기관 (1 → 3)

v_3/v_1	Δp_d
0.25	0.3 p_{v1}
0.5	0.2 p_{v1}
0.75	0.3 p_{v1}
1.00	0.4 p_{v1}
1.25	0.65 p_{v1}

(5) 직각분기관

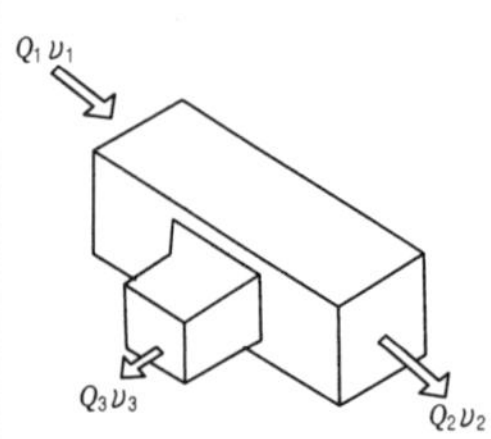

직통관 (1 → 2) 대부분 $\zeta = 0$

분기관 (1 → 3) $\Delta p = \zeta \cdot p_{v2}$

v_3/v_1	Q_3/Q_1 = 0.1	0.2	0.4
0.2	0.91	–	–
0.4	0.81	0.79	–
0.6	0.77	0.72	–
0.8	0.78	0.73	0.66
1.0	0.78	0.98	0.79

(6) 점점 확대부

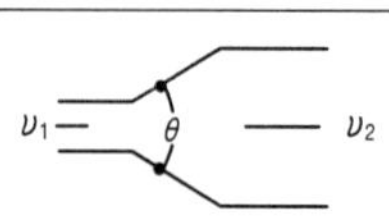

θ	Δp
$\theta = 5°$	$\Delta p = 0.17 \times \gamma (v_1 - v_2)^2 / 2g$
$\theta = 10°$	$\Delta p = 0.28 \times \gamma (v_1 - v_2)^2 / 2g$
$\theta = 20°$	$\Delta p = 0.45 \times \gamma (v_1 - v_2)^2 / 2g$

(7) 점점 축소부

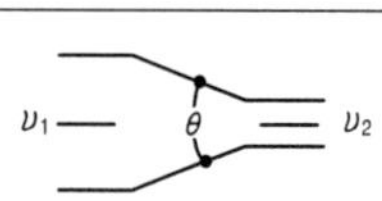

θ	Δp
$\theta = 30°$	$\Delta p = 0.02\, p_{v2}$
$\theta = 45°$	$\Delta p = 0.04\, p_{v2}$
$\theta = 65°$	$\Delta p = 0.07\, p_{v2}$

구분	형상	저항
(8) 변형부	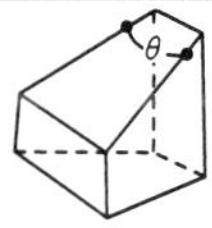	$\theta < 14°$ $\zeta = 0.15$
(9) 급확대	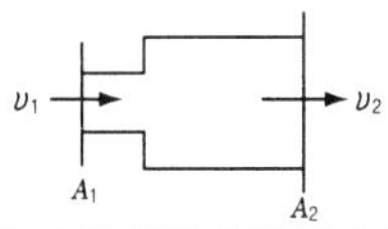	$v_2/v_1 = 0$ $\Delta p = 0.81\,p_{v1}$ $v_2/v_1 = 0.2$ $\Delta p = 0.64\,p_{v1}$ $v_2/v_1 = 0.4$ $\Delta p = 0.36\,p_{v1}$
(10) 급축소	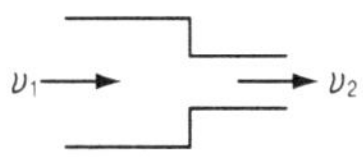	$v_1/v_2 = 0.1$ $\Delta p = 0.34\,p_{v2}$ $v_1/v_2 = 0.2$ $\Delta p = 0.32\,p_{v2}$ $v_1/v_2 = 0.4$ $\Delta p = 0.25\,p_{v2}$
(11) 분기관	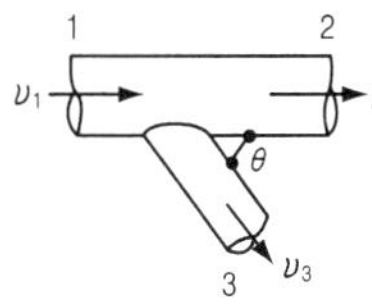 θ =45°	직통부 $\zeta \fallingdotseq 0$ 분기부 (1 → 3)

(11) 분기부 (1 → 3)

A_1/A_3	v_3/v_1	Δp_d
3.0	0.4	3.7 p_{v3}
	0.6	1.4 p_{v3}
	0.8	0.75 p_{v3}
	1.0	0.51 p_{v3}
8.2	0.8	0.79 p_{v3}
	1.0	0.57 p_{v3}

구분	형상	저항
(12) 레지스터	프리에리어 비율 60% 프리에리어 비율 40% 프리에리어 비율 20%	$\Delta p_d = 3.0\,p_v$ $\Delta p_d = 7.0\,p_v$ (p_v는 전면적에 대한 값) $\Delta p_d = 36.0\,p_v$
(13) 루버	프리에리어 비율 50%	$\Delta p_d = 4.5\,p_v$ (상동)
(14) 단순개구(쇠살문 없음) 쇠살문부착(각도 50°)	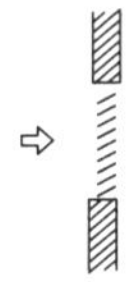	 ζ = 2.0~2.6 ζ = 8.3 *
(15) 여닫이들창 (θ = 45°) (폭 : 높이 = 1 : 1) 유입 유출 회전들창 θ = 45°(유입)	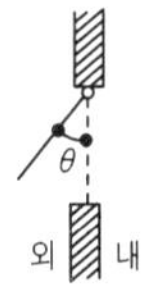	(BATURIN) ** ζ = 3.68 ζ = 3.18 ζ = 5.15
(16) 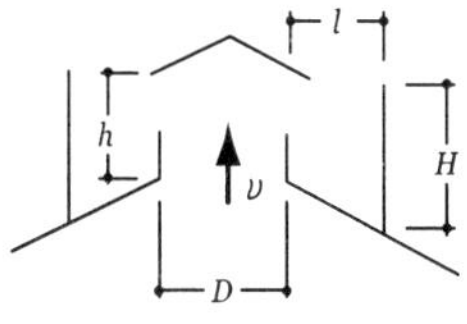 $l = D$ 인 경우	용마루에 직각인 풍향 $v/v_w = 0.1$ $v/v_w = 0.2$ $v/v_w = 0.4$ $v/v_w = 0.6$ $v/v_w = 0.8$ (v_w = 외부 풍속)	 $\Delta p_d = 6.5\,p_v$ $\Delta p_d = 4.0\,p_v$ $\Delta p_d = 2.5\,p_v$ $\Delta p_d = 2.0\,p_v$ $\Delta p_d = 1.7\,p_v$

【주】 $\text{프리에리어 비율} = \dfrac{\text{취출구 정미면적}}{\text{레지스터 전면적}}$

* 건축학회협의회 자료(1960.10) ** 문헌 (307)

〈표 3.11〉 기기 저항의 개략치

	풍속(m/s)	저항(mmAq)
에어와셔	2.5	6
코일(건식)	〃	6 (4열)
코일(습식)	〃	15 (8열)
필터	2.0	5~10
흡음박스		5~10
흡음엘보우		7~15
외기취입구		5
취출구, 배기구		5
고속용 취출구		20~30

3 · 4 · 3 덕트 설계법

(1) 덕트 각부의 풍속

〈표 3.12〉 덕트내의 허용풍속 (문헌 309)

(a) 저속덕트

	권장풍속(m/s)			최대풍속(m/s)		
	주택	일반건물	공장	주택	일반건물	공장
주덕트	3.5~4.5	5~6.5	6~9	4~6	5.5~8	6.5~11
분기덕트	3.0	3~4.5	4~5	3.5~5	4~6.5	5~9
분기수직덕트	2.5	3~3.5	4	3.25~4	4~6	5~8
외기취입구	2.5	2.5	2.5	4	4.5	6
송풍기토출구	5~8	6.5~10	8~12	8.5	7.5~11	8.5~14

(b) 고속덕트

통과풍량(m^3/h)	최대풍속(m/s)
5,000 ~ 10,000	12.5
10,000 ~ 17,000	17.5
17,000 ~ 25,000	20
25,000 ~ 40,000	22.5
40,000 ~ 70,000	25
70,000 ~100,000	30

(1) 등압법에 의한 덕트 설계법

등압법(등마찰법)이란 일정한 압력강하 R(mmAq/m)을 이용해 설계하는 방법이다. 온수난방의 설계법처럼, 우선 송풍기에서 최말단 토출구까지의 경로를 주경로(index circuit)로 하여, 이것에 관하여 등압법으로 하고, 이 경우 〈표 3.12〉에 나타낸 풍속 이하로 제한할 필요가 있으며, 대체로 풍량이 10,000m^3/h를 넘는 부분은 풍속으로, 그 이하의 부분은 등압법으로 한다. 즉, 〈부도 2〉에 기입한

1점쇄선, 2점쇄선, 점선상에서 덕트사이즈를 결정한다. 여기서 2점쇄선은 공장 등의 소음 제한이 없는 경우, 1점쇄선은 사무소, 호텔, 병원, 공회당 등의 일반건축, 점선은 주택, 스튜디오처럼 소음에 대한 요구가 엄격한 곳에 이용한다.

풍속 20m/s 이상의 덕트를 고속덕트라고 한다. 고속덕트는 동력소비가 크기 때문에 앞으로 배연덕트나 공장용 배기덕트와 같은 특별한 경우 이외에는 사용하지 않는 것이 좋다.

【예제 3.3】〈그림 3.9〉에 나타낸 사무소 건축의 덕트를 설계하시오?

풀이 주경로를 ZABCDG로 정하고, 이 사이의 사이즈를 구하면 다음 〈표 3.13〉(A)와 같이 된다. 우선 〈부도 2〉의 1점쇄선상에서 덕트의 지름 d와 압력강하 R을 구하고, d에서 〈표 8.1〉의 장방형 덕트로 환산한다.

〈표 3.13〉(A)

경로	통과풍량(m^3/h)	압력강하 R	덕트경 D	
ZAB	6,000	R = 0.10	D = 54cm	1,100×250mm
BC	4,000	0.10	47	800×250
CDG	2,000	0.10	36	450×250

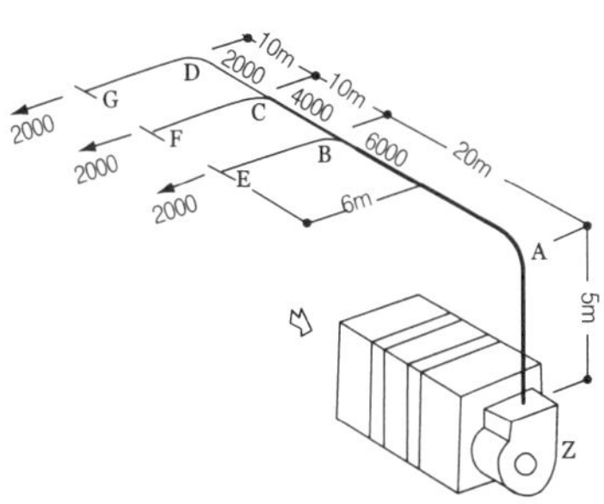

〈그림 3.9〉 덕트설계 예제

각 취출구는 유니버셜형을 이용하고 토출풍속을 4m/sec라고 하면 토출구의 전면적 A는

$$A = \frac{2,000}{3,600 \times 4} = 0.14\text{m}^2$$

즉, 길이×폭 = 700×200mm를 사용한다.

다음에 〈표 3.13〉(B)처럼 해서 송풍기에서 최종단의 취출구 G 사이의 저항을 계산한다. A부의 굴곡저항은 H/W = 1,100/250, R/W = 1.0으로 하여 〈표 3.10〉에서 ℓ'/W = 17

$\therefore$ 상당길이 $\ell' = 17 \times W = 17 \times 0.25 = 4.25$m

B, C인 분기부의 직통저항은 무시한다.

〈표 3.13〉(B) 덕트저항 계산

구간	ℓ	R	$R\ell$
ZA	5	0.1	0.5
A	17×0.25 = 4.25	〃	0.4
AB	20	〃	2.0
BC	10	〃	1.0
CD	10	〃	1.0
D	9×0.45 = 4.05	〃	0.4
DG	6	〃	0.6

계 5.9

따라서 저항의 합계는

덕트	5.9mm
취출구(〈표 3.11〉)	5.0
외기출입구(〈표 3.11〉)	5.0
필터(〈표 3.11〉)	10.0
쿨러(湿)	15.0
계	40.9mmAq = Δp_T

송풍기로서 No.3의 다익형을 쓰면 Q = 6,000m³/h일 때, 송풍기 토출풍속 = 10.3m/sec이다.

이것에 대한 동압은

$$p_v = (10.3/4.04)^2 = 6.5\text{mm}$$

따라서 송풍기의 정압은

$$\Delta p_S = \Delta p_T - p_v = 40.9 - 6.5 = 34.4\text{mmAq}$$

여유를 3mm라고 하면, 송풍기 정압으로서 38mm를 사용한다.

Q=6,000m³/h=100m³/min, p_S=38mmAq의 송풍기는 카탈로그에서 다음과 같이 선정할 수 있다.

다익형 송풍기 No.3 풍량 100m³/min(6,000m³/h) 정압 38mmAq

축동력 1.28kW 모터 1.7kW(2HP)

3·5 덕트의 구조

3·5·1 직관덕트

덕트는 보통 아연철판으로 제작한다. 그 접속법을 〈그림 3.10〉에 나타낸다. 그림의 플랜지는 덕트

상호의 접속에 이용하고 보강을 겸한다. 스탠딩시임은 보강용으로 〈그림 3.10〉 (c)처럼 철판을 구부려서 제작한다. 〈표 3.14〉에 덕트에 이용하는 철판두께, 〈표 3.15〉에 플랜지 치수를 나타낸다.

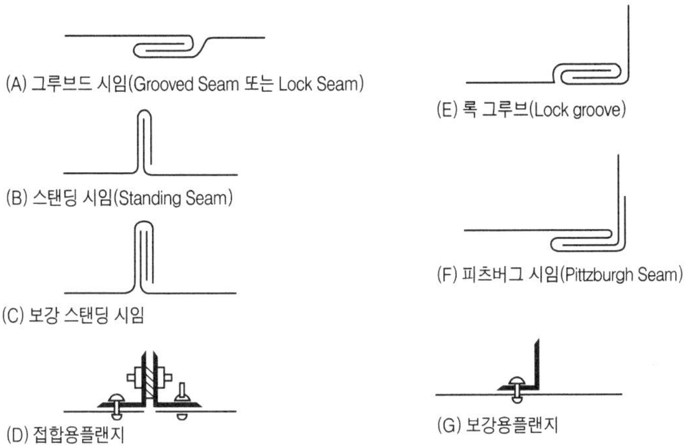

〈그림 3.10〉 덕트의 접속법

〈표 3.14〉 덕트의 판두께(JIS A 4009-1997)

판 두께 mm	저압덕트		고압덕트	
	장방형덕트의 장변(mm)	원형덕트의 직경(mm)	장방형덕트의 장변(mm)	원형덕트의 직경(mm)
0.5	450 이하	500 이하	-	-
0.6	451 ~750	501 ~ 630	-	-
0.8	751 ~1,500	-	450 이하	450 이하
1.0	1,501 ~2,200	-	451 ~ 1,200	451 ~ 630
1.2	2,201 ~	-	1,201 ~	-

〈표 3.15〉 덕트용 플랜지(JIS A 4009-1997)

판 두께 mm	접합용 플랜지		보강용 플랜지(참고)	
	형강치수	최대간격(m)	형강치수	최대간격(m)
0.5	25×25×3	3.6	-	-
0.6	25×25×3	3.6	25×25×3	1.8
0.8	30×30×3	2.7	30×30×3	0.9
1.0	40×40×3	1.8	40×40×3	0.9
1.2	40×40×5	1.8	40×40×5	0.9

3·5·2 댐퍼

〈표 3.16〉 댐퍼의 종류

명칭	약칭	응용
풍량조정댐퍼	VD	풍량 제어 및 폐쇄용. 대개는 다익 댐퍼가 쓰이고, 분기부의 T자부분에는 스프릿 댐퍼가 쓰인다.
방화댐퍼	FD	화염이 침입하면 퓨즈가 융해하여 자동적으로 폐쇄하는 댐퍼
방연댐퍼 (연기감지기 연동 방화댐퍼)	SD	연기감지기로 연기를 검출했을 때, 자동 폐쇄하는 댐퍼. 조작부에는 전동기나 전자식을 쓰고 코스트는 높다.

이상의 3가지 동작을 겸용하는 FVD(방화겸용 풍량조정 댐퍼), SFD(방연방화댐퍼), SFVD(방연, 방화, 풍량조정 댐퍼) 등이 사용되고 있다.

3·6 공기분포

실내 거주공간(바닥 위 1.5m 이하)의 풍속이 0.25m/sec 이하가 되게끔 취출구의 배치, 개수, 크기를 결정한다.

3·6·1 수평방향 취출구

수평취출의 도달거리 L(m)은 다음 식으로 나타낸다.

$$L = \frac{12KQ}{3{,}600\sqrt{A_e}} \quad \cdots\cdots (3.9)$$

K = 취출상수(〈표 3.17〉) Q = 풍량(m^3/hr) A_e = 취출구의 유효단면적(m^2)

$A_e = \mu\gamma A$ μ = 축류계수 ≒ 0.80 γ = 자유면적비 A = 취출구의 전면적(m^2)

〈그림 3.11〉은 각 풍량, 취출면적($A_e = \mu\gamma A$)을 바꾸었을 때의 도달거리 L을 나타낸다.

L은 K = 1.00일 때와 유니버셜 취출구(θ = 40° 일 때로 K = 3.5)인 경우를 나타내고 있다.

〈표 3.17〉 취출상수 K의 값

종류	K
노즐 취출구	5 ~ 6.2
장방형 노즐(종횡비 40 이하)	4.3 ~ 5.3
격자형 취출구(평행베인)	4.1 ~ 5.0
다공판(자유면적비 10~20%)	3.5 ~ 4.3

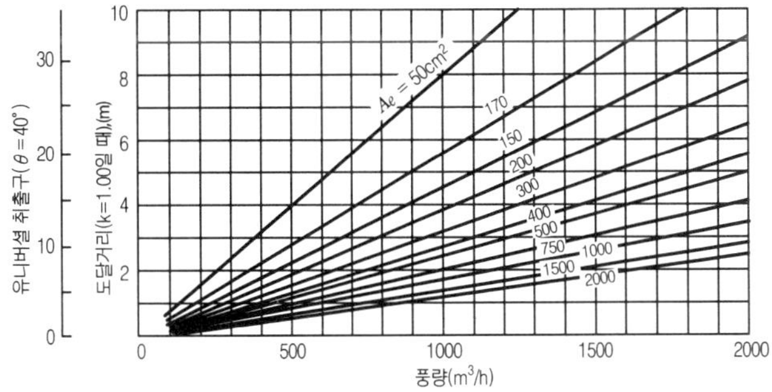

〈그림 3.11〉 수평방향 취출구의 도달거리

【예제 3.4】 폭 = 10m인 실의 한쪽 벽에 유니버셜 취출구 2대를 설치한다. 이 실의 풍량 Q = 3,000m³/h일 때, 취출구의 전면적 A를 구하시오? 자유면적비 $\gamma = 0.8$로 한다.

풀이 L = 10m, 1대당 Q = 1,500m³/h로 하여 〈그림 3.11〉의 유니버셜일 때 $A_e \fallingdotseq$ 850cm²

$$\therefore A = \frac{A_e}{\mu \cdot \gamma} = \frac{850}{0.8 \times 0.8} = 1{,}330\text{cm}^2$$

【예제 3.5】 위 예에서 노즐을 사용할 경우를 설명하시오?

풀이 노즐일 때는 〈표 3.17〉에서 $K = 5.0$을 이용한다.

$K = 5.0$, L = 10m에 대해서 $K = 1.0$일 때, L은 K에 비례해 감소하여

$$L' = \frac{10}{5} = 2\text{m}$$

그러므로 L' = 2m, Q = 500m³/h로 〈그림 3.11〉에서 A_e = 193cm²가 된다.

$$\text{즉, } A = \frac{A_e}{\mu \cdot \gamma} = \frac{193}{1.00 \times 0.80} = 241\text{cm}^2$$

따라서 17.5cm 지름의 노즐(A = 240cm²)을 6개 이용한다.

3·6·2 천장부착 취출구

천장부착 취출구의 대표적인 것으로서 아네모스탯형 취출구(C형)의 성능을 〈표 3.18〉에 개략적으로 나타낸다.

〈표 3.18〉 아네모스탯 C형의 성능

사이즈	12.5	15	20	25	30	35	37.5	40	45	50
네크구경 (mm)	130	155	206	257	308	359	384	409	460	511
취출구 최대지름 (mm)	285	343	457	572	686	800	860	914	1029	1143
풍량 (m^3/min)	3.8	5.4	9.7	15.2	21.8	29.7	34.0	38.7	49.2	60.5

【주】 풍량은 모두 네크 풍속 5m/s일 때

3 · 6 · 3 공기취출구 및 흡입구의 풍속

공기취출구 및 흡입구의 풍속은 소음 때문에 〈표 3.19〉 이상으로 해서는 안된다. 이것은 제작이 우수한 취출구를 사용한 경우이고, 조악한 경우는 이 이하로 잡아야 한다. (〈표 3.19〉, 〈표 3.20〉의 풍속은 취출구 전면적(m^2)당을 표시한다.) 취출구의 소음은 펀칭철판의 레지스터와 같이 저항이 클수록 커지며, 레지스터는 3m/sec 이하로 사용하는 편이 좋다. 노즐 또는 슬롯처럼 전면에 방해판이 없는 것은 소음이 낮기 때문에 7.5m/sec 정도의 풍속까지 허용된다.

〈표 3.19〉 공기취출구의 최대허용풍속(m/sec)

방송국	1.5~2.5
주택, 교회, 호텔침실 정숙한 사무실	2.5~3.75
개인사무실	4.0
영화관	5.0
일반사무실	5~6.25
백화점 1층	10.0
백화점 2층 이상	7.5

실내 환기구의 흡입속도 권장값을 〈표 3.20〉에 나타낸다. 이 표에서 알 수 있듯이 거주구역에 가까울수록 풍속을 작게 한다. 또 이 경우 1개소당 5,000m^3/h 이상의 대풍량을 취급할 때는 표보다 저속으로 하는 편이 좋다. 정좌한 인체에 대해 불쾌감을 주는 실내 기류속도는 0.25m/s라고 한다.

〈표 3.20〉 실내환기구의 권장풍속(m/sec)

인간의 거주부분보다 위에 있는 경우	4.0
인간의 거주부분 내부에 있는 경우 (사람이 앉아 있지 않는 경우)	3.0~4.0
상동 (사람이 앉아 있는 좌석에서 가까운 경우	2.0~3.0
문 또는 벽에 있는 그릴	1.0~1.5
문 하부의 틈을 환기구로 할 때	1.0~1.5

3·6·4 후드의 흡입풍량 Q(m³/h)

일중 후드 : $Q = 7{,}200U \cdot x \cdot v_x$ ....(3.10)

$Q = 3{,}600F \cdot v_f$ ....(3.11)

이중후드 : $Q = 5{,}000U \cdot x \cdot v_m$ ....(3.12)

단, 후드의 장변, 단변을 a(m), b(m)로 할 때

$U = 2\,(a+b) \quad F = a \times b$

x = 후드의 높이(m)(〈그림 3.12〉)

v_x = 보착(補足)속도(m/s)(〈표 3.21〉)

v_m = 보착속도(m/s)(이중후드)(〈표 3.21〉)

v_f = 면속도(m/s)(〈표 3.21〉)

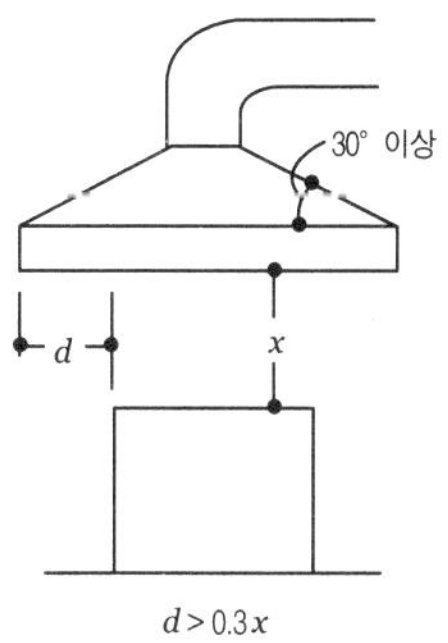

〈그림 3.12〉 후드 치수

〈표 3.21〉 후드 각부 풍속

v_x = 0.10 ~ 0.15m/s	(정지공기)
= 0.15 ~ 0.30	(약한 기류가 있을 때)
= 0.20 ~ 0.40	(강한 기류가 있을 때)
v_f = 0.9 ~ 1.2m/s	(4변 개방)
= 0.8 ~ 1.1	(3변 개방)
= 0.7 ~ 1.0	(2변 개방)
= 0.5 ~ 0.8	(1변 개방)
v_m = 0.20 ~ 0.30m/s	(정지공기)
= 0.30 ~ 0.40	(약한 기류가 있을 때)
= 0.40 ~ 0.50	(강한 기류가 있을 때)

그리고 후드에 관한 법규는 3·9·2를 참조한다.

3·7 덕트의 소음설계

송풍기, 덕트, 취출구 등의 발생소음을 덕트 외의 자연감쇠 및 흡음장치로 감쇠하여 실내의 소음레벨을 허용값까지 낮추는 것이 음향설계의 목적이다.

3·7·1 정의

(1) 음압레벨과 파워레벨

음압레벨 $SPL = 20 \cdot \log_{10}(P/P_0)$ · (3.13)

파워레벨 $PWL = 10 \cdot \log_{10}(W/W_0)$ · (3.14)

음압레벨은 음 강도의 상대값으로, 데시벨(dB)이라고 부르며, $P_0 = 2\times10^{-4}$ 마이크로바(㎶)를 기준으로 한다. 파워레벨(*PWL*)은 음 에너지의 상대값으로 단위는 데시벨이다. $W_0 = 10^{-12}$ 와트를 기준으로 한다.

(2) 음압레벨(dB)의 합 또는 차

2개의 음압 또는 파워레벨의 합 또는 차는 2개의 숫자를 단지 더하거나, 빼거나 한 것으로는 되지 않는다. 다음 표에 ΔdB 을 나타낸다. 또 2개의 음압차가 10을 넘을 때는 큰쪽의 것을 음압레벨로 한다.

〈표 3.22〉 두 가지 음이 동시에 존재할 때의 합성음압 레벨치

2개의 음압레벨의 차	0	1	2	3	4	5	6	7	8	10
더할 때의 ΔdB	3	2.5	2.1	1.8	1.5	1.2	1.0	0.8	0.7	0.5
뺄 때의 ΔdB'	∞	7.0	4.5	3.0	2.3	1.7	1.4	1.1	0.9	0.6

【예제 3.6】 두 가지 음압레벨이 $SPL_1 = 40$dB, $SPL_2 = 35$dB 일 때, 합과 차를 구하시오?

풀이 더하는 경우 $SPL_1 - SPL_2 = 5$dB 이므로

더한 결과 $SPL_3 = SPL_1 + \Delta dB = 40 + 1.2 = 41.2$dB

빼는 경우 $SPL_3 = SPL_1 - \Delta dB' = 40 - 1.7 = 38.3$dB

3 · 7 · 2 실내의 허용소음

〈표 3.23〉에 의해 소음한계곡선의 RC(N)레벨 번호를 구하고, 이 번호에 의해 〈그림 3.13〉에서 각 주파마다의 *SPL*을 얻을 수 있다. 실내의 *SPL*을 이것 이하로 유지하게끔 설계한다.

3 · 7 · 3 발생소음

(1) 송풍기 발생소음 L_w(dB)

$L_w = K_w + 10\log(Q/Q_0) + 20\log(P/Po) + C_E + BFI$ · · · · · · · · (3.15)

〈표 3.23〉 실내의 RC(N) 레벨 권장치 (문헌 310)

실명	RC(N) 권장치	실명	RC(N) 권장치
아파트, 콘도미니움	25 ~ 35	호텔 객실, 연회장	25~35
오피스 중역실, 회의실	25 ~ 35	호텔 로비, 홀, 복도	35~45
오피스 개인사무실	25 (최대)	호텔 서비스 구역	35~45
오피스 일반사무실	30 ~ 40	극장	25~30
오피스 현관로비	40 ~ 45	음악당	20~25
병원 개인병원, 수술실	25 ~ 35	녹음스튜디오	15~25
병원 병동, 복도 / 공공 공간	30 ~ 40	레스토랑	35~45
교회	25 ~ 35	카페테리어	40~50
교실 (70m² 이하)	40 (최대)	백화점	35~45
교실 (70m² 이상)	35 (최대)	상동(1층, 지하층)	40~50
도서관	30 ~ 40	체육관 · 수영풀	40~55
영화관	30 ~ 35		

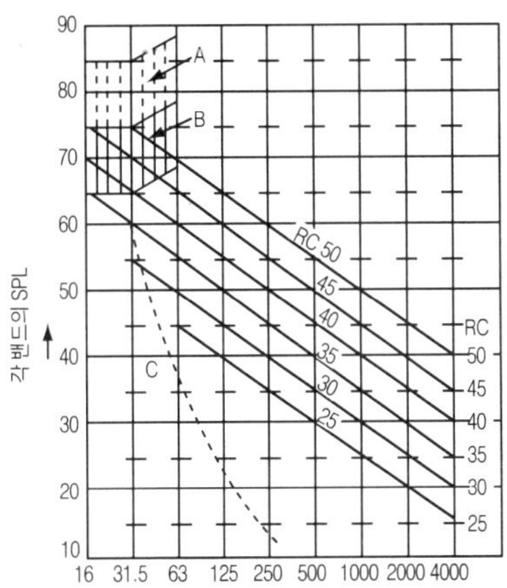

〈그림 3.13〉 RC곡선 (문헌 311)

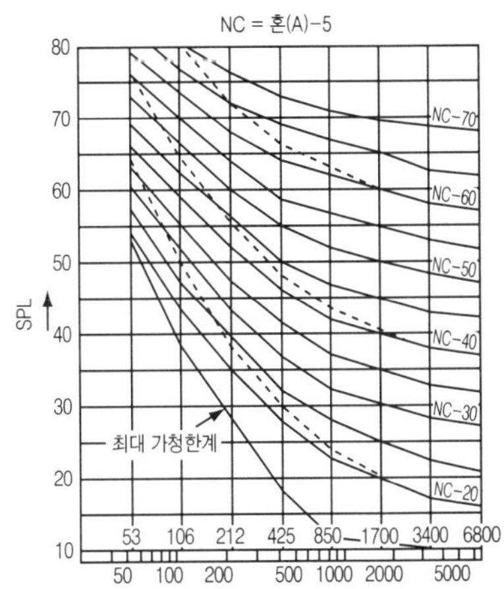

〈그림 3.14〉 NC곡선 (문헌 312)

$$= K_w + M_w + C_E + BFI \quad \cdots\cdots (3.16)$$

단, K_w : $Q_0 = 1\text{m}^3/\text{h}$ $P_0 = 1\text{mmAq}$ 송풍기의 기준발생소음(dB)(〈표 3.24〉)

$M_w = 10\log(Q/Q_0) + 20\log(P/P_0)$

Q = 송풍기 풍량(m^3/h), P = 송풍기 정압(mmAq), $P_0 = 25\text{mmAq}$

C_E = 송풍기의 효율저하에 의한 수정치(dB)(〈표 3.25〉)

BFI = 〈표 3.24〉에 나타낸 BFI 난의 발생역 밴드에만 더한 수정치

〈표 3.24〉 각종 형식의 송풍기의 기준 발생소음 K_w(dB)과 BFI (문헌 313)

송풍기 형식		임펠라 직경(m)	중심 주파수(Hz)							BFI	
			63	125	250	500	1000	2000	4000	dB	발생역(Hz)
원심송풍기	다익형	전부	17	13	9	3	−2	−5	−7	2	500
	익형 및 후곡형	0.9 이상	2	2	1	−1	−2	−7	−15	3	250
		0.9 미만	6	8	6	4	3	−2	−10		
축류송풍기	베인식 축류형	1.0 이상	7	6	8	9	7	4	2	6	125
		1.0 미만	9	9	13	13	13	11	−2		
	튜브 축류형	1.0 이상	11	9	13	11	9	7	4	5	63
		1.0 미만	11	11	17	16	14	136	7		

〈표 3.25〉 송풍기의 효율저하에 의한 수정치 C_E (문헌 313)

그 송풍기의 최고효율에 대한 운전효율의 비율(%)	효율저하에 의한 수정치(C_E)
90~100	0
85~89	3
75~84	6
65~74	9
55~64	12
50~54	15

【예제 3.7】 후술할 〈예제 3.9〉에 이용하는 Q = 8,000m^3/h, P_S = 50mmAq, 소요동력 1.85kW의 No.4 다익송풍기의 발생소음을 구하시오? 이 송풍기의 최고효율 η_0 = 65%,

풀이 운전효율은 (3.3)식에 의해

$$\eta = (8,000\times50)/(102\times1.85\times3,600) = 0.60$$

$$\therefore \eta/\eta_0 = 0.60/0.65 = 0.923$$

그러므로 〈표 3.25〉에서 $C_E = 0$

〈표 3.26〉 음의 주파수마다의 송풍기 발생소음(dB)

(1) 밴드 Hz	63	125	250	500	1,000	2,000	4,000
(2) K_w	17	13	9	3	− 2	− 5	− 7
(3) M_w	73	73	73	73	73	73	73
(4) C_E	0	0	0	0	0	0	0
(5) BFI	0	0	0	2	0	0	0
계 (L_w)	90	86	82	76	71	68	66

다음으로 〈표 3.24〉에서 K_w의 값은 다음 표의 (2)열처럼 되고, 또 *BFI*를 발생시키는 밴드는 500Hz로 *BFI*의 값은 2로 되어, 이것을 5열에 기입,

M_w = 10 log(8,000/1.0) + 20 log(50/1.0) = 39.3+33.9 ≒ 73 이므로 〈표 3.26〉과 같이 각 밴드의 L_w를 구할 수 있다.

(2) 취출구의 발생소음

같은 크기의 취출구가 실내에 n개 있을 때 소음레벨은 1개인 경우에 비해 10 $\log_{10}n$만큼 커진다. 이 값을 〈표 3.27〉, 〈표 3.28〉에 나타낸다.

〈표 3.27〉 각종 취출구 및 흡입구 파워레벨 (N_D)(dB)(문헌 314)

	주파수 밴드(Hz)	63	125	250	500	1,000	2,000	4,000	8,000	비고
취출구	노즐형 취출구	-2	-7	-7	-11	-16	-18	-19	-22	목(首)풍속 15m/s 이하
	펑커루버	-3	-7	-9	-14	-14	-17	-22	-19	〃
	격자형 취출구	-6	-5	-6	-9	-11	-18	-26	-31	면(面)풍속 5m/s 이하
	슬롯 취출구(파이프라인)	-8	-7	-6	-6	-9	-14	-24	-27	〃
	원통형 디퓨저	-2	-5	-8	-12	-16	-23	-29	-37	목(首)풍속 7m/ε 이하
	각형 디퓨저	-3	-6	-7	-8	-8	-11	-18	-28	〃
	팬형 취출구	-6	-5	-6	-9	-11	-16	-24	-23	〃
	원형취출·흡입구	—	-5	-4	-7	-9	-14	-24	-40	목(首)풍속 6m/s 이하
흡입구	그릴형 취출구	-8	-12	-10	-6	-6	-14	-23	-36	면풍속 3m/s 이하(댐퍼 전개)
	팬형 취출구	-9	-7	-10	-10	-12	-16	-29	-38	목(首)풍속 5m/s 이하
	매쉬룸	-3	-9	-11	-14	-11	-10	-18	-30	〃

〈표 3.28〉 2개 이상의 취출구가 있을 때, *SPL* 의 증가량

취출구의 개수	1	2	3	4	8	10	20
SPL 증가량(dB)	0	3	5	6	9	10	13

3·7 4 음의 실내확산

(1) 평균확산에 의한 음의 감쇠량

취출구 바로 앞의 에너지 *PWL*은 취출구에서 실내로 확산하여 실내의 소음레벨 *SPL*이 발생한다. 이 (*PWL*−*SPL*)의 값은 천장높이, 실내 마감 등에 따라 다르며 〈표 3.29〉와 같이 된다.

【예제 3.8】 후술하는 〈예제 3.9〉 회의실의 확산에 의한 소음효과 (*PWL*−*SPL*)를 구하시오?

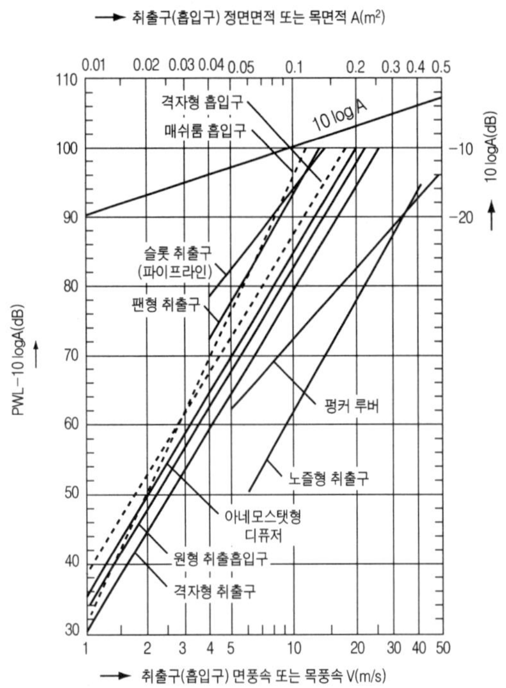

〈그림 3.15〉 취출구 · 흡입구의 발생 $PWL(M_D)$ (문헌 314)

〈표 3.29〉 실내확산에 의한 감쇠효과 $\Delta L = (PWL - SPL)$ (문헌 313)

천장높이	실내마감	63	125	250	500	1,000	2,000	4,000	8,000
3.0m	하드	4	2	1	1	1	2	2	3
	중간	4	4	4	4	4	4	4	5
	소프트	4	5	6	6	6	6	7	7
6.0m	하드	4	2	1	1	1	2	3	5
	중간	4	4	4	4	4	4	5	6
	소프트	4	5	6	6	6	6	7	8
9.0m	하드	4	2	1	1	2	2	3	6
	중간	4	4	4	4	4	4	5	7
	소프트	4	5	6	6	6	7	7	8
12.0m	하드	4	2	1	1	2	2	4	7
	중간	4	4	4	4	4	4	5	8
	소프트	4	5	6	6	6	7	7	9

〈표 3.30〉 실의 감쇠효과에 대한 보정치

바닥면적 (m^2)	11.6	23	46	93	186	372
실내의 합계표면적 (m^2)	58	102	186	325	604	1,161
보정치 (ΔLa) dB	0	+ 2	+ 5	+ 8	+ 11	+ 14

풀이 이 실은 바닥면적 96m^2, 천장높이 3m이고 실의 내면마감은 중간이라고 고려하여(〈표 3.29〉에서), 〈표 3.31〉의 ΔL을 얻을 수 있다. 또 보정치 ΔLa = 8이 된다. 〈표 3.31〉의 $\Delta L + \Delta La$가 답이 된다.

〈표 3.31〉 〈예제 3.8〉의 풀이

주파수밴드	63	125	250	500	1,000	2,000	4,000	8,000
ΔL	4	4	4	4	4	4	4	5
ΔLa	8	8	8	8	8	8	8	8
계 $\Delta L + \Delta La$	12	12	12	12	12	12	12	13

(2) 수음부(受音部)에서 음의 감쇠량

일반적인 가구내장 방(음을 흡수하는 천장, 카페트가 깔린 방도 포함한다)의 실용적이 420m^3 이하이고 음원이 한 가지인 경우의 음압 레벨은 다음 식으로 구할 수 있다.

$$Lp = Lw + A - B \quad \cdots\cdots (3.17)$$

여기서, Lp : 음원에서의 거리가 명확한 경우의 음압레벨(dB)

Lw : 음원의 파워레벨

A : 〈표 3.32〉(A)에서 구한 값

B : 〈표 3.32〉(B)에서 구한 값

실용적이 420m^2을 넘고 음원이 한 가지인 경우의 음압레벨은 다음 식으로 구할 수 있다.

$$Lp = Lw - C \quad \cdots\cdots (3.18)$$

여기서, C : 〈표 3.32〉(C)에서 구한 값

식(3.18)은 실용적이 4,250m^2 이하인 방에 대해 이용할 수 있다. 식(3.17), 식(3.18) 둘 다 오차는 대략 2~5dB이다.

〈표 3.32〉(A) 식(3.15)의 A 값 (문헌 315)

실용적(m^2)	63	125	250	500	1,000	2,000	4,000
42	4	3	2	1	0	− 1	− 2
71	3	2	1	0	− 1	− 2	− 3
113	2	1	0	− 1	− 2	− 3	− 4
170	1	0	− 1	− 2	− 3	− 4	− 5
283	0	− 1	− 2	− 3	− 4	− 5	− 6
425	− 1	− 2	− 3	− 4	− 5	− 6	− 7

〈표 3.32〉(B) 식(3.15)의 *B*값 (문헌 315)

음원에서의 거리(m)	B값 (dB)
0.9	5
1.2	6
1.5	7
1.8	8
2.4	9
3.0	10
4.0	11
4.9	12
6.1	13

〈표 3.32〉(C) 식(3.15)의 *C*값 (문헌 315)

음원에서의 거리(m)	63	125	250	500	1,000	2,000	4,000
0.9	5	5	6	6	6	7	10
1.2	6	7	7	7	8	9	12
1.5	7	8	8	8	9	11	14
1.8	8	9	9	9	10	12	16
2.4	9	10	10	11	12	14	18
3.0	10	11	12	12	13	16	20
40	11	12	13	13	15	18	22
4.9	12	13	14	15	16	19	24
6.1	13	15	15	16	17	20	26
7.6	14	16	16	17	19	22	28
9.8	15	17	17	18	20	23	30

3 · 7 · 5 덕트 각부에서의 자연감쇠

덕트 내부의 자연감쇠량을 〈표 3.33〉에 나타낸다. 원형덕트의 감쇠량은 1,000Hz 이하에서, 0.1dB/m. 이것을 넘으면 불규칙하게 증대하여 4,000Hz에서는 0.3dB/m가 된다. 표의 단말반사(端末反射)는 취출구 또는 흡입구에서 *PWL*의 일부가 덕트내에 반사하기 때문에 생기며, 3 · 7 · 4에서 설명한 확산에 의한 소음과는 다르다.

〈표 3.33〉 덕트 각부의 자연감쇠량(dB/m) (문헌 315)

	P/A	치수	63	125	250	500	1,000	2,000	4,000
장방형덕트	26	150×150	0.98	0.66	0.33	0.33			
	13	305×305	1.15	0.66	0.33	0.20			
	10	305×610	1.31	0.66	0.33	0.16			
	7	610×610	0.82	0.66	0.33	0.10			
	3	1,220×1,220	0.49	0.33	0.23	0.07			
	3	1,830×1,830	0.33	0.33	0.16	0.07			
원형덕트		*D* = 180	0.03	0.03	0.05	0.05	0.10		
		180 < *D* ≦ 380	0.03	0.03	0.03	0.05	0.07		
		180 < *D* ≦ 380	0.02	0.02	0.02	0.03	0.05		
		760 < *D* ≦ 1,520	0.01	0.01	0.01	0.02	0.02		
단말반사		직경 150mm	20	14	9	5	2	1	–
		200	18	12	7	3	1	0	–
		250	16	11	6	2	1	0	–
		300	14	9	5	2	1	0	–
		400	12	7	3	1	0	0	–
		510	10	6	2	1	0	0	–
		610	9	5	2	1	0	0	–
		910	6	3	1	0	0	0	–
		1,830	3	1	0	0	0	0	–

〈표 3.34〉 분기덕트의 자연감쇠량(dB/m) (문헌 313)

A_2/A_1 (%)	5	13	15	20	30	40	50
ΔPWL	13	10	8	7	5	4	3

3·7·6 소음(消音)장치

(1) 내장덕트(장방형) L_D(dB/m)

〈표 3.35〉 장방형 내장덕트의 감쇠량(dB/m)(내장재 두께 25mm) (문헌 303)

		중심주파수(Hz)					
		125	250	500	1, 000	2,000	4,000
덕트치수	150×150 (mm)	0.6	1.5	2.7	5.8	7.4	4.3
	200×200	0.5	1.2	2.3	5.0	5.8	3.6
	200×300	0.4	1.0	2.1	4.5	4.9	3.2
	250×250	0.4	1.0	2.1	4.4	4.7	3.1
	250×510	0.3	0.8	1.8	3.8	3.7	2.6
	300×300	0.4	0.8	1.9	4.0	4.1	2.8
	300×610	0.3	0.6	1.7	3.5	3.2	2.3
	460×460	0.3	0.6	1.6	3.3	2.9	2.2
	610×610	0.2	0.5	1.4	2.8	2.2	1.8

(2) 내장덕트(원형) L_D(dB/m)

〈표 3.36〉 원형 내장덕트의 감쇠량(dB/m)

덕트 직경(mm)	63	125	250	500	1,000	2,000	4,000	8,000
150	0.38	0.59	0.93	1.53	2.17	2.31	2.04	1.26
305	0.23	0.46	0.81	1.45	2.18	1.91	1.48	1.05
610	0.07	0.25	0.57	1.28	1.71	1.24	0.85	0.80
1,220	0	0	0.18	0.63	0.26	0.34	0.45	0.44

(3) 후렉시블 덕트

〈표 3.37〉 내장 후렉시블 덕트의 감쇠량(dB/m)

덕트 내경(mm)	길이(m)	63	125	250	500	1,000	2,000	4,000
100	3.7	6	11	12	31	37	42	27
	2.7	5	8	9	23	28	32	20
	1.8	3	6	6	16	19	21	14
	0.9	2	3	3	8	9	11	7
150	3.7	8	12	17	33	38	40	26
	2.7	6	9	13	25	29	30	20
	1.8	4	6	9	17	19	20	13
	0.9	2	3	4	8	10	10	7
200	3.7	8	11	21	12	37	37	24
	2.7	6	8	16	9	28	28	18
	1.8	4	6	11	6	19	19	12
	0.9	2	3	5	3	9	9	6
250	3.7	8	10	22	32	36	34	21
	2.7	6	8	17	24	27	26	16
	1.8	4	5	11	16	18	17	11
	0.9	2	3	6	8	9	9	5
300	3.7	7	9	20	30	34	31	18
	2.7	5	7	15	23	26	23	14
	1.8	3	5	10	15	17	16	9
	0.9	2	2	5	8	9	8	5
350	3.7	5	7	16	27	31	27	14
	2.7	4	5	12	20	23	20	11
	1.8	3	4	8	14	16	14	7
	0.9	1	2	4	7	8	7	4
400	3.7	2	4	9	23	28	23	9
	2.7	2	3	7	17	21	17	7
	1.8	1	2	5	12	14	12	5
	0.9	1	1	2	6	7	6	2

(4) 소음엘보의 감쇠량 L_E (dB/1개)

〈표 3.38〉 장방형 내장덕트의 엘보에 의한 감쇠량(dB/1개) (문헌 303)

		덕트 길이(mm)	옥타브 밴드 중심 주파수(Hz)							
			63	125	250	500	1000	2000	4000	8000
원형 엘보		125~ 250					1	2	3	3
		275~ 500				1	2	3	3	3
		525~1,000			1	2	3	3	3	3
		1,025~2,000		1	2	3	4	3	3	3
직각 엘보 (가이드 베인 없음)	내장 않함	폭 125				1	5	7	5	3
		250			1	5	7	5	3	3
		500		1	5	7	5	3	3	3
		1,000	1	5	7	5	3	3	3	3
	입구전 내장	폭 125				1	5	8	6	8
		250			1	5	8	6	8	11
		500		1	5	8	6	8	11	11
		1,000	1	5	8	6	8	11	11	11
	출구측 내장	폭 125				1	6	11	10	10
		250			1	6	11	10	10	10
		500		1	6	11	10	10	10	10
		1,000	1	6	11	10	10	10	10	10
	전후에 내장	폭 125				1	6	12	14	16
		250			1	6	12	14	16	18
		500		1	6	12	14	16	18	18
		1,000	1	6	12	14	16	18	18	18

【주】 1. 내장은 측면만이 유효
2. 내장 두께는 폭의 최소 10%
3. 내장 길이는 최소 덕트폭의 2배
4. 직각 엘보에 가이드 베인이 있는 경우는 원형 엘보와 직각 엘보의 평균값을 사용한다.

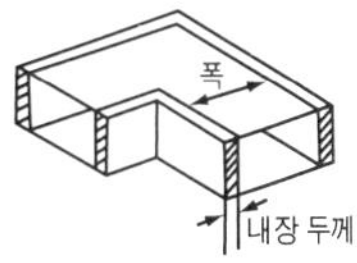

(5) 소음박스

글라스울 두께 25mm(비중 32kg)를 내장한 흡음박스의 소음량을 〈표 3.39〉에 나타낸다.

〈표 3.39〉 흡음박스의 소음량(dB)

형식	내용적 (m^3)	주파수 밴드(Hz)							
		63	125	250	500	1,000	2,000	4,000	8,000
장변 취출	0.5	10	18	12	20	22	23	24	22
	1.0	18	16	10	16	19	22	25	23
	2.0	15	11	14	19	20	21	24	20
단변 취출	0.5	8	20	17	14	14	15	16	14
	1.0	20	22	11	11	15	16	15	14
	2.0	18	17	16	19	14	13	12	20

【주】 $V = 0.5\text{m}^3$: $L \times B \times H = 1.45 \times 0.72 \times 0.48\text{m}$　　장변취출은 길이 L 의 측면에 덕트접속
$V = 1.0\text{m}^3$: $L \times B \times H = 1.85 \times 0.90 \times 0.6\ \text{m}$
$V = 2.0\text{m}^3$: $L \times B \times H = 2.3 \times 1.15 \times 0.75\text{m}$

3·7·7 소음(消音)설계법

(1) 설계의 요점

(a) 실내의 소음레벨 기준이 엄격한 음악당, 극장, 라디오 스튜디오 등에서는 (2)에 나타낸는 소음계산을 하여 실내 NC레벨이 기준치에 합격하는 것을 확인한다.

(b) 그외의 경우는 〈표 3.40〉에 나타낸 개수의 소음장치를 취출측, 리턴측에 배치한다.

〈표 3.40〉 팬부터 취출구까지의 도중 덕트에 설치해야 할 소음기 개수

실내 NC레벨	예	소음장치의 개략 개수
NC - 20	음악당, 녹음 스튜디오	4~6
NC - 30	영화관, 중역실, 회의실	3~4
NC - 40	일반사무실, 레스토랑	2~3

가령, 소음기가 4대 필요한 경우는 송풍기 출구와 토출구에 소음박스, 도중의 덕트에 소음엘보 2개를 설치한다. 리턴측에는 공조기의 필터 상류에 에어챔버를 내장하고 리턴 그릴에 소음박스, 도중에 소음엘보 2개를 설치한다.

(c) 화장실 기타의 환기덕트도 송풍기 1~2m 가까이에 흡음재를 내장하면 효과는 현저하다.

(d) 각층 유닛의 실내는 내표면에 흡음재를 내장하여 실내의 소음레벨을 낮추는 한편 리턴 그릴에는 〈그림 3.16〉(A)와 같은 흡음트랩을 설치해 흡음할 필요가 있다. 일반적인 리턴 그릴은 〈그림 3.16〉(B)처럼 내장한다.

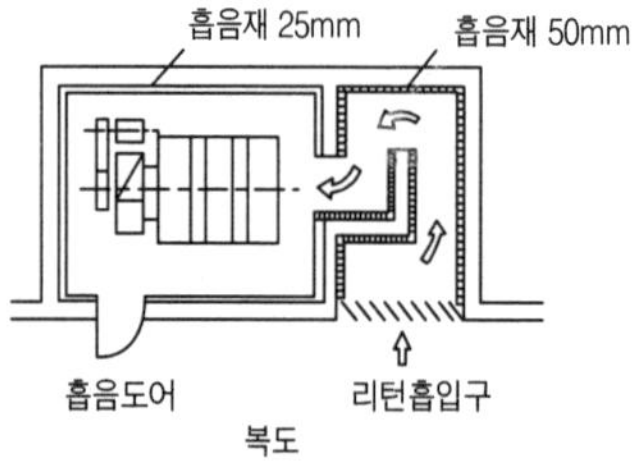

〈그림 3.16〉 (A) 각층유닛의 흡음트랩

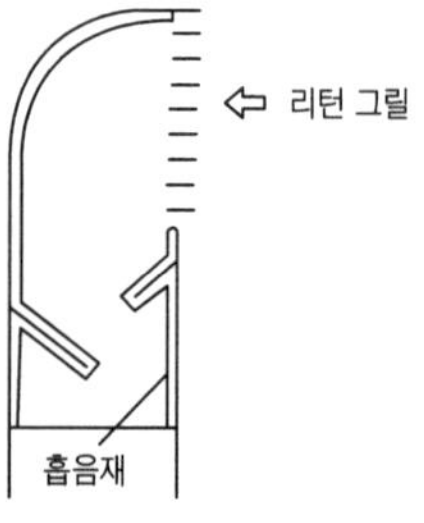

〈그림 3.16〉 (B)리턴 그릴의 흡음트랩

(e) 내장하는 흡음재료로서는 두께 25mm 정도의 석면대(록울 블랭킷) 또는 글라스울 펠트를 이용하고, 내면은 글라스 직물 등의 불연성 천으로 마무리한다. 흡음재 배면에 빈 틈을 두면 〈표 3.36〉처럼 흡음률은 더욱 좋아진다. 어떤 경우라도 흡음재를 내장할 때는 외부 보온을 생략해도 된다.

(2) 소음계산법

다음 예제와 같이 송풍기의 발생소음(*PWL*)에서 덕트 각부의 자연감쇠량과 실내의 흡음효과를

빼서 실내의 *SPL*를 구한다. 이것과 권장 NC레벨에 대응하는 *SPL*의 차를 흡음장치로 처리한다.

【예제 3.9】〈그림 3.17〉과 같은 회의실에 송풍할 덕트의 소음설계를 하시오? 사용하는 송풍기는 No.4 다익형 송풍기 8,000m³/h×50mmAq×1.85kW로 한다.

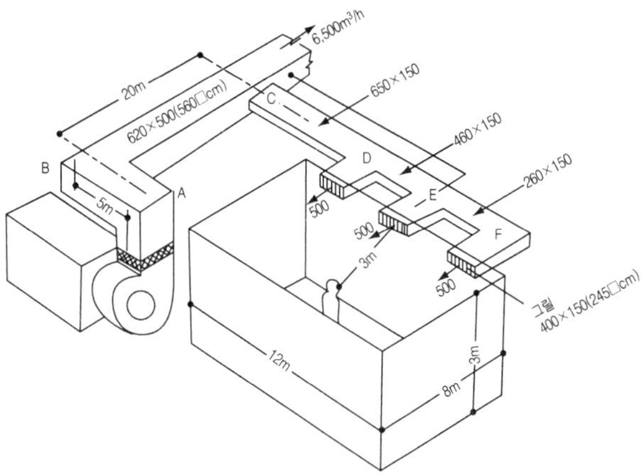

〈그림 3.17〉 소음설계 예제

풀이 송풍기의 발생소음은 〈예제 3.7〉에서 구했고, 이것을 〈표 3.41〉의 (1)난에 기입한다. 다음에 덕트의 자연감쇠를 (2)~(6)난에 기입한다. 구간 ABC의 직관덕트는,

P/A = (0.62+0.50)×2/(0.62×0.50) = 7.2

가 되므로 〈표 3.33〉에서 (dB/m)가 구해지고, 이것에 길이 25m를 곱하여 (2)난에 기입한다.

다음에 C부의 분기부는,

A_2/A_1 = 0.65×0.15/0.62×0.50 = 0.31

로 되어 〈표 3.34〉에서 얻어진 5dB을 (4)난에 기입한다. CD, DC 간의 직관덕트 P/A 는 각각 16.4, 14.4로 되고 P/A=13난의 감쇠량(dB/m)을 구하고 이것에 CDE의 길이 5m를 곱해 (5)난에 기입한다. 단말반사는 〈표 3.33〉에서 구해 (6)난에 기입한다.

(2)~(6)난의 합계를 (7)난에 기입하고, 이것과 (1)난의 차이를 (8)난에 기입한다. 다음에 실내확산의 소음효과는 〈예제 3.8〉과 같이 구해, 이것을 (9)난에 기입한다. (8)난과 (9)난의 차가 취출구에서의 *SPL*이 된다. 이 실에는 취출구가 3개 있으므로 〈표 3.28〉의 1개인 경우보다 5dB 커지며, 이것을 더하여 (12)난을 구한다.

한편 실내의 권장값은 RC 30이고, 이것에 상당하는 *SPL*을 〈그림 3.13〉에서 구하여 (13)난에 기입한다. (12)난과 (13)난의 차이를 (14)난에 기입한다. 이것이 소음기로 처리해야 할 *PWL*이 된다.

소음엘보는 A 및 B부에 설치하고 이 감쇠량은 〈표 3.33〉에서 (15)난처럼 되며 앞 (3)난에서 이 부분의 엘보 소음을 예상하고 있었으므로, 실제의 소음효과는 (15)난에서 (3)난을 뺀 (16)난이 된다. 이것이 (14)난을 만족하므로 OK가 된다. 실제 취출구의 소음 PWL은 (17)과 (18)을 합성해(〈표 3.22〉를 참조), (19)가 된다.

〈표 3.41〉 소음계산(dB)

	주파수 밴드(Hz)	63	125	250	500	1,000	2,000	4,000
(1)	송풍기 발생 소음(예제 3.7)	90	86	82	78	71	68	66
(2)	직관덕트(A-B-C)	20.5	16.5	8.25	5.35	2.5	2.5	2.5
(3)	엘보(B부)	0	1	5	7	5	3	3
(4)	분기(C부)	5	5	5	5	5	5	5
(5)	직관덕트(C-E)	5.7	3.3	1.65	1.5	1.0	1.0	1.0
(6)	취출구의 단말반사(245mmϕ)	16	11	6	2	1	0	0
(7)	자연감쇠 합계(2+3+4+5+6)	47.2	36.8	25.9	20.9	14.5	11.5	11.5
(8)	취출구 *PWL* = (1-7)	42.8	49.2	56.1	57.1	56.5	56.5	54.5
(9)	실내확산 흡음효과(예제 3.8)	12	12	12	12	12	12	13
(10)	취출구 *SPL* = (8-9)	30.8	37.2	44.1	45.1	44.5	44.5	41.5
(11)	취출구에 의한 보정(〈표 3.27〉(B))	5	5	5	5	5	5	5
(12)	취출구 3개의 *SPL* (10+11)	35.8	42.2	49.1	50.1	49.5	49.5	45.5
(13)	실내허용 *SPL* (NC 30)	50	45	40	35	30	25	20
(14)	필요소음량 = (12-13)	-14.2	-2.8	9.1	15.1	19.5	24.5	25.5
(15)	소음엘보 (〈표 3.38〉) 2개	0	2	12	24	28	32	36
(16)	정미(正味)의 흡음효과 = (15-3)	0	0	7	17	23	29	33
(17)	흡음엘보우를 넣은 취출구 *PWL* (8-16)	42.8	49.2	49.1	40.1	33.5	27.5	21.5
(18)	취출구 발생 소음	31	32	31	28	26	19	11
(19)	수정취출구 *PWL*	42.8	49.2	49.1	40.1	34.3	28.2	22

3·8 배연설비

여기서 말하는 배연설비는 화재 초기에 발화점에서 발생하는 연기를 제거하여 피난활동, 소화활동을 원활하게 하기 위한 설비이다.

3·8·1 거실의 배연설비

참조법규

건축기준법 35조
동시행령 116조의 2　　126조의 2 및 3
동고시 1829호

(1) 배연설비의 설치기준

배연설비를 필요로 하는 경우, 필요로 하지 않는 경우를 〈표 3.42〉에 나타낸다.

(2) 배연방법

(a) 방연구획과 자연배연

배연해야 할 부분은 바닥면적 500m^2 이내의 방연구획으로 분할한다. 이 구획은 칸막이벽 또는 불연재료로 만들어진 방연수직벽(천장에서 50cm 이상 돌출)에 의해 처리한다.

천장 또는 천장에서 80cm 이내의 부분(〈그림 3.18〉)에 외기에 개방할 수 있는 면적의 합계가 방연구획의 바닥면적 합계의 1/50 이상인 경우는, 이 개구부를 자연배연구라고 간주할 수 있어, 이것을 두면 기계배연설비는 생략할 수 있다.

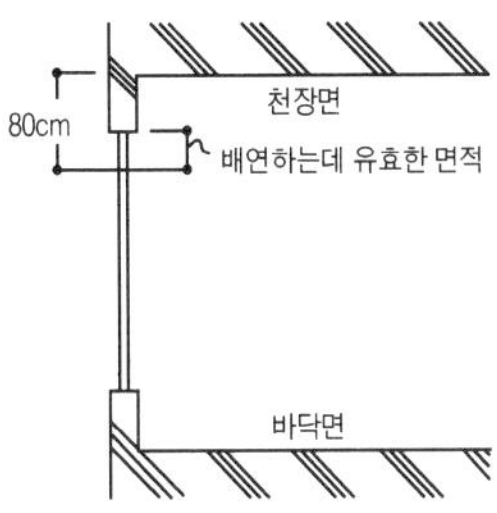

〈그림 3.18〉

(b) 기계 배연

기계배연시는 각 방연구획에 배연구를 1개 이상 설치한다. 배연구는 방연구획의 어느 장소에서도 거리 30m 이내로 한다.〈그림 3.19〉 배연구는 위에서 말한 자연배연구와 동일하게 천장면 또는 천장에서 80cm 이내에 설치하고, 수동 개방장치를 두어 개방했을 때 배연팬이 자동적으로 운전되게끔 전기적으로 연결한다. 배연구의 흡입풍속은 10m/s 이하로 하고, 면적은 0.04m^2 이상으로 한다.

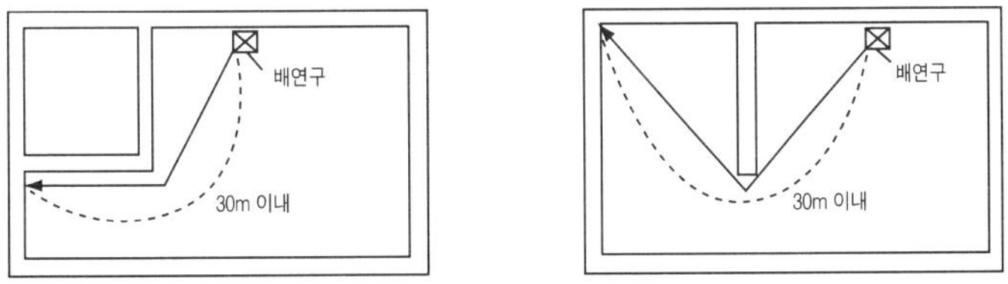

〈그림 3.19〉 배연구의 배치

(c) 배연덕트와 배연송풍기

배연구에 접속하는 배연덕트는 방연구획의 바닥면적 m^{2}당 1m^3/min 이상으로 하고 덕트가 2개 이상의 방연구획을 담당할 때는 그 최대면적의 방연구획에 대해 바닥면적당 2m^3/min 이상으로 한다. 어느 경우라도 팬 풍량은 120m^3/min 이상으로 하고, 1000m^3/min을 넘을 때는 1,000으로 해도 된다.

배연덕트의 운전은 비상시에만 한정하며, 에너지절약에 관계되지 않으므로 덕트는 고속덕트를 이용해도 된다. 일반적으로 20~30m/s의 풍속이 이용된다. 그 구조는 고속덕트에 따라 단열은 글라스울 25mm 또는 록울 20mm를 사용해 처리한다. 단, 노출부분 또 콘크리트 샤프트내에 배연덕트만 입상할 때는 단열은 필요없다.

〈표 3.42〉 배연설비의 설치의무(건기법 35조) (건기령 126의 2)

<table>
<tr><th colspan="2">설치의무가 있는 건축물</th><th>설치의무 면제부분</th><th>설치의무 면제 건축물</th></tr>
<tr><td>1 (특수건축물)
(1) 극장, 영화관, 연예장, 관람장, 공회당, 집회장 등
(2) 병원(환자 수용시설이 있는 곳에 한함), 호텔, 여관, 하숙, 공공주택, 기숙사, 아동복지시설 등
(3) 박물관, 미술관, 도서관 등
(4) 백화점, 마켓, 전시장, 카바레카페, 나이트 클럽, 바, 무도장, 유기장, 공중목욕탕, 대합실, 요리점, 음식점, 물품판매를 영위하는 점포(바닥면적 10㎡ 이하의 곳은 제외) 등</td><td>연면적>500㎡</td><td>① (2) 중 준내화구조의 바닥, 벽 또는 방화문 등 정령으로 정해진 방화설비로 구획된 부분으로 그 바닥면적이 100㎡(공동주택은 200㎡) 이내의 곳
② 계단부분, 승강기의 승강로 부분(당해 승강기의 승강을 위한 승강로비 부분을 포함한다) 등
③ 기계제작공장, 불연성 물품을 보관하는 창고 등으로 주요 구조부가 불연재료로 제작된 곳, 기타 이와 동등 이상으로 화재 발생의 우려가 적은 구조의 곳 화재가 발생한 경우에 피난상 지장이 있는 높이까지 연기 또는 가스의 강하가 발생하지 않는 건축물 부분으로서 천장 높이, 벽 및 천장의 마감에 사용한 재료의 종류 등을 고려해 국토교통장관이 정한 곳(고시 1436호)</td><td rowspan="4">(1) 학교, 체육관, 볼링장, 스키장, 스케이트장, 수영장 또는 스포츠 연습장</td></tr>
<tr><td colspan="2">2. 층수가 3층 이상으로 연면적이 500㎡ 이상인 건축물</td><td>건축물의 높이가 31m 이하의 부분에 있는 거실로 바닥면적 100㎡ 이내마다 칸막이벽, 천장면에서 50cm 이상 아래쪽으로 돌출한 수직벽 기타 이와 동등 이상으로 연기의 유동을 막을 수 있는 효력이 있는 것으로 불연재료로 만들어지고 또는 피복된 것에 의해 구획된 곳</td></tr>
<tr><td colspan="2">3. 창 기화 개구부를 가지고 있지않은 거실*1 또는 연면적이 1,000㎡를 넘는 건축물의 거실로 그 바닥면적의 합계가 200㎡를 넘는 곳</td><td>건축물의 높이가 31m 이하의 부분에 있는 거실로 바닥면적 100㎡ 이내마다 방연벽으로 구획된 곳</td></tr>
<tr><td colspan="2">4. 연면적 (동일 부지내에 2개 이상의 건축물이 있는 경우에 있어서는 그 연면적의 합계) 이 1,000㎡을 초과하는 건축물</td><td>-</td></tr>
</table>

【주】 *1 이하에 해당하는 창 기타의 개구부를 가지고 있지 않는 거실로 한다. 단 맹장지, 미닫이 기타 수시로 개방할 수 있는 것으로 칸막이된 2개실은 1실로 본다.

배연송풍기로는 다익형, 리밋 로드형 또는 튜뷸러형 등이 이용된다. 이것들은 운전개시 후 30분 동안은 고열에 견디어 운전될 수 있어야 한다.

모든 송풍기는 정전시에는 예비전원 또는 엔진에 의한 구동을 필요로 한다.

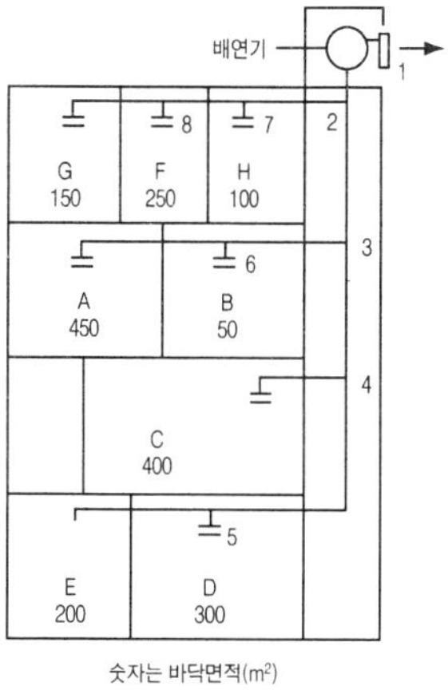

〈그림 3.20〉 기계배연용 덕트 계통도 (예제 3.10)

【예제 3.10】〈그림 3.20〉과 같은 4층 건물의 배연 덕트 각부의 덕트 치수를 구하시오?

풀이 〈표 3.43〉과 같이 풍량을 계산한다. 가령, 덕트 3-4의 담당구역은 E, D, C이고, C 구획이 최대가 되기 때문에 이것의 면적당 $2m^3/min$을 사용한다. 이것에서 덕트 사이즈를 구한다. 전구역에 걸친 풍속은 25m/s로 한다.

〈표 3.43〉 배연덕트 설계예

덕트부분	담당구역		풍량(m^3/min)	직경d (cm)	장방형덕트 a×b(cm)
		면적비교			
5 - E	E	-	200(E)×1 = 200	42	50×30
4 - 5	E + D	D > E	300(D)×2 = 600	72	115×40 (샤프트 내 65×65)
3 - 4	E + D + C	C > D > E	400(C)×2 = 800	83	75×75
A - 6	A	-	450(A)×1 = 450	62	85×40
6 - 3	A + B	A > B	450(A)×2 = 900	88	185×40
3 - 2	A ~ E	A가 최대	900	88	80×80
G - 8	G	-	150(G)×1 = 150	36	35×30
8 - 7	G, E	F > G	250(F)×2 = 500	65	95×40
7 - 2	G, F, H	F > G > H	500	65	95×40
2 - 1	전부	A가 최대	900	88	80×80

3·8·2 특별피난계단 부속실 등의 배연

관계법규 건축기준법 정령 122조, (123조)
상동 129조의 13의 3(비상용 엘리베이터)
동고시 1728호(특별 피난계단)
상동 1833호(비상용 엘리베이터)

보통 지상 15층 이상의 건축(백화점 등에서는 지상 5층 이상의 연면적이 $2000m^2$ 이상)에서는 특별피난계단이 필요하고 또 지상고 31m 이상인 건물에는 비상용 엘리베이터를 설치해야 한다. 어느 경우라도 그 부속실에 창 배연이 없는 경우는 덕트에 의한 배연설비의 설치가 규제되고 있다. 이 덕트에 의한 배연설비 중 배기는 자연 또는 기계식으로 하고, 급기는 자연식으로 한다. 이하에 기계배연, 자연급기에 대해 설명한다.

배연 덕트, 급기 덕트도 〈그림 3.21〉과 같이 콘크리트 덕트로 하는 경우가 많으며, 기계배연인 경우에도 급기구, 급기 덕트의 치수는 〈표 3.44〉와 같이 규제되고 있다.

배연 덕트는 풍속 15m/s 이하로 하고, 배연구의 흡입풍속은 5m/s 전후로 하는 것이 바람직하다.

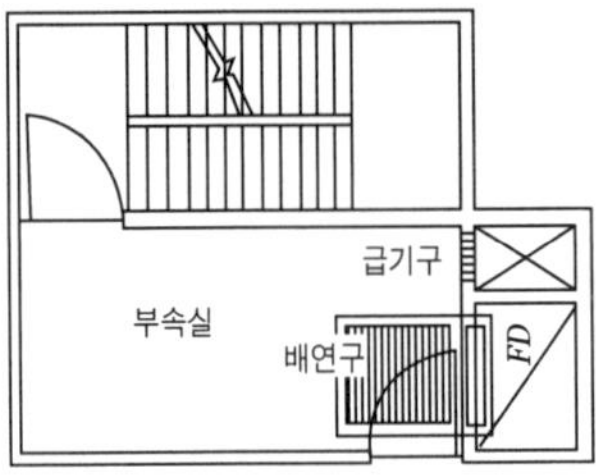

〈그림 3.21〉 부속실의 배연덕트(문헌 316)

〈표 3.44〉 특별피난계단 등의 배연설비

	특별피난계단의 부속실	비상용 엘리베이터 로비	부속실 겸용 엘리베이터 로비
급기구 (㎡)	1 이상	1 이상	1.5 이상
급기덕트 단면적 (㎡)	2 이상	2 이상	3 이상
배연송풍기의 풍량 (㎡/min)	240 이상	240 이상	360 이상

3·9 화기를 사용하는 실의 환기에 관한 규칙

관계법규 건축기준법 28조 3항
동시행령 20조 4항
동고시 1826호

3·9·1 적용범위

건축물 내의 거실, 조리실, 욕실 등에서 풍로, 가스탕비기, 가스스토브 등 불을 사용하는 실에서는 연소가스를 신속하게 제거함과 동시에 불완전 연소를 방지하여, 실내의 위생적 환경을 안전하게 하기 위해 무엇인가의 환기설비를 필요로 한다.(법 28조 3항) 단 아래와 같은 실에는 설치하지 않아도 된다.(영 20조의 4)

(가) 불을 사용하는 설비 또는 기구로 직접 외기를 끌어들이고 동시에 폐가스 등 생성물을 직접 옥외로 배출하는 구조를 가지고 있는 것, 기타 실내 공기를 오염시킬 우려가 없는 것(이하 이 항 및 다음 항에서 「밀폐식 연소기구 등」이라고 한다.) 이외의 불을 사용하는 설비 또는 기구를 설치하지 않는 실

(나) 바닥면적의 합계가 $100m^2$ 이하인 주택 조리실로 아래와 같은 조건을 만족하는 경우

(a) 기구의 발열량 합계가 12kW 이하이고, 이 조리실 바닥면적의 1/10 이상(단, 최소 $0.8m^2$)의 유효개구면적이 되는 창 등의 개구부가 있을 때

(b) 조리장 이외에는 6kW 이하의 기구로 환기구를 설치한 경우

[해설] $100m^2$ 이하의 주택조리장에서도 가정용 가스레인지 정도는 괜찮지만, 이것에 더해 가스 순간탕배기를 설치할 때는 본항에 저촉된다. 가스 순간탕비기만이라면, 수세용 등 소형인 것을 조리실에 설치하는 것은 괜찮지만, 욕조나 샤워 급탕용인 대형의 것은 모두 해당한다.

이 배기설비로서는 ① 배기통, ② 외기에 면한 배기구, ③ 굴뚝, ④ 환기팬의 4가지가 규정되어 있다. 이런 것들은 어떠한 경우라도 급기구를 설치해야 한다.

3·9·2 배기통 및 배기구

(a) 자연환기 배기통의 유효단면적 및 배기구의 유효개구면적 A_v(m^2)는 〈표 3.45〉의 (3.19)~(3.22)식에 의한다.(고시 1826호) 이 표의 계산식은 이들의 내부에 환기팬을 두지 않을 때에 사용한다. 배기구의 유효단면적은 구멍면적의 합계를 말한다.

(b) 배기구는 〈그림 3.22〉와 같이 천장 또는 천장에서 80cm 높이에 두고, 환기장치를 이용해 직접 외기에 개방하든지 혹은 배기통에 직결한다. 이 높이는 배기후드 또는 굴뚝을 설치할 경우에는 적당한 높이면 된다.

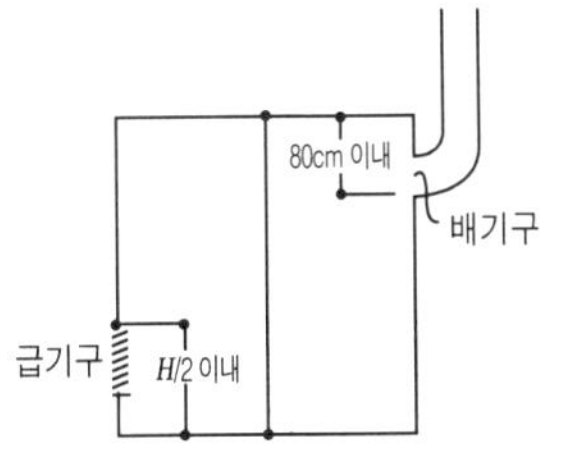

〈그림 3.22〉 거실의 급기구와 배기구

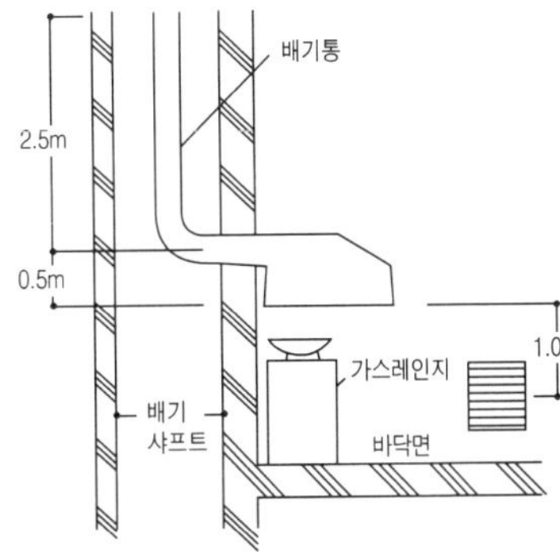

〈그림 3.23〉 샤프트 내의 배기통

(c) 배기통(또는 굴뚝)이 〈그림 3.23〉처럼 배기샤프트 내로 개구할 때, 배기통(또는 굴뚝)의 높이를 2.0m 이상으로 잡든가 또는 역류방지장치를 설치한다.(고시 1826 제 1의 3)

〈표 3.45〉 자연배기통 또는 굴뚝의 규제

구분	식		근거
거실의 배기통 또는 급기구의 단면적 A_v	$A_v = \frac{A_f}{250\sqrt{h}}$	(3.19)	건기령 20조의 2
조리장 등 불을 사용하는 장소의 배기구 또는 배기통에 환기장치를 설치하지 않은 경우의 유효단면적 A_v	$A_v = \frac{40\,kQ}{3{,}600}\sqrt{\frac{3+5n+0.2\ell}{h}}$	(3.20)	건기법 고시 1826
상동에서 후드의 배기통에 환기장치를 설치하지 않은 경우의 유효단면적 A_v	$A_v = \frac{NkQ}{3{,}600}\sqrt{\frac{2+4n+0.2\ell}{h}}$	(3.21)	
굴뚝에 환기장치 등을 설치하지 않은 경우의 유효단면적 A_v	$A_v = \frac{2kQ}{3{,}600}\sqrt{\frac{0.5+0.4n+0.1\ell}{h}}$	(3.22)	

여기서
A_v = 유효단면적(m^2)　　k = 폐가스량(〈표 3.47〉)
Q = 기구에 대한 연료소비량
A_f = 거실의 바닥면적(m^2) 단, 창(면적 $A_w m^2$)이 있을 때는 $20A_w$를 바닥면적에서 뺀 수치
n = 배기통 또는 굴뚝 도중의 굴곡수
ℓ = 배기구의 중심(굴뚝인 경우는 화원, 후드인 경우는 후드 하단)에서 배기구 선단까지의 길이(m)*
h = 상동의 높이(m)

* 단, 배플러가 있는 경우는 여기에서 선단까지

〈표 3.46〉 (3.21)식 계수 N의 값

20의 경우	30의 경우
배기 후드의 높이는 1m 이하로 한다.	
배기후드는 화원 등을 덮을 수 있는 것으로 할 것. 단 화원 등*에 면해 기초 및 마감을 불연재료로 한 벽 기타 이것과 비슷한 것이 있는 경우는 당해 부분에는 이 제한은 없다.	배기후드는 화원(火源) 등 및 그 주위(화원 등에서 배기후드의 높이 1/2 이내의 수평거리에 있는 부분을 말한다.)를 덮을 수 있는 것으로 한다. 단, 화원 등에 면해 기초 및 마감을 불연재료로 한 벽 기타 이것과 비슷한 것이 있는 경우에는 당해 부분에는 이 제한은 없다.
집기(集氣)부분은 폐가스를 똑같이 포집할 수 있는 형상을 가진 것으로 한다.	배기후드 하부에 5cm 이상 아래로 늘어진 부분을 가지면서 그 집기부분은 수평면에 대해 10도 이상의 경사를 가진 것으로 할 것.

＊「화원(火源)」 등이란 화원 또는 불을 사용하는 설비 또는 기구에 설치된 배기를 위한 개구부를 말한다.

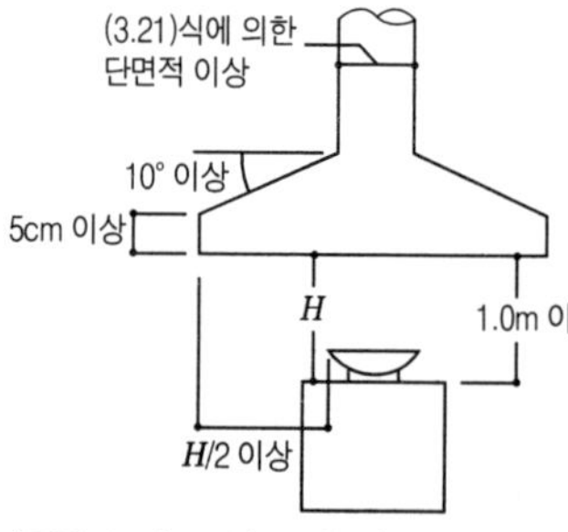

〈그림 3.24〉 N이 20일 때, 배기후드의 치수

〈표 3.47〉 이론폐가스량 k (고시 1826호 별표)

	발열량	이론폐가스량
(1) 도시가스	–	$0.93m^3$/kwh [$1.08m^2$/1000kcal]
(2) LP가스(프로판 주체)	50.2MJ/kg	$0.93m^3$/kwh [$1.08m^2$/1000kcal]
(3) 등유	43.1MJ/kg	$12.1m^3$/kwh [$14.1m^2$/1000kcal]

(d) 배기후드가 있는 배기통에 환기팬을 설치하지 않은 경우의 유효면적은 〈표 3.45〉의 (3.21)식으로 계산한 단면적 이상으로 한다. (고시 1826 제3의 4)

3 · 9 · 3 가스기구용 굴뚝

이 굴뚝은 욕탕가마, 탕비기, 가스스토브 등 가스 연소기구에 연결하는 소형 굴뚝(대개는 금속제)을 말한다.

(a) 욕탕가마, 또는 발열량이 12kW를 넘을 때는 이것에 접속하는 굴뚝을 설치한다. 단, 밀폐식 연소기구(BF형)는 이에 포함되지 않는다.(징령 20조의 3)

(b) 이 굴뚝 단면적은 〈표 3.45〉의 식(3.22)으로 계산한 값 이상으로 한다. (고시 1826, 제3의 3)

(c) 굴뚝을 배기샤프트 내에 개구할 때는 앞의 3 · 9 · 2 (d)에 따른다.

【예제 3.11】 순간탕비기의 도시가스 소비량이 발열량 환산으로 30,000kcal/h인 경우의 굴뚝 단면적을 구하라? 단, 굴뚝은 외기에 개구하는 것으로 하며 배플러에서 굴뚝 선단(先端)까지의 길이와 높이를 각각 6m, 4m 로 하고, 도중의 굴곡수 $n = 2$로 한다.

풀이 〈표 3.47〉에서 $k = 1.08m^3/1{,}000kcal$이므로 배기가스량은

$$kQ = 1.08/1{,}000 \times 30{,}000 = 32.4m^3/h$$

따라서 (3.22)식에 $kQ = 3.72$, $n = 2$, $\ell = 6$, $h = 4$를 대입해

$$A_v = \frac{2\times32.4}{3{,}600}\sqrt{\frac{0.5+0.4\times2+0.1\times6}{4}} = 0.124m^2$$

직경은 13cm 이상 필요하게 된다.

3 · 9 · 4 기계환기

후드에 팬을 병용할 때나 조리장의 환기를 팬으로 하는 경우, 그 환기풍량 $V(m^3/h)$의 최소값은

다음식으로 구한다.(고시 1826 제3의 (2))

$V = 40\,kQ$ ···································· (3.23)

단, 후드에 사용할 때는

$V = NkQ$ ···································· (3.24)

굴뚝 내에 환기팬 등을 설치할 때는,

$V = 2\,kQ$ ···································· (3.25)

여기서 k는 〈표 3.47〉에 나타낸 이론폐가스량, Q = 연료소비량(kW, kg/h),

N은 〈표 3.46〉에 나타낸 수치

3 · 10 공장의 자연환기

3 · 10 · 1 계산식

대형기계 공장, 야금공장 등은 자연환기에 의존하는 경우가 많다. 다음에 공장의 자연환기 약산법을 설명한다.

(1) 온도차에 의한 환기 구동력 ΔP_t (mmAq)

$$\Delta P_t = h(\gamma_o - \gamma_i) = h\gamma_i(t_i - t_o)/T_o \quad \cdots\cdots (3.26)$$

$$q = (C_p\gamma_o Q + \Sigma KA)(t_i - t_o) \quad \cdots\cdots (3.27)$$

$$\therefore \Delta P_t = \frac{q}{C_p\gamma_o Q + \Sigma KA}\,\frac{h\gamma_i}{T_o} \quad \cdots\cdots (3.28)$$

고열공장에서는 $C_p\gamma_o Q \gg \Sigma KA$이고, $T_i / T_o = \gamma_o / \gamma_i$ 이므로,

$$\therefore \Delta P_t = \frac{q \times h}{C_p T_i Q} \quad \cdots\cdots (3.29)$$

단, γ_o, γ_i = 실외, 실내의 공기비중(kg/m^3)

t_o, t_i = 실외, 실내의 온도(℃)

h = 유입구와 유출구의 높이 차(m)

$T_o = 273 + t_o$, $T_i = 273 + t_i$

q = 공장내의 발열량(kcal/h)

C_p = 공기비열 = 0.24 Q = 환기량(m^3/h)
K, A = 외벽의 열관류율($kcal/m^2h℃$), 면적(m^2)

(2) 풍력에 의한 환기 구동력 ΔP_w (mmAq)

$$\Delta P_w = (C_1 - C_2)\frac{v_w^2}{2g}\gamma_o \quad \cdots\cdots (3.30)$$

단, C_1 = 풍상측의 풍압계수* ≒ 0.6 ~ 0.8
C_2 = 풍하측의 풍압계수 ≒ − 0.4 ~ − 0.55 v_w = 외부풍속(m/sec)

(3) 저항 ΔP_r (mmAq)

3 · 4 · 2의 (3.8)식에 의해

$$\Delta P_r = \Sigma\zeta\frac{v^2}{2g}\gamma = \Sigma\zeta\left(\frac{Q}{3{,}600A}\right)^2\frac{\gamma}{2g} \quad \cdots\cdots (3.31)$$

단, A = 유입구, 유출구의 면적(m^2) ζ 의 값은 〈표 3.10〉 참조

3 · 10 · 2 자연환기의 계산법

공장과 같이 단일실이 전부 외기에 면하고 외부에서 유입된 공기가 배기구에서 외부로 배출될 때에는 비교적 간단하게 계산할 수 있다. 2개 이상의 방이 있어 A방에서 B방으로도 공기가 이동할 때는 계산이 조금 귀찮게 된다.**

우선 (1), (2)에서 말한 환기의 구동력을 팬의 압력으로 생각한다. 이 경우는 2개의 구동력은 직렬로 작용하고 있으므로, 이것이 저항에 평형이 되는 식은,

$$\frac{q}{C_p\gamma_o Q + \Sigma KA}\frac{h\gamma_i}{T_o} + (C_1 - C_2)\frac{(v_w)^2}{2g}\gamma_o = \Sigma\zeta\left(\frac{Q}{3{,}600A}\right)^2\frac{\gamma}{2g} \quad \cdots\cdots (3.32)$$

고열공장에서 풍력에 의한 환기가 없을 때는,

$$\frac{qh}{C_p T_i Q} = \Sigma\zeta\left(\frac{Q}{3{,}600A}\right)\frac{\gamma}{2g} \quad \cdots\cdots (3.33)$$

$$\therefore Q = \sqrt[3]{\frac{qh \cdot 2g \times (3{,}600)^2}{C_p T_i \gamma\, \Sigma\left(\frac{\zeta}{A^2}\right)}} \quad \cdots\cdots (3.34)$$

* 풍압계수는 건물의 형태에 따라 차이가 크다. 상세한 것은 건축구조 또는 건축계획원론 참고

** 이 계산은 문헌(317)에 상세히 설명되어 있다.

(3.34)식은 이대로 간단하게 계산할 수 있지만 (3.32)식은 도해법으로 계산하는 편이 간단하다.*

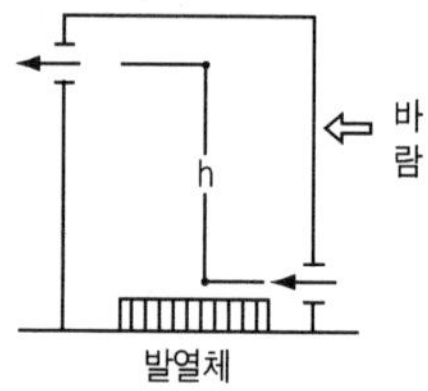

〈그림 3.25〉

【예제 3.12】 도시한 것 같은 단면의 공장이 있고 1스팬(길이 9m)마다 한 쪽에 면적 13.0m²의 창이, 상부에는 공기통로의 유효면적 9.25m²의 개구가 있다. h = 20m로 한다.

1스팬당의 발열이 90kcal/sec, 외부풍속이 2.4m/sec로 풍향이 건물벽에 직각으로 부딪힐 때의 1스팬의 환기량을 구하라?

풀이 공기의 출입구라 하더라도 〈표 3.10〉에서 단순개구인 ζ = 2.6으로 한다.

$$\Delta Pr = \Sigma \zeta \left(\frac{Q}{3{,}600A}\right)^2 \frac{\gamma}{2g}$$

$$= 2.6\times\left(\frac{Q}{3{,}600\times13.0}\right)^2 \frac{1.2}{2\times9.8} + 2.6\times\left(\frac{Q}{3{,}600\times9.25}\right)^2 \frac{1.2}{2\times9.8}$$

$$= \left\{\frac{2.6}{(13.0)^2} + \frac{2.6}{(9.25)^2}\right\} \times \frac{Q^2\times1.2}{(3{,}600)^2\times19.6}$$

$$\therefore \Delta Pr = \frac{2.79}{1{,}000}\left(\frac{Q}{3{,}600}\right)^2 \quad \cdots\cdots (3.35)$$

실온을 40℃라 가정하고 $C_p\gamma_o A \gg KA$ 로 하여 (3.28)식을 이용해 ΔP_t 를 구한다.

q = 90kcal/sec = 324,000kcal/h

$$\therefore \Delta P_t = \frac{324{,}000\times20}{0.24\,(273+40)Q} = \frac{86{,}200}{Q} \quad \cdots\cdots (3.36)$$

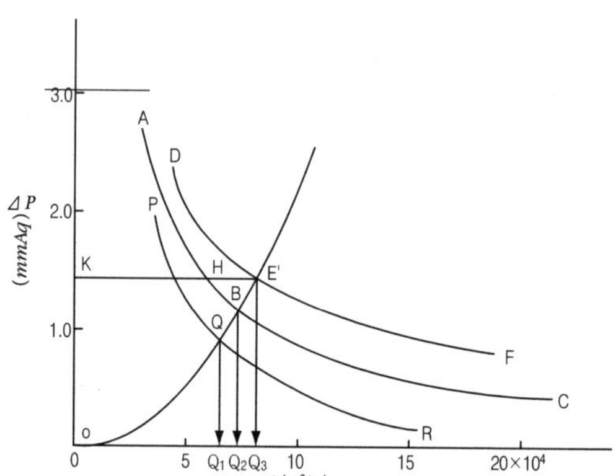

〈그림 3.26〉 환기의 도해법(예제 3.12)

* 환기 도해법의 일례는 건축학회논문보고집 No.66 참조

풍력환기의 경우는 $C_1 = 0.6$, $C_2 = -0.5$ 로 하여 (3.30)식에서,

$$\therefore \Delta P_w = (0.6+0.5)\times\frac{(2.4)^2}{2\times9.8}\times 1.2 = 0.387\text{mmAq} \quad \cdots\cdots\cdots (3.37)$$

이 곡선들을 그래프용지 위에 그린다. 우선 (3.36)식은 〈그림 3.26〉의 ABC인 쌍곡선이 된다.

다음에 식(3.37)은 0.387mm 높이의 수평선이 된다. 따라서 온도차 환기의 구동력과 풍력환기의 구동력 합[식(3.32)의 좌변에 상당한다.]은 ABC로 표시되는 쌍곡선을 0.387mmAq만큼 위로 평행이동한 곡선 DE'F가 된다.

한편 (3.35)식으로 표시되는 저항곡선은 OBE'와 같은 포물선이 된다. OBE'와 DE'F와의 교차점 E'의 풍량 $Q_3 = 82{,}000\text{m}^3/\text{h}$가 구하는 풍량이 된다. 또 E' 점의 압력 $K = 1.45$mmAq가 출입구 저항의 합이 된다.

【예제 3.13】 위 예에서 바람이 없는 경우는 어떻게 되는가?

풀이 앞서 구한 〈그림 3.26〉의 ABC곡선과 OBE' 곡선과의 교차점 B는 $Q_2 = 74{,}000\text{m}^3/\text{h}$가로 된다. 계산으로 구하려면 (3.34)식에서

$$\Sigma\frac{\zeta}{A^2} = \frac{2.6}{(13.0)^2} + \frac{2.6}{(9.25)^2} = 0.0457$$

$$\therefore Q = \sqrt[3]{\frac{324{,}000\times20\times19.6\,(3{,}600)^2}{0.24\times(273+40)\times1.2\times0.0457}} = 73{,}500\text{m}^3/\text{h}$$

만약 〈그림 3.27〉처럼 풍하측에 유입구가 있을 때는 (3.37)식으로 구한 ΔP_w는 절대값은 같고 부호가 반대로 되어 −0.387 mmAq가 된다. 따라서 이 때의 구동력 곡선은 ABC선을 아래로 0.387mm만큼 평행이동한 PQR선이 되고 풍량은 Q_1으로 구해져, $Q_1 = 66{,}000\text{m}^3/\text{h}$가 된다.

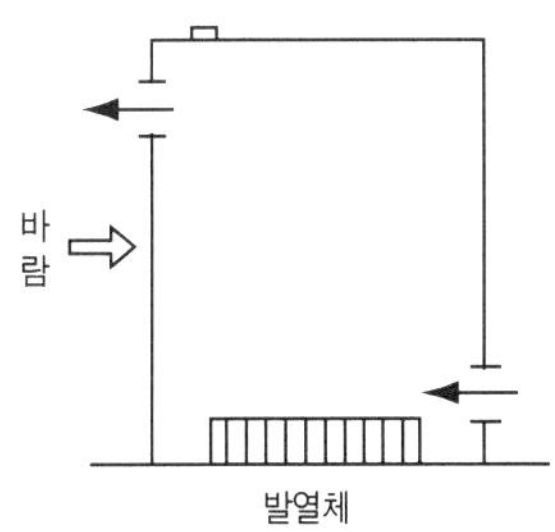

〈그림 3.27〉

【부 1】 흡연자의 취급

1990년 경부터 담배 니코틴의 피해가 미국 등 여러 나라에서 발표되었다. 일본에서도 1995년 경부터 흡연자와 비흡연자의 존을 분리하는 경향이 강해졌다. 즉 역구내나 병원 구내 일반실에서는 흡연은 금지되고, 흡연자는 칸막이된 협소한 공간에서 흡연을 하고 이 흡연실 천장에 배기구를 설치해 프로펠러 팬으로 실내공기를 부압으로 해 일반실에 들어가지 않도록 했다. 레스토랑, 상점 등에서도 흡연은 특별존에서만 허용되고 있다.

제4장
공조설비

4 · 1 개요

4 · 2 공조계획법

4 · 3 냉방부하 계산

4 · 4 공조계산법

4 · 5 공조설계법

4 · 6 공기조화기의 구성과 배열

4 · 7 배관설계법

제4장 공조설비

4·1 개요

4·1·1 공기조화란

공기조화(이하 공조라 약칭)란 실내의 공기조건(온·습도, 기류, 먼지, 세균, 악취, 유해가스 등)을 실내에 있는 사람 또는 물품에 대해 가장 좋은 조건으로 유지하는 것을 말한다.

그러므로 그 대상에 따라서 보건용 및 공업용의 2종류로 분류할 수 있다. 보건용 또는 일반용 공조(Comfort Air Conditioning)는 재실인원을 대상으로 한 것으로, 주택·사무소 등의 일반건축에서 행해지고 있는 공조가 이에 해당한다. 공업용 또는 산업용 공조(Industrial A.C.)란 실내의 물품 또는 운전중인 기계가 대상으로 각 공장, 창고, 전산기실 등이 이에 해당한다.

4·1·2 실내조건

(1) 법규에 의한 실내조건

〈표 4.1〉 건축물환경위생관리기준 (건축기준법 시행령 129조 2의 6)

항목	기준치
부유분진량	공기 1m^3 당 0.15mg 이하
CO 함유율	10ppm 이하
CO_2 함유율	1,000ppm 이하
온도	17℃ 이상, 28℃ 이하 거실 온도를 외기 온도보다 낮게 할 경우는, 그 차를 현저하게 두지 않을 것
상대습도	40% 이상, 70% 이하
기류	0.5m/s 이하

〈표 4.1〉의 규제는 위의 건기법시행령 외에 빌딩관리법〈건축물에 있어서 위생적 환경의 확보에 관한 법률〉 및 동시행령으로 정해져 있으며 빌딩관리법시행령에 의하면 (1) 흥행장, 백화점, 집회장, 도서관, 박물관, 미술관 또는 유기장 (2) 점포 또는 사무소 (3) 학교교육법 제1조에 규정하는 학교 이외의 학교(연수원을 포함한다.) (4) 여관에 대해서는 연면적 3,000m^2 이상, 학교교육법 1조에 규정하는 학교에 대해서는 연면적 8,000m^2 이상의 건물에 적용된다. 이 환경조건의 측정방법 등은 후생

노동성령으로 규정되어 있다.

(2) 보건용 공조의 실내조건

〈그림 4.1〉은 ASHRAE가 새로 정한 신유효온도(종래의 유효온도 ET와 구별하기 위해 ET* 로 나타낸다.) 선도이며, 그림의 사선부분(대체로 $ET^*=22\sim25.5$℃, $x=0.0042\sim0.012$kg/kg)이 ASHRAE가 권장하는 쾌적범위이다.

일본에서도 일반건축의 공조 설계조건으로서 〈표 4.2〉의 수치가 많이 이용되고 있으며, 이 책에서도 대체로 이에 따른다. 표에 기록된 에너지절약 지도(指導)는 1980년의 각의(閣議) 결정사항으로 일반건축의 공조 운전조건은 이에 따르도록 지도되고 있어 실내 서모스탯의 설정에는 이 숫자를 쓰는 것이 바람직하다. 보건용 공조에 있어서도 〈표 4.3〉에 나타낸 특수한 제실은 표에 기록한 온습도를 연중 유지해야 한다.

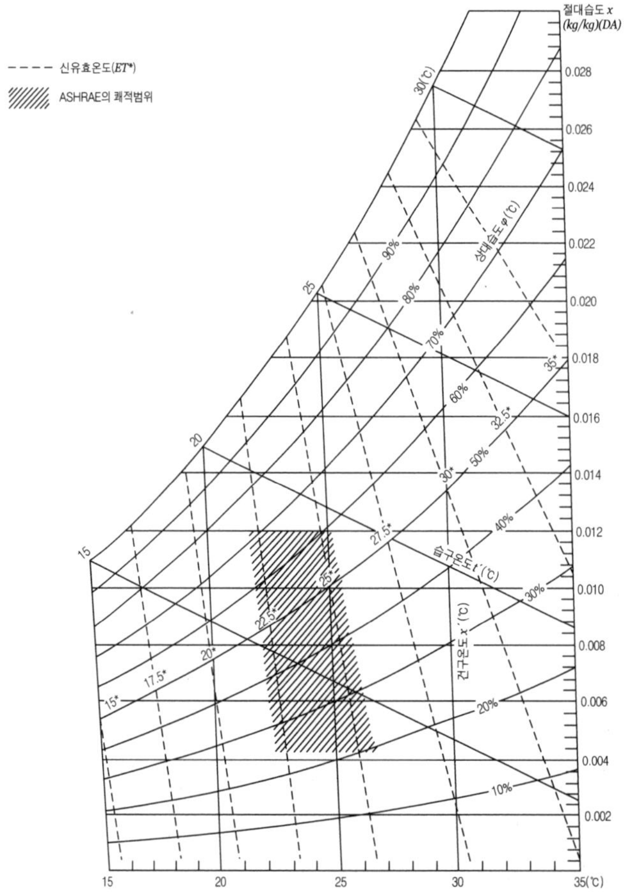

〈그림 4.1〉 신유효온도(ET*) 선도 (문헌401)

〈표 4.2〉 실내조건의 부하계산용 기준치(문헌 402)

	하절기	동절기
일반건물(사무실 등)	26℃(25~27℃), 50%(50~60%)	22℃(20~22℃), 50%(40~50%)
공업용 건물(공장 등)	28℃(27~29℃), 50%(50~65%)	20℃(18~20℃), 50%(40~50%)
빌딩위생관리법	부유분진량 0.15mg/m^3 이하 CO_2 1,000ppm 이하, CO 10ppm 이하, 온도 17~28℃, 습도 40~70% 기류 0.5/s 이하	

【주】 중간기의 온습도는 하절기와 동절기의 중간값을 이용하면 된다.

〈표 4.3〉 특별한 실의 온·습도 조건

	병원		실내풀	박물관, 미술관	
	수술실	신생아실		수장고	전시케이스
온도 (℃)	21~24	24~27	28 이상	20±1	20±2
습도 (%)	50~60	40~60	–	50±5	50±10

(3) 공업용 공조의 실내온습도

〈표 4.4〉는 공업용 공조의 온습도 요구값이다. 이 수치는 기술자에 따라서 다소 차이가 있어 계획 시에는 그 공장의 기술자와 충분히 협의하여 결정해야 한다.

〈표 4.4〉 공업용 공조의 실내조건 실례

공장	공정	온도(℃)	습도(%)
전기·전자	액정제조	23	50
	자기헤드	25	45
	프린트 배선판	(20~24) ±2	(40~60) ±10
공학렌즈	준비 및 연마	하절기 25~27	하절기 50~55
		동절기 23~25	동절기 50~55
인쇄	옵셋인쇄	(24~27) ±4	(46~48) ±2
	凸판 인쇄	상동	(40~50) ±5
	사진제판	(20~30) ±0.5	(30~90) ±5
필름	필름 저장	15~26	50~70
	필름 제조공정	22~25	50~60
제과	초콜릿 조습	18~20	50
	카라멜 포장	18~20	45~50
맥주양조	발아실	12~17	95 이상
	발효실	6	80
	병에 담는 실	1~3	50~80
청주양조	침적실	10~12	80
	발효실	5~7	50~60
위스키양조	제조공정	16~25	45~60
	저주실(貯酒室)	18~22	50~60
동물사육사	SPF 동물	22 ±2	55 ±10
	일반 동물	24 ±2	55 ±10

4 · 1 · 3 외기조건

(1) 냉난방용 최대부하 계산용 조건

냉난방 부하계산 중에 최대부하 계산을 위한 외기조건으로서는 여름철 냉방용과 겨울철 난방용 각각 1데이터씩 준비되어 있다(〈표 4.5〉). 단 〈표 4.5〉의 데이터는 과거의 기상통계에서 구한 것으로 TAC 2.5%(초과확률 2.5%)의 건구와 노점온도이다. 건물의 사용시간에 따라서 병원, 주택 등에서는 1~24시의 난을 사용하고 학교, 오피스 등은 8~17시의 난을 사용한다.

〈표 4.5〉 냉난방 설계용 건구온도 · 노점온도(문헌 402)

지 명	난방 설계용				냉방 설계용			
	옥외건구온도		옥외노점온도		옥외건구온도		옥외노점온도	
	1~24시	8~17시	1~24시	8~17시	1~24시	8~17시	1~24시	8~17시
가고시마	- 0.5	1.7	- 5.0	- 5.4	32.4	33.0	25.3	25.5
미야자키	- 0.7	1.6	- 6.4	- 6.4	32.2	33.3	25.7	26.0
후쿠오카	- 0.1	1.5	- 6.4	- 6.0	32.4	33.3	25.1	25.3
이즈하라	- 1.7*2	0.2	- 10.3	- 10.0	30.2	31.2	24.9	25.2
오사카	- 0.6	1.1	- 7.4	- 7.4	32.8	33.6	24.5	24.5
마이즈루	- 1.9	- 0.5	- 4.6	- 4.4	32.1	33.1	24.9	25.3
기후	- 1.9*2	0.0			32.5*2	33.8		
나고야	- 2.1*2	0.3	- 8.2	- 9.0	32.9*3	34.3	24.6	24.9
오마에자키	0.1	2.2	- 9.5	- 9.0	29.1	29.9	26.1	26.3
도쿄	- 1.7*3	0.6	- 11.4	- 12.2	31.5	32.6	24.8	24.9
초우시	- 0.5	3.0	- 9.2	- 9.8	28.2	28.9	24.9	25.3
구마가이	- 3.0*4	0.6			31.9*4	33.1		
마에바시	- 3.2	- 0.5	- 11.7	- 12.2	31.2	32.4	24.5	24.8
우쓰노미야	- 6.4*2	- 1.1			30.4*2	31.5		
오나하마	- 2.7	0.2	- 9.1	- 8.9	27.9	28.8	24.4	24.7
센다이	- 4.4	- 2.3	- 8.9	- 9.1	29.0	30.4	23.8	24.2
미야코	- 5.7	- 2.9	- 13.7	- 13.4	28.5	30.3	22.7	23.4
모리오카	- 8.9*2	- 6.1			29.4*2	30.7		
니카타	- 1.9*1	- 1.2	- 6.4*1	- 6.0	31.0	32.2	24.3*1	24.5
아키타	- 5.1	- 4.1	- 9.7	- 9.1	29.7	31.3	23.7	24.0
하코다테	- 10.2	- 8.4	- 13.7	- 11.8	26.1	27.4	22.3	22.8
삿보로	- 12.0	- 9.4	- 16.0*1	- 14.8	27.4*1	29.0	21.5*1	22.0
네무로	- 11.1	- 9.3	- 16.1	- 15.8	21.8	23.2	19.4	20.2
와카다이	- 11.2	- 10.8	- 15.6	- 15.3	23.2	24.3	20.2	20.5

【주】 *1 : 1953~1958년, *2 : 1951~1960년, *3 : 1947~1961년, *4 : 1953~1960년
표시없는 것 : 1953~1959년

(2) 냉난방용 시각별 부하계산용 조건

더욱 계산 정밀도를 높여 각 시각의 부하변동을 계산하기 위해서는 〈표 4.6〉의 각 시각별 온 · 습도(난방용, 냉방용(여름), 냉방용(중간기))를 사용한다. TAC값은 난방 2.5%, 하절기 2.5%, 중간기 10%일 때의 값. 냉방용의 중간기 값은 남측면 유리의 일사가 큰 실인 경우, 10월에 최대부하가 생길 경우, 데이터로 사용되고 있다.

〈표 4.6〉 주요도시의 냉난방 설계용 시각별 온습도(문헌 402) (상단: 건구온도(℃), 하단: 절대습도(g/kg(DA))

지점	시각		1	2	3	4	5	6	7	8	9	10	11	12
삿포로	난방용		−11.5 0.9	−11.9 0.9	−12.2 0.9	−12.7 0.9	−13.0 0.8	−13.1 0.8	−12.5 0.9	−11.7 0.9	−10.7 1.0	−9.7 1.0	−8.7 1.0	−7.9 1.0
	냉방용	하절기	23.5 14.8	23.2 15.0	23.1 15.1	23.2 14.9	23.5 14.8	24.1 14.8	25.4 15.3	26.8 15.8	28.2 16.4	29.2 16.4	30.1 16.4	30.6 16.3
		중간기	13.6 8.3	13.4 8.2	13.3 8.2	13.0 8.0	12.8 8.0	12.9 8.0	14.0 8.2	15.3 8.4	16.7 8.6	17.7 8.8	18.5 8.9	19.0 9.0
센다이	난방용		−4.4 1.7	−4.7 1.6	−5.0 1.6	−5.3 1.6	−5.5 1.6	−5.5 1.6	−4.9 1.6	−4.0 1.7	−3.1 1.7	−2.2 1.7	−1.4 1.7	−0.8 1.6
	냉방용	하절기	25.2 17.4	24.8 17.2	24.6 17.1	24.3 17.1	24.4 17.1	24.8 17.3	26.4 17.6	28.3 18.1	30.1 18.4	31.1 18.6	31.8 18.7	32.1 18.9
		중간기	16.5 10.2	16.5 10.0	16.0 9.9	15.7 9.8	15.6 9.8	15.7 9.9	16.6 10.1	17.7 10.4	19.0 10.6	20.2 10.7	21.3 10.8	22.1 10.8
니카다	난방용		−2.4 2.0	−2.6 2.0	−2.7 2.0	−2.9 2.0	−3.1 2.0	−3.1 2.0	−2.8 2.1	−2.4 2.1	−2.0 2.1	−1.6 2.2	−1.3 2.2	−1.0 2.2
	냉방용	하절기	26.8 18.5	26.5 18.3	26.2 18.1	25.9 18.0	25.8 18.0	26.1 18.1	27.4 18.4	28.9 18.6	30.4 19.0	31.5 19.1	32.3 19.1	32.9 19.1
		중간기	17.7 10.5	17.6 10.5	17.5 10.5	17.3 10.4	17.1 10.4	17.2 10.4	17.8 10.6	18.6 10.9	19.5 11.1	20.6 11.1	21.5 11.2	22.3 11.2
도쿄	난방용		0.3 1.4	−0.1 1.4	−0.4 1.4	−0.8 1.4	−1.1 1.4	−1.2 1.4	−0.7 1.4	0.0 1.4	0.8 1.4	1.7 1.0	2.4 1.4	3.1 1.3
	냉방용	하절기	27.6 18.4	27.4 18.4	27.2 18.3	26.9 18.3	26.8 18.4	27.0 18.4	28.1 18.4	29.4 18.5	30.7 18.5	31.7 18.6	32.5 18.7	33.1 18.9
		중간기	20.0 11.4	19.8 11.4	19.5 11.4	19.0 11.4	18.6 11.4	18.5 11.3	19.2 11.3	20.2 11.4	21.3 11.4	22.5 11.4	23.5 11.5	24.4 11.5
오사카	난방용		0.0 2.0	−0.2 2.0	−0.4 2.0	−0.8 2.0	−1.1 2.0	−1.1 2.0	−0.5 2.1	0.4 2.1	1.3 2.2	2.1 2.1	2.8 2.1	3.4 2.0
	냉방용	하절기	28.3 18.5	28.1 18.5	27.9 18.4	27.6 18.4	27.5 18.4	27.7 18.4	28.6 18.5	29.8 18.5	31.1 18.6	32.3 18.6	33.3 18.6	34.1 18.6
		중간기	20.0 11.3	19.7 11.3	19.4 11.3	19.0 11.3	18.8 11.3	18.9 11.4	19.6 11.5	20.6 11.7	21.8 11.8	23.2 12.0	24.5 12.0	25.6 12.0
후쿠오카	난방용		−0.1 1.9	−0.2 2.0	−0.3 2.1	−0.5 2.0	−0.6 2.0	−0.6 2.0	0.2 2.0	0.3 2.1	0.9 2.1	1.3 2.1	1.7 2.0	2.0 2.0
	냉방용	하절기	28.2 18.5	28.0 18.4	27.9 18.4	27.6 18.4	27.5 18.4	27.5 18.4	27.6 18.5	28.5 18.6	29.6 18.7	31.8 19.3	32.7 19.7	33.3 19.9
		중간기	20.0 12.2	19.9 12.1	19.9 12.0	19.6 11.8	19.3 11.7	19.3 11.6	20.0 11.8	21.0 12.0	22.1 12.4	23.2 12.4	24.2 12.5	25.0 12.5
가고시마	난방용		−0.2 2.5	−0.5 2.5	−0.8 2.5	−1.3 2.4	−1.7 2.4	−1.7 2.4	−0.9 2.4	0.2 2.5	1.5 2.6	2.7 2.6	3.8 2.5	4.7 2.5
	냉방용	하절기	28.0 19.9	27.9 19.9	27.8 19.8	27.6 19.8	27.6 19.8	27.7 19.8	28.4 20.1	29.2 20.3	30.2 20.6	31.2 20.7	32.1 20.8	32.9 20.8
		중간기	22.2 14.0	22.1 13.9	22.0 13.9	21.7 13.8	21.5 13.8	21.5 13.8	22.0 14.0	22.8 14.1	23.7 14.3	24.8 14.4	25.9 14.5	26.8 14.5
오키나와	난방용		10.9 4.6	10.9 4.6	10.9 4.6	10.8 4.6	10.7 4.6	10.7 4.6	11.0 4.6	11.4 4.7	11.8 4.8	12.0 4.8	12.1 4.8	12.2 4.8
	냉방용	하절기	28.4 21.3	28.2 21.3	28.1 21.3	27.9 21.3	27.9 21.2	28.0 21.2	28.6 21.2	29.4 21.3	30.2 21.5	30.9 21.6	31.5 21.6	32.0 21.7
		중간기	25.7 18.4	25.5 18.5	25.4 18.5	25.2 18.4	25.1 18.3	25.2 18.3	25.8 18.4	26.5 18.6	27.3 18.9	27.9 19.0	28.4 19.0	28.7 19.0

【주】 난방설계용 온도 : 12~3月에서 TAC(위험률) 2.5%의 값
냉방설계용 온도 : (하절기)6~9月에서 TAC(위험률) 2.5%의 값, (중간기)10月에서 TAC(위험률) 10%의 값

13	14	15	16	17	18	19	20	21	22	23	24	
− 7.6 1.0	− 7.5 1.0	− 7.6 1.0	− 8.0 1.0	− 8.5 1.0	− 9.0 0.9	− 9.3 1.0	− 9.6 1.0	− 9.9 1.0	− 10.3 1.0	− 10.7 1.0	− 11.1 1.0	− 10.2 1.0
30.8 16.7	30.7 16.9	30.3 17.0	29.4 16.6	28.4 15.9	27.3 15.5	26.4 15.6	25.5 15.9	24.8 16.0	24.4 15.6	24.0 15.2	23.8 14.8	26.5 15.7
19.2 8.8	19.1 8.7	18.7 8.6	17.8 8.7	16.8 8.8	15.8 8.8	15.4 8.7	15.1 8.6	14.9 8.5	14.5 8.4	14.1 8.4	13.8 8.4	15.6 8.5
− 0.7 1.6	− 0.9 1.6	− 1.2 1.6	− 1.7 1.6	− 2.3 1.6	− 2.8 1.6	− 3.1 1.6	− 3.3 1.7	− 3.5 1.7	− 3.7 1.7	− 3.9 1.7	− 4.1 1.7	− 3.3 1.6
32.1 18.7	31.8 18.6	31.4 18.4	30.9 18.3	30.3 18.2	29.6 18.1	28.7 18.0	27.8 18.0	27.0 17.8	26.4 17.7	26.0 17.7	25.6 17.6	28.1 17.9
22.3 10.8	22.2 10.8	21.7 10.8	20.8 10.8	19.9 10.8	18.9 10.8	18.4 10.8	18.0 10.7	17.7 10.6	17.4 10.6	17.1 10.4	16.8 10.3	18.5 10.5
− 1.0 2.2	− 1.0 2.2	− 1.0 2.1	− 1.2 2.1	− 1.4 2.1	− 1.5 2.1	− 1.6 2.1	− 1.7 2.1	− 1.8 2.1	− 2.0 2.1	− 2.1 2.1	− 2.3 2.1	− 1.9 2.1
33.1 19.1	33.1 19.0	32.8 19.0	32.1 19.0	31.3 19.0	30.4 19.0	29.7 19.0	29.0 19.0	28.4 19.0	27.9 19.0	27.5 18.9	27.2 18.7	29.3 18.8
22.5 11.1	22.3 11.0	22.0 10.9	21.5 11.0	20.8 11.0	20.2 11.1	19.7 11.0	19.3 10.9	18.9 10.9	18.5 10.8	18.2 10.6	17.9 10.6	19.4 10.8
3.3 1.3	3.4 1.3	3.3 1.4	3.2 1.3	3.0 1.3	2.8 1.3	2.4 1.4	2.0 1.4	1.6 1.4	1.3 1.4	0.9 1.4	0.6 1.4	1.3 1.4
33.4 18.7	33.4 18.6	33.1 18.5	32.4 18.5	31.6 18.6	30.7 18.6	30.0 18.6	29.3 18.6	28.8 18.6	28.4 18.6	28.1 18.5	27.9 18.5	29.8 18.5
24.7 11.5	24.7 11.5	24.5 11.5	24.0 11.6	23.4 11.6	22.7 11.7	22.2 11.7	21.7 11.8	21.3 11.8	20.9 11.7	20.6 11.6	20.3 11.4	21.6 11.5
3.7 2.0	3.8 2.0	3.7 1.9	3.4 1.9	2.9 1.8	2.4 1.8	1.9 1.8	1.4 1.8	1.0 1.8	0.7 1.8	0.4 1.9	0.2 1.9	1.3 2.0
34.5 18.6	34.6 18.6	34.4 18.6	33.8 18.5	32.9 18.4	32.0 18.4	31.1 18.5	30.2 18.7	29.5 18.9	29.1 18.9	28.7 18.7	28.5 18.6	30.7 18.6
25.9 11.9	25.9 11.7	25.6 11.5	25.0 11.4	24.2 11.4	23.4 11.4	22.8 11.4	22.1 11.4	21.6 11.4	21.1 11.4	20.7 11.3	20.3 11.3	22.1 11.5
2.2 2.0	2.2 2.0	2.2 2.1	2.1 2.0	1.9 2.0	1.7 1.9	1.5 1.9	1.3 2.0	1.0 2.0	0.7 2.0	0.4 1.9	0.1 1.9	0.9 2.0
33.5 19.9	33.5 19.9	33.3 19.8	32.9 19.8	32.3 19.8	31.6 19.7	30.8 19.5	30.1 19.2	29.4 19.0	29.0 18.9	28.6 18.7	28.4 18.6	30.3 19.1
25.4 12.6	25.6 12.7	25.4 12.8	24.6 12.7	23.7 12.5	22.7 12.4	22.1 12.3	21.7 12.2	21.3 12.1	20.8 12.1	20.4 12.2	20.1 12.2	22.0 12.2
5.0 2.4	5.0 2.4	4.8 2.4	4.4 2.4	3.9 2.4	3.3 2.4	2.7 2.5	2.1 2.5	1.5 2.6	1.0 2.6	0.6 2.6	0.2 2.5	1.7 2.5
33.4 20.8	33.7 20.7	33.6 20.6	32.9 20.4	32.1 20.3	31.1 20.2	30.3 20.1	29.6 20.1	29.0 20.1	28.6 20.1	28.4 20.1	28.2 20.1	30.1 20.2
27.3 14.6	27.4 14.6	27.3 14.6	26.7 14.4	25.9 14.2	25.0 14.0	24.3 14.0	23.6 14.1	23.1 14.2	22.7 14.1	22.5 14.0	22.3 14.0	24.0 14.2
12.3 4.8	12.3 4.8	12.3 4.8	12.2 4.8	12.1 4.8	11.9 4.7	11.8 4.7	11.7 4.6	11.6 4.6	11.4 4.6	11.2 4.6	11.0 4.6	11.6 4.7
32.1 21.7	32.1 21.7	31.9 21.7	31.5 21.6	31.0 21.6	30.5 21.5	29.9 21.5	29.4 21.3	28.9 21.3	28.7 21.3	28.6 21.3	28.5 21.3	29.8 21.4
28.9 19.0	28.9 19.0	28.7 18.9	28.2 18.9	27.6 18.5	27.0 18.4	26.6 18.4	26.3 18.5	26.1 18.6	26.0 18.5	25.9 18.5	25.8 18.4	26.8 18.6

건구온도와 절대습도는 각각 단독으로 TAC처리(통계처리)한 것이어서 동시 생기성(生起性)은 고려하고 있지 않다.

즉, 양 데이터를 동시에 사용해 설계계산을 하는 것은 안전측면에서다.

4·1·4 일사량

냉방계산에 있어서 일사량은 큰 요소를 차지한다. 창 밖의 일사량 설계값을 도쿄(東京)에 대해서 〈표 4.7〉, 〈표 4.8〉에 나타낸다. 전일사량 I는 천공(天空)복사량 I_S(〈표 4.7〉)와 직달일사량 I_D(〈표 4.8〉)의 합이다. 이 전일사량 I와 외기온을 종합하여 상당외기온(Sol Air temperature) t_e(℃)을 다음 식으로 구할 수 있다.

$$t_e = \frac{a}{\alpha_0} I + t_o \quad \cdots\cdots\cdots\cdots \quad (4.1)$$

여기서, a = 외벽표면의 흡수율 α_0 = 외벽표면의 열전달률(kcal/m²h℃)

I = 전일사량(kcal/m²h) t_o = 외기온(℃)

I_S를 〈표 4.7〉에서, I_D를 〈표 4.8〉에서 선택해 I를 구하고 도쿄(東京)의 여름(7월 23일) 외기온도 t_o를 〈표 4.9〉로 하면, (4.1)식의 (a/α_0)에서 0.05를 이용해 t_e를 계산한 결과를 〈표 4.9〉, 〈표 4.10〉에 나타낸다.

〈표 4.7〉 도쿄(東京)의 수평면 천공복사량(I_{HS}), 수직면 천공복사량(I_{VS}) (kcal/m²h)

시각		7월 23일		10월 23일	
오전	오후	I_{HS}	I_{VS}	I_{HS}	I_{VS}
4	20	0.0	0.0	0.0	0.0
5	19	1.6	0.8	0.0	0.0
6	18	60.3	30.2	0.0	0.0
7	17	85.0	42.5	34.7	17.4
8	16	101.2	50.6	62.7	31.3
9	15	112.5	56.3	77.9	38.9
10	14	120.2	60.1	87.6	43.8
11	13	124.6	62.3	93.2	46.6
12		126.1	63.1	95.0	47.5

〈표 4.8〉 도쿄(東京)의 직달일사량 (I_D) (kcal/m²h)

	↓→	수평면	방위(수직면)								
	시각	H	N	NE	E	SE	S	SW	W	NW	
7월 23일	6	74.1	103.2	318.0	346.5	172.0	0.0	0.0	0.0	0.0	18
	7	225.1	78.0	417.6	512.6	307.3	0.0	0.0	0.0	0.0	17
	8	379.9	3.8	377.9	530.6	372.5	0.0	0.0	0.0	0.0	16
	9	517.7	0.0	275.2	464.4	381.6	75.2	0.0	0.0	0.0	15
	10	625.4	0.0	141.2	340.8	340.9	141.3	0.0	0.0	0.0	14
	11	693.7	0.0	0.0	179.8	257.6	184.4	3.3	0.0	0.0	13
	12	717.1	0.0	0.0	0.0	141.0	199.4	141.0	0.0	0.0	12
10월 23일	6	0.0	0.0	0.0	0.0	0.0	0.0	0.0	0.0	0.0	18
	7	24.3	0.0	119.5	250.1	234.2	81.1	0.0	0.0	0.0	17
	8	173.0	0.0	174.1	517.4	557.5	271.1	0.0	0.0	0.0	16
	9	318.4	0.0	65.1	491.7	630.3	399.6	0.0	0.0	0.0	15
	10	433.2	0.0	0.0	369.0	609.2	492.5	87.3	0.0	0.0	14
	11	506.2	0.0	0.0	196.1	527.4	549.7	250.1	0.0	0.0	13
	12	531.2	0.0	0.0	0.0	402.4	569.1	402.4	0.0	0.0	12
		H	N	NW	W	SW	S	SE	E	NE	시각
		수평면	방위								←↑

【주】 1kcal/m²h = 4.18kJ/m²h

〈표 4.9〉 도쿄(東京)의 여름(7월 23일) 상당외기온(t_e)

시각	t_o	수평면	방위(수직면)							
		H	N	NE	E	SE	S	SW	W	NW
5	25.7	25.8	25.7	25.7	25.7	25.7	25.7	25.7	25.7	25.7
6	26.0	32.7	32.7	43.4	44.8	36.1	27.5	27.5	27.5	27.5
7	27.2	42.7	33.2	50.2	55.0	44.7	29.3	29.3	29.3	29.3
8	28.8	52.9	31.5	50.2	57.9	50.0	31.8	31.3	31.3	31.3
9	30.2	61.7	33.0	46.8	56.2	52.1	36.8	33.0	33.0	33.0
10	31.3	68.6	34.3	41.4	51.3	51.3	41.4	34.3	34.3	34.3
11	31.9	72.8	35.0	35.0	44.0	47.9	44.2	35.2	35.0	35.0
12	32.3	74.5	35.5	35.5	35.5	42.5	45.4	42.5	35.5	35.5
13	32.5	73.4	35.6	35.5	35.6	35.8	44.8	48.5	44.6	35.6
14	32.5	69.8	35.5	35.5	35.5	35.5	42.6	52.5	52.5	42.6
15	32.5	64.0	35.3	35.3	35.3	35.3	39.1	54.4	58.5	49.1
16	31.7	55.8	34.4	34.4	34.2	34.2	34.2	52.9	60.8	53.1
17	30.9	46.4	36.9	33.0	33.0	33.0	33.0	48.4	58.7	53.9
18	29.8	36.5	36.5	31.3	31.3	31.3	31.3	39.9	48.6	47.2
19	29.7	28.8	28.7	28.7	28.7	28.7	28.7	28.7	28.7	28.7
20	28.1	28.1	28.1	28.1	28.1	28.1	28.1	28.1	28.1	28.1

〈표 4.10〉 도쿄(東京)의 가을(10월 23일) 상당외기온(t_e)

시각	t_o	수평면	방위(수직면)							
		H	N	NE	E	SE	S	SW	W	NW
10	24.8	50.8	27.0	27.0	45.4	57.4	51.6	31.4	27.0	27.0
11	26.1	56.1	28.4	28.4	38.2	54.8	55.9	40.9	28.4	28.4
12	26.8	58.1	29.2	29.2	29.2	49.3	57.6	49.3	29.2	29.2
13	26.9	56.9	29.2	29.2	29.2	41.7	56.7	55.6	39.0	29.2
14	26.5	52.5	28.7	28.7	28.7	33.1	53.3	59.1	47.1	28.7

4 · 2 공조계획법

4 · 2 · 1 공조방식의 분류

공조방식의 경우, 1902년부터 1930년 무렵까지는 단일덕트방식 뿐이었지만 1930년 이후 부터 일반건축으로 보급이 확대됨에 따라 천장내의 스페이스가 작은 이유에서 물을 병용하는 각종 방식이 출현했다. 현재 사용되고 있는 공조방식을 분류하면 〈표 4.11〉과 같다.

공조방식은 우선 중앙방식과 개별방식으로 대별할 수 있다. 여기서 개별방식이란 유닛내에 냉동기까지 넣은 것이고, 중앙방식은 중앙에 있는 대형 냉동기나 보일러에서 배관으로 각 공조기에 또 공조기에서 덕트를 경유해 각실로 열을 반송하는 형식을 말한다. 따라서 패키지공조기에 덕트를 설

〈표 4.11〉 공조방식의 분류

<table>
<tr><th colspan="2">분류</th><th colspan="2">항목</th><th>참조항목</th></tr>
<tr><td rowspan="6">중앙방식</td><td rowspan="3">공기방식</td><td>단일덕트방식</td><td>(A1) 정풍량 방식
(A2) 정풍량 방식(재열기 부착)
(B1) 변풍량 방식
(B2) 변풍량 방식(재열기 부착)</td><td>4. 5. 3
4. 5. 3
4. 5. 4
4. 5. 4</td></tr>
<tr><td>이중덕트방식</td><td>(C1) 정풍량 방식
(C2) 멀티존 유닛방식
(C3) 변풍량 방식</td><td></td></tr>
<tr><td colspan="2">(D1) 덕트 병용 패키지 방식
(E1) 각층 유닛방식</td><td>4. 5. 6
4. 5. 6</td></tr>
<tr><td rowspan="2">공기·수방식</td><td>유닛병용방식</td><td>(F1) 팬코일 유닛 방식
(F2) 유인 유닛 방식</td><td>4. 5. 5</td></tr>
<tr><td colspan="2">(G) 복사냉난방 방식</td><td></td></tr>
<tr><td>수방식</td><td colspan="2">(H) 팬코일 유닛 방식</td><td>4. 5. 5</td></tr>
<tr><td colspan="2">개별방식</td><td colspan="2">(L) 룸쿨러 방식
(M) 멀티 유닛형 룸쿨러 방식
(N) 패키지공조기 방식</td><td>4. 5. 6</td></tr>
<tr><td colspan="2">반개별방식</td><td colspan="2">(P) 폐회로식 수열원 히트펌프 방식</td><td></td></tr>
</table>

치한 것은 본 표에서는 중앙방식으로 분류했다.

개별방식의 특징은 설비비와 운전비는 대폭 싸지고, 또 개실제어가 가능하며 빈 방의 경우, 공조 정지도 자유로워 에너지 절약을 도모할 수 있다. 반면 개별식은 소음측면이나 필터의 불완전으로 인한 실내공기의 청정도 유지 측면에서는 중앙식에 떨어진다. 〈그림 4.2〉에 각종 공조방식의 간략도를 나타낸다.

4·2·2 중앙방식

중앙방식은 크게 공기방식, 공기·수(水)방식 및 수방식으로 대별된다. 공기식은 기계실에서 각실까지 공기만으로 열을 운반하는 방식이고, 공기·수방식은 반송에 물과 공기를 함께 이용하는 방식, 수방식은 물만을 이용하는 방식이다.

다음에 이 방식들에 대해 조금 상세하게 설명한다.

(1) 공기방식

공기방식의 특징으로서는 (a)청정한 공기를 다량 취출하므로 실내공기의 오염이 적어진다. (b)중간기 내지 동절기에 외기냉방이 가능해진다. (c)수배관이 없기 때문에 누수나 부식에 의한 고장의 우려가 없다. (d)연면적 1,000m^2 이하의 소규모 건축에 대해서는 공기·수식보다 장치가 간단하고

시설비가 싸진다. 반면 공기방식의 단점은 (가)대형 덕트를 필요로 하여 건축 스페이스를 크게 필요로 한다. (나)팬의 동력이 펌프에 비해서 커서 열반송을 위한 에너지 소비량이 많다. (다)대형의 공조기 기계실을 필요로 하는 것 등이다.

이상의 점에서 공기방식은 (a)1,000m^2 이하의 소규모 건축, (b)중규모 이상의 다층건축의 내부존, (c)극장 관객석처럼 대풍량을 필요로 하는 경우, (d)병원의 수술실, 공장의 클린룸처럼 공기의 청정도를 높게 유지할 필요가 있는 경우에 이용된다. 최근에는 변풍량 방식을 이용하여 대규모의 사무

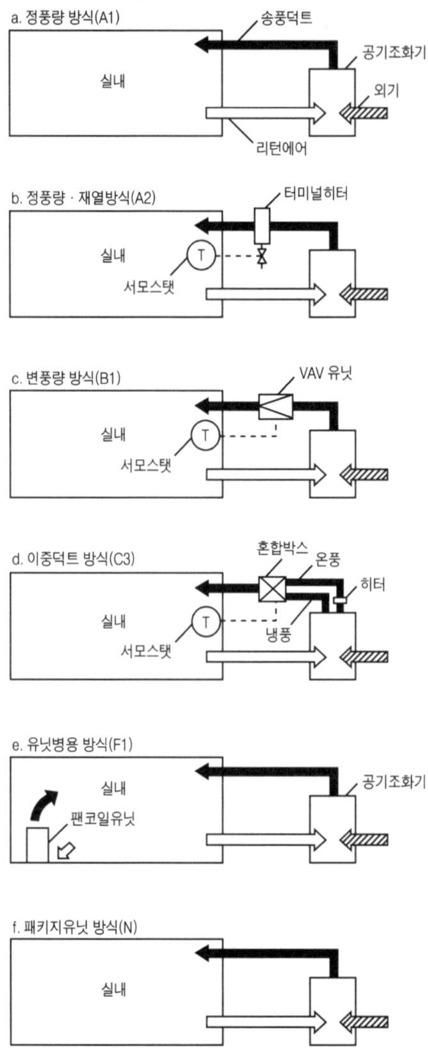

〈그림 4.2〉 각종 공조방식

소건축 기타 대규모의 다실건축에도 적용되는 예가 늘고 있다.

〈표 4.11〉에 나타낸 공기방식 중, 많이 이용되는 것은 (A1) 단일덕트 정풍량 방식, (D1)덕트병용 패키지 방식, (E1)각층 유닛방식이며, 에너지 절약의 관점에서 보면 (B1)의 변풍량방식일 것이다. (C1)~(C3)의 이중덕트방식은 에너지절약 관점에서 그 사용은 특별한 경우에 한정되고 있다.

(2) 공기 · 수방식

공기 · 수방식은 일본에서는 유닛병용방식으로서 사용되고 있으며, 이것은 팬코일유닛과 1차공기 송풍 덕트를 병용하는 방식이다.

공기 · 수방식의 특징은 (a)페리미터(외주부)와 같은 부하가 큰 존에 대해서 수배관으로 처리할 수 있으므로 스페이스적으로 유리하고, (b)유닛 1대로 간단하게 미니존(극소 규모의 계통)을 만들 수 있다. (c)수동제어로 각실의 온도제어를 쉽게 할 수가 있다. (d)반송동력의 관점에서는 공기방식보다 유리하다.

반면, 공기 · 수방식의 단점은 (가)유닛내의 필터가 저성능이라 유닛에서의 송풍은 실내공기의 청정에는 도움이 안된다. (나)유닛의 필터청소를 정기적으로 해야 한다. (다)수(水)를 기피하는 방에는 쓸 수 없다. (라)외기냉방을 할 수 없는 것 등이다.

공기 · 수방식 중, 팬코일 유닛 병용방식은 4 · 5 · 5에서 설명하는 것처럼 사무소건축, 호텔건축, 병원건축 등 다실 건축의 페리미터존 용으로 많이 사용되고 있다. 복사냉난방방식은 난방 환경적인 측면에서는 최선의 방식으로 천장 높이가 높은 홀이나 유치원 등에 채용되는 경우가 많지만 설비비가 증가한다.

(3) 수방식

수방식은 팬코일 유닛만을 이용하는 방식으로 덕트에 의한 송풍이 없는 경우이다. 이 방식은 공기 · 수방식보다 코스트가 싸고, 각실별 제어가 가능하지만, 외기공급은 틈새바람이나 창의 통풍에만 의지한다. 따라서 주택, 일본식여관, 일본식요정 등의 거주자 밀도가 낮고 틈새 바람이 꽤 있는 경우에만 이용되고, 중규모 이상의 건축에는 부적당하다.

팬코일 유닛은 〈그림 4.3〉에 나타낸 것처럼 케이싱 내부에 에어필터, 팬, 냉온수코일을 수납한 것으로, 여름에는 코일에 7~10℃의 냉수를 통과시켜 공기의 냉각, 감습을 하고 겨울에는 35~45℃의 온수를 통과시켜 공기를 가열한다. 일반적인 제품에는 겨울의 가습능력이 없다.

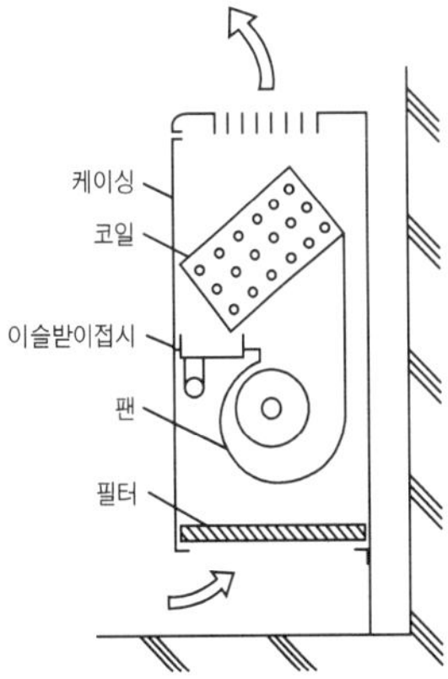

〈그림 4.3〉 팬코일 유닛

4 · 2 · 3 개별방식

개별식 공조는 〈표 4.12〉와 같이 세분화할 수 있다. 이 책에서 룸쿨러는 100V 또는 200V의 단상 전원을 사용하는 것을 말하고, 패키지란 200V의 3상전원을 사용하는 것으로 한다.

모든 형식에서 표와 같이 히트펌프형이 생산되고 있으며, 최근에는 홋카이도나 도호쿠와 같은 한랭지, 호쿠리쿠와 같은 눈이 많이 내리는 지방을 제외하고는 냉난방 겸용인 공랭식 히트펌프가 많이 사용되고 있다.

표에 기술한 멀티 유닛형이란 옥외 유닛은 압축기, 외기측 열교환기를 수용한 열원부이고, 이것에 냉매배관으로 2~5대의 팬코일 유닛을 연결하여 옥내유닛으로서 운전한다. 이 경우, 난방에는 열원측을 히트펌프로서 이용하는 경우와 따로 소형 가스보일러를 나란히 설치하는 경우가 있다.

〈표 4.12〉 개별 공조방식의 분류

	냉난방 전용형	히트펌프형
(L) 룸쿨러	(L1) 윈도우형 (L2) 벽관통형 (L3) 스플리트형	(L4) 히트펌프 윈도우형 (L5) 히트펌프 벽관통형 (L6) 히트펌프식 스플리트형
(M)(Q) 멀티 유닛형 룸쿨러	(M1) 냉방전용형 (M2) 수냉형	(M3) 히트펌프형
(N) 패키지형	(N1) 수냉형 (N2) 공랭형 (N3) 특수목적형	(N4) 수냉 히트펌프식 (N5) 공랭 히트펌프식 (N5) 벽관통 유닛형
(N) 폐회로 수열원 히트펌프(예: P-MAC, 모듈랙 유닛)		

4 · 2 · 4 공조용 열원방식의 선정

여기서는 냉열원(냉동기)과 온열원(보일러 또는 히트펌프)을 조합시킨 공조용 열원의 선정에 대해서 설명한다.

〈표 4.13〉에는 현재 사용되고 있는 공조용 열원방식을 5가지로 대별하고, 다시 이것을 세분화했다.

(1) 재래방식 (A)

〈표 4.13〉의 (A)재래방식은 전동식 냉동기와 기름 또는 가스보일러의 조합으로, 1965년경까지는 대부분 이 방식을 쓰고 있었다. 지금도 이 방식은 (B), (C)의 방식에 비해서 저렴하기 때문에 많이 쓰이고 있지만, 전기요금이 인상됨에 따라 운전비는 (B)방식보다 많이 든다.

(2) 흡수식 냉동기방식 (B)

* 1차에너지는 화석연료 에너지이며, 전력 1kW는 발전소의 연료소비량으로 환산해 2,450kcal로 하고, 증기보일러의 경우는 보일러의 연료 소비량 $q/(\eta_B\ \eta_P)$로 된다. 단, q는 증기소비량(kcal/h) η_B, η_P는 각각 보일러의 효율, 배관의 보온효율이다.

흡수식 냉동기의 1차에너지 환산* COP는 〈표 5.3〉에 나타낸 것처럼 전동식 냉동기에는 미치지 못하지만, 전기요금 인상으로 가스를 이용하는 경우도 운전비는 전동식보다 싸지고, 특히 기름을 이용하면 훨씬 싸진다. 이 때문에 100RT 이상의 대형냉동기 부문에서는 (B)방식이 (A1)방식에 비해 그 채용수가 늘어나고 있다. 특히 (B3)냉온수발생기의 채용수는 B방식의 70% 이상을 점유하고 있다.

(B)방식이 (A)방식보다 떨어지는 점은 다음과 같은 것이다. ⓐ냉동기를 다루기가 조금 까다롭고, 특히 기계의 기밀성이 악화되면 공기누입량이 늘어나 진공도가 낮아져서 규정한 냉수온도를 얻기 어렵다. (설계냉수온도가 7℃인 경우에 이것이 10℃ 이상으로 올라가는 경우가 있다). ⓑ냉수온도를 6℃ 이하로 하면 효율이 몹시 나빠지므로, 일반적으로 7℃ 이상의 냉수온도를 이용해야 한다. ⓒ여름철에도 보일러(또는 흡수식 냉난방기)에 연료를 땔 필요가 있고, 여름철 보일러실의 온도가 이상하게 올라가고 또한 냉각탑에 굴뚝의 배기가스가 혼입하는 경우는 냉각수의 수질이 악화되는 등이 있다.

〈표 4.13〉 공조용의 열원 시스템

(A) 재래방식 (전동냉동기와 보일러 병용)	(A1) 터보냉동기와 보일러 (A2) 왕복냉동기와 보일러
(B) 흡수식 냉동기방식	(B1) 단효용과 보일러 (B2) 이중효용식과 보일러 (B3) 직연소 흡수식(흡수식 냉난방기)
(C) 히트펌프방식	(C1) 수열원 (C2) 공기열원 (C3) 열회수
(D) 개별식 공조기	(D1) 히트펌프방식 (D2) 보일러 추가
(E) 특수방식	(E1) 태양열 이용 (E2) 지역냉난방

(3) 히트펌프방식 (C)

대기오염 방지의 관점에서 보면 (A) 및 (B)방식보다 뛰어난 방법이다. 이 중, 수열원방식은 1936년경부터 지하수(우물물) 이용방식으로서 이용되어 1955년 경까지 대소건축을 합해서 100건 이상이 실현되었다. 그 후 공업용수규제령, 건축용수규제령으로 공장지대 및 대도시에서 지하수 이용이 규제되면서 응용예도 격감했다. 앞으로 지하수 이용은 지하수가 풍부한 소도시에서 응용될 가능성이 있지만, 이 경우 수자원 보호의 견지에서 물을 퍼올리는 착정과 동(同)수의 환원정을 설치해 퍼올린 지하수를 지하로 환류하는 설계법을 이용해야 한다.

현재는 (C)방식중에서 (C2)의 공기열원 히트펌프(Air Source H.P. 약칭해 ASHP)가 가장 많이 이용되고 있다. 이 방식은 수열원에 비해 채열측 팬을 포함해서 사용전력은 많이 들고 연간 평균COP는 2~2.5로 떨어진다.

ASHP는 5. 6.3에서 기술하는 것처럼 태평양측인 도쿄에서 서측의 온난한 지구에 적합하지만 홋카이도, 도호쿠지방, 나가노현과 같은 한랭지나 호쿠리쿠, 니이카다와 같은 다설지에는 적합하지 않다.

(C3)의 열회수방식은 환경의식이 높아지면서 에너지절약에 공헌하는 방식으로서 채용 예가 많다.

(4) 개별방식 (D)

룸쿨러 또는 패키지공조기(PAC)를 사용하는 개별방식의 냉열원은 예외없이 유닛에 내장하는 밀폐식 왕복 또는 로타리 압축기를 이용하지만, 온열원으로는 (a)전열기, (b)보일러에 연락된 가열코일, (c)히트펌프 중 하나를 사용한다.

전열기는 백화점, 상점처럼 실내 발열량이 크고 난방부하가 적은 경우에 적합하지만, 일반적으로는 위의 (b) 또는 (c)를 이용한다. (c)는 (3)에서 설명한 것처럼 대부분 공기열원(ASHP)이 이용되며, 이것의 적용이 부적당한 지방에서는 (b)의 보일러 병용식이 이용되고 있다.

(5) 특수방식 (E)

태양열 이용은 급탕, 난방용 열원으로서 채용되는 것으로, 태양열 이용에는 다음에 나타내는 태양열의 의존율과 집열기의 집열효율이 결정요인의 하나가 된다. 즉 난방에 대해서는

$$\text{태영열 의존율 } E_s = \frac{\text{급탕난방에 이용할 수 있는 태양열량의 연간합계}}{\text{연간급탕난방용 열량}} \times 100(\%)$$

$$\text{집열효율 } \eta_c = \frac{\text{집열량 (kcal/m}^2\text{h)}}{\text{집열기로의 입사전일사량 (kcal/m}^2\text{h)}} \times 100(\%)$$

선택흡수면을 이용한 집열기의 집열효율 η_c 의 일례를 다음 식으로 나타낸다. η_c는 I가 클수록, $\Delta\theta$가 작아질수록 커진다. 이 그래프를 〈그림 2. 56〉(A)에 나타낸다.

$$\eta_c = 0.81 - 4.3(\Delta\theta / I)$$

단, $\Delta\theta$ = 집열기 평균수온과 외기온도의 차 (℃)

I = 입사전일사량 (kcal/m²h)

즉, 흡수식 냉동기를 이용하는 태양열 난방과 같이 $\Delta\theta$가 클 때에는 η_c가 작아져, 큰 집열면적 A_c를 필요로 한다.

〈그림 4.4〉는 태양열 냉방방식과 냉동기 이용 냉방방식의 에너지절감성을 비교한 것으로, 그림

의 수평선은 각종 냉동기 사용의 1차 에너지소비량(kcal/h/RT), 사선은 태양열 이용의 경우를 나타낸다. 횡축은 태양열 의존율 E_s를 나타낸다. 수평선과 사선의 교차점에서 일중효용 흡수식 냉동기를 이용하는 경우는 $E_s = 56\%$(b점)로, 전동식 냉동기와 맞먹는다. 즉, $E_s = 56\%$ 이상이 되지 않으면 에너지절약은 안된다.

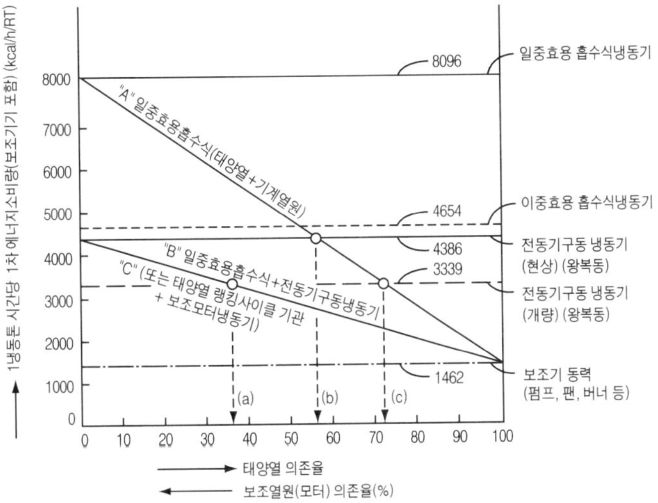

〈그림 4.4〉 냉방시의 태양열 의존율과 환산 원에너지소비량의 관계 (문헌 403)

4 · 3 냉방부하 계산*

4 · 3 · 1 개요

(1) 냉방부하

이 책에서는 냉방시의 냉동기 부하를 냉방부하라 하며, 이것은 다음 요소로 이루어진다.

취득열량(실내부하) = $q_S + q_L$

외기부하 = q_F

재열부하 = q_r

팬덕트 그외의 부하

(2) 취득열량의 분류

취득열량(Heat Gain)이란, 냉방시에 냉방실내로부터 제거되어야 할 열량을 말하며 이것을 열의

* 4 · 3절의 재료는 대부분 문헌(404)에 의한다. 자료의 작성법은 동서를 참고하면 된다.

성질에서 분류하면 다음 2종류가 있다.

현열부하(Sensible Heat) (q_S) : 열의 전도 및 복사의 영향 때문에 공기의 건구온도 상승의 원인이 되는 부하를 말한다.

잠열부하(Latent Heat) (q_L) : 인체에서 땀의 증발 또는 실내에 침입하는 공기속에 포함된 수분 등의 영향에 의해 공기의 절대습도 상승의 원인이 되는 부하를 말한다.

현열부하와 잠열부하의 합을 전부하(q_T)라 하며, 현열비(*SHF*)(Sensible Heat Factor)란 전부하 q_T 에 대한 취득현열량 q_S의 비율을 말한다.

$$SHF = \frac{q_S}{q_T} = \frac{q_S}{q_S + q_L} \quad \cdots\cdots\cdots\cdots (4.2)$$

취득열량의 원인을 분류하면 〈표 4.14〉와 같다.

〈표 4.14〉 취득열량의 분류

q_W(전도열량)	건축의 벽체 등에서 전도에 의해 침입하는 열량
q_G(유리부하)	건축의 유리 등에 닿은 태양의 일사에 의해 실내로 침입하는 열량
q_I(틈새바람의 열량)	창, 문 등의 틈으로 들어오는 바람에 수반하는 열량
q_H(인체열량)	실내에 존재하는 인체에서 발생하는 열량
q_E(기구열량)	실내에 있는 전등, 기타 기구에서 발산하는 열량

냉방부하는 취득열량의 1.5~2.5배 정도이다.

4 · 3 · 2 벽체에서의 취득열량

(1) 계산법

태양의 일사열량도 전도에 의해 실내로 침입한다. 즉, 일사가 있는 경우는 외벽면의 온도가 외기 온도보다도 높아져서 온도차만에 의한 경우보다도 많은 열량이 침입한다. 이 외벽면의 온도상승 비율은 일사량, 건물 구조체의 열전도율 및 열용량에 따라 달라진다. 이런 것들의 영향을 고려하여 계산에 의해 정한 실내외의 온도차 Δt_e 를 〈표 4.15〉~〈표 4.18〉에 나타낸다. 즉, 벽체에 대한 계산은 (4.3)식을 이용하여, 일사의 영향을 동시에 생각하면서 열전도의 경우와 같이 계산을 한다.

$$q_W = KA\Delta t_e \quad \cdots\cdots\cdots\cdots (4.3)$$

A = 벽체의 면적(m^2)

q_W = 벽체에서 침입하는 열량 (kcal/h)

K = 벽체의 열관류율 (kcal/m^2 h ℃)(〈표 1.6〉)

Δt_e = 상당온도차 (℃) (〈표4. 15〉 ~ 〈표4. 18〉)

〈표 4.15〉 7월의 콘크리트벽의 상당온도차 Δt_e℃ (t_r=26℃, 도쿄, 7월 23일)

구조	시각	수평면	수직면(방위)							
		H	N	NE	E	SE	S	SW	W	NW
(1) 콘크리트 두께 10cm	8	8.8	4.2	13.4	15.8	10.0	1.8	1.8	1.8	1.8
	9	15.9	4.9	17.3	21.7	15.3	3.5	3.2	3.2	3.2
	10	23.6	5.7	18.4	24.7	19.3	6.4	4.7	4.7	4.7
	11	30.9	6.7	17.0	24.6	21.4	9.8	6.1	6.1	6.1
	12	36.9	7.6	14.3	21.8	21.3	13.0	7.8	7.2	7.2
	13	41.2	8.3	12.4	17.5	19.2	15.4	11.2	8.7	8.1
	14	43.4	8.8	11.3	14.4	15.9	16.5	15.6	12.7	9.2
	15	43.3	9.1	10.6	12.5	13.4	16.4	19.7	18.1	12.2
	16	40.9	9.1	10.0	11.2	11.8	14.9	22.8	23.5	16.4
	17	36.3	9.1	9.3	10.0	10.4	12.5	24.1	27.6	20.4
	18	29.9	9.6	8.3	8.8	9.0	10.3	23.0	28.9	22.7
(2) 콘크리트 두께 15cm	8	4.9	2.8	7.5	8.6	5.3	1.2	1.5	1.6	1.5
	9	9.3	3.7	11.6	14.0	9.4	2.1	2.2	2.3	2.2
	10	15.0	4.4	14.2	18.1	13.3	3.7	3.2	3.3	3.2
	11	21.1	5.2	15.0	20.4	16.3	6.1	4.4	4.4	4.4
	12	27.0	6.1	14.3	20.5	18.0	8.8	5.6	5.5	5.4
	13	32.2	6.9	13.1	18.8	18.2	11.3	7.6	6.6	6.4
	14	36.1	7.5	12.2	16.6	16.9	13.2	10.6	8.7	7.3
	15	38.3	8.0	11.5	14.8	15.1	14.3	14.1	12.3	9.0
	16	38.8	8.4	11.0	13.4	13.7	14.3	17.4	16.6	11.8
	17	37.4	8.5	10.4	12.2	12.4	13.3	19.9	20.8	15.1
	18	34.1	8.9	9.7	11.0	11.2	11.9	20.9	23.9	18.1
(3) 콘크리트 두께 20cm	8	4.7	2.3	4.5	5.0	3.5	1.6	2.4	2.8	2.3
	9	6.8	3.0	7.5	8.7	5.9	1.9	2.5	2.9	2.5
	10	10.2	3.6	10.2	12.5	8.9	2.7	3.0	3.3	3.0
	11	14.5	4.2	12.0	15.5	11.7	4.1	3.7	3.9	3.7
	12	19.3	4.9	12.6	17.1	14.0	5.9	4.5	4.6	4.4
	13	24.0	5.6	12.3	17.2	15.3	8.0	5.6	5.4	5.2
	14	28.2	6.3	11.9	16.4	15.5	9.9	7.5	6.5	6.0
	15	31.4	6.8	11.4	15.2	14.8	11.4	10.0	8.6	6.9
	16	33.5	7.3	11.1	14.2	14.0	12.2	12.8	11.6	8.6
	17	34.2	7.6	10.7	13.3	13.1	12.3	15.3	15.1	11.0
	18	33.4	7.9	10.3	12.4	12.2	11.8	17.2	18.3	13.6
	19	31.1	8.3	9.7	11.4	11.3	11.0	17.9	20.4	15.7
	20	27.7	8.3	8.9	10.3	10.2	9.9	17.1	20.3	16.1

이들의 표 Δt_e는 실온 t_r을 26℃(여름), 23℃(가을)로 하고, 외기온 t_o는 〈표 4.9〉,〈표 4.10〉에 나타낸 건구온도를 이용해서 구한 숫자이다. 만약 실온이 t_r에서 t_{r1}로, 외기온 t_o가 t_{o1}로 변했을 때의 Δt_{e1}은 다음 식에서 구한다.

$$\Delta t_{e1} = \Delta t_e + (t_{o1}-t_o) - (t_{r1}-t_r) \qquad (4.4)$$

단, Δt_e는 〈표 4.17〉~〈표4.20〉에서 구한 값

【예제 4.1】 10월 23일 12시의 t_{o1}이 25℃, t_{r1}이 26℃인 남측 콘크리트벽(두께 10cm)의 Δt_e를 구하라?

풀이 $t_o = 26.8℃$ (〈표 4.10〉) $t_r = 23℃$ $\Delta t_e = 23.7℃$(〈표 4.17〉)

$\therefore\ \Delta t_{e1} = 23.7 + (25-26.8) - (26-23) = 18.9℃$

(2) 구조가 다른 경우

콘크리트 벽에 모르타르나 타일을 붙였을 경우는 이들 합계의 두께를 콘크리트 두께라고 생각한다. 또 보온재를 붙이는 경우는 보온이 없는 경우의 Δt_e를 표에서 구하고, (4.3)식의 K(열관류율)에서는 보온재를 고려한 값을 감안해 계산한다.

목조벽이나 철판지붕 등의 경량구조 혹은 이것들에 보온재를 붙이는 경우는 Δt_e로서 〈표 4.9〉 (또는 〈표 4.10〉)에 나타낸 상당온도와 실온의 차이를 이용해 계산해도 큰 차이는 없다.

〈표 4.16〉 7월의 경량벽의 Δt_e℃ (t_r=26℃, 도쿄, 7월 23일)

구조	시각	수평면	수직면(방위)							
		H	N	NE	E	SE	S	SW	W	NW
(4) 알루미늄 커튼벽 (보온없음)	8	22.4	6.2	24.1	30.5	21.6	4.4	4.4	4.4	4.4
	9	31.8	6.4	22.3	30.9	25.1	8.4	6.2	6.2	6.2
	10	39.5	7.7	17.8	27.4	25.6	13.4	7.7	7.7	7.7
	11	44.9	8.7	11.8	21.2	23.4	16.9	8.8	8.7	8.7
	12	47.7	9.3	9.4	13.2	18.9	18.9	13.4	9.3	9.3
	13	47.9	9.6	9.6	9.7	12.7	19.0	19.8	14.7	9.6
	14	45.4	9.5	9.5	9.5	9.7	17.6	24.7	23.0	13.6
	15	40.5	9.4	9.4	9.4	9.4	14.6	27.5	29.8	20.2
	16	33.4	8.8	8.7	8.7	8.7	10.3	27.5	33.7	25.3
	17	24.5	9.8	8.5	7.5	7.5	7.6	24.3	33.6	27.5
	18	14.9	10.6	6.0	6.0	6.0	6.0	17.6	27.0	24.1
(5) 목조평벽 (글라스울 30mm)	8	18.3	6.4	22.7	27.8	18.8	3.6	3.6	3.6	3.6
	9	27.9	6.2	22.8	30.5	23.6	6.7	5.5	5.5	5.5
	10	36.2	7.2	19.5	28.7	25.3	11.4	7.1	7.1	7.1
	11	42.6	8.3	14.2	23.7	24.2	15.4	8.3	8.3	8.3
	12	46.4	9.0	10.3	16.5	20.7	18.0	11.4	9.0	9.0
	13	47.7	9.4	9.7	11.1	15.3	18.9	17.3	12.3	9.4
	14	46.3	9.5	9.6	9.9	10.9	18.1	22.7	19.8	11.8
	15	42.5	9.4	9.5	9.5	9.7	15.8	26.3	27.0	17.6
	16	36.3	9.0	9.0	9.0	9.0	12.1	27.5	32.1	23.2
	17	28.2	9.3	7.0	8.0	8.0	8.7	25.6	33.5	26.5
	18	18.9	10.4	6.7	6.7	6.7	6.8	20.4	29.7	25.5

【예제 4.2】 두께 0.4mm의 철판제 수평지붕에 목모(木毛)시멘트판(두께 50mm)을 붙였을 경우, 여름철 12시의 취득열량 q_w(kcal/m^{2}h)를 구하라? 실온은 26℃로 한다.

풀이 식(2.5)에 의해

$$\frac{1}{K} = \frac{1}{20} + \frac{0.0004}{46} + \frac{0.050}{0.16} + \frac{1}{8} = 0.05 + 0 + 0.3125 + 0.125 = 0.4875$$

$\therefore K = 2.05$

〈표 4.17〉 10월의 벽의 Δt_e℃ (t_r = 26℃, 도쿄, 10월 23일)

구조	시각	수평면	수직면(방위)							
		H	N	NE	E	SE	S	SW	W	NW
(1) 콘크리트 두께 10cm	11	16.8	1.5	4.0	18.6	25.4	18.2	3.8	1.5	1.5
	12	22.9	3.0	4.6	16.9	27.6	23.7	9.4	3.0	3.0
	13	27.4	4.2	5.1	13.2	26.8	27.8	15.9	4.9	4.2
	14	29.6	4.9	5.5	10.5	23.4	29.8	22.3	9.3	4.9
(2) 콘크리트 두께 15cm	11	9.2	− 0.1	2.7	13.2	16.8	10.5	0.9	0.0	− 0.1
	12	14.6	1.1	3.3	14.4	20.8	15.6	4.1	1.2	1.1
	13	19.4	2.3	3.9	13.5	22.7	20.1	8.8	2.5	2.3
	14	23.1	3.3	4.5	11.8	22.5	23.6	14.0	4.9	3.3
(3) 콘크리트 두께 20cm	11	4.8	− 0.8	1.5	8.3	10.1	5.8	0.2	− 0.3	− 0.7
	12	8.6	− 0.0	2.1	10.6	14.1	9.7	1.8	0.4	0.1
	13	12.7	0.9	2.7	11.3	17.1	13.6	4.5	1.2	0.9
	14	16.5	1.8	3.2	10.9	18.7	17.1	8.5	2.5	1.8
(4) 알루미늄 커튼벽	11	30.7	4.8	4.8	18.3	32.9	31.0	13.7	4.8	4.8
	12	34.2	5.8	5.8	10.1	28.7	33.8	22.6	5.8	5.8
	13	34.4	6.2	6.2	6.3	22.0	34.1	29.8	11.8	6.2
	14	31.4	5.9	5.9	5.9	13.9	31.8	34.5	20.5	5.9
(5) 목조평벽 (글라스울30mm)	11	27.9	4.0	4.6	20.5	33.1	28.6	10.4	4.0	4.0
	12	32.6	5.4	5.5	13.5	30.3	32.5	19.0	5.4	5.4
	13	34.2	6.0	6.0	7.8	24.7	33.9	26.7	9.2	6.0
	14	32.6	6.0	6.0	6.3	17.2	32.7	32.5	17.1	6.0

〈표 4.18〉 지붕의 Δt_e℃ (도쿄)

지붕번호		a	b	c	d	e	f	g	h	i	j
월일	시각	아스팔트 방수		모르타르 방수		ALC	a + PB	c + PB	c + Al	d + PB	e + PB
		두께 12cm	두께 15cm	보온없음	보온있음	판	천장	천장	천장	천장	천장
7월 23일 (실온 26℃)	8	7.5	9.3	5.1	5.9	11.7	10.4	4.8	5.8	5.5	8.0
	9	7.5	8.8	9.6	8.3	20.5	10.0	8.0	8.5	7.3	15.6
	10	8.4	9.1	15.4	11.7	29.3	10.1	12.4	12.2	10.4	24.0
	11	10.2	10.1	21.6	15.9	36.9	11.0	17.6	16.7	14.3	31.9
	12	12.9	11.9	27.6	20.2	42.6	12.5	22.8	21.2	18.7	38.4
	13	16.0	14.3	32.7	24.4	45.9	14.6	27.6	25.6	22.9	42.9
	14	19.4	17.0	36.5	28.1	46.6	16.9	31.6	29.2	26.8	45.1
	15	22.7	19.9	38.7	30.8	44.8	19.4	34.4	31.9	29.9	44.9
	16	25.6	22.6	39.0	32.4	40.6	21.7	35.8	33.3	31.9	42.3
	17	27.7	24.8	37.4	32.7	34.1	23.7	35.5	33.3	32.7	37.3
	18	29.0	26.5	34.0	31.6	26.0	25.1	33.6	31.9	32.1	30.5
	19	20.3	27.3	29.0	29.2	17.0	25.8	30.2	29.2	30.2	22.3
	20	28.5	27.3	23.2	25.9	9.2	25.9	25.7	25.6	27.1	14.3
10월 23일 (실온 23℃)	9	1.7	2.8	0.6	0.9	5.9	3.6	0.3	0.9	0.5	2.9
	10	1.8	2.6	4.5	2.9	13.8	3.3	3.0	3.2	2.1	9.5
	11	2.6	2.9	9.6	6.0	21.8	3.6	6.9	6.5	4.8	17.0
	12	4.3	3.9	15.0	9.7	28.2	4.5	11.4	10.4	8.3	23.9
	13	6.7	5.6	19.9	13.4	32.0	5.9	15.8	14.3	12.1	28.9
	14	9.5	7.7	23.5	16.6	32.9	7.7	19.4	17.6	15.5	31.3
	15	12.3	10.0	25.4	19.0	30.7	9.8	21.9	19.8	18.2	31.0
	16	14.7	12.3	25.4	20.2	26.0	11.7	22.8	20.8	19.8	28.0
K (kcal/m²h℃)		1.99	1.90	3.44	0.525	1.45	1.50	2.20	0.954	0.484	1.18

【주】 a + PB는 구조 a의 지붕에 석고보드(PB) 천장을 더하는 의미. Al은 알루미늄판 천장

이 경우는 철판지붕에서 열용량이 작으므로 시간지연 없이, 상당온도를 그대로 Δt_e로 취한다.

12시 수평면의 t_e는 〈표 4.9〉에서 t_e = 74.5℃로 되므로

$$\therefore q_w = K(t_e - t_r) = 2.05 \times (74.5 - 26) = 99.4\text{kcal/m}^2\text{h}$$

(3) 인접실과의 벽 또는 바닥

인접실이 공조되고 있을 때는, 그곳과의 온도차는 0으로 한다. 공조되고 있지 않을 때는 〈표 4.15〉~〈표 4.17〉의 북측벽의 Δt_e를 이용한다. 보일러실이나 조리실 등 인접실의 온도가 몹시 높은 경우는 Δt_e = 15~20℃를 취한다.

4·3·3 유리창에서의 취득열량 q_G(kcal/h)

$$q_G = q_{GR} + q_{GC} \quad \cdots\cdots\cdots (4.5)$$

$$q_{GR} = k_S I_{GR} A_G \quad \cdots\cdots\cdots (4.6)$$

$$q_{GC} = I_{GC} A_G \quad \cdots\cdots\cdots (4.7)$$

여기서 q_{GR} = 유리에서의 투과일사량에 의한 취득열량 (kcal/h)

〈표 4.19〉 7월, 보통유리 (3mm)에서의 일사량 (kcal/m²h) (t_r = 26℃, 도쿄, 7월 23일)

	시각	수평면	수직면(방위)							
		H	N	NE	E	SE	S	SW	W	NW
I_{GR}	8	351.1	36.0	313.3	449.9	308.3	35.9	35.9	35.9	35.9
	9	480.1	40.0	215.3	392.9	315.4	58.4	40.0	40.0	40.0
	10	575.4	42.7	100.4	276.9	276.9	100.5	42.7	42.7	42.7
	11	635.0	44.3	44.3	130.9	197.9	134.7	44.3	44.3	44.3
	12	655.2	44.8	44.8	44.8	101.3	147.4	101.3	44.8	44.8
	13	635.0	44.3	44.3	44.3	44.3	134.7	197.9	130.9	44.3
	14	575.4	42.7	42.7	42.7	42.7	100.5	276.9	276.9	100.4
	15	480.1	40.0	40.0	40.0	40.0	58.4	315.4	392.9	215.3
	16	351.1	36.0	35.9	35.9	35.9	35.9	308.3	449.9	313.3
	17	204.6	54.1	30.2	30.2	30.2	30.2	251.8	433.2	353.0
	18	73.9	76.1	21.5	21.5	21.5	21.5	139.3	294.4	270.6
I_{GC}	8	23.2	16.7	22.6	24.0	22.5	16.6	16.6	16.6	16.6
	9	32.9	24.7	29.7	31.7	30.9	25.7	24.7	24.7	24.7
	10	40.3	31.1	33.8	36.9	36.9	33.8	31.1	31.1	31.1
	11	44.4	34.5	34.5	38.2	39.2	38.3	34.5	34.5	34.5
	12	47.0	36.8	36.8	36.8	39.5	40.8	39.5	36.8	36.8
	13	47.9	37.9	37.9	37.9	37.9	41.7	42.6	41.6	37.9
	14	47.1	37.9	37.9	37.9	37.9	40.7	43.8	43.8	40.7
	15	46.0	37.9	37.9	37.9	37.9	38.9	44.0	44.8	42.8
	16	39.8	33.2	33.2	33.2	33.2	33.2	39.1	40.6	39.1
	17	33.1	29.8	28.5	28.5	28.5	28.5	33.5	35.4	34.6
	18	23.9	24.2	22.1	22.1	22.1	22.1	25.1	26.7	26.4

q_{GC} = 유리에서의 대류에 의한 취득일량 (kcal/h)

k_S = 차폐계수(〈표 4.23〉)

A_G = 유리면적(m^2) (콘크리트의 개구부에서 측정한다.)

하절기 및 가을철의 I_{GR}, I_{GC} 값을 〈표 4.19〉~〈표 4.22〉에 나타낸다. 이 중 〈표 4.19〉, 〈표 4.20〉은 보통유리, 〈표 4.21〉, 〈표 4.22〉는 흡열유리(열선흡수유리)의 자료이다.

〈표 4.20〉 10월, 보통유리(3mm)에서의 일사량 (kcal/m²h) (t_r = 23℃, 도쿄, 10월 23일)

	시각	수평면	수직면(방위)							
		H	N	NE	E	SE	S	SW	W	NW
I_{GR}	11	449.8	33.1	33.1	130.5	436.0	455.8	176.7	33.1	33.1
	12	473.2	33.7	33.7	33.7	319.5	473.0	319.5	33.7	33.7
	13	449.8	33.1	33.1	33.1	176.7	455.8	436.0	130.5	33.1
	14	379.7	31.1	31.1	31.1	54.0	404.2	506.3	288.6	31.1
I_{GC}	11	26.5	18.3	18.3	22.3	26.1	26.3	23.0	18.3	18.3
	12	30.8	22.3	22.3	22.3	29.0	30.5	29.0	22.3	22.3
	13	31.1	22.9	22.9	22.9	27.5	30.9	30.7	26.9	22.9
	14	27.9	20.6	20.6	20.6	21.8	28.0	29.0	26.8	20.6

〈표 4.21〉 흡열유리(그레이페인 5mm)의 일사량 (kcal/m²h) (t_r = 26℃, 도쿄, 7월 23일)

	시각	수평면	수직면(방위)							
		H	N	NE	E	SE	S	SW	W	NW
I_{GR}	8	223.1	24.2	197.7	293.3	194.3	24.1	24.1	24.1	24.1
	9	310.5	26.9	132.0	250.3	198.2	35.6	26.9	26.9	26.9
	10	378.7	27.7	58.1	171.9	172.0	58.2	28.7	28.7	28.7
	11	422.6	29.7	29.7	76.3	120.8	78.6	29.7	29.7	29.7
	12	437.7	30.1	30.1	30.1	58.8	86.6	58.8	30.1	30.1
	13	422.6	29.7	29.7	29.7	29.7	78.6	120.8	76.3	29.7
	14	378.7	28.7	28.7	28.7	28.7	58.2	172.0	171.9	58.1
	15	310.5	26.9	26.9	26.9	26.9	35.6	198.2	250.3	132.0
	16	223.1	24.2	24.1	24.1	24.1	24.1	194.3	293.3	197.7
	17	127.2	31.9	20.3	20.3	20.3	20.3	158.1	286.7	227.3
	18	44.8	44.8	14.4	14.4	14.4	14.4	86.5	195.9	177.8
I_{GC}	8	68.8	21.1	63.5	77.7	63.0	21.1	21.1	21.1	21.1
	9	91.9	29.7	61.8	81.4	72.8	35.1	29.7	29.7	29.7
	10	108.1	36.3	51.3	75.6	75.6	51.4	36.3	36.3	36.3
	11	117.5	40.0	40.0	60.5	70.3	61.1	40.0	40.0	40.0
	12	121.8	42.3	42.3	42.3	57.2	65.5	57.2	42.3	42.3
	13	120.9	43.4	43.4	43.4	43.4	64.6	73.7	63.9	43.4
	14	114.9	43.2	43.2	43.2	43.2	58.2	82.5	82.4	58.2
	15	105.0	42.8	42.8	42.8	42.8	48.2	86.0	94.5	74.9
	16	85.4	37.7	37.7	37.7	37.7	37.7	79.6	94.3	80.1
	17	62.8	39.1	32.3	32.3	32.3	32.8	67.0	85.4	77.9
	18	35.7	36.8	24.8	24.8	24.8	24.8	44.6	60.3	58.2

〈표 4.22〉 10월, 흡열유리 (그레이페인 5mm)에서의 일사량 (kcal/m²h) (t_r = 23℃, 도쿄, 10월 23일)

	시각	수평면	수직면(방위)							
		H	N	NE	E	SE	S	SW	W	NW
I_{GR}	11	287.0	22.2	22.2	75.1	278.1	292.1	105.8	22.2	22.2
	12	303.1	22.7	22.7	22.7	199.4	304.1	199.4	22.7	22.7
	13	287.0	22.2	22.2	22.2	105.8	292.1	278.1	75.1	22.2
	14	240.3	20.9	20.9	20.9	31.8	256.8	329.6	179.2	20.9
I_{GC}	11	83.6	22.4	22.4	45.0	80.9	83.0	52.0	22.4	22.4
	12	90.2	26.5	26.5	26.5	72.3	88.8	72.3	26.5	26.5
	13	88.1	27.0	27.0	27.0	56.5	87.5	85.5	49.5	27.0
	14	77.5	24.4	24.4	24.4	31.1	79.4	89.5	66.7	24.4

2중유리 또는 3중유리의 경우는 〈표 4.19〉 또는 〈표 4.20〉의 보통유리의 수치에 〈표 4.24〉의 계수 k_p를 곱해 구한다.

〈표 4.23〉 차폐계수 (k_s)

캔버스의 차양	ks = 0.25 ~ 0.35
내측 블라인드 (외면 백색)	0.45
내측 블라인드 (외면 어두운색)	0.80
내측 베네치안블라인드 (외면 백색) (외면 중간색) (외면 알루미늄페인트) (외면 어두운색)	 0.62 0.74 0.70 0.86
외측 베네치안블라인드 (외면 크림색) (임의색)	 0.30 0.40

【주】 어두운 색 = 흑, 적, 청 계통의 색

〈표 4.24〉 이중유리의 계수 (k_p)

I_{GR} (kcal/m²h℃)		50	100	150	200	250	300 이하
k_p	2중유리	0.66	0.76	0.82	0.83	0.87	0.95
	3중유리	0.51	0.63	0.71	0.73	0.78	0.88

4·3·4 틈새바람에 의한 취득열량 q_I (kcal/h)

(1) 계산식

$$q_I = q_{IS} + q_{IL} \quad \cdots\cdots (4.8)$$

$$q_{IS} = 0.28\,Q_I\,(t_o - t_r) \quad \cdots\cdots (4.9)$$

$$q_{IL} = G_I(x_o - x_r)r = 715Q_I(x_o - x_r) \quad \cdots\cdots (4.10)$$

단 q_{IS} = 현열취득 (kcal/h) q_{IL} = 잠열취득 (kcal/h)

Q_I = 틈새바람의 풍량 (m³/h), $G_I = \gamma Q_I$(kg/h)

t_o, t_r = 옥외, 실내공기의 건구온도(℃)

x_o, x_r = 옥외, 실내공기의 절대습도(kg/kg)
r = 증발잠열(kcal/kg), γ = 비중(kg/m³)

(2) 틈새바람의 풍량 Q_I (m³/h)

소규모 건축에서는 틈새바람에 의한 환기횟수 n_I와 실용적 V(m³)를 이용해

$$Q_I = n_I V \quad \cdots\cdots\cdots\cdots \quad (4.11)$$

n_I의 값을 〈표 2.11〉에 나타낸다.

창면적 A_G당 Q_I의 값 (Q_I / A_G)은 알루미늄새시인 경우는 〈표 2.12〉와 같이 된다.

여름, 겨울의 외부풍속은 각각 4m/s, 6m/s 로 한다. 알루미늄새시의 틈새바람은 적으므로, 사무소 건축 등 2층 이상의 틈새바람의 양은 무시하는 경우가 많다.

단, 1층 현관홀은 입구에서의 틈새바람이 커지게 되어 이 값은 개략계산에서는 〈표 2.11〉의 아래 난의 입구에 면한 실의 환기횟수의 값을 이용해서 계산한다.

4·3·5 인체에서의 취득열량 q_H (kcal/h)

(1) 재실인원수

〈표 4.25〉 재실인원 1인당의 바닥면적 A_f/N (m²)

	사무소건축		백화점·상점			레스토랑	극장·영화관의 관객석	학교의 보통교실	미술관 전시실
	사무실	회의실	평균	혼잡	한산				
일 반	4~7	2~5	3~5	0.5~2	4~8	1~2	0.4~0.6	1.3~1.6	3~5
설계치	5	2	3.0	1.0	5.0	1.5	1.5	1.4	

(2) q_H를 구하는 방법

q_H는 발생현열 q_{HS}와 발생잠열 q_{LH}를 포함하며〈표 4.26〉, 이것들은 실온과 사람의 작업량에 의해 달라진다.

4·3·6 실내기구에서의 발생열량 q_E (kcal/h)

(1) 전동기 발열량

〈표 4.27〉의 전동기 발열량은 선풍기, 전기냉장고 등 가정용 전기기기나 공작기계처럼 전동기와 이것에 의해 구동되는 기계가 실내에 있는 경우로 모두 모터출력(kW)을 모터효율로 나눈 값(kW/η_m)이다. 편흡입송풍기와 같이 모터가 외부에 있는 경우는 860×kW가 통과공기에 주는 출력이 된다.

(2) 조명기 발열

〈표 4.26〉 인체의 발열량 (q_H) 설계치 (kcal/h · 인)

작업상태	실온		28℃		27℃		26℃		25℃		24℃		23℃		21℃	
	예	전발열량	SH	LH	SH	LH	SH	LH	SH	LH	SH	LH	SH	LH	SH	LH
정좌	극장	88	44	44	49	39	53	35	56	33	58	30	60	28	65	23
경작업	학교	101	45	56	49	52	53	48	57	44	61	40	64	38	69	32
사무실 업무 가벼운 보행	사무실 · 호텔 백화점	113	45	68	50	63	54	59	58	55	62	51	65	47	72	41
서기도 앉기도 걷기도 하는 경우	은행	126	45	81	50	76	55	71	60	67	64	62	67	59	73	53
앉아서 하는 일	레스토랑	139	48	91	56	83	62	77	67	73	71	68	74	64	81	58
착석작업	공장의 경작업	189	48	141	56	133	62	127	68	121	74	115	80	109	92	97
보통의 댄스	댄스홀	215	56	159	62	153	69	146	76	140	82	133	88	126	101	114
보행(4.8km/h)	공장의 중작업	252	68	184	76	176	83	169	90	163	96	156	103	149	116	136
볼링	볼링장	365	113	252	117	248	121	244	132	239	132	233	139	226	153	212

【주】 SH : 현열, LH : 잠열

조명용의 바닥면적당 와트수는 건축 종별에 따라 다르며, 그 일반적인 값을 〈표 4.28〉에 나타낸다.

이 조명용 발열은 천장매입기구를 쓰는 경우는 20~50%의 부분이 천장내에 들어가 있고 나머지 부분이 실내에 나와 있다. 리턴을 천장에서 흡입하여 천장배열을 처리하면, 이 실내방열 분만을 취출공기로 처리한다.

〈표 4.27〉 기구발열량 (kcal/h)

	발생현열	발생잠열
전등, 전열(kW 당)	860	0
형광등(출력 kW 당)	1,000	0
전동기 0.1~0.37kW(kW 당)	1,400	0
0.37~2.2kW(kW 당)	1,250	0
2.2~15kW(kW 당)	1,000	0
가스 커피 포트(지름 40cm)	1,250	1,250
상동(지름 30cm)	750	750
가정용 가스 오븐	2,000	1,000
미장원용 헤어드라이어	500~5,000	0
분젠(Bunsen) 등(燈)	500	130
증기소독기(0.6×0.3×0.3m)	600	300

〈표 4.28〉 조명용 전력의 개략치 (W/㎡)

건축 종별		사무실	은행 영업실	극장 관객석	백화점	병원	
						병실	진찰실
조명용 전력	일반	20~30	60~70	10~15	60~80	8~12	25~35
	고급	50~60	70~100	15~20	80~100	15~20	50~70

(3) 가스연소에 의한 취득열량

대형 주방과 같이 주방이 식당과 구분되어 있을 때는, 주방내의 발열은 식당에 영향을 미치지 않

〈표 4.29〉 소규모 음식점의 가스소비량 *1 실측치 (가스 5,000kcal/m³)

	바닥면적 평균*2 (m²)	좌석 평균	1일량		1일최대량	
			m³/dm²	m³/ds*3	m³/dm²	m³/hs
커피숍, 스넥(소규모)	30	23	0.054~0.16	0.07~0.21	0.02~0.03	0.026~0.044
커피숍, 스넥(중규모)	78	75	0.11~0.29	0.10~0.30	0.05~0.065	0.045~0.06
메밀국수집, 라면집	29	22	1.22~1.66	1.6~2.2	0.29~0.52	0.37~067
요리점(소규모)	31	16	0.42~0.47	0.84~0.95	0.01~0.10	0.02~0.2
요리점(대규모)	72	68	0.23~0.34	0.23~0.35	0.05~0.13	0.04~0.12
초밥집	40	40	0.42~0.27	0.7~0.26	0.067~0.10	0.09~0.1

【주】 *1 도내의 모 다목적 빌딩의 실측치. *2 바닥면적은 객석+주방면적. *3 m³/ds는 객석 1석당 m³/d

지만, 소규모 음식점과 같이 점포내에 조리장이 함께 있는 경우에는 가스 연소열의 일부는 객석의 열부하가 된다. 소규모 음식점의 피크시 가스소비량은 〈표 4.29〉와 같다. 〈표 4.29〉에 제시한 요리점(대규모)은 주방과 객석이 분리되어 있지만, 그 이외에는 객석과 조리장이 전부 한 실내에 있다. 가스레인지 위에 후드가 있는 경우는 가스발열량의 50%, 후드가 없을 때는 100%를 그 실의 현열취득으로 계산한다.

4·3·7 외기부하, 재열부하, 기기의 부하

공조하는 실내에는 반드시 〈표 4.30〉에 나타낸 양의 외기를 도입하여 실내공기를 교체해야 한다.

외기부하(q_F)는 일반적인 경우, 실내 취득열량의 0.7~1.0배, 전외기방식일 때는 2~3배에 달한다. 계산식은 틈새바람의 계산식과 같은 식을 이용한다. 즉

$$q_F = q_{FS} + q_{FL} \quad \cdots\cdots (4.12)$$

$$q_{FS} = G_F(h_o - h_r) \quad \cdots\cdots (4.13)$$

$$q_{FS} = C_p G_F(t_o - t_r) \quad \cdots\cdots (4.14)$$

$$q_{FL} = r\,G_1(x_o - x_r) \quad \cdots\cdots (4.14)$$

q_F, q_{FS}, q_{FL} = 외기부하, 외기현열부하, 외기잠열부하 (모두 kcal/h)

G_F = 외기량(kg/h), $h_o \cdot h_r$ = 외기, 실내공기의 엔탈피(kcal/kg)

t_o, t_r, x_o, x_r, r 은 모두 식(4.9), (4.10) 과 동일하다.

재열부하는 집회실처럼 실내의 잠열취득이 많은 경우에 필요하게 되며, 이 장 예제 4.7처럼 재열된 열량이 냉방부하에 더해진다.

팬, 덕트, 공조기 그 외의 부하는 일반적으로 실내취득열량의 8~20%에 달한다. 처음에 이것을 15%로 하여 실내취득열량과 합쳐서 생각하고 기기가 결정된 후, 정산한다. 이 기기들 중, 팬의 발생열량이 가장 크며, 이것은 소요동력 kW에 860(kcal/h)를 곱해서 구한다. 이 열량은 팬의 압축열이나 덕트의 마찰열이 되며 취출공기는 그것 만큼 온도가 상승한다. 〈표 4.31〉에 취출온도차($t_r - t_d$)와 팬정압에 대해서 팬의 취득열량이 실내취득열량의 몇 %가 되는가를 나타낸다.

〈표 4.30〉 1인당 필요외기량 m^3/h 인 (cfm/인)

흡연의 정도	실명	필요환기량	
		권장값	최소값
매우 심하다	중매인 사무소 신문편집실 회의실	85 (50)	51 (30)
심하다	주점 카바레	51 (30)	42.5 (25)
상당함	사무소 레스토랑	25.5 (15) 25.5 (15)	17 (10) 20 (12)
적다	상점 백화점	25.5 (15)	17 (10)
없다	극장 병원의 병실	25.5 (15) 34 (20)	17 (10) 25.5 (15)

【주】 본표의 적용은 흡연의 정도에 따라 행하는 것이 적당하다. 따라서 객실에 적용하려면 개개의 경우에 대해서 흡연정도로 정해야 한다.

〈표 4.31〉 $\frac{\text{팬 발생열량}}{\text{실내취득열량}}$ 의 비율(%)

팬정압 (mmAq)	취출온도차 (℃)		
	5	10	15
30	10.0	5.0	3.3
40	13.3	6.7	4.5
50	16.7	8.4	5.6
75	25.0	12.5	8.4
100	33.3	16.7	11.2
150	50.0	25.0	16.7

4·3·8 취득열량과 냉방부하의 개략치

실내 취득열량 및 공조기의 냉방부하를 전술한 계산에 의하지 않고 개략치로서 구하려면 〈표 4.32〉 또는, 〈표 4.33〉을 이용한다. 따라서 건축의 상세가 미정이거나 계산시간이 없는 경우 또는 계산치를 체크할 때 이용한다.

〈표 4.32〉 바닥면적당 부하의 개략치

	취득열량(현열만)	냉방부하	손실열량	난방부하
콘크리트 빌딩				
전체(연면적당)	-	65~100	60~90	80~100
각실에 대하여(최상층)	15~150	-	110~180	-
(중간층)	40~80	-	70~110	-
목조건축, 전체(연면적당)	-	80~120	90~110	100~150
각실에 대해	50~80	-	110~150	-
극장관객석	150~200	200~300	100~150	-
콘크리트 방적공장	70~150	100~200	70~150	-
백화점(전체)	130~160	180~210	-	50~90
이발소, 미장원	750	1,000		

〈표 4.33〉 패키지 공조기의 1RT당 담당할 수 있는 바닥면적 또는 사람

사무실	23~30m² (7~9평)	호텔식당	8~10인
은행	20~27m² (6~8평)	미장원	16~20m² (5~6평)
병원	16~33m² (6~8평)	이발소	16~23m² (5~7평)
레스토랑	7~9인	극장	13~15인
주점, 나이트클럽	6~8인	일본요리점 객실	13~17m² (8~10첩)

【주】 1 RT = 3,024 kcal/hr

4·3·9 취득열량 계산법

(1) 최대부하 시각(피크 아워)의 선정

일반 건축에서는 취득열량 중 일사부하가 최대의 요소를 차지하므로, 유리면적비(유리면적의 유리+외벽면적에 대한 비율)가 30%를 넘는 경우는 일사량의 최대값에서 피크 아워(peak hour)가 정해지는 경우가 많다. 즉 창이 동측에만 있을 때는 여름의 오전 8시, 서측에만 있을 때는 여름철의 오후 4시, 남측에만 있을 때는 가을(10월)철의 정오 전후가 피크 아워가 된다. 실의 2면(또는 3면)에 창이 있을 때는 북측을 제외하며, 최대면적 창의 방위에 의해 위와 같이 결정할 수 있다.

최근에는 연면적이 10,000m² 이상인 건물에서는 외주부(페리미터)와 내부(인테리어)를 별도계통으로 하고, 다시 페리미터를 동서남북의 존으로 나누는 경우가 많은데 이 동서남북의 존은 각각 위에 준하여 피크 아워를 구할 수 있다.

각 존마다 패키지 공조기를 이용할 때에는 이상의 방법이면 되지만, 중앙공조시스템에서 대형 냉동기를 이용하는 경우는 건물 전체의 피크 아워 부하로 냉동기를 결정해야 한다. 건물 전체의 피크 아워 선정은 까다롭지만 6층 이상의 빌딩에서는 여름철 오후 4시가 되는 경우가 많다.

(2) 페리미터에 팬코일유닛(FCU)을 이용하는 경우

이 경우에는 내부존의 덕트를 연장하여 페리미터에도 송풍한다. 이때 FCU가 취급하는 부하를 〈표 4.34〉에 나타낸다. 외기와 접하는 건축 외표면(외벽, 지붕, 창 등)에서의 열부하만으로 된다.

〈표 4.34〉 페리미터용 FCU와 덕트가 담당하는 부하

	여름 (냉방부하)	겨울 (난방부하)
FCU	외벽의 부하 q_W 유리의 부하 $(q_{GR}+q_{GC})$ 틈새바람 $(q_{IS}+q_{IL})$	외벽의 부하 유리의 전열부하 틈새바람 부하중 q_{IS} 만
덕트	인원 부하 (q_H) 전등 부하 (q_E)	틈새바람 부하중 q_{IL} 바닥, 벽의 축열부하

4·3·10 계산 예제

【예제 4.3】 도쿄(東京)에 있는 철근콘크리트 사무소 건축내의 〈그림 4.5〉와 같은 사무실 (18m×12m)의 취득열량을 구하라? 이 실의 상하층은 공조되고 있는 것으로 한다.

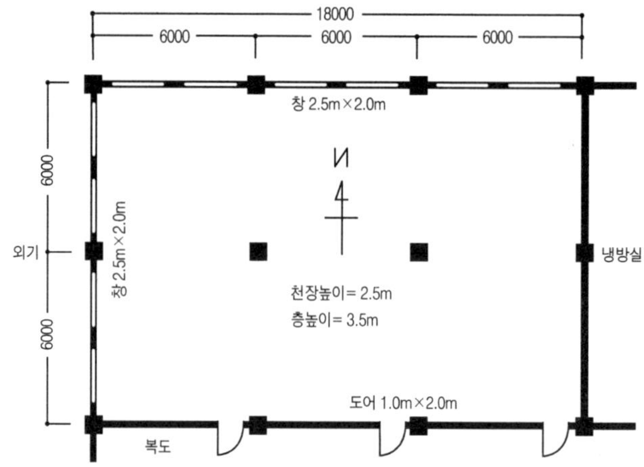

〈그림 4.5〉 취득열량 계산 예제

풀이 이 실의 창은 서측과 북측에 있어 취득열량의 피크 아워에는 북측창은 관계없고 서측창에 좌우되며 피크 아워는 여름 오후 4시가 된다.

실내조건은 〈표 4.2〉에 의해 건구온도 t_r = 26℃, 상대습도 φ_R= 50%로 하고, 외기는 〈표 4.6〉에서 오후 4시의 외기조건을 이용해 〈표 4.35〉와 같다. 또 벽 기타의 구조와 열관류율 K는 〈표 1.6〉 등을 참조하여 〈표 4.36〉처럼 취한다. 유리와 벽의 취득열량은 〈표 4.37〉과 같다. 유리는 베네시안블라인드를 설치하여 서면만 전폐하는 것으로 하여 k_s = 0.74를 이용한다. 남측 내벽은 〈표 4.15〉의 북측의 Δt_e를 사용한다. 복도는 외기온 31.2℃로 하고, 도어의 온도차는 이것과 실온의 차이를 사용한다.

틈새바람의 계산은 미닫이새시의 B형을 사용하는 것으로 하며, 풍속 4m/s에 대한

Q_I/A_G = 2.0m³/h이므로

북측 창 : Q_I = 30×2.0 = 60m³/h

서측 창 : Q_I = 20×2.0 = 40m³/h

합　계 : Q_I = 100m³/h

따라서 (4.10), (4.11)식에서

$\therefore q_{IS} = 0.28\times100\times(31.2-26) = 179.2$kcal/h

$q_{IL} = 715\times100\times(0.0185-0.0105) = 572$kcal/h

〈표 4.35〉 실내외 공기의 온습도 등

	t(℃)	φ_R(℃)	x(kg/kg)	h(kcal/kg)
실내	26	50	0.0105	12.63
외기	32.4	66	0.0185	19.00

〈표 4.36〉 각 부의 열관류율(K)

	구조	K(kcal/m² h℃)
외벽	두께 15cm 콘크리트, 글라스울 25mm	0.954
내벽	두께 20cm, 콘크리트 블록	1.83
유리창	일중유리 알루미늄 새시	5.5
도어	스테인리스 스틸 2중	2.7

〈표 4.37〉 벽, 유리의 취득열량 (kcal/h)

방위	종류		면적	K	$I \times k_S$ 또는 Δt_e	
N	유리	2.5×2.0×6	30	–	$I_{GR} \times k_S = 36 \times 1 = 36$	1,080
					$I_{GC} = 33.2$	996
	외벽	18×3.5 − 30	33	0.954	$\Delta t_e = 8.4$	264
	소계					2,340
W	유리	2.5×2.0×4	20	–	$I_{GR} \times K_S = 450 \times 0.74 = 333$	6,660
					$I_{GC} = 40.6$	812
	외벽	12×3.5 − 20	22	0.954	$\Delta t_e = 16.6$	348
	소계					7,820
S	도어	1.0×2.0×3	6	2.7	32.4−26 = 6.4	104
	내벽	18×3.5 − 6	57	1.83	$\Delta t_e = 16.6$	876
	소계					980
E	내벽				0 (인접실도 공조)	0
	합계					11,140

다음으로 재실인원, 전등에서의 취득열량을 계산한다. 재실인원은 〈표 4.25〉에서 5m²/인으로 하고 바닥면적 18×12 = 216m²이므로,

$$216/5 = 43\text{명}$$

〈표 4.26〉에서, $q_S = 54$, $q_L = 59$kcal/h · 인을 취하여

$$q_{HS} = 54 \times 43 = 2,322\text{kcal/h}$$

$$q_{HL} = 59 \times 43 = 2,537\text{kcal/h}$$

전등은 〈표 4.28〉에서 25W/m²를 이용하고, 형광등으로 해 1kcal/W라고 하면,

$$q_E = 1 \times 25 \times 216 = 5,400\text{kcal/h}$$

이상을 정리하면 〈표 4.38〉과 같다. 송풍기 열부하로서는 q_S의 15%를 더한다.

〈표 4.38〉 각부 취득열량 (kcal/h)

	q_S	q_L
벽, 유리	11,140	0
틈새바람	179	572
인원	2,322	2,537
전등	5,400	0
계	19,041	3,109
송풍기 열부하	2,856	0
합계	21,897	3,109

즉, 공조계산에는 유효숫자 2자리를 취하고, 이것보다 아래 자리는 4사 5입하여 q_S = 22,000kcal/h, q_L = 3,200kcal/h를 이용한다.

4 · 4 공조계산법

4 · 4 · 1 풍량의 계산식

(1) 냉방시

풍량 G(kg/h)의 공기(온도 t_d℃)를 실내로 취출하여 이것이 실온(t_r℃)까지 상승하는 동안 실내에서 흡수하는 열량은 $C_pG(t_r - t_d)$ 로 된다. 따라서 q_S(kcal/h)를 그 실의 현열취득량으로 하면,

$$q_S = C_pG(t_r - t_d) = G_p\gamma Q(t_r - t_d) \quad \cdots\cdots (4.16)$$

단, G = 실내의 취출공기량(kg/h)

Q = 실내의 취출공기량(m^3/h)

C_p = 0.24kcal/kg℃(공기의 정압비열)

t_d = 취출공기온도(℃)

t_r = 실내공기온도(℃)

γ = 취출공기의 비중 (kg/m^3)

$$\therefore q_S = 0.24G(t_r - t_d) \quad \cdots\cdots (4.17)$$

$$G = \frac{q_S}{0.24(t_r - t_d)} \quad \cdots\cdots (4.18)$$

$$t_d = t_r - \frac{q_S}{0.24Q} \quad \cdots\cdots (4.19)$$

$C_p = 0.24,\ \gamma = 1.2$ 를 대입하면

$$q_S = 0.29Q(t_r - t_d) \cdots\cdots\cdots\cdots\cdots\cdots \text{(4. 20)}$$

$$\therefore Q = \frac{q_S}{0.29(t_r - t_d)} \cdots\cdots\cdots\cdots\cdots\cdots \text{(4. 21)}$$

$$t_d = t_r - \frac{q_S}{0.29Q} \cdots\cdots\cdots\cdots\cdots\cdots \text{(4. 22)}$$

$(t_r - t_d)$를 취출온도차 Δt_d라 하며, Δt_d의 값을 크게하면 풍량은 작아지지만, 냉방시 Δt_d가 과대할 때는 냉풍이 거주역에 침입하여 불쾌감을 줄 우려가 있다. Δt_d의 허용최대치를 〈표 4.39〉에 나타낸다.

〈표 4.39〉 취출온도차 Δt_d의 허용최대치 (℃)

취출구 설치높이(m)		2	2.5	3	3.5	4	5	6
아네모스탯	원형	13.4	15.2	16.3	17.0	17.3	17.7	17.8
	각형	11.2	13.4	14.5	15.0	15.6	15.9	16.2
천장라인형	SL 형	5.3	6.7	7.8	8.6	9.2	10.0	10.6
팬 형		10.3	11.2	12.1	12.9	13.7	15.4	17.1
유니버설형	풍량(대)	6.4	7.4	8.4	9.2	10.1	12.0	13.8
	풍량(소)	9.2	10	11	11.9	12.9	14.8	16.6

【주】 취출구 설치높이는 바닥면에서의 높이

또 t_d의 값은 다음에 설명하는 장치노점온도 ADP보다 높게 잡아야 한다. 따라서 t_d의 최소값은 실내온습도 조건과 현열비에 의해 저절로 정해진다.

이렇게 해서 결정된 풍량이 너무 작을 때는 실내의 온도분포가 악화되고 (특히 겨울에는 주의를 요한다), 너무 클 때는 드래프트를 느껴 불쾌하게 된다. 공조용 취출풍량에 의한 환기횟수 Q/V는 보통의 실내에서 6~10회/h, 특히 부하가 큰 실이라도 12~15회/h 이하로 억제하는 게 좋다. 그 때문에 q_S가 너무 큰 실은 태양열 방지를 위해 흡열유리를 이용하든가, 지붕면에 보온재를 붙여 q_S를 작게 한다. 특히 TV의 스튜디오나 미용원처럼 부하가 특별히 크고(바닥면적당 q_S=700~1,000kcal/m^2), 더욱이 많은 복사열을 수반하는 경우는 20~30회/h 정도의 풍량을 사용하기도 한다.

(2) 난방시

온풍난방일 때는 2.8.2에 나타낸 것 같이, 위 식 중 q_S를 $(-q_S)$로 한 식으로 된다.

2.8.2에서 설명한 것처럼 난방시 온도차는 냉방시보다 크게 잡을 수 있다. 따라서 난방시 풍량은 냉방시보다 작아진다. 냉난방 겸용 장치에서는 냉방용 풍량 Q를 이용해, (4.22)식으로 취출온도를 구한다. (예제 4.8참조)

4 · 4 · 2 취출공기의 상태 결정

4.3.1 (2)에 기술한 현열비(SHF)를 구하고, 공기선도상(〈그림 4.6〉)에 이 SHF의 구배에 평행하게 실내공기의 상태점 A를 통과하는 상태선(condition line) AB를 그으면 취출공기의 상태는 이 상태선 AB의 위에 있다. 취출공기의 상태점 B는 상태선 ABC선상의 (4.17)식에 사용한 온도 t_d의 점으로서 결정된다.

이 AB선과 φ_R = 100%선의 교차점 C를 장치노점온도 ADP라 한다. ADP는 재순환공기 100%를 이용해 공조기내에서 냉각감습할 때, 장치 효율이 100%일 때의 출구공기의 상태점이다.

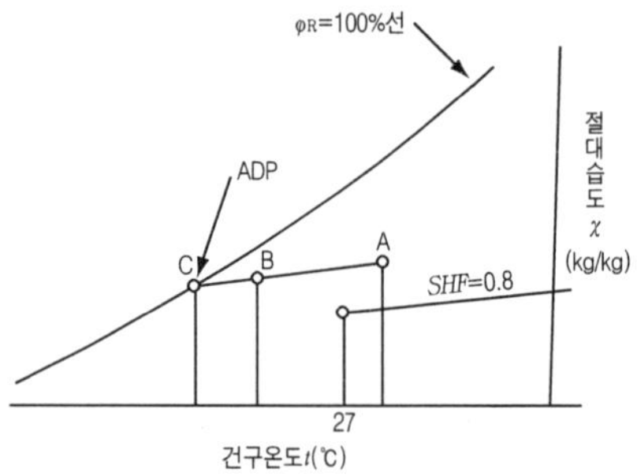

〈그림 4.6〉 상태선과 ADP

(3) 공조기의 냉각부하 q_T(kcal/h)

$q_T = G(h_1 - h_2)$ · (4. 23)

단, G = 풍량(kg/h)

h_1= 공조기 입구공기 엔탈피(kcal/kg)

h_2= 공조기 출구공기 엔탈피(kcal/kg)

즉,

$q_T = q_S + q_L + q_R + q_F$ · (4. 24)

여기서 $q_T = G_F(h_o - h_r)$ · (4. 25)

단, q_F = 외기부하(kcal/h), q_R = 재열부하(kcal/h)

G_F= 도입외기량 (kg/h), h_o, h_r= 실외 · 실내공기의 엔탈피

이 q_T가 4 · 3 · 1에 나타낸 냉방부하와 같다.

냉동기부하 = (q_T)+(펌프, 배관의 열취득)

또 공조기의 응축수량 L_C (kg/h)는

$L_C = G(x_1 - x_2)$ · (4. 26)

단, x_1, x_2 = 공조기 입구 · 출구공기의 절대습도(kg/kg)

겨울철, 가열가습시는 (4.24), (4.26)식의 결과는 각각 총가열량 및 가습수량으로 된다. 겨울철 현열만의 가열량, 즉 공기가열기의 부하는

$$q_{ST} = 0.24G(t_1 - t_2) \quad \cdots\cdots\cdots\cdots\cdots \quad (4.\ 27)$$

t_1, t_2 = 공조기입구, 출구의 건구온도(℃)

(4) 재열의 문제

냉방시에는 다음의 경우, 재열부하가 생긴다.

(가) [예제4.7]에 나타낸 것처럼 공조기입구의 상태점과 출구의 상태점을 연결한 선(3.4된 선)이 포화선(φ_R =100%)과 교차하지 않을 때, 이것은 SHF가 작을 때, 즉 극장처럼 실내의 잠열취득 비율이 큰 경우에 생긴다.

(나) 각실마다 SHF가 달라서 실내입구측에 재열기를 설치할 때,

(다) 이중덕트를 사용할 때,

재열기의 열원으로는 보일러가 정지되어 있는 경우, 냉동기 콘덴서 출구의 물(수온 t_{w2})을 통과시키는 것도 있다. 일반적으로는 전열기 또는 보일러의 증기 또는 온수를 사용한다.

4·4·3 동절기의 공조계산법

(1) 개요

일본처럼 겨울철에 외기 온습도가 모두 낮은 경우는, 가열 및 가습한 공기를 실내로 취입하여 공기조화를 한다. 이 방법으로서는

(a) 예열기를 이용해 워셔 입구측 공기의 습구온도를 높이고, 이것에 물을 분무하여 실내의 노점온도를 높이고 다시 재열기에 의해 건구온도를 높인다(예제 4.8).

(b) 예제 4.9에 나타낸 것처럼 혼합공기를 예열한 후, 증기 또는 고압수의 스프레이를 하면 재열기를 생략할 수 있다.

(c) 가습방법으로는 워셔를 이용하는 것 이외에 증기 또는 물을 스프레이 하는 방법, 혹은 가습팬에 의한 방법이 있다.

(d) 이상의 방법 중, 제어성이 가장 좋은 것은 증기스프레이 방법이며 실내습도의 정밀도가 엄격히 요구되는 곳에는 이것이 좋다. 가습팬을 이용하는 방법은 열용량이 크기 때문에 동작지연이 있어, 제어성이 좋지 않다.

(2) 예열기를 이용하는 방법

이 경우의 열량계산법은 예제 4.8에서 설명한다.

(3) 증기분무(Steam spray)에 의한 방법

이 방법은 분무증기량의 대부분을 공기중의 수증기로서 늘리는 방법이다. 게이지 압력 0.3atg(엔탈피 h_v = 641kcal/kg)의 증기를 분무할 때, 공기선도상의 변화는 27℃, 50%의 점과 공기선도의 상변에 u = 641(u = 수분비)이라고 적혀 있는 점을 연결하는 선[*1]에 평행하게 이동한다.

【예제 4.4】 t =11.8, x = 0.0048의 공기에 0.3atg의 증기를 스프레이하여 x = 0.0068까지 가습하는 경우를 풀이하시오? 풍량은 20,800kcal/h로 한다.

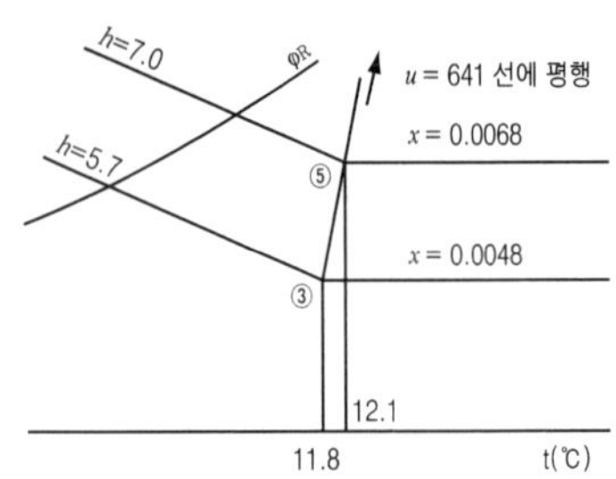

〈그림 4.7〉 공기선도상의 증기가습에 의한 습공기의 이동

풀이 P= 0.3atg의 증기를 분무한다고 하면, 〈그림 4.7〉상의 ③에서 그은 u = 641 선과 x = 0.0068의 교차점 ⑤(h= 7.0, t=12.1)의 점으로 변화한다. 이 경우 공기에 가해진 열량은,

$$q_H = G(h_5 - h_3)$$
$$= 20,800(7.0 - 5.7) = 27,040\text{kcal/h}$$

그러므로, 분무하는 증기량은

$$G_S = \frac{q_H}{h_v} = \frac{27,040}{641} = 42\text{kg/h}$$

(4) 소량의 물을 분무하는 경우

에어워셔와 달리 가습량의 3~5배의 물을 분무하고, 분무한 물의 20~30%를 증발시키는 방법이다. 따라서 대개는 고압 분무펌프를 사용해 분무노즐(지름 0.5~1.5mm 정도)로 미세한 물방울을 스프레이한다.

이 경우는, 증기분무와 같이 공기선도상의 변화는 수분비가 일정한 선으로 평행하게 된다. 수온 20℃의 물 분무일 때는 u = 20인 주변의 점과 27℃, 50%를 연결한 선에 평행한 선상으로 변화한다.

(5) 가습용 팬을 이용하는 경우

가습용 탱크(팬)를 공조기내에 두고, 이 탱크 내의 물을 가열하여 표면에서 증발하는 수분으로 가습하는 방식이다. 수온을 80℃로 하면 80℃의 포화증기 엔탈피는 631kcal/kg이므로, (4)항과 동일하게 μ = 631의 수분비 일정한 선에 평행하게 변화한다.

팬의 물 표면적은 다음 식[*2]으로 구할 수 있다.

$$q_H = h_v L = 1,150 h_v C(x_w - x)A \cdots\cdots\cdots \quad (4.28)$$

*1 hv = 641 이외에는 수분비를 hv로 같게 잡는다.

*2 이 식의 도입방법은 문헌(406) 참조

$$C = 0.0152v + 0.0178 \cdots\cdots\cdots\cdots (4.29)$$

단, q_H = 가습열량(kcal/h)

h_v = 수온과 같은 온도의 포화증기의 엔탈피(kcal/kg)

L = 증발수량(kg/h)

C = 증발계수

A = 수면의 면적(m^2)

x_w = 수면상 수온과 같은 포화공기의 절대습도(kg/kg)

x = 수면상 공기의 절대습도(kg/kg)

ν = 수면상 풍속(m/sec)

【예제 4.5】 앞의 예제 4.4에서 가습팬을 이용하는 경우를 풀이하시오? (수온 = 80℃)

풀이 위에서 처럼 점 ③에서 u = 631인 구배의 선을 긋고, 이것과 ⑥에서 그은 수평선과의 교차점을 ⑤ (h_5 = 7.0, x_5 = 0.0068kg/kg)라고 한다. 이것은 거의 예제 4.4의 결과와 같아진다.

$$q_H = G(h_5 - h_3)$$

$$20{,}800(7.0-5.7) = 27.040\text{kcal/h}$$

이 열량은 다음과 같은 식으로도 구할 수 있다.

$$q_H = h_v L = h_v G(x_5 - x_3)$$

$$= 631 \times 20{,}800(0.0068-0.0048) \fallingdotseq 27{,}000\text{kcal/h}$$

다음으로 가습용 팬의 물 표면적을 구한다.

우선 수면상의 풍속, v = 2.0m/sec로 하여 (4.29)식에서

$$C = 0.0152 \times 2 + 0.0178 = 0.0482$$

t_w=80℃에 상당하는 x_w=0.546kg/kg으로 하여, x는 근사적으로 x_3과 x_5의 평균값으로서 0.0058kg/kg을 잡는다. 따라서 (4.28)식에서

$$A = \frac{q_H}{1{,}150\, h_v C\,(x_w - x)}$$

$$= \frac{27{,}040}{1{,}150 \times 631 \times 0.0482 \times (0.546-0.0058)} = 1.43\text{m}^2$$

만약 이 정도의 물 표면적을 잡을 수 없을 때는, 글라스울이나 몰트프렌 등 물을 잘 빨아들이는 재료로 플레이트를 만들어, 이것을 여러 장 팬 위에 평행하게 늘어놓고, 이 표면을 가습면으로 한다.

팬의 측면이나 바닥면에서의 열손실을 고려하여 팬 내에 설치한 물 가습용 코일에 대한 가열량은 q_H의 1.2~1.5배 정도로 잡는다. 위의 예에서는 40,000kcal/h 정도로 한다.

4 · 4 · 4 계산 예제

【예제 4.6】 어떤 사무실의 공조용 풍량과 냉방부하를 구하시오? 단, q_S = 30,200kcal/h(팬 로드를 포함한다), q_L = 4,300 kcal/h, 재실인원은 54명으로 한다.

풀이 실내외 공기의 조건을 공기선도에 플롯(Plot)한다.

	t(℃)	t(℃)	x(kg/kg)	hx(kcal/kg)	φ(%)
실내 ②	27	19.5	0.0112	13.2	50
외기 ①	32	27	0.0205	20.2	68

$$q_S = 30{,}200 \text{ kcal/h}, \; q_L = 4{,}300 \text{ kcal/h}$$

$$\therefore SHF = \frac{q_S}{q_S + q_L} = \frac{30{,}200}{34{,}500} = 0.875$$

〈그림 4.9〉와 같이 SHF = 0.875의 선을 27℃, 50%의 점에서 긋는다. 이것과 포화선의 교차점이 ADP로 되며 ADP = 14.6℃, 취출온도 t_d >ADP인 조건에서 t_d = 16℃로 선택한다. 이 때 $t_r - t_d$ = 11 ℃가 되고 천장식 아네모를 사용한다면 〈표 4.39〉에서 구한 최대취출온도차(16.3℃) 이내가 되므로 지장은 없다. 그래서 SHF=0.875의 선상에서 t_d = 16℃의 점④를 잡으면 t_4 = 16℃, x_4 = 0.0105kg/kg, h_4 = 10.1kcal/kg이 된다.

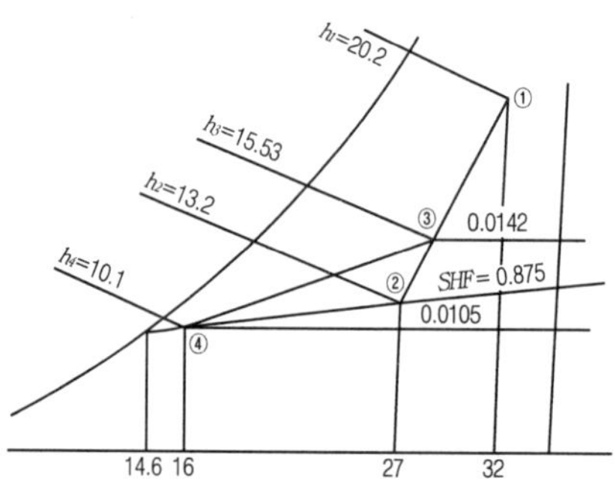

〈그림 4.9〉 냉방계산 예제

$$\therefore G = \frac{q_S}{0.24(t_r + t_d)}$$

$$= \frac{30{,}200}{0.24(27-16)} = 11{,}440\text{kg/h}$$

$$Q = \frac{30,200}{0.28(27-16)} = 9,800\text{m}^3/\text{h}$$

다음에 환기용 외기의 양을 〈표 4.30〉에서 1인당 25m³/h로 하여, 외기량 Q_F는,

$$Q_F \geqq 54\text{명} \times 25 = 1,350\text{m}^3/\text{h}$$

장래의 실내인원 증가, 칸막이 증설 등을 고려하여 $Q_F / Q = 1/3$로 잡는다.

$$\therefore Q_F = 0.333 \times 9,800 = 3,270\text{m}^3/\text{h} = 3,920\text{kg/h}$$

혼합공기의 엔탈피 $h_3 = kh_1 + (1-k)h_2$

$$= 1/3 \times 20.20 + 2/3 \times 13.20 = 15.53$$

단, h_1, h_2는 도시한 것처럼 각각 외기, 실내공기의 엔탈피

또 공조기 출구 h_4 = 10.1 이므로 (4.23)식에서

$$q_T = \text{G}(h_3 - h_4)$$

$$= 11,440(15.53-10.1) = 62,100\text{kcal/h}$$

전술한 (4.24)식과 같이 이것은 냉방부하 $q_S + q_L + q_F$와 같아야 한다.

$$q_S + q_L = 34,500\text{kcal}$$

$$q_F = G_F(h_1 - h_2)$$

$$= 3,920(20.2-13.2) = \underline{27,440} \quad (+$$

$$\therefore q_T = q_S + q_L + q_F = 61,940\text{kcal/h}$$

이것은 앞에서 구한 62,100kcal/h와 거의 같기 때문에 풍량 및 냉방부하의 계산 과정에 큰 오류가 없는 것을 알 수 있다. 또 q_F/q_T의 비는 44%로, 냉방부하의 약 절반이 외기부하가 되는 것을 알 수 있다.

공조기 내의 감습수량 L_C는 (4.26)식에서

$$L_C = 11,440(0.0142-0.0105) = 42\text{kg/h}$$

【예제 4.7】 300명을 수용하는 강당이 있다. 취득열량이 q_s = 50,000kcal/h, q_L = 20,000kcal/h일 때 풍량, 냉방부하를 계산하시오? 단, 실내 27℃ , 50%, 실외 32℃, 68%로 한다.

풀이

$$SHF = \frac{50,000}{50,000+20,000} = 0.715$$

공기선도상(〈그림 4.10〉)에 SHF = 0.715의 선을 27℃, 50%의 점에서 긋고, 이것과 φ = 100%의 교차점에서 ADP = 12℃로 된다.

그래서 〈표 4.39〉를 참조하여 바닥 위 4m의 유니버셜형으로 하고, $t_r - t_d$ = 10℃로 한다. (4.18)식에서,

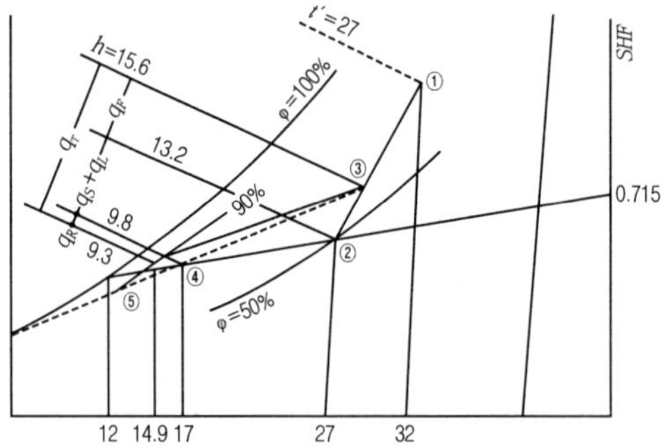

〈그림 4.10〉 강당의 냉방 프로세스

$$G = \frac{q_S}{C_p(t_r - t_d)}$$

$$= \frac{50,000}{0.24 \times 10} = 20,800\text{kg/h}$$

이 때, 취출공기는 $t_d = 27-10 = 17$℃로 되고 $ADP = 12$℃보다 높으므로, 아무런 지장이 없다.

다음으로 공조기 입구에서는 리턴 공기에 적당량의 신선 공기를 혼합해야 하지만, 여기서는 〈표 4.30〉의 극장데이터에서 1인당 20m³/h의 신선공기량을 이용하는 것으로 하여 20×300=6,000m³/h, 비중량을 1.2kg/m³로 하여

$$G_F = 1.2 \times 6,000 = 7,200\text{kg/h}$$

즉, 그 비율 $k = 7,200 \div 20,800 = 0.346$

따라서 혼합공기는 그림의 ③점이 된다. 이 ③점과 취출공기의 상태점(상태선상에서 t = 17℃)④와 연결한 직선(그림의 점선)은 포화선(φ = 100%)과 교차하지 않는다. 그래서 이 경우는 ④점보다 더 낮게 냉각해 재열해야 한다. 즉, ③에서 ⑤까지 냉각하고 ⑤에서 ④까지 재열한다. 이 경우 ⑤는 ④에서 그은 수평선이 φ = 90%와 교차하는 점으로 결정한다 (t_5 = 14.9℃, h_5 = 9.3). 공기냉각코일에서든 에어워셔에서든 φ = 90%의 출구공기는 쉽게 얻을 수 있다.

즉, 공기냉각기의 부하는 ③에서 ⑤까지의 냉각감습량이며 (4.23)식에서

$$q_T = G(h_3 - h_5) = 20,800(15.6-9.30)=131,200\text{kcal/h}$$

재열기의 가열부하, 즉 재열부하는

$$q_R = G(h_4 - h_5) = 20,800(9.8-9.30)=10,400\text{kcal/h}$$

(검산) (4.24) 식에 의해 q_T를 검산한다.

$$q_T = q_S + q_L + q_F + q_R$$

$$= 50,000+20,000+7,200(20.2-13.2)+10.400$$

= 130,800kcal/h≒131,200kcal/h O.K

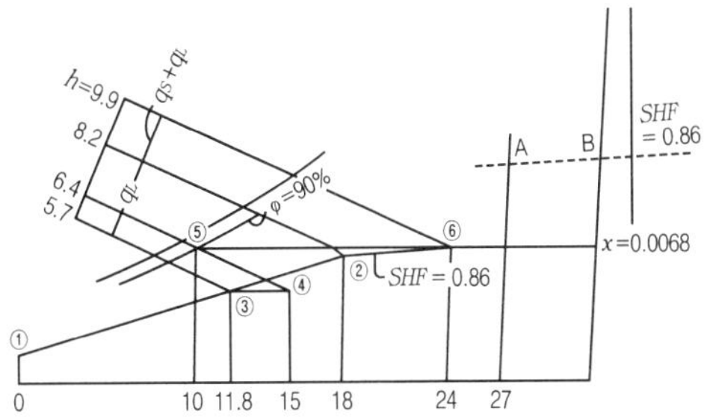

〈그림 4.11〉 강당의 난방프로세스

【예제 4.8】 위에 언급한 강당의 동절기에 있어서 공조를 계산하시오? 단, 외기 0℃, 40%일 때에 실내를 18℃, 50%로 유지하고, 이 때의 손실열량은 q_S = −30,000kcal/h, q_L = −5,000kcal/h로 한다.

풀이 강당이 만원일 때는 인체의 발열로 인해 실내부하의 대부분이 상쇄되지만, 이 경우는 개장전에 장내를 예열하여 두는 것으로 생각해서 위의 q_S, q_L 에 따라 계산한다.

실내외 조건을 공기선도에 플롯(plot)하여 (〈그림 4.11〉)

실내② t = 18℃, φ = 50%, x = 0.0065, h = 8.2

실내① t = 0℃, φ = 40%, x = 0.0021, h = 0.9

풍량은 예제 4.7에서 구한 G = 20,800kg/h를 이용해, (4.22)식에서

$$t_d = t_r - \frac{-|q_S|}{C_p G}$$

$$= 18 + \frac{30,000}{0.24 \times 20,800} = 24.0℃$$

SHF = 30,000/(30,000 + 5,000) = 0.86으로 하여 2.7℃, 50%의 점에서 그은 SHF = 0.86의 선 AB에 평행하게 실내의 상태 ②에서 그은 선이 상태선이 된다. 그 외에 t = 24℃를 구하면 이것이 취출공기의 상태점 ⑥이고, x_6 = 0.0068, h_3 = 9.9로 된다.

다음에 공조기입구의 혼합공기는 〈예제 4.7〉과 마찬가지로 외기를 34.6% 혼합한다고 하면 그림 ③의 상태(t_3 = 11.8℃, h_3 = 5.7)로 된다. 즉, 공조기에서는 ③에서 ⑥까지 변화시켜야 한다.

그러므로 ③부터 ④까지 예열하고, 이것을 단열가습해 ⑤로 하고 더욱 재열하여 ⑥까지 변화시킨다(t_6 = 24℃, h_6 = 9.9kcal/kg). ⑤의 점은 ⑥에서 그은 수평선과 φ = 90%의 선과의 교점(t_5 = 9.9℃, h_5 = 6.4)으로 하고 ④는 ⑤에서 그은 습구온도의 일정선과 ③에서 그은 수평선의 교차점에서 구한

다. (t_4 = 15℃, h_4 = 6.4kcal/kg). 이렇게 해 h_5, h_4를 구한다.

∴예열량 = q_P= G($h_4 - h_3$) = 20,800(6.4 − 5.7) = 14,600kcal/h

∴재열량 = q_R= G($h_6 - h_5$) = 20,800(9.9 − 6.4) = 72,800kcal/h

그러므로 종합열량 q_{TT} = q_P + q_R = 14,600 + 72,800 = 87,400kcal/h

[검산] (4.24)식에서 $q_{TT} = q_S + q_L + G_F(h_2 - h_1)$

$= 30,000 + 5,000 + 7,200(8.2 - 0.9)$

$= 87,500$kcal/h ≒ 87,400 OK

〈예제 4.8〉의 풀이는 예열코일, 에어워셔, 재열코일을 필요로 한다. 이 대신에 예제 4.9에 나타낸 것처럼 가열코일과 증기스프레이(또는 물스프레이)에 의해서도 처리할 수 있어 최근에는 이 방법이 사용된다. 증기스프레이에 대해서는 4.4.3(3)을 참조한다.

【예제 4.9】 예제 4.8을 예열기, 증기스프레이를 이용하는 방법에서 풀이하시오?

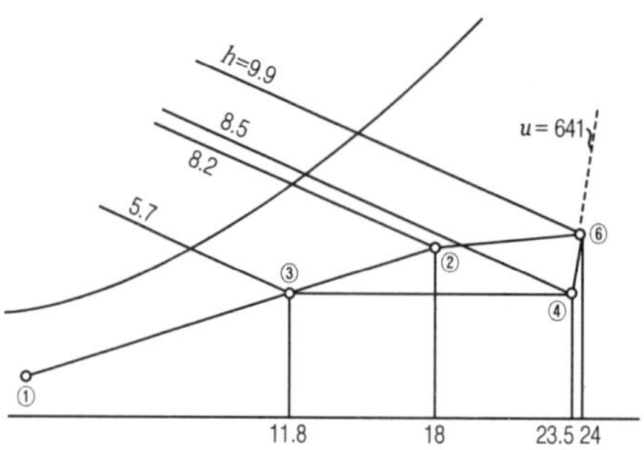

〈그림 4.12〉 예열-가습의 방법

풀이 혼합점③, 취출상태점⑥은 [예제4.8]과 같으며 〈그림 4.12〉처럼 구할 수 있다.

증기스프레이일 때 0.3atg의 증기엔탈피는 641이므로 u = 641에 평행선이 되고, ⑥점에서 u = 641의 선을 그어 이것과 ③점에서 그은 수평선과의 교차점을 ④로 한다(t_4 = 23.5, h_4 = 8.5).

즉, 혼합공기를 ④점까지 가열하고, 이것을 증기가습하여 ⑥점으로 한다. 이 때 예열량은

$$q_P = G(h_4 - h_3) = 20,800(8.5 - 5.7) = 58,200\text{kcal/h}$$

가습열량은,

$$q_H = G(h_6 - h_4) = 20,800(9.9 - 8.5) = 29,100\text{kcal/h}$$

∴ $q_P + q_H$ = 58,200 + 29,100 = 87,300kcal/h

즉, 전체의 소비열량은 예제 4.8과 같아진다. 0.3atg의 증기 엔탈피는 641kcal/kg이므로, 이 때의 가습용 증기량은

$$G_S = 29,100/641 = 45.4\text{kg/h}$$

4·5 공조설계법

4·5·1 기본계획과 실시설계

(1) 기본계획

연면적 5,000m² 이상의 중규모·대규모 건물에서는 실시계획 전에 기본계획을 세워야 한다.

기본계획이란 건축계획이 스케치 상태에서, 이것에 어떻게 공조설비를 들어맞게 하는가를 그림 상에서 계획하는 것이다. 다음에 사무소건축의 예를 들어 그 순서를 예시한다.

〈표 4.40〉 공기조화방식의 분류와 특징 (문헌 407)

			조닝	개별제어	외기냉방	시간외운전	기계실 스페이스	덕트·배관 스페이스	설비비	운전비
중앙식	전공기식	단일덕트방식(일정풍량)	불가	불가	가능	가능	대	중~대	소~중	중
		단일덕트방식(번풍량 VAV)	가능	가능	가능	가능	숭	대	대	소~중
		이중덕트방식	가능	가능	가능	가능	중~대	대	중~대	대
	수·공기식	단일덕트방식	가능	가능	가능	가능	대	대	중~대	중
		단일덕트방식 (재열방식)	가능	불가	가능	가능	중~대	대	중	소
		각층유닛방식	가능	불가	가능	가능	중~대	대	중	소
		팬코일유닛방식(덕트병용식)	가능	가능	불가	불가	소	소	중	소
		패널·에어	(가능)	가능	불가	가능	중	중	대	소
개별식		패키지유닛방식(대형)	가능	불가	불가	가능	중	중	소~중	소
		패키지유닛방식(소형)	가능	가능	불가	가능	없음	소	소~중	소
		멀티유닛	가능	가능	불가	가능	없음	소	소	중

〈표 4.41〉 건물 종류와 공조방식 (문헌 407)

건물	규모·제실	공조방식
사무소	소규모(3,000m² 이하)	단일덕트, 각층 유닛, 패키지유닛방식(대형), 멀티유닛
	대규모(3,000m² 이상)	각층 유닛, 단일덕트 + 월스루유닛
호텔	객실	팬코일유닛(덕트병용)
	로비·홀	각층 유닛, 패널에어
	연회장	단일덕트, 패키지유닛방식(대형)
백화점		각층 유닛방식
병원		각층 유닛, 패키지유닛방식 등을 병용
극장		단일덕트방식
주택, 맨션		패키지(소형), 팬코일유닛방식

(a) 우선 건물내 각 존에 대해서 공조방식을 무엇으로 하는가를 결정한다. 이것은 설비예산, 사용조건, 건물의 형식 · 방위, 운전비 등에 의해 정해지는 것으로, 대규모의 예에서 몇 가지 공조방식에 대해 우열을 가늠하기 힘든 경우는, 이것들을 도면상에 대강 설계해서 설비비, 운전비의 개략계산을 구하고 그 우열에서 하나의 방식을 선정한다.

기본계획시는 건축의 평면도, 구조, 창의 크기 등이 확정되어 있지 않기 때문에 자세한 부하계산은 할 수 없으므로, 모두 개략치를 이용해서 한다. 가령, 송풍량에 대해서는 〈표 4.42〉에 나타낸 값을 이용한다.

이 때 단일덕트 등 전공기식에서는 공조용 덕트의 길이를 가능한 한 줄이기 위해 공조기는 되도록 송풍구역에 가까운 곳에 설치하고 열원기계실에서 여기까지는 배관으로 열을 보내게끔 한다. 이것은 ㉮덕트가 배관에 비해서 스페이스를 크게 차지하고, ㉯설비비가 훨씬 비싸고, ㉰열의 반송동력도 2배 이상 되기 때문이다.

이 때문에 공조기를 수용하는 기계실(공조기실)과 덕트 스페이스는 건물전반에 걸쳐 산재해 그 위치가 건축계획상 허용되는가, 아닌가를 건축설계담당자와 충분히 협의해야 한다.

열원방식은 4 · 2 · 4에 기술한 것처럼 여러가지 것이 있으며, 이 중의 하나를 설비비, 운전비, 부분부하, 공해방지 등의 점을 고려하여 선택한다. 열원기계실의 위치는 공기열원 히트펌프는 옥상에 설치하는 경우가 많지만, 그외의 것은 보통 지하층 기계실에 설치한다.

〈표 4.42〉 덕트에 의한 공조용 송풍량의 개략치(m^3/h) · 바닥면적 m^2과 환기횟수(회/h)

건축종별	(1) 페리미터와 인테리어를 분리하는 경우의 인테리어 풍량	(2) 분리하지 않는 경우
	$m^3/h\ m^2$ (회/h)	$m^3/h\ m^2$ (회/h)
사무소건축	일 반 : 8~15 (3~6) 고 급 : 18~23 (7~9) 회 의 실 : 20~30 (8~12) 전산기실 : 15~30 (6~12)	동서면 : 20~35 (7~13) 남북면 : 10~15 (4~5) 회의실은 위의 40% 증가
병원	수 술 실 : 45~75 (15~25) 일반진찰실 : 10~25 (4~10) 병 실 : 5~8 (2~3)	수술실 : 좌와 동일 일반진료실 · 병실 : 사무소건축에 준한다.
호텔	객 실 : 7~10 (3~4) 로 비 : 22~40 (4~7) 연 회 장 : 15~30 (3~5)	방위마다 다르며 사무소 건축에 준한다.
극장	관 객 석 : 75 (4~6) 입 구 홀 : 20~30 (3~4) 분 장 실 : 10~15 (4~6)	관 객 석 : 좌와 동일 입 구 홀 : 사무소건축의 2배 분 장 실 : 사무소건축의 1배 무 대 : 15~30(1~2)

〈주〉 (1)의 경우, 풍량은 인테리어에 대한 것이며 (2)의 경우는 페리미터도 포함한 경우이다.

열원기계의 용량은 연면적당 냉방부하와 난방부하 (〈표4.32〉)에서 개략계산으로 구하고 카탈로그에서 열원기계를 골라서 펌프 대수 등을 결정하고, 이것들을 기계실에 배치하여 기계실의 크기와 굴뚝의 사이즈를 결정해, 건축가와 협의한다.

(c) 덕트 스페이스에 대해서는 덕트 계통로의 개략을 싱글 라인으로 기입하고, 그 송풍량으로 최대부분의 치수를 구하고, 이것이 천장내 또는 덕트의 수직샤프트에 수용되는가 안되는가를 검토한다. 공기취입구, 냉각탑의 위치 등은 건축가와 협의하여 정하고, 어느 것이나 굴뚝의 배기가스와 관계없는 위치에 선정한다.

(d) 이상과 같이 기본계획의 진행에 따라서 건축의 평면도, 단면도를 차츰 정해가고, 이 건축도에 공조설비를 어떻게 수용하는가도 구체적으로 정해간다.

따라서 기본계획 최종 단계의 건축도면에는 공조설비를 위한 스페이스가 거의 결정되며, 이 단계에서 실시계획에 들어간다.

(2) 실시설계

(가) 각실마다 취득열량, 손실열량의 계산을 상세하게 하고, 피크시의 부하에 대해서 송풍기, 냉동기, 보일러 부하를 구한다.

(나) 상기의 송풍량, 열량으로 부터 공조기와 덕트를 설계한다.

(다) 열원과 공조기 그 외 기기를 연결하는 배관경을 설계한다. 여기서 펌프의 수량, 양정이 결정되어, 펌프를 선정한다.

(라) 보일러, 냉온수발생기 등을 결정하고 굴뚝, 기름탱크 등을 설계한다.

4·5·2 조닝과 외기냉방

(1) 조닝

건물내를 몇 개의 구역으로, 방위별로 분할하여 개개의 구역에 별도계통의 공조설비를 설치하는 것을 조닝(zoning)이라고 한다. 이 목적은 첫째로 건물 전체의 온습도를 균일하게 하고, 과냉·과열을 방지하여 경제적인 운전을 도모하는 것과 두 번째로 부재 또는 쓰지 않는 방의 공조운전을 정지하여 에너지 절약에 이바지 하는 것 등이다.

첫째 목적의 조닝을 방위별 조닝, 두번째 목적의 조닝을 사용별 조닝이라 한다. 이 외에 병원 등에서는 실내공기의 청정도가 다른 실을 별도계통으로 하는 조닝이 있다.

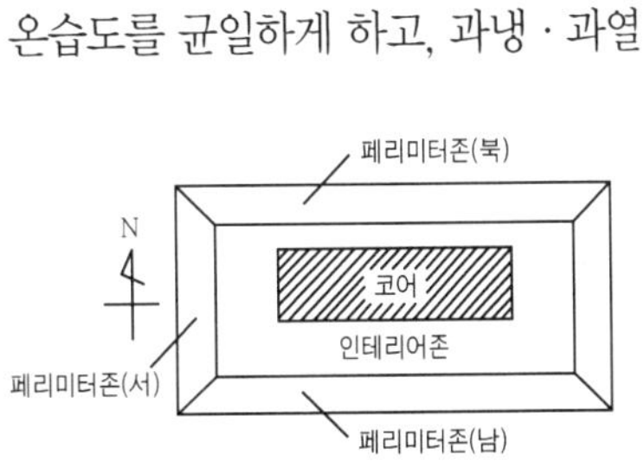

〈그림 4.13〉 대건축의 방위별 조닝

대건축에서 방위별 조닝은 〈그림 4.13〉과 같이 창측에서 약 5m까지를 외부존(페리미터 존)으로 하고, 이것에서부터 내부를 내부존(인테리어 존)으로 하는 것이 일반적이다. 이상과 같은 각 존의 성질 등을 〈표 4.43〉, 〈표4.44〉에 나타낸다.

〈표 4.43〉 방위별 존의 부하성질

페리미터 존	동측	아침 8시의 냉방부하가 최대이고, 오후에는 작아진다.
	서측	아침의 냉방부하는 작지만, 오후 4시의 부하가 최대로 된다. 겨울에 북서풍이 있을 때는 난방부하는 북측 다음으로 크다.
	남측	여름의 냉방부하는 크지 않지만, 중간기(4월, 10월) 정오의 냉방부하는 여름의 동서면과 같은 정도이다.
	북측	냉방부하는 작지만, 일사가 없고 겨울철 바람이 강하므로, 난방부하는 다른 존에 비해 커진다.
인테리어 존		난방부하는 적고, 겨울에도 전등 · 사람으로 인한 냉방부하가 발생한다. 단 최상층의 내부존은 난방부하도 발생한다.

사용별 조닝은 주로 사용시간대로 나눈다. 오피스빌딩에서는 잔업이나 일요일 출근이 다른 부분에 국한되어 행해지므로, 이 때는 각층 유닛방식이 적합하다. 이 방식은 각층에 1대 내지 여러 대의 공조기를 이용해 잔업하고 있는 부분이 있는 층만을 공조하는 방식이다. 또 건물에서 숙직실, 경비실, 혹은 중앙감시실 등 24시간 공조를 필요로 하는 실이 있어, 이 실마다 히트펌프형 룸쿨러나 패키지 형 공조기를 사용하는 경우도 많다.

(2) 외기냉방

외기온도가 실내온도보다 낮을 때는 전외기를 도입하고, 냉각 부족분만을 냉각코일로 취출온도까지 냉각한다. 다시 외기가 취출온도 이하가 되면 리턴 공기를 혼합하고 취출공기와 같은 온도로 하여 냉동기를 정지하는 방법은 외기냉방으로서 흔히 이용되게 되었다. 외기냉방을 위해서는 환기팬을 설치해 전외기를 도입하고, 이것을 전배기할 수 있게 설비할 필요가 있다.

4 · 5 · 3 단일덕트 정풍량방식의 설계

(1) 적용

이 방식은 ①극장의 관객석, 백화점 등 혹은 소규모 상점, 레스토랑처럼 넓고 단일 실인 경우, 또는 ②오피스빌딩, 병원의 내부존처럼 각실마다 부하에 큰 차이가 없는 경우에 적합하다.

(2) 조닝

원칙적으로는 이 방식을 이용해 한 계통에서 부하의 크기가 현저히 다른 실로 송풍하는 것은 부적당하다. 단, 백화점처럼 페리미터에 팬코일유닛(FCU)이 없는 경우 등은 페리미터에 대한 덕트를 분기하고 그 말단에 재열기를 설치해, 겨울철 페리미터 각실의 실온 저하를 방지한다.

오피스빌딩의 페리미터의 각실마다 재열기를 설치하는 방식을 말단재열기(terminal reheater)방식이라고 하며 이것에 의하면 각실별 개별제어가 가능해지지만, 이 방식이 가장 많은 에너지를 소비하는 방식이므로, 건물 전체에 사용하는 것은 피해야 한다.

다만 병원 수술실이나 신생아실, ICU 등 이른바 청정구역에서는 실내의 오염방지 차원에서 FCU는 설치하지 못하므로, 〈그림 4.14〉처럼 말단재열방식으로 개별제어를 하는 것이 바람직하다.

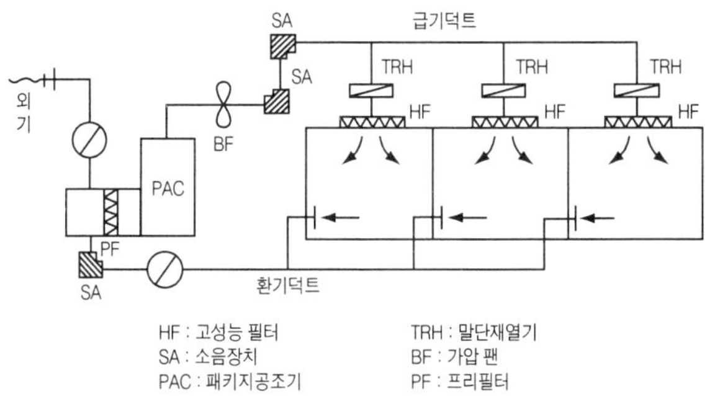

〈그림 4.14〉 병원의 청정구역용 공조시스템

(3) 공조기와 그 배치

공조기로서는 일반 공조기(이하 에어핸들링유닛, AHU라 약칭한다)든, 패키지형 공조기(이하 PAC라 약칭한다)든 어느 것을 사용해도 상관없다. 보통 백화점이나 대형 슈퍼마켓의 경우에는 4·5·6에서 설명하는 것 같이 PAC를 각층에 설치하는 예가 많다.

(4) 설계법

각 존 별 취득열량, 손실열량의 합계치를 이용해, 〈예제 4.6~4.9〉처럼 송풍량, 냉각부하, 가열부하, 가습부하를 구한다.

수술실 등의 말단재열기에 대해서는 각실의 피크시 취득열량의 값과, 이것이 가장 적을 때의 값을 구하여, 이 양자의 차이를 말단재열기의 가열량으로 한다. 이때 겨울철 열손실은 AHU(또는 PAC)의 가열기로 감당하는 것으로 하고, 각실의 부족분을 재열기로 감당한다.

4·5·4 단일덕트 변풍량방식

(1) 적용

이 방식은 부하에 비례하여 풍량을 증감하는 방식이므로, 부하의 크기가 다른 대부분의 실에 대해서도 한 계통으로서 이것을 처리할 수가 있다. 이 방식은 정풍량방식에 비해서 송풍동력을 절약할 수 있으므로, 앞으로 에너지절약방식의 일환으로서 사용례는 점점 늘어날 것이다.

단지 겨울철 고층 건물에서는, 어느 실은 냉방을 필요로 하고, 나머지 실은 난방을 필요로 하는 경우가 많으므로, 보통 페리미터와 인테리어를 따로하여 인테리어는 변풍방식으로 하고, 페리미터는 후술한 것처럼 난방을 위해 별도계통의 장치를 설치해 손실열량을 처리한다.

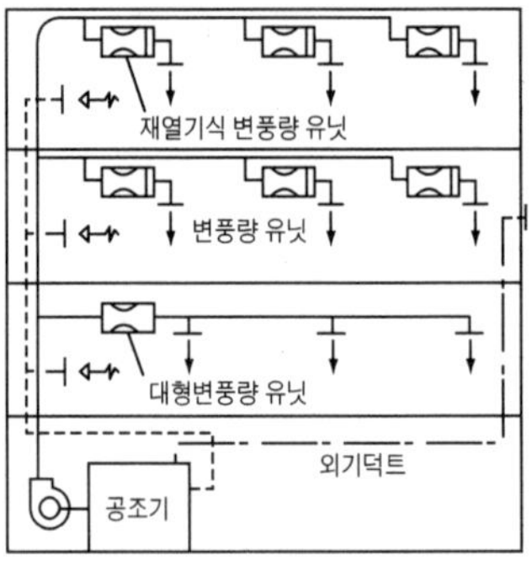

〈그림 4.15〉 변풍량 방식 계통도

(2) 조닝

변풍량방식은 부하의 변동특성에 의한 조닝은 필요로 하지 않지만 사용시간대의 차이에 의해 조닝이 필요하므로 오피스빌딩에서는 일반사무실, 식당, 대회의실 등을 각각 개별 존으로 한다.

(3) 공조기

AHU 또는 PAC, 둘중 어느 것을 사용해도 된다. 소형 PAC는 가변속모터에 의한 풍량제어를 이용하고 대형 PAC는 흡입베인제어가 가능하다. 〈그림 4.16〉에 각종 풍량제어방법에 의한 모터의 소비전력 차이를 나타낸다. 도시한 것처럼 가변속모터가 가장 유리하고, 그 다음으로 흡입베인, 스크롤 댐퍼 순이다.

변풍량방식은 부하에 의해 풍량이 감소하므로, 대규모인 경우, 합계풍량은 정풍량의 70~80%로 된다. 따라서 공조기 사이즈도, 메인덕트 사이즈도 정풍량방식보다 작아진다.

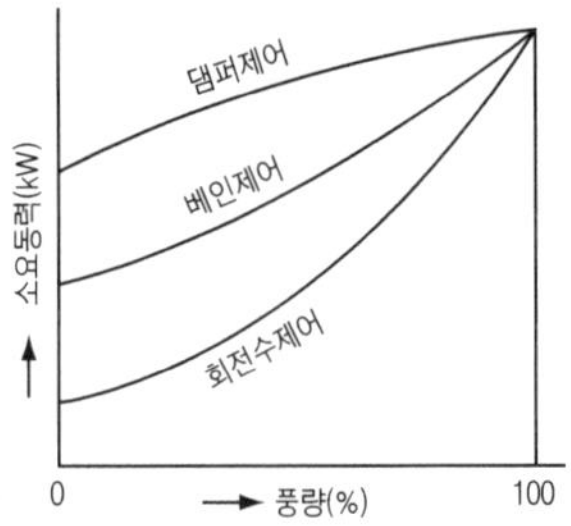

〈그림 4.16〉 송풍기의 풍량제어에 의한 소요동력

(4) 설계법

일반 사무소(백화점인 경우는 각층의 매장) 등의 대공간에서는 4~6개의 취출구에 1대의 변풍량 유닛을 설치하는 경우가 많다. 중역실 등의 개인실은 1개의 취출구에 1대의 유닛을 설치한다.

대규모 빌딩에 적용하는 경우는 페리미터는 별도계통으로 하고 이것에는 〈표 4.45〉에 나타낸 방식중에서 선택해 설치한다. 인테리어의 변풍량방식에서는 〈표 4.45〉에 나타낸 것 이외의 부하를 처리한다. 따라서 어느 경우라도 유리창에서의 일사부하의 전부 또는 70% 이상은 인테리어의 변풍량부하에 더해진다. 이 때문에 풍량은 4·5·3에 나타낸 정풍량방식에 비하여 상당히 증가한다. 페리미터에도 변풍량방식을 이용하는 경우는 4·5·3(2)에 설명한 것처럼 이 계통의 말단에 재열기를 설치해, 내부존은 냉풍, 페리미터존은 온풍을 취출한다. 페리미터의 온풍은 하향취출인 경우, 풍량이 작을 때는 도달거리가 짧아지므로 반드시 창측에 취출구를 설치하고 상향취출로 한다.

〈표 4.45〉 페리미터계통에서 처리하는 부하 내역

정풍량방식	난방시의 전열(q_T)과 틈새바람($q_{IS}+q_{IL}$), 냉방시의 벽, 유리에서의 열량(q_W+q_{GR}의 일부 $+q_{GC}$) 틈새바람($q_{IS}+q_{IL}$)
컨벡터	난방시의 전열(q_T), 틈새바람(q_{IS})만
팬코일유닛	정풍량방식과 같다. 다만 난방시의 q_{IL}을 제외한다.
변풍량방식	정풍량방식과 같다.

4·5·5 유닛병용방식

여기서 말하는 것은 팬코일유닛(FCU)과 덕트를 병용하는 방식으로 이하에 방식에 대해 설명한다.

(1) 적용

FCU를 페리미터에, 덕트를 인테리어에 이용하는 공조방식은 오피스빌딩뿐 아니라 병원이나 호텔 등에서도 가장 일반적으로 이용하는 방식이다.

즉, ⓐ페리미터존의 일사 또는 큰 부하를 처리하기 위해 덕트를 이용할 때는 그 사이즈가 커져서 덕트 스페이스로 인해 문제가 발생하지만, FCU는 배관 연결만으로 끝나므로, 스페이스적인 문제는 해결할 수 있다. ⓑFCU 회전수의 수동제어에 의해 개별제어를 할 수 있다. ⓒFCU가 저코스트이기 때문에 설비비도 그다지 비싸지 않고, 또 덕트로 송풍하는 경우에 비해서 운전비도 싸지는 등의 특징이 있다.

한편 FCU의 단점으로는 ㉠ 1차공기의 송풍이 없는 경우는 실내공기 오염이 심해지고, 또 가습이 불가능하기 때문에 겨울철 실내습도가 너무 낮아진다. ㉡ FCU 필터는 저성능 필터로 공기 정화작용이 거의 없고, 또한 필터 청소를 적어도 월 1회 이상 해야하는 것 등이다.

위의 결점 ㉠을 커버하기 위해 인테리어존의 덕트를 페리미터존까지 연장하여 실의 가습과 공기를 개선하는 것이 여기서 말하는 병용방식이다. 즉, 오피스빌딩, 병원, 호텔에 한하지 않고, 극장의 입구로비나 분장실, 도서관, 미술관 등에서도 창이 있는 실은, 이 병용방식을 이용하면 일사나 외기온 변동에 의한 부하를 FCU로 처리할 수 있어, 방위별 조닝을 쉽게 할 수 있다.

(2) 조닝

공기계통의 조닝은 사용별 조닝만을 고려하며, 방위별조닝은 FCU로 한다. 즉, 배관계통을 방위별로 나누어 (4)에서 설명하는 것처럼 각 방위마다 송수온도를 제어하는 것이 바람직하다. 위에 설명한 극장 분장실 등 작은 존에는 각실마다 룸서머스탯을 설치하고, 이것으로 FCU팬의 On/Off를 하도록 하면 저코스트의 자동식 개별제어가 가능해진다.

(3) 공조기

FCU에 상당부분의 공조기 기능을 부담시키므로, 중앙에 있는 공조기는 4·5·3의 단일덕트만 이용하는 경우에 비해서 몹시 작아진다. 오피스빌딩의 인테리어존, 호텔 객실의 1차공기 송풍용 공조기는 각층의 송풍을 한데 모아 옥상에 있는 1대의 공조기로 하는 경우가 많다.

(4) 설계법

ⓐ 취득열량의 계산은 4·3·9(2)에 설명한 것처럼 페리미터 부하와 인테리어 부하를 나누어 전자는 FCU, 후자는 덕트방식에 의해 처리한다.

ⓑ FCU의 결정은 다음 예제처럼 한다.

【예제 4.10】 앞의 예제 4.3에 나타낸 실의 북측, 서측 페리미터 부하가 다음 표의 수치일 때 FCU를 구하시오?

풀이 북측의 벽에 대해서 2개의 창마다, 서측에는 각창마다 FCU를 설치하면 북측은 3대, 서측은 4대가 된다. 각 1대의 취급부하는 위에 기술한 계를 〈표4.46〉(B)와 같이 대수로 나누어 구한다. 북측에 대해서는 여름보다 겨울 부하가 몹시 크므로, 개개의 부하에서 〈표4.46〉(c)와 같이 〈표4.48〉에 나타낸 메이커의 카탈로그에서 FCU를 선정하고 이 FCU와 같은 모델명, 수량으로 능력을 체크한다. 즉, FCU 200에서 여름 부하의 q_S = 1,233kW/h를 만족한다. 즉, FCU로서는 모델명 200, 수량 3ℓ/min, 겨울 수온 45℃, 여름 수온 9.5℃를 선정한다.

서측에 대해서는, 여름에 대해서 최초로 선택하여 동일 수량에서 겨울의 능력을 체크한다. 즉〈표4.46〉(D)와 같이 FCU 400, 수량 6ℓ/min, 여름 수온 7℃, 겨울 수온 40℃를 이용하고, 겨울은 능력이 과대하므로 팬의 회전수를 낮춘다.

〈표 4.46〉 (A) 취득열량과 손실열량(kcal/h)

	북측			서측		
	벽, 유리	틈새바람	합계	벽, 유리	틈새바람	합계
취득열량 (t_r = 26℃)	2,340	q_{IS} = 90 q_{IL} = 390	2,430 390	7,820	q_{IS} = 60 q_{IL} = 260	7,880 260
손실열량 (t_r = 20℃)	4,320	q_{IS} = 110	4,430	2,880	q_{IS} = 70	2,950

(c) 송풍덕트에 의해 건축 외표면 부하 중, 겨울의 q_L과 실내의 인체, 전등부하를 처리한다. 이 덕트로 송풍하는 1차공기는 재실인원에 의한 외기량만, 나머지는 재순환공기를 사용한다. 이 공조기의 설계는 〈예제 4.7, 4.9〉와 동일하게 한다.

〈표 4.46〉 (B) FCU 1대당 취득열량과 손실열량 (kcal/h)

	북측	서측
취득열량	q_S = 2,430 / 3 = 810 q_L = 390 / 3 = 130	q_S = 7,880 / 4 = 1970 q_L = 260 / 4 = 65
손실열량	q_S = 4,430 / 3 = 1,476	q_S = 2,950 / 4 = 740

〈표 4.46〉 (C) 북측의 FCU

	기종	수량 (ℓ/min)	수온 (℃)	능력 (kcal/h)	
				q_S	$q_S + q_L$
겨울	200	3	45	1,475 [1,715]	–
	300	3	40	1,440 [1,674]	–
여름	200	3	8	1,060 [1,233]	1,060 [1,233]
	300	3	9	1,250 [1,453]	1,250 [1,453]

〈표 4.46〉 (D) 서측의 FCU

	기종	수량 (ℓ/min)	수온 (℃)	능력 (kcal/h)[KW]	
				q_S	$q_S + q_L$
여름	400	6	7	2,060 [2,395]	2,450 [2,849]
겨울	400	6	35	1,760 [2,047]	–

〈표 4.47〉 FCU의 카탈로그(발췌) 냉방능력표(kW)

유닛 사이즈	수량 (ℓ/min)	수압 손실 (kPa)	실내설계조건 DB = 26℃ WB = 19℃ RH 50%									
			코일입구 냉수온도 (℃)									
			5		6		7		8		9	
			현열량	전열량	현열량	전열량	현열량	전열량	전열량	현열량	전열량	현열량
200	2	2.06	1.20	1.42	1.16	1.31	1.12	1.21	1.09	1.10	1.00	1.00
	3	4.31	1.27	1.60	1.23	1.48	1.19	1.37	1.14	1.25	1.08	1.13
	4	7.35	1.35	1.79	1.30	1.66	1.24	1.53	1.20	1.40	1.14	1.27
	6	15.69	1.43	1.98	1.37	1.84	1.31	1.70	1.26	1.55	1.20	1.41
300	3	0.98	1.69	1.85	1.64	1.72	1.58	1.58	1.45	1.45	1.31	1.31
	6	3.33	2.00	2.64	1.92	2.45	1.84	2.26	1.77	2.06	1.70	1.87
	9	6.86	2.16	3.03	2.06	2.81	1.98	2.59	1.89	2.37	1.80	2.15
	12	11.77	2.22	3.19	2.12	2.95	2.03	2.72	1.94	2.49	1.84	2.26
400	6	3.63	2.61	3.22	2.49	2.99	2.37	2.76	2.24	2.52	2.12	2.29
	9	7.75	2.86	3.82	2.72	3.54	2.59	3.26	2.45	2.98	2.31	2.70
	12	13.04	2.98	4.08	2.84	3.79	2.70	3.49	2.55	3.19	2.41	2.89
	15	19.71	3.04	4.34	2.90	4.02	2.75	3.71	2.61	3.39	2.46	3.08

〈표 4.48〉 FCU의 카탈로그(발췌) 난방능력표(kW)

유닛 사이즈	수량 (ℓ/min)	수압 손실 (kPa)	실내설계조건 DB = 21℃							
			코일입구 온수온도 ℃							
			35	40	45	50	55	60	65	70
200	2	2.06	0.90	1.22	1.54	1.85	2.17	2.49	2.81	3.13
	3	4.31	1.00	1.36	1.72	2.08	2.43	2.79	3.15	3.51
	4	7.35	1.08	1.46	1.84	2.23	2.61	2.99	3.38	3.75
	6	15.69	1.19	1.62	2.04	2.47	2.89	3.31	3.74	4.16
300	3	0.98	1.17	1.59	2.01	2.43	2.85	3.27	3.69	4.11
	6	3.33	1.55	2.10	2.65	3.20	3.76	4.31	4.86	5.41
	9	6.86	1.69	2.29	2.89	3.49	4.09	4.70	5.30	5.90
	12	11.77	1.79	2.43	3.07	3.71	4.35	4.99	5.63	6.27
400	6	3.63	1.91	2.59	3.29	3.96	4.65	5.33	6.01	6.70
	9	7.75	2.10	2.85	3.60	4.35	5.10	5.85	6.60	7.35
	12	13.04	2.18	2.96	3.74	4.52	5.30	6.08	6.86	7.64
	15	19.71	2.22	3.01	3.80	4.59	5.38	6.17	6.96	7.75

4 · 5 · 6 패키지 공조기방식

(1) 종류

패키지 공조기(Packaged Air Conditioner 약칭하여 PAC)의 종류는 〈표4.12〉에 나타낸 것처럼 수냉식과 공랭식이 있고, 또 두 종류 모두 히트펌프식이 있다. 능력 범위는 각사마다 다르지만, 일반적으로 수냉식은 3~100RT, 공랭식은 3~30RT의 것이 있다.

이 중, 대개 3~10RT의 소형 제품은 실내에 노출시켜 설치할 수 있게 멜라민수지 마감이며, 취출 그릴, 흡입그릴이 달려있다. 이것을 이 책에서는 직취형(플레넘형, plenum type)이라 한다. 10RT를 넘는 제품은 기계실 내에 설치하여 덕트를 설비하는 것이 일반적이며, 이것을 여기서는 기계실형이라 한다. 메이커에 따라서는 8~15RT라도 기계실형이 있다.

직취형은 팬 정압이 낮기 때문에 긴 덕트를 설치하거나, 혹은 고성능 필터를 사용할 때는 별도로 가압팬(booster fan)을 필요로 한다.

기계실형은 외부정압을 25~50mmAq로 잡을 수 있어, 가압팬을 필요로 하지 않는다.

여기서 외부정압이란 팬 정압에서 기내의 필터, 냉각코일 등의 저항을 뺀 값이다.

(2) 적용

PAC 공조방식의 특징은 4 · 2 · 1에서 설명한 개별방식의 특징 외에 ①덕트를 접속해 다수실의 공조도 가능하고 ②리턴팬을 설치하면 외기냉방도 가능해진다. ③고급 에어필터를 사용하면 공기청정도 가능해지는 등 공기식의 특징도 겸하여 갖고 있다.

레스토랑, 상점 혹은 소규모 전산기실 등은 실내에 직취형을 설치해 PAC에서 직접 실내로 송풍하여 공조를 한다.

한편 주택, 오피스빌딩 등 다실 건물에서는 기계실에 PAC를 두고, 이것으로부터 각실에 덕트를 통해 공조를 한다. 최근에는 저코스트의 관점에서 호텔의 객실, 백화점, 슈퍼마켓, 오피스빌딩 등 대규모 건물의 전체에 대해서도, 각층의 유닛으로써 PAC를 이용하는 예가 늘어나고 있다. 〈그림4.17〉에는 소규모 빌딩에 대한 각층 유닛방식의 PAC 예를 나타낸다.

또 최근에는 PAC가 저온외기용 공랭히트펌프(ASHP)로 개발되어 1대의 실외기와 여러 대의 실내기를 냉매배관으로 조합시킨 멀티 유닛으로 보급됐다. 이것은 한냉지를 제외한 각지에 적용되고 있으며 이것을 이용하면 보일러는 필요없다. 위의 한냉 · 다설지역에서는 〈그림4.17〉에 나타낸 것처럼 수냉식PAC를 사용하며, 겨울에는 보일러에 의해 난방한다.

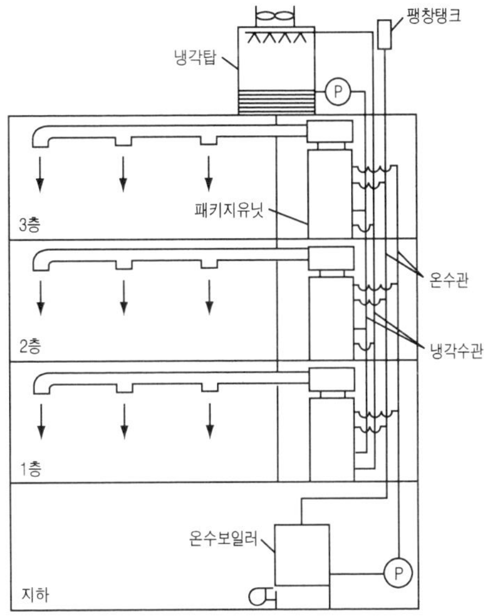

〈그림 4.17〉 변풍량 방식 계통도

(3) 설계법

공기열원 PAC를 사용할 때 주의해야 할 것은, 〈그림 4.18〉의 실선으로 나타낸 것같이 겨울에는 외기온이 낮을수록 PAC의 난방능력은 감소한다. 그림의 A점은 이 PAC의 표준능력을 나타낸다.

한편 실의 열손실은 도시한 CB선처럼 외기온이 낮을수록 커진다. 이 경우는 난방능력과 손실열량은 B점에서 교차하고 여기의 온도 3℃가 평형온도가 된다.

즉, 3℃ 이하에서는 PAC의 난방능력은 부족하다. 이 때문에 공기열원 PAC는 대개 압축기 모터와 같은 kW의 전열기를 추가하는 경우가 많다. 이 경우 외기온 5℃ 이하에서는 8kW의 전열기를 압축기와 동시에 운전하면 난방능력은 도시한 점선처럼 증가하고, 이 경우의 C점의 평형온도는 -1℃ 전후가 된다.

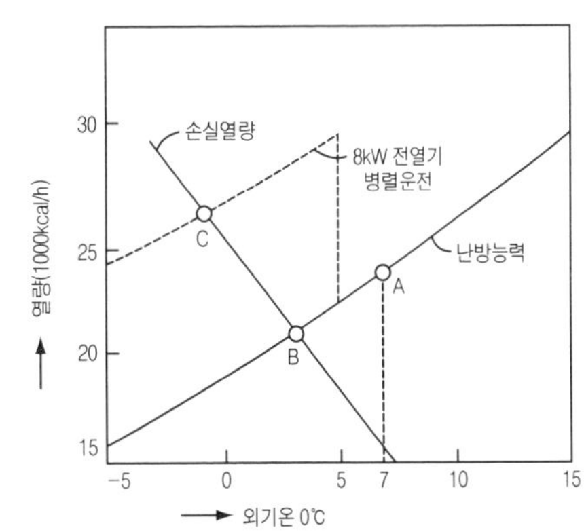

〈그림 4.18〉 공랭식 히트펌프형 PAC(압축기 7.5kW)의 능력

이상의 사실에서 건물의 취득열량에 비하여 열손실량이 클수록 공기열원의 PAC는 비경제적인

크기가 되므로, 한냉한 지방은 물론 온난한 지역에 응용하는 경우도 건물 단열을 충분히 하고 경제적인 PAC를 선택하도록 고려한다.

또 다층건물에 공기열원 PAC를 사용할 때 외기측 열원을 옥상에 설치하기 때문에 PAC 본체에서 외기측 열교환기까지의 높이가 문제가 되는데, 〈표 4.49〉에 나타낸 것처럼 5RT 이상인 것은 대개 25m의 높이까지 허용할 수 있다.

〈표 4.49〉 공기열원 PAC (8RT)의 냉방시 배관 상당길이와 능력

배관상당길이 (m)	10	20	30	40	50	60	70	80	90
고저차 (m)	10	20	30	40	50	50	50	50	50
능력 (%)	100	100	98	95	91.5	89	86.5	84.5	82.5

4·6 공기조화기의 구성과 배열

4·6·1 개요

(1) 공기조화기

공기조화기(이하 공조기라 약칭함)는 외기와 리턴 공기(재순환공기)의 혼합공기를 흡입하여, 그 온습도 및 청정도를 바꾸어 조화공기로 만드는 장치를 말한다. 영어로는 보통 Air Conditioner 또는 Air Handling Unit(약칭하여 AHU)라 한다.

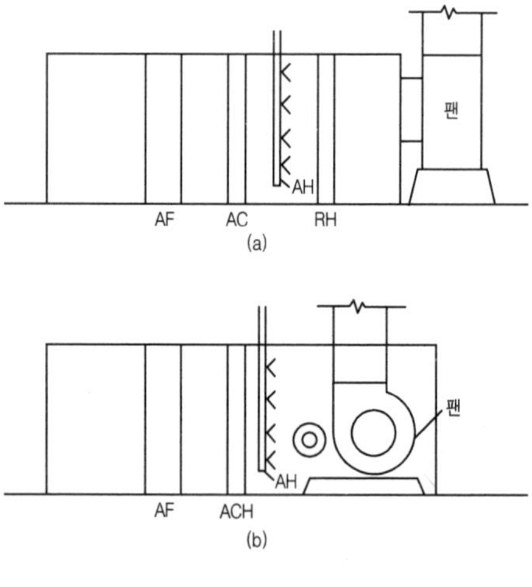

〈그림 4.19〉 공조기 구성

(2) 공조기의 구성

공조기는 에어필터(AF), 예열기(PH), 공기냉각코일(AC), 가습기(AH) 및 재열기(RH) 혹은 냉온수 코일(ACH) 등으로 구성된다(〈그림4.19〉). 일반적으로 많이 이용되고 있는 형식은 AF-AC-RH-AH 또는 AF-ACH-AH이다

(3) 냉각코일과 에어워셔

이전에는 에어워셔가 가장 많이 사용되었으나 1955년경부터는 오로지 냉각코일만이 사용되었다. 에어워셔는 겨울철의 가습 및 공기 청정화(10미크론 이상의 먼지에 대해)를 할 수 있는 반면 노무비의 상승으로 인해 코스트가 높아지고 또한 수조가 개방식이므로 건물의 각처에 분산배치하는 것이 번거럽고 또 높은 곳에 두면 압상양정이 필요해지는 등 많은 단점을 갖고 있다.

냉각코일은 ①코스트가 싸고, ②스페이스도 작고, 또 ③건물의 각처에 분산배치할 수 있고, ④밀폐식 배관일 때는 압상양정이 필요없는 등의 특징이 있다. 이에 반해 냉각코일의 단점은 외기가 SO_2, NO_X 등에 의해 오염되어 있을 때는 부식이 빨라져 수명이 짧아지는 것과, 에어필터의 성능이 낮을 때는 그물코 막힘을 일으키기 쉬운 것 등이다.

4·6·2 에어필터

(1) 에어필터의 성능

에어필터의 여과효율(또는 제진효율, 먼지포집률이라고도 함)을 η_F라 하면

$$\eta_F = \frac{C_1 - C_2}{C_1} \times 100 = \left(1 - \frac{C_2}{C_1}\right) \times 100 \quad \cdots\cdots\cdots (4.30)$$

으로 제시된다. 식 중 $C_1 - C_2$는 각각 필터의 입구, 출구의 먼지농도이다. 이 효율 측정법에는 〈표 4.50〉과 같은 3종류가 있으며, 보통 러프필터는 중량법, 중성능 · 고성능필터는 비색법, HEPA필터는 DOP법에 의해 효율을 나타내는 경우가 많다. 이 측정법에 의한 효율 차이는 커, 카달로그에 나타내는 효율이 어느 측정법에 의한 것인가를 주의해야 한다.

〈표 4.50〉 에어필터의 효율측정법

중량법	필터 전후의 먼지농도 C_1, C_2를 먼지중량(mg/m³)으로 측정한다.
비색법 (변색도법)	미국의 NBS(연방기준국)에서 개발한 방법으로 NBS법이라고도 한다. 필터의 상하류에서 채집한 공기를 고성능의 여과지로 걸러서 그 여과지의 먼지량을 광전관에서 비교하여 C_1, C_2의 비율을 구한다.
DOP법	테스트용 먼지로서는 DOP의 직경 0.3미크론의 균일입자를 이용하고, 상하류의 C_1, C_2를 로이코계와 같은 광산란계로 계수한다.

메인필터 앞에 프리필터가 있을 때의 종합여과효율은

$$\eta = 1 - (1-\eta_m)(1-\eta_P) \quad \cdots\cdots\cdots\cdots\cdots\cdots (4.31)$$

단, η_m, η_P는 메인필터, 프리필터의 효율

(2) 필터의 종류와 응용

〈표 4.51〉과 같이 분류할 수 있으며, 이 책에서는 각 필터의 효율을 여러가지 측정법으로 나타내었다.

〈표 4.51〉 필터의 여과효율

종류	각종 측정법에 의한 여과율(%)				상품명(예)
	DOP	NBS (대기먼지)	중량법	세균	
프리필터	0~2	5~12	65~85	10~60	피레돈 P15, 롤오마틱
저성능필터	20~30	40~55	75~95	45~65	코스모(50mm), 더스트론 DST55, 하이홀드 C
중성능필터	45~55	60~80	98~99	90~95	더스트론 DST85, 하이홀드B, 바리셀 No.9
고성능필터	65~75	90~95	100	95~99	에어로졸 CP9A, 더스트론 DST95, 하이홀드 A, 바리셀 No.10
전기집진기	45~75	80~95	98~100	90~99	롤오트론, AC롤
HEPA 필터	99.77	100	100	99.999	압솔루트 AF, 아스트로셀, 아토머스 퍼펙트

【주】 본표는 MSA자료(1962년), 켐브리지사 자료 기타를 참고로 하여 저자가 작성

프리필터는 중성능 이상 필터의 프리필터로서 쓰이는 외에 룸쿨러, 또는 패키지 공조기, 팬코일유닛용의 필터로서 널리 이용된다.

오피스빌딩, 호텔, 백화점 등에서는 〈표4.1〉에 나타낸 것처럼 실내공기의 청정도가 규제되어 있어 이것을 만족하기 위해서는 중성능 이상의 필터를 필요로 한다. 고성능필터는 병원 수술실 등의 클린에리어(청정구역) 외에 높은 청정도를 필요로 하는 곳에 쓰인다.

HEPA필터는 가장 높은 효율의 필터이며 각종 클린룸에, 또는 방사성 동위원소(Radioisotope,RI)시설의 배기시 RI제거 등에 쓰인다.

4·6·3 공기냉각코일의 설계법

(1) 냉각코일

냉각코일에서는 직접팽창코일(직팽코일, DX코일)과 냉수코일이 있다. 〈표 4.52〉에 그 비교를 나타낸다.

직팽코일은 패키지, 룸쿨러 등 개별유닛에 한결같이 이용되고 있으며 중앙식 공조에서는 직팽코일과 콘덴싱유닛을 병용하면 냉수코일보다 설비비는 싸다. 그러나 계통이 많고 공조기의 대수가 많

이 분산되어 있을 때는 직팽식은 부적당하다. 또 냉매의 누설 우려가 있다. 핀 형식으로는 헬리컬 핀형(가령, 에로핀코일)과 플레이트형의 2가지가 있으며, 현재는 후자가 일반적으로 쓰인다.

〈표 4.52〉 냉각코일의 종류

	직팽코일	냉수코일
관내 유체	냉매 (R-134a, R-22)	냉수
관내 유체온도	2~5℃	4~10℃(입구측)
열수	3~5열	4~8열

(2) 냉수코일의 설계법

① 공기류와 수류 방향은 〈그림4.20〉에 나타낸 역류로 되게끔 하고, (4.40)식으로 구하는 MTD (Mean Temperature Difference 대수평균온도차)를 될수록 크게 잡는다. *MTD*의 계산도표는 〈그림 1.1〉에 나타낸다.

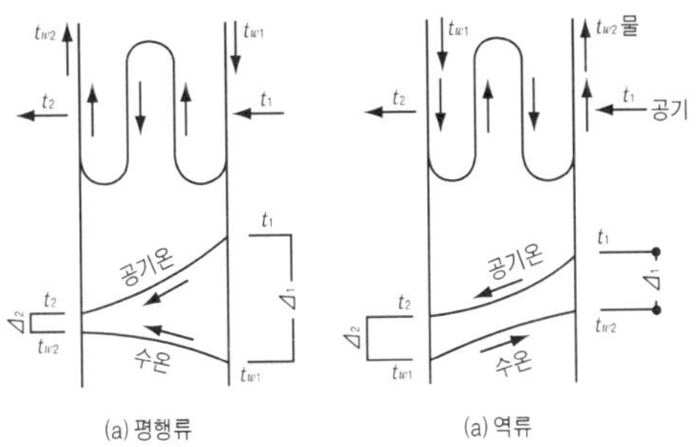

〈그림 4.20〉 역류와 평행류

② $t_2 - tw_2$ = 8℃ 이상으로 잡는다. 이 이하로 할 때는 MTD가 작아져서 코일 열수가 현저히 늘어난다.

③ 코일 열수는 보통의 공기냉각용에서는 4~8열이 많이 쓰인다. t_2가 12℃ 이하일 때나 *MTD*가 너무 작을 때는 8열 이상으로 되는 것도 있다.

④ 코일의 열수는 식(4.38)에 의한 계산결과에 대해 2열 미만은 10% 증가로, 4열 이상에서도 5% 증가로 잡는다. 이것은 코일 전면의 풍속분포가 고르지 않아 미리 계산된 성능이 발휘되지 않기 때문이다.

⑤ 코일을 통과하는 공기의 풍속(v_a)은 전면풍속 v_f가 2~3m/s인 경우가 가장 경제적이다. 만약 코일의 냉각부하가 상당히 클 때는 열수도 커지므로 2m/s 정도의 저풍속으로 하며 코일 전면적을 증가시켜 열수를 작게하여, 마찰저항을 작게한다. 코일에 부착된 수막이 비산되지 않게 하기 위해

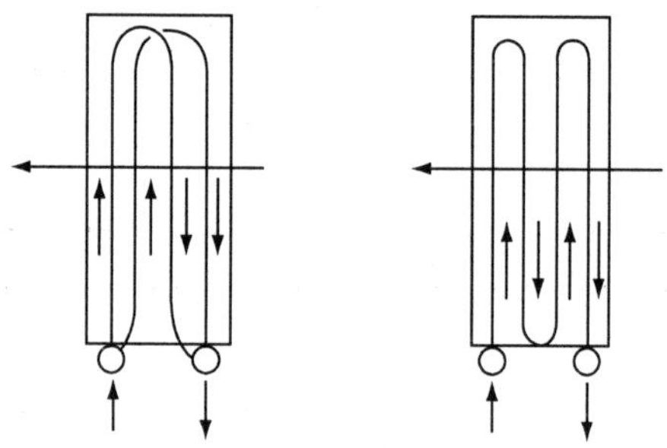

〈그림 4.21〉 냉수코일의 물 흐름방법

서 2.3m/s 이하의 풍속을 이용한다. 이것 이상의 풍속을 이용할 때는 코일 직후에 엘리미네이터를 설치한다.

⑥ 수속 v_w는 보통 1m/s 전후가 이용된다. 너무 크게하면 물의 저항이 증가해 관 내면의 침식 우려가 있기 때문이다. 1.5m/s 이하로 한다. 이 이상의 수속이 되는 경우는 더블서컷(그림 4.21)을 이용해 수속을 작게 한다.

⑦ 수온의 상승(Δt_w)은 보통 5℃ 전후로 잡는다. Δt_w를 크게 하면 수량은 줄어들어 펌프 동력은 작아지지만, 수속 v_w도 작아져 열수는 커진다. 또 입구의 냉수온도 t_{w1}은 3℃ 이상으로 잡지 않으면 결빙의 우려가 있다. t_{w1}을 낮게 잡으면 열수는 작아지지만, 냉동기 동력이 커진다. 지역냉방이나 초고층 건물 등 배관길이가 몹시 길어지는 경우는 펌프동력을 절약하기 위해 $\Delta t_w = 8 \sim 10$℃로 잡는 경우가 많다.

⑧ 코일의 설치는 관이 수평이 되게끔 한다. 수직으로 설치할 때는 핀 면이 수평이 되어, 핀 표면에 고인 물로 인해 전열성능이 상당히 저하한다.

(3) 냉수코일의 계산법

$$q_T = G(h_1 - h_2) \quad \cdots\cdots (4.32)$$

$$q_T = L(t_{w2} - t_{w1}) \quad \cdots\cdots (4.33)$$

$$v_w = \frac{L}{3{,}600\gamma_w a_p n_w} = \frac{CL}{1{,}000 n_w} \quad \cdots\cdots (4.34)$$

$$G = 3600\gamma v_a A \quad \cdots\cdots (4.35)$$

$$Q = 3600\, v_a A \quad \cdots\cdots (4.36)$$

$$q_S = kq_T = KSM(MTD) \quad \cdots\cdots (4.37)$$

$$S = A_a N \quad \cdots\cdots (4.38)$$

$$\frac{1}{M} = 1 + \frac{KR}{\alpha_i}\left(\frac{1}{k} - 1\right) \cdots\cdots\cdots\cdots\cdots\cdots (4.39A)$$

$$k = 0.24(t_1 - t_2)/(h_1 - h_2) \cdots\cdots\cdots\cdots\cdots\cdots (4.39B)$$

$$MTD = \frac{\Delta_1 - \Delta_2}{1n(\Delta_1 - \Delta_2)} = \frac{\Delta_1 - \Delta_2}{2.30\log(\Delta_1/\Delta_2)} \cdots\cdots\cdots (4.40)$$

여기서 역류〈그림 4.20〉(b)에서는 $\Delta_1 = t_1 - t_{w2}$, $\Delta_2 = t_2 - t_{w1}$, $1n = \log_e$ = 자연대수

〈표 4.53〉 C의 값

내경 (mm)	14.6	15.1	16.0	17.0
C	1.66	1.58	1.38	1.23

〈표 4.54〉 냉수코일의 관내 열전달률 α_i (kcal/m²h℃)

수속 (m/s)	0.25	0.5	0.75	1.0	1.5	2.0
α_i	1,080	1,880	2,620	3,300	4,550	5,800

단, q_T, q_S = 코일로 제거하는 전열량 및 현열량 (kcal/h)

G, Q = 각각의 풍량(kg/h 또는 m^3/h)

h_1, h_2 = 공기입구 · 출구의 엔탈피(kcal/kg)

t_1, t_2 = 공기입구 · 출구의 건구온도(℃)

t_{w1}, t_{w2} = 수(水)의 입구 · 출구온도(℃)

L = 수량(kg/h)

r, r_w = 공기 · 물의 비중 (kg/m^3)

v_a, v_w = 공기 및 물의 속도 (m/s)

n_w = 높이 방향 관의 수 (표 4.57)

a_p = 관내의 단면적 (m^2)

$C = 1{,}000/3{,}600\ \gamma_w a_p$(〈표 4.53〉)

k = 코일로서 제거하는 전열량에 대한 현열량의 비

K = 코일의 열관류율(kcal/m^2h℃) (〈그림 4.22〉)

S = 코일의 전표면적 (m^2)

α = 코일의 전표면적 m^2 당의 1열당 표면적(m^2)

A = 코일의 전면적 (m^2), N = 안쪽 방향의 관 열수

M = 습윤계수

$R = S_o/S_i$ = 파이프 내표면적에 대한 외표면적의 비율

α_i = 관내의 열전달률(kcal/m²h℃) (〈표 4.54〉)

(4) 설계예제

【예제 4.11】 풍량 40,000kcal/h인 공기를 t_1 = 35℃, t_1' = 24℃에서 t_2 = 17℃, t_2' = 16℃로 냉각하는 냉수코일을 구하라? 단, 코일은 플레이트핀으로 하고, 그 성능은 〈그림 4.22〉의 점선, 치수는 〈표 4.55〉에 나타낸 것으로 하여 $R = (S_o/S_i)$ = 16.2, a = 22,90, 관내경 d_i = 15.1mm로 한다.

풀이 공기선도에서 h_1 = 17.23, h_2 = 10.70kcal/kg

$$\therefore q_T = G(h_1 - h_2) = 40,000(17.23-10.70) = 261,000\text{kcal/h}$$

t_{w1} = 10℃, t_{w2} = 20℃라고 하면 Δt_w = 10℃

$$\therefore L = q_T/\Delta t_w = 261,000/10 = 26,100\text{kcal/h}$$

전면풍속(v_a)을 2.5m/s로 하여 전면적을 구한다.

(4.35)식에서

$$A = G/(3600\gamma v_a) = 40,000/(3,600\times1.20\times2.50) = 3.704\text{m}^2$$

〈표 4.55〉의 헤더 No.33을 2대 사용하면,

관길이 1m당 전면적 A = 0.836m²이므로 관길이는,

$$\ell = 3.704/(0.836\times2) = 2.215\text{m}$$

즉, ℓ = 2.20m인 것을 사용하면,

$$A = 2.2\times0.836 = 1.839\text{m}^2$$

$$v_a = 40,000/(3600\times1.2\times1.839\times2) = 2.52\text{m/s}$$

다음에 No.33의 관 개수는 22개이고, di = 15.1mm에서 〈표 4.53〉의 C = 1.58이 되고 풀서컷을 이용하면 (4.34)식에서,

$$v_a = CL/1,000\,n_w = 1.58\times26,100/(1,000\times22\times2) = 0.937\text{m/s}$$

이것은 1.50m/s 이하이므로 OK.

v_w = 0.937m/s, v_a = 2.52m로서 〈그림 4.22〉의 점선에서 K = 35kcal/m²h℃

다음으로 M을 구한다. v_w = 0.94m/s 이므로 〈표4.54〉에서 α_i = 2,820이 된다. 또(4.39B) 식으로

$$k = \frac{0.24(t_1 - t_2)}{(h_1 - h_2)} = \frac{0.24(35-17)}{17.23-10.70} = 0.661$$

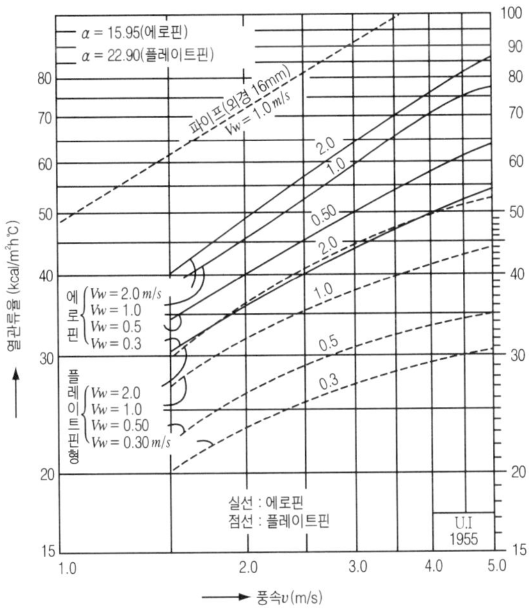

〈그림 4.22〉 냉수코일의 K^*

〈표 4.55〉 헤더 치수와 전면적

헤더 No.	코일폭(b)mm	관길이 1m일 때의 전면적 (m²)	관수 n_w
12	304	0.304	8
15	380	0.380	10
18	456	0.456	12
21	532	0.532	14
24	608	0.608	16
27	684	0.684	18
30	760	0.760	20
33	836	0.836	22
36	912	0.912	24
39	988	0.988	26
42	1,064	1.064	28
45	1,140	1.140	30
48	1,216	1.216	32

$R = S_o/S_i = 16.2$ 이므로 (4.39)식에 대입하여

$$\frac{1}{M} = 1 + \frac{KR}{\alpha_i}\left(\frac{1}{k} - 1\right) = 1 + \frac{35 \times 16.2}{2{,}820}\left(\frac{1}{0.66} - 1\right) = 1.1036$$

$$\therefore M = 0.906$$

* 그림의 에로핀은 Co.의 8형 코일, 플레이트 핀은 트레인 Co.의 값, 그림의 K는 외표면적을 기준으로 하고 일반 카달로그의 K는 전면적을 기준으로 한 Ka를 사용하고 있으므로 주의를 요한다.

한편 t_{w1} = 10, t_{w1} = 20℃이므로

$$\Delta_1 = t_1 - t_{w2} = 35 - 20 = 15$$

$$\Delta_2 = t_2 - t_{w1} = 17 - 10 = 7$$

$$\therefore MTD = \frac{\Delta_1 - \Delta_2}{\ln(\Delta_1 / \Delta_2)} = \frac{15 - 7}{\ln(15/7)} = \frac{8}{0.762} = 10.50$$

따라서 (4.37), (4.38) 식에서

$$N = \frac{q_t \times k}{KAaM(MTD)} = \frac{261{,}000 \times 0.66}{35 \times 3.678 \times 22.90 \times 0.906 \times 10.50} = 6.14\text{열}$$

즉, 7열의 코일을 사용한다.

사용하는 냉수코일로서는 플레이트핀형 코일의 폭 b = 0.836m, 관길이 ℓ = 2.20m, 전면적 A = 1.839m², 안길이 열수 7열의 것을 2대 사용한다.

4 · 6 · 4 가열코일의 설계법

(1) 가열코일

가열코일은 관내에 온수를 통과시키는 경우와 증기를 통과시키는 경우가 있다. 각각 온수코일, 증기코일이라 부른다. 온수코일로서는 앞절에서 기술한 냉수코일과 똑같은 형식의 것을 사용한다. 일반적으로 증기코일은 자동제어의 관점에서는 온수코일에 뒤지지만 열수가 적어지므로 설비비는 싸다. 전에는 증기코일로 에로핀 히터라고 하는 동관 주위에 동 리본을 감은 튜브(헬리컬 핀튜브)로 구성되는 형식이 이용됐지만, 현재는 플레이트핀형이 많이 이용되고 있다.

(2) 온수코일의 설계법

전적으로 냉수코일과 동일하며 다만 (4.37)식의 계수 M을 1.00으로 잡는다.

냉수코일을 온수코일로 겸용할 때는 여름철 조건으로 코일 열수를 정하고, 겨울은 난방부하에 대한 필요 온수온도를 구한다. 출입구 온수의 평균온도 t_{wm} 은 다음 식으로 약산할 수 있다.*

$$t_{wm} \fallingdotseq \frac{t_{a1} + t_{a2}}{2} + \frac{q_T}{KAN} \quad \cdots\cdots (4.41)$$

그러므로, 입구수온 t_{w1}은

$$t_{w1} = t_{wm} + \frac{q_T}{2L} \quad \cdots\cdots (4.42)$$

* 이 식은 개략적이며 정확한 것은 문헌(404) 참조

위 식에서 t_{a1} , t_{a2} = 입구 · 출구공기의 건구온도(℃)
다른 기호는 (4.32)~(4.38) 식과 동일

(3) 증기코일의 계산법

여기서는 에로핀 히터를 이용하는 증기코일 설계법을 나타낸다.

$$A = \frac{k_V G}{4,300\, v_a} \quad \cdots\cdots (4.43)$$

$$q_T = KA\left(t_s - \frac{t_1 + t_2}{2}\right)N \quad \cdots\cdots (4.44)$$

$$G_S = \frac{q_T}{\gamma} = \frac{0.24}{\gamma} G(t_2 - t_1) \quad \cdots\cdots (4.45)$$

A = 정면면적 (m²) (〈표 4.57〉)
G = 풍량 (kg/h)
v_a = 정면풍속 (m/s)
k_V = 용적보정계수 (〈표 4.58〉)
q_T = 가열량 (kcal/h) [×4.18kJ/h]
K = 열관류율(kcal/h℃ m² 정면면적) [kJ/m²hK] (〈표 4.56〉)
t_1 , t_2 = 공기의 입구 · 출구온도(℃)
t_s = 증기온도(℃)
G_s = 증기소비량 (kg/h)
γ = 증기의 증발잠열 (kcal/kg) [×4.18kJ/kg]

증기코일의 정면풍속 v_a는 일반적으로 3m/sec 전후, 스페이스가 작을 때는 최대 5m/sec까지 잡을 수 있다.

〈표 4.56〉 에로핀 히터의 열관류율 K (증기용) (6핀/25.4mm인 경우)

정면풍속 v_a (m/sec)	1.5	2.0	2.5	3.0	3.5	4.0	4.5
K(kcal/m²h℃) [×4.18kJ/m²hK]	285	345	410	455	500	525	560

〈표 4.57〉 에로핀 히터의 정면면적 (관길이1m 당)

전열관수 (본)	12	15	18	21	24
전폭 (mm)	525	625	739	846	950
정면면적 (m²)	0.447	0.545	0.660	0.760	0.875
전장은 관길이 플러스 215mm					

〈표 4.58〉 용적보정계수 k_V

$(t_1+t_2)/2$ (℃)	−10	0	+10	+20	+21	+30
k_V	1.118	1.075	1.035	1.002	1.000	0.972

【예제 4.12】 예제 4.8에서 재열기에 온수사용의 플레이트 핀코일을 이용한다. 온수온도를 입구 60℃, 출구 50℃로 할 때의 코일을 설계하시오?

풀이 앞의 예제 4.11에 이용한 형식의 플레이트 핀코일을 이용한다. a = 22.90m²

예제 4.8에서 q_R = 72,800kcal/h G = 20,800kg/h

$$h_1 = 6.4\text{kcal/kg} \quad h_2 = 9.9\text{kcal/kg} \quad t_1 = 10℃ \quad t_2 = 24℃$$

$$L = 72{,}800/(60-50) = 7{,}280\text{kg/h}$$

코일은 헤더 No.33, 관수 n_w = 22, ℓ = 2.20m의 것 1대를 사용하면 A = 1.839m²

$$\therefore v_a = G/3{,}600\gamma A = 20{,}800/(3{,}600\times1.2\times1.839) = 2.6\text{m/s}$$

수속(水速)은 (4.34)식을 이용하고 C =1.58 이므로,

$$v_w = 1.58\times7{,}280/(1{,}000\times22) = 0.51\text{ m/s}$$

v_a = 2.6m/s v_w = 0.51m/s에 의해 〈그림 4.20〉에서 K=30kcal/m²h℃

또 $\Delta_1 = 60-24 = 36$, $\Delta_2 = 50-10 = 40$

$$\therefore MTD = (40-36)/\ln(40/36) = 38.0$$

즉, (4.37),(4.38)식을 이용하고 M = 1.00으로 하여 열수는

$$N = \frac{72{,}800}{30\times1.839\times22.90\times1.00\times38} = 1.58$$

즉, 2열의 것을 이용한다.

【예제 4.13】 위의 예제를 에어로핀 히터를 이용한 증기코일로서 풀이하시오? 사용증기는 압력 0.3atg, t_s = 106℃로 한다.

풀이 풍속을 4m/s로 하면 공기의 평균온도는 (24+10) /2 = 17℃에서

k_v = 1.002 이므로 (4.43)식으로

$$A = k_V G/(4{,}300 v_a) = 1.002\times20{,}800/(4{,}300\times4) = 1.21\text{m}^2$$

〈표 4.56〉에서 v_a = 4m/s 이므로 K = 525 를 써서

$$\text{N} = \frac{q_T}{KA\{t_1-(t_1+t_2)/2\}} = \frac{72{,}800}{525\times1.21(106-17)} = 1.29\text{열}$$

이것에 의해 2열의 것을 이용한다.

4·6·5 가습용 에어와셔의 설계법

4·6·1에서 설명한 것처럼 일찍이 에어와셔는 일반적으로 냉각가습용에 사용되고 있었으나, 최근에는 오로지 냉각코일이 사용된다. 그래서 일반건물에서 에어워셔는 가습용으로 밖에 사용되지 않는다. 따라서 이 책에서는 설계법에 대해서는 냉각가습인 경우는 생략하고*, 가습인 경우만 설명한다.

(1) 에어워셔의 기능

우선 다음과 같이 기호를 정한다. (본절 공통)

〈표 4.59〉 에어워셔의 기호 일람

	건구 (℃)	습구 (℃)	절대습도(kg/kg)	엔탈피(kcal/kg)	수온(℃)
워셔 입구	t_1	t'_1	x_1	h_1	t_{w1}
워셔 출구	t_2	t'_2	x_2	h_2	t_{w2}

수량이 상당히 많고 출입구의 수온차가 5℃ 이하인 경우를 고려할 수 있다. 이 경우, 에어와셔의 출구공기 상태는 입구공기 상태와 출구수온 상태의 중간이 된다. 즉, 공기선도(〈그림 4.21〉)에서 입구공기를 P점(t_1, h_1)으로 하고 출구수온을 t_{w2}라 하면, 온도 t_{w2}인 포화선상의 B점과 P를 연결하는 선상에 출구공기의 상태 B' 가 있다고 고려해도 된다.

그러므로 $t_{w2} < t_1'$ 일 때는 엔탈피는 $h_2 < h_1$ 이 되어 에어워셔 내에서는 반드시 공기의 열을 빼앗아간다. 대개의 경우는 이 때, 냉각감습 B($t_2 < t_1$, $x_2 < x_1$)가 되어 Δx 만큼 공기중의 수분은 감소한다. B점이 P를 지나가는 수평선 PQ보다 위로 나오면 출구공기는 C'점으로 되어 냉각가습(즉 $t_2 < t_1$, $x_2 > x_1$)이 되는 경우가 많다.

t_{w2} 가 P점의 습구온도 A점과 일치할 때, 이것을 단열가습 또는 증기식 냉각법이라 한다. 이 때는 $t_2 < t_1$, $x_2 > x_1$ 이 되지만, $h_1 = h_2$로 되어 워셔 내에서 공기 엔탈피는 변화하지 않는다. 즉 물을 가열도 냉각도 하지 않고 순환스프레이 하면 공기온도는 낮아지고 절대습도는 증가한다. 이 경우 출구공기의 상태를 A' 라 하면 AP에 대한 A' P의 길이의 비, 즉$(t_1 - t_2)/(t_1 - t')$가 되는 비를 단열가습의 포화효율이라고 한다.

또 t_{w2} 의 온수분무 또는 증기분무일 때 P는 D 또는 E점을 향해 변화한다. D점과 같이 $t_{w2} > t_1'$일 때는 워셔 내 통과공기의 엔탈피는 증가한다.

즉, 열이 가해진다. 특히 t_{w2} 가 E점으로 될 때, 즉 $t_{w2} > t_1$ 일 때는 공기의 온도도 증가한다.

* 냉각감습용 에어워셔의 설계법 문헌(404)을 참조할 것

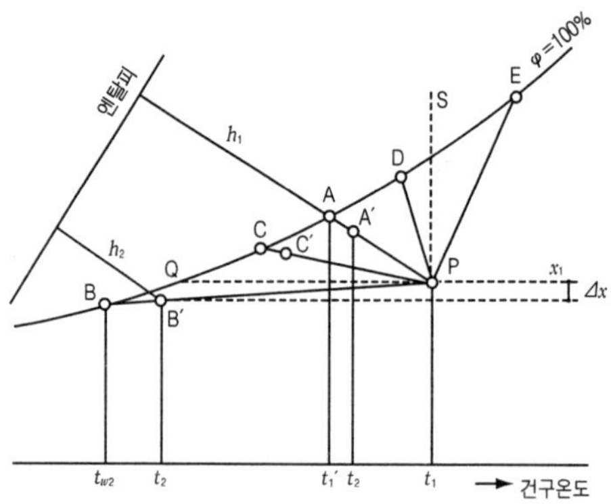

〈그림 4.23〉 에어워셔 내의 상태변화

(2) 단열가습시의 포화효율

$$\eta_s = \frac{t_1 - t_2}{t_1 - t'_1} \quad \cdots\cdots (4.46)$$

〈표 4.60〉 에어워셔의 단열포화효율

형	기류방향과 분무방향	효율(η_s)	최소길이(m)		
			ℓ_1	ℓ_2	ℓ_3
(A)	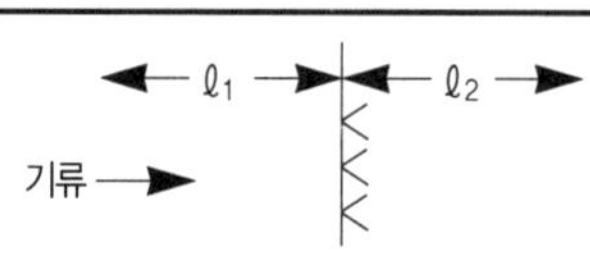	60~70%	0.3	1.2	0
(B)	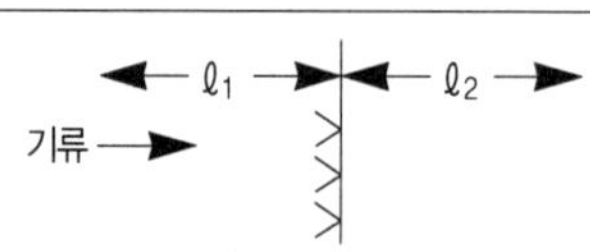	65~75%	1.05	0.75	0
(C)	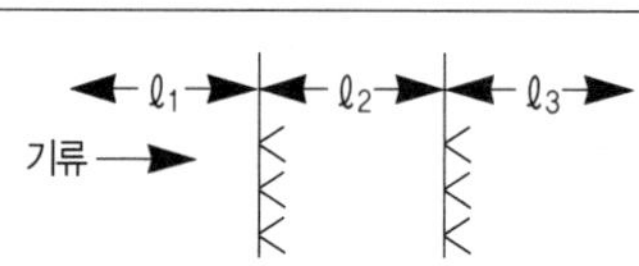	85~90%	0.3	0.6	1.2
(D)	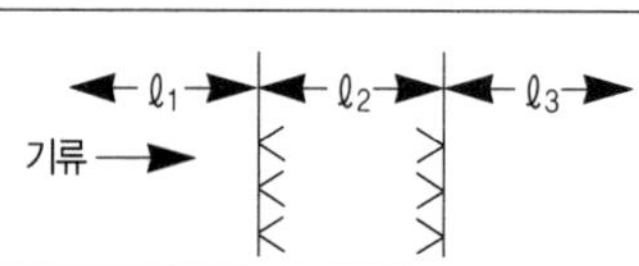	90~95%	0.3	1.05	0.75
(D)	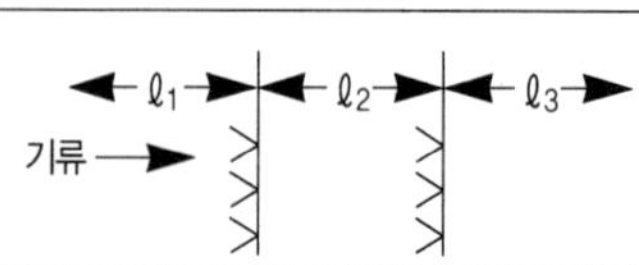	90~95%	0.75	0.60	1.05

(3) 온수분무의 경우

가습열량을 q_h(kcal/h)라 하면

$$q_h = G(h_2 - h_1) = L(t_{w1} - t_{w2}) \cdots\cdots (4.47)$$

여기서 G, L = 풍량, 수량(둘다 kg/h)

h_2, h_1 = 에어워셔 출구, 입구의 엔탈피(kcal/kg)

t_{w2}, t_{w1} = 에어워셔 출구, 입구의 수온(℃)

【예제 4.14】 예제 4.8의 단열가습용 에어워셔를 결정하라?

풀이 입구 t_1 = 15℃ t_1' = 9℃, 출구 t_2 = 10℃이므로, (4.45)식에서

$$\eta_s = \frac{t_1 - t_2}{t_1 - t'_1} = \frac{15-10}{15-9} = 0.83$$

η_s = 83%이기 때문에 〈표 4.60〉의 (C), (D), (E)형 중, 하나를 이용한다.

【예제 4.15】 예제 4.8에서 혼합점 ③을 온수분무의 에어와셔에 통과시켜, ⑤점으로 할 때의 분무 수온과 가습열량점을 구하시오?

풀이 〈그림 4.24〉와 같이 입구 ③은 t_3 = 11.8℃ h_3=5.7kcal/kg, 출구⑤′는 t_5=10℃ h_5=6.4kcal/kg로 되고, 이 두 점을 연결하는 선과 교차점은 9.3℃로 되어, 이것이 에어워셔의 출구수온 t_{w2}가 된다.

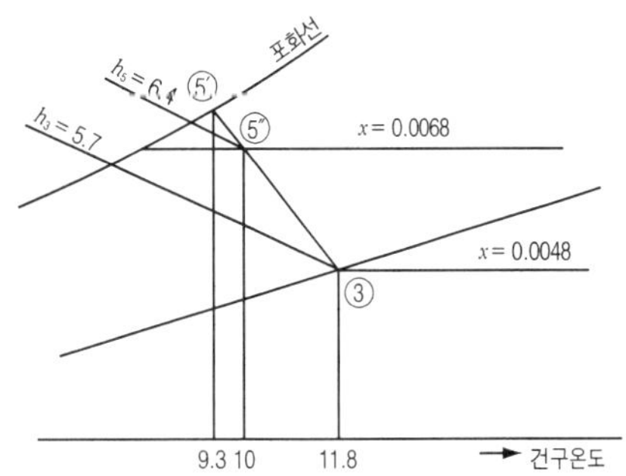

〈그림 4.24〉 온수분무

(4.47)식에서 가습열량은

$q_h = G(h_2 - h_1)$ = 20,800(6.4−5.7)

= 14,600kcal/h

그러므로 입구수온은 (4.47)식에서 L = 15,600kg/h로 하여

$t_{w1} = t_{w2} + (q_h/L)$

= 9.3+(14,600/15,600) = 10.2℃

4·6·6 전열교환기의 설계법

(1) 설치방법

〈그림 4.25〉와 같이 외기의 취입덕트와 배기덕트 사이에 설치하고, 배기열을 회수하여 외기에 줌으로써, 외기부하를 대폭적으로 절감할 수 있다. 그림중 점선으로 표시된 덕트는 외기냉방시에 이

용하는 것이며 외기 냉방이 없는 경우에 생략할 수 있다.

전열교환기라 불리는 이유는 열교환기 표면에 특수흡습재(리튬클로라이드, 실리카겔 분말 등)가 칠해져 있고, 현열과 동시에 잠열 교환도 할 수 있기 때문이다. 이 때문에 공기선도상의 변화는 [예제 4.16]에 나타낸 것처럼 경사선상의 변화가 된다.

(2) 효율

전열교환기의 효율은 외기와 배기의 엔탈피를 〈그림 4.26〉과 같이 잡아

$$\text{겨울}: \eta = \frac{\Delta h_O}{\Delta h} = \frac{h_{O2} - h_{O1}}{h_{E1} - h_{O1}} \quad \cdots\cdots (4.48)$$

$$\text{여름}: \eta = \frac{\Delta h_O}{\Delta h} = \frac{h_{O1} - h_{O2}}{h_{O1} - h_{E1}} \quad \cdots\cdots (4.49)$$

이 효율은 메이커에 따라 다르지만, 배기량 Q_E가 외기량 Q_O와 같을 때는 60~75%로 되고, Q_E가 Q_O보다 작아지면 〈그림 4.27〉에 나타낸 것같이 감소한다.

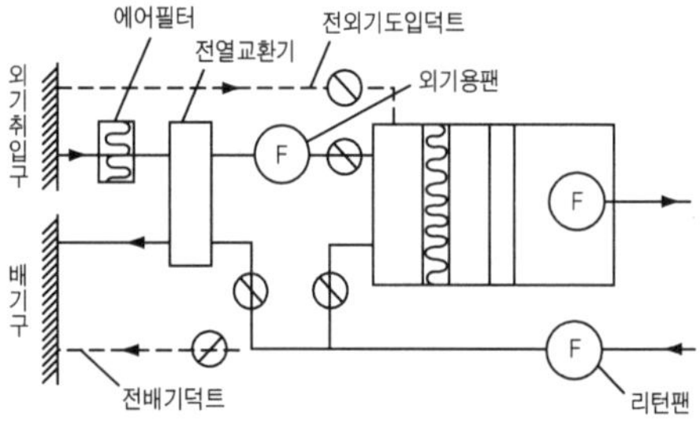

〈그림 4.25〉 전열교환기 주위의 덕트 배치도

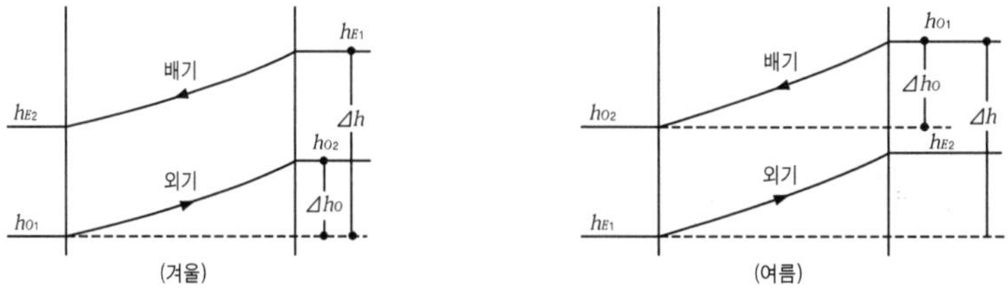

〈그림 4.26〉 전열교환기 내의 엔탈피 변화

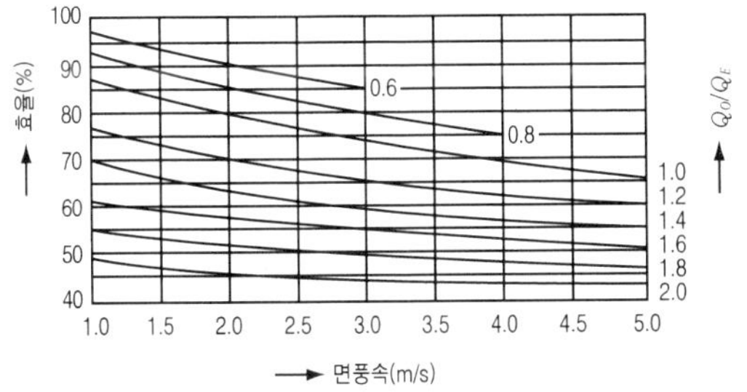

〈그림 4.27〉 전열교환기의 효율

(3) 고정식 전열교환기

〈그림 4.28〉과 같은 구조로 되어 있으며, 그 성능은 앞에서 설명한 대로이다.

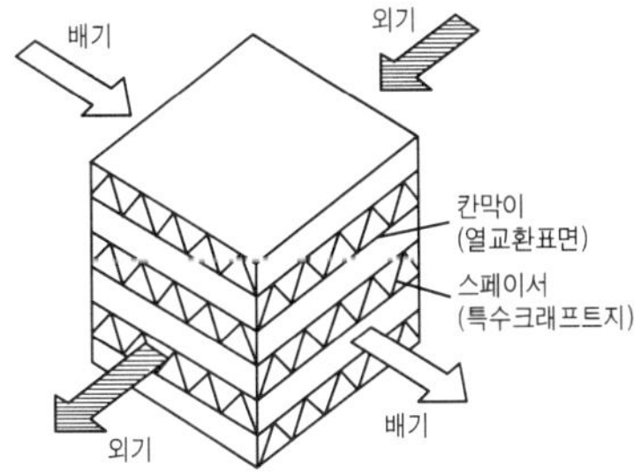

〈그림 4.28〉 고정식 전열교환기

【예제 4.16】 앞의 [예제 4.9]에서 효율이 70%인 전열교환기를 이용하는 경우를 풀이하라?

풀이 〈그림 4.29〉의 ① ② ⑥점은 [예제 4.9]와 동일하다. 전열교환기를 이용하면 외기는 배기와 열교환되어 ① ②를 연결하는 선상으로 이동하여 효율 70%일 때는 $\overline{1\ 2}$의 길이를 1:0.7로 분할한 점 ⑦이 된다. 즉,

$$h_7 = h_1 + \eta(h_2 - h_1) = 0.9 + 0.7(8.2 - 0.9) = 6.0$$

이 점을 외기의 점으로 생각하고, 혼합공기의 점 ③은 혼합비 k가 0.346이므로,

$$h_3 = kh_7 + (1 - k)h_2 = 0.346 \times 6.0 + 0.654 \times 8.2 = 7.44$$

③점에서 수평선을 긋고, 이것과 ⑥을 통과하는 μ = 641 선과의 교점을 ④라 하면 h_4 = 9.3이 된다. 그러므로

$$\text{예열량}\ q_p = 20{,}800(9.3 - 7.44) = 38{,}700$$

$$\text{가습량}\ q_H = 20{,}800(9.9 - 9.3) = 12{,}500$$

$$\therefore q_p + q_H = 51{,}200$$

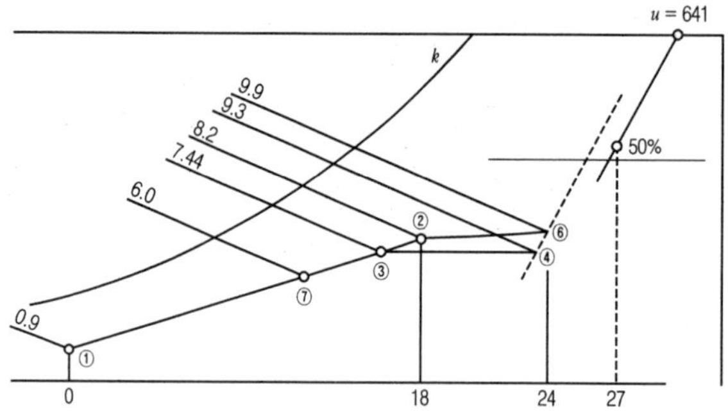

〈그림 4.29〉

(검산) 이번의 외기부하는 전열교환기에 의해 [예제4.9]의 $(1-\eta)$배로 된다. 즉,

$$q_F = (1-0.7)\times(8.2-0.9)\times7{,}200 = 15{,}800$$

$$q_S + q_L = 30{,}000 + 5{,}000 = 35{,}000$$

합계 50,800kcal/h

가 되고 오차는 1% 이내로 되어 OK.

즉, 외기부하가 감소하기 때문에 전체 부하는 [예제 4.9]의 87,300kcal/h의 60% 이하가 되는 것을 알 수 있다.

4 · 7 배관 설계법

4 · 7 · 1 각종 배관방식

(1) 개방식과 밀폐식

개방식 배관이란 배관 도중에 공기와 접하는 개방수조(예를들면, 축열조, 냉각탑 또는 에어워셔의 수조)가 있는 것을 말한다. 밀폐식 배관이란 온수난방의 배관처럼 개방수조가 없는 것을 말한다. 이 경우 장치내 물의 팽창량을 수용하기 위한 팽창탱크를 필요로 한다. 개방식은 밀폐식에 비해 ①순환펌프의 양정에 압상양정을 더해야 하므로 펌프동력이 커지고, 또 ②관내가 부식하기 쉬운 결점이 있다.

(2) 단식펌프와 복식펌프

공조존의 수가 적을 때는 〈그림 4.30〉(A)와 같이 열원용 펌프에 의해 공조기까지 물을 순환시킨다. 이것을 단식펌프방식이라 한다. 이에 반해 〈그림 4.30〉(B)와 같이 열원용 펌프와 공조기용 펌프를 따로 할 때는 복식펌프방식이라 한다. 복식펌프인 경우, 전자를 1차펌프(Primary Pump), 후자를 2차펌프(Secondary Pump)라 한다. 그림(B)와 같이 각 존마다 송수온도를 바꾸는 경우 외에, 2차펌프의 대수제어를 할 때 등은 복식펌프방식을 이용한다.

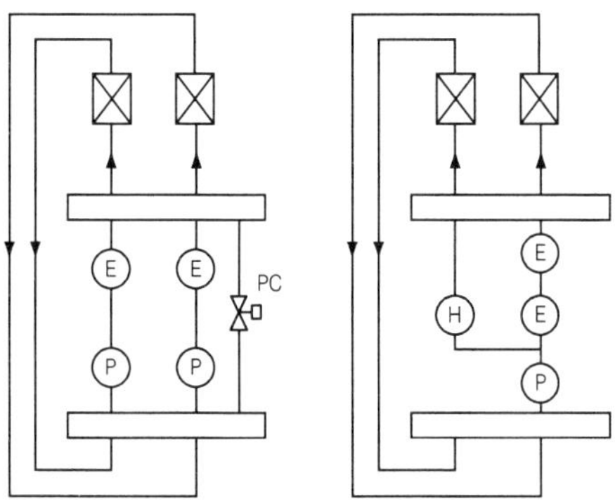

P : 펌프 H : 열교환기(또는 보일러) E : 증발기(에버포레이터)
⊠ : 공기조화기 또는 실내유닛 PC : 차압조정밸브

〈그림 4.30〉(A)단식펌프의 배관계통도

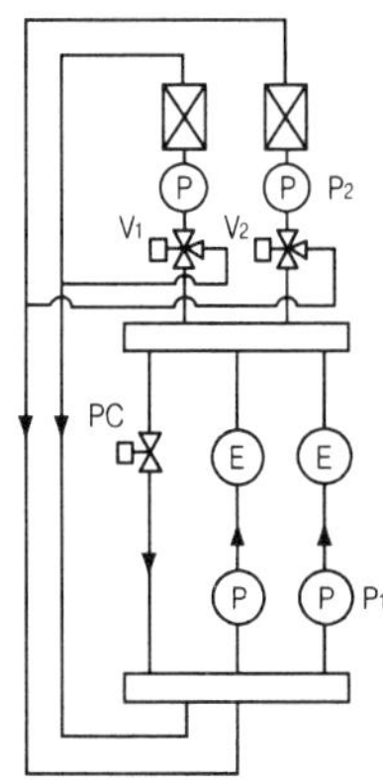

〈그림 4.30〉(B) 복식펌프의 배관계통도

4·7·2 배관경 설계법

가스관을 이용하는 배관 설계는 〈그림4.31〉에 나타낸 마찰저항선도를 이용해 설계한다. 펌프동력의 에너지절약을 도모하기 위해, 긴 배관일수록 낮은 저항을 이용한다. 즉, 제일 먼 기구까지의 배관경로를 주경로(Index Circuit)서 선택하고, 이것에 관한 배관의 왕복전장($\Sigma\ell$)이 200m 전후일 경우는 저항을 R = 50mmAq/m(그림의 1점쇄선)로 하고, $\Sigma\ell$이 60m 전후일 때는 R = 200mmAq/m(그림의 점선)를 이용해 관경을 선택한다. 단, 어느 경우라도 수속은 2m/s 이하로 한다. $\Sigma\ell$가 60～200m 사이에서는 R = 50과 200 사이에서 내삽법으로 R을 결정한다.

【예제 4.17】〈그림 4.31〉에 나타낸 3대의 냉수코일 A, B, C에 이르는 2차 배관의 관경을 구하고, 2차펌프 P_2의 사양을 구한다. 여기서 A, B, C의 제거열량은 모두 90,000kcal/h로 하고, 냉수온도는 공급 7℃ 환수 12℃로 한다.

풀이 코일 1대당 냉수량은 식(4.33)에 의해,

$$L = \frac{90,000}{(12-7)} = 18,000\text{kg/h} = 300\ell/\text{min}$$

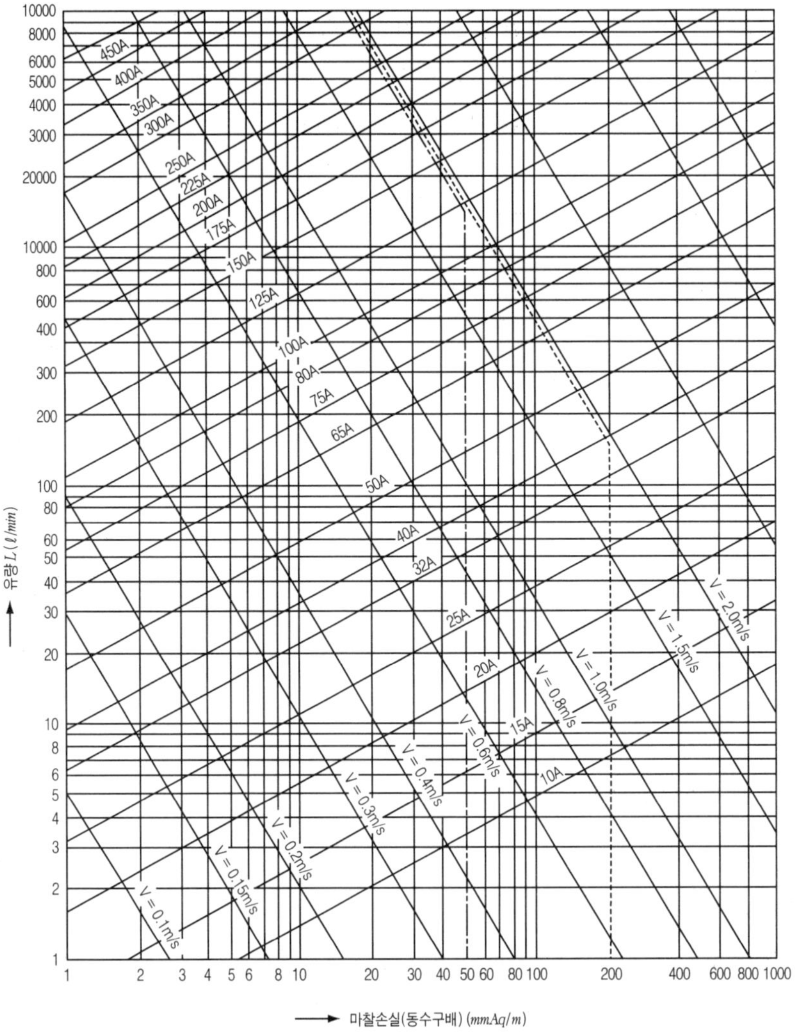

〈그림 4.31〉 물을 통과하는 가스관의 저항선도

다음에 〈표 4.61〉을 준비한다.

이 경우, 배관의 전장은 (5)난의 합계에서 186m가 되어, 200m에 가까우므로, 여기서는 R = 50으로 관경을 선택한다. 즉, g f e d 구간에서는 L = 900ℓ/min과 R = 50의 교차점에서 가장 가까운 관경 100A를 선정한다. 반대로 100A관에 900ℓ/min를 통과시킬 때의 저항은 900의 수평선과 100A관의 교차점에서 R = 53이 되므로 이것을 (4)난에 기입한다. (6)난의 국부저항 상당길이는 〈표 2.75〉를 이용하며, 예를들면 g f e d 사이는 다음과 같이 15m가 된다.

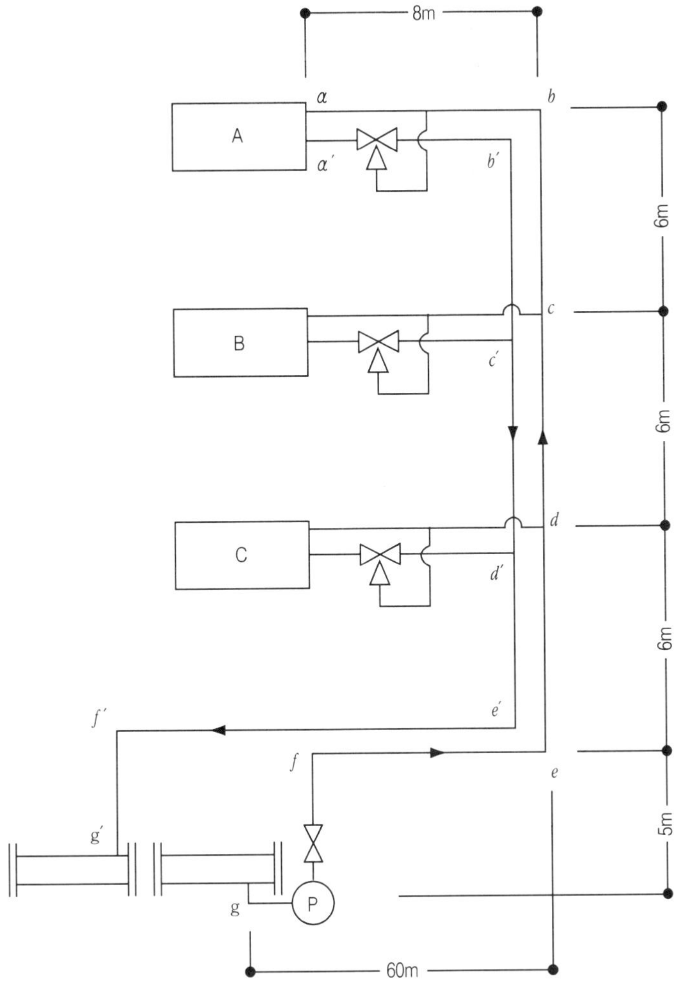

〈그림 4.32〉 배관설계 예제

〈표 4.61〉

	(1) 구간	(2) 유량 (L)	(3) 관경 (d)	(4) 저항 (R)	(5) 배관길이 (ℓ)	(6) 국부저항상당길이	(7) $\ell + \ell'$	(8) $R(\ell + \ell')$
송수	gfed	900	100A	53	71	15	86	4,558
	dc	600	100A	24	6	2	8	192
	cba	300	65A	56	14	7	21	1,176
환수	a′b c′	300	65A	56	14	8	22	1,232
	c′d′	600	100A	24	6	2	8	192
	d′e′f′g′	900	100A	53	75	18	93	4,929
합계					186			12,279

표준엘보 (100A) 3개 ×3.1m = 9.3m
티이직통 (100A 동경) 1/2개 ×2m = 1.0m
헤더출구 (탱크 출구를 잡는다) = 3.1m
게이트밸브 100A(전개) = 1.4m

합계 14.8m ≒ 15m

(7)난은 (5)의 ℓ과 (6)의 ℓ′ 의 합 (ℓ+ℓ′)를 기입하고 (4)난 R과 (ℓ+ℓ′)의 곱을 (8)난에 기입한다. 이것이 각 구간의 저항이 되고, 이 합 12,279mm 즉 12.3m가 배관의 전저항이 된다.

이것에 냉각코일의 저항(여기서는 4.0mAq로 한다)과 코일용 제어밸브의 저항 (주위의 밸브, 스트레이너 등을 더해 6mAq로 한다)을 더한 것이 펌프의 양정이 된다. 즉,

$$12.3 + 4.0 + 6.0 = 22.3\text{m} \rightarrow 25\text{m}$$

따라서 냉수펌프는 100A×900ℓ/min×25m×11kW로 된다.

제5장 냉동기설비

5·1 냉동기의 종류

5·2 압축식 냉동기

5·3 흡수식 냉동기

5·4 응축기와 증발기

5·5 냉각탑

5·6 히트펌프

제5장 냉동기설비

본장에서는 주로 공조용 냉동기, 히트펌프 및 이것에 관련된 냉각탑 등에 대해서 설명하기로 한다.

5·1 냉동기의 종류

공조용 냉동기로서 일반적으로 이용되고 있는 형식을 〈표 5.1〉에, 그 특성 비교를 〈표 5.2〉에 나타낸다. 최대능력시의 동력소비량 및 성적계수(coefficient of performance, COP)의 비교를 〈표 5.3〉에, 부분부하시 에너지 입력(압축식은 소요동력, 흡수식은 증기소비량)의 비교를 〈그림 5.1〉에 나타낸다. 〈표 5.3〉의 1차에너지 환산값은 4·2·6(2)의 각주 참조

〈표 5.1〉 냉동기의 종류

		특성·용도	공조용의 용량(RT)
압축식	원심식(터보식)	대량의 가스 압축에 적합하고, 대용량의 공조 및 히트펌프에 이용된다.	100 ~ 7,000
	왕복식(레시프로식)	압축비가 높을 경우에 적합하고, 소용량의 공조, 히트펌프에 이용된다.	0.25~180
	로터리식	소형 가동날개형 전밀폐식 압축기, 주택, 차량용	0.75 ~ 5.5
	스크류식	회전식의 한 종류로서 압축비가 높을 경우에 적합하고, 대형의 공기열원 히트펌프에 이용된다.	50 ~ 1,000
흡수식		증기 (또는 고온수)를 열원으로 하고 압축용 전력은 필요없다. 공조용으로 전용된다.	50 ~ 1,000
증기분사식		증기 분사로 진공을 만드는 형식으로 코스트는 싸지만 사용증기량 및 냉각수량이 많아 거의 사용되지 않는다.	50 ~ 600

〈표 5.2〉 각종 냉동기의 비교

	왕복식		스크류식	터보식	흡수식
	직팽형	냉수형			
설비비(소규모)	A	B	D	C	D
설비비(대규모)	–	B	D	A	C
운전비	B	C	B	B	A
용량제어성	C	C	A	B	A
보수관리의 용이	C	B	B	A	C
설치면적	A	B	B	C	D
필요 천장높이	A	B	B	B	C
운전시의 중량	A	B	B	C	D
진동소음	C	C	D	B	A

【주】 표중의 A, B, C, D는 그 순서에 따라 불리해지는 것을 나타낸다.

〈표 5.3〉 각종 냉동기의 성적계수(COP)

종류		명칭	능력 (RT)	동력소비 (kW/RT)(kg/RTh)	COP	
					2차에너지	1차에너지
전동식	냉방용	왕복식 · 로터리식	20 ~ 40	1.1	3.2	1.12
		스크류식	100 ~ 500	1.07	3.3	1.16
		터보식	200 ~ 500	0.98	3.6	1.26
	히트펌프	터보식(열회수)	200 ~ 500	1.0 / 0.86	3.5 / 5.1	1.2 / 2.43
		공기열원 왕복식 · 로터리식	20 ~ 40	1.23 / 1.16	2.84 / 4.0	1.0 / 2.1
		공기열원 스크류식	100 ~ 1,000	1.05 / 1.86	3.33 / 3.1	1.2 / 1.7
흡수식		단효용	100 ~ 1,000	8.2 (kg/Rth)	0.58	0.50
		이중효용	100 ~ 1,000	4.8 (kg/Rth)	1.30	1.11
		가스연소 냉온수발생기	100 ~ 1,000	0.63 (m^3/Rth)	0.97	0.83

【주】 냉수는 전동식 7/12℃, 흡수식 8/13℃, 냉각수 입구는 모두 32℃, 히트펌프는 온수 40/45℃에서 동력과 COP의 A/B는 *A*(냉방시) *B*(난방시)를 나타낸다.

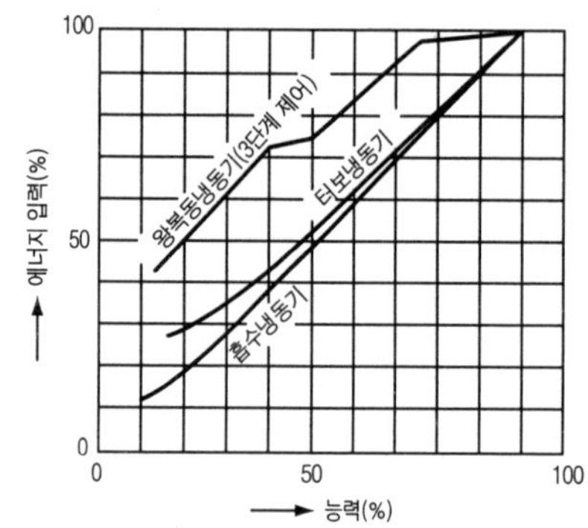

〈그림 5.1〉 각종 냉동기의 제어성

5 · 2 압축식 냉동기

5 · 2 · 1 냉동사이클

(1) 소요동력과 COP

압축식 냉동기에서는 냉매를 압축하고 이 가스를 응축기(condenser)내에서 고온으로 응축해서 냉매액으로 하고, 이것을 팽창 밸브(또는 캐필러리관)를 통해 감압하여 증발기 내에서 증발하고 이 증발열로 주위의 물 또는 공기를 냉각한다. 증발한 가스는 다시 압축기로 되돌아간다. 이 1사이클의 과정을 냉동사이클이라고 한다. 응축기로 응축했을 때 주위의 물 또는 공기에 주는 열을 q_C(kcal/h),

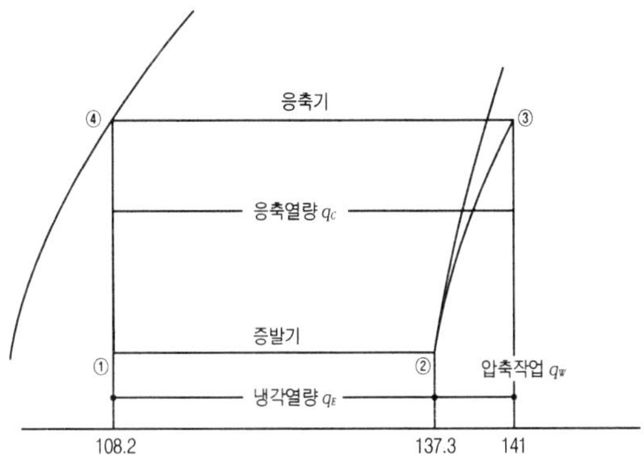

〈그림 5.2〉 몰리에르 선도상의 냉동사이클

증발기로 주위에서 뺏은 열(냉동효과)을 q_E(kcal/h), 압축기에서 압축에 필요한 일량을 q_W(kcal/h)라고 하면

$$q_C = q_E + q_W$$

실제의 압축기 소요동력을 P_W(kW), 그 효율을 η_W로 하면

$$q_W = 860\eta_W P_W$$

냉방용 냉동기의 성적계수 COP_1는

$$COP_1 = \frac{q_E}{q_W} = \frac{q_E}{860\eta_W P_W}$$

또 히트펌프의 성적계수 COP_2는 분자가 응축열량 q_C로 되어,

$$COP_2 = \frac{q_C}{q_W} = 1 + \frac{q_E}{q_W} = 1 + COP_1$$

이상과 같은 냉동사이클로 순환하는 유체를 냉매(refrigerant)라고 하며, 그 주요한 것을 〈표 5.4〉에 나타낸다. 〈표 5.5〉에 각종 냉매의 포화압력을 나타낸다.

(2) 압축식 냉동기의 종류

또 압축식 냉동기에는 용적형, 원심형 등이 있다. 용적형은 왕복식 또는 스크류식과 같이 일정량의 가스용적을 잡아넣어 그 용적을 축소시킴으로써 압축하는 것이며, 원심형은 터보냉동기와 같이 원심력에 의해서 가스를 압축하는 방식이다.

〈표 5.4〉 각종 냉매표 (문헌 501)

명 칭	화학방정식	용 도	사용온도 범위*	압축기의 종류	독 성
암모니아	NH_3	일반제빙냉장용	중, 저	왕복식	있음
R - 22	$CHClF_2$	냉방냉장용	저, 극저	왕복식, 스크류식	없음
R - 123	$CHCl_2CF$	냉방용	중	원심식	약간 있음
R - 134a	CH_2FCF_3	냉방용	중	왕복, 원심, 스크류식	없음

【주】*(고)는 0℃ 이상, (중)은 0~-20℃, (저)는 -20~60℃, 극저는 -60℃ 이하

〈표 5.5〉 냉매 포화압력표(ata) (문헌 501)

온 도(℃)	R-22	R-123	R-134a	암모니아
-30	1.68		0.866	1.219
-25	2.06		1.090	1.546
-20	2.51		1.359	1.940
-15	3.03		1.677	2.410
-10	3.63	0.213	2.051	2.666
-5	4.11	0.271	2.487	3.619
0	5.10	0.337	2.991	4.379
5	6.00	0.428	3.571	5.259
10	7.00	0.523	4.233	6.271
15	8.59	0.639	4.985	7.427
20	9.35	0.777	5.834	8.741
25	10.73	0.937	6.789	10.225
30	12.25	1.212	7.856	11.895
35	13.95	1.335	9.046	13.765
40	15.80	1.578	10.365	15.850
45	17.81	1.856	11.824	18.165
50	20.00	2.169	13.433	20.727

(3) 증발온도와 응축온도

〈그림 5.3〉과 같이 압축식 냉동기는 증발온도가 낮아질수록 압축작업이 증가해서 COP는 악화된다. 또 응축온도가 높아질수록 냉동효과는 작아지고 압축작업이 늘어나 COP는 악화된다. 따라서 설

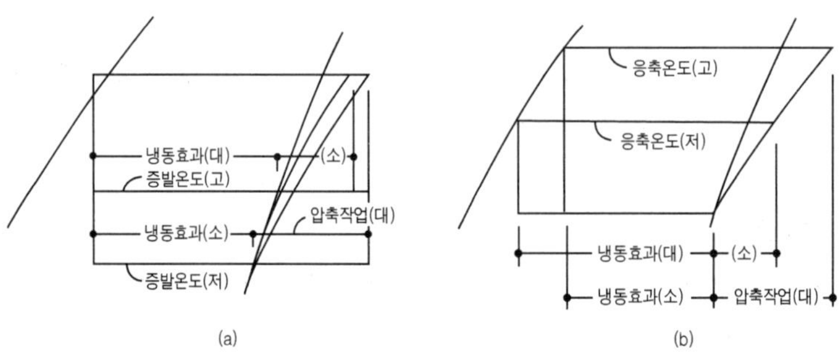

〈그림 5.3〉 t_C, t_E의 변화에 의한 성능변화

계시 증발온도는 냉수 출구온도 마이너스 5℃(직팽식의 경우는 공기 출구온도 마이너스 10℃) 정도로 잡고, 응축온도는 출구의 냉각수온도 플러스 5℃ 정도로 선택하는 경우가 많다.

5·2·2 왕복식 냉동기와 스크류 냉동기

(1) 왕복식 냉동기

(a) 압축기, 응축기, 팽창밸브, 증발기의 전부를 완비한 것을 냉동기라고 한다. 특히 〈그림 5.4〉(b)와 같이 증발기로 물을 냉각하는 것을 워터 칠러 또는 수냉각 유닛(water chiling unit)이라고도 한다. 이에 대해 〈그림 5.4〉(a)와 같이 압축기, 응축기와 제어장치를 일체화 한 것을 특별히 콘덴싱 유닛이라 한다.

〈그림 5.5〉에는 수냉각 유닛과 보일러를 조합한 경우의 배관계통도를 나타낸다.

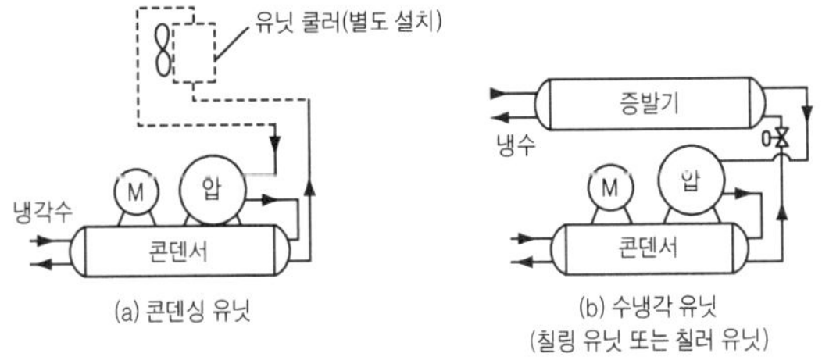

〈그림 5.4〉 콘덴싱 유닛과 수냉각 유닛

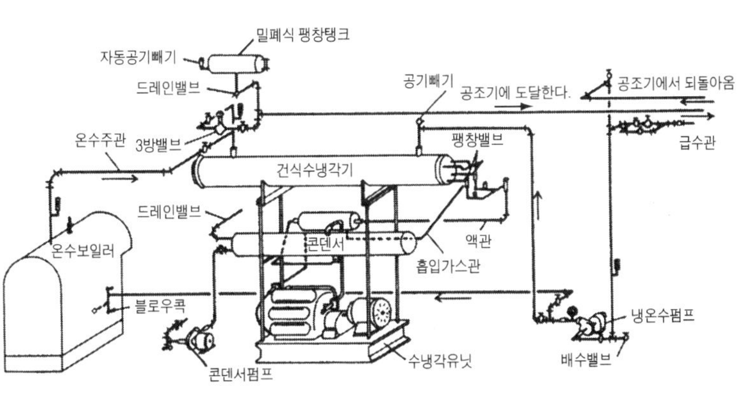

〈그림 5.5〉 수냉각 유닛의 배관계통도

(b) 왕복식 냉동기의 장점은 코스트가 싸고 또 압축비를 높일 수 있으며, 터보 냉동기와 같은 서징의 우려가 없으므로 룸 쿨러, 패키지 공조기 등의 유닛에는 히트 펌프형을 포함하여 대부분 왕복식

이 이용되고 또 100RT 이내의 소규모 공조에 〈그림 5.5〉와 같은 형식으로 널리 사용되고 있다.

(2) 스크류 냉동기

스크류 압축기는 회전식 압축기(rotary compressor)의 일종으로 1965년대 후반부터 대형(100RT 이상) 공기열원 히트펌프(Air Source Heat Pump, 이하 ASHP)용으로 전용되고 있다. 이 ASHP는 증발기, 응축기를 하나의 유닛으로 제작하는 경우가 많다.

이 기계의 장점은 왕복식과 같이 압축비를 높게 잡을 수가 있어 서징의 우려가 없고 또 저부하시 COP는 왕복식보다 우수하다. 다만 제작이 까다롭고, 코스트는 압축식 냉동기 중에서 가장 비싸다.

왕복식과 회전식을 총칭해서 용적형이라 하며, 압력비가 높은 압축에 적합하다.

5·2·3 터보 냉동기

앞에 설명한 용적형에 대해서 터보 냉동기는 원심식(centrifugal compressor)으로 대용량의 냉매 가스 압축에 적당하다. 따라서 100~7,000RT의 대형 냉동기에 이용된다. 건축용으로는 100~1,000RT의 단단형이 이용되고 지역냉방용으로는 1,500~7,000RT의 다단형이 많이 이용된다.

히트 펌프에 이용할 경우에는 압축비가 냉방시보다 커지며, 단단형은 큰 압축비에서는 서징 때문에 제어범위가 좁아지므로 40℃ 이상의 온수온도가 필요하고 제어범위를 넓게 잡을 때에는 1,000RT 이하라도 다단형을 이용하는 것이 좋다.

5·3 흡수식 냉동기

5·3·1 개요

흡수식 냉동기(absorption refrigerating machine)의 장점은 ①압축기가 없어 진동, 소음이 적고, ②대형 모터가 없기 때문에 전력사용량이 적고, 수전설비도 작게 된다. ③전력에 비해 연료비의 단가가 싸므로 운전비가 싸다. ④〈그림 5.1〉과 같이 제어성이 좋고 제어범위도 압축식보다 넓다는 등의 점이다. 한편 단점은 ①냉각탑, 냉각수펌프 등의 용량이 압축식의 2배 가까이 되므로 이것을 포함하면 설비비는 터보식보다 비싸다. ②크기가 커서 기계실은 커진다. (다)보일러를 여름에도 가동해야 하고, 보일러실의 환기, 굴뚝 위치 등에 주의해야 하는 것 등이다.

5·3·2 단효용 흡수식 냉동기

(1) 기능과 구조

일중효용이라고도 하며 〈그림 5.6〉과 같은 구성이다. 이 경우, 냉매로는 물을 사용하고 흡수제로는 리튬브로마이드(lithium bromide)를 사용한다. 증발기 및 흡수기 내부는 0.010ata(절대압력)(7.4mmHg) 이하의 진공으로 유지되어 있다. 예를 들면 0.0089ata로 하면 이에 상당하는 수증기의 포화온도는 5℃로 되어 증발기 내로 분무된 물은 5℃의 수증기 및 물방울이 된다. 이 때문에 증발기 내의 냉수관 중 냉수는 7~8℃까지 냉각된다. 이 5℃의 수증기는 흡수기 내에서 리튬브로마이드 농축용액의 분무물방울에 의해 흡수되어 위의 진공이 유지된다. 흡수기 안에서 물을 흡수한 리튬브로마이드 희석용액은 펌프에 의해 재생기로 보내진다. 여기서 110℃의 증기에 의해 가열되고 용액중의 물은 증발되어 약 0.10ata(80mmHg)의 수증기로 되며, 이 수증기는 응축기에서 냉각되어 물이 되는 것이다. 이 물을 고진공의 증발기 내로 분무한다. 재생기에서 수분을 증발한 용액은 농축용액이 되어 다시 흡수기로 되돌아간다.

즉 흡수식에서는 압축식 냉동기의 작용을, 흡수기와 재생기가 한다.

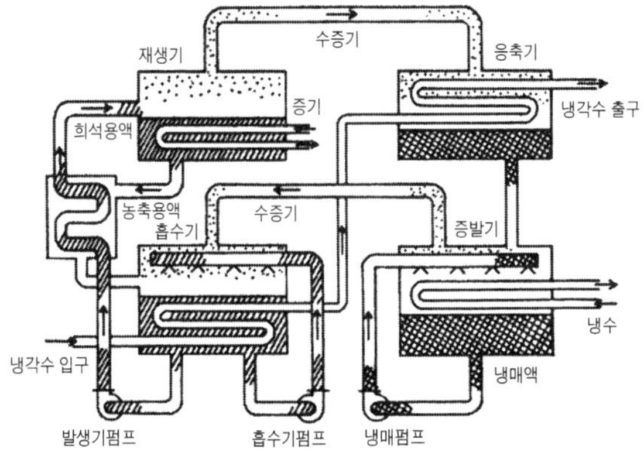

〈그림 5.6〉 흡수식 냉동기의 기능

(2) 소비량과 능력

단효용 흡수식에서는 가열원으로써 1.0atg(게이지 압력) 전후의 증기(또는 급수 148℃, 환수 120℃의 고온수)가 이용되며, 그 소비량은 대략 RT당 8.3kg/h 정도이다. 이 소비량은 〈표 5.6〉과 같이 냉수온도가 낮아질수록 냉각수온도는 높아질수록 증가한다. 또 표와 같이 압력 1.0atg 이하의 증기도 사용할 수 있지만, 압력이 낮아질수록 능력은 감소하고 동시에 효율이 나빠진다.

즉 도쿄(東京), 오사카(大阪)지구의 일반 건축에서는 냉방부하, 난방부하가 연면적당 90 및

80kcal/m²h로 되어 흡수식의 연면적당 증기소비량은 다음과 같다.

$$(90/3{,}024) \times 8.3 = 0.247\text{kg/m}^2\text{h}$$

또 난방용 보일러 능력은 연면적당

$$(80/534) = 0.150\text{kg/m}^2\text{h}$$

로 되어 단효용 흡수식에 사용되는 보일러는 난방용 보일러 대비 약 1.6배의 능력이 필요하게 된다.

〈표 5.6〉 단효용 흡수식 냉동기의 각종 조건 하에서 냉동능력 RT, 증기소비량 SC(kg/h) 및 SC/RT(kg/h)

<table>
<tr><th colspan="2">냉각수</th><th rowspan="2">증기압력
(atg)</th><th rowspan="2">냉수출구온
(℃)</th><th colspan="13">냉수 출구온도(℃)</th></tr>
<tr><th>입구온(℃)</th><th>수량(ℓ/min)</th><th></th><th colspan="2">5</th><th colspan="2">6</th><th colspan="2">7</th><th colspan="2">8</th><th colspan="2">9</th><th colspan="2">10</th></tr>
<tr><td rowspan="3">32</td><td rowspan="3">3,960</td><td rowspan="3">1.0</td><td rowspan="3">변동</td><td>RT</td><td colspan="2">302</td><td colspan="2">317</td><td colspan="2">331</td><td colspan="2">343</td><td colspan="2">359</td><td colspan="2">368</td></tr>
<tr><td>SC</td><td colspan="2">2,589</td><td colspan="2">2,689</td><td colspan="2">2,763</td><td colspan="2">2,832</td><td colspan="2">2,931</td><td colspan="2">2,971</td></tr>
<tr><td>SC/RT</td><td colspan="2">8.57</td><td colspan="2">8.48</td><td colspan="2">8.34</td><td colspan="2">8.26</td><td colspan="2">8.16</td><td colspan="2">8.07</td></tr>
<tr><td rowspan="5">32</td><td rowspan="5">3,960</td><td rowspan="5">변동</td><td rowspan="5">8</td><th colspan="13">증기압력(atg)</th></tr>
<tr><th></th><th colspan="3">0.4</th><th colspan="3">0.6</th><th colspan="3">0.8</th><th colspan="3">1.0</th></tr>
<tr><td>RT</td><td colspan="3">276</td><td colspan="3">316</td><td colspan="3">346</td><td colspan="3">365</td></tr>
<tr><td>SC</td><td colspan="3">2,266</td><td colspan="3">2,580</td><td colspan="3">2,825</td><td colspan="3">2,980</td></tr>
<tr><td>SC/RT</td><td colspan="3">8.21</td><td colspan="3">8.16</td><td colspan="3">8.16</td><td colspan="3">8.16</td></tr>
<tr><td rowspan="5">변동</td><td rowspan="5">3,960</td><td rowspan="5">1.0</td><td rowspan="5">8</td><th colspan="13">냉각수 입구온도(℃)</th></tr>
<tr><th></th><th colspan="4">28</th><th colspan="4">30</th><th colspan="4">32</th></tr>
<tr><td>RT</td><td colspan="4">409</td><td colspan="4">377</td><td colspan="4">343</td></tr>
<tr><td>SC</td><td colspan="4">3,284</td><td colspan="4">3,061</td><td colspan="4">2,832</td></tr>
<tr><td>SC/RT</td><td colspan="4">8.02</td><td colspan="4">8.11</td><td colspan="4">8.26</td></tr>
</table>

(3) 냉각탑의 능력

증발기의 냉각열량을 q_E, 증기의 열량을 q_S, 응축기의 방출열량(냉각탑의 능력)을 q_C (모두 kcal/h)라고 하면

$$q_C = q_E + q_S + 860\text{kW}$$

여기서 kW는 냉매펌프, 흡수기펌프 등의 냉동기 부속펌프의 합계동력(kW)

【예제 5.1】 200RT(1RT = 3,024kcal/h)의 냉각탑의 능력을 구하시오?

풀이 흡수식 냉동기의 증기소비량 8.3kg/RTh(증기압력 1atg, 증발잠열 γ = 526kcal/kg) 부속펌프 kW의 합계를 5.5kW라고 하면

$$q_E = 200 \times 3{,}024 = 604{,}800$$

$$q_S = 200 \times 8.3 \times 526 = 873{,}160$$

$$860\text{kW} = 860 \times 5.5 = 4{,}730 \quad (+$$

$$\therefore q_C = 1{,}482{,}690\text{kcal/h}$$

즉 q_C/q_E 는 2.45로 되어 이것은 압축식의 2배 가까이 된다. 즉, 냉각탑의 능력은 압축식의 2배 정도가 필요하며, 냉각수량은 입구를 32℃, 출구를 39.5℃로 하면 압축식의 1.5배 가까이 된다.

5·3·3 이중효용 흡수식 냉동기

(1) 구조

〈그림 5.7〉에 그 다이어그램을 나타낸다. 단효용과는 달리, 재생기에 고온재생기와 저온재생기가 있으며, 전자는 8atg, 175℃의 증기로 가열하여 110℃의 저압 증기를 발생하고 이 저압증기는 저온재생기로 들어가서 용액을 가열하고 응축기로 들어간다. 즉 용액은 고온재생기와 저온재생기에서 농축되어 농축용액으로 되고 이것이 흡수기로 들어간다.

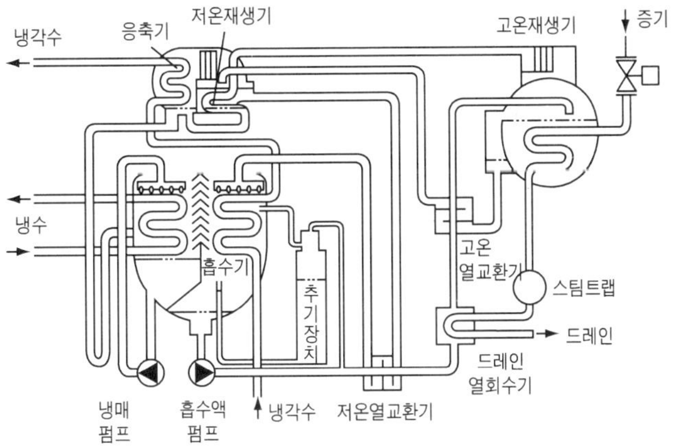

〈그림 5.7〉 이중효용 흡수식 냉동기

(2) 소비증기량

이로 인해 소비증기량은 〈표 5.7〉과 같이 최근의 것은 8atg의 증기로서 RT당 4.5kg/h 정도로 되어 단효용의 약 절반이 된다. 〈표 5.7〉의 구형은 1974년 당시, 신형은 1978년의 기종이며, 신형은 구형에 비해 20% 정도의 에너지절약 효과가 있다. 냉수온도의 저하에 대해서는 〈표 5.7〉에서 볼 수 있는 것과 같이 단효용식과 마찬가지로 현저히 능력(RT)은 감소한다. 압력 4.5~5atg의 증기에서도 특수형의 이중효용식으로 열교환면을 증대한 형(이것은 코스트 증가로 이어진다)을 이용하면 4~4.5kg/RTh 정도의 증기소비량으로 운전할 수 있다.

(3) 장점

이중 효용식의 경우는 다음 예제와 같이 증기소비량의 감소분 만큼 냉각열량 q_C 는 감소하고 따라서 냉각수량도 적어진다.

【예제 5.2】 [예제 5.1]을 이중효용식의 경우로 해서 풀이하시오? 증기량은 8atg(γ = 485kcal/kg) 이며 4.5kg/RTh로 한다. 이것을 환수열교환기로 80℃까지 냉각해서 기기 밖으로 배출하는 것으로 한다.

풀이 이 경우는 증기의 포화온도 175℃에서 80℃로 환수온도가 떨어질 동안의 열량 q_S' 도 이용되어 q_C에 가해진다.

$$q_E = 200 \times 3{,}024 = 604{,}800$$
$$q_S = 200 \times 4.5 \times 485 = 436{,}500$$
$$q_S' = 200 \times 4.5 \times (175-80) = 85{,}500$$
$$860\text{kW} = 860 \times 5.5 = 4{,}730 \quad (+$$
$$\therefore q_C = 1{,}131{,}530\text{kcal/h}$$

즉 q_C는 단효용인 경우의 76%가 된다.

〈표 5.7〉 이중효용식의 냉동능력 RT와 증기소비량 SC

형 식	냉수출 · 입구온도 (℃)	냉동능력 RT (kg/h)	증기소비량 SC (kg/h)	SC/RT (kg/h)	냉각수 유량 (m³/h)
AW-100E1S	12 → 7	352 (100)	440	4.40	100
AW-120E1S		422 (120)	528	4.40	120
AW-150E1S		527 (150)	660	4.40	150
AW-180E1S		633 (180)	792	4.40	180
AW-210E1S		738 (210)	924	4.40	210
AW-240E1S		844 (240)	1,060	4.42	240
AW-280E1S		985 (280)	1,230	4.39	280
AW-320E1S		1,125 (320)	1,410	4.41	320
AW-360E1S		1,266 (360)	1,580	4.39	360
AW-400E1S		1,407 (400)	1,760	4.40	400
AW-450E1S		1,582 (450)	1,980	4.40	450
AW-500E1S		1,758 (500)	2,200	4.40	500
EW-560E1		1,969 (560)	2,470	4.41	560
EW-630E1		2,215 (630)	2,780	4.41	630
EW-700E1		2,461 (700)	3,080	4.40	700
EW-800E1		2,813 (800)	3,520	4.40	800
EW-900E1		3,465 (900)	3,960	4.40	900
EW-1000E1		3,516 (1,000)	4,400	4.40	1,000

5 · 3 · 4 냉온수발생기

이중효용 흡수식 냉동기의 고압재생기에 증기를 통과시키는 대신에 〈그림 5.8〉과 같이 이곳을 보일러의 형식으로 해서 가스(또는 기름)를 때는 형식을 직접연소식 2중효용 흡수식 냉동기 또는 냉온수발생기라고 한다.

겨울에는 이 기계로 60℃ 전후의 온수를 만들어 난방을 한다. 이 온수를 만드는 방법은 각사마다 다르나 〈그림 5.8〉에 나타낸 형식은 고온재생기에서 발생한 증기를 열교환기로 끌어들여 여기서 온수를 가열한다. 표준형은 온수온도가 60℃이기 때문에 직접난방 용도로 80℃ 이상의 온수가 필요

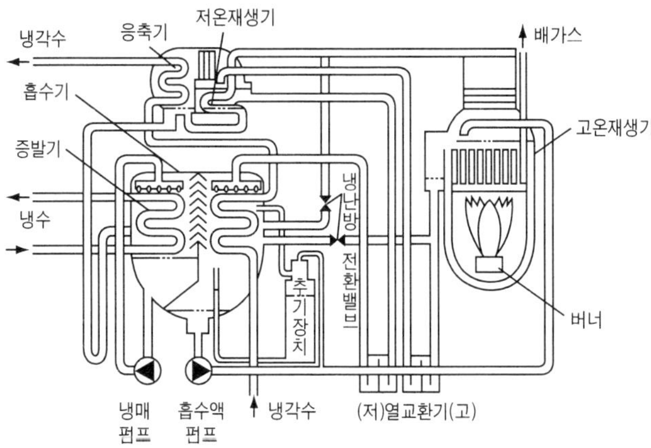

〈그림 5.8〉 냉온수발생기

〈표 5.8〉 (A) 냉온수발생기의 능력

형 식	냉수/온수 출입구온도(℃)	냉동능력 RT kW(kg/h)	가열능력 kW(kcal/h)	연료접속 배관구경
AUW-100E1G/K	12 → 7/ 50.8 → 55	352 (100)	294 (253,000)	50A
AUW-120E1G/K		422 (120)	353 (303,600)	
AUW-150E1G/K		527 (150)	441 (379,500)	
AUW-180E1G/K		633 (180)	530 (454,400)	
BUW-210E1G/K		738 (210)	618 (531,300)	100A
BUW-240E1G/K		844 (240)	706 (607,200)	
BUW-280E1G/K		985 (280)	824 (708,400)	
BUW-320E1G/K		1,125 (320)	941 (809,600)	
CUW-360E1G/K		1,266 (360)	1,059 (910,800)	
CUW-400E1G/K		1,407 (400)	1,177 (1,012,000)	
DUW-450E1G/K		1,582 (450)	1,324 (1,138,500)	
DUW-500E1G/K		1,758 (500)	1,471 (1,265,000)	
EUW-560E1G/K		1,969 (560)	1,646 (1,416,000)	50A
EUW-630E1G/K		2,215 (630)	1,853 (1,593,000)	
EUW-700E1G/K		2,461 (700)	2,059 (1,771,000)	
EUW-800E1G/K		2,813 (800)	2,353 (1,024,000)	
EUW-900E1G/K		3,465 (900)	2,648 (2,277,000)	
EUW-1000E1G/K		3,516 (1,000)	2,942 (2,530,000)	

〈표 5.8〉 (B) 냉온수발생기의 가스소비량 GC(m³/h)

<table>
<tr><th rowspan="2">형 식</th><th colspan="3">가스소비량 GC(m³N/h)</th><th colspan="3">GC/RT</th></tr>
<tr><th>18.8MJ/m³N</th><th>20.9MJ/m³N</th><th>46MJ/m³N</th><th>18.8MJ/m³N</th><th>20.9MJ/m³N</th><th>46MJ/m³N</th></tr>
<tr><td>AUW-100E1G/K</td><td>66.7</td><td>66.7</td><td>27.3</td><td rowspan="19">0.7</td><td rowspan="6">0.7</td><td rowspan="19">0.3</td></tr>
<tr><td>AUW-120E1G/K</td><td>80.0</td><td>80.0</td><td>32.7</td></tr>
<tr><td>AUW-150E1G/K</td><td>100.1</td><td>100.1</td><td>40.9</td></tr>
<tr><td>AUW-180E1G/K</td><td>120.0</td><td>120.0</td><td>49.1</td></tr>
<tr><td>BUW-210E1G/K</td><td>140.0</td><td>140.0</td><td>57.3</td></tr>
<tr><td>BUW-240E1G/K</td><td>160.0</td><td>160.0</td><td>65.4</td></tr>
<tr><td>BUW-280E1G/K</td><td>187.0</td><td>168.0</td><td>76.4</td><td rowspan="13">0.6</td></tr>
<tr><td>BUW-320E1G/K</td><td>213.0</td><td>192.0</td><td>87.3</td></tr>
<tr><td>CUW-360E1G/K</td><td>240.0</td><td>216.0</td><td>98.2</td></tr>
<tr><td>CUW-400E1G/K</td><td>267.0</td><td>240.0</td><td>109.0</td></tr>
<tr><td>DUW-450E1G/K</td><td>300.0</td><td>270.0</td><td>123.0</td></tr>
<tr><td>DUW-500E1G/K</td><td>333.0</td><td>300.0</td><td>136.0</td></tr>
<tr><td>EUW-560E1G/K</td><td>373.0</td><td>336.0</td><td>153.0</td></tr>
<tr><td>EUW-630E1G/K</td><td>420.0</td><td>378.0</td><td>172.0</td></tr>
<tr><td>EUW-700E1G/K</td><td>467.0</td><td>420.0</td><td>191.0</td></tr>
<tr><td>EUW-800E1G/K</td><td>533.0</td><td>480.0</td><td>218.0</td></tr>
<tr><td>EUW-900E1G/K</td><td>600.0</td><td>540.0</td><td>245.0</td></tr>
<tr><td>EUW-1000E1G/K</td><td>667.0</td><td>600.0</td><td>273.0</td></tr>
</table>

할 때에는 특별주문을 해야 한다.

〈표 5.8〉과 같이 신형은 가스소비량이 감소되어 5,000kcal/m²의 가스로서 0.65m³/hRT 전후가 되고 더욱이 0.56m³/hRT 정도의 에너지절약형도 생산되고 있다.

5·4 응축기와 증발기

5·4·1 응축기(Condenser)

응축기로 제거하는 열량 q_C는 증발기의 냉각열량 q_E에 비해 전술한 것 같이 압축식에서 q_C/q_E= 1.25~1.30, 흡수식에서 약 2.5(단효용), 약 2.0(이중효용)으로 된다. 이것에 대한 응축기의 필요표면적 S_C(m²)는 다음식으로 구할 수 있다.

$$q_C = K_C S_C MTD$$

여기서 q_C = 응축기의 제거열량(응축열량) kcal/h

K_C = 응축기의 열교환표면의 열관류율 (kcal/m²h℃)(〈표 5.9〉)

$$MTD = \frac{\Delta_1 - \Delta_2}{\ln(\Delta_1 / \Delta_2)}$$

$$\Delta_1 = t_c - t_{w1},\ \Delta_2 = t_c - t_{w2}$$

t_c = 응축온도 (℃)

t_{w1}, t_{w2} = 냉각수의 입구 · 출구온도 (℃)

수냉식에서는 냉매와 물의 평균온도차 *MTD*를 6~11℃, 공랭식에서는 6~13° 로 잡는다. 냉각탑을 사용할 경우와 같이 수온이 높을 때는 수냉식에서는 4~6℃로 잡는다. 또 연간 운전시간이 길 때는 *MTD*를 작게 해 응축온도를 낮게 하는 편이 동력비 절약에 유리해진다.

응축기 냉각용수량의 대략적인 기준을 다음 표에 나타낸다. 수량이 커지면 *MTD*가 내려가므로 응축압력을 줄인다.

콘덴서 펌프의 수량은 상기 필요수량의 5~10% 늘리고, 양정은 지하수를 사용할 때는 펌프의 흡입높이, 압상높이에 콘덴서 저항을 더하고, 이것에 배관저항으로서 10~20%의 할증을 한다. 냉각탑을 사용할 때는 냉각탑 탱크수면으로부터 탑내의 살수장치까지의 높이, 콘덴서 저항, 배관 저항의 합계가 된다. 스프레이식 냉각탑에서는 이것에 스프레이 노즐의 필요압력을 더한다.

〈표 5.9〉 응축기의 각 종류의 *K*(문헌 502)

	K (kcal/m²h℃)	
수냉식	400 ~ 550 500 ~ 700	횡형, 핀 부착관 횡형, 핀 없는 관
증발식(에바콘)	α_1 = 38 ~ 50kcal/m²hΔh	20A관, 핀 없음
공랭식	20 ~ 25 25 ~ 30	핀 부착관 핀 부착

【주】 상기표의 *K*값은 수냉식인 경우는 수속 1~2m/sec, 증발식 · 공냉식은 2~3m/sec에 대한 값

〈표 5.10〉 압축냉동기의 응축용수량 (증발열량당 ℓ/min RT)

냉각수입구온도(℃)	15	20	25	30	32
응축수량(ℓ/min RT) 출입구 수온 차(℃)	5 12	7 8.6	9.5 6.3	12 5.0	13 4.6

【주】 수온차는 (응축열/증발열) = 1.2일 것

5 · 4 · 2 증발기(Evaporator)

공조용 증발기에는 수냉각기와 공기냉각용 직팽코일이 있다. 후자는 〈4 · 6 · 3〉에서 설명했으므로 본항에서는 수냉각기에 대해 설명한다.

이 기기는 원통다관식(shell and tube type)만이 이용되고 있다. 이것에는 건식(물이 관외)과 만액식(물이 관내)의 2종류가 있다.

전열의 관점에서 보면 후자가 좋지만 냉매충진량은 전자가 적다.

에어와셔의 수냉각용 등과 같이 물이 오염될 우려가 있을 때에는 청소하기가 쉬운 만액식이 더 좋다.

$$q_E = K \cdot S \cdot MTD \quad \cdots\cdots \quad (5.1)$$

q_E = 수냉각열량 (kcal/h)

K = 열관류율 (kcal/m²h℃) 〈(표 5.11)〉

S = 표면적 (m²)

MTD = 냉매와 물의 평균온도차 (℃)

수냉각기용 순환펌프의 양정은 ①수냉각기의 저항, ②공기냉각코일 또는 에어워셔의 저항 (혹은 분무압력), ③도중의 배관저항, ④압상높이 등 4개의 합계이며, 밀폐식 배관에서는 ④는 0이 된다.

수냉각기의 저항은 만액형에서는 소형 2mAq, 대형 5mAq, 건식에서는 1~7mAq의 정도이다.

〈표 5.11〉 수냉각기의 *K* (kcal/m²h℃)

수 속		온도차 (℃)			
		3	5	7	10
만	0.75m/s	K = 325	400	460	
액	1.0	400	500	560	
식	1.5	520	600	660	
건식			480	560	580

5 · 4 · 3 냉매배관

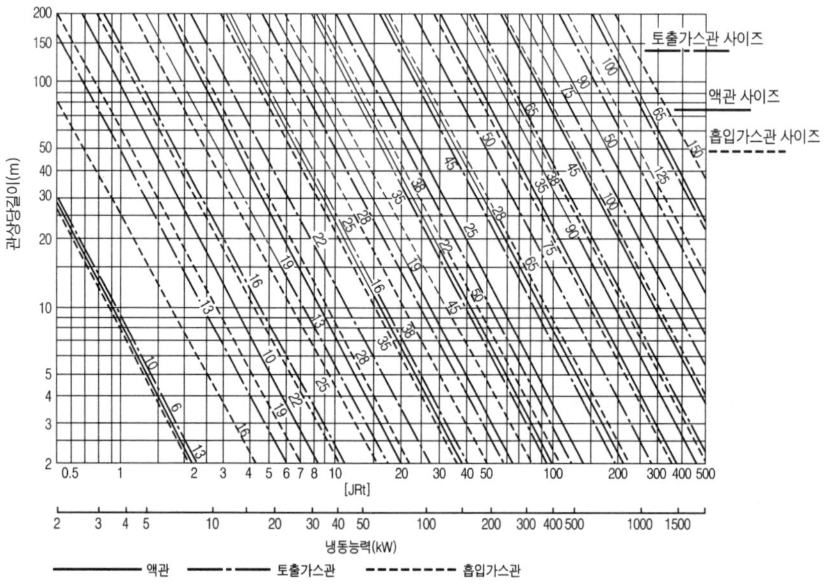

【주】 여기서 1JRt(일본냉동톤) = 3.86kW이다.

〈그림 5.9〉 R22 관경 결정도(흡입온도 5℃, 응축온도 40℃) (1℃ 압력손실에 대한 관경) (503)

5 · 5 냉각탑

5 · 5 · 1 각종 냉각용수의 냉각법

일본에서는 설치면적의 관계상 기계통풍식 냉각탑만이 사용된다.

부지내 못(Pond)의 분수를 이용해서 분무지로 사용할 것을 건축가들이 자주 제안하지만 〈표 5.12〉와 같이 기계식 냉각탑에 비해 못의 면적이 100배 이상 필요하고 또 바람에 의한 물방울의 캐리오버(Carry over)*가 커 용수비의 점에서 불리해지므로 주의해야 한다. 자연통풍식 냉각탑은 외기의 평균습구온도가 21℃ 이상인 경우에는 경제적으로 불리하다고 한다. 형태가 상당히 크고 유럽에는 그 예가 많지만 일본에서는 동북지방 및 홋카이도를 제외하고는 부적당하다.

〈표 5.12〉 냉각용수의 냉각법 **

종류		바닥면적 당 냉각능력(kcal/m²h)	높이(m)
냉각지 (cooling Pond)		40~100	0
분무지 (spray Pond)		1,500~3,000	1.5
냉각탑	대기식	5,000~15,000	3~5
	자연통풍식	10,000~15,000	20~50
	기계통풍식	20,000~40,000	2~8

5 · 5 · 2 강제통풍식 냉각탑

(1) 주의사항

일본의 경우는 다수의 메이커에서 각종 기계통풍식 냉각탑이 제작되고 있으며 각사에서 성능표도 발표되어 있다. 여기서는 세부적인 설계법은 생략하고 그 선정 및 설치시 주의사항에 대해 기술한다.

냉각탑의 능력(kcal/h)은 응축기의 방열량과 같게 잡는다. 압축식 냉동기에서는 5 · 2 · 1에 기술한 바와 같이 이것은 증발기의 능력 즉 냉방부하의 1.3배 전후, 흡수식 냉동기에서는 2.5배(단효용), 2.0배(이중효용)가 된다.

(2) 냉각탑의 능력

냉각탑의 능력은 대략 탑 출입구의 습구온도와 수온의 평균온도차에 비례한다. 즉 ①외기의 습구온도 t_o'가 높을 때, ②풍량이 작을 때, ③수온이 높을 때, ④수량이 작을 때에는 모두 능력이 감소한다. 일반 냉각탑의 능력은 t_o' = 27℃, t_{w1}= 32℃, t_{w2}= 37℃의 조건하에서 하고 있다. 따라서 냉동기

* 냉각탑의 출구공기에 동반해 유출하는 물방울

** 각 냉각법의 설계 데이터는 문헌(504), (505)를 참조.

에도 냉각탑에도 여유가 없을 때, t_o'가 27℃ 이상이 되면 응축온도가 과대해질 우려가 있다. 반대로 여름 이외의 시기에는 습구온도가 낮아지므로 능력은 증대한다.

(3) 냉각탑의 설치위치

냉각탑의 설치위치는 바람의 유동이 충분한 곳을 선택한다. 건물의 그늘이 되거나 특히 냉각탑의 공기출구에 장해물(예를 들면 벽이나 높은 파라펫(옥상난간))이 있으면 출구의 고온고습 공기가 역류해서 성능이 현저히 저하된다.

특히 흡수식 냉동기 또는 냉온수발생기를 사용할 때 굴뚝이 건물의 웨이크 내에 들어가고 이 웨이크 내부에 냉각탑을 설치하면, 굴뚝의 배가스를 냉각탑이 흡입해서 냉각수관의 부식이 심하게 일어난다. 이것을 피하기 위해서는 굴뚝은 웨이크 상부로 개구하거나 냉각탑을 웨이크의 범위 밖에 설치해야 한다.

냉각탑에는 축류형 팬을 사용하는 경우가 많으며 냉각탑은 소음이 크므로 근린 가까이 설치하면 소음으로 인한 민원이 많아진다. 되도록 옥상에 설치하는 것이 좋다.

냉각탑의 공기출구에서는 꽤 많은 물방울이 유출하므로 근방에 폐가 되지 않는 위치에 설치한다.

물의 유출량은 냉각수량의 1~2%로 그 분량만큼 보급한다.

(4) 세균에 대한 대책

1976년에 미국의 필라델피아 재향군인회에서 다수의 폐렴환자가 발생하여, 이것이 냉각탑 수중에 번식하는 L.D.균(Legionnaires Disease)으로 인한 것임을 알아냈다*. 일본에서도 이 균은 냉각탑내나 하수속에 생식하고 있으므로 금후의 냉각탑 설계에는 이에 대한 다음의 대책이 필요하다.

① 냉각탑의 공기출구가 공조 또는 환기용의 외기출입구 가까이 오지 않도록 주의하고 만일 이것이 불가능할 때에는 공조기 에어필터를 NBS 90% 전후의 고성능인 것을 사용한다.

② 수평취출식 냉각탑은 캐리 오버가 멀리까지 날아가므로 병원 등에서는 이것을 사용하지 않도록 한다.

③ 배관을 부식시키지 않도록 유효한 살균제를 주입한다.

5·5·3 냉각탑의 수배관 설비

냉각탑과 콘덴서 사이를 연결하는 수배관의 지름은 대략 콘덴서 펌프의 지름과 동일하게 잡는다. 따라서 펌프 토출측 배관의 수속은 2m/sec 전후가 된다.

배관은 백가스관을 이용하고 냉방 실내를 통과하는 부분은 보온하지만 그 외 부분은 안 하는게 좋다.

* 문헌(506) 참조

펌프 위치는 〈그림 5.10〉(A)에 나타낸 바와 같이 보통 콘덴서 입구측에 설치하고, 펌프의 흡입측에 냉각탑을 연결한다.

일반적으로 냉각탑을 옥상에 설치하므로 〈그림 5.10〉(A)의 배치가 된다. 이 때 펌프 위치는 콘덴서 옆 P_1에 설치한다. 패키지 공조기와 같이 콘덴서 옆에 스페이스가 없을 때는 그림 P_2의 위치에 설치해도 된다. 2대 이상의 냉각탑을 공통의 배관으로 할 때는 각 탑의 입구에 밸브를 달고 양쪽 탑의 수량이 균일하게 되도록 한다.

옥상에 냉동기를 놓는 경우에, 콘덴서와 냉각탑을 〈그림 5.10〉(B)와 같이 동일 레벨로 놓을 경우, 그 상호의 거리가 멀 때는 냉각탑 옆의 P_2의 위치에 펌프를 설치한다.

만일 〈그림 5.10〉(C)와 같이 콘덴서가 냉각탑보다 상부에 있을 때도 냉각탑 옆에 펌프를 설치하고 또 운전 정지시에는 냉각탑 수조로 배관계내의 물이 유입하므로 이런 점도 고려하여 수조의 크기를 크게 잡고, 그림의 VB의 위치에 진공 브레이커(Vacuum breaker)를 설치한다.

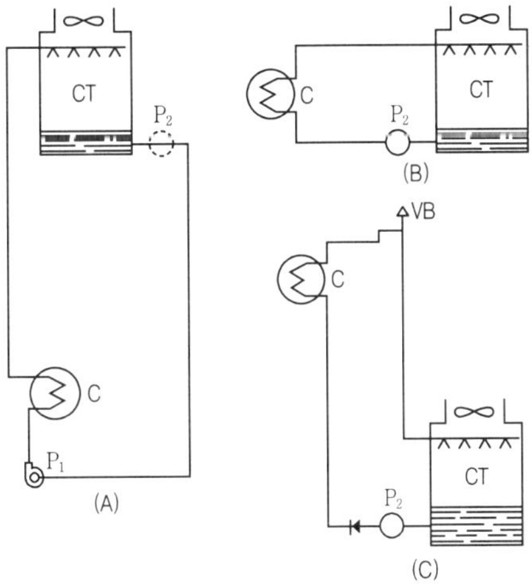

〈그림 5.10〉 냉각탑과 펌프 위치

5·6 히트 펌프

5·6·1 개요

히트 펌프는 냉동기의 응축기에서 배출하는 열을 난방에 이용하는 방식으로 증발기에서는 물 또는 공기를 통과시키고 이것에서 열을 끌어 들인다. 즉 이 경우 물 또는 공기가 열원이 된다. 이 열원에 따라 분류하면 〈표 5.13〉과 같다.

〈표 5.13〉 히트 펌프에 사용하는 열원의 종류

열원		적용	실례
물	지하수	1955년 이전에는 일반빌딩, 전화국 등에서 많이 이용되고 있었지만, 건축용수규제령으로 대도시에서의 응용례는 없어졌다. 앞으로 지방의 소도시 또는 대도시의 교외에서 응용할 수 있다.	중부전력빌딩
	하천수, 호수 해수, 온천	수리(水利)권 문제로 응용은 곤란하지만 수온 8℃에서 적용가능, 해수는 관내에 오물 부착주의	
	중수도	수온이 20℃ 전후이므로 유망	自治醫大
공기	공기	현재 패키지 공조기를 포함해 가장 널리 응용되고 있다. 한냉지, 다설지의 적용은 부적당	오사카 덴츠 오사카국제빌딩 사이타마박물관
열회수	중앙식	1973년경에는 다수의 고급빌딩에 적용되었다.	IBM빌딩 도쿄해상화재
	개별식	상품명 P마크, 모듈랙 등이 있는데 중규모 내지 대규모 빌딩에 적용된다.	新南平台東急빌딩 덴진(天神)코어빌딩
태양열		태양열집열기를 순환한 낮은 온도의 온수를 열원으로 하여 40℃ 전후의 온수를 만든다. 여름에는 냉각탑에 방열해서 냉방을 한다. 응용례 많음	야나기쵸(柳町)쏠라하우스 키무라(木村)쏠라하우스

5·6·2 수열원 히트펌프의 설계법

q_C = 응축기의 방출열량(kcal/h)

q_E = 증발기의 냉각열량(kcal/h)

프레온 R–134a의 $R = \dfrac{q_C}{q_E}$ 를 〈표 5.14〉에 나타낸다.* 이 경우

$$\text{열펌프 성적계수 } COP_1 = \frac{q_C}{860\text{kW}} = \frac{R}{R-1} \quad \cdots\cdots \quad (5.2)$$

〈표 5.14〉 냉매 R – 134a에서의 $R = q_C/q_E$

증발온도 t_E (℃)	응축온도 t_C (℃) 25	30	35	40	45	50	55
–30	1.271	1.325	1.355	1.389	1.448	1.508	1.569
–25	1.230	1.280	1.321	1.351	1.406	1.446	1.508
–20	1.202	1.250	1.275	1.303	1.352	1.403	1.435
–15	1.178	1.224	1.259	1.286	1.319	1.368	1.405
–10	1.152	1.195	1.217	1.245	1.277	1.314	1.354
–5	1.117	1.157	1.176	1.210	1.237	1.271	1.306
0	1.094	1.132	1.149	1.169	1.205	1.230	1.268
+5	1.072	1.108	1.125	1.143	1.177	1.207	1.243

【주】 R – 134a 몰리에르선도의 상태점에서 계산(과열 = 0℃, 과냉각 = 0℃)

* (5.2)식에서 $R = \dfrac{COP}{(COP-1)}$, 각종 냉매에 대한 COP의 값은 문헌(507)참조.

〈표 5.15〉 고속 다기통 압축의 효율(R-134a 사용)

압축비	3	4	5	6	7
체적효율 η_v	80%	75	70	65	62
지시효율 η_i	80%	79	77	75	72
기계효율 η_m	85%	85	84	83	81
$\eta_i \times \eta_m$	68%	67	65	62	58

$$\text{압축기의 동력(kW)} = \frac{q_E(R-1)}{860\,\eta_i\eta_m} \quad \cdots\cdots (5.3)$$

$$\text{증발기의 부하 } R = q_C/q_E \quad \cdots\cdots (5.4)$$

η_i, η_m= 지시효율, 기계효율 〈표 5.15〉

【예제 5.3】 지하수를 열원으로 하여 물을 가열하는 형식의 열펌프를 설계하시오? 단 조건은 다음과 같다.

	부하(kcal/h)	냉온수 코일입구 수온
난방시	420,000	35℃
냉방시	500,000	8℃
지하수온 16℃ (년중) 수량 75m³/h		

풀이 (a) 우선 난방시를 계산한다. 조건에 따라 응축기의 방출열량 q_c를 상기 난방부하의 20% 증가로 선정한다.(예열부하, 배관부하 기타를 고려하여).

$$\therefore q_C = 500{,}000\text{kcal/h}$$

조건에 따라 응축기 출구수온 t_{w2}를 35℃로 선택한다. 응축온도 t_C는 t_{w2}보다 5~10° 높게 잡는다. 따라서 t_C = 40℃로 선택한다.

한편 증발온도 t_E는 우물물(井水) 입구온도보다 10℃ 낮게 선택한다. 이 예에서는 t_E = 5℃로 선택한다. 냉매 R-134a를 이용하면 t_C = 40℃, t_E는 5℃일 때에는 〈표 5.14〉에서 R = 1.147

(5.4)식에서

$$\therefore q_E = \frac{q_C}{R} = \frac{500{,}000}{1.147} = 436{,}000\text{kcal/h} = 144\text{RT}$$

R-134a에서의 포화압력은 〈표 5.5〉에 따라

t_C = 40℃ p_C = 9.784ata

t_E = 5℃ p_E = 3.699ata

∴ 압축비 = p_C/p_E = 2.64

따라서 〈표 5.15〉에 따라 $\eta_i \times \eta_m = 68\%$

$$\therefore \text{동력 (kW)} = \frac{q_E(R-1)}{860\,\eta_i\eta_m}$$

$$= \frac{436,000(1.147-1.00)}{860 \times 0.68} = 109.5\text{kW}$$

모터는 10% 이상의 여유를 잡아서 125kW로 한다.

(b) 카달로그 기종을 선정한다.

카달로그의 능력표는 증발기 능력으로 나타내는 경우가 많다. 왕복식냉동기의 카달로그에서 t_C = 40℃, t_E = 5℃에서는 1대로 q_E = 144RT를 감당하는 경우는 없다. 따라서 72RT의 것을 2대로 한다.

6F5의 압축기에서는 1,100RPM으로 상기조건에서 q_E = 79RT, 축마력 58.1kW이다. 즉 이 경우에는 압축기로서 6F5형, 1100RPM, 냉동능력 = 79RT, 모터 75kW의 것 2대를 사용한다.

(c) 이 형의 압축기의 여름 난방능력을 검토한다.

냉방부하 5% 증가를 q_E로 잡고

q_E = 1.05×500,000 = 525,000 kcal/h = 173RT

카달로그에서 t_E = 5℃, t_C = 30℃로 선택한다.

이 때 6F5의 능력은 카달로그에 따라 1,100RPM에서 89RT, 48.6kW이므로 2대로서 바로 냉방부하를 만족한다.

따라서 여름이나 겨울에 부여된 조건을 만족하는 압축기로서는 R-134a사용의 6F5형 1,100RPM 모터 75kW의 것 2대를 이용한다. 각 1대의 능력은

여름	t_E = 5℃, t_C = 30℃에서 q_E = 89RT
겨울	t_E = 5℃, t_C = 40℃에서 q_E = 79RT

5 · 6 · 3 공기열원 히트 펌프

(1) 구조

대형 ASHP의 외형도를 〈그림5.11〉에 나타낸다. 이런 것은 압축기로 스크류형을 사용하고 유닛으로서 냉각능력 60~1,000RT의 것이 제작되고 있다.

50RT 이하의 것에는 압축기로서 왕복식이 이용되고 계통도는 대체로 〈그림 5.11〉에 준한다. 대형, 소형을 불문하고 모두 ASHP유닛으로서 제작되며, 외기열교환기에는 핀(fin)부착관을 사용하고 여기에 외기를 통과시켜 겨울에는 외기로부터 채열하는 증발기, 여름에 외기로 방열하는 응축기로

서 운전한다. 따라서 이 경우 여름, 겨울의 전환은 〈그림 5.11〉과 같이 4방밸브로 냉매회로를 전환시켜서 한다.

(2) 성능과 설계법

〈표 5.16〉에 왕복식을 사용하는 소형 ASHP 유닛의 성능, 〈표 5.17〉에 외기와 수온의 조건에 의한 보정값을 나타낸다. 〈표 5.17〉은 가열능력이 외기 7℃, 온수 45℃의 경우, 냉각능력은 외기 35℃, 냉수 7℃의 경우를 1.00로 했을 때의 비율이다. 표와 같이 겨울에는 외기가 7℃에서 −5℃로 내려가면 능력은 40%가 감소한다. 여름은 외기온의 상승에 따라 능력이 감소한다. 또 온수온도의 상승, 냉수온도의 저하에 따라 각각 겨울, 여름의 능력은 모두 저하하는 것을 알 수 있다.

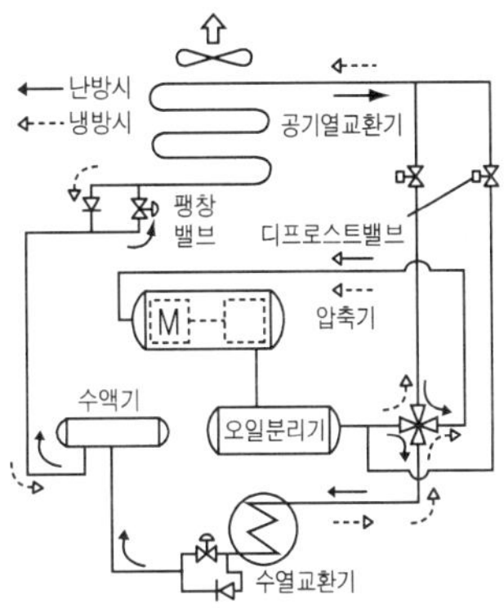

〈그림 5.11〉 유닛형 ASHP의 냉매계통도

〈표 5.16〉 소형 공랭식 히트 펌프 유닛(ASHP) 능력표 (50Hz)

	03	05	08	10	15	20	30
냉각능력 Mcal/h	5.6	9.4	13.5	19.0	27.0	38.0	57.0
가열능력 Mcal/h	6.3	11.5	17.0	22.6	34.0	45.2	67.8
전동기 (kW)							
압축기	2.2	3.75	5.5	7.5	5.5×2	7.5×2	7.5×3
공기열교환기	0.08	0.15	0.15	0.25	0.15×2	0.25×2	0.25×3
소비전력 (kW)							
냉각시	3.2	4.8	7.5	9.3	15.0	19.8	29.7
가열시	2.8	4.6	6.4	8.2	12.8	16.2	24.3
표준수량 ℓ/min	27	31	45	64	128	181	271

【주】 냉각능력은 외기온도 35℃, 냉수출구온도 7℃, 가열능력은 외기온도 7℃, 온수출구온도 45℃, 이 이외의 조건일 때에는 〈표 5.17〉에 의해 보정한다.

〈표 5.17〉 온수(또는 냉수)온도와 외기온도에 대한 ASHP의 능력보정계수(k)

가열능력					냉각능력	
온수출구온도 (℃)	외기온도(℃)				냉수출구온도(℃)	외기온도(℃)
	−5	0	+5	+7		35
40	0.660	0.82	0.87	1.05	5	k = 0.95
45	0.61	0.77	0.94	1.00	7	1.00
50	0.56	0.73	0.91	0.96	9	1.06

【예제 5.4】 다음의 공조부하를 만족하는 ASHP를 선정하시오?

	피크 로드	외기조건	수온
난방	45Mcal/h	−5℃	40℃
냉방	50Mcal/h	35℃	5℃

풀이 부하의 크기에서 왕복압축기를 사용하는 ASHP로 하고 〈표 5.16〉에서 선정한다. 표와 같이 표준조건에서는 냉각능력이 가열능력보다 크므로 냉각능력을 만족하는 30형을 선택한다.

〈표 5.17〉의 보정표에서는 외기온도 35℃, 냉수출구온도 5℃에 대해 k = 0.95 그래서

$$q_C = 57.0 \times 0.95 = 54\text{Mcal/h} > 50\text{Mcal/h}$$

가열능력 q_H는 k = 0.66으로 되어

$$q_H = 67.8 \times 0.66 = 44.75\text{Mcal/h} \fallingdotseq 45\text{Mcal/h}$$

즉, 모두 피크 로드를 만족하므로 30형을 선택한다.

제6장

급수 · 급탕 · 배수 · 소화설비

6·1 급수설비

6·2 급탕설비

6·3 배수설비

6·4 배수처리설비

6·5 소화설비

제6장 급수 · 급탕 · 배수 · 소화설비

6·1 급수설비

6·1·1 수원과 수처리

(1) 우물(井戸, well)

수원으로서의 우물(우물물)에는 얕은 우물과 깊은 우물이 있으며 깊이 30m 이하와 이상으로 분류한다. 각각 〈그림 6.1〉, 〈그림 6.2〉와 같은 구조이다.

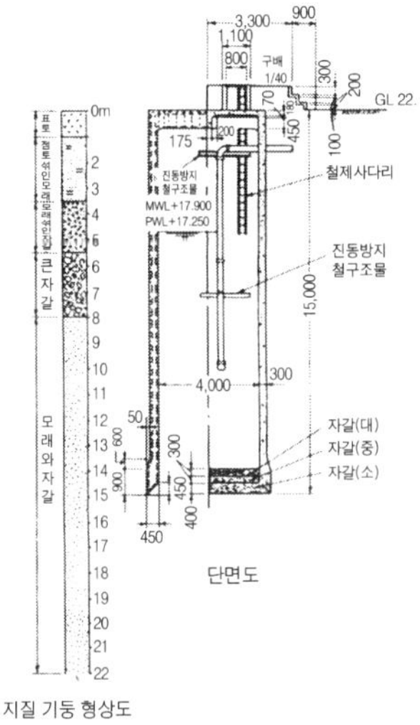

〈그림 6.1〉 얕은 우물의 구조(문헌 601)

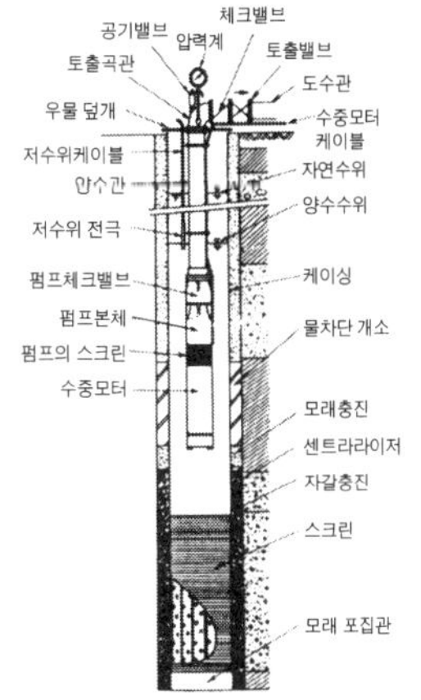

〈그림 6.2〉 깊은 우물의 구조(문헌 601)

(2) 착정

〈표 6.1〉 착정 용수량

케이싱 내경	수량	
	m^3/h	석(石)/24h
150A	15 ~ 30	2,000 ~ 8,000
200A	30 ~ 60	4,000 ~ 8,000
250A	49 ~ 105	6,500 ~ 14,500
300A	75 ~ 165	10,000 ~ 22,000
350A	110 ~ 260	15,000 ~ 35,000

【주】 용수량은 착정 깊이와 수맥 여하에 따라 현저히 달라지므로 착정업자에게 의뢰하는 것이 바람직하다.

(3) 수처리설비

〈표 6.2〉 상수도의 수질기준(일본)과 음료수의 국제기준

		항목명	기준	검사방법	WHO 가이드 라인(1993)
건강에 관련된 항목	1	일반세균	1mℓ의 검수에 검출된 포집 수가 100 이하일 것	표준한천배지법	-
	2	대장균군	검출되지 않을 것	유당 bouillon - 브릴리언트 그린 유당담즙 bouillon 배지법 또는 특정효소 기질배지법	100mℓ 중에서 비검출
	3	카드뮴	0.01mg/ℓ 이하일 것	프레임리스 원자흡광광도법, 유도결합 플라즈마 발광분광분석법(이하 「ICP법」이라 함) 또는 유도결합 플라즈마 질량분석법(이하 「ICP-MS법」이라 함)	0.003mg/ℓ
	4	수은	0.005mg/ℓ 이하일 것	환원기화 - 원자흡광광도법	0.001mg/ℓ
	5	셀렌(세레늄)	0.01mg/ℓ 이하일 것	수소화물 발생 - 원자흡광광도법 또는 프레임리스 원자흡광광도법	0.01mg/ℓ
	6	납	0.05mg/ℓ 이하일 것	프레임리스 원자흡광광도법, ICP법 또는 ICP - MS법	0.01mg/ℓ
	7	비소	0.01mg/ℓ 이하일 것	수소화물 발생 - 원자흡광광도법 또는 프레임리스 원자흡광광도법	0.01mg/ℓ
	8	육가크롬	0.05mg/ℓ 이하일 것	프레임리스 - 원자흡광광도법, ICP법 또는 ICP-MS법	0.05mg/ℓ
	9	시안	0.01mg/ℓ 이하일 것	흡광광도법	0.07mg/ℓ
	10	황산성질소 및 아황산성질소	10mg/ℓ 이하일 것	이온크로마토그래프법 또는 흡광광도법	황산염 : 50mg/ℓ 아황산염 : 50mg/ℓ 각각의 분석값/가이드 라인의 값<1 아황산염으로서 0.2mg/ℓ (1998 보유(補遺))
	11	불소	0.08mg/ℓ 이하일 것	이온크로마토그래프법 또는 흡광광도법	1.5mg/ℓ
	12	사염화탄소	0.002mg/ℓ 이하일 것	파지 · 트랩 - 가스크로마토그래프 - 질량분석법(이하 「PT-GC-MS법」이라 함) 또는 파지 · 트랩 - 가스크로마토그래프법(이하 TPT-GC법)이라 함)	0.002mg/ℓ
	13	1, 2- 디클로로에탄	0.004mg/ℓ 이하일 것	PT-GC-MS법	0.03mg/ℓ
	14	1, 1-디클로로에틸렌	0.02mg/ℓ 이하일 것	PT-GC-MS법, 헤드스페이스 - 가스 크로마토그래프 - 질량분석법 (이하 「HS-GC-MS법」이라 함) 또는 PT-GC법	0.03mg/ℓ
	15	디클로로메탄	0.02mg/ℓ 이하일 것	PT - GC - MS법, HS - GC - MS법 또는 PT - GC 법	0.02mg/ℓ
	16	시스-1, 2-디클로로 에틸렌	0.04mg/ℓ 이하일 것	PT - GC - MS법, HS - GC - MS법 또는 PT - GC 법	0.05mg/ℓ
	17	테트라클로로에틸렌	0.01mg/ℓ 이하일 것	PT - GC - MS법, HS - GC - MS법 또는 PT - GC 법	0.04mg/ℓ

〈표 6.2〉 계속

		항목명	기준	검사방법	WHO 가이드 라인(1993)
건강에 관련된 항목	18	1, 1, 2-트리클로로 에틸렌	0.06mg/ℓ 이하일 것	PT-GC-MS법 또는 PT-GC 법	-
	19	트리클로로 에틸렌	0.03mg/ℓ 이하일 것	PT-GC-MS법, HS-GC-MS법 또는 PT-GC법	0.07mg/ℓ
	20	벤젠	0.01mg/ℓ 이하일 것	PT-GC-MS법, HS-GC-MS법 또는 PT-GC법	0.01mg/ℓ
	21	클로로포름	0.06mg/ℓ 이하일 것	PT-GC-MS법, HS-GC-MS법 또는 PT-GC법	0.2mg/ℓ
	22	디브로모클로로메탄	0.1mg/ℓ 이하일 것	PT-GC-MS법, HS-GC-MS법 또는 PT-GC법	0.10mg/ℓ
	23	브로모디클로로메탄	0.03mg/ℓ 이하일 것	PT-GC-MS법, HS-GC-MS법 또는 PT-GC법	0.06mg/ℓ
	24	브로모포름	0.09mg/ℓ 이하일 것	PT-GC-MS법, HS-GC-MS법 또는 PT-GC법	0.10mg/ℓ
	25	총 트리할로메탄(클로로포름, 디브로모클로로메탄, 브로모디클로로메탄 및 브로모포름 각각의 농도 합계)	0.1mg/ℓ 이하일 것	클로로포름, 디브로클로로메탄, 브로모디클로로메탄 및 브로모포름마다 각각 21의 항, 22의 항, 23의 항 및 24의 항 난에 언급된 방법	No.1～24 각 성분의 가이드 라인과의 비의 합계
	26	1, 3-디클로로프로펜	0.002mg/ℓ 이하일 것	PT-GC-MS법	0.02mg/ℓ
	27	시마진	0.003mg/ℓ 이하일 것	고체상태 추출 - 가스크로마토그래프 - 질량분석법 또는 고체상태 추출 - 가스트로마토그래프법	0.002mg/ℓ
	28	치우람	0.006mg/ℓ 이하일 것	고체상태 추출 - 고속액체크로마토그래프법	-
	29	치오벤카브	0.02mg/ℓ 이하일 것	고체상태 추출 - 가스크로마토그래프 - 질량분석법 또는 고체상태 추출 - 가스트로마토그래프법	-
수도수가 가져야 할 성상과 관련된 항목	30	아연	1.0mg/ℓ 이하일 것	프레임리스 - 원자흡광광도법, ICP 또는 흡광광도법	3
	31	철	0.3mg/ℓ 이하일 것	프레임리스 - 원자흡광광도법, ICP 또는 흡광광도법	0.3
	32	동	1.0mg/ℓ 이하일 것	프레임리스 - 원자흡광광도법 또는 ICP법	2 1
	33	나트륨	200mg/ℓ 이하일 것	프레임리스 - 원자흡광광도법 또는 ICP법	200
	34	망간	0.05mg/ℓ 이하일 것	프레임리스 - 원자흡광광도법 또는 ICP법	0.5 0.1
	35	염소이온	200mg/ℓ 이하일 것	이온크로마토그래프법 또는 적정법(滴定法)	250
	36	칼슘, 마그네슘 (경도)	300mg/ℓ 이하일 것	적정법(滴定法)	-
	37	증발잔류물	500mg/ℓ 이하일 것	중량법	1,000
	38	음이온 계면활성제	0.2mg/ℓ 이하일 것	흡광광도법	-
	39	1, 1, 1-트리클로로 에탄	0.3mg/ℓ 이하일 것	PT-GC-MS법, HS-GC-MS법 또는 PT-GC 법	2.0

〈표 6.2〉 계속

		항목명	기준	검사방법	WHO 가이드 라인(1993)
수도수가 가져야할 성상과 관련된 항목	40	페놀류	페놀로서 0.005mg/ℓ 이하일 것	흡광광도법	0.001~0.2
	41	유기물 등 (과망간산 칼륨 소비량)	10mg/ℓ 이하일 것	적정법(滴定法)	-
	42	pH 치	5.8 이상 8.6 이하일 것	글래스 전극법 또는 비색법(比色法)	-
	43	맛	이상 없을 것	관능법(官能法)	-
	44	냄새	이상 없을 것	관능법(官能法)	-
	45	색도	5도 이하일 것	비색법(比色法) 또는 투과광 측정법	15TCU
	46	탁도	2도 이하일 것	비탁법(比濁法) 또는 투과광측정법 또는 적분구식 광전광도법	5NCU

〈표 6.3〉 수여과기의 종류

여재	방식	특성	여과속도(역세속도)
모래(砂)	압력식	유지보수는 오버플로우가 없어 중력식보다 간단하지만 여과속도가 균일하지 않으므로 좋은 수질을 얻을 수 없다. 역세(逆洗)는 피크시 3일에 1회 정도	7.5m/h (15~25m/h)
	고속압력식	위와 같지만 유속이 크므로 치수가 작아져 코스트도 싸다. 역세(逆洗) 후에 황산반토와 소다의 플레이코트가 필요	25~45m/h (35~55m/h)
	중력식	여과면의 감시가 가능하여 양호한 수질을 얻을 수 있다. 바닥면적은 커진다. pool용으로서는 예가 적다.	4.0m/h (15~25m/h)
무연탄 (Anthrocite)	압력식	모래식보다 여과성능이 좋고 역세(逆洗)시 사용수량도 적다. 필터의 길이는 작지만 여재의 코스트가 비싸다. 여과할 때 매트볼이 생기기 쉽다.	10m/h (15~25m/h)
규조토	압력식 진공식 가역식	여과성능은 가장 좋고 양호한 수질을 얻을 수 있다. 길이도 상기와 비교해 현저히 작다. 1회의 역세수량은 적지만 역세 횟수는 1일 1회 이상을 필요로 한다.(피크시에는 수회). 황산반토는 필요로 하지 않지만, 규조토의 보급을 필요로 한다. 운전비는 모래식보다 높다.)	형식에 따라 다르다. 2~5m/h (역세속도는 여과속도와 같다)

〈표 6.4〉(A) 수평형 사식(砂式) 압력식 필터(문헌602)

치수(mm)			여과면적 (m^2)	수량(m^3/h)		배관경(A)		설치중량 (ton)
직경	전장	C		여과	역세	입구	배수	
2,434	3,048	3,988	6.83	49.5	198	150A	80A	27.0
2,434	3,658	4,597	8.20	60.0	240	150A	80A	34.0
2,434	4,267	5,207	9.65	70.6	283	150A	100A	38.5
2,434	4,877	5,791	11.1	81.2	324	150A	100A	44.2
2,434	6,096	7,137	14.6	103	412	200A	100A	56.4
2,434	7,315	8,712	17.6	129	516	200A	100A	70.0

【주】 치수 C는 필터 전면의 밸브 핸들에서 후부 경판면까지의 길이
여과수량은 수속 7.5m/h(ft^2당 3gpm), 역세수량은 30m/h(12gpm)일 때를 나타낸다.

〈표 6.4〉(B) 수직형 압력식 필터(문헌602)

치수(mm)			여과면적 (m²)	수량(m³/h)		배관경(A)		설치중량 (ton)
직경	전고	C		여과	역세	입구	배수	
762	1,588	1,270	0.455	3.4	13.6	40A	25A	1,900
914	1,620	1,448	0.656	4.9	19.6	50A	32A	2,500
1,067	1,639	1,600	0.895	6.8	27.2	50A	40A	3,300
1,219	1,639	1,854	1.17	8.7	34.8	65A	40A	4,250
1,372	1,676	2,007	1.48	11.0	44.0	65A	50A	5,500
1,524	1,702	2,184	1.82	13.6	54.4	80A	50A	6,950
1,676	1,753	2,337	2.21	16.3	65.2	80A	50A	8,300
1,829	1,803	2,616	2.72	19.3	77.2	100A	50A	10,000
1,981	1,816	2,769	3.08	22.7	90.8	100A	65A	10,800
2,134	1,880	2,921	3.58	26.1	104.5	100A	65A	13,800
2,286	1,930	3,073	4.10	30.3	121	100A	65A	15,400
2,438	1,981	3,353	4.66	34.4	137	125A	65A	18,400
2,591	2,020	3,505	5.28	38.6	153	125A	80A	26,100
2,743	2,057	3,658	5.92	43.5	174	125A	80A	23,800
2,896	2,096	3,810	6.59	48.5	194	125A	80A	26,700
3,048	2,134	3,962	7.30	53.6	214	150A	80A	29,800

【주】 치수 C는 필터 전면의 밸브 핸들에서 필터 배면의 철판표면까지의 길이. 수량은 수평형과 같이 수속에 대한 것.

6·1·2 급수량

(1) 거주인원

급수량의 산정에는 거주인원을 기준으로 하는 경우가 있다. 거주인원의 산정에는 〈표 6.5〉를 이용한다.

〈표 6.5〉 건물 종별마다의 거주인원과 유효면적비

건축물 종류	유효면적당 재실인원(인/m²)	유효면적 / 연면적
사무소 건축	0.1~0.2	50~60%
병원	1베드 당 2(소병원)~3인(대병원)	40~50
단독주택	0.05~0.10	40~50
콘크리트조 공동주택	0.10~0.15	45~60
호텔, 백화점	0.3~0.5	60~70
(초, 중, 고등) 학교	0.15~0.3	50~60

(2) 공조용 보급수량

냉각탑과 보일러에 대한 보급수량이 있으며, 일반적으로 여름에는 전자, 겨울에는 후자가 증가한다. 〈표 6.6〉에 냉각탑의 피크 로드시 보급수량을 나타낸다(문헌 603). 표의 블로우 수량은 대형(대략 300RT 이상)인 경우에 수처리와 겸해 사용하고 소형인 경우는 수처리제만 주입하고 블로우를 하지 않는 경우가 많다. 실측에 의하면 오프 피크시의 보급수량은 소형인 경우, 대부분이 2~4 ℓ/RTh가 된다(문헌 604).

〈표 6.6〉 냉동기 능력(RT)당의 시간당 냉각탑 보급수량(ℓ/RTh)

	압축식 냉동기	흡수식 냉동기
증발수량 블로우 수량	6.6 2.4	10 3.6
계(보급수량)	9.0	13.6

【주】 블로우 수량은 농축배수 = 3일 때이다.

보일러의 보급수량은 증기보일러 관수의 농축방지를 위해 행하는 블로우 수량에 대한 것으로 증기보일러일 때 필요하다. 이것은 보급수의 수질에 따라 크게 달라지는데 급수량 산정용으로서는 보일러 증발량의 1일 합계값의 5%가 된다.

수관보일러에서 슈트 블로워(관의 매연 청소용)를 이용할 때는 그 증기량만큼 보급수량이 증가한다. 슈트 블로워의 증기량은 보일러 메이커에 문의해서 구한다.

【예제 6.1】 정격출력 3t 보일러 3대의 겨울철 보급수량을 구하시오? 보일러 운전시간은 8시에서 17시까지로 한다.

풀이 난방피크 시기의 1일 평균부하율을 70%로 하고, 운전시간은 9시간이므로 1일 합계 증발량은

$3{,}000\text{kg} \times 3\text{대} \times 0.70 \times 9 = 56{,}700\text{kg/d}$

보급수량은 이것의 5%로 해 $56{,}700 \times 0.05 = 2{,}835\text{kg/d} \fallingdotseq 3\text{m}^3/\text{d}$

(3) 각종 건축의 사용수량 실측치

〈표 6.7〉 사무소 건축의 사용수량

<table>
<tr><td rowspan="2"></td><td colspan="3">1일 사용수량</td><td>피크 수량</td></tr>
<tr><td>ℓ/m²d</td><td colspan="2">ℓ/cd</td><td>ℓ/m²h</td></tr>
<tr><td>합계치*</td><td>10
(9~15)</td><td colspan="2">120
(70~180)</td><td>1.0
(0.9~1.5)</td></tr>
<tr><td rowspan="4">내역(1일)**
ℓ/cd</td><td colspan="4">일반수량 *** 60 ℓ/cd</td></tr>
<tr><td rowspan="3">주방수량
(사원식당)</td><td>식사내용</td><td>ℓ/d · 식*</td><td>ℓ/d · 식*</td></tr>
<tr><td>1품종</td><td>5~8</td><td>1.5~3.5</td></tr>
<tr><td>다품종</td><td>20~30</td><td>4~5.5</td></tr>
</table>

【주】 냉각탑은 〈표 6.7〉참조, ℓ/cd는 1인(capita) 1일당 ℓ/※1일의 급식수 합계에 대한 양

〈표 6.8〉 병원의 급수량 (문헌 608) (문헌 609) (문헌 610)

<table>
<tr><td rowspan="2"></td><td colspan="2">1일 수량</td><td rowspan="2">피크 수량
ℓ/m²h</td></tr>
<tr><td>ℓ/m²d</td><td>ℓ/bed d</td></tr>
<tr><td>고급병원
중급병원</td><td>30~40
20~30</td><td>1,000~1,500
500~800</td><td>3.0~5.0
1.5~2.0</td></tr>
</table>

【주】 본표는 8월 중 평일의 값으로, 일요일은 본표의 50%~60%가 된다.
중급병원에서도 rehabilitation용 수치료시설을 완비한 경우에는 고급병원의 수량이 된다.

【주】 * : (문헌 605) ** : (문헌 607)
*** : 일반수량은 변기세정, 세면, 목욕, 청소를 포함하며 60은 절수전의 수치로 절수후에는 40~50으로 된다.

〈표 6.9〉 병원 주방용 및 세탁급수량 (문헌 609) (문헌 611) (문헌 612) (문헌 613)

병원명			ℓ/m²d 또는 l/bed d			피크 수량 ℓ/m²h 또는 ℓ/bed h
			주간	야간	24h	
주방	연면적당	KT	2.0	2.3	4.3	0.3
		KG	5.1	6.5	11.6	0.70
		JT	–	–	2.4	0.60
	베드당	KT	50	60	110	8.2
		KG	210	268	478	29.0
		JT	–	–	88	25
세탁	JT(연면적당)		5.0	0	5.0	0.8
	JT(베드당)		170	0	170	30

〈표 6.7〉~〈표 6.15〉에는 실측에서 구한 1일 간(24h)의 사용수량(ℓ/d)과 1시간의 최대사용수량(피크 수량)(ℓ/h)을 나타낸다. 모두 다 연면적(m²)당 이외에 사무실 건축에서는 재실인원당(ℓ/cd), 병원에서는 병상당(ℓ/bed d), 호텔에서는 각실당(ℓ/Room d), 극장에서는 객석수당(ℓ/seat d)으로 나타낸다(문헌 614).

〈표 6.10(A)〉 호텔의 급수량(하절기)(문헌 606) (문헌 615)

	1일 수량		피크 수량	
	ℓ/m²d	ℓ/Room d	ℓ/m²h	ℓ/Room h
대규모 호텔	20 ~ 40	1,200 ~ 2,400	1.5 ~ 3.0	110 ~ 250
중규모 호텔	30 ~ 60	1,500 ~ 3,000	1.8 ~ 2.2	110 ~ 180

〈표 6.10〉(A)의 수량에는 주방용 수량이 포함되며, 이것은 연회의 횟수와 규모에 따라 달라진다. 주방용 사용수량은 〈표 6.10〉(B)와 같이 연회수가 많을 때는 본표 사용량의 40%가 되고 적을 때에는 10% 정도가 된다.

〈표 6.10〉(B) 호텔 주방 및 세탁용 급수량 (문헌 615)

호텔명	주방명	ℓ/m²d (ℓ/Room d)			피크 수량 ℓ/m²h (ℓ/Room d)
		주간	야간	24h	
TG 주방	연회장	1.63 (106)	3.35 (218)	4.98 (324)	0.31 (20.2)
	주주방	0.41 (26)	0.56 (37)	0.97 (63)	0.092 (6.0)
	휴게실	0.46 (30)	0.71 (46)	1.17 (76)	0.081 (5.3)
	종업원용	0.60 (39)	0.65 (43)	1.25 (82)	0.24 (15.8)
	합계	3.12 (202)	5.25 (445)	8.37 (647)	1.14 (74.0)
TK 주방	합계	3.62 (334)	5.10 (466)	8.72 (800)	0.72 (66)
TK 세탁장		1.99 (182)	0.47 (42.5)	2.46 (224.5)	0.50 (45.5)

〈표 6.11〉 학교건축의 용도별 사용수량 (단위 ℓ/c · d)(문헌 606)

용도구분		초등학교			중 · 고등학교		
		연간평균	평일평균	평일최대	연간평균	평일평균	평일최대
변동분	주방 *1	7	12	15	7	(12)	(15)
	여자화장실 *2	8	12	12	13	20	20
	음료기 기타	7	11	18	7	10	20
	옥외 기타 *3	3	–	25	3	–	(25)
	소계[( )는 제외]	25	35	45	23	30	40
정상분	자동세정 *4	11	15	15	11	15	15
	기타 *5	9	–	–	(11)	–	–
	소계[( )는 제외]	11	15	15	11	15	15
합계		36	50	60	34	45	55

pool 수량 연간 1학교당 3,500~5,500m^3/y 평균 4,500m^3/y
최대사용일(pool 용수 교환) 200~300m^3/d
매일 보급수량 40~120m^3/d

【주】 *1 : ±5 ℓ/c · d 정도의 학교차가 있음 *2 : 남여 동수의 경우 *3 : 살수 이외에
*4 : ±10 ℓ/c · d의 학교차가 있음 *5 : 연간평균 45 ℓ/c · d 와의 차이다.

〈표 6.12〉 극장, 공회당의 사용수량 (문헌 606)

	1일 수량		피크 수량	
	ℓ/m^2d	ℓ/seat d	ℓ/m^2h	ℓ/seat h
M 극장	16.1	77.2	1.65	8.0
S홀(공회당)	8.6	77.0	1.08	9.7

【주】 본표는 Kitani(紀谷)(공위론(空衛論) No.6)에 의한 7일 간의 실측중, 1일 수량, 피크 로드는 측정기간중의 최고값을 택한다. 다른 자료에 따르면 중소규모의 영화관에서는 상기의 2배 전후가 되는 경우가 있다.

〈표 6.13〉(A) 주택, 콘트리트 공동주택의 사용수량 (문헌 606)

	1일 수량		피크 수량	
	ℓ/d 호	ℓ/d 인	ℓ/호 h	ℓ/인 h
일반 주택	700±90	200±20	90~120	30~40
고급 주택	1000±150	300±50	–	–

〈표 6.13〉(B) 아파트단지의 순간최대유량 (문헌 616)

단지호수	10	50	100	300	500	1000	3000
1호당 유량(ℓ/min)	8.0	4.0	2.5	2.0	2.0	1.9	1.8

〈표 6.14〉 백화점의 급수·급탕·가스 사용량 측정치 (문헌 617)

			A점	B점	C점	평균
		연면적(m^2) 매장면적(m^2)	46,829 35,137	40,071 23,211	104,274 71,904	
		총급수량(m^3/월) (m^3/일)	15,042 602	10,827 433	40,188 1,608	
상수		월평균 급수량 연면적당 급수량 매장 면적당 급수량	9,964 8.5 11.3	7,084 7.1 12.2	27,933 10.7 15.6	 8.8 18.4
잡용수	세정수	월평균 급수량(m^3/월)(m^3/일) 연면적당 급수량(ℓ/d·m^2) 매장 면적당 급수량(ℓ/d·m^2)	3,860(154) 3.3 4.4	2,858(114) 2.9 4.9	8,041(322) 3.1 4.5	 3.1 4.6
잡용수	냉각탑보급수	월평균 급수량(m^3/월)(m^3/일) 연면적당 급수량(ℓ/d·m^2) 매장 면적당 급수량(ℓ/d·m^2)	1,218(49) 1.0 1.4	885(35) 0.9 1.5	4,154(166) 1.6 2.3	 1.2 1.7
잡용수	냉각탑보급수	7~8월 피크시 급수량(m^3/월)(m^3/일) 연면적당 급수량(ℓ/d·m^2) 매장 면적당 급수량(ℓ/d·m^2)	3,376(135) 2.9 3.8	3,196(128) 3.2 5.5	9,590(384) 3.7 5.3	 3.3 4.9
급탕 (상수에 포함한다)		월평균 급수량(m^3/월)(m^3/일) 연면적당 급수량(ℓ/d·m^2) 매장 면적당 급수량(ℓ/d·m^2)	1,578(63) 1.3 1.8	1,390(56) 1.4 2.4	1,737(69) 0.7 1.0	 1.1 1.7
가스		월평균가스량(m^3/월)(m^3/일) (일반용·보일러용)(m^3/월)	49,931(1,997) 3,706(46,225)	53,769(2,151) 11,761(42,008)		
가스		연면적당 가스량(m^3/d·m^2) (일반용·보일러용)(m^3/월)	0.0426 0.0032(0.0395)	0.0537 0.0117(0.0419)		
가스		매잘 면적당 가스량(m^3/d·m^2) (일반용·보일러용)(m^3/d·m^2)	0.0568 0.0042(0.0526)	0.0927 0.0203(0.0724)		
저장탱크		상수(m^3 반일분) 잡배수(m^3 반일분)	110 356	110 356		

〈표 6.15〉 점포의 사용수량 (문헌 618), (문헌 606)

분류	24시간 평균값			10시간 평균값		피크시 수량	
	연면적 (ℓ/m^2h)	좌석수 (ℓ/석h)	고객수 (ℓ/인h)	연면적 (ℓ/m^2h)	좌석수 (ℓ/석h)	연면적 ℓ/m^2h	좌석수 (ℓ/석h)
고급레스토랑	2.9 ~ 3.5	11.7 ~ 13.0	8.3 ~ 10.8	4.0 ~ 4.5	16.0 ~ 17.0	5.0 ~ 7.0	20 ~ 25
일반레스토랑	3.3 ~ 9.6	8.3 ~ 16.7	2.1 ~ 4.2	4.0 ~ 17.0	7.0 ~ 25.0	4.4 ~ 10.0	20 ~ 50
모밀국수·튀김집	2.5 ~ 5.0	4.6 ~ 11.3	1.7 ~ 2.5	4.0 ~ 8.0	7.0 ~ 20.0	5.0 ~ 18.0	18 ~ 35
사원식당	0.8 ~ 3.8	2.1 ~ 6.7	1.0 ~ 2.1	2.0 ~ 5.5	4.0 ~ 10.0	4.0 ~ 14.0	8 ~ 18
커피숍·소식당	6.3 ~ 8.3	12.5 ~ 14.6	1.7 ~ 2.1	10.0 ~ 13.0	20.0 ~ 25.0	11.0 ~ 18.0	30 ~ 32
커피숍	1.7 ~ 4.2	2.5 ~ 4.6	0.3 ~ 0.8	3.2 ~ 8.0	4.5 ~ 10.0	6.0 ~ 14.0	8 ~ 22
이발소·미용실	0.8 ~ 1.6	8.3 ~ 12.5	1.0 ~ 2.1	1.7 ~ 13.5	24.0 ~ 30.0	4.0 ~ 6.0	40 ~ 50
사우나·이발소	0.4 ~ 12.5	–	14.6 ~ 16.7	–	–	23.0 ~ 25.0	–

【주】 24시간 사용수량은 24시간 합계값을 시간당으로 환산, 연면적은 각 점포의 연면적, 단 미용실(8.3ℓ/인h)은 제외했다.

【예제 6.2】 연면적 20,000m², 근무인원 2,000명인 사무소 건축의 사용수량을 구하시오? 단, 냉동기는 흡수식 300RT×2대로 하고 사원식당(급식수 2,500)이 있는 것으로 한다.

풀이 〈표 6.7〉의 일반수량 60 ℓ/cd를 사용하여

(A) 60×2,000 = 120,000 ℓ/d

냉각탑의 보급수량은 〈표 6.6〉의 흡수식에서 1일의 전부하 상당 운전시간을 6h로 해

(B) 13.6×6×(300×2) = 48,960 ≒ 49,000 ℓ/d

사원식당은 〈표 6.7〉에서 1식 당 6 ℓ/d 라고 고려하여

(C) 6×2,500 = 15,000 ℓ/d

(A) + (B) + (C) = 184,000 ℓ/d = 184m³/d

피크 수량은 이 1/10(〈표 6.7〉)로 하여

Q_p = 184,000×0.10 = 18,400 ℓ/h

(4) 각종 건축의 급수량 개략치

〈표 6.16〉 건물 종별에 따른 1일 1인당의 급수량 (문헌 601)

건물종류	단위급수량 (1일당)	사용 시간 (h/일)	주기(注記)	유효면적당 인원 등	비고
단독주택 공동주택 독신자룸	200~400 ℓ/인 200~350 ℓ/인 400~600 ℓ/인	10 15 10	거주자 1인당 거주자 1인당 거주자 1인당	0.16인/m^2 0.16인/m^2	
관공서·사무소	60~100 ℓ/인	9	근무자 1인당	0.2인/m^2	남자 50, 여자 100ℓ/인 사원식당·거주용 등은 별도 가산
공장	60~100 ℓ/인	조업 시간 +1	근무자 1인당	착석작업 0.3인/m^2 입석작업 0.1인/m^2	남자 50, 여자 100ℓ/인 사원식당·거주용 등은 별도 가산
종합병원	1,500~3,500 ℓ/병상 30~60 ℓ/m^2	16	연면적 1m^2 당		설비내용 등에 의해 상세하게 검토한다.
호텔 전체 호텔 객실부	500~6,000 ℓ/객실 350~450 ℓ/객실	12 12			상동 객실부만
요양소	500~800ℓ/인	10			
기피숍	25~35ℓ/객 55~130ℓ/점포 m^2	10		점포면적에는 주방 면적을 포함한다.	주방에서 사용되는 수량만 화장실 세정수 등은 별도 가산
음식점	55~130ℓ/객 110~530ℓ/점포 m^2	10		상동	상동 정성적으로는 소식당·모밀국수집·일본식당·양식당·중국식당의 순으로 많다.
사원식당	25~50ℓ/식 80~140ℓ/식당 m^2	10		상동	상동
급식센터	25~30ℓ/식	10			상동
백화점·슈퍼마켓	15~30ℓ/m^2	10	연면적 1m^2 당		종업원 분량·공조용수(空調用水)를 포함
초·중·고등학교	70~100ℓ/인	9	(학생+직원) 1인당		교사·종업원을 포함한다. pool 용수 (40~100/인)는 별도 가산
대학강의동	2~4ℓ/m^2	9	연면적 1m^2 당		실험·연구용수는 별도 가산
극장·영화관	25~40ℓ/m^2 0.2~0.3ℓ/인	14	연면적 1m^2 당 입장자 1인당		
터미널역	10ℓ/1,000인	16	탑승객 1,000인당		열차 급수·세차 용수는 별도 가산
보통역	3ℓ/1,000인	16	탑승객 1,000인당		종업원 분량·다소의 거주용 분량을 포함
사원·교회	10ℓ/인	2	신도 1인당		상주자·상근자 분량은 별도 가산
도서관	25ℓ/인	6	열람자 1인당	0.4인/m^2	상근자 분량은 별도 가산

【주】 단위급수량은 설계대상 급수량이지 연간 1일 평균급수량이 아니다. 비고란에 기록하지 않았을 뿐 공조용수, 냉동기 냉각수, 실험·연구용수, 프로세스 용수, pool·사우나 용수 등은 별도 가산한다.

〈표 6.17〉 각종 위생기구 · 수전의 유량 및 접속관경(문헌 619)

기구종류	1회당 사용량 (회)	1시간당 사용횟수 (회)	순간 최대유량 (l/min)	접속관 구경 (mm)	비고
대변기(세정밸브)	13.5~16.5	6~12	110~180	25	평균 15/회/10s
대변기(세정탱크)	15	〃	10	15	
소변기(세정밸브)	4~6	12~20	30~60	20	평균 5ℓ/회/6s
소변기(세정탱크)	9~18	12	8	15	2~4인용 기구 1개에 대해 4.5ℓ
소변기(세정탱크)	22.5~31.5	〃	10	15	5~7인용 기구 1개에 대해 4.5ℓ
수세기	3	12~20	8	15	
세면기	10	6~12	10	15	
싱크류(13mm수전)	15	〃	15	15	
싱크류(20mm수전)	25	〃	15~25	20	
분수식 음수기			3	15	
음수전			20~50	15~20	
일본식 욕조	크기에 의한다	3	25~30	20	대욕조의 경우는 수전 및 급수관 관경을 25~32mm로 한다.
서양식 욕조	125	6~12	25~30	20	
샤워	13.5~16.5	3	12~20	15~20	수량은 종류에 따라 크게 다르다.

(5) 수전 등의 유출수량

압력 P_1, P_2(MPa)일 때의 유출수량을 각각 Q_1, Q_2(ℓ/min)로 하면

$$(P_1 / P_2) \fallingdotseq (Q_1 / Q_2)^2 \quad \cdots\cdots (6.1)$$

즉 $$Q_2 \fallingdotseq Q_1 \times \sqrt{(P_2 / P_1)} \quad \cdots\cdots (6.2)$$

단, 이 식은 FM밸브에는 적용할 수 없다.

〈표 6.18〉 수전의 유출수량(ℓ/min)

압력		수전평균유출량							
MPa	atg	15A 몸통길이	15A 세로	15A 가로	15A 自在	20A 몸통길이	20A 自在	샤워헤드 15A	샤워헤드 20A
0.2 × 0.98	0.2	7.1	7.8	8.0	7.73	16.2	15.0	–	–
0.4 × 0.98	0.4	13.8	12.7	15.0	13.2	28.4	26.0	–	–
0.5 × 0.98	0.5	15.8	15.7	18.0	15.9	32.4	31.4	13	18
0.6 × 0.98	0.6	17.6	17.8	20.3	17.9	39.4	36.0	15	22
0.8 × 0.98	0.8	21.1	21.4	24.1	20.8	45.5	42.0	18	26
1.0 × 0.98	1.0	24.9	24.6	27.4	23.4	48.9	47.4	21	32
1.5 × 0.98	1.5	30.2	30.9	34.9	27.1	63.5	58.0	27	45
2.0 × 0.98	2.0	34.8	35.1	39.4	34.7	77.0	62.4	31	46
2.5 × 0.98	2.5	39.5	39.9	45.0	40.0	88.5	79.2	35	52
3.0 × 0.98	3.0	42.7	44.0	48.5	42.4	94.4	84.5	39	56
3.5 × 0.98	3.5	46.0	46.0	52.9	46.6	–	–	–	–
4.0 × 0.98	4.0	49.0	51.0	57.0	50.5	–	–	–	–

【주】 본표는 일본산 각 5~7종 제품의 평균유출수량, 또 본표는 전개시의 수량이며, 일반 사용시의 수량은 저자의 실측에 의하면 대체로 이것의 50%로 보면 된다.

영화관의 화장실(학교, 체육관도 이것과 동일)과 같이 휴식시간에 사용이 급증하는 경우에는 〈예제 6.4〉와 같이 〈표 6.20〉을 사용해서 급수량을 산정한다.

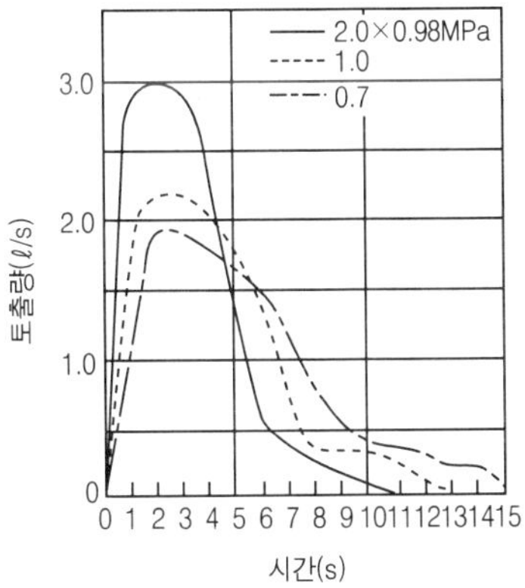

〈그림 6.3〉 플래시 밸브의 유량곡선(문헌 620)

〈표 6.19〉 볼탑 유량표(ℓ/min)

	관경(A)	15	20	25	32	40	50	65	75	100	125	150
볼탑	압력 = 0.2 × 0.98MPa	6.4	16.5	43.7	67.2	100	176	270	382	674	979	1,428
	0.4 × 0.98MPa	8.9	23.0	61.2	94.4	136	245	376	536	971	1,363	1,992
	0.6 × 0.98MPa	10.9	28	74	116	166	307	461	672	1,186	1,664	2,425
	0.8 × 0.98MPa	12.8	32.7	88	133	194	352	533	768	1,394	1,938	2,832
	1.0 × 0.98MPa	14.2	36.5	99.2	150	224	400	604	856	1,560	2,240	3,141
	1.5 × 0.98MPa	17.2	44.7	122	184	274	490	740	1,050	1,910	2,740	3,840
	2.0 × 0.98MPa	20.1	50.2	141	212	317	565	854	1,210	2,210	3,170	4,450
	3.0 × 0.98MPa	24.6	63.4	172	260	388	694	1,045	1,480	2,700	3,880	6,650
FM 밸브	0.5 × 0.98MPa	–	–	55	140	180	200	250	330	400	–	700
	1.0 × 0.98MPa	–	–	110	190	230	310	400	510	850	–	1,070
	2.0 × 0.98MPa	–	–	140	270	340	490	630	740	1,300	–	3,100
	3.0 × 0.98MPa	–	–	170	330	420	570	760	920	1,600	–	3,700
	4.0 × 0.98MPa	–	–	190	370	460	620	810	940	1,800	–	4,000

【주】 볼탑은 13A · 20A는 단식, 25A 이상은 복식

〈표 6.20〉 각 기구 점유시간(문헌 621)

	남자	여자		남자	여자
소변기	30초	–	세면기	75초	300초
대변기	400초	90초	수세 · 세면기	20초	120초
수세기	10초	30초			

【예제 6.3】 정원(객석수) 1000명, 주야 4회 상영, 영화관의 1일 수량과 피크시의 급수량을 산정하시오?

풀이 〈표 6.12〉에서

1일 수량 ‥‥ 1,000인×77.2 = 77,200ℓ/d

피크 수량 ‥‥ 1,000인×8.0 = 8,000ℓ/d

【예제 6.4】 〈예제 6.3〉에서 영화관의 남성용 화장실에 대변기 6, 소변기 20, 세면기 10, 여성용으로 대변기 20, 세면기 10이 있을 때 피크 수량을 검토하시오?

풀이 휴식시간이 1시간 동안에 10분 즉 600초 있으며 그 동안에는 기구가 전부 사용된다고 가정한다. 〈표 6.20〉의 점유시간(소변기만은 세정간격 300초)에서 각 기구의 사용횟수를 구하고 이것에 〈표 6.17〉에서 구한 1회당 급수량을 곱한다. 다음 표와 같이 계산하면 10분 동안에 3,715 ℓ 즉 약 3.7m^{3}를 사용하는 것을 알 수 있다. 상영중 50분 동안의 사용량을 같은 량으로 하면 예2에서 구한 6.5m^3/h의 값은 타당하다고 생각된다.

〈표 6.21〉 10분 간의 전체사용수량

		사용횟수 (n)	개수 (N)	사용량 (Q)	전사용량 (nNQ)
남성	대변기	600 / 400 = 1.5	6	15	135
	소변기	600 / 300 = 2	20	4.5	180
	세면기	600 / 20 = 30	10	3	900
여성	대변기	600 / 90 = 6.6	20	15	2,000
	세면기	600 / 120 = 5	10	10	500
					합계 3,712 ℓ

〈표 6.22〉 동시사용률

기구수	2	3	4	5	10	15	20	30	50	100
동시사용률(%)	100	80	75	70	53	48	44	40	36	33

기구수에서 급수량(이것은 최대급수시의 급수량(ℓ/min)이 된다)을 산출하려면, 각 기구의 유출수량 합계에 동시사용률을 곱한다. 상기 표는 사무소 건축 등 일반건축에 대해서는 충분히 여유가 있는 숫자이지만, 영화관이나 초등학교 등 기구 사용이 일정 시간에 집중할 경우에는 약간 부족할 우려가 있다.

6 · 1 · 3 급수설비의 기본계획

(1) 각 급수방식의 비교와 적용

급수설비에는 〈표 6.23〉에 나타낸 4종류의 방식이 있다. 이 4종류 가운데 (A)의 직결식에 대해서, (B), (C), (D)는 기계식으로서 통일할 수 있다. 직결식과 기계식을 비교하면, 전자는 기계가 없기 때문에 설비비가 싸고 기계 고장의 염려도 없고 또 전력이 필요하지 않으므로 운전비는 수도요금뿐이며 정전일 때도 단수는 없다. 그러나 수도본관의 압력에 의해 급수 개소의 높이가 제한되어, 보통은 1층

〈표 6.23〉 급수의 각 방식 비교

	(A)수도직결방식	(B) 고가수조방식	(C) 압력수조방식	(D) 펌프직송방식
설비비	aa	a	b	c
운전비	aa	a	b	c
에너지절감	aa	a	b	c
적용건물	주택, 상점 등 소규모 건축	소중대 초고층 빌딩 주택단지	경기장, 체육관, 중소건축	용지가 넓은 공장, 주택단지

【주】 표중에서 aa가 가장 유리하고 그 뒤를 이어 a, b, c 순이다.

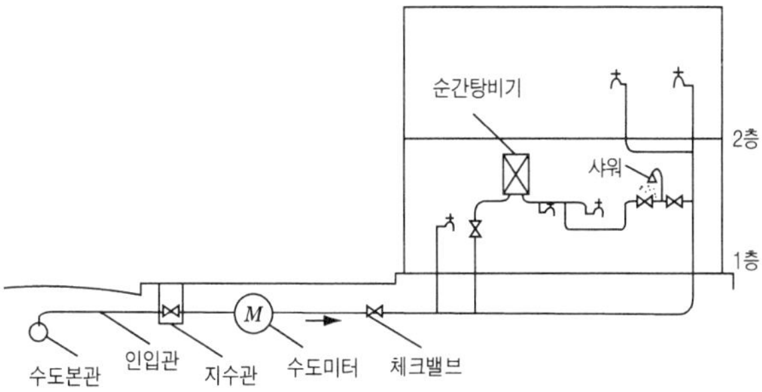

〈그림 6.4〉 수도직결방식

또는 2층의 낮은 건축에만 응용된다. 또 대건축에 있어서는 피크 로드를 처리할 수 있는 인입관 사이즈를 필요로 하므로 기계식보다 구경이 커진다.

이상의 점에서 직결식은 보통 저층의 주택이나 상점 등의 소규모 건축(연면적 300m² 이내)에 적용된다.

다음으로 (B), (C), (D)의 기계식은 수수조가 있기 때문에 피크 로드는 이것에서 흡수되므로 대건축에 있어서는 인입관의 사이즈는 직결식보다 작아도 된다. 또 수도본관이 단수가 될 때에는 수수조의 물을 절약해서 사용하면, 어느 시간까지는 급수를 할 수 있다. 그러나 펌프를 필요로 해 설비비, 운전비는 모두 (A)보다 비싸진다.

기계식 가운데 (B)고가수조방식은 (C)에 비해 설비비가 싸고* 고가수조의 유효수량이 커 정전시에도 바로 단수가 안되고, 양수동력도 (C)보다 적다. 그러나 옥상수조 때문에 상당한 건축스페이스가 필요하고 수조 하중에 대해 건축구조를 보강해야 한다.

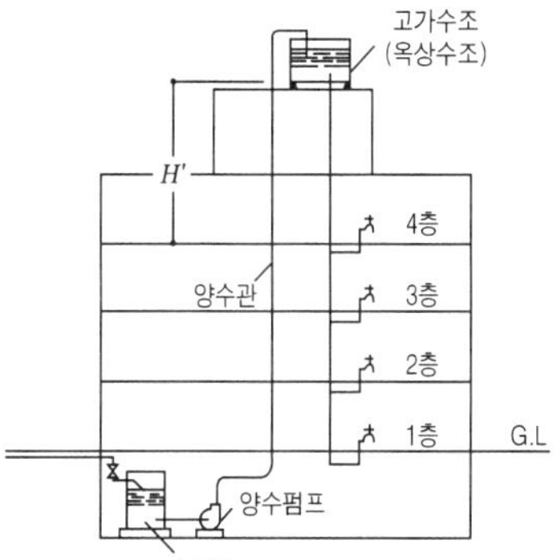

〈그림 6.5〉 옥상수조 방식

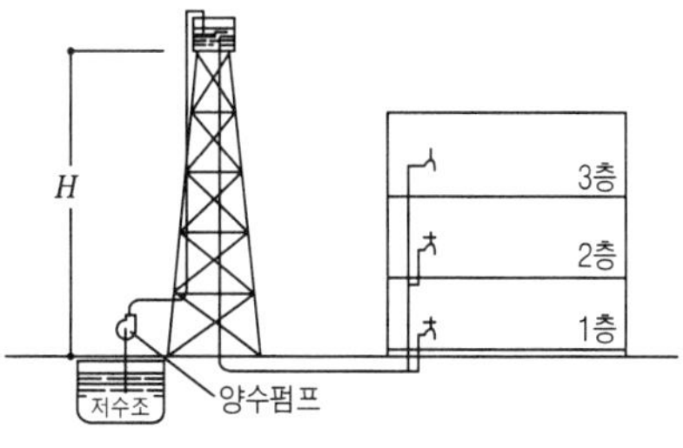

〈그림 6.6〉 독립탑의 고가수조

* 이것은 옥상에 수조를 설치할 경우이며, 〈그림 6.6〉과 같이 지상에 높은 망루를 세우고 이곳에 수조를 설치할 때는 (C)방식보다 설비비는 비싸진다.

〈표 6.24〉 고가수조의 필요 높이 H

	기구의 높이	플래시밸브, 샤워가 있을 때	좌측 이외일 때
1 층	지상 1.0m	H = 8m 이상	H = 4m
2 층	4.0m	11m	7m
3 층	7.0m	14m	10m
옥상수조		H' = 8m 이상	H' = 3m

【주】 H'

이런 점 때문에 4층 이상의 일반건축에서는 (B), (C), (D) 가운데 (B)의 고가수조 방식이 가장 널리 이용되고 있다.

압력수조방식은 〈그림 6.7〉과 같이 옥상탱크가 필요없는 반면 지하층에 큰 수조실이 필요하다. 같은 건물에 대해 펌프양정은 (B) 방식보다 커지고 이 때문에 소비동력도 커진다. 수조내 유효수량은 극히 적어 정전시에는 바로 단수된다. 이런 점으로 종래는 체육관이나 경기장, 공항 건축 등 옥상수조를 놓기 어려운 건물에 (C)방식이 이용되었다. 그러나 최근에는 많은 메이커에서 소형 압력탱크와 펌프, 제어반을 일체로 한 유닛을 판매하고 있으며 이 유닛은 상기의 결점이 있는데도 불구하고 설계 시공이 용이하다는 점으로, 연면적 300~5,000m² 의 중소규모 건축에 꽤 널리 이용되고 있다.

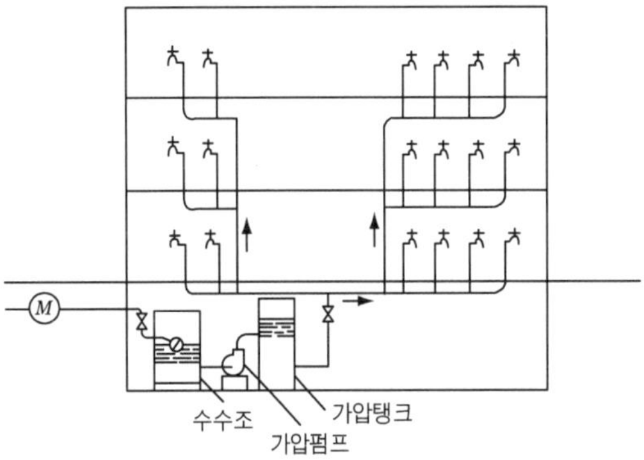

〈그림 6.7〉 압력탱크에 의한 급수방식

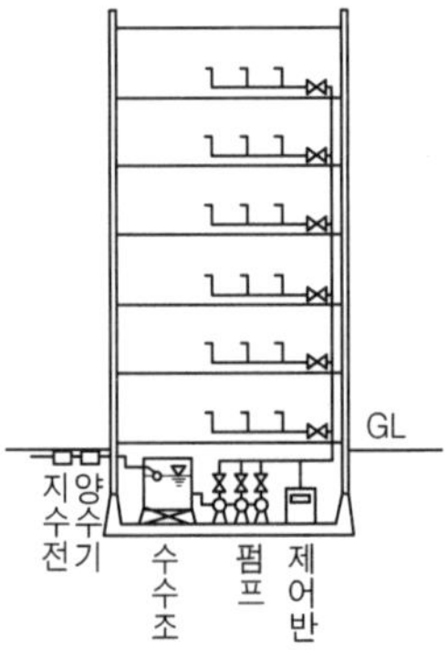

〈그림 6.8〉 펌프직송방식

펌프직송방식은 수수조에서 흡인한 물을 부스터 펌프로 가압하여 급수개소까지 송수한다. 따라서 이 방식은 수수조 이외의 탱크는 필요없지만, 펌프의 수량은 피크 로드의 수 배가 필요하다. 또 펌프는 연속운동을 함으로써 급수량에 맞추어서 자동적으로 펌프의 대수제어 또는 회전수제어를 하여 동력소비를 절약할 필요가 있다. 이 때문에 제어반 기타의 코스트 상승으로 설비비는 (C) 방식에 비해서도 비싸지고 또 펌프의 연속운전으로 인해 1년 간 소비전력은 (B), (C) 방식의 2배 전후가 된다.

이 방식은 급수개소가 평면적으로 분포하고 각소의 급수압력이 규정된 큰 공장이나 주택단지 등에

*2 본서의 피크 로드는 시간당의 값(ℓ/h)을 나타내며, 순간유량(ℓ/min)은 (ℓ/h)의 매분 환산값의 배수가 된다.

많이 이용되고 있다.

최근에는 펌프와 제어반, 자동제어장치를 일체화 한 유닛이 각 회사에서 판매되고 있어 중규모 빌딩에서도 이용되고 있지만, 이 방식은 양수높이로 인해 소비동력이 커지므로 입상높이가 20m를 넘는 빌딩는 에너지절약 관점에서 부적당하다.

(2) 초고층 건축의 양수방식

이 경우 (5)에서 기술하는 최고수압의 제한 때문에 급수구역을 수압 4~5atg가 되도록 수직 존으로 분할하고 각 존에 대해서 〈그림 6.9〉와 같이 각각 독립된 계통으로 급수를 하게 된다. 이 그림의 설명을 〈표 6.25〉에 하는데, 표와 같이 양수동력의 합계는 고가탱크 방식이 가장 적고 에너지절약 관점에서도 유리하다.

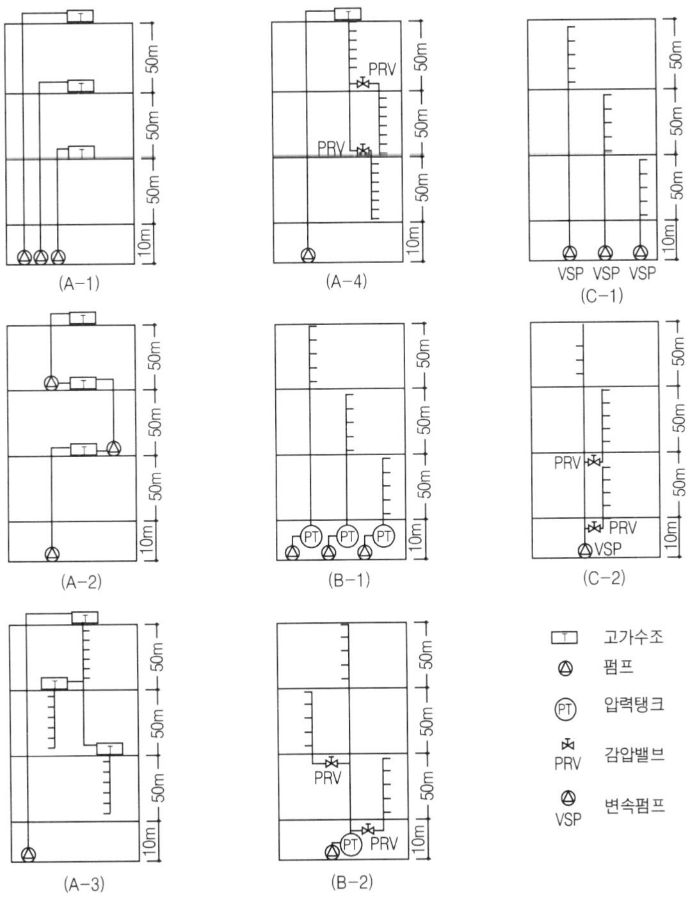

〈그림 6.9〉 초고층 건축의 급수설비에서의 각종 양수방식(문헌 622)

〈표 6.25〉 초고층 건축의 급수설비에서의 각종 양수방식

종류	방식명	탱크 합계수량(%)	양수동력 (%)	설비비	운전비	점유 스페이스	보수 난이도
고가수조방식	(A-1) 병렬양수방식	100	100	B	A	C	A
	(A-2) 스텝 방식	100	100	B	A	D	B
	(A-3) 감압탱크방식	120	164	A	C	C	A
	(A-4) 감압밸브방식	100	164	A	C	B	B
압력수조방식	(B-1) 병렬양수방식	125	134	C	B	B	B
	(B-2) 감압밸브방식	125	219	B	D	B	C
펌프직송방식	(C-1) 병렬양수방식	0	125	D	B	A	B
	(C-2) 감압밸브방식	0	205	C	D	A	C

【주】 A, B, C, D는 유리한 것에서 불리한 것의 순서

(3) 음료수와 잡용수 계통

급수계통은 전부를 1계통으로 하는 경우와 음료수, 잡용수를 다른 계통으로 하는 경우(2계통 방식)가 있다. 음료수, 잡용수의 공급개소와 그 사용비율을 〈표 6.26〉에 나타낸다.

〈표 6.26〉 음용수와 잡용수

		음료수	잡용수
공급개소		세면기, 수세기, 싱크(주방, 탕비, 세탁), 욕실	변기세정, 청소, 살수, 못의 급수, 청소싱크, 오물싱크, 냉각탑 보급수*1, 보일러 보급수*2, 소화용수
사용비율	사무소	30~40%	60~70%
	병원	60~70	30~40
	호텔	60~70	30~40
	백화점	55~70	30~45
	학교	40~50	50~60
	주택	30~40	60~70

【주】 *1 중수도를 사용할 때는 부식방지제의 주입이 필요
*2 상수를 잡용수로 사용할 때는 잡용수계통으로 하지만, 우물물 또는 중수도를 잡용수로 할 때는 음료수(상수도)계통에 넣는다.

일본은 1975년 법규의 개정으로 음료수용 탱크의 6면 점검이 요구되어 이 때문에 대형 수수조를 실내에 설치할 필요가 생겼다. 따라서 기계실 면적이 충분할 때에는 음료수, 잡용수 겸용의 수수조를 설치하지만, 충분치 못할 경우에는 음료수용 수수조만 실내에 설치하고 잡용수용 수수조로는 바닥 밑 수조를 이용한다. 이 때는 2계통 방식이 된다.

이런 점으로 연면적이 10,000m^{2}를 넘는 건축물에서는 2계통 방식을 이용하는 예가 많다. 즉 상수를 인입해 이것을 음료수와 잡용수의 양쪽 수수조에 물을 받는다.

특히 최근에는 연면적이 30,000m^{2}를 넘는 대규모 건축에서는 배수의 재이용수, 즉 중수를 잡용수로 이용하는 예가 점차 증가하고 있는데 이 경우에는 당연히 2계통 방식이 된다.

(4) 수수조

(1)에서 설명한 것 같이 (B), (C), (D) 방식은 모두 수수조가 필요하다.

음료수의 수수조는 앞에서와 같이 6면 점검이 필요하므로 〈그림 6.10〉과 같이 4둘레와 아랫면은 건축본체에서 45cm 이상, 상면은 100cm 이상 떨어지게 설치해야 한다.

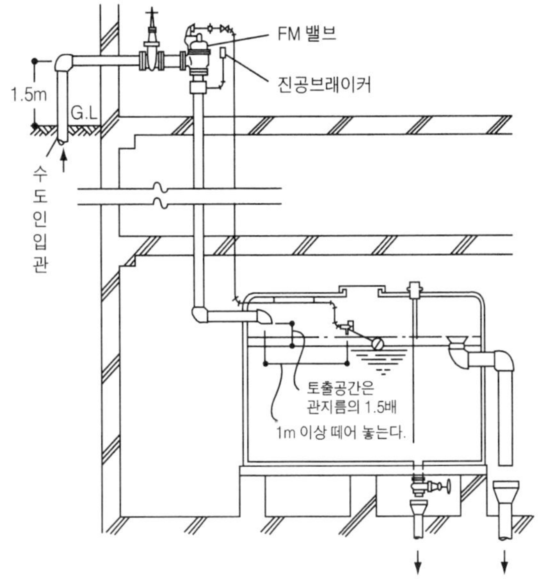

〈그림 6.10〉 FM밸브를 사용한 수수조(FM밸브 제작소)

또 도쿄도(東京都)에서는 수도본관의 수압 저하를 방지하기 위해 지하실에 수수조를 설치할 경우, 〈그림 6.11〉과 같이 지상에 부수수조를 설치하고 이것에 급수하는 볼탑의 위치를 지상 1.5m에 하는 것을 규제하고 있다. 단, FM밸브를 설치할 때에는 〈그림 6.9〉와 같이 밸브 본체를 지상 1.5m에 설치하면 부수수조는 필요없게 된다.

수수조의 수량은 1일 전체사용수량의 1/6~1/4로 잡는다. 수도본관의 압력변동이 커서 인입관의 유량이 변동되기 쉬울 때는 1/4로 하고, 특히 단수가 자주 생기는 지역에서는 1/2~1일분을 잡는다. 이런 우려가 전혀 없을 때에는 1/12~1/6로 족하다.

소화용수가 필요할 경우에는 이것에 소화용수량을 더한다. 부수수조의 수량 규정은 없지만, 양수펌프의 1~2분간 분량, 1일 사용량의 1/200~1/100로 한다.

이상 수수조에 기술한 사항은 6 · 1 · 3에 나타낸 각 급수방식 가운데 (1)수도직결방식 이외의 방식에 공통적으로 해당된다.

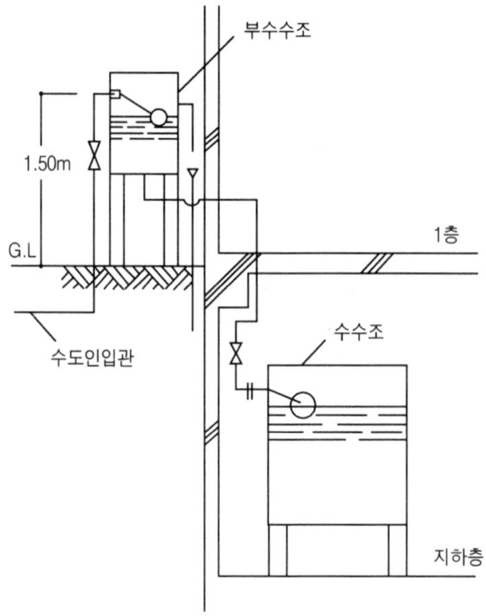

〈그림 6.11〉 부수수조

【예제 6.5】 〈예제 6.2〉의 사무소 건축의 수수조 크기를 구하시오?

풀이 2계통 방식으로 해 음료수와 잡용수를 분리하고 이 비율을 〈표 6.26〉에서 40%:60%로 한다. 음료수의 사용수량은 전수량이 184m³/d이므로

$184 \times 0.40 = 73.6 m^3/d$

수수조는 이것의 1/6을 잡아 $73.6 \times 1/6 = 12.3 m^3$

즉 음료수용 수수조로서는 3.0m×2.0m×2.5m(높이), 조내용적 15m³의 것을 선정한다. 잡용수의 수수조는 동일하게 해

$184 \times 0.6 \times 1/6 = 18.4 m^3$

(5) 급수압력의 제한

급수전 등의 사용압력은 그 최저압력과 최고압력에 제약이 있다. 그 중 최저압력은 플래시밸브나 순간탕비기 등의 원활한 작동을 위해 필요하며, 건물내의 모든 급수개소는 기구 종류에 따라 다르나 〈표 6.27〉의 숫자 이상의 수압을 유지해야 한다.

또 사용압력이 과대할 때는 세면기의 급수가 튀어 오르거나 워터 해머가 발생하므로 최고압력은 〈표 6.28〉에 나타낸 값이 일반적으로 이용되고 있다.

〈표 6.27〉 각 기구의 최소 필요수압(P_f)

기구명	수전	플래시밸브	샤워	순간탕비기		
				4, 5호	7 ~ 16호	22 ~ 30호
필요압력(atg) [kPa]	0.3 [30]	0.7 [70]	0.7 [70]	0.4 [40]	0.5 [50]	0.8 [80]

〈표 6.28〉 건물별 최고수압 추천값

	주택, 호텔, 병원, 노인홈(Home)	일반 건축
최고압력 (atg)	3 ~ 4	4 ~ 5

(6) 급수 펌프

다음 항(6 · 1 · 4)에 나타내는 각 급수방식에 사용하는 펌프는 모두 다단터빈 또는 다단볼류트식 펌프가 이용된다. 이 펌프의 각 구경에 대한 양수량과 효율의 개략값을 〈표 6.29〉에 나타낸다. 이것은 모메이커의 카달로그에서 구한 것으로 메이커에 따라 수량이나 효율이 크게 다르므로 설계시에는 메이커의 카달로그 성능표를 참조해서 구한다.

〈표 6.29〉 급수용 다단 터빈 펌프

구경 (A)	수량 Q(ℓ/min)	효율 η (%)	구경 (A)	수량 Q(ℓ/min)	효율 η (%)
40	200	35 ~ 50	125	1,300~2,000	50 ~ 65
50	200 ~ 320	45 ~ 60	150	2,000~3,200	55 ~ 65
65	320 ~ 500	50 ~ 60	200	3,200~5,000	55 ~ 70
80	500 ~ 800	50 ~ 60	250	5,000~8,000	55 ~ 70
100	800 ~ 1,300	50 ~ 65	300	8,000~12,000	55 ~ 70

펌프의 소요동력(kW)은 다음식으로 계산한다.

$$\text{kW} = \frac{Q \times H}{6{,}120\,\eta} \quad \cdots\cdots (6.3)$$

여기서 Q = 펌프의 양수량(ℓ/min)

H = 펌프의 전양정(m)

η = 펌프 효율(〈표 6.28〉)

〈표 6.30〉 해발높이와 수온에 의한 펌프 흡입양정의 변화

해발높이 (m)	0	500	1,000	1,500	2,000	2,500
흡입양정 (m)	7.5	7.0	6.5	6.3	5.7	5.4
수온 (℃)	0	20	40	60	8.0	100
흡입양정 (m)	7.5	6.8	5.7	4.2	1.2	− 5.0

6 · 1 · 4 급수설비의 설계법

(1) 수도직결방식

수도본관의 필요압력 P_o(atg) 는 다음 식으로 나타낸다.

$$P_o \geqq P_f + (h_f/10) + (\Delta P/10) \quad \cdots\cdots (6.4)$$

여기서 P_f = 기구 필요최소압력 (atg) (〈표 6.27〉)

h_f = 지면상의 기구 높이 (m)

ΔP = 기구까지의 관내저항 (m)

개략 계산으로 하여 P_o의 값은 〈표 6.31〉과 같다. 즉 P_o = 1.0atg에서는 2층의 플래시 밸브로는 부족해 2층 화장실에는 로우 탱크를 설치한다.

〈표 6.31〉 수도직결방식에서 수도본관의 필요압(P_o)

설치위치	기구의 지상높이	플래시밸브, 샤워 순간탕비기가 있을 때	좌측 이외일 때
1 층	0.5m	P_o = 0.8atg	P_o = 0.4atg
2 층	3.5	1.1	0.7
3 층	6.5	1.4	1.0

상기의 P_o에 대해 본관내 수압이 부족할 때는 수수조와 가정용 소형 펌프를 설치하여 가압한다.

인입관 사이즈는 다음 식의 압력강하 R(mmAq/m)을 만족하도록 선정한다.

$$R = \frac{10{,}000\{P_o - P_f - (h_f/10)\}}{(1+k)\ell_s} \quad \cdots\cdots (6.5)$$

여기서 ℓ_s는 수도본관의 분기점에서 문제 기구까지의 길이, k = 국부저항 상당길이의 직관길이에 대한 비 = 0.4 ~ 1.0

【예제 6.6】 2층 주택의 인입관 지름을 구하시오? 수도본관의 최저수압 P_o를 1.5atg로 하고 주요 기구의 h_f와 ℓ_s는 다음과 같다. 또 P_f는 〈표 6.27〉에서 구한다.

〈표 6.32〉

	ℓ_s	h_f	P_f	$(h_f/10) + P_f$
2층 플래시 밸브	33.5	3.5	0.7atg	1.05
1층 샤워	32.0	2.5	0.7	0.95
1층 순간탕비기 22호	27.0	2.0	0.8	1.20

풀이 즉 2층의 플래시 밸브는 (6.5)식에서

$$R = \frac{10{,}000\{1.5 - 0.7 - 0.35\}}{(1+0.5)\times 33.5} = 90\text{mmAq/m}$$

1층의 순간탕비기에서는

$$R = \frac{10{,}000\{1.5-0.8-0.2\}}{(1+0.5)\times 27} = 123\text{mmAq/m}$$

〈표 6.33〉

	기구수(N)	FU	N×FU
플래시밸브식 대변기	2	6	12
플래시밸브식 소변기	1	3	3
세면기	3	1	3
주방싱크	1	3	3
욕조	1	3	3
샤워	1	2	2
			계 26

R은 작은 쪽인 90mmAq/m을 선택한다.

순간유량 산정법은 6·1·5에 후술하는데, 실내 기구수와 그 급수기구단위 FU로부터 총계 FU는 〈표 6.39〉로 구해진다. FU의 총계가 26이므로, 유량 Q는 〈그림 6.18〉에서 ②의 커브를 이용하여 65ℓ/min로 된다. 염화비닐관을 사용하면 R = 90mmAq/m, Q = 65ℓ/min 이므로, 〈그림 6.22〉에서 필요관지름은 30A가 된나.

(2) 고가수조방식의 설계법

〈그림 6.5〉와 같이 건물 외부에 망루를 설치하고 그 위에 고가수조를 설치하는 경우와 고층건물 옥상에 설치하는 경우가 있다. 보통 후자가 사용된다.

고가수조의 용량 결정은 ⓐ 정전에 의한 단수, ⓑ 수조실의 크기, ⓒ 건물구조의 하중 등을 고려해 정한다. 정전에 관해서는 자가발전이 없는 건물에서는 피크로드의 2 ~ 3h분량을 고려한다. 자가발전이 있는 경우에는 정전되어 발전기가 정상적으로 운전하기 까지의 시간(약 5~10분)이면 되지만, 일반적으로 피크 로드의 1/2~1h분량으로 한다. 또 대규모 건축에서는 수조실이 너무 커지지 않도록 1/3~1/2h분량으로 잡는 경우가 많다.

고가수조의 높이 H'는 〈표 6.27〉에 나타낸 필요압력을 만족하도록 잡는다. 즉 최상층에 플래시밸브나 샤워가 있을 때는 최상층의 바닥면에서 수조하단까지 8m 이상으로 하고 옥탑의(펜트 하우스) 2층에 수조를 설치해야 한다. 최상층의 샤워를 지하층의 저탕조에서 공급할 경우, 급탕관의 저항 때문에, 이 필요높이 H'가 10m 이상이 되는 경우가 있으므로 주의해야 한다.

펌프 수량은 피크 로드 수량의 1.5~2.0배로 한다(1.5배는 대규모 건축의 경우). 펌프 양정은 하기의 ① ②의 합계가 된다.

① 저수조 수면에서 고가수조 수면까지의 높이(m)

② 도중 배관의 마찰손실(이음의 저항을 포함)

도중배관의 마찰저항 (B)는 〈그림 6.21〉 등을 이용하면 정확히 계산되지만 개략계산일 때는 (A)의 10%~20%를 잡는다.

【예제 6.7】 연면적 6,600m²의 사무소 건축의 급수장치를 설계하시오?

풀이 즉, 〈표 6.7〉에서 피크 수량은 0.9~1.5ℓ/m²h이므로 1.2ℓ/m²h를 채용하여, 필요급수량 Q_p는

$$Q_p = 6{,}600 \times 1.2 = 7{,}920\,\ell/\text{h} \fallingdotseq 8{,}000\,\ell/\text{h}$$

상수만을 사용하는 것으로 해 펌프, 고가수조를 계획한다.

고가수조(1시간 분량) = 8m³

펌프의 수량 = $2 \times Q_p = 2 \times 8{,}000 = 16{,}000\,\ell/\text{h} = 266\,\ell/\text{min} \rightarrow 300\,\ell/\text{min}$

수수조는 소화전의 방수량과 야간 저수를 고려해서 선택한다. 이 때는 주간에 단수의 우려가 없는 것으로 해 피크 수량 2시간 분량인 16m³로 잡고 이것에 소화용수 5.2m³를 더해 21.2m³ 이상을 선택한다.

수수조 수면에서 고가수조 상단까지의 높이를 42m로 하고 배관 저항을 20%라고 생각하면, 펌프 양정 H은

$$42 \times 1.2 \fallingdotseq 50\text{m}$$

양수펌프는 〈표 6.29〉에서 구경 50A를 이용하며 효율은 50%로 하고 소요동력은 (6.4)식에서

$$\text{kW} = \frac{300 \times 50}{6{,}120 \times 0.5} = 4.90$$

따라서 모터는 5.5kW를 선정하고 양수펌프로서는 50A×300ℓ/min×50m×5.5kW로 한다.

(3) 압력수조방식의 설계

압력수조를 사용할 경우는 수조 유효수량의 비율이 작고 또 수조를 설치하는 스페이스도 한정되어 있는 관계상, 그 유효수량을 피크 수량의 5~30분간의 분량으로 잡는다. 따라서 단수를 기피하는 건물에서는 자가발전장치가 필요하다.

압력수조의 필요최소압력 p_1은 ①최고개소의 수전까지의 높이, ②수전의 최소필요압력 〈표 6.27〉, ③수전까지의 배관 마찰저항의 합계로 잡는다. 압력수조의 최대압력 p_2는 사용해야 할 압력수조의 제한압력 또는 펌프의 최대양정 근처에서 잡는다.

【예제 6.8】 압력수조의 설계예(피크 수량 1,000 ℓ/h 로 한다)

최고개소의 수전까지의 높이 = 13m = 1.3atg

수전의 최소필요압력 = 0.3atg

도중의 배관저항 = 3m = 0.3atg

1.9atg

풀이 p_1= 2.0atg로 잡는다. 펌프양정을 55m로 하고 최대압력 p_2=5.0atg로 잡는다. 초압 0atg일 때 〈표 6.34〉에서 보면

p_1 = 5.0atg 일 때, 수량 = 82.9%

p_2 = 2.0 〃 〃 = 66.0

---

p_1과 p_2의 수량의 차 = 16.9%

즉 〈그림 6.12〉(A)와 같이 되고 수조의 유효수량을 피크 수량의 20분의 333ℓ 로 하면 수조의 전용량은

333 ≒ 0.169 = 1970 ℓ ≒ 2.0m³

즉 〈표 6.35〉에서 지름 1.00m, 길이 2.75m(수량 2,160 ℓ)를 선택한다. 수조의 철판두께 개략은 제한압력 6atg로 하고 〈표 8.2〉에서 동판 8mm, 경판 9mm로 된다.

초압이 1.5atg 일 때는 〈그림 6.12〉(B)와 같이 p_1과 p_2의 수량 차는 41.5%로 되고 전수량은

333 ≒ 0.416 = 800ℓ

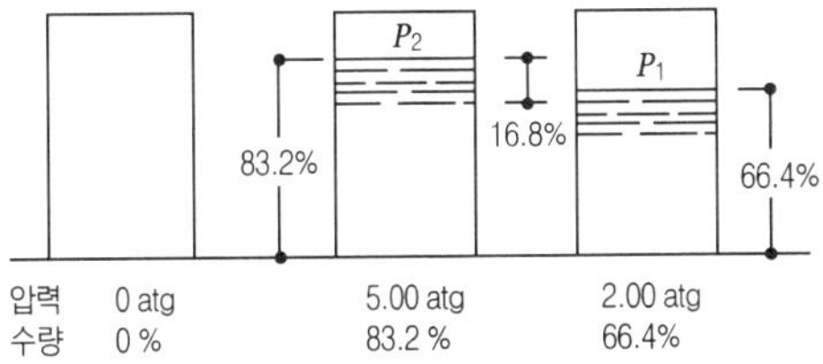

〈그림 6.12〉(A) 압력수조내 수압과 수량(초압 0atg의 경우)

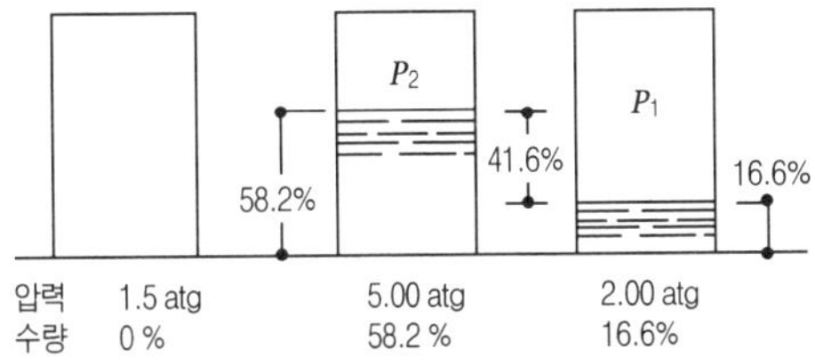

〈그림 6.12〉(B) 압력수조내 수압과 수량(초압 1.5atg의 경우)

위예와 같이 초압을 높일수록 수조의 크기는 작아진다. 따라서 대형 압력수조에서는 초압을 주기 위해 자동공기보급장치를 비치하거나 또는 0.4~0.75kW의 소형 공기압축기를 비치한다.

가정용 펌프는 펌프와 압력수조를 일체화 한 것으로 이 압력수조의 저수량은 펌프 토출량의 1분간의 양도 되지 않으며 저수를 위한 것보다도 오히려 압력스위치에 의한 펌프의 자동기동을 하기 위해 설치된 수조라고 생각하는 편이 낫다.

〈6.34〉 압력수조 설계표(수조 전용적에 대한 물의 용적 %)

	atg	종압														
		0.50	1.00	1.50	2.00	2.50	3.00	3.50	4.00	4.50	5.00	6.00	7.00	8.00	9.00	10.0
초압	0	32.6	49.3	59.3	66.0	70.2	74.4	77.2	79.5	81.4	82.9	84.4	87.2	88.6	89.7	90.7
	0.25	15.0	36.4	49.4	57.8	63.8	68.2	71.8	74.5	76.9	78.8	81.8	84.1	85.8	87.2	88.4
	0.50	0	24.5	39.4	49.4	56.6	61.9	66.2	69.5	72.3	74.6	78.2	80.9	83.0	84.7	86.1
	0.75		12.1	29.5	41.1	49.5	55.7	60.6	64.5	67.7	70.4	74.6	77.8	80.4	82.2	83.8
	1.00		0	19.8	33.0	42.5	49.5	55.2	59.6	63.3	66.3	71.1	74.7	77.5	79.8	81.6
	1.25			9.8	24.8	35.5	43.4	49.7	54.6	58.8	62.2	67.5	71.6	74.8	77.3	79.3
	1.50			0	16.5	28.3	37.2	44.1	49.6	54.2	58.0	64.0	68.5	72.0	74.9	77.0
	1.75				8.3	21.3	31.0	38.6	44.8	49.7	53.9	60.4	65.4	69.2	72.3	74.8
	2.00				0	14.1	24.8	33.1	39.7	45.7	49.7	56.9	62.2	66.4	69.7	72.5
	2.25					7.0	18.6	27.6	34.8	41.2	45.6	53.3	59.1	63.1	67.2	71.2
	2.50					0	12.4	22.0	29.8	36.2	41.9	49.8	56.0	60.9	64.7	68.0
	2.75						6.3	16.5	24.9	31.6	37.8	46.2	52.9	58.2	62.3	65.8
	3.00						0	11.0	19.8	27.1	33.1	42.6	49.7	55.4	59.8	63.4
	3.25							5.6	15.0	21.7	29.1	39.2	46.8	52.7	57.4	61.3
	3.50							0	10.0	18.0	24.9	35.5	43.6	49.8	54.9	58.9
	3.75								5.0	14.4	20.7	32.0	40.5	47.0	52.4	56.7
	4.00								0	9.0	16.5	28.4	37.4	44.3	49.9	54.4
	4.50									0	8.4	21.3	31.2	38.8	44.9	49.9
	5.00										0	14.3	25.0	33.3	39.9	45.4

(4) 펌프직송방식의 설계법 (문헌 623)(문헌 624)(문헌 625)

펌프의 최대송수량은 사용수량의 순간부하(ℓ/min)의 최대값에 맞춰 선정한다. 또 심야 등 미소부하시에 있어서 100ℓ 정도의 소형압의 출구배관 도중에 붙이거나 회전수 제어 또는 바이패스법에 의해 송수량을 이것에 매치시키거나 혹은 전부하 전용의 소형 펌프를 설치한다. 회전수 제어에 있어서 펌프수량이 10% 이하의 조건에서 장시간 운전하면 펌프에 공기가 고여 양수가 되지 않을 우려가 있다.

〈6.35〉 원형수조 용량표(ℓ)

길이(m) \ 지름(m)	0.30	0.50	0.60	0.75	0.90	1.00	1.25	1.50	1.75	2.00
0.03	2.1	5.9	8.4	13.2	19	23.5	36.8	53.0	72.1	94.2
0.30	21	58	84	132	190	235	368	530	721	942
0.45	31	88	127	198	286	353	551	795	1080	1410
0.50	35	98	141	221	318	393	613	883	1200	1570
0.60	42	117	169	265	381	471	735	1060	1440	1880
0.75	53	147	212	331	477	589	918	1320	1800	2350
0.90	63	176	254	397	573	707	1100	1590	2160	2820
1.00	70	196	282	441	636	785	1220	1760	2400	3140
1.25	88	245	353	552	795	980	1530	2100	3000	3920
1.50	106	294	424	663	954	1180	1830	2640	3600	4710
1.75	123	343	495	773	1110	1370	2130	3090	4200	5490
2.00	141	392	565	883	1270	1570	2450	3530	4800	6270
2.25	159	442	635	993	1430	1760	2750	3970	5400	7060
2.50	176	491	707	1100	1590	1960	3060	4410	6000	7850
2.75	195	540	777	1210	1750	2160	3370	4850	6600	8640
3.00	212	589	848	1320	1900	2350	3670	5290	7200	9410
3.50	247	687	990	1540	2220	2750	4280	6170	8400	10900
4.00	282	785	1130	1760	2540	3140	4900	7060	9600	12550
4.50	318	883	1270	1980	2860	3530	5510	7950	10800	14100
5.00	353	982	1410	2210	3180	3930	6130	8830	12000	15700
6.00	424	1170	1690	2650	3810	4710	7350	10600	14400	18800

② 펌프의 송수량 제어에는 ⓐ 대수제어, ⓑ 회전수제어와 ⓒ 이것의 병용식이 있다. ⓐ는 ⓑ에 비해 설비비는 싸지만 에너지절약 및 운전비 절약 측면에서는 ⓑ쪽이 유리하다. 이런 점으로 인해 전 송수량 1,000ℓ/min 이하의 소규모에는 ⓐ가, 그 이상의 대규모인 경우에는 ⓑ 또는 ⓒ가 적당하다고 고려된다.

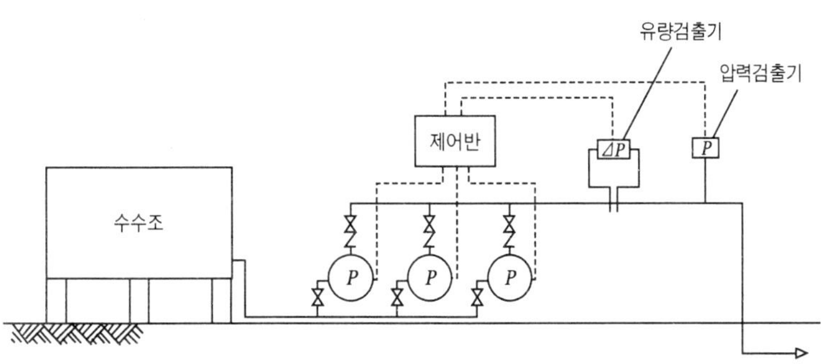

〈그림 6.13〉 펌프직송방식의 기계실 계통도

대수제어에서 예를 들면 최대순시유량 1,200 ℓ/min일 때, 400 ℓ/min 수량의 펌프를 3대 사용한다. 〈그림 6.14〉와 같이 0~400 · 401~800 · 801~1,200 ℓ/min의 사용수량에 대해서 각각 1대, 2대, 3대의 펌프가 운전한다. 중간의 유량, 예로서 600ℓ/min일 때는 2대를 운전하고 나머지 200 ℓ/min은 바이패스시켜 수수조로 되돌린다.

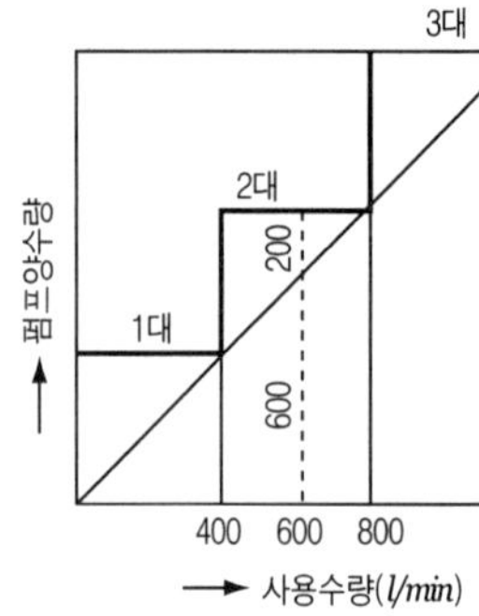

〈그림 6.14〉 대수제어

회전수제어에서는 회전수가 감소함에 따라 펌프의 성능곡선은 〈그림 6.15〉와 같이 닮은 꼴로 변화하여 이것과 장치의 저항곡선의 교점 A, B, C에서 운전조건이 결정된다.

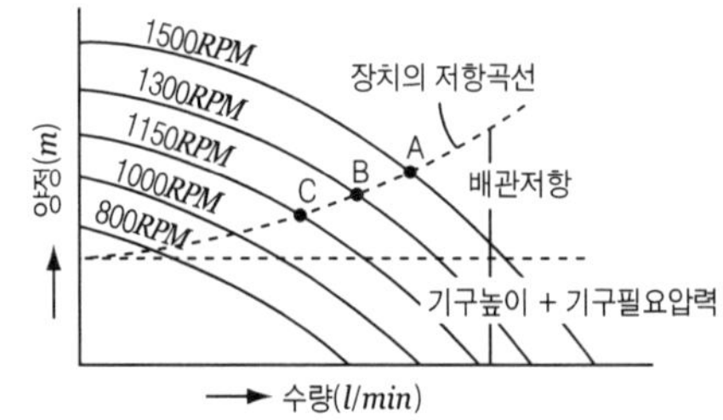

〈그림 6.15〉 회전수제어

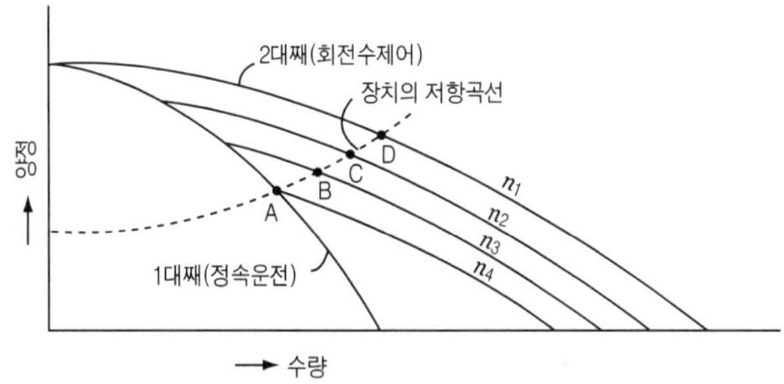

〈그림 6.16〉 병용방식

ⓒ의 병용방식에서 수량이 적을 때는 펌프 1대만 운전하고, 이것이 수량에 따라서 대수를 제어해 〈그림 6.16〉의 A점 이상일 때 2대째가 운전에 들어가 1대는 풀 로드(회전수는 최고)에서 일정회전수로 운전하면서 2대째의 펌프가 회전수 제어된다. 그 성능곡선 변화는 〈그림 6.16〉과 같다. 회전수제어의 변속펌프는 변속용 제어장치를 포함해서 회전수가 일정한 정속펌프에 비해 그 코스트가 3~10배 정도 크므로 코스트 다운을 위해 1대 또는 수대의 정속펌프와 1대의 변속펌프의 조합을 이용하는 경우도 있다.

③ 대규모 주택단지 등에서는 배관 연장(延長)이 커지게 되어 관내 저항으로 인해 펌프 토출수압이 5atg를 넘는 경우가 많다. 이와 같은 경우에는 기구의 수압을 일정한 한도(〈표 6.28〉)로 억제하기 위해 송수주관의 지름을 크게 하여 저항을 줄이고, 토출수압을 6atg 이내로 억제하거나 6atg를 넘는 경우에는 펌프실 근처의 주택에 이르는 분기관에 감압밸브를 설치하여 사용수압을 4atg 이하로 제한한다.

④ 펌프의 회전수제어는 앞의 〈그림 6.15〉 또는 〈그림 6.16〉과 같이 하는 방법이 이상적이며, 이것은 배관의 가장 먼 개소(혹은 기구의 필요압력과 기구 높이의 최대 개소)의 압력이 일정해지도록 제어하고, 〈그림 6.16〉과 같은 대수제어는 펌프실 출구측의 유량 검출에 의해 한다. 그러나 이 방법은 압력검출단의 적당한 개소를 찾기가 까다로운 점과 제어용 케이블이 길어져 코스트가 올라가므로 그다지 사용되지 않는다.

일반적으로 이용되는 것은 펌프 토출압력을 일정하게 하는 제어로 〈그림 6.17〉의 B·C·D점에서 운전한다. 이것은 〈그림 6.17〉과 같이 고정저항* H가 배관저항 R에 비해 클 경우는 큰 전력로스는 없지만, 반대의 경우에는 전력 로스가 커져서 에너지 절약은 되지 않는다. 이 경우 대수제어는 상기와 같이 유량검출에 의한다.

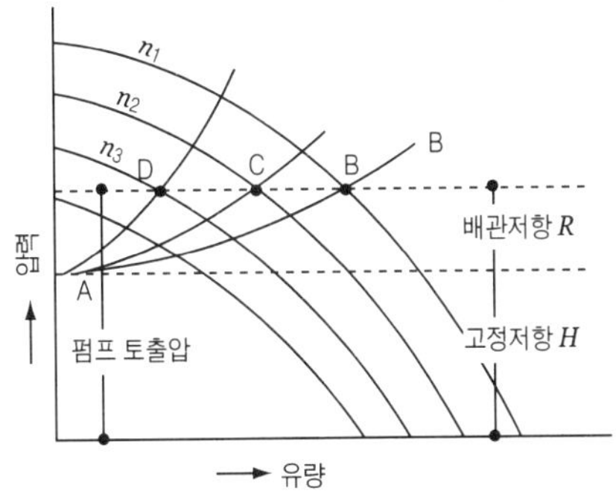

〈그림 6.17〉 토출압 일정 회전수 제어

【예제 6.9】 주택수 2,000호의 주택단지 급수장치를 펌프직송방식으로 할 때, 그 펌프실을 설계하시오? 단 펌프실 지면에서 최고층 주택의 바닥면은 지상 25m에 있으며 모든 주택에 22호의 순간탕비기를 설치하는 것으로 한다.

풀이 〈표 6.13〉(B)에서 2,000호 단지에 있어서 순간유량의 최대값은 1호당 1.85 ℓ/min가 되고, 이것에 여유를 약 10%로 잡아서 2.0 ℓ/min을 설계유량으로 한다. 따라서 전유량은

$$2.0 \times 2{,}000 = 4{,}000\ \ell/\text{min}$$

이것에 대해 저부하용으로 500 ℓ/min의 것 1대로 하고 이것에 1,200 ℓ/min×3대의 조합 혹은

* 이 고정저항은 기구의 최저 사용압력과 최고 위치의 기구까지의 압상 높이가 주된 것이다.

〈표 6.36〉 펌프별 수량과 회전수제어의 유무

펌프명	A	B	C	D	E
수량(ℓ/min) 회전수	500 변속	500 변속	1000 정속	1000 정속	1000 정속

〈표 6.37〉 펌프 조합 예

유량범위 (ℓ/min)	0~500	500~1000	1000~1500	1500~2000	2000~2500	2500~3000	3000~3500
운전 펌프	A 또는 B	A + B	A + E 또는 B + D	A + B + C	E + F + A	C + D + B + A	C + D + E + A

500ℓ/min×2대, 1000ℓ/min×3대의 조합 등이 있는데 여기서는 후자를 사용하여 〈표 6.36〉, 〈표 6.37〉의 조합으로 한다.

배관 치수는 전술한 것과 같이 피크시 관내 저항의 증가를 방지하기 위해 압력강하 R = 10mmAq/m 전후에서 구하고, 피크 수량에 있어서 가장 먼 곳까지의 배관 저항의 합계를 14mAq로 한다. 이때 순간탕비기의 최저필요수압 P_f는 〈표 6.27〉에 의해 80kPa가 되므로, 각 펌프의 전양정은

$$H_f + 0.1P_f + \Delta P = 25+8+14 = 47\text{m}$$

에서 55m로 선정한다.

즉 〈표 6.29〉에서 Q = 500ℓ/min, 1,000ℓ/min의 펌프는 각각 80A, 100A를 선정하고, 그 효율은 62%, 65%로 하여

$$\text{kW} = \frac{500\times55}{6{,}120\times0.62} = 7.2 \rightarrow 7.5\text{kW}$$

$$\text{kW} = \frac{1{,}000\times55}{6{,}120\times0.65} = 13.8 \rightarrow 15\text{kW}$$

즉 펌프로서는

80A×500ℓ/min×55m×7.5kW(변속)×2대

100A×1,000ℓ/min×55m×15kW(정속)×3대

를 사용한다.

6 · 1 · 5 급수관의 설계법

(1) 사용재료와 관의 부식

사용재료를 〈표 6.38〉에 나타낸다. 종전에는 백가스관과 연관만 사용되고 있었지만, 최근에는 수도수질의 악화로 인해 (전자는 부식이 빠르고, 후자는 시공이 까다롭기 때문에) 그 사용례는 현저하

〈표 6.38〉 급수관 사용재료

백가스관	JIS G 3452 JIS G 3442	1970년 경까지는 옥내용으로 전용되었지만, 최근에는 관내부식 때문에 양질의 물을 사용할 경우 이외는 사용치 않는다.
연관	JIS H 4311 JIS H 4312	시공이 까다롭기 때문에 최근에는 기구 주변에만 사용한다.
염화비닐라이닝강관	JWWA-K116	가스관 내면에 경질염화비닐을 라이닝한 것으로, 소규모 이외의 건축에 많이 사용된다.
경질염화비닐관	JIS K 6741 JIS K 6742	소규모 건축의 급수관에 널리 이용되고 있으며 향후에는 부식성 토양에 대한 소구경 매입배관으로 이용된다.
급수용주철관	JIS G 5526	수도본관의 지름 75A 이상의 인입관에 적용된다. 향후에는 부식성 토양에 대한 지름 75A 이상의 매설관에도 다용된다.

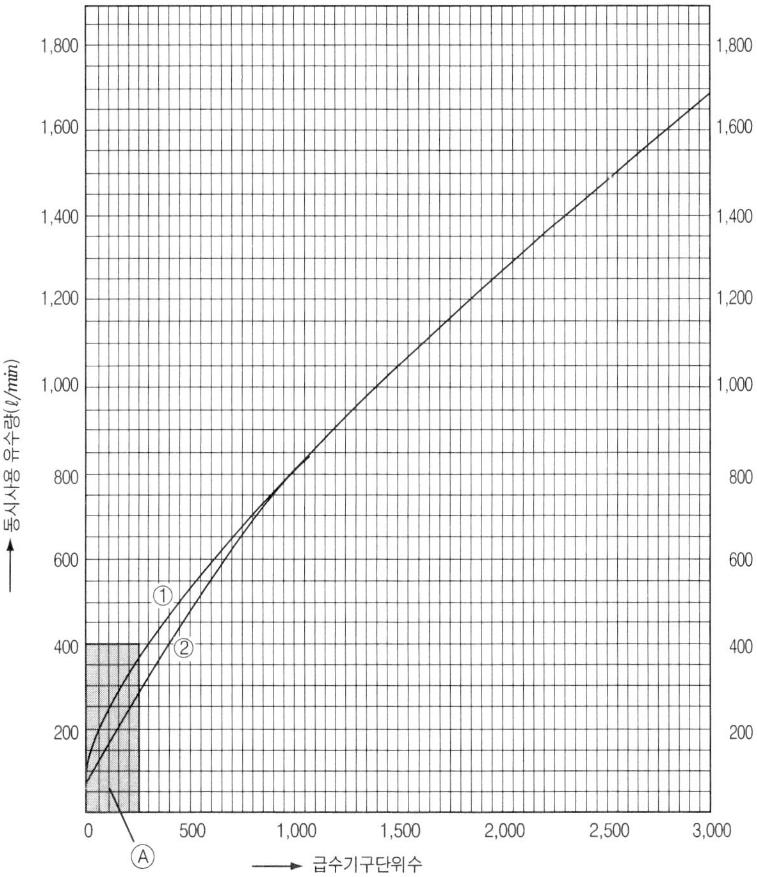

〈그림 6.18〉 배관설계유량

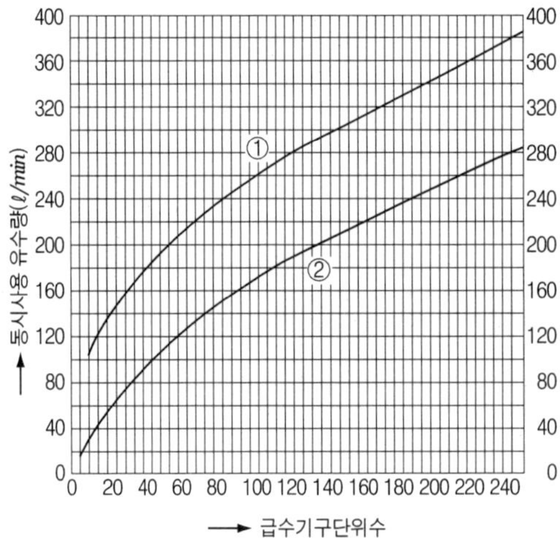

〈그림 6.19〉 배관 설계유량〈그림 6.18〉Ⓐ의 확대도〉

〈표 6.39〉 기구급수부하단위(FU)(문헌 601)

기구명	수전	기구급수부하단위	
		공중용	민간용
대변기	세정밸브	10	6
대변기	세정탱크	5	3
소변기	세정밸브	5	
소변기	세정탱크	3	
세면기	급수전	2	1
수세기	급수전	1	0.5
의료용 세면기	급수전	3	
사무실용 싱크	급수전	3	
부엌싱크	급수전		3
요리장 싱크	급수전	4	2
요리장 싱크	혼합밸브	3	
식기세척기	급수전	5	
연합싱크	급수전		3
세면싱크(수세 1개에 대해)	급수전	2	
청소용 싱크	급수전	4	3
욕조	급수전	4	2
샤워	혼합밸브	4	2
욕실 1식	대변기가 세정밸브에 의한 경우		8
욕실 1식	대변기가 세정탱크에 의한 경우		6
음용수기	음용수전	2	1
탕비기	볼탑	2	
살수 · 차고	급수전	5	

【주】 급탕전 병용일 경우에는 1개 수전에 대한 기구급수부하단위는 상기수치의 3/4으로 한다.

〈표 6.40〉 급수관의 균등표

관경 A	3	6	10	15	20	25	32	40	50	65	80	100	125	150
3	1													
6	2.1	1												
10	4.5	2.1	1											
15	8	3.8	1.8	1										
20	16	8	3.6	2										
					1									
25	30	14	6.6	3.7	1.8	1								
32	60	28	13	7	3.6	2	1							
40	88	41	19	11	5.3	2.9	1.5	1						
50	164	77	36	20	10	5.5	2.7	1.9	1					
65	255	120	56	31	16	8	4.3	2.9	1.6	1				
80	439	206	97	54	27	15	7	5	2.7	1.7	1			
100	867	407	191	107	53	29	15	10	5.3	3.4	2	1		
125	1525	716	335	188	97	51	19	17	9	6	3.5	1.8	1	
150	2414	1133	531	297	147	80	40	28	5	9	5.5	2.8	1.6	1

게 줄었다. 관내면 부식에 대해서는 염화비닐라이닝 강관이 많이 쓰이게 되었다. 단 부식성 토양(pH가 낮고 전기전도도가 높은 경우)에 있어서는 매크로셀 현상에* 의해 강관에서는 외면부식의 예가 많다. 이 경우 지중매입관 중 소구경에는 경질염화비닐관 등의 플라스틱관, 대구경에는 급수용 주철관이 적합하다.

(2) 각 기구에 대한 수량

각 기구의 기구단위 FU를 〈표 6.39〉에서 정한다. 이것에서 배관 각부가 담당하는 기구단위를 알 수 있으므로, 이제부터 〈그림 6.18〉, 〈그림 6.19〉에서 각 부의 유량을 구한다. 본도는 동시사용률을 고려해서 구하고 있으며 ①의 커브는 플래시 밸브가 있을 때, ②는 없을 때이다.

저자 등의 실측에 의하면, 일본의 일반오피스 빌딩에서는 꽤 사용빈도가 빈번한 경우로, 플래시 밸브가 있을 때라도 ②의 커브를 상회하는 유량은 없다. 따라서 극장이나 초등학교의 휴식시간에 사용이 집중될 경우는 ①의 커브를 이용하고 그 이외는 플래시 밸브를 포함할 때라도 예산이 불충분할 때는 ②의 커브를 이용해도 지장은 없다고 본다.

본도에 의해 유량 Q를 파악했다면 다음식으로 배관중의 마찰손실에 이용되는 수두 ΔP를 구하고, 예제와 같이 이것을 배관연장으로 나누어서 마찰저항 R의 값을 구한다.

R과 Q에 의해 〈그림 6.21〉에서 관경을 구할 수 있다.

$$\Delta P = P_o - \frac{H_f}{10} - P_f \qquad \cdots\cdots (6.6)$$

* 철근 콘크리트 건축에 있어서 철근과 관이 접촉하면 관에 미소한 정전위(0~200mV)가 발생하고 이것에 의해 관에서 ±로 미전류가 흘러 부식이 발생한다. (문헌 626), (문헌 627), (문헌 628), (문헌 629)

단, P_0 = 수도직결인 경우는 본관의 압력, 고가수조인 경우는 이것에서부터 어떤 층의 바닥면까지의 수두 (atg)

H_f = 바닥면(직결일 때는 본관)에서 수전까지의 높이(m)

P_f = 기구의 필요압력(〈표 6.27〉)

(3) 급수관의 마찰저항

〈그림 6.21〉~〈그림 6.23〉에는 각종 배관의 저항선도, 〈그림 6.24〉는 국부저항의 상당길이를 나타낸다. 예를 들면 〈그림 6.22〉의 점선에서 150A 엘보우 1개의 저항이 직관 4.6m의 마찰저항에 상당하는 것을 알 수 있다.

〈그림 6.21〉은 염화비닐라이닝관, 〈그림 6.22〉는 경질염화비닐관, 〈그림 6.23〉은 동관의 마찰저항선도를 나타낸다. 강관(JIS G 3452)의 저항선도를 〈그림 4.31〉에 나타냈다.

또 참고로 〈표 6.40〉에 급수관의 균등표를 나타냈다. 본표의 숫자는 같은 저항(R)일 때, 예컨대 25A관 1개의 유량이 15A관 3.7개의 유량과 동등하다는 의미이다.

【예제 6.10】 〈그림 6.20〉과 같은 4층 높이의 오피스 빌딩의 급수장치를 설계하시오? 단, 각층의 기구배치는 완전히 같은 것으로 한다. 배관은 모두 염화비닐라이닝강관을 사용한다.

풀이 시스턴 · 세면기 · 플래시 밸브의 기구단위는 각각 3, 2, 10 이므로, 배관 각부가 감당하는 기구 단위는 〈표 6.41〉 Ⅱ란과 같이 된다(예를 들면 BC부분은 A' 와 B'의 플래시 밸브의 합계에서 20이 된다.)

이것에 의해 〈그림 6.19〉의 곡선 ②를 보고 유량을 구해 Ⅲ란에 기입한다.

다음으로 4층의 이용수압은 고가수조에서 4층 바닥까지의 높이를 10m, 플래시 밸브가 4층 바닥에서 0.2m인 곳에 있다고 하면, (6.6)식에 의해

$$\varDelta P = P_0 - \frac{H}{10} - P = \frac{10}{10} - \frac{0.2}{10} - \frac{7}{10}$$

$$= \frac{2.8}{10}\ \text{atg} = 2{,}800\text{mmAq}$$

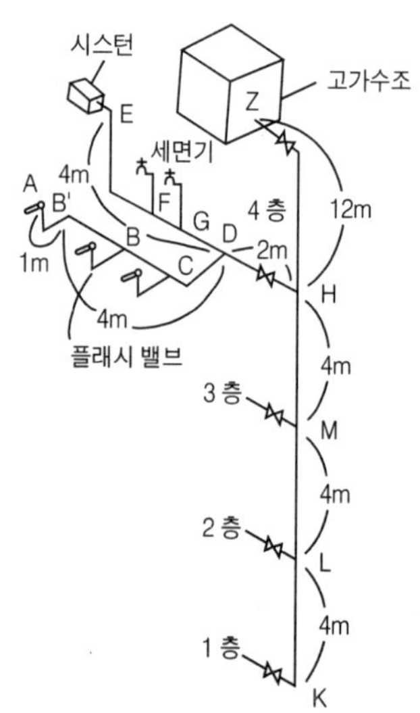

〈그림 6.20〉 배관설계 예제

〈표 6.41〉

I 배관부분	AB	BC	CD	EF	FG	GD	DH	KL	LM	MH	HZ
II 기구단위 FU	10	20	30	3	5	7	37	37	74	111	148
III 수량 Q (ℓ/min)	30	60	75	12	20	25	82	82	140	180	210
Ⅳ 압력강하 *R* (mmAq/m)	105	105	105	105	105	105	105	341	285	211	105
V 관경 (A)	25	32	32	20	20	25	32	32	32	40	50

또 Z에서 4층의 최원단 A까지의 길이는 12+2+4+1 =19m, 도중의 국부저항 상당길이의 직관에 대한 비율을 40%로 해 이용압력강하는

$$R_4 = \frac{2,800}{19\,(1+0.4)} = 105\text{mmAq/m}$$

이것을 Ⅳ란의 4층 부분에 기입한다. 3층 부분의 배관은 위와 같이 하여

$$R_3 = \frac{2,800+4,000}{23\,(1+0.4)} = 211\text{mmAq/m}$$

2층 부분은

$$R_2 = \frac{6,800+4,000}{27\,(1+0.4)} = 285\text{mmAq/m}$$

1층 부분은

$$R_1 = \frac{10,800+4,000}{31(1+0.4)} = 341$$

Ⅲ란의 수량과 Ⅳ란의 R에 따라 〈그림 6.21〉(염화비닐라이닝관)을 사용해서 관지름을 구하면 V란과 같이 된다. 3층 이하의 각 화장실 배관도 상의 R_3, R_2, R_1 을 이용해서 설계하여야 한다.

(4) 양수관 기타의 관지름

수속을 〈표 6.42〉에서 선정하여 관지름을 결정한다.

〈표 6.42〉 각종 송수관의 권장수속 (문헌 630)

	조건	최적수속(m/s)
펌프흡입관	흡양높이, 흡입관 길이, 수온에 따라 다르다. 급수용 원심펌프일 때 2m/s 이하	0.5 ~ 1
펌프토출관	공기가 포함된 물로서 부식 우려가 있을 때 최고 4m/s	1.5 ~ 2
급수본관	수도본관	1 ~ 2
급수분기관	건물내의 급수관	0.5 ~ 0.7
급수원방(遠方)송수관	수도의 배수본관	1.5 ~ 3
보일러급수관	수온 70℃ 이상	0.6 ~ 1
배수펌프양수관		1 ~ 1.5

도쿄도(東京都)에서 급수관의 수압시험은 수도국 직결부분에서는 17.5atg, 그 이외는 상용압력의 2배(단 최저 7.5atg)로 한다.

급수관의 방로나 보온은 우모펠트 또는 글라스 울(glass wool)로 한다.

【예제 6.11】 고가수조로의 양수펌프 양정을 설계하시오? 단 저수조의 수면에서 고가수조까지의 높이를 25m로 한다. 또 저수조에서 펌프를 거쳐 고가수조에 이르는 양수배관(관지름 80A)은 염화비닐라이닝강관으로 하고, 그 연장 50m(도중에 엘보우 10개, 게이트 밸브 2개, 체크밸브 1개가 있다)로 한다.

풀이

80A 엘보의 상당길이	= 2.5m	×10개	= 25m	
80A 게이트 밸브(전개)	= 0.5	×2	= 1m	
80A 엘보의 상당길이	= 5	×1	= 5m	(+
			31m	

즉 국부저항을 포함한 배관길이 = 50+31 = 81m

수량 = 280ℓ/min이라고 하면 80A관에 280ℓ/min를 흐르게 할 때의 저항은 〈그림 6.18〉에서 약 17mmAq/m이므로

전저항 17×81 = 1,377mmAq ≒ 1.4mAq		
양수높이	= 25.0m	(+
	26.4m	

즉 여유를 두어 전양정을 28m로 한다.

급수량만 알고 압력강하가 불명확 할 경우에는 관내의 유속에서 관경을 정한다.

관지름을 알고 이것에서 수량을 구할 경우에도, 〈표 6.42〉의 수속을 이용하여 〈그림 6.21〉 등에 의해 구하면 된다.

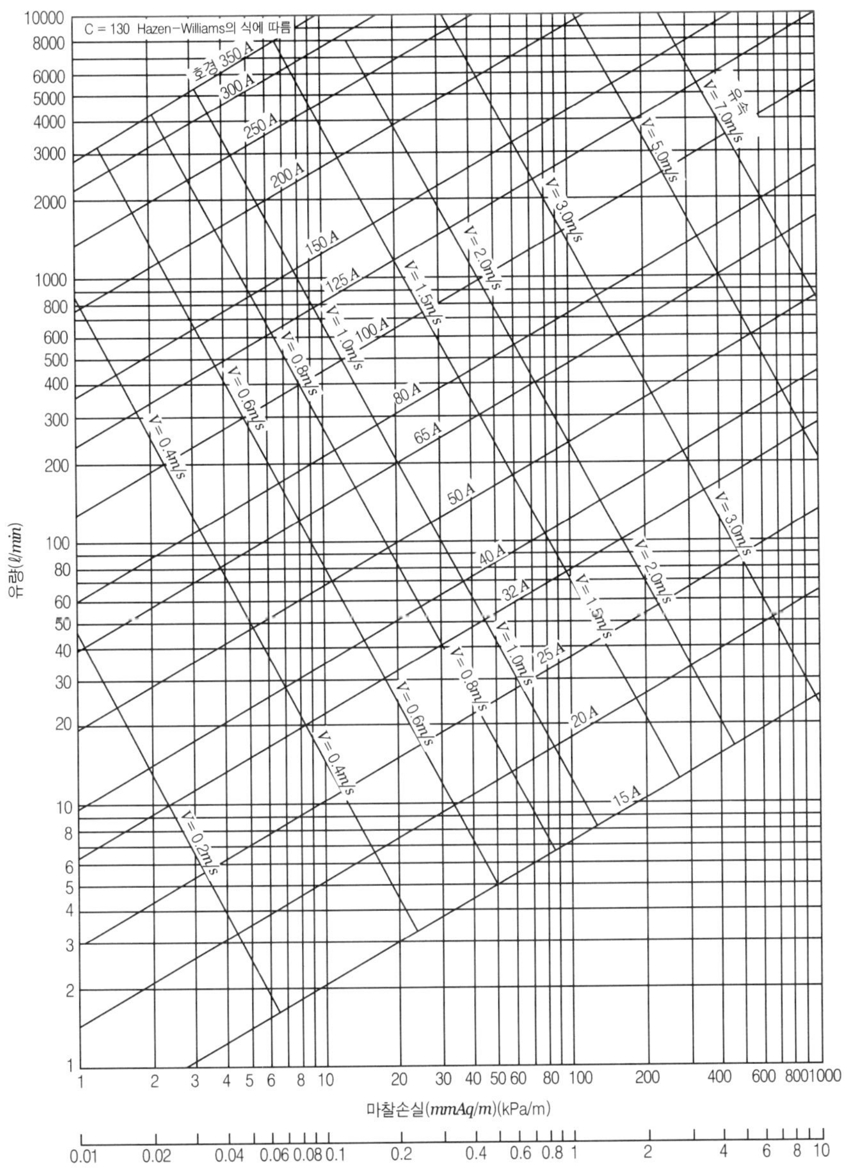

〈그림 6.21〉 경질염화비닐라이닝 강관 유량표

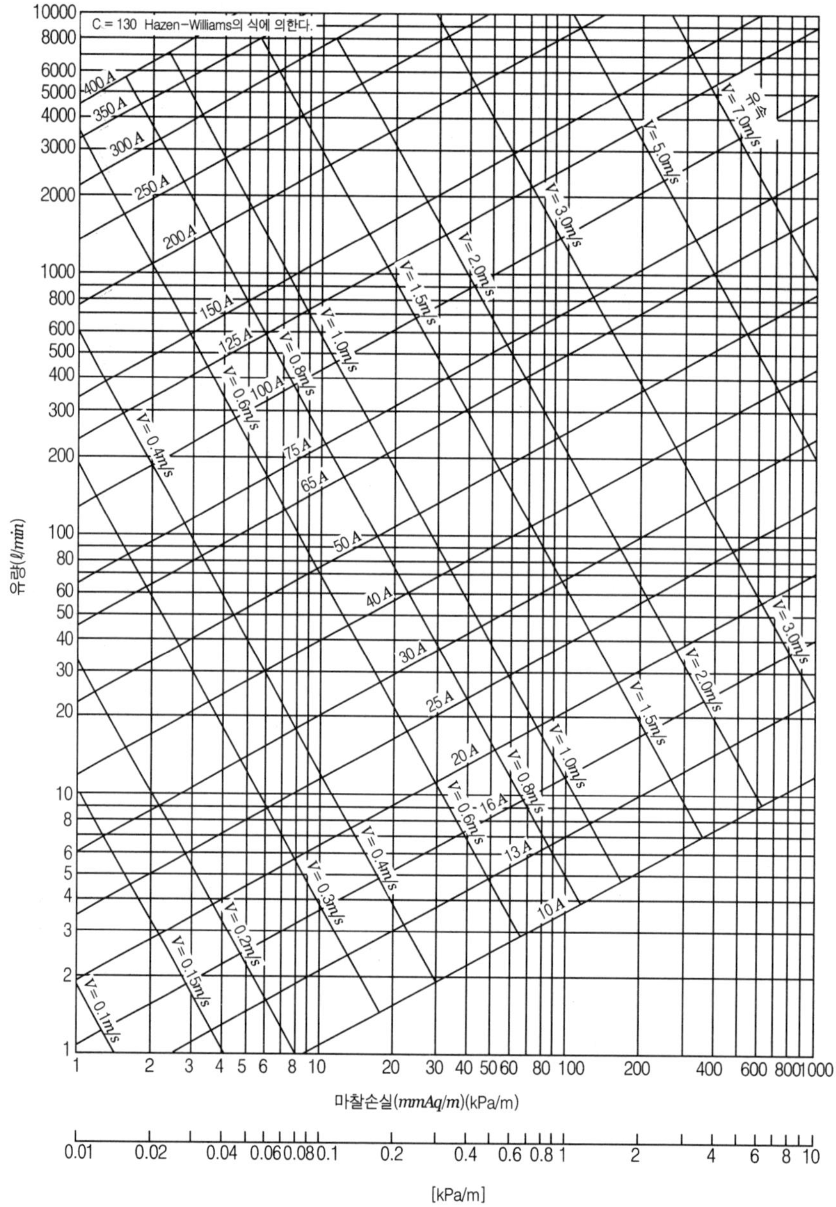

〈그림 6.22〉 경질염화비닐강관 유량표

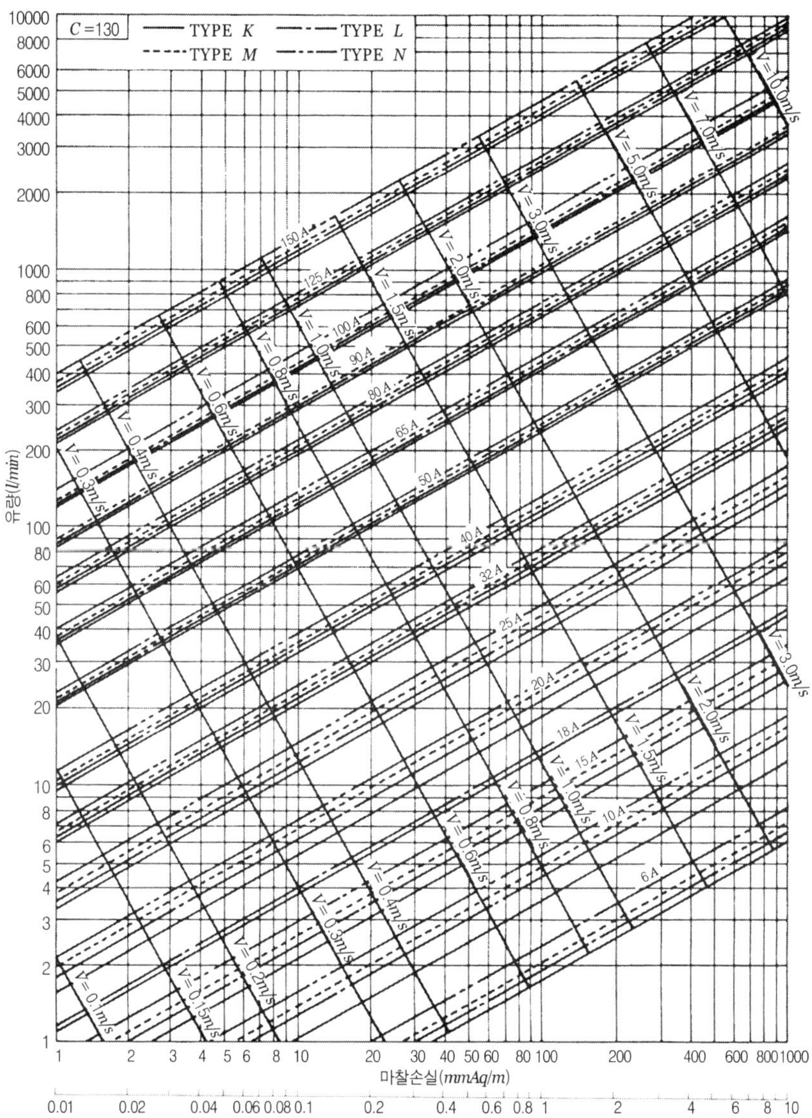

〈그림 6.23〉 동관 저항선도

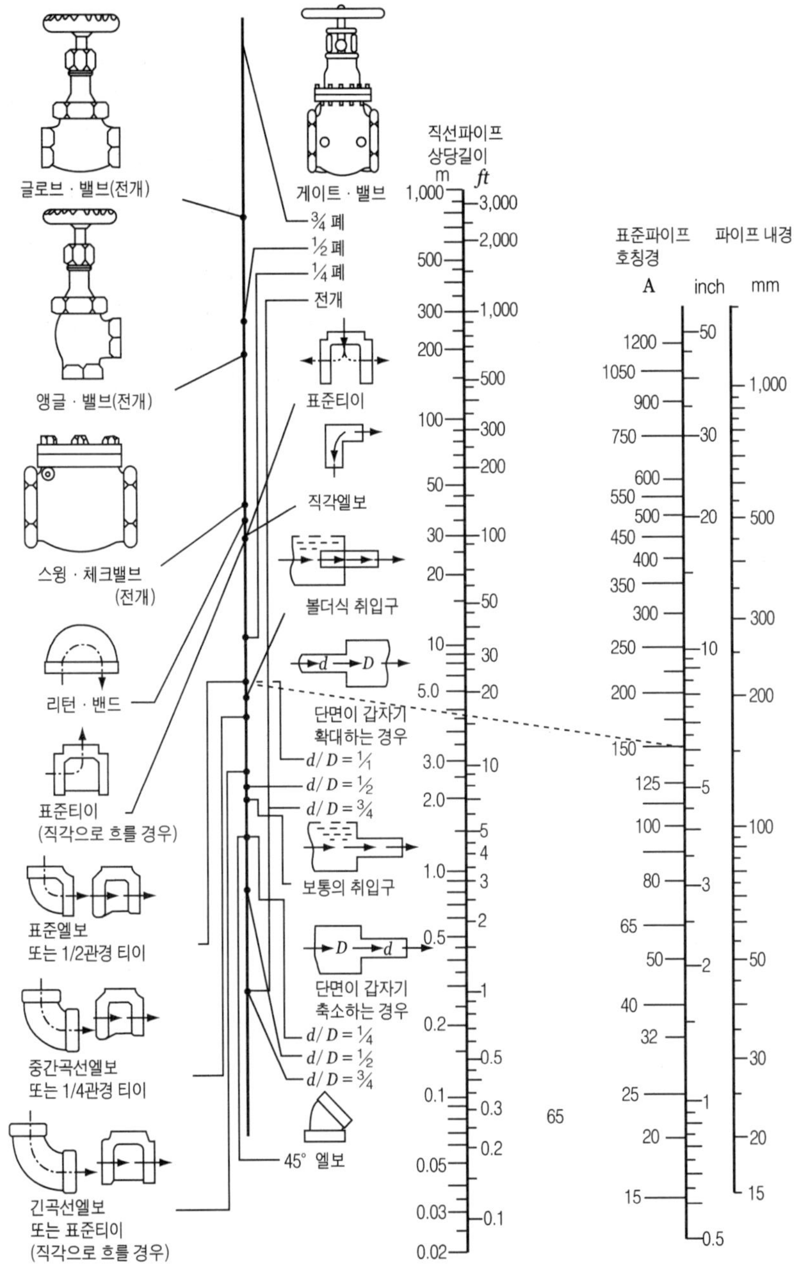

〈그림 6.24〉 국부저항 상당길이

(5) 냉각음료수 공급설비

여름철에는 상수온도가 23~28℃나 되기 때문에 음료로서는 너무 온도가 높다. 이 때문에 호텔, 레스토랑 등에서는 냉동기로 냉각한 7℃ 전후의 물을 음료수로 공급한다. 냉각음료수의 설계수량은 사무소 건축에서는 연면적당 0.002~0.005ℓ/hm², 호텔에서는 0.006~0.01ℓ/hm²로 잡는다. 호텔의 실측값은 〈표 6.43〉참조.

이 경우 냉동기의 소요냉동톤수 계산은 다음식에 따른다.

$$RT = \frac{Q_C \times (t - t_C) \times k}{3{,}024} \quad \cdots\cdots (6.7)$$

단, RT = 음료수 냉각용의 냉동기 톤수(미국식)

Q_C = 냉각음료수 공급량 (ℓ/h)

t = 상수온도(℃) (〈표 6.45〉)

t_C = 음료수 온도(℃)

k = 1.5~2.0

냉각음료수 배관에는 팽창수조를 설치해 냉동기가 정지할 경우, 물의 팽창량을 수용한다. 급탕과 같은 배관법으로 순환한다.

호텔에서는 중앙식 공급설비를 설치하여 각 객실에 냉수를 공급하는 예가 많지만, 그 이외의 건물에서는 냉동기 내장형의 워터 쿨러를 여러 군데 설치해서 국소적으로 공급하는 예가 최근에 많아졌다.

〈표 6.43〉 호텔의 냉수 소비량(실측값) (문헌 615) (문헌 631)

호텔명		TK	PL
1일량	ℓ/d/m²	0.064	0.054
	ℓ/d/room	5.8	8.4
피크 수량	ℓ/d/m²	0.0018	0.0062
	ℓ/d/room	1.7	1.0

【주】 m²은 연면적, room은 객실수

6 · 2 급탕설비

6 · 2 · 1 급탕온도와 급탕량의 연간 변화

〈표 6.44〉에는 각각의 장소에서 사용하는 급탕온도를 나타낸다. 주방의 접시 세정기는 세정에 50℃ 전후의 급탕을 쓰고, 마지막 헹구기는 80℃의 급탕을 쓴다. 단, 헹구기에는 증기를 병용해서 50

〈표 6.44〉 사용장소에 있어서 탕의 온도

목욕, 세면, 샤워	주방 일반	주방 접시세정	주택의 세탁	영업용 세탁	수술, 수세
40~43℃	45℃	80℃	60℃	80℃	43℃

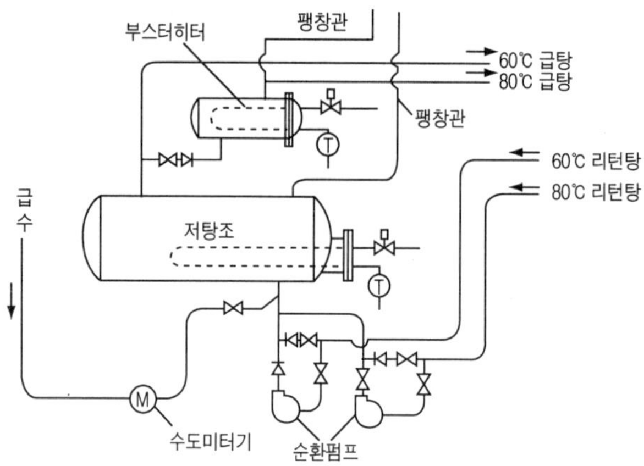

〈그림 6.25〉 온도가 다른 2계통의 급탕방식

〈표 6.45〉 일본 각지의 수도온도(℃)(문헌 632)

도시명	1월	2월	3월	4월	5월	6월	7월	8월	9월	10월	11월	12월	연간	k_h
삿보로	–	2.4	3.0	2.9	10.5	13.0	18.6	18.0	–	12.7	5.7	2.5	8.9	1.27
센다이	4.0	3.5	3.5	6.0	11.0	13.5	15.0	19.5	19.5	18.0	14.0	11.0	11.5	1.27
니카타	3.1	2.4	5.4	10.0	15.7	19.1	22.6	22.4	21.3	16.0	10.2	6.7	12.9	1.40
도쿄	5.5	5.9	8.9	13.5	18.2	20.6	20.6	26.5	22.3	19.3	13.2	8.2	15.2	1.57
나고야	4.2	4.8	7.0	13.0	15.4	18.0	19.5	22.6	23.2	16.7	13.7	10.0	14.0	1.41
오사카	6.4	5.3	11.3	16.4	18.6	21.5	25.6	27.6	26.0	20.3	16.4	9.1	17.0	1.66
고치	7.3	7.7	12.3	16.3	18.6	23.0	26.5	27.6	25.0	20.8	18.0	9.7	17.7	1.63
후쿠오카	6.5	9.0	10.7	15.2	18.0	20.6	22.8	26.8	21.9	18.3	13.4	9.2	16.0	1.58
가고시마	12.1	11.7	13.2	17.8	19.2	21.9	25.1	27.4	24.4	21.5	18.2	14.9	19.0	1.52
오키나와	17.0	18.3	19.2	22.5	25.5	26.5	30.2	28.5	28.5	28.0	26.0	21.0	24.3	1.53

℃의 급탕도 이용한다. 영업용 세탁은 세탁기에 80℃의 급탕을 넣거나 혹은 50℃ 정도의 급탕에 증기를 흡인하여 가열할 때도 있다.

일반적으로 저탕조에는 60℃의 탕을 저탕하고, 이것 이상인 80℃가 필요할 때에는 〈그림 6.25〉와 같이 부스터 히터(再加熱器)를 사용한다. 60℃로 제한하는 것은 그 이상의 온도에서는 철에 대한 부식이 크기 때문이다. 사용개소에서 물과 혼합하여 〈표 6.44〉의 온도로 낮추는데, 이하의 표는 모두 혼합하기 전인 60℃의 급탕량을 나타낸다.

저탕조에서 보낸 60℃의 급탕량 $Q_h(\ell/h)$와 급수량 $Q_c(\ell/h)$를 혼합해서 Q가 되는 양의 탕을 만든다고 하면, (Q_h/Q)의 비는 급수온도 t_{wc}가 낮을수록 커져 특히 급탕용 가열량 q_h는 커진다. 〈표

6.46〉에 급수온 t_{wc}의 변화에 따른 (Q_h/Q)와 q_h의 비를 나타낸다. 〈표 6.46〉과 같이 겨울 (t_{wc} = 5 ℃)은 여름 (t_{wc} = 25℃)의 경우에 비해 Q_h/Q는 1.4배, q_h는 2배 이상이나 된다. 〈표 6.47〉에는 도쿄의 실례를 나타내고 〈표 6.45〉에는 각지의 수도온도를 나타낸다. 본표에는 여름과 겨울의 급탕량 (Q_h)의 비 k_h를 나타낸다. 이하의 여러 표중 여름의 실측값에는 이 계수 k_h를 곱해서 겨울로 환산해야 한다. 이 k_h는 (6.8)식에 각지의 겨울과 여름의 t_{wc}를 대입해서 구한 값이다.

〈표 6.46〉 급탕량의 비율(Q_h/Q)와 가열량(q_h)의 비율

급수온도 t_{wc}(℃)	25	20	15	10	5
(Q_h/Q)	0.430	0.500	0.555	0.600	0.636
가열량	1.00	1.33	1.66	2.00	2.34

【주】 급탕온도 60℃, 사용온도 t_{wc} = 40℃의 경우

〈표 6.46〉은 식(6.8), (6.9)에서 계산했다.

$$t_{w2}(Q_h+Q_c) = 60Q_h+t_{wc}Q_c$$

$$\therefore \frac{Q_h}{Q_c} = \frac{t_{w2}-t_{wc}}{(60-t_{w2})}$$

$$\text{또 } \frac{Q_h}{Q_c} = \frac{Q_h}{Q_h+Q_c} = \frac{1}{1+(Q_c/Q_h)}$$

$$= \frac{1}{1+\dfrac{60-t_{w2}}{t_{w2}-t_{wc}}} \quad \cdots\cdots (6.8)$$

$$q_h = Q_h(60-t_{wc}) \quad \cdots\cdots (6.9)$$

〈표 6.47〉 급탕량의 연간변화 (문헌 609) (문헌 633)

월	2	4	6	8	10	12
병원(ℓ/m²d)	4.7	4.1	3.4	2.7	3.3	4.2
공동주택(ℓ/m²월)	130	110	85	65	80	105

6 · 2 · 2 급탕량

〈표 6.48〉 설계용 급탕량 (문헌 601)

건물의 종류	연간평균 1일 급탕량	피크시 급탕량	피크 계속시간	비고
주택	150~250ℓ/(호 · 일)	150~250ℓ/(호 · h)	2h	• 주택 그레이드를 고려해 검토할 필요가 있다.
공동주택	150~250ℓ/(호 · 일)	50~100ℓ/(호 · h)	2h	• 피크시 급탕량은 세대수가 적은 경우일수록 많다.
사무소	7~10ℓ/(인 · 일)	1.5~2.5ℓ/(인 · h)	2h	• 여성 사용량은 남성 사용량보다도 많다.
호텔객실	150~250ℓ/(인 · 일)	20~40ℓ/(인 · h)	2h	• 호텔의 성격과 사용되는 방법을 고려할 필요가 있다.
종합병원	2~4ℓ/(m² · 일)	0.4~0.8ℓ/(m² · h)	1h	• 병원의 성격과 설비내용을 파악하는 것이 필요하다.
	100~200ℓ/(병상 · 일)	20~40ℓ/(병상 · 일)	1h	• 피크는 1일 2회이며 피크시 이외에도 탕은 평균적으로 사용된다.
소병원	135ℓ/(병상 · 일)	40ℓ/(병상 · 일)	1h	
음식시설	40~80ℓ/(m² · h)	10~20ℓ/(m² · h)	2h	• 면적은 식당면적 + 주방면적
	60~120ℓ/(석 · 일)	15~30ℓ/(석 · 일)	2h	• 분식 · 커피숍은 적은 정도의 값이 좋다.

(1) 주택, 공동주택의 급탕량

〈표 6.49〉에 나타낸 것은 3DK의 공동주택 1호당 급탕량으로 목욕 · 세면 · 조리 · 세탁용의 급탕을 포함한다. 다른 자료로서 이 내역을 〈표 6.50〉에 나타낸다.

〈표 6.49〉의 평균값은 공동주택 전체에 대해 공통의 열원이 있을 때에 이용하고 범위의 최고값은 1호마다 열원 설계에 이용한다.

〈표 6.49〉 공동주택의 1호당 급탕량(동절기) (문헌 634)

	1일 사용량 (ℓ/d호)		피크로드 (ℓ/d호)	
	범위	평균값	범위	평균값
욕실있음	80~580	분양 124 사택 216	20~140	30
욕실없음	30~150	58	8~12	4.0

〈표 6.50〉 주택의 급탕내역(동절기) [635]

	부엌	욕실	샤워	세탁	세면	합계
급탕량(l/d호)	149	88.3	2.6	14.3	31.0	285
급탕온도(℃)	28.6	54.0	34.6	49.1	45.0	-

(2) 종합병원의 급탕량

〈표 6.51〉에 대규모 종합병원의 급탕량의 예를 나타낸다. 이 병원은 모두 리하빌리테이션용 수치료시설은 포함하고 있지 않으며 이것을 포함할 때에는 20~40% 이상 증가하게 된다. 1일 급탕량은 2월 평일의 평균값이다. 일요일은 이것의 50%, 토요일은 85% 전후, 피크 로드는 여름의 30분 실측값에서 환산한 겨울의 1시간값을 나타낸다. 이중 주방, 세탁급탕량이 최고이며, 이를 〈표 6.52〉에 나타낸다. 〈그림 6.26〉은 TR병원의 1일 급탕량 변화를 나타낸다.

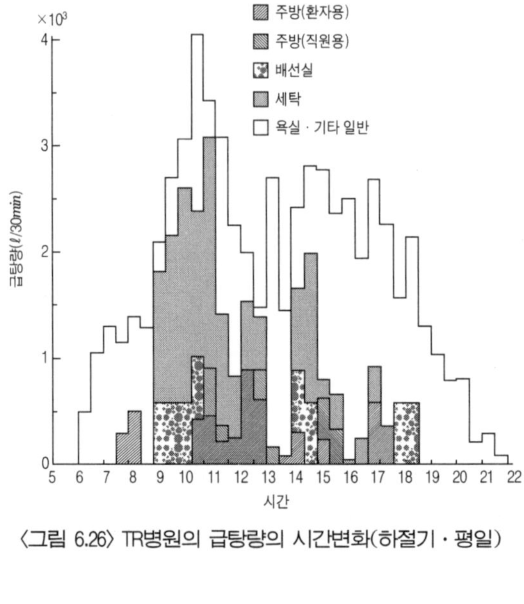

〈그림 6.26〉 TR병원의 급탕량의 시간변화(하절기 · 평일)

〈표 6.51〉 종합병원 급탕량 (문헌 609) (문헌 612)

병원명	동절기 평일의 1일 급탕량		피크시 급탕량	
	ℓ/m²d(면적당)	ℓ/bed d(베드당)	ℓ/m²h	ℓ/bed h
TR JT	4.69 3.70 (5.30)	224 135 (193)	0.72 0.64 (0.91)	34.4 23.2 (33.0)

【주】 JT 병원내의 ( )내는 세탁장의 급탕을 포함할 때, TR 병원은 세탁을 포함한다.

〈표 6.52〉 종합병원의 주방 · 세탁장의 급탕량(하절기)

		1일 급탕량 (ℓ/d)		피크시 공급량 (ℓ/h)	
		ℓ/m²d *1	ℓ/bed d	ℓ/m²h	ℓ/bed h
주방	TR JT	0.25 0.49	12.2 14.3	0.057 0.051	2.7 1.8
세탁	JT	ℓ/kg d*2 12.0	26	ℓ/kg h*2 2.33	5.68

【주】 *1 연면적 m² 당 　　　*2 세탁물 kg당

(3) 호텔의 급탕량

〈표 6.53〉에 나타낸 2열의 고급호텔 실측은 모두 여름의 값이므로 도쿄, 오사카에서 이것을 설계값으로 이용할 경우, 1.6배해서 이용한다.

〈표 6.53〉 호텔의 급탕량(하절기) (문헌 615) (문헌 606)

	호텔명	1일 급탕량 (ℓ/d)			피크시 급탕량 (ℓ/h)
		주간	야간	합계	
연면적당 (ℓ/m²)	TG TK CR (객실만) ST (〃)	2.94 4.74 – –	3.40 4.05 – –	6.34 8.79 3.1 3.6	0.67 0.94 0.36 0.36
객실수당	TG TK CR (객실만) ST (〃)	191 442 – –	221 369 – –	412 811 180 240	43.5 85 21 23
TK 호텔주방 (ℓ/실) SP 〃 (〃)		62 –	123 –	185 190	14 14.7
TK 세탁실 (ℓ/실)		251	70	321	51.5

(4) 각종 점포의 급탕량

〈표 6.54〉에 오피스 빌딩 지하층에 있는 다수의 점포의 실측값에서 구한 급탕량을 나타낸다. 본표의 24h값은 24시간의 합계값을 24h로 나누어 시간당으로 환산한 값이다.

〈표 6.54〉 점포의 급탕량(하절기) (문헌 618)

	24시간 평균			10시간 평균		피크시 급탕량	
	연면적 (ℓ/m²h)	좌석수 (ℓ/석 h)	고객수 (ℓ/인 h)	연면적 (ℓ/m²h)	좌석수 (ℓ/석 h)	연면적 (ℓ/m²h)	좌석수 (ℓ/석 h)
고급레스토랑	0.2~0.4	0.8~1.0	0.5~0.7	0.4~0.6	1.4~1.6	0.7~1.0	2.8~3.0
일반레스토랑	0.4~0.8	0.8~1.3	0.3~0.5	0.9~1.7	2.0~2.5	2.0~2.5	3.0~4.0
모밀국수 · 튀김집	0.4~0.7	1.3~1.7	0.2~0.3	0.9~1.3	2.5~3.0	1.9~2.5	4.0~6.0
사원식당	0.3~0.4	0.8~1.0	0.3~0.4	0.8~1.0	1.6~2.0	–	–
차류 · 분식점	0.6~0.8	1.0~1.3	0.2~0.3	1.4~1.6	2.3~2.5	3.0~4.0	5.0~6.0
커피숍	–	–	–	–	–	–	–
이발소 · 미용실	0.3~0.4	3.8~5.4	0.6~0.8 (이발소) 3.3~3.8 (미용실)	0.5~1.0	9.0~13.0	1.6~2.5	25.0~30.0
사우나 · 이발소	–	–	–	15.0~20.0	–	–	–

(5) 각종 건축의 급탕 설계값

〈표 6.55〉 각종 건물에 있어서 기구별 급탕량(급탕온도 60℃ 기준) (문헌 636)

[ℓ/(기구 1개 · h)]

건물종류 / 기구종류	개인주택	공동주택	사무소	호텔	병원	공장	학교	YMCA	체육관
개인세면기	7.6	7.6	7.6	7.6	7.6	7.6	7.6	7.6	7.6
일반세면기	–	15	23	30	23	45.5	57	30	30
양식욕조	76	76	–	76	76	–	–	114	114
샤워	114	114	114	284	284	850	850	850	850
부엌싱크	38	38	76	114	76	76	76	76	–
배선싱크	19	19	38	38	38	–	38	38	–
접시세척기 *1	57	57	–	190~760	190~570	75~380	76~380	76~380	–
청소싱크	57	76	57	114	76	76	76	76	–
세탁싱크	76	76	–	106	106	–	–	106	–
하버드 탱크	–	–	–	–	2270	–	–	–	–
수치료용샤워	–	–	–	–	1520	–	–	–	–
동시사용률	0.30	0.30	0.30	0.25	0.25	0.40	0.40	0.40	0.40
저탕용량계수 *2	0.70	1.25	2.00	0.80	0.60	1.00	1.00	1.00	1.00

【주】 가열능력은 각 기구의 소요급탕량의 누계에 동시사용률을 곱한 값으로 (60℃-급수온도)의 온도차를 곱해 구한다.
유효 저탕용량은 각 기구의 소요급탕량의 누계에 동시사용률을 곱한 값으로 저탕용량계수를 곱해 구한다.
*1 사용하는 기구의 종류를 알고 있는 경우는 그 기종에 대한 메이커의 데이터에 의해 산출해야 한다.
*2 열원을 충분히 얻을 수 있는 경우에는 이 계수를 빼도 괜찮지만 그 만큼 가열능력을 크게 해야한다.

〈표 6.56〉 기구에 대한 급탕량 (문헌 637)

	1회당 급탕량	1시간당 급탕량		1회당 급탕량	1시간당 급탕량
개인세면기	7.5 (ℓ)	7.5 (ℓ/h)	배선싱크	10 (ℓ)	20~40 (ℓ/h)
일반세면기	5	10~40	세탁싱크	15	60~90
양식욕조	100	100~300	청소싱크	15	45~75
샤워	50	50~300	공중목욕탕	1인당 30	–
부엌싱크	15	45~75			

【주】 본표는 각 사용온도에 있어서 급탕량이다.

【예제 6.12】 연면적 33,000m², 500베드 종합병원의 급탕량을 구하시오? 단 세탁장과 수치료시설을 포함하고 있는 것으로 한다.

풀이 〈표 6.51〉에서 1일 급탕량은 연면적에서의 값과 베드수에서의 값을 계산해 큰 값을 취한다. 또 연면적에서의 급탕량 Q_{d1}은 4.69와 5.30의 평균값 5.00ℓ/m²를 사용하고 수치료를 위해 1.4배 하여

$$Q_{d1} = 5.00ℓ/m^2 \times 33,000 \times 1.4/1,000 = 231m^3/d$$

다음으로 베드수에서의 값 Q_{d2}는 224와 193의 평균값 210ℓ/bed를 사용하여

$$Q_{d2} = 210 \times 500 \times 1.4/1,000 = 147m^3/d$$

또 연면적과 베드수에서 각각의 피크 급탕량 Q_{p1}, Q_{p2}는

$$Q_{p1} = 0.80 \times 33,000 \times 1.4/1,000 ≒ 37m^3/h$$

$$Q_{p2} = 34 \times 500 \times 1.4/1,000 = 23.8m^3/h$$

이들 자료에 의해서 설계값으로서는 1일 급탕량은 230m³/d, 피크 급탕량은 35m³/h를 잡는다.

6·2·3 급탕배관

(1) 배관재료

현재 동관(JIS H 3300)과 납땜이음(JIS H 3401)이 많이 이용되고 있다. 〈표 8.4〉(A)와 같이 동관의 두께는 K, L, M, N의 종류가 있는데, 이 가운데 M형(내압이 필요할 때에는 L형)만 이용되고 있다. 동관을 사용한 급탕 배관도 최근에는 부식 사고를 일으키고 있다. 내면부식을 방지하기 위해서는 ①수질에 주의하고, 부적당할 때에는 수처리제를 주입하며, ②관내수속은 1.5m/s이하로 억제하고 특히 벤드나 밸브 하류는 저속으로 한다. ③관내에 공기가 고이지 않게 배관하고, 되도록 많은 개소에 공기빼기를 설치하는 등의 주의가 필요하다.

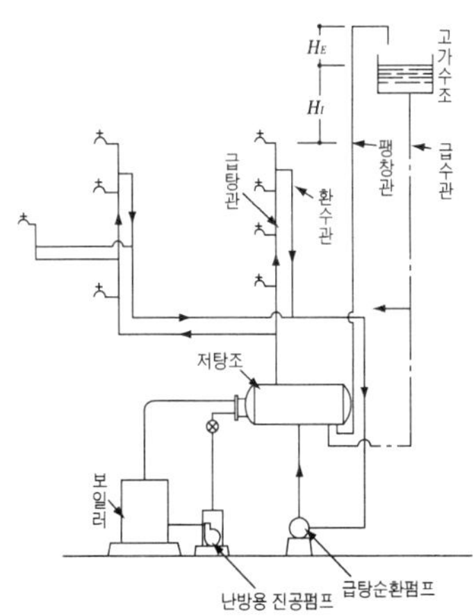

〈그림 6.27〉 급탕배관 다이어그램

(2) 배관설계법

주택 등에서 탕전까지의 급탕관 길이가 5m 이하일 때는 급탕관만으로 좋으며 이것을 단관식이라 한다. 이를 넘을 경우나 특히 다층건물에서 중앙급탕일 경우는 환수관을 설치한다. 이것을 복관식이라 한다. 환수관의 역할은 급탕관내의

〈표 6.57〉 환수관의 관지름(A)

급탕관	25	32	40	50	65	80
환수관	20	20	25	32	40	40

수온이 저하하지 않도록 탕을 순환시키는 것이며, 따라서 〈그림 6.27〉과 같이 수직관에서의 분기관 길이가 길 경우에는 분기관에도 반탕관을 설치한다.

급탕배관 설계는 급수배관 설계법과 똑같이 한다. 즉 고가수조에서 기구까지의 높이(그림의 H_1)를 고가수조 – 저탕조 – 급탕전의 배관연장에서 나누어 압력강하 R을 구하고, 이것과 각 탕전으로의 급탕량 Q_w에서 관 길이를 구한다.

환수관의 관지름은 약산으로서 〈표 6.57〉에서 선정한다.

정산에서는 우선 다음식으로 급탕관 전체에서의 열손실 q_{HW}(kcal/h)을 구한다.

$$q_{HW} = \Sigma\, q_i\, \ell_i \qquad (6.10)$$

여기서 q_i = 배관 길이 1m당의 열손실(kcal/mh)(〈표 6.58〉)

ℓ_i = 관 길이(m)

다음에, 이 q_{HW}를 사용하여 다음식으로 순환수량 Q_R (ℓ/min)을 구한다.

$$Q_R = \frac{q_{HW}}{60\,\Delta t_w} \qquad (6.11)$$

〈표 6.58〉 글라스울 보온통을 사용하는 급탕배관의 열손실 q_i (kcal/mh)* (탕온 60℃, 실온 20℃)

관경(A)	15	20	25	32	40	50
보온두께 mm	15	15	15	15	20	20
열손실 q_i	18	20	24	28	26	30
관경(A)	65	80	100	125	150	200
보온두께 mm	20	20	20	20	20	25
열손실 q_i	36	41	50	59	68	75

【주】 * JIS A 9501의 표에서 환산, 단 열전도율의 악화 기타를 고려해 열손실은 2배로 하고 있다.

여기서 Δt_w는 급탕관내에서 생기는 수온차 ≒ 2℃

환수관은 윗식에서 구한 Q_R을 수속 0.5~1.0m/s 로 통과하게 사이즈를 결정한다.

또 환수관을 설비할 경우, 〈그림 6.27〉과 같이 순환펌프를 설치한다. 이 펌프의 수량은 위에서 구한 Q_R이상으로 하고 양정은 급탕관, 환수관의 인덱스 서킷 저항의 합계를 잡는다. 이 양정은 5mAq 이하로 하고 과대하게 잡아서는 안된다.

〈표 6.59〉 팽창관의 수직 높이 H_E

탕온 ℃	50	60	70	80	90
H_E/h(mm/m)	12	17	23	29	36

【주】 수온 = 5℃일 때

안전장치로서 팽창관을 설치하고 이것을 옥상의 고가수조까지 올려 세울 때, 고가수조의 수면에서 팽창관 상단까지의 높이 H_E(〈그림 6.24〉 참조)를 충분하게 잡지 않으면 사이폰 작용으로 탕이 유출한다. 이 H_E/h의 값을 〈표 6.59〉에 나타낸다. 단 h는 저탕조에서 고가수조 수면까지의 높이이다.

예를들면 지상 8층 빌딩에서 옥탑 2층에 고가수조가 있고, 저탕조가 지하 2층에 있을 때

$$h = 30 + 4 + 8 = 42m$$

탕온이 60℃일 때 안전하게 70℃로 잡아

$$H_E = 23 \times 42 = 966mm$$

즉 1.00m 정도 올려 세워야 한다.

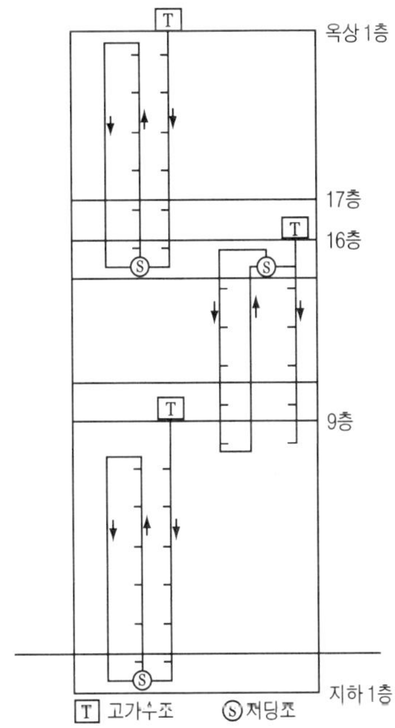

〈그림 6.28〉 초고층의 급탕설비

(3) 초고층 건축의 급탕설비

초고층 건축의 급탕설비에서는 급수설비의 조닝에 맞추어서 〈그림 6.28〉과 같이 급탕설비도 높이 방향으로 계통을 나눈다.

6·2·4 급탕가열장치의 설계

급탕장치의 가열장치, 저탕량의 계획은 상당히 신중하게 세워야 한다. 급수장치와는 달리 상기의 용량 증가는 곧 설비비에 크게 영향을 미치기 때문에 과소한 장치를 설치하기가 쉽다.

따라서 이런 설계에 있어서는 될 수 있는 한 정확한 급탕량을 구해야 하며, 이것이 불확실한 경우에는 가열장치 또는 저탕량에 충분한 여유를 둔다.

(1) 설계값이 불확실한 경우

가열량 q_h(kcal/h)은 피크 급탕량 Q_p(ℓ/h)와 똑같이 잡고, 저탕량 V(ℓ)는 피크의 계속시간분(τh)만을 잡는다. 즉

$$q_h(\text{kcal/h}) = Q_p(t_h - t_w) \quad \cdots\cdots (6.12)$$

$$V = \tau \times Q_p \quad \cdots\cdots (6.13)$$

단, t_h = 급탕온도 (℃) t_w = 물의 수온(℃)

저탕조의 부식을 억제하기 위해 일반적으로 $t_h \fallingdotseq 60$℃로 잡는다. 주방용은 $t_h \fallingdotseq 80$℃로 한다. t_w는 겨울철의 최저수온을 사용하며 도쿄, 오사카에서는 5℃를 잡는다. (〈표 6.45〉 참조)

(2) 병원이나 호텔의 급탕가열장치

병원이나 호텔에서도 보일러를 24시간 운전하는 경우는 드물며 대개는 아침 6시부터 밤 10시경까지 운전하고 있다. 따라서 밤 10시부터 아침 6시까지의 급탕은 모두 저탕조에서 공급해야 하므로 이런 점에서 저탕조의 용량을 체크할 필요가 있다. 이 시간중의 급탕량은 1일 급탕량에 대해 병원에서는 10%, 호텔에서는 20%를 잡는다.

(3) 급탕량의 예측이 정확한 경우

급탕가열장치의 능력 q_h(kcal/h)와 저탕량 $V(\ell)$의 관계를 구한다. 지금 q_h를 평균급탕량 $Q_m(\ell/h)$에 대해 선정하면

$$q_h = Q_m(t_h - t_w) \cdots\cdots (6.14)$$

이 경우, 저탕조에는 피크 로드와 평균급탕량의 차이분만 저탕할 필요가 있어

$$V = \tau(Q_p - Q_m) \cdots\cdots (6.15)$$

단, V = 저탕량 (ℓ) τ = 피크 급탕량의 계속시간 (h)

Q_p = 피크 로드 (ℓ/h)

이 두 식을 조합해서 Q_h를 1시간당의 가열량(ℓ/h)으로 하면

$$V = \tau\left(Q_p - \frac{q_h}{t_h - t_w}\right) \cdots\cdots (6.16)$$

또는 $Q_m = Q_p$ 로 하여

$$V = \tau(Q_p - Q_m) \cdots\cdots (6.17)$$

$$q_h = (t_h - t_w)\left(Q_p - \frac{V}{\tau}\right) \cdots\cdots (6.18)$$

이런 관계는 급탕 계속시간중, 계속해서 가열장치를 운전하고 있는 것을 조건으로 하고 있다. 따라서 가열장치를 간헐운전할 때는 q_h를 할증할 필요가 있다. 또 상기의 (6.17)식에 따라 Q_h를 늘릴수록 V는 작아지고 $Q_h = Q_p$일 때는 $V = 0$가 되는 것을 알 수 있다.

【예제 6.13】 〈예제 6.12〉의 병원 급탕장치를 계산하시오?

풀이 가열량은 피크 1시간 정도로 하고 $Q_p = 35{,}000\ \ell$/h, $t_h = 60$, $t_w = 5$℃를 사용하여,

q_h = 35,000(60 − 5) = 1,925,000kcal/h

피크 계속시간은 1시간으로 고려하고 저탕량은 합계 35m³로 한다. 이 값은 심야의 급탕량 합계값,

0.10×230 = 23m³

를 충분히 만족한다.

따라서 용량 12m³(지름 2.0m×높이 3.8m)의 저탕조를 설치하고 각 저탕조에 650,000kcal/h의 가열 코일을 설치한다.

【예제 6.14】 위의 예제를 (3)의 방법으로 풀어라?

풀이 급탕장치의 운전시간을 오전 6시~오후 10시의 16h로 한다. Q_d = 230m³/d이므로 평균값은

Q_m = 230,000/16 = 14,375ℓ

$\therefore\ q_h = Q_m\,(t_h - t_w)$

= 14,375(60−5) = 790,625kcal/h

피크의 계속시간을 이 경우에는 2h로 고려하여

$V = \tau\,(Q_p - Q_m)$

= 2(35,000−14,375) = 41,250ℓ

즉 q_h는 앞에 비해 약 40%가 되지만 저탕량은 약 1.2배가 된다.

【예제 6.15】 연면적 2,000m², 각실에 욕실 달린 객실 20실, 베드수 30의 리조트호텔의 급탕설비를 계획하시오?

풀이 30명의 손님이 2시간 동안 입욕하는 것으로 하고, 1회당 급탕량은 〈표 6.56〉에서 100ℓ, 60℃의 탕을 40℃로 해서 사용할 때, 급탕량은

$$Q_h = 30\times100\times\frac{40-5}{60-5}\div2 = 954\,ℓ/h$$

한편 〈표 6.53〉에서 1일 급탕량 : Q_d = 200×30 = 6,000ℓ/d

V = 60×30 = 1,800ℓ/h

Q_h = 25×30 = 750ℓ/h

이것들을 종합해서 V = 2,000ℓ = 10,000ℓ로 결정한다.

여관 등의 욕조 급탕량은 정확하게 파악할 수 없으나 〈표 6.56〉의 공중목욕탕의 1인당 값 30ℓ의

2~3배로 잡으면 될 것으로 판단된다. 또 호텔식 여관에서 각실에 욕조가 있을 경우에는 각실마다 사용시 욕조에 물을 채우는 것으로 하고 1실당 150ℓ 정도의 급탕량을 산정할 필요가 있다.

6 · 2 · 5 가열장치와 저탕조

(1) 급탕용 가열기

급탕용 가열기에는 〈표 6.60〉과 같은 것이 있으며, 이 중 ④ 순간탕비기는 주택 및 음식점 등의 소규모 건축에서 국소급탕에 사용되는 경우가 많다.

직접가열식 가운데 ①과 ③과 ⑤는 내부에 저탕할 수 있는 것이 많지만, 그외는 저탕 능력이 없으므로, 보일러 외부에 저탕조를 설치해야 한다. 간접가열 가운데 열교환기식인 것은 가열능력이 현저하게 클 경우에만 쓰며, 이것은 저탕조가 따로 필요하다. 현재 여관, 요정 등에서는 난방용 보일러를 설치하지 않고 있으며 이 경우에는 ①이 많이 사용된다. 앞으로는 대형 보일러의 경우에도 보일러 관리자가 필요없는 ②진공형이 보급될 것으로 생각된다. 병원이나 호텔 등 여름에도 보일러를 운전해야 할 때에는 ⑥의 저탕식이 앞으로도 전용될 것이다.

이 보일러 등은 급탕전용의 경우는 6 · 2 · 4와 같이 해서 구한 급탕 가열량에 배관 로스로서 그 20%를 더한 값을 정격출력으로 잡는다.

저탕조에는 수평형과 수직형이 있고 수직형은 기계실 면적이 작을 때 사용한다. 〈표 6.61〉에 수평형 저탕조의 길이, 기타를 나타낸다.

저탕조 재료로서는 내부식을 고려해 스테인리스제 SUS444든지 강판제의 경우는 멜라민 소부 도

〈표 6.60〉 급탕용 가열장치

	명칭	능력범위 (Mcal/h) *	
직접가열	① 기름 보일러 가스 보일러	50~2,000	압력 10m 이하로 전열면적 4m² 이하인 것을 제외하며 법규에 따른다. 코스트는 싸다.
	② 진공형보일러	20~2,500	능력에 관계없이 법규에는 저촉이 안된다. 80℃ 이하의 급탕 가능
	③ 전기보일러	30~1,000	법규적으로는 기름 보일러와 같이 운전비(동력비)는 크다.
	④ 가스순간탕비기	5~30	코스트가 싸기 때문에 주택용으로 다용
	⑤ 가스저탕형 탕비기		오피스 빌딩 등의 급차용의 급탕용
간접가열	⑥ 저탕조식	50~800	대규모 건축에서는 가장 일반적으로 사용되고 있다.
	⑦ 열교환기식	500~3,000	피크시 순간유량에 대해 가열량을 설계하므로, 순시의 증기량(kg/min)은 저탕조의 3~5배가 된다.

【주】 * Mcal/h = 10^3kcal/h

〈표 6.61〉 저탕조 표준치수(mm)

	급탕량 (ℓ/h)	탱크 치수			저탕용량 (ℓ)
		폭(mm)	몸통길이(mm)	전장(mm)	
일반형	1500	1000	1800	2536	1500
	2000	1100	2000	2774	2000
	2500	1200	2100	2914	2500
	3000	1200	2500	3314	3000
	3500	1300	2500	3352	3500
	4000	1400	2500	3392	4000
	4500	1400	2700	3592	4500
	5000	1500	2700	3630	5000
	5500	1600	2700	3668	5500
	6000	1600	2800	3768	6000
콤팩트형	1500	900	1100	1798	800
	2000	950	1300	2016	1000
	2500	1000	1800	2536	1500
	3000	1000	1800	2536	1500
	3500	1100	2000	2774	2000
	4000	1100	2000	2774	2000
	4500	1200	2100	2914	2500
	5000	1200	2100	2914	2500
	5500	1200	2500	3314	3000
	6000	1200	2500	3314	3000

장 또는 글라스 라이닝이나 콘크리트 라이닝의 것이 사용된다.

저탕조식에 사용하는 코일 사이즈는 다음과 같이 구한다.

(2) 저탕조내 코일 계산법

저탕조 내부에서 동관제 증기(또는 온수)코일을 통해서 탕을 가열한다. 코일의 외표면적 S(m²)를 구하는 식은 다음과 같다.

$$S = \frac{q_h}{K\left(t_s - \dfrac{t_H + t_w}{2}\right)} \quad \cdots\cdots (6.19)$$

$$q_h = Q_h(t_H + t_w) \quad \cdots\cdots (6.20)$$

단, q_h = 가열능력(kcal/h)

K = 열관류율(kcal/m²h℃) (〈표 6.62〉)

t_s = 코일내의 증기 또는 온수온도(℃)

t_H, t_w = 급탕 및 입구 급수온도(℃)

Q_h = 가열급탕량(ℓ/h)

〈표 6.62〉에 나타낸 K값은 영국문헌에서 발췌한 것으로, 코일 재질은 구리의 경우로 생각하면 된다. 연수와 경수에 대해 제각각의 수치가 있다.

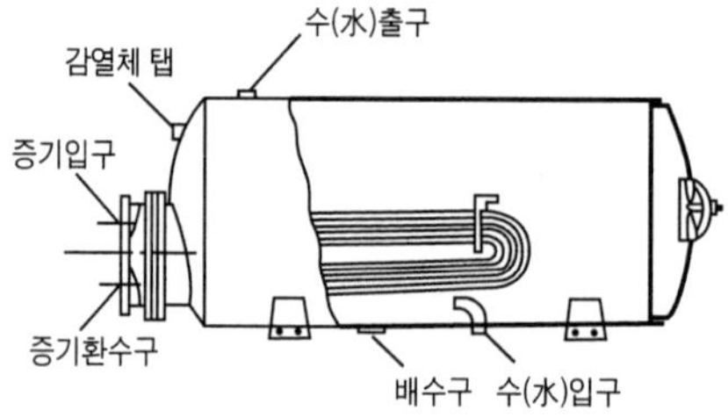

〈그림 6.29〉 저탕조

〈표 6.61〉 저탕조내 코일의 열관류율 K(kacl/m²h℃)

	온수 또는 증기온도 t_s(℃)	온수코일			증기코일
		v_w = 0.04m/s	0.15m/s	0.30m/s	
경수	80	152	263	305	–
	100	186	324	380	435
	120	215	380	445	490
	150	252	450	530	575
연수	80	160	297	365	–
	100	200	370	465	600
	120	235	435	555	710
	150	280	520	675	860

【주】 온수 또는 증기온도는 코일 입구온도
v_w = 코일 내 온수유속(m/sec)
경수와 연수의 경계값은 탄산칼슘 함유량 140ppm으로 한다. 저탕조내의 평균탕온 37.8℃일 때

독일의 문헌에 따르면 온수코일은 K = 200~300, 증기코일은 K = 700~900kcal/m²h℃의 값으로 주어져 있다. 이 데이터는 저탕식의 경우로서 탕을 관내로 통과하게 하는 순간탕비기의 경우는 2 · 6 · 3 온수가열용 열교환기의 자료에 의해 계산한다.

연수와 경수의 구별이 안될 경우에는 경수값으로 하는 편이 좋다. 하천에서 채수한 수도는 대개의 경우 연수이며, 우물물, 지하수에서 채수한 수도는 경수로 생각해도 된다.

【예제 6.16】 가열량 Q_h = 6,000ℓ/h 의 저탕조용 증기 코일을 설계하시오?

풀이 입구수온 5℃, 출구수온 60℃로 하여

$$q_h = 6,000(60-5) = 330,000\text{kcal/h}$$

압력 0.2atg의 증기를 사용할 때, t_s = 104℃로 하고, 경수로서 〈표 6.63〉에서 보면, t_s = 100℃에서 K = 435

$$\therefore S = \frac{330,000}{435\left(104 - \frac{60+5}{2}\right)} = 10.6\text{m}^2$$

외경 30mm의 동관을 사용한다고 하면 필요길이는

$$\ell = \frac{10.6}{3.14 \times 0.03} = 112.6\text{m}$$

즉, 각조에 1개의 길이 5m의 헤어핀(hairpin)형 코일을 22개 설치한다. 이 경우의 증기 소비량은 0.2atg의 증발잠열 $\gamma = 536\text{kcal/kg}$이므로

$$G_s = \frac{q_h}{\gamma} = \frac{330,000}{536}$$

$$= 616\text{kg/h}$$

【예제 6.17】 앞 예의 코일을 온수코일로 했을 경우를 계산하시오? 단 온수입구 80℃, 출구 70℃로 한다.

풀이 최초 $v_w = 0.30\text{m/sec}$로 하고 $t_w = 80℃$이므로 〈표 6.58〉에 의해 $K = 305$, 온수평균온도 = 75℃

$$\therefore S = \frac{330,000}{305\left(75 - \dfrac{60+5}{2}\right)} = 25.5\text{m}^2$$

앞 예의 30mm 동관, 길이 5m의 헤어핀형 코일을 사용하면 그 개수는

$$N = \frac{25.5}{3.14 \times 0.030 \times 5} = 54.0\text{개}$$

코일 내경을 26mm로 하면 27개의 코일 관내 단면적의 합계는

$$A = \frac{3.14}{4} \times (0.026)^2 \times 54 = 0.0286\text{m}^2$$

한편 저탕조 1대당 온수유량은

$$L = \frac{H}{(t_{w1} - t_{w2}) \times 3,600} = \frac{330,000}{(80-70) \times 3,600} = 9.16\ell/\text{sec}$$

$$\therefore v_w = \frac{L}{A} = \frac{0.00916}{0.0286} = 0.32\text{m/sec}$$

즉, v_w는 0.3m/sec 이상이므로 $K > 305$로 되어 충분히 조건을 만족시킨다. 만일 0.30m/sec 이하이면 관길이를 늘리고 개수를 줄여 v_w를 바꿔 처음부터 다시 한다.

(3) 열교환기식 증기가열기

2 · 6 · 3(3)항에 설명한 온수가열용 열교환기와 같은 형식을 사용하며, 이 속을 통과하는 중에 수온(5℃)에서 급탕온(60℃)까지 가열한다. 따라서 이 가열량은 저탕조가 없을 경우에는 순간유량의 피크로드(ℓ/min)에 대응해야 하며, 이것은 저탕식 가열량의 3~5배가 된다.

(4) 증기취입식 가열법

욕조 기타의 수중에 사일렌서로 증기를 불어 넣고 물과 혼합해서 가열하는 것이다. 설비비는 싸지만 소음이 발생하고 또 탕수를 저장할 수 없으므로, 피크시 증기소비량이 급증하는 단점이 있다. 또 사이렌서에는 〈그림 6.30〉과 같은 사용방법이 있다.

〈표 6.63〉에 사일렌서의 능력표를 나타낸다. 표에 나타낸 숫자를 각 압력의 증기 증발잠열(kcal/kg)로 나누면 증기 소비량(kg/min)을 구할 수 있다. 또 F형은 탕온 55℃ 이내, 증기압 7atg 이하, S형은 탕온 50℃ 이상에서 100℃ 이하, 압력 3atg 이하에서 사용하는 것을 권장하고 있다.

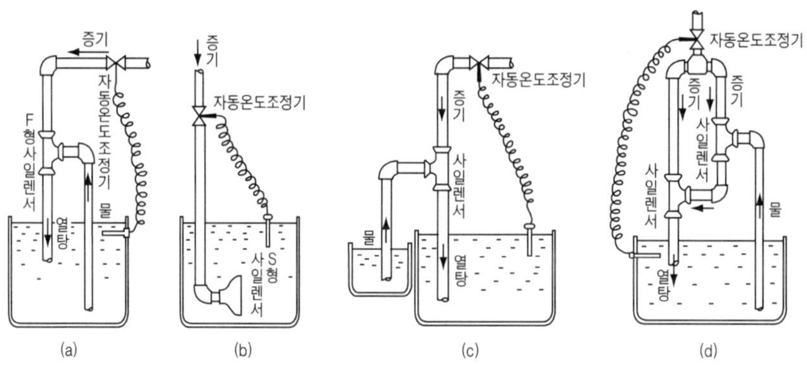

〈그림 6.30〉 급탕용 사일렌서의 사용방법(그림(b)만 S형, 이외는 F형)

〈표 6.63〉 (A) F형 사일렌서 능력표(kcal/min)

증기압력 atg(MPa)	15A	20A	25A	32A	40A	50A
1 (0.1)	300	450	750	1,200	1,600	2,850
2 (0.2)	400	700	1,100	1,800	2,400	4,300
3 (0.3)	600	900	1,400	2,400	3,200	5,700
4 (0.4)	700	1,200	1,800	3,000	4,000	7,200

〈표 6.63〉 (B) S형 사일렌서 능력표(kcal/min)

증기압력 atg	15A	20A	25A	32A	40A	50A
1 (0.1)	200	400	500	900	1,400	2,300
2 (0.2)	300	600	900	1,600	2,300	3,600
3 (0.3)	400	800	1,200	2,200	2,900	4,800
4 (0.4)	500	1,000	1,600	2,800	3,800	6,000

(5) 가스순간탕비기

주택용 국부급탕, 중앙급탕을 비롯하여 레스토랑 등의 주방 그 외에 국소식으로서 다용되고 있다. 크기는 호수로 표시하며 가스입력 약 2,000kcal/h(급탕출력 약 1,500kcal/h)를 1호로 한다. 즉 20호는 입력 40,000kcal/h가 된다.

3호 이하의 극히 소형인 것을 제외하고 수압 변화에 따른 가스의 자동점화를 하기 위해서 최저수압으로서 6mAq(소형)~8mAq(대형)가 필요하다. 최근에는 6호~25호의 대형기에는 순환형이 있고 이것을 사용하면 환수관을 뗀 것도 가능하며, 2관식의 급탕 또는 급탕겸 난방도 할 수 있다.

BF형*을 제외하고 발열량이 12kW를 넘는 경우에는 법규에 굴뚝을 세우게 되어 있다. 이에 관해서는 3·9·2를 참조한다.

6·2·6 태양열 이용**

(1) 강제순환식 태양열 이용 급탕설비

태양열 이용 급탕설비에는 아주 많은 종류가 있으며, 여기서는 건축설비의 설계 대상 케이스가 많은 〈그림 6.31〉의 강제순환식에 대해 기술한다.

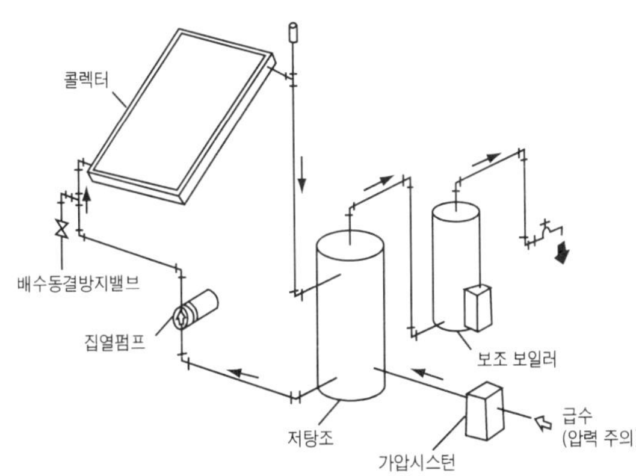

〈그림 6.31〉 강제순환식 태양열 급탕

(2) 공동주택의 태양열 급탕시스템

공동주택의 태양열 급탕시스템은 〈그림 6.32〉에 나타낸 4가지 기본 형식으로 분류할 수 있다. 그림 (a)~(c)는 집열기가 각 세대에 공통한 집중시스템이고 (d)는 호별(베란다) 집열시스템이다. 이 가운데 (a)는 주동(住棟) 중앙방식의 집중 집열 급탕시스템으로 가장 집중도가 높고 동시사용률의 저

* Balanced Flue의 약칭으로 급기구, 배기구를 옥외로 연락하는 형식
** 태양열 급탕방식의 상세에 대해서는 (문헌 638) (문헌 639) (문헌 640) (문헌 641)을 참조

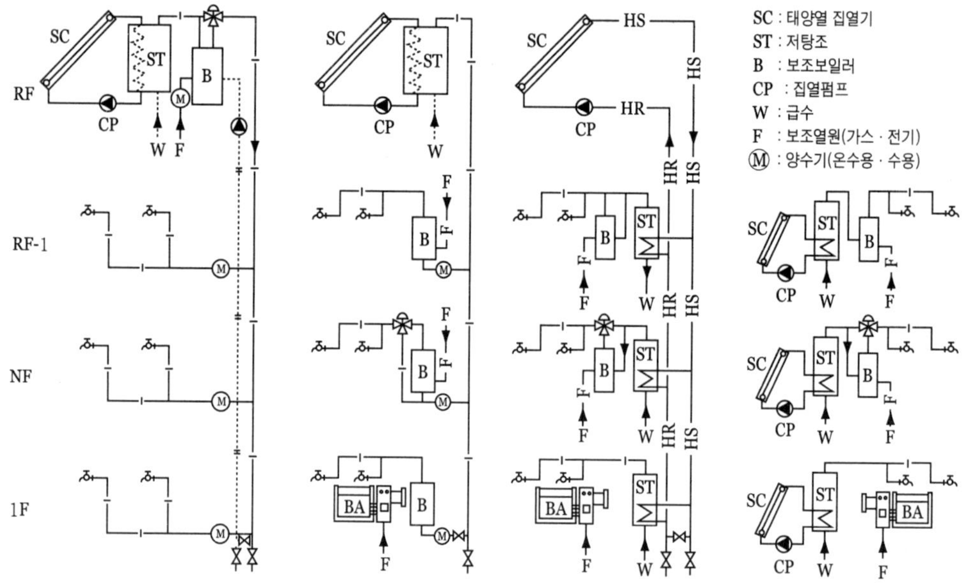

(a) 집중집열정온급탕시스템 (집중 보조보일러)

(b) 집중집열변온급탕시스템 (호별 보조보일러)

(c) 집중집열간접가열시스템 (호별 보조보일러 · 저탕조)

(d) 호별집열시스템 (베란다 설치 · 옥상 설치)

〈그림 6.32〉 공동주택용 태양열 급탕시스템의 기본 4시스템 (문헌 642)

하로 각 기기의 용량 저감을 기대할 수 있지만 60℃ 정도의 고온, 일정온도의 공급이 필요해 태양열 이용상에서는 불리하다. 일반적으로 보조연료, 수도 등의 요금징수를 위한 계량이 필요하다. (b)는 집열기와 저탕조는 각호 공통이지만 보조보일러는 호별로 설치되어 있어 각 거주자가 필요할 때만 가동하면 되므로 태양열 급열량은 반드시 (a)보다 증가해 에너지 절약효과가 높다. 단, 보일러가 분산하는 것은 결점이며 수(水)량의 계량문제도 잔존한다. (c)는 집열기만 공용이고 보조보일러, 저탕조는 호별 전용이다. 필요한 공간의 크기, 기기관리상의 단점은 있지만 계량이 필요없다는 점이 최대의 메리트가 된다. 에너지절약 효과도 높다. (d)는 완전 호별시스템으로 집열기는 원칙으로 각 호 베란다에 설치한다. 소유 구분도 가장 명확해 분양 맨션에 최적이다.

(3) 집열기

집열기에는 많은 형식이 있지만 급탕용으로는 평판형이 가장 많이 사용된다. 일본 각 메이커의 제품으로서는 길이 2.0m 전후×폭 1.0m 전후의 것이 규격품으로 판매되고 있으며, 유효면적 m^2당 코스트는 2001년 현재 평판형 4.5만~5.5만엔, 진공관형 10만엔 전후이다.

각 메이커의 규격품 집열면은 거의 선택흡수면 형식이다.

〈표 6.64〉 도쿄(東京)에서의 경사각 30° 면의 맑은날 일사량(방위정남) (kcal/m²h) (문헌 638)

시각	5	6	7	8	9	10	11	12	13	14	15	16	17	18
1 월	0	0	28	365	560	736	803	791	737	578	374	130	0	0
2 월	0	0	96	448	550	700	769	793	755	641	474	240	28	0
3 월	0	37	253	553	700	775	832	843	794	631	487	363	125	0
4 월	9	127	329	501	633	729	765	755	696	602	409	242	98	9
5 월	37	171	327	451	520	583	640	651	584	476	383	261	105	47
6 월	55	159	309	411	499	599	666	666	613	514	386	228	105	28
7 월	28	151	251	396	522	596	652	674	640	531	420	273	120	44
8 월	19	148	280	411	488	592	661	694	659	577	391	250	133	37
9 월	0	84	235	395	561	644	690	678	607	499	358	186	47	0
10 월	0	28	164	433	608	659	679	666	589	463	391	262	37	0

〈표 6.65〉 각 경사각에서 매일 맑을 때의 일사량(도쿄 남향) (kcal/m²d) (문헌 641)

패널면 방위각	월	일조율	패널면 경사각					외기온 (℃)
			0°	15°	30°	45°	90°	
0°	1	0.56	2,110	2,790	3,298	3,607	3,155	6.9
	2	0.51	2,570	3,111	3,465	3,613	2,761	7.3
	3	0.47	3,060	3,420	3,581	3,530	2,198	10.6
	4	0.46	3,630	3,774	3,704	3,422	1,566	16.3
	5	0.46	3,940	3,917	3,672	3,236	1,140	20.7
	6	0.37	3,500	3,420	3,155	2,742	951	23.7
	7	0.43	3,720	3,662	3,399	2,971	1,035	27.2
	8	0.50	3,860	3,927	3,772	3,412	1,398	28.7
	9	0.38	2,820	3,012	3,036	2,892	1,582	25.1
	10	0.39	2,330	2,659	2,844	2,867	1,983	19.5
	11	0.46	1,990	2,477	2,821	2,994	2,451	14.5
	12	0.52	1,860	2,499	2,986	3,287	2,951	9.7
	연간평균	-	2,949	3,222	3,311	3,214	1,930	-

이것은 종래의 흑색도장면이 흡수열 α는 0.95 이상 높은데 복사율 ε도 0.90 전후로 높아 이 때문에 복사로 인한 열손실이 높았다. 표면 마감을 잘 해서 α를 0.90 이상으로 함과 동시에, ε을 0.10 전후로 줄인 복사율이 낮은 표면을 선택흡수면이라 한다. 이것에 의해 표면의 열손실을 현저하게 감소시킬 수 있었다.

대표적인 집열기의 효율곡선을 〈그림 2.56〉(A)에 나타냈다. 가로축은 탕수와 외기의 온도차 (t_h-t_a)를 그 시각의 일사량 I_s로 나눈 값이다.

1일 평균의 집열효율을 〈그림 2.56〉(B)에 나타냈다. 이 가로축의 온도차 Δt 의 t_a는 1일의 평균값으로 잡고 일사량은 1일의 합계값으로 잡는다. 집열기의 경사각(수평면과 집열면 사이의 각도)은 〈표 6.65〉의 연간값에 나타낸 것 같이 연간이용하는 급탕인 경우는 도쿄에서는 30° 가 가장 유리하다.

(4) 일사량

일사량의 자료에는 여러 종류가 있는데 〈표 6.64〉에는 도쿄에서의 정남(방위각 = 0°)에 면하는 경사각(θ)이 30° 인 집열면에 닿는 시각별 맑을 때의 일사량을 나타내며, 〈표 6.65〉에는 같은 조건의 각 경사각에의 1일 합계 일사량을 나타낸다.

(5) 예비열원

태양열 이용 시설에서는 흐린 날 등 태양을 이용할 수 없는 날이 있으며, 이 때문에 피크 로드를 감당할 수 있는 예비열원을 반드시 설치한다. 급탕용 보일러는 〈그림 6.31〉과 같이 저탕조 출구에 설치하여 출구 탕온이 부족할 때에만 보일러를 운전하도록 계획하는 것이 좋다. 저탕조의 내부 또는 그 앞에 설치하면 집열기에 고온의 물이 순환하여 효율이 낮아지고 또 저탕조의 열손실 때문에 로스가 커진다.

(6) 설계법

1일의 급탕량 Q_d 와 피크부하 Q_p 를 구한다.

(a) 태양열 급탕장치에 있어서 겨울에는 급탕량이 증가하는 한편, 이용 태양열량은 감소하므로 겨울을 대상으로 설계한다면 장치가 과대해지고 겨울 이외에는 집열량이 남는다. 따라서 중간기를 대상으로 설계하고, 겨울철 부족시에는 보조열원을 활용한다.

〈표 6.66〉 태양열 급탕의 각 인자에 의한 영향(선택흡수면, 저탕식) (문헌 643)

급탕량	저탕비	지방	급탕량	100	150	200	250	300	–
변동	0.20	도쿄	집열량 의존율	528 52.5	600 41.4	653 32.8	687 26.9	702 23.6	– –
150	변동	도쿄	저탕비	0.15	0.2	0.3	0.4	0.5	0.6
			집열량 의존율	582 40.0	600 41.4	628 43.6	646 44.9	655 45.5	653 45.3
150	0.20	변동	도시명	센다이	도쿄	나고야	오사카	후쿠오카	가고시마
			집열량 의존율	690 42.3	600 41.4	743 49.0	563 41.2	687 47.9	722 55.6

【주】 급탕량은 집열면적(m^2)당의 1일량(ℓ/m^2d). 저탕비는 1일 급탕량(ℓ/d)에 대한 저탕량(l)의 비율(%). 집열량은 집열면적(m^2)당 연간값 (Mcal/m^2년), 의존율(%)은 연간평균의 태양열 의존율

〈표 6.67〉 태양열 급탕의 각 인자에 의한 영향(흑색도장면, 저탕식) (문헌 643)

급탕량	저탕비	지방	급탕량	100	150	200	250	300	-
변동	0.20	도쿄	집열량 의존율	497 49.3	581 40.4	644 32.4	637 27.0	710 23.8	- -
150	변동	도쿄	저탕비	0.15	0.2	0.3	0.4	0.5	0.6
			집열량 의존율	581 40.0	615 42.6	638 44.3	649 45.0	648 44.9	
150	0.20	변동	도시명	센다이	도쿄	나고야	오사카	후쿠오카	가고시마
			집열량 의존율	671 41.1	581 40.0	722 47.3	542 39.6	663 46.3	688 53.1

【주】 급탕량, 저탕비 등은 〈표 6.66〉의 〈주〉 참조

(b) 태양열을 이용할 때에는 탕온이 높을수록 집열효율이 저하하므로, 가장 일반적으로 이용하는 급탕 온도(예컨대 45°)에 대해 설계하고, 이것 이상의 온도가 필요한 곳에는 순간탕비기 등을 설치하여 추가로 보충하는 편이 좋다. 주의해야 할 것은 급탕 온도를 t_h에서 t_{h1}으로 저하시키면 급탕량은 6·2·2와 같이 겨울에는 현저하게 증가하고 저탕량도 커진다.

(c) 급탕에 있어서 태양열 의존율 Es란 태양열로 가열한 급탕용 열량을 급탕에 필요한 전열량으로 나눈 값이며, E_S = 1.00의 경우는 급탕용 열량을 태양열로 감당하는 경우이다.

연간 E_S값은 〈표 6.66〉과 같이 약 20~60%이며, 이 값은 집열면적당 급탕량(Q_d/A)이 작을수록, 저탕량이 클수록 커지며, E_S가 클수록 에너지 절약이 된다. 이 표는 공장용 욕조(부하 11~12시 40%, 17~18시 27%, 18~19시 14%)에 43℃의 온수를 30m^3/d 공급할 경우의 연간 시뮬레이션 결과이며, 집열기는 방위각 0℃, 경사각 30° 로 설치하고 원수는 시수로 했다.

【예제 6.18】 도쿄에 있어서 40베드의 소병원에 태양열 이용 급탕장치를 설계하시오? 보일러 운전시간은 일년내내 6시~20시로 한다.

풀이 〈표 6.48〉의 소병원 예에서 베드당 1일에 대해 135ℓ/d, 전체는 5,400ℓ/d, 피크 로드는 40ℓ/h, 전체가 1,600ℓ/h로 한다. 앞에 설명한 것 같이 중간기(여기서는 4월)에 대해 집열기 등을 계획한다. 4월 급탕량은 〈표 6.47〉에서 2월의 급탕량에 대해 (110/130)배가 된다. 급탕온을 45℃로 했을 때는 60℃로 했을 때에 비해 〈표 6.46〉에서 (60−5)/(45−5)배가 된다. 즉

1일 급탕량 : $Q_d = 135\times40\times\frac{110}{130}\times\frac{60-5}{45-5} = 6{,}283\ell/\text{d}$

피크시 : $Q_p = 40\times40\times\frac{110}{130}\times\frac{60-5}{45-5} = 1{,}862\ell/\text{h}$

즉 필요열량은 수도온이 13.5℃(〈표 6.46〉)이므로

1일 : q_d = (45−13.5)×6,283 = 197,900kcal/d

피크 : q_p = (45−13.5)×1,862 = 58,650kcal/h

다음으로 4월에 있어서 경사각 30°의 집열기 일사량(I_d)은 〈표 6.65〉에서 3,704kcal/m²d, 4월 평균기온은 16.3℃이므로, Δt 로서는 탕온 45℃와 16.3℃의 차를 택한다.

$$\frac{\Delta t}{I_d} = \frac{45-16.3}{3,704} = 0.00775$$

〈그림 2.56〉(B)에서 집열효율 η_s는 0.45가 된다. 즉 필요한 집열기 면적은

$$A_s = \frac{q_d \times 1.10}{I_d \times \eta_s} = \frac{197,900 \times 1.10}{3,704 \times 0.45} = 130.6\text{m}^2$$

이 메이커의 규격품 2.00×1.00m의 집열기 유효면적은 1.91m²으로, 그 매수는

N_c = 130.6/1.91 = 68.4매

즉 70매를 선택한다.

70매에 대한 전순환수량은 온도차 Δt_w = 5℃로 하여

$$Q_w = \frac{197,900 \times 1.10}{60 \times 5} = 726\ell/\text{min}$$

1매당 726/70 = 10.4 ℓ/min매, 저탕조는 밀폐식으로 하고 집열펌프는 배관 저항만을 담당, 펌프

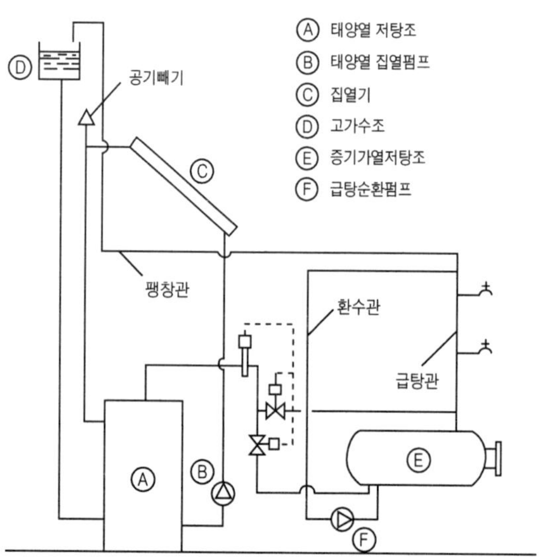

〈그림 6.33〉 태양열 이용 급탕설비(〈예제 6.18〉)

로서는 다음 것을 선택한다.

80A×750 ℓ/min×6m×1.5kW

시간당 평균 급탕량은 6,283/14 =449 ℓ/h, 피크의 계속시간을 2h로 고려하여 태양열용 저탕조는

$V = \tau(Q_p - Q_m) = 2(1,862-449) = 2,826$ ℓ

〈그림 6.33〉과 같은 계통으로 하여, 태양열 저탕조 Ⓐ에서의 송탕관은 직접 급탕관 및 증기가열 저탕조 Ⓔ에 연락된다. 중간기나 여름철에 출구탕온이 45℃ 이상일 때는 직접 급탕관에, 이것 이하일 때는 저탕조를 거쳐 급탕관에 공급된다.

저탕조 Ⓔ의 가열량은 동절기의 피크 1,600 ℓ에 대해 충분하게 되도록 Ⓔ의 저탕량은 1,600 ℓ로 한다. 이것은 심야급탕량의 5,400×1/10 = 540 ℓ를 충분히 커버한다.

6·3 배수설비

건물내에서 나오는 배수에는 대소변기에서 나오는 오수배수와 세면기, 욕실, 주방 등에서 나오는 잡배수가 있으며, 단독처리 정화조를 사용할 경우와 중수도를 사용할 경우에는 오수와 잡배수를 분리하여 별도의 배수관으로 보내는데, 이것을 분류식이라 한다. 이것 이외는 두 가지를 합쳐 합류식 배수로 하여 1 계통의 배수관으로 처리하는 경우가 많다. 이하에 나타내는 설계법은 미국규격 National Plumbing Code*에 따른 것이다.

〈표 6.70〉에 의해 기구에 대한 F.U.(Fixture Unit Value)를 구하고 이것을 배수량의 단위로 하여 〈표 6.69〉 〈표 6.71〉에서 배수관과 통기관의 지름을 결정한다. F.U.가 불명확 할 때는 유량(ℓ/min)의 1/2을 F.U.로 한다.

6·3·1 배수관

〈표 6.71〉의 분기관 간격(Interval)이란 수직관에 연결하는 수평분기관(橫枝管) 사이를 1로 계산한다. 따라서 일반적으로 2층 집의 경우 분기관 간격은 1, 3층 집의 경우 분기관 간격은 2가 된다.

배수관의 수직관은 이에 접속하는 수평분기관과 같거나 또는 이것보다 크게 잡는다. 또 수평분기관의 지름은 이것에 접속하는 기구의 배수관 지름(〈표 6.62〉)과 같거나 이것보다 크게 잡는다. 배수입관 중(신장통기관 부분은 제외)에 설비하는 오프셋은 45° 벤드관을 사용한다. 90° 벤드관을 사용할 때는 그것에서 하류를 배수수평주관(〈표 6.69〉)으로 하여 계산해야 한다.

【주】 * 본 규격에 대해서는 (문헌 644) 참조

〈표 6.68〉 트랩 및 기구배수관의 최소 구경

기구	트랩의 최소 구경		기구배수관의 최소 구경	
	(A)	(B)	(A)	(B)
대변기	75	3	75	3
소변기(병렬벽걸이형)	40	1 1/2	40	1 1/2
스톨(벽걸이형)	50	2	50	2
부인용사이폰식	75	3	75	3
세면기, 수세기	30	1 1/4	30	1 1/4
수세기(소형) *1	25	1	30	1 1/4
분수식 음수기	30	1 1/4	30	1 1/4
타구(唾具)	30	1 1/4	30	1 1/4
요리장싱크(주택용)	40	1 1/2	40	1 1/2
요리장싱크(영업용 · 대형)	50	2	50	2
연합싱크(연합세탁)	50	2	50	2
청소용싱크	65	2 1/2	65	2 1/2
세탁용싱크	40	1 1/2	40	1 1/2
바닥배수 *2	40~75	1 1/2 ~ 3	40~75	1 1/2 ~ 3
오물싱크	75	3	75	3
의료용싱크	40	1 1/2	40	1 1/2
치과용 유닛	30	1 1/4	30	1 1/4
화학실험용 싱크	40	1 1/2	40	1 1/2
디스포저(주택용)	40	1 1/2	40	1 1/2
디스포저(영업용)	50	2	50	2
이발 · 미용용 세면기	30	1 1/4	30	1 1/4
비데	40	1 1/2	40	1 1/4
전기세탁기(주택용)	40	1 1/2	40	1 1/2
전기세탁기(영업용)	50	2	50	2
욕조(양식)	40	1 1/2	40	1 1/2
욕조(일식)	40	1 1/2	40	1 1/2
욕조(공중용)	50~75	2~3	50~75	2~3
샤워	50	2	50	2

*1 소주택, 아파트의 화장실 내에 장치하는 오버플로우가 없는 것

*2 바닥 배수는 되도록 설치하지 않는 것이 좋다. 설치할 경우에는 그 바닥 면적과 배수의 성질에 따라 구경을 결정한다.

〈표 6.69〉 배수수평주관, 부지 하수관의 구경

A		B	C	D	E	A		B	C	D	E
관지름		배수수평주관 및 부지 하수관에 연락해도 되는 최대 F.U.				관지름		배수수평주관 및 부지 하수관에 연락해도 되는 최대 F.U.			
		배관 구배						배관 구배			
(A)	(B)	1/200	1/100	1/50	1/25	(A)	(B)	1/200	1/100	1/50	1/25
50	2			21	26	150	6		700	840	1000
65	2 1/2			24	31	200	8	1400	1600	1920	2300
75	3		20 *1	27 *1	36	250	10	2500	2900	3500	4200
100	4		180	216	250	300	12	3900	4600	5600	6700
125	5		390	480	575	380	15	7000	8300	10000	12000

*1 대변기는 2개까지로 한다.

〈표 6.70〉 기구배수단위(F.U.)

기구	F.U.	기구	F.U.
대변기(로우탱크식)	4	의료용 싱크	대형 2
대변기(세정밸브식)	8		소형 1.5
소변기(벽걸이형)	4	치과용 유닛	0.5
소변기(스톨형)	4	화학실험용 싱크	1.5
세면기 · 수세기	1	이발 · 미용용 싱크	2
수세기*1 (소형)	0.5	비데	3
분수식음수기	0.5	샤워(주택용)	2
타구	0.5	연립샤워, 샤워 1개당	3
요리장싱크(주택용)	2	욕조(주택용)	3
요리장싱크(영업용)	4	욕조(공중용)	4~6
연합싱크	3	욕실기구군(세면기, 대변기, 욕조 또는	
청소용싱크	3	샤워 각 1개)	
세탁용싱크	2	대변기는 로우탱크	6
바닥배수	1 1/2 0.5	대변기는 세정밸브식	8
	2 1	연속배수 *2	그 유량
	3 2		(l/min)
오물싱크	8		수지의 1/2

*1 주로 소형 주택, 아파트 화장실내에 설치되는 오버플로우가 없는 것

*2 저위배수의 양수펌프, 제냉각수의 배수와 같은 연속적인 배수를 배수주관에 합류시키는 경우

【예제 6.19】 〈그림 6.34〉와 같은 화장실 내의 수평분기관의 지름을 결정하시오?.

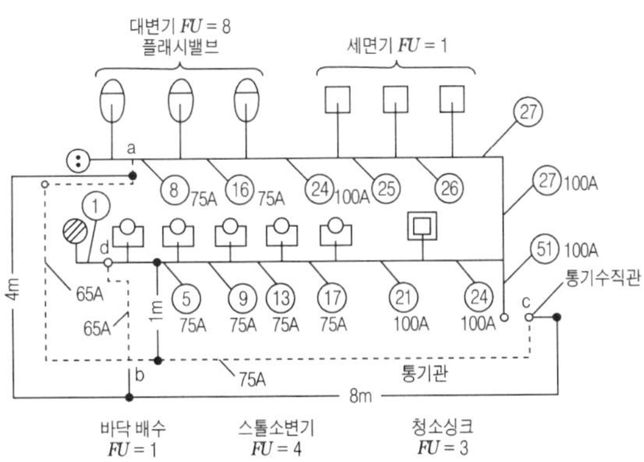

〈그림 6.34〉 화장실내 배수 및 통기설비(예제)

풀이 각 기구의 F.U.를 〈표 6.70〉에서 구하고, 이것에서 각 구간의 F.U.를 계산하면 그림의 ○표 내의 숫자가 된다. 〈표 6.69〉의 B란에서 도시한 치수를 구한다. 소변기 계통은 가장 상류부터 50A, 65A로 되는데 회로통기임을 고려해 75A로 통일한다.

〈표 6.71〉 수평기구 분기관(기구배수관의 횡주를 포함한다.) 및 배수입관의 구경

A		B	C	D	E
관지름		허용최대기구배수 부하단위수 최대의 F.U.			
		수평기구 분기관 기구배수관의 수평관	높이 3층 또는 분기관 간격 3까지의 배수입관	높이 3층을 넘는 배수입관	
A	B			F.U.의 총수	1층 또는 1분기관 간격분의 FU 합계수
30	1 1/4	1	2	2	1
40	1 1/2	3	4	8	2
50	2	6	10	24	6
65	2 1/2	12	20	42	9
75	3	20 *1	30	60 *3	16 *3
100	4	160	240 *2	500	90
125	5	360	540	1100	200
150	6	620	960	1900	350
200	8	1400	2200	3600	600
250	10	2500	3800	5600	1000
300	12	3900	6000	8400	1500
380	15	7000	–	–	–

*1 수평배수주관에 합쳐진 수평분기관은 포함되지 않는다. 단 1개의 기구 상당길이에 횡주할 경우에는 통용하지 않는다.

*2 대변기는 6개까지

*3 대변기는 2개까지

【예제 6.20】 〈그림 6.35〉와 같이 앞 예제의 각층 화장실의 수평분기관이 접속하는 배수입관 및 수평주관의 지름을 구하시오?

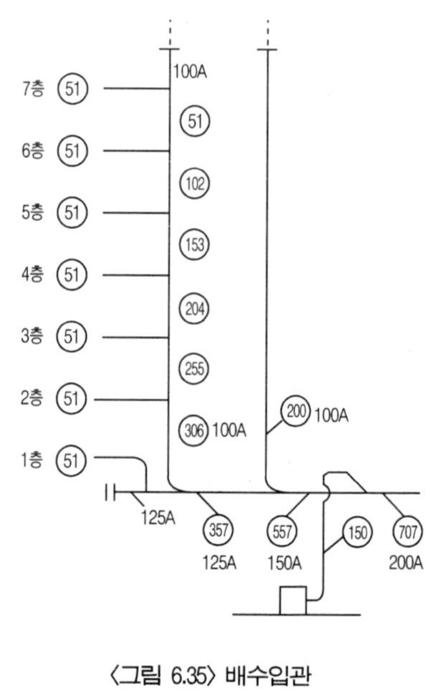

〈그림 6.35〉 배수입관

풀이 이 경우는 7층 건물이며, 수직관 말단의 F.U.가 306이므로 〈표 6.71〉의 D난에서 100A의 관경을 선정한다. 7~6층 부분은 F.U.가 51로 75A도 되지만, 이것은 수평분기관의 지름보다 작아지기 때문에 채택할 수가 없다. 또 1층분의 분기관의 F.U.는 51이 되므로 E난의 100A관의 F.U. 90보다 낮으므로, 배수입관은 100A로 된다는 것을 알 수 있다.

다음에 수평주관의 지름을 구한다. 배수펌프의 유량을 300 ℓ/min로 하면 〈표 6.71〉의 연속배수의 난에서 F.U.는 300×1/2로 150이 된다. 따라서 구배를 1/100로 하면 〈표 6.71〉 (C) 난에서 관경 100A를 얻을 수 있다.

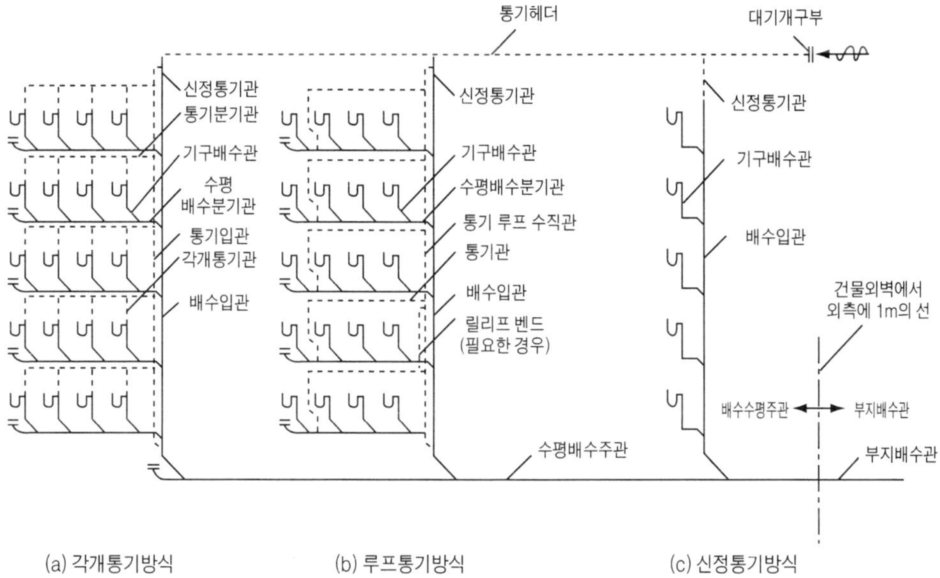

〈그림 6.36〉 각종 통기방식

6·3·2 통기관

통기관에는 〈그림 6.36〉과 같이 (a) 각개(各個)통기와 (b) 환상(環狀)통기(또는 루프 통기) 외에 (c) 신정(伸頂)통기가 있다. 각개통기는 각 기구마다 통기관을 설비하는 방법으로 이상적이라 일본에서는 호텔 등에서 이것을 이용하고 있지만, 이외의 경우에는 일반적으로 설비비와 배관 스페이스의 점에서 환상통기를 이용하고 있다. 〈그림 6.36〉 (C)의 신정통기방식은 공영아파트와 같이 6층 이하로 배수관에 접속하는 기구수가 적을 경우에 사용되고 있다.

통기수직주관은 〈그림 6.37〉과 같이 그 정상부 및 하부를 배수주관에 연결한다. 통기수직관의 지름은 배수입관의 1/2로 한다. 환상통기관은 수평배수분기관 또는 통기입관 중 작은 것의 지름의 1/2 이상의 지름으로 한다. 통기입관은 배수수직관중 최하단의 분기관 접합점보다 아래에서(그림의 m점)배수 수직관에 접합하고, 배수 수직관의 정상부는 관경을 줄이지 않고 올려 세워 신정통기관으로 한다.

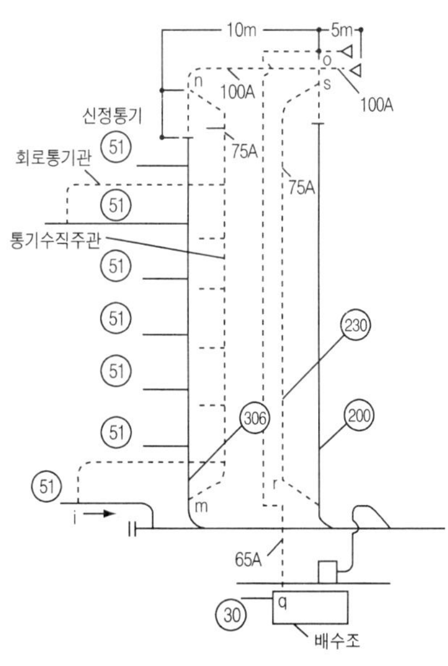

〈그림 6.37〉 통기입관(예제 6.22)

〈표 6.72〉 회로 또는 환상통기관의 입경 *

배수관경(A)	최대 F.U.	필요한 환상통기관의 입경(A)					
		40	50	65	75	100	125
		최대수평길이(m)					
40	10	6					
50	12	4.5	12				
50	20	3	9				
75	10		6	12	30		
75	30		–	12	30		
75	60		–	4.8	24		
100	100		2.1	6	15.6	60	
100	200		1.8	5.4	15	54	
100	500		–	4.2	10.6	42	
125	200		–	–	4.8	21	60
125	1100		–	–	3	12	42

【예제 6.21】 앞에 기술한 〈그림 6.34〉의 설비에 설치하는 환상 통기관의 관경을 결정하시오?

풀이 〈그림 6.34〉와 같이 대변기 계통의 F.U. 합계는 27이며, 통기관의 기점 a에서 통기입관 c까지의 수평거리 $\ell = 4+8 = 12$m이므로, 〈표 6.72〉의 F.U.=30인 곳에서 최대수평길이 $\ell = 12$m에 대한 지름은 65A가 되고, ab간은 65A가 되는 것을 알 수 있다.

마찬가지로 소변기 계통 db간은 F.U.= 24, $\ell = 1+8 = 9$m이며 동표에서 $\ell = 12$m 이하이므로 bc간은 65A가 된다. bc간은 F.U.= 51, $\ell = 8$m로 75A가 된다.

【예제 6.22】 〈그림 6.37〉의 통기수직주관을 계획하시오? 이것은 앞에 기술한 〈그림 6.34〉의 배수입관에 대한 것이다.

풀이 nm간의 통기관 배관 길이를 30m로 한다. 이 부분의 F.U.= 306+51= 357, 배수수직관의 지름은 100A이므로 〈표 6.73〉의 통기관 길이 55m<30m 의 점에서 통기입관은 75A가 된다. 동일하게 우측의 수직관은 배수조의 F.U.(이것에 유입하는 기구의 F.U.의 합계) 30을 포함해서 230이 되고, $\ell = 30$m로 하면 역시 관경은 75A가 된다. 배수조에서 통기관은 규정이 없으므로 여기서는 65A로 한다.

통기입관을 연결하는 통기 헤더부분 nop 간은 역시 〈표 6.73〉의 통기입관 표에서 구한다.

no 간의 관경을 정한다. 관길이는 mn과 no의 합계로 한다. $\ell = 30+10 = 40$m로 한다. F.U.= 357이므로 이 사이는 75A가 되지만, 신정통기관과 같은 100A로 한다.

* 환상통기(loop vent)란 말단이 신정통기관에 접속된 것. 회로통기(circuit vent)란 통기입관에 접속된 것으로 기능은 모두 환상통기와 같다.

〈표 6.73〉 통기입관의 입경과 그 배관길이

배수입관의 입경	F.U.의 총계	필요한 통기입관의 입경(A)								
		32	40	50	65	75	100	125	150	200
		허용최대배관길이(m)								
30A	2	9								
40	8	15	45							
	10	9	30							
50	12	9	23	60						
	20	8	15	45						
65	42		9	30	90					
75	10		9	30	60	182				
	30			18	60	152				
	60			15	24	121				
100	100			10	30	79	303			
	200			9	27	76	273			
	500			6	21	55	212			
125	200				10.6	24	106	303		
	500				9	21	91	273		
	1100				6	15	61	212		
150	350				7.5	15	61	121	394	
	620				4.5	9	38	91	333	
	960					7.3	30	76	303	
	1900					6	21	61	212	
200	600						15	45	152	394
	1400						12	30	121	364
	2200						9	24	106	333
	3600						7.6	18	76	242
250	1000							23	38	303
	2500							15	30	152
	3800							9	24	106
	5600							7.5	18	76

op부분은 이것에 5m를 더해 ℓ = 45m, F.U. = 357+230=587, 이것에 상당하는 배수수직관은 〈표 6.71〉에서 125A가 된다. 배수입관이 125A이고 F.U.= 587, ℓ = 45m일 때 통기관은 〈표 6.73〉에서 100A(4B)가 된다.

6 · 3 · 3 건물옥상 우수 배수

〈표 6.74〉 홈통의 용량(지붕의 수평투영면적 m²로 표시)

관경	수직홈통	수평우수관		
		구배 1/96	1/48	1/24
50A	67	–	–	–
65	120	–	–	–
75	205	76	108	153
100	425	175	245	350
125	805	310	440	620
		500	700	1000
150	1250			
200	2700	1070	1520	2140
250		1920	2720	3850
300		3100	4360	6200
375		5550	7800	11000

【주】 본표는 강우량 100mm/h일 때이며, 강우량이 매시 Hmm일 때는 상기면적에 (100/H)를 곱한다.
예를 들면 매시 200mm일 때는 상기면적은 1/2이 된다.

6 · 3 · 4 옥외 배수

(1) 오수량

$$Q\,(\mathrm{m^3/sec}) = 1.5\,q \cdot P \cdot A \,/\, 24 \times 60 \times 60 \quad \cdots\cdots\cdots\cdots\cdots \quad (6.21)$$

$$q = 0.15\sim0.25\mathrm{m^3}/\text{인}/\mathrm{d}$$

$$P = 200\sim300\text{인}/\mathrm{ha}$$

$$A = \text{부지면적}(\mathrm{ha})$$

도시내의 오수량은 1헥타르당 개산값 0.001m³/s를 사용한다.

〈표 6.75〉 관거(管渠)에 대한 도쿄도 하수도 조례

오수만을 배제해야 할 배수관			우수 또는 우수를 함유한 하수를 배제해야 할 배수관		
배수입구(인)	배수관의 내경(mm)	구배	배수입구(인)	배수관의 내경(mm)	구배
150 미만	100	2/100 이상	200 미만	100	2/100 이상
150~299	125	1.7/100 이상	200~399	125	1.7/100 이상
			400~599	150	1.5/100 이상
300~499	150	1.5/100 이상	600~999	180	1.3/100 이상
500 이상	180 이상	1.3/100 이상	1000~1499	200	1.2/100 이상
			1500 이상	230 이상	1/100 이상

【주】 배수거의 단면적은 배수입구의 구분에 따라 각각 상기 내경의 배수관에 상당하는 능력이 있는 것으로 할 것. 하나의 건축물에서 배제된 오수의 일부를 배제해야 할 배수관으로 연장 3m 이하의 것의 내경은 75mm(구배 3/100 이상)로 할 수 있다.

(2) 우수 배수

$$\text{우수강도 } I\,(\text{mm}) = \frac{a}{t+b} \cdots\cdots (6.22)$$

여기서 t = 강우계속시간(min)

a, b = 지역에 의한 상수 (〈표 6.76〉)

〈표 6.76〉 계수 a, b 의 값

지명	하코다테	도쿄	도요하시	와카야마	미야자키	구마모토
a	3,150	5,000	5,500	5,000	7,150	5,800
b	30	40	56	40	70	56

$$\text{강우수량}: Q\,(\ell/\text{sec}) = I \times \frac{10,000}{3,600} \times CA = \frac{1}{0.36} ICA = \frac{1}{0.360} \frac{a}{t+b} CA \quad \cdot 6.23)$$

여기서 A = 부지면적 (ha)

I = 강우강도(mm) (〈표 6.77〉)

C = 유출계수(〈표 6.78〉)

$t = t_1 + t_2$

t_1 = 비가 오기 시작해서 최상류의 우수관에 비가 유입하기까지의 시간(유입시간) 2 min(시가지), 10min(전원지방) 평균적으로 5~7min을 잡는다.

t_2 = 유하시간(min) = $\ell/60 v_S$ (ℓ 는 하수관 길이(m), v_S는 유속(m/sec))

(6.22)식으로 계산한 도쿄의 경우, 우수강도 I와 CA = 1일 때의 강우수량 Q/CA(ℓ/ha · s)를 〈표 6.77〉에 나타낸다.

우수하수관의 설계법은 예제와 같이, 각 우수관이 담당하는 부지의 CA값을 구한다.

다음에 우수관 길이 $\Sigma\ell$ 에서 t_2 를 구하고, ($t_1 + t_2$)로서 (6.23)식에서 우수량 Q/CA를 계산하여 이것에서 우수총량 Q를 구한다. 이에 대해 〈표 6.82〉에서 우수관 치수를 선택한다. 구배는 〈표 6.81〉을 참조한다. 이 경우의 우수관 만수유량은 앞에 구한 설계유량 Q_S에 대해 본관에서는 20~50%, 분기관에서는 50~100%의 여유를 잡는다. 만수유량은 〈표 6.81〉에 나타낸다. 본표에는 수속 1, 2, 3m/s에 대한 유량범위를 나타내고 있다.

〈표 6.77〉 도쿄의 우수강도 I(mm)와 강우수량 Q/CA(l/ha · s)

t (min)	2	4	6	7	8	9	10	12	14	16
I	119	114	109	106	104	102	100	96.2	92.6	89.3
Q/CA	331	317	303	294	289	283	278	267	257	248

〈표 6.78〉 도쿄도 표준유출계수 C

종별	유출계수
인가의 옥상	0.85~0.95
벽돌 · 목괴 · 아스팔트	0.15~0.30
자갈길	0.15~0.30
가옥 밀집 도심지	0.70~0.90
가옥 밀집 주택지	0.25~0.50
보통주택지	0.10~0.30
공원 · 광장	0.05~0.25
삼림지대	0.10~0.20

〈표 6.79〉 각 도시의 최대강우량 기록치(mm)

지명	24시간의 양	1시간의 양	10분간의 양
가고시마	306	89.4	22.3
오사카	183	63.8	22.2
나고야	240	92.0	17.1
도쿄	278	88.7	22.6
삿보로	140	50.2	15.6

〈표 6.80〉 우수배수관의 구배

관경(mm)	100~200	250~300	350~600	700~1,000	1,100 이상
구배(‰)	10~30	10~20	5~10	3~5	1~3

【주】 ‰은 1/1000을 표시하며 par mill이라 한다.

〈표 6.81〉 하수관 유량표(m^3/s) (문헌 645)

조도계수 n = 0.013

관지름(mm) \ 천분율(千分率)	20.0	10.0	8.0	6.0	5.0	4.0	3.0
구배	1/50	1/100	1/125	1/167	1/200	1/250	1/333
75	0.00268	0.00189	0.00169	0.00146	0.00134	0.00119	0.00103
100	0.00606	0.00428	0.00382	0.00331	0.00302	0.00269	0.00233
125	0.01137	0.00803	0.00718	0.00621	0.00566	0.00506	0.00437
150	0.0190	0.0134	0.0120	0.0104	0.0095	0.0085	0.0073
200	0.0424	0.0300	0.0268	0.0232	0.0211	0.0184	0.0163
250	0.0789	0.0557	0.0498	0.0431	0.0393	0.0352	0.0304
300	0.1307	0.0923	0.0825	0.0714	0.0651	0.0582	0.0503
350	0.1998	0.1412	0.1262	0.1092	0.0996	0.0890	0.0770
400	0.2859	0.2037	0.1822	0.1577	0.1438	0.1285	0.1115
450	0.398	0.281	0.252	0.218	0.199	0.178	0.154
500	0.531	0.375	0.336	0.290	0.265	0.237	0.205
600	0.873	0.617	0.551	0.477	0.435	0.389	0.337
700	1.326	0.937	0.838	0.725	0.662	0.592	0.512
800	1.903	1.345	1.202	1.041	0.950	0.849	0.735
900	2.614	1.848	1.652	1.430	1.305	1.167	1.009
1000	3.471	2.453	2.194	1.899	1.733	1.549	1.341

수속 1m/s

3m/s   2m/s

【예제 6.23】 그림과 같이 1.5ha(150m×100m)의 공장 부지에 바닥면적 $700m^2$의 공장이 4동(장래 2동 건설 예정)이 있을 경우, 우수배수관을 계획하시오? 간선도로 및 지선도로의 폭은 각각 10m, 3m로 하고, 도시와 같이 35m×45m의 주차장이 2개 있다. 도로, 주차장은 완전 포장(C = 0.85)으로 하고, 그 이외의 부지는 모두 잔디로 한다. 부지는 도쿄 교외로 한다.

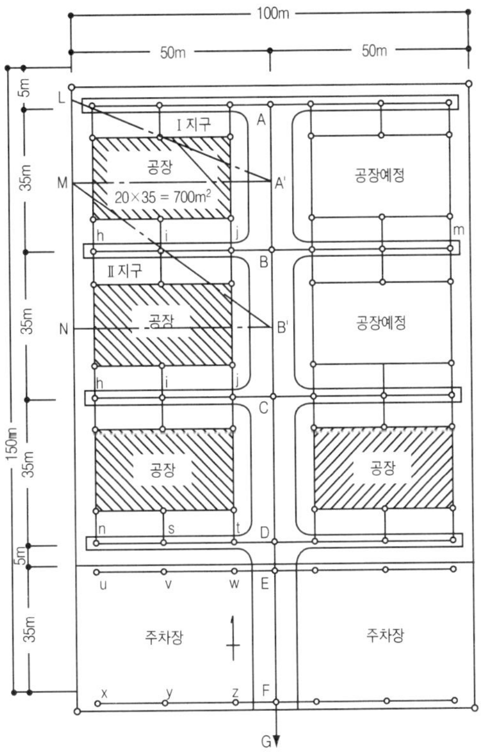

〈그림 6.38〉 (예제 6.23) 그림

풀이 이 경우 생활용수는 우수와 분리하여 정화조를 통과하는 것으로 하며 여기서는 우수배수만을 다룬다.

배수본관은 그림과 같이 간선도로를 통과하고 배수지관은 지선도로를 통과한다.

각 배수관 담당구역의 평균유출계수를 사용하여 이것에 각 구역의 전면적을 곱해도 되지만 여기서는 면적을 세밀하게 알고 있으므로 각 구역마다 〈표 6.82〉와 같이 *CA* 계산을 한다.

즉 그림의 a-b-c관 및 h-i-j관의 담당 배수구역을 각각 Ⅰ지구 및 Ⅱ지구로 한다. 단 Ⅰ지구는 그림의 AA'ML, Ⅱ지구는 A'B'NM이다. 이 지구내의 도로 및 건물, 잔디의 면적을 계산하고, 이것에 각각의 유출계수 *C*를 곱해서 *CA*를 구한다.

〈표 6.82〉 *CA*값의 계산표

		면적 *A*	*C*	*CA*
1지구	도로	45×3+17.5×5 = 222.5m²	0.85	189
	공장	35×10 = 350	0.9	315
	잔디	22.5×50−(222.5+350) = 553	0.2	111
		계		615
2지구	도로	45×3+35×5 = 310	0.85	264
	공장	35×20 = 700	0.9	630
	잔디	35×50−(310+700) = 740	0.2	148
		계		1042
주차장		17.5×50 = 875	0.85	744

〈표 6.83〉 하수도의 계산표

A	*B*	*C*	*D*	*E*	*F*	*G*	*H*	*I*	*J*	*K*	*L*	*M*	*N*	*O*	*P*
	CA		관길이		시간			우수량		하수관				관저깊이	
	ha	합계 ha	ℓ m	Σℓ m	t_1 min	t_2 min	*t* min	ℓ/s · ha	총량 ℓ/s	구배 ‰	직경 cm	유량 ℓ/s	유속 m/s	*D* cm	Σ*D* cm
ab	0.0205	0.0205	17.5		6	0	6	303	6.21	20	12.5	11.3	1.1	3.5	53.5
bc	0.0205	0.0410	17.5	35	6	0	6	〃	12.42	〃	15	19.0		3.5	57.0
cA	0.0205	0.0615	10	45	6	0	6	〃	18.63	〃	20	42.4		2	59.0
(도중생략)															
AB	0.0123	0.123	35	80	6	1	7	294	36.2	10	25	55.7	1.5	3.5	62.5
BC	0.2084	0.3314	35	115	6	1	7	〃	97.4	8	35	126.2		2.8	65.3
CD	0.2084	0.5398	35	150	6	2	8	289	156.8	8	40	182.2		2.8	68.1
DE	0.123	0.6628	5	155	6	2	8	〃	191.5	8	45	252		0.4	68.5
EF	0.1488	0.8116	35	190	6	3	9	283	229.5	6	50	290		2.1	70.6
FG	0.1488	0.9604	5	195	6	3	9	〃	262.6	6	60	477		0.3	70.9

다음에 〈표 6.83〉의 형식으로 배수관의 지름 등을 구한다. a−b−c관에 대해서는 각 a점, b점, c점이 담당하는 배수유량을 전체의 1/3로 생각하고 각점의 CA에는 〈표 6.82〉에서 구한 Σ*CA* = 615의 1/3씩을 할당한다. (205m² = 0.0205ha) 이것을 B열에 기입. C열에는 B열의 합계를 기입한다. D열에는 각 구간의 길이, E열에는 그 합계를 기입한다. F,G열은 (6.23)식의 t_1, t_2를 기입한다. t_2는 Σℓ을 60m/min(1m/s)로 나눈값을 기입하는데, 소수점 이하는 모두 버린다. 즉 17.5/60 = 0.292이며 이것을 0으로 한다.

다음에 I 열에는 도쿄지구이므로 〈표 6.77〉에 나타낸 (*Q*/*QA*)를 기입한다. 이것과 C열과의 곱을 J열에 기입하고, 이것이 설계량 Q_s가 된다. 〈표 6.81〉에서 이 수량에 대해 배수관의 구배와 관경을 선택한다. 지선에서는 Q_s의 1.5배 이상으로 선택하고, ab간에서는 6.21ℓ/s의 1.5배는 9.32ℓ/s가 되므로, 여기서는 구배 20‰, 직경 12.5cm를 선택한다.

〈표 6.84〉

구간	a b *h s*	b c *s t*	c A *t D*	h i *o p*	j j *p q*	j B *q c*	u v *x y*	v w *q 2*	w E *2 F*
관경 (cm) 구배 (‰)	12.5 20	15 20	20 20	15 20	20 10	25 10	12.5 20	15 20	20 20

구간	AB	BC	CD	DE	EF	FG
관경 (cm) 구배 (‰)	25 10	35 8	40 8	45 8	50 6	60 6

이 관의 수량은 11.3ℓ/s이며, 이것을 K, L, M에 기입한다. 관내유속은 〈표 6.81〉에서 개산값을 구해 N열에 기입한다. 다음에 관저(管底)깊이의 계산이며, a점의 배수관 깊이를 50cm로 하여 O열에는 D열의 l과 K열 구배의 곱 3.5cm를 기입하고, 이것과 50과의 합계를 P열에 기입한다. h−i−j−B, u−v−w−E의 분기관에 대해서도 같게 한다. o−p−q−c관은 완전히 h−i−j−B관과 같고, r−s−t−D관은 a−b−c−A관과 같다.

다음에 〈표 6.83〉과 같이 본관 A−B−C−G의 설계를 한다. AB관의 담당구역은 a−b−c 간과 e−f−g 간의 합계가 되므로, *CA*관의 *CA*값 = 0.0615의 2배인 0.123이 된다. 또 Σℓ은 a−b−c−A 간의 Σℓ = 30에 AB간의 35를 더해 65로 한다. 이때 t_2 = 65/60 ≒ 1.1이며 이것을 1.0으로 한다. 각 부분의 관경과 구배를 〈표 6.84〉에 나타낸다.

6·3·5 배수펌프

(1) 배수량

지하층 및 드라이 에리어 등 부지내 배수관의 수준 이하에 있는 배수 개소의 배수량은 모두 지하 배수조로 끌어모아 이것을 배수 펌프로 지상까지 양수한다. 배수펌프의 배수량은 다음의 경우에는 특히 커지므로 그 산정에 주의해야 한다.

(a) 지하층에 큰 주방이나 큰 세탁장이 있을 때, 그 배수량은 〈표 6.9〉, 〈표 6.10〉(B), 〈표 6.11〉의 급수량에서 구한다.

(b) 영화관 화장실 등과 같이 사용이 단시간에 집중할 경우

배수량은 (예제 6.4)과 같이 산정한다.

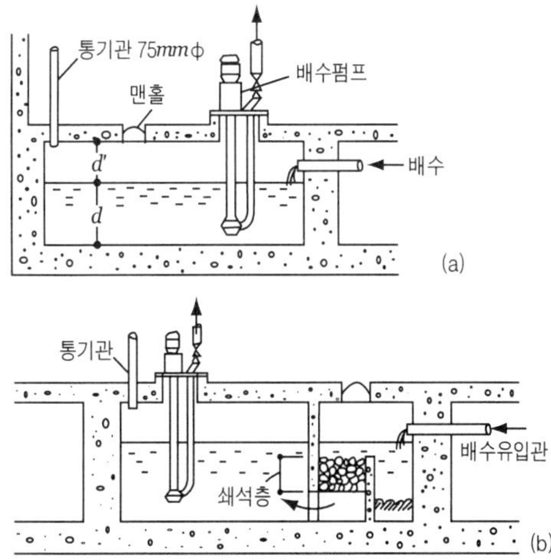

〈그림 6.39〉 배수피트와 배수펌프

(c) 지반면 이하의 드라이 에리어, 서비스 야드 등에 비가 유입할 경우,

이 경우의 배수량은 다음식에 따라 호우시의 유입량으로 결정된다.

$$Q = \frac{I}{\sqrt{2}}\ (A+A') \quad \cdots\cdots (6.24)$$

단, Q = 우수의 유입량(ℓ/h)

I = 최대강우량(mm/h)(〈표 6.79〉)

A = 드라이 에리어 면적(m^2)

A' = 드라이 에리어 직상의 벽면적(m^2)

상기 (a), (b), (c)와 같이, 큰 배수량이 없을 때의 배수량 산정은 대 · 소변기를 포함해서 1개당 200 ℓ/h, 수전 1개당 100ℓ/h로 해서 구한다.

배수조의 용량은 이것에 유입하는 최대배수량의 10~15분 분량으로 잡는다. 드라이 에어리어의 우수량은 호우시에는 극히 커지므로, 이것이 있을 경우에는 2~3분으로 잡아도 된다. 단 이것은 자가발전장치 또는 엔진 구동의 배수 펌프가 있어서 호우가 있을 때 정전시에 곧 이것이 구동할 수 있을 경우이다. 이런 장치가 없을 때에는 드라이 에리어, 선큰(Sunken) 커튼 등은 설치하지 않는다.

배수펌프의 배수량은 최대배수량의 2배 정도로 잡는다. 단 방대한 우수량을 다룰 경우에는 이것의 1.0~1.2배 정도로 생각한다.

【예제 6.24】 도쿄에 있는 연 10,000m^2의 병원에서 전장(50m)에 걸쳐 한쪽에 드라이 에어리어가 있고, 지하층에 병원 전체를 감당하는 세탁장이 있을 때 배수펌프를 계획하시오? 단, 드라이 에어리어 폭을 2.0m, 건물 높이는 지상 30m, 지하4m로 한다. 또 지하층에 있는 주방, 세탁 이외의 급수개소는 대소변기 10개, 수도전 20개로 한다.

풀이 (가) 호우시의 드라이 에리어의 우수유입량을 구한다.

(6.24)식의 $A = 2 \times 50 = 100m^2$

$A' = 50 \times (30+4) = 1{,}700m^2$

I로서는 〈표 6.79〉의 도쿄에서 10분 동안의 강우량의 6배를 사용하여

$I = 35 \times 6 ≒ 136mm/h = 136\ ℓ/hm^2$

$$Q = \frac{I}{\sqrt{2}}(A+A')$$

$$= \frac{136}{1.414}\ (100+1{,}700) = 172{,}602 ≒ 173{,}000\ ℓ/h$$

(나) 주방의 배수량은 〈표 6.9〉의 병원 주방의 급수량 0.33~0.7ℓ/m^2h를 참조해서 0.7ℓ/m^2h로 잡는다.

0.7×10,000 = 7,000ℓ/h

(다) 세탁장의 급수량은 동표의 JT병원에서 0.8ℓ/m^2h를 선택하여

0.8×10,000 = 8,000ℓ/h

(라) 그외 변기, 수전에서의 배수량은

변기 10개×100 = 1,000ℓ/h

수전 20개×100 = 2,000ℓ/h

3,000ℓ/h

이상의 데이터를 고려하여 호우시를 제외하면 (나)(다)(라)의 합계량이 최대배수량이 된다.

즉,

7,000 + 8,000 + 4,000 = 19,000ℓ/h = 320ℓ/min

호우시는 (가)와 (라)의 1/2로 생각하여

173,000 + 4,000/2 = 175,000ℓ/h = 2,900ℓ/min

배수조를 10m^3 로 하면 이것은 호우시 약 3분 간의 분량, 그것 이외는 41분 간의 분량에 상당한다.

펌프로서는 2,300ℓ/min의 것을 2대 설치하여 평상시는 번갈아 운전하고, 호우시에는 2대 동시에 운전한다.

펌프의 양정은

배수조 바닥에서 지하층 바닥면까지 = 1.5m

지하층 바닥면에서 지반면까지 = 4.0m

도중의 마찰저항(상기의 10%) = 0.5m

3개의 합계를 6.0m로 잡는다. 펌프는 입형 배수펌프 구경 125A, 양수량 1,500ℓ/min, 양정 6.0m, 모터 3.7kW의 것 2대를 사용한다.

(2) 배수관 깊이가 큰 경우

공장 등 큰 부지의 우수배수관 깊이가 외부의 공공하수보다 깊을 경우에는 말단에 배수조를 설치하고 펌프로 공공하수에 배수해야 한다.

【예제 6.25】〈예제 6.23〉의 우수배수를 말단에서 펌프 업(up)하는 경우를 설명하시오?

풀이 〈예제 6.23〉에서 구한 것같이 배수관 유말의 우수유량은 262.6ℓ/s(〈표 6.83〉, J열의 최

하단)가 되며 이것은 약 15800 ℓ/min에 상당한다. 즉 5분간 용량으로 80m^{3}의 배수조를 설치하고, 펌프는 200ϕ ×6m^3/min×6m×15kW의 횡형 원심펌프를 3대 설치하며, 각각 스트레이너를 설비하고 호수용으로 다음에 나타내는 습식 진공펌프를 설치한다.

호수용 진공펌프의 풍량은 3대의 펌프 흡입관과 펌프 내의 공기를 1~2분 동안 배제할 수 있는 것으로 한다. 예를 들면 이 공기의 전량이 1.0m^{3}으로 해 1분 동안에 배제한다고 할 때 풍량은 1.0m^3/min이 된다. 진공펌프의 진공도는 배수조의 최저수위와 펌프 토출밸브까지의 높이 이상에서 선정한다. 이 높이를 4m라고 하면 〈표 1.8〉에서

1mAq = 73.49mmHg이므로

4×73.5 = 294mmHg가 되고, 30%의 여유를 잡아 400mmHg로 한다.

즉 습식 진공펌프로는 모업체의 NV형 65ϕ ×1.2m^3/min×400mmHg×5.5kW의 것을 사용한다.

6 · 3 · 6 배수관의 재료

(1) 일반건축의 옥내배수관

종래에는 배수용 주철관(JIS G5525)과 백가스관이 일반적으로 사용되었으며, 전자는 오수관 또는 합류식 배수관에, 후자는 오직 나사식 배수 이음쇠(JIS B 2303)와 함께 잡배수에 사용되고 있다. 저코스트의 경우에는 경질염화비닐관(JIS K 6741)과 동배수 이음쇠(JIS K 6739)를 사용하는 경우가 있다. 배수용 연관(HASS 203)은 현재로서는 그 시공이 까다롭기 때문에 위생기구와 본관과의 접속부분에만 사용된다.

배수용 주철관의 접합법은 종래는 〈그림 6.40〉 (a)납코킹의 방법만이 사용되어 왔지만, 최근에는 불을 사용치 않는 공법과 내진을 고려해서 그림의 (b)~(e)가 이용되고 있다. 특히 지중매입배관에는 (e)메카니컬 이음쇠가 가장 적합하다.

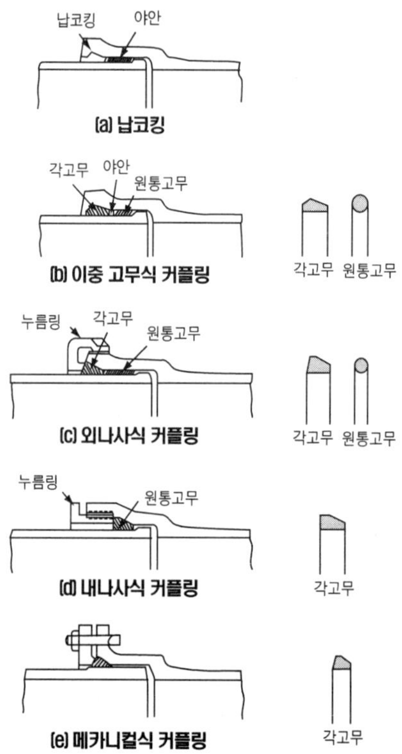

〈그림 6.40〉 배수용 주철관의 접합법

(2) 옥외배수관

대개의 경우, 원심력 철근콘크리트관(흄관 JIS A 5372)이 사용되고 있다. 소규모인 경우에는 경질염화비

닐관 또는 약물 입힌 도(陶)관(JIS R 1201)이 사용되는 경우도 있다.

(3) 화학폐액의 배수관 (문헌 646)

화학폐액은 각종 산류 알칼리류와 유기용제가 포함되며, 일반 금속은 유기용제에는 강하지만 산에는 약하고, 반대로 플라스틱관은 산에는 강하지만 유기용제에는 약하다. 이런 점으로 인해 일반 건축에 이용되는 주철관이나 백가스관은 부적당하다. 주철관은 표면의 콜타르가 유기용제로 용해되므로, 금속부분이 노출되어 산에 침식된다. 납관은 황산에는 강하나 초산이나 희석질산에 약하므로 주의해야 한다. 금속관 중에 티탄합금으로 된 것은 대부분의 산에 견디지만 농황산 등에는 침식되므로 안심할 수가 없다.

플라스틱관재는 일반적으로 유기용제에는 약하지만, 유기용제의 종류에 따라서 부식성은 현저하게 달라진다. 즉, 물보다 가벼운 유기용제(아세톤, 벤젠, 톨루엔, 에테르 등)는 배수관중의 수면에 떠 있기 때문인지, 염화비닐관에 대해서 부식성은 적다. 한편 물보다 무거운 유기용제(클로로포름, 디클로로메탄, 디클로로에틸렌 등)는 수류의 바닥에 흘러나와 염화비닐관을 심하게 부식시킨다.

이와 같은 점 때문에 물보다 가벼운 유기용제를 물과 같이 배수할 경우에는 경질염화비닐관(JIS K 6741) 또는 GRP관*을 사용해도 지장은 없다. 저자의 경험으로는 아세톤과 같은 유기용제를 다량으로 사용하는 대학의 화학공학실험실에서 염화비닐관을 12년 간 사용했어도 사고는 없었다.

물보다 무거운 유기용제를 사용할 경우에는 GRP관을 쓰는 경우가 많은데, 이상적으로는 에폭시 수지 라이닝강관 또는 유리 라이닝강관 등을 사용한다. 어느 것이나 상당히 코스트가 비싸다. 이것들은 이음(커플링)이나 플랜지를 용접해서 공장 내에서 라이닝을 하고, 현장에서는 테프론제 패킹을 사용하여 플랜지 접합을 한다.

〈표 6.85〉에 각종 재료의 내부식성을 나타낸다.

〈표 6.85〉는 재료의 침적테스트 결과에 따른 것으로 배수관의 경우는 물보다 가벼운 유기용제 등에 대해서는 표의 조건보다 완화된다.

이들 폐액은 관과의 접촉시간이 길수록 부식량이 커지므로, 수평관은 되도록이면 그 길이를 짧게 하고 경사를 급하게 하여 유속을 빠르게 하며 트랩으로는 도기제를 사용한다. 이런 이유로 인해 부식은 주로 수평관에 생기고, 수직관에 생기는 경우는 적으므로, 수평관은 바닥 위의 배관으로 해 교환이 쉽도록 한다.

옥외배관은 약을 입힌 도관을 내산모르타르에 접속하면, 부식에 대해 안전하다. 산도가 낮을 경우에는 흄관을 사용한다.

또 배수조의 모르타르 부분은 산에 침식되므로, 옥내 배수조는 납판 라이닝으로 하고, 옥외 배수조의 저부와 흙탕물이 괴는 부분은 내산 모르타르로 마감한다.

【주】* GRP관은 폴리프로필렌관을 FRP로 보강한 관

〈표 6.85〉 각종 플라스틱재의 내부식성 (문헌 647)

대상약품	폴리에틸렌	폴리프로필렌	CAB[*1]	ABS[*2]	염화비닐	사란	폴리에스테르유리	에폭시유리	페놀계아스베스트	과불화탄화수소	염소화폴리에테르	폴리카보니트
10% 황상	B	A	A	A	A	A	A	A	A	A	A
50% 황산	A	D	A	A	A	B	A	A	A	A	A
10% 염산	A	A	A	A	A	A	A	A	A	A	A
10% 초산	A	D	B	A	A	B	B	C	A	A	A
10% 작산	A	B	A	A	A	A	A	A	A	A	A
10% 가성소다	A	C	A	B	C	C	A	D	A	A	A
50% 가성소다	A	D	A	A	C	D	B	D	A	A	A
수산화암모늄(NH_4OH)	A	D	A	A	D	C	A	D	A	A	A
식염 (NaCl)	A	A	A	A	A	A	A	A	A	A	A
3염화철 ($FeCl_3$)	A	A	A	A	A	A	A	A	A	A	A
황산동	A	A	A	A	A	A	A	A	A	A	A
황화수소가스(습성)	A	A	A	A	A	A	A	A	A	A	–
염소가스(습성)	D	D	A	B	D	D	D	A	A	A	–
SO_2 가스(습성)	A	D	A	A	B	A	A	A	A	A	–
가솔린	D	A	A	A	A	A	A	A	A	A	A
벤젠	D	D	D	D	C	B	A	A	A	C	C
4염화탄소(CCl_4)	D	D	D	C	C	A	B	A	A	C	D
아세톤	D	D	D	D	C	D	B	D	A	B	B
알콜	D	D	A	A	A	A	A	A	A	A	A

【주】 A, B, C, D의 순으로 부식에 대한 저항이 작다(부식되기 쉽다.)

*1 CAB : 셀룰로즈(cellulose), 아세테이트(acetate), 부틸레이트(butyrate)

*2 ABS : 아크릴니트릴, 부타젠, 스틸렌

6 · 4 배수처리설비

6 · 4 · 1 정화조의 종류와 구조

분뇨정화조에 관해서는 1969년에 법규가 개정되고 (건축기준법 시행령 32조, 211호) 다시 1980년

〈표 6.86〉 수질에 관계된 용어(문헌 648)

pH값	수소이온 농도를 나타내며 PH가 7이면 중성, 7을 초과할 때는 알칼리성, 7 미만은 산성
BOD	생물화학적 산소요구량을 뜻하며, 수중유기물이 분해해서 안정한 산화물이 되기까지 얼마나 산소를 소비했는가를 나타낸다.
BOD 제거율	$= \dfrac{\text{원수의 BOD} - \text{정화조출구 물의 BOD}}{\text{원수의 BOD}}$
BOD 부하	$\text{BOD 용적부하(kg BOD/m}^3\text{d)} = \dfrac{\text{오수 BOD(ppm)} \times \text{유입수량(m}^3\text{/d)}}{\text{공기접촉조의 용적(m}^3\text{)} \times 1000}$
COD	화학적 산소요구량을 뜻하며, 오수중의 산화되기 쉬운 유기물이 산화제($KMnO_4$)에 의해 산화될 때에 소비되는 산화제의 양에 상당하는 산소량
SS	부유물질을 뜻하며, 오수중에 함유되어 있는 고형물질의 양을 말한다. 스크린으로 제거되는 대형의 것은 포함하지 않는다.
MLSS	공기접촉조내 혼합액의 부유물질 농도
ABS	중성세제를 뜻하며, 하드인 것은 활성오니(汚泥)법 등으로는 분해하기 어렵다.
DO	용존산소
VS	휘산물질, 강한 열에 연소하는 물질

에 개정되었다. (고시 1645호). 이하는 이 신개정 법규의 내용에 준해서 설명한다. 〈표 6.86〉은 용어에 대한 설명이다.

(1) 정화조의 종류

정화조의 오수처리에는 1차 처리와 2차 처리가 있다. 1차 처리는 전처리이며 스크린으로 대형 고형물을 제거하거나 혹은 이것을 파쇄기로 파쇄한다. 또 오수중의 고형물을 침전 분리하기 위한 침전조를 설치하는 경우도 있다.

오수유량의 변동이 클 때에는 2차 처리에서 안정된 유량을 유지하기 위해 2차 처리 전에 유량조정조를 설치한다. 이 용량은 1일 오수량의 10~25% 정도로 한다.

(2) 정화조의 2차 처리

2차 처리는 생물(세균, 원생동물 등)의 작용으로 오수를 정화하는 방법이며, 국토교통성 고시 1292호에 의한 성능별 처리방식에는 구조기준 제1~제12까지 각종 처리방식이 있다. 그 대표적인 처리방식을 이하에 나타낸다. 이것들에는 모두 출구에 침전조를 설치하고 오니를 침전시켜 청정한 웃물을 소독해 방류한다. 방류수의 BOD가 19 이하인 경우는 6 · 4 · 3에 기술한 것 같이 3차 처리를 필요로 한다.

(a) 생물막법

① **회전판 접촉방식** : 오수내에 절반 정도 잠긴 다수의 원판을 회전시키고 공기에 접촉시켜 원판 표면의 생물막 작용으로 오수를 정화한다.

a. 51~500인

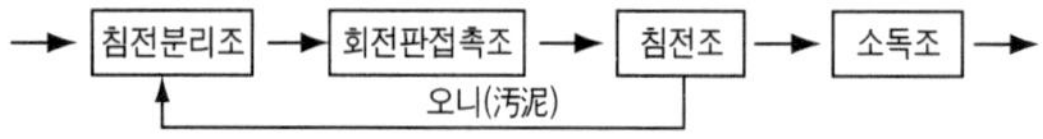

b. 201~500인 (501~2000인)

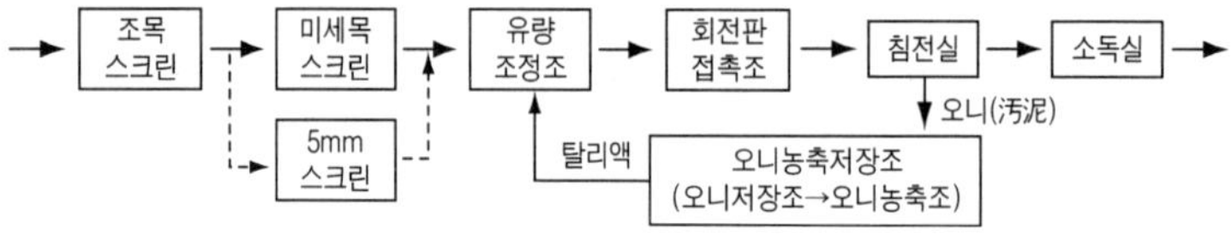

【주】 미세목스크린은 유량조정 다음에 설치해도 된다.

② **공기접촉방식** : 조내에 플라스틱제 하니컴, 골함석 등으로 되어 있는 접촉재를 설치한 후 이 표면에 생물막을 형성한다. 공기접촉을 위해 조내로 공기를 보내고 이 작용으로 오수가 접촉재 사이로 순환한다.

a. 51~500인

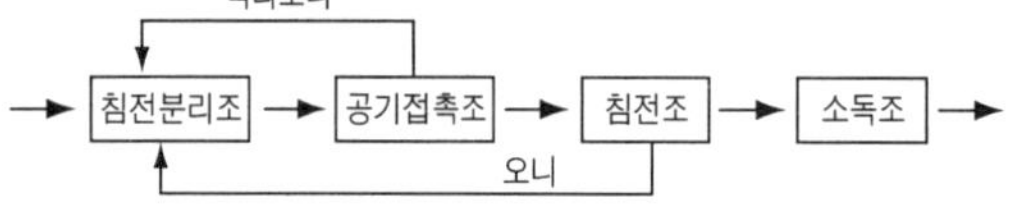

b. 201~500인 (501~2000인)

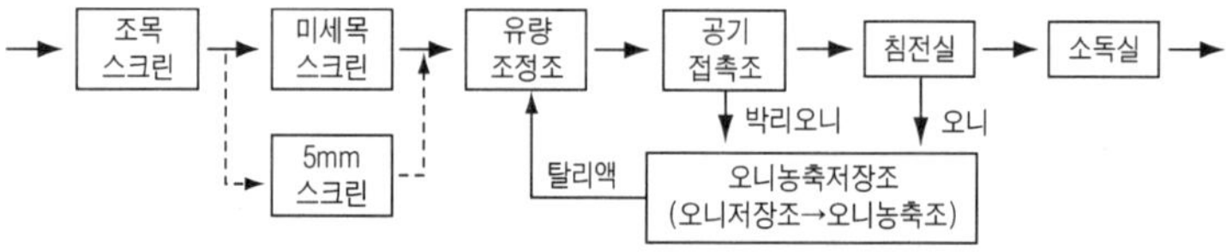

③ **산수(散水)방식** : 쇄석 또는 플라스틱 바닥 상부에서 오수를 살수하고 이것이 여재 사이를 흘러내리는 동안에 여재표면의 생물막으로 정화된다.

a. 51~500인

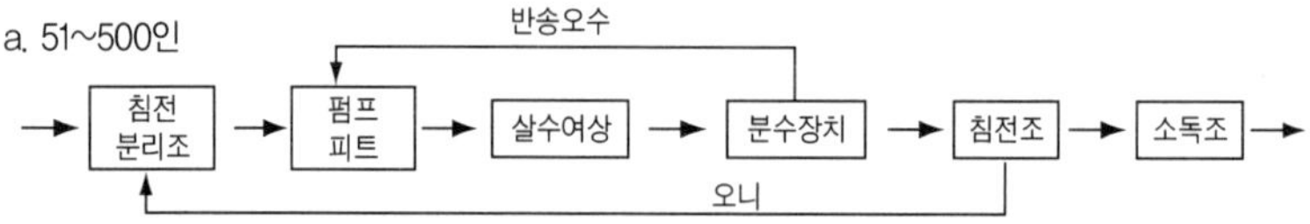

b. 201~500인 (501~2000인)

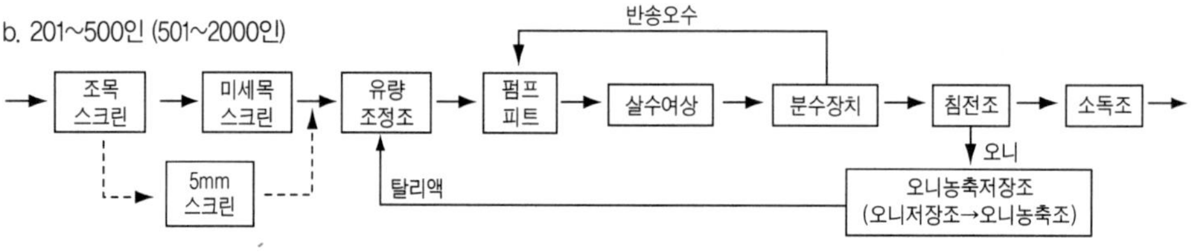

(b) 활성오탁법

① **장시간 공기접촉방식** : 활성오니방식이며, 공기접촉 용량을 크게 해 장시간 공기접촉을 행하면 잉여오니의 발생량이 적어져 오니 처리가 용이해진다.

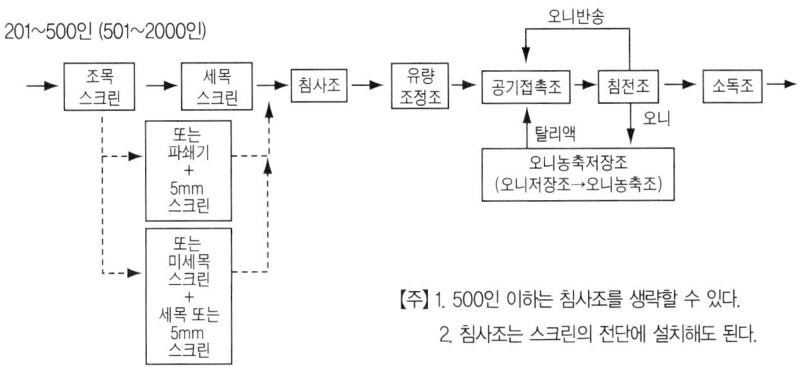

【주】 1. 500인 이하는 침사조를 생략할 수 있다.
2. 침사조는 스크린의 전단에 설치해도 된다.

② **표준활성오니방식** : 공기접촉조내에 공기를 주입해 오수를 공기접촉시키면 오수 중의 유기물은 호기(好氣)성 미생물에 의해 산화분해되어 침전하고 활성오니로 된다. 이 웃물은 정화되고 BOD는 감소한다.

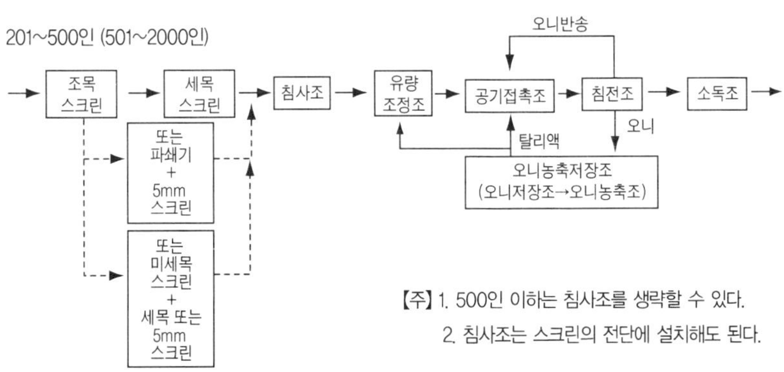

【주】 1. 500인 이하는 침사조를 생략할 수 있다.
2. 침사조는 스크린의 전단에 설치해도 된다.

6·4·2 정화조 설계법

(1) 각종 방식의 적용범위

법규에서는 설치지역이나 대상 인원수에 따라 〈표 6.88〉과 같이 제1~제12의 형식으로 분류하고, 다시 각 형식마다 적용되는 종류를 〈표 6.87〉과 같이 정하고 있다.

〈표 6.88〉에 나타낸 단독처리는 수세식 화장실에서 오수배수만을 처리하는 경우에 사용된다. 합병처리란 위의 오수와 주방, 욕실, 세탁장 등의 잡배수도 함께 처리할 경우이다.

(2) 처리인원의 산정

〈표 6.88〉의 처리인원은 〈표 6.89〉에 규정되어 있는 값을 사용한다.

〈표 6.87〉 건축기준법시행령 제32조와 1980년 건설성 고시제 1292호의 대응관계

건축 기준법 시행령 제32조	분뇨 정화조를 설치하는 구역	처리대상인원 (인)	성능 BOD 제거율 (단위 : %)	성능 방류수의 BOD (단위 : mg/ℓ)	1980년 건설성고시 제1292호의 구분 통상처리방식
* 제 1 항	특정행정청이 위생상 특별히 지장이 있다고 인정해 규칙으로 특정한 구역	50 이상	65 이상	90 이상	제 1
		51~500	70 이상	60 이상	제 2
		501 이상	85 이상	30 이상	제 3
	특정행정청이 위생상 특별히 지장이 있다고 인정해 규칙으로 지정한 구역	–	55 이상	120 이상	제 4
	기타 구역	500 이상	65 이상	90 이상	제 1
		500~2000	70 이상	60 이상	제 2
		2001 이상	85 이상	30 이상	제 3
제 2 항	특정행정청이 지하침투 방식에 의해 오물을 처리하는 경우라도 위생상 지장이 없다고 인정해 규칙으로 지정한 구역	–	• 1차 처리장치에 의한 SS제거율(%) 55 이상 • 1차 처리장치에서 유출수의 SS(mg/ℓ)250 이하 • 1차 처리장치에서 유출수가 체류하지 않는 정도의 지하침투 능력을 가지고 있다.		제 5
제 3 항	수질오탁방지법의 규정에 의해 제1항보다 엄격한 BOD가 정해져 있고 또는 BOD 이외의 항목에 대해서 배수규준이 정해져 있을 때	–	–	20 이상	제 6
			–	10 이상	제 7
			방류수의 BOD(mg/ℓ) 10 이하, 또는 COD(mg/ℓ) 10 이하		제 8
			방류수의 BOD(mg/ℓ) 10 이하, 질소함유량(mg/ℓ) 20 이하 또는 인함유량(mg/ℓ) 1 이하		제 9
			방류수의 BOD(mg/ℓ) 10 이하, 질소함유량(mg/ℓ) 15 이하 또는 인함유량(mg/ℓ) 1 이하		제 10
			방류수의 BOD(mg/ℓ) 10 이하, 질소함유량(mg/ℓ) 10 이하 또는 인함유량(mg/ℓ) 1 이하		제 11
			COD, SS, N-hx, PH, 대장균군수에 대해서 배수기준을 만족		제 12

【주】 * 배출수에 포함된 대장균수가 1에 대하여 3,000개 이하로 하는 성능을 가진 것일 것.

〈표 6.88〉 고시 1292호에 의한 성능별 처리방식과 적용되는 처리대상 인원의 규모

구조 기준	성능	처리방식	처리대상인수(인)	단독·합병의 종별
제 1	BOD 제거율 65% 이상 및 방류수의 BOD가 1ℓ에 대해 90mg 이하	분리공기접촉방식 ① 혐기여상공기접촉방식 ② 탈질여상공기접촉방식 ③	50 이하	합병
제 2	BOD 제거율 70% 이상 및 방류수의 BOD가 1ℓ에 대해 60mg 이하	회전판 접촉방식 ④	51~500 또는 101~2000	합병
		공기접촉방식 ⑤	51~500 또는 101~2000	
		산수방식 ⑥	51~500 또는 101~2000	
		장시간 공기접촉방식 ⑦	101~2000	
제 3	BOD 제거율 85% 이상 및 방류수의 BOD가 1ℓ에 대해 30mg 이하	회전판 접촉방식	51~500 또는 101 이상	합병
		공기접촉 방식	51~500 또는 101 이상	
		산수방식	51~500 또는 101 이상	
		장시간 공기접촉방식	101~5000	
		표준활성오니방식 ⑧	5001 이상	
제 4	BOD 제거율 55% 이상 및 방류수의 BOD가 1ℓ에 대해 120mg 이하	(부패실) + (소독실) ⑨	-	단독
제 5	SS의 제거율 55% 이상, SS가 1ℓ에 대해 250mg 이하	(부패실) + (지하침투) ⑩	-	-
제 6	수질오탁방지법의 규정에 의해 방류수의 BOD가 1ℓ에 대해 20mg 이하	회전판 접촉방식	51~500 또는 101 이상	합병
		공기접촉방식	51~500 또는 101 이상	
		산수방식	501 이상	
		장시간 공기접촉방식	101 이상	
		표준활성오니방식	5001 이상	
제 7	수질오탁방지법의 규정에 의해 방류수의 BOD가 1ℓ에 대해 10mg 이하	공기접촉·여과방식 ⑪ 응집·분리방식 ⑫	-	합병
제 8	수질오탁방지법의 규정에 의해 방류수의 BOD가 1ℓ에 대해 10mg 이하 또는 COD가 1ℓ에 대해 10mg 이하	공기접촉·활성탄 흡착방식 ⑬ 응집분리·활성탄 흡착방식 ⑭	-	합병
제 9	수질오탁방지법의 규정에 의해 방류수의 BOD가 1ℓ에 대해 10mg 이하, 질소함유량이 1ℓ에 대해 20mg 이하	초화액순환활성오니방식 ⑮	51인 이상	합병
		3차 처리 탈질·탈인 방식 ⑯	-	
제 10	수질오탁방지법의 규정에 의해 방류수의 BOD가 1ℓ에 대해 10mg 이하, 질소함유량이 1ℓ에 대해 15mg 이하 또는 인함유량이 1ℓ에 대해 1mg 이하	초화액순환활성오니방식	51인 이상	합병
		3차 처리 탈질·탈인 방식	-	
제 11	수질오탁방지법의 규정에 의해 방류수의 BOD가 1ℓ에 대해 10mg 이하, 질소함유량이 1ℓ에 대해 10mg 이하 또는 인함유량이 1ℓ에 대해 1mg 이하	초화액순환활성오니방식	51인 이상	합병
		3차 처리 탈질·탈인 방식	-	
제 12	수질오탁방지법의 규정에 의해 COD, SS 등의 배출기준이 정해져 있는 경우	제 2, 제 3, 제 6, 제 7, 제 8, 제 9, 제 11의 구조	각 구조에 의한다.	-

〈표 6.89〉 분뇨정화조의 처리대상 인원(JIS A 3302-2000)

<table>
<tr><th rowspan="2">유사 용도별 번호</th><th rowspan="2" colspan="5">건축용도</th><th colspan="2">처리대상 인원</th></tr>
<tr><th>산정식</th><th>산정 바닥면적</th></tr>
<tr><td rowspan="3">1</td><td rowspan="3">집회장시설관계</td><td>①</td><td colspan="3">공회당 · 집회장 · 극장 · 영화관 · 연예장</td><td>$n = 0.08A$</td><td>n : 인원(인)
A : 연면적(m^2)</td></tr>
<tr><td>②</td><td colspan="3">경륜장 · 경마장 · 경정장</td><td>$n = 16C$</td><td>n : 인원(인)
C^{*1} : 총변기수(개)</td></tr>
<tr><td>③</td><td colspan="3">관람장 · 체육장</td><td>$n = 0.065A$</td><td>n : 인원(인)
A : 연면적(m^2)</td></tr>
<tr><td rowspan="5">2</td><td rowspan="5">주택시설관계</td><td rowspan="2">①</td><td rowspan="2">주택</td><td colspan="2">$A \leqq 130^{*2}$의 경우</td><td>$n = 5$</td><td rowspan="2">n : 인원(인)
A : 연면적(m^2)</td></tr>
<tr><td colspan="2">$130^{*2} < A$</td><td>$n = 7$</td></tr>
<tr><td>②</td><td colspan="3">공동주택</td><td>$n = 0.05A$</td><td>n : 인원(인)
단 1호당 n이 3.5인 이하인 경우는 1호당 n을 3.5인 또는 2인(1호가 1거실만으로 구성되어 있는 경우에 한함)으로 하고 1인당 n이 6인 이상인 경우는 1호당 n을 6인으로 한다.
A : 연면적(m^2)</td></tr>
<tr><td>③</td><td colspan="3">하숙 · 기숙사</td><td>$n = 0.07A$</td><td>n : 인원(인)
A : 연면적(m^2)</td></tr>
<tr><td>④</td><td colspan="3">학교기숙사 · 군부대 숙소 · 노인홈 · 양호시설</td><td>$n = P$</td><td>n : 인원(인)
P : 정원(인)</td></tr>
<tr><td rowspan="4">3</td><td rowspan="4">숙박시설관계</td><td rowspan="2">①</td><td rowspan="2">호텔 · 여관</td><td colspan="2">결혼식장 또는 연회장이 있는 경우</td><td>$n = 0.15A$</td><td rowspan="2">n : 인원(인)
A : 연면적(m^2)</td></tr>
<tr><td colspan="2">결혼식장 또는 연회장이 없는 경우</td><td>$n = 0.075A$</td></tr>
<tr><td>②</td><td colspan="3">모텔</td><td>$n = 5R$</td><td>n : 인원(인)
R : 객실수</td></tr>
<tr><td>③</td><td colspan="3">간이숙박소 · 합숙소 · 유스호스텔</td><td>$n = P$</td><td>n : 인원(인)
P : 정원(인)</td></tr>
<tr><td rowspan="5">4</td><td rowspan="5">의료시설관계</td><td rowspan="4">①</td><td rowspan="4">병원 · 요양소 · 전염병원</td><td rowspan="2">업무용주방시설 또는 세탁설비를 설치한 경우</td><td>300병상 미만의경우</td><td>$n = 8B$</td><td rowspan="4">n : 인원(인)
P : 베드수(상)</td></tr>
<tr><td>300병상 이상의 경우</td><td>$n = 11.43 (B - 300) + 2,400$</td></tr>
<tr><td rowspan="2">업무용주방설비 또는 세탁설비를 설치하지 않은 경우</td><td>300병상 미만의경우</td><td>$n = 8B$</td></tr>
<tr><td>300병상 이상의 경우</td><td>$n = 7.14 (B - 300) + 1,500$</td></tr>
<tr><td>②</td><td colspan="3">진료소 · 의원</td><td>$n = 0.19A$</td><td>n : 인원(인)
A : 연면적(m^2)</td></tr>
</table>

〈표 6.89〉 분뇨정화조의 처리대상 인원(JIS A 3302-2000) 〈계속〉

5	점포관계	①	점포 · 수퍼마켓			$n = 0.075A$	n : 인원(인) A : 연면적(㎡)
		②	백화점			$n = 0.15A$	
		③	음식점	일반의 경우		$n = 0.72A$	
				오탁부하가 높은 경우		$n = 2.94A$	
				오탁부하가 낮은 경우		$n = 0.55A$	
		④	커피숍			$n = 0.80A$	
6	오락시설관계	①	당구장 · 탁구장			$n = 0.075A$	n : 인원(인) A : 연면적(㎡)
		②	빠찡코점			$n = 0.11A$	
		③	기원			$n = 0.15A$	
		④	디스코장			$n = 0.50A$	
		⑤	골프연습장			$n = 0.25S$	n : 인원(인) S : 타석수(석)
		⑥	볼링장			$n = 2.50L$	n : 인원(인) L : 레인수(레인)
		⑦	야구배팅연습장			$n = 0.20S$	n : 인원(인) S : 타석수(석)
		⑧	테니스장	나이트설비를 설치한 경우		$n = 3S$	n : 인원(인) S : 코트면수(면)
				나이트설비를 설치하지 않은 경우		$n = 2S$	
		⑨	유원지 · 해수욕장			$n = 16C$	n : 인원(인) C *4 : 총변기수(개)
		⑩	풀 · 스케이트장			$n = \frac{20c + 120u}{8} \times t$	n : 인원 (인) C : 대변기수 (개) U*4 : 소변기수 (개) t : 단위변기당 1일 평균 사용시간 (시간) $t = 1.0 \sim 2.0$
		⑪	캠프장			$n = 0.56P$	n : 인원(인) P : 수용인원(인)
		⑫	골프장			$n = 21H$	n : 인원(인) H : 홀수(홀)
7	주차장관계	①	서비스에리어	화장실	일반부	$n = 3.6P$	n : 인원(인) P : 주차대수(대)
					관광부	$n = 3.83P$	
					매점없는 PA	$n = 2.55P$	
				매점	일반부	$n = 2.66P$	
					관광부	$n = 2.81P$	

〈표 6.89〉 분뇨정화조의 처리대상인원(JIS A 3302-2000) 〈계속〉

<table>
<tr><td rowspan="2">7</td><td rowspan="2">주
차
장
관
계</td><td>②</td><td colspan="2">주차장 · 자전거 보관소</td><td>$n = \frac{20c + 120u}{8} \times t$</td><td>$n$: 인원 (인)
C : 대변기수 (개)
U^{*4} : 소변기수 (개)
t : 단위변기당 1일 평균 사용 시간 (시간)
$t = 0.4 \sim 2.0$</td></tr>
<tr><td>③</td><td colspan="2">가솔린 스텐드</td><td>$n = 20$</td><td>n : 인원(인)
1영업소당</td></tr>
<tr><td rowspan="3">8</td><td rowspan="3">학
교
시
설
관
계</td><td>①</td><td colspan="2">보육원 · 유치원 · 초등학교 · 중학교</td><td>$n = 0.20P$</td><td rowspan="2">n : 인원(인)
P : 정원(인)</td></tr>
<tr><td>②</td><td colspan="2">고등학교 · 대학 · 각종 학교</td><td>$n = 0.25P$</td></tr>
<tr><td>③</td><td colspan="2">도서관</td><td>$n = 0.08A$</td><td>n : 인원(인)
A : 연면적(m²)</td></tr>
<tr><td rowspan="2">9</td><td rowspan="2">사
무
소
관
계</td><td rowspan="2">①</td><td rowspan="2">사무소</td><td>업무용 주방설비를 설치한 경우</td><td>$n = 0.075A$</td><td>n : 인원(인)
A : 연면적(m²)</td></tr>
<tr><td>업무용 주방설비를 설치하지 않은 경우</td><td>$n = 0.06A$</td><td>n : 인원(인)
A : 연면적(m²)</td></tr>
<tr><td rowspan="2">10</td><td rowspan="2">작
업
소
관
계</td><td rowspan="2">①</td><td rowspan="2">공장
작업소
연구소
시험소</td><td>업무용 주방설비를 설치한 경우</td><td>$n = 0.75P$</td><td rowspan="2">n : 인원(인)
P : 정원(인)</td></tr>
<tr><td>업무용 주방설비를 설치하지 않은 경우</td><td>$n = 0.30P$</td></tr>
<tr><td rowspan="6">11</td><td rowspan="6">1
~
10
의
용
도
에
속
하
지
않
는
시
설</td><td>①</td><td colspan="2">시장</td><td>$n = 0.02A$</td><td rowspan="2">n : 인원(인)
A : 연면적(m²)</td></tr>
<tr><td>②</td><td colspan="2">공중목욕탕</td><td>$n = 0.17A$</td></tr>
<tr><td>③</td><td colspan="2">공중화장실</td><td>$n = 16C$</td><td>n : 인원(인)
C^{*1} : 총변기수(개)</td></tr>
<tr><td rowspan="3">④</td><td rowspan="3">역 ·
버스터미널</td><td>$P<100,000$인 경우</td><td>$n = 0.008P$</td><td rowspan="3">n : 인원(인)
P : 승강객수(인/일)</td></tr>
<tr><td>$100,000 \leqq P < 200,000$인 경우</td><td>$n = 0.010P$</td></tr>
<tr><td>$200,000 \leqq P$인 경우</td><td>$n = 0.013P$</td></tr>
</table>

【주】 (1) 대변기수, 소변기 및 양용변기수를 합계한 변기수

(2) 이 수치는 당해지역에서 주택 1호당 평균적인 연면적에 대응해 증감할 수 있는 것으로 한다.

(3) 거실이란 건축기준법에 의한 용어의 정의에서 말하는 거실이며 거주집무, 작업, 집회, 오락 기타 이것과 유사한 목적을 위해 계속적으로 사용하는 실을 말한다. 단, 공동주택에서 부엌이나 식당은 제외한다.

(4) 여성전용화장실에서는 변기수의 대략 1/2을 소변기로 간주한다.

(3) 처리원수의 수질

〈표 6.90〉 가정 하수의 표준적인 수질과 원단위

분석항목	표준농도 (mg/ℓ)	부하량 원단위 (g/인·일)
증발잔류물	550	110
부유물질(SS)	200	40
용해성물질	350	70
BOD	200	40
COD	100	20
총질소	40	8
암모니아성질소	24	4.8
유기성질소	14	2.8
염소이온	60	12

【주】 원단위는 오수량을 200ℓ/인·일로 한 경우

〈표 6.91〉 가정 하수의 배출원별 오수량과 BOD

오수의 종류	배출원	오수량(ℓ/인·일)	BOD	
			부하량(g/인·일)	농도(mg/ℓ)
수세식 변소배수	화장실	40~60	13	200~260
잡배수	주방	30~40	20~30	500~800
	세탁	50~60	7~17	50~80
	욕실	40~60		
	수세·세면·청소·잡용	20~30		
계		180~250	40~60	
표준치		200	40	200

(4) 정화조의 구조

법규에 의한 단독처리 정화조의 용적을 〈표 6.92〉에 나타낸다.

합병처리인 경우의 구조 기준값을 〈표 6.93〉~〈표 6.96〉*에 나타낸다. 합병처리조로서는 향후에 건축용으로 다용된다고 생각되는 장시간 공기접촉방식, 표준활성 오니방식, 공기접촉방식, 회전판 방식에 대해 나타냈으며, 산수방식은 생략했다.

〈표 6.92〉 단독처리정화조의 용량

처리방식	산정부분의 명칭		유효용량계 a) 산정식
산수방식	부패실	다실형	$n < 5,\ V \geqq 1.5 + 0.1(n-5)$
		2실형	$V_1 \fallingdotseq 2/3V$
		3 또는 4실형	$V_1 \fallingdotseq 1/2V$
		변형 다실형	$n < 5,\ V \geqq 1.5$ $5 < n,\ V \geqq 1.5 + 0.1(n-5)$
	소화실		$V_D \fallingdotseq 3/4V$

【주】 a) V : 유효용량(m^3), V_1 : 제 1실의 유효용량(m^3)

V_D : 소화실의 유효용량(m^3), ≒ 대략치, n : 처리대상인원(인)

※ 최종의 실에 설치하는 예비여과장치의 쇄석층 또는 이것에 준하는 것의 체적은 유효용량의 1/10을 한도로 해 당해 유효용량에 산입할 수 있는 것으로 한다.

〈표 6.93〉 폭기조의 기준

처리방식	성능 (방류수 1ℓ의 BOD) (ppm)	처리대상인원 n (인)	유효용량		유효수심 (m)
			BOD 부하 (kg/m^3d)	Q 에 대해 (m^3)	
장시간 공기접촉방식	60 이하	101 ~ 2000	0.3 이하	2/3Q 이상	1.5 ~ 5 *1 (n > 500 2~5)
	30 이하	101 ~ 5000	0.2 이하 (n > 500 0.3 이하)	2/3Q 이상	1.5 ~ 5 (n > 500 2~5)
	20 이하	101 이상	0.2 이하 (n > 500 0.3 이하)	2/3Q 이상	2 ~ 5 (n > 500 2~5)
표준활성오니방식	30 이하 20 이하	5001 ~	0.6 이하	1/3Q 이상	3 ~ 5

【주】 a) Q : 일평균오수량(m^3/d)

b) 유효수심의 2~5m는 501인 이상의 경우

c) 용존산소 ≒ 1ppm

d) 오니 반송량을 용이하게 조정해 계량할 수 있는 장치를 설치한다.

e) 소포(消泡)장치를 설치한다.

*1 특수한 장치를 설치한 경우에는 5m를 초과할 수 있다.

〈표 6.94〉 공기접촉조의 기준

성능 방류수의 BOD (mg/ℓ)	처리방식	유효용량 (m^3)	BOD부하 (kg/m^3d)	유효수심 (m)
90 이하	분리공기접촉방식 혐기여상공기접촉방식 *1	$n \leqq 5$　$V = 1$ $6 \leqq n \leqq 10$　$V = 1 + 0.2(n-5)$ $11 \leqq n \leqq 50$　$V = 2 + 0.16(n-10)$ $V_1 \geqq 3/5V$	–	1.2 이상 (n>10일 때는 1.5 이상)
	탈질공기접촉방식 *2	$n \leqq 5$　$V = 1.5$ $6 \leqq n \leqq 10$　$V = 1.5 + 0.3(n-5)$ $11 \leqq n \leqq 50$　$V = 3 + 0.26(n-10)$ $V_1 \geqq 3/5V$	–	1.4 이상 (n>10일 때는 1.5 이상)
60 이하	공기접촉방식 *3	$V \geqq 2/5Q$ $V_1 \geqq 3/5V$	0.5 이하 0.8 이하	1.5~5
30 이하	공기접촉방식 *3	$V \geqq 2/3Q$ $V_1 \geqq 3/5V$	0.3 이하 0.5 이하	1.5~5
20 이하	공기접촉방식 *3	$V \geqq 2/3Q$ $V_1 \geqq 3/5V$	0.3 이하 0.5 이하	1.5~5
10 이하	공기접촉 · 여과방식 공기접촉 · 활성탄 흡착방식 *4	이류(移流)계획 오수량의 1/6 이상	–	1.5~5

【주】 a) Q : 일평균오수량(m^3/d)　b) n : 처리대상인원(인)
c) V_1 : 제1실의 유효용량(m^3)　d) 접촉재의 충진율 : 55%
e) 2실로 구분하는 경우의 유효수심은, 1실의 유효수심으로 한다.
*1 $V > 5.2$의 경우는 2실로 구분하고 직렬로 접속한다. 또 소포(消泡)장치를 설치한다.
*2 $n > 18$의 경우는 2실로 구분하고 직렬로 접속한다. 또 소포장치를 설치한다.
*3 2실 이상으로 구분하고 소포장치를 설치한다. 용존산소 ≒ 1mg/ℓ 이상으로 한다.
*4 소포장치를 설치한다. 용존산소 ≒ 1mg/ℓ 이상으로 한다.

〈표 6.95〉 회전판접촉조의 기준

성능 방류수의 BOD(mg/ℓ)	조의 유효용량 Q에 대해(m^3)	회전판 BOD 부하(g/m^2d)	유량조정조의 유무
60 이하	1/4Q 이상	12 이하	없음
	1/6Q 이상		있음
30 이하	1/4Q 이상	5 이하	없음
	1/6Q 이상		있음
20 이하	1/4Q 이상	5 이하	없음
	1/6Q 이상		있음

【주】 a) Q : 일평균오수량(m^3/일)
b) 3실 이상으로 구분
c) 회전판 표면적의 대략 40%가 오수에 접촉할 것
d) 회전판 상호의 간격은 20mm 이상으로 할 것
e) 회전판의 원주속도는 20m/분 이하
f) 접촉조벽 · 접촉조 바닥과 회전판과의 간격은 회전판 지름의 대략 10%로 한다.

〈표 6.96〉 침전조의 기준

<table>
<tr><th>처리방식</th><th>유효용량
(m^3)</th><th>수면적부하
(m^3/m^2d)</th><th>월류부하
(m^3/md)</th><th>유량
조정조</th><th>오니반송
능력(%)</th><th>유효수심
(m)</th></tr>
<tr><td>분리공기접촉방식
혐기공기접촉방식

탈질공기접촉방식</td><td>$n \leqq 5$
$V = 0.3$*1
$6 \leqq n \leqq 10$
$V = 0.3 + 0.8(n - 5)$
$11 \leqq n \leqq 50$
$V = 0.7 + 0.046(n - 10)$</td><td>$V > 1.5$
인 경우
8 이하</td><td>20 이하</td><td>–</td><td>–</td><td>1 이상</td></tr>
<tr><td>회전판 접촉방식</td><td>1/6Q</td><td>8 이하</td><td>30 이하</td><td>없음</td><td rowspan="3">없음</td><td rowspan="3">$n \leqq 100$
1 이상
$101 \leqq n \leqq 500$
1.5 이상
$501 \leqq n$
2 이상</td></tr>
<tr><td>공기접촉방식</td><td>1/8Q</td><td>12 이하</td><td>45 이하</td><td>있음</td></tr>
<tr><td>산수방식</td><td>$n \leqq 90$인 경우
$V = 2.3 + (15q - 2.3)$
$(n - 50)/40$</td><td>$n > 500$
15 이하</td><td>($n > 500$
50 이하)</td><td>–</td></tr>
<tr><td>장시간 공기접촉방식
초화액 순환활성오니방식</td><td>1/6Q 이상</td><td>8 이하
($n > 500$
15 이하)</td><td>30 이하
($n > 500$
50 이하)</td><td>–</td><td>200%</td><td>1.5 이상
($501 \leqq n$
2 이상)</td></tr>
<tr><td>표준활성오니방식</td><td>1/8Q 이상</td><td>18 이하</td><td>30 이하
($n > 500$
50 이하)</td><td>–</td><td>100%</td><td>1.5 이상
($501 \leqq n$
2 이상)</td></tr>
<tr><td>공기접촉 · 여과방식
공기접촉 · 활성탄흡착방식</td><td>이류계획 오수량의
1/8 이상</td><td>30 이하</td><td>50 이하</td><td>–</td><td>–</td><td>1.5 이상
($501 \leqq n$
2 이상)</td></tr>
</table>

【주】 a) Q : 일평균오수량(m^3/d) b) q : 1인당 일평균오수량(m^3)

c) n : 처리대상인원(인)

d) 침전조의 바닥부가 호퍼형인 경우에는 당해 조의 평면 형상을 원형 또는 정다각형(정삼각형을 제외한다)으로 할 것

e) 조의 바닥부가 호퍼형인 경우에는 호퍼부의 높이 1/2에 상당하는 길이를 해당 유효수심에 포함되지 않는 것으로 한다.

f) 호퍼는 구배를 수평면에 대해 60도 이상으로 하고 바닥부를 오니를 유효하게 뽑을 수 있도록 할 것

g) 부상물이 발생할 우려가 있는 것에는 부상물을 제거할 수 있는 장치를 설치할 것

*1 $V \leqq 1.5$인 경우는 침전조의 바닥부에 슬롯을 설치하고, $V > 1.5$의 경우는 바닥부를 호퍼형으로 한다. 부상물의 유출을 방지할 수 있는 구조로 한다.

(5) 설계 예

【예제 6.26】 60호의 공동주택에서 각호가 80m²로 거실이 3개씩 있을 경우, 이 건물의 정화조를 계획하시오? 단, 방류수질은 BOD 30ppm으로 한다.

풀이 처리대상 인원은 〈표 6.89〉의 공동주택에서 1호당 $n = 0.05 \times 80 = 4.0$인이므로

$$4\text{인} \times 60\text{호} = 240\text{인}$$

방류수질 BOD 30ppm에서 〈표 6.87〉의 구조기준 제3의 합병처리법을 사용하고 〈표 6.88〉에서 장시간폭기방식이 200인~5,000인에 적응하므로, 이것을 이용하기로 한다.

이 경우 〈표 6.93〉에서 구조를 구할 수 있다. 즉 유입하는 BOD량은 〈표 6.90〉에서 부하량원단위가 40g/인 · d이므로 최종 가정 하수는 1인당 1일에 40g이다. 총량은 40×240 = 9,600g/d

또 〈표 6.91〉에서 오수원수량 Q_O (m³/d)는 200ℓ/인 · d이므로

$$Q_O = 200\ell \times 240 = 48{,}000\ell/d = 48m^3/d$$

즉 폭기조의 용적은 〈표 6.93〉의 30ppm에서 $2/3Q_O$ 이상(32m³)이며, 〈그림 6.41〉과 같은 치수의 정화조를 설계하면 공기접촉탱크는

$$(너비)\ 4.6 \times (길이)\ 3.4 \times (깊이)\ 3.5 = 53.176m^3$$

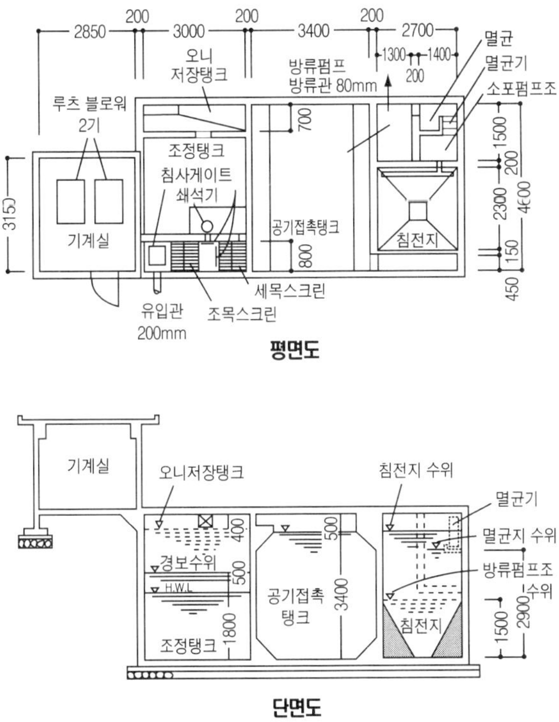

용량표			
침사지	0.192m³	소포펌프조	0.726m³
조정탱크	20.52m³	멸균지	0.825m³
공기접촉탱크	49.77m³	방류펌프조	2.39m³
침전지	9.73m³	오니저유탱크	6.3m³

〈그림 6.41〉 240인용 장시간 공기접촉식 정화조

그림과 같은 구석이 잘린 부분을 제외하고 유효수량을 93.5%로 하여

$$53.176 \times 0.935 = 49.77\text{m}^3 > 32\text{m}^3$$

로 되고 2/3Qo 이상이 되어 OK

BOD부하도

$$9{,}600\text{g} \div 49.77 = 193\text{g/m}^3 < 0.2\text{kg/m}^3$$

이므로 OK

침전조에 대해서는 〈표 6.96〉에서 1/6Q 이상에서 8m^3 이상 이면 된다. 그림의 치수로는

$$(\text{너비})\ 2.3 \times (\text{길이})\ 2.7 \times (\text{깊이})\ 3.4 = 21.1\text{m}^3$$

이며, 아래의 구석이 잘린 부분을 제외하더라도 충분히 8m^3 이상 있으므로 OK,

수면적부하는 $48 \div (2.3 \times 2.7) = 7.8 < 8$

월류부하 $48 \div 2.7 = 17.8 < 30$

유량조정 탱크는 일반적으로 1/6 ~ 1/4Q_0 를 잡으며, 1/4Q_0 로 하면 12m^{3}가 된다. 그림의 치수에서

$$(4.6-1.5) \times 3.0 \times (1.8+0.5) = 21.39\text{m}^3$$

로 되어 OK

공기접촉조의 공기접촉용 공기압축기의 공기량 Q_a 는 원수량의 30~50배로 잡는다. 30은 수심 4m 이상, 50은 수심 3m 전후에 상당한다. 여기서는 50배를 잡아

$$Q_a = 48 \times 50 = 2{,}400\text{m}^3/\text{d} = 100\text{m}^3/\text{h} = 1.7\text{m}^3/\text{min}$$

즉 공기압축기로는 풍량 2m^3/min, 압력 3,500mm 수주의 메인 블로워를 선정한다.

6 · 4 · 3 배수의 재이용(중수도설비) (문헌 649) (문헌 650) (문헌 651)

(1) 중수도의 용도와 수질

최근 수질원의 보호와 공공하수도의 용량부족으로 도쿄도(東京都)에서는 배수 재이용시설의 예가 증가하고 있다. 배수를 재처리해서 이 처리수를 급수에 사용하는 경우를 중수도라고 한다.

중수도는 그 수질의 점에서 변기세정, 살수 및 냉각탑의 보급수로 사용된다. 중수도의 요구수질을 〈표 6.97〉에 나타낸다. 냉각탑의 보급수는 동관 등의 부식방지 때문에 방식제의 주입이 필요하게 된다.

(2) 중수도의 원수

중수도의 원수로는 잡배수 및 냉각탑의 블로우수가 사용되는 경우가 많다. 이것은 〈표 6.98〉과 같

〈표 6.97〉 중수의 요구수질 (제안치) (문헌 652)

항목 \ 용도		변기 세정용수	냉각탑 보급수
1. pH	(−)	5.8~8.6	6.0~8.0
2. BODp	(mg/ℓ)	20 이하	5 이하
3. COD	(mg/ℓ)	30 이하	10 이하
4. 탁도		10 이하	5 이하
5. SS		10 이하	5
6. ABS		1 이하	0.5 이하
7. 대장균군수	(mg/ℓ)	10 이하	검출되지 않을 것
8. 잔류염소	(mg/ℓ)	0.2 이하	0.2~1.0
9. 증발잔류물	(mg/ℓ)	800 이하	※ 400 이하
10. 칼슘경도	(mg/ℓ)	200 이하	※ 60 이하
11. M알카리도 + 칼슘경도	(mg/ℓ)	250 이하	※ 120 이하
12. 실리카	(mg/ℓ)	120 이하	※ 40 이하
13. 염소이온 + 황산이온	(mg/ℓ)	200 이하	※ 120 이하

【주】 공조보급수는 냉각순환수의 약품처리(방식제, Sludge control 제)를 전제로 한다.
※는 4배 농축운전에 적용하는 수치이다.

〈표 6.98〉 원수의 수질 (문헌 652)

항목 \ 배수명		① 양질잡배수	② 잡배수 + 주방배수	① + ② 잡배수 + 오수
1. pH	(mg/ℓ)	7.2~8	5.6~7.6	7.6~8.7
2. BOD	(mg/ℓ)	100	300	300
3. COD	(mg/ℓ)	80	200	200
4. SS	(mg/ℓ)	100	250	250
5. ABS	(최대 mg/ℓ)	11	30	9
6. 노멀헥산추출물질	(mg/ℓ)	5	20	−
7. 전고형분	(mg/ℓ)	220	600	850
8. 전경도	(mg/ℓ)	−	70	70
9. NH_3	− N(mg/ℓ)	−	−	90

이 오수를 혼합하면 BOD, SS 모두 증대하여 장치의 처리부하가 커지기 때문이다.

(3) 중수도의 처리프로세스

〈표 6.99〉와 같이 생물법, 화학법, 여과막법의 3가지 방법이 있는데, 생물법이 가장 일반적이며 코스트도 싸지만, 최근에는 건물내의 예로는 스페이스 등의 점에서 여과막법이 점차 늘고 있으며, 화학법은 그 사용예가 적다.

이 3종의 처리방법의 대표적인 프로세스를 〈그림 6.42〉에 나타낸다.

〈표 6.99〉 중수처리의 각법 특성비교 (문헌 652)

항목 \ 방식	A 생물법	B 화학법	C 여과막법
1. 회전율	90% 이상	90% 이상	70~80% 이상
2. 적용 원수	잡배수, 주방, 오수	잡배수	잡배수 (UF) ※주방, 오수 (RO)
3. 적합한 재이용선	잡배수 → 변기, 공조, 주방 오수 → 변기	변기, 공조	변기, 공조
4. 부하변동	약하다	약간 강하다	강하다
5. 간헐운전	부적합	약간 적합	적합
6. 슬러지 처리	필요	필요	불필요
7. 장치의 밀폐성	밀폐성이 불충분	밀폐성이 약간 불충분	밀폐성 우수
8. 냄새의 발생	많다	약간 적다	적다
9. 운전관리	약간 복잡	약간 쉽다	용이
10. 장치의 점유면적	최대	중	최소

【주】 여과막법에서 원수에 주방, 오수의 혼입이 있을 경우이며 UF를 사용할 경우에는 생물법과의 조합이 채택되는 예도 있다.

생물법은 그림의 (A)와 같이 6 · 4 · 1에서 설명한 활성오니법에 3차 처리로 급속여과를 더한 것이다. 여과막법으로는 한외막여과(UF)와 역침투막여과(RO)가 있으며 이 양자의 차는 〈표 6.100〉에 나타낸 바와 같이 UF에는 탈염능력*이 없지만 조작압력이 낮고 또 처리능력이 크다. 일반적으로 UF가 사용되고 있는데, 오수 또는 주방 배수가 포함된 원수에는 RO가 적합하다.

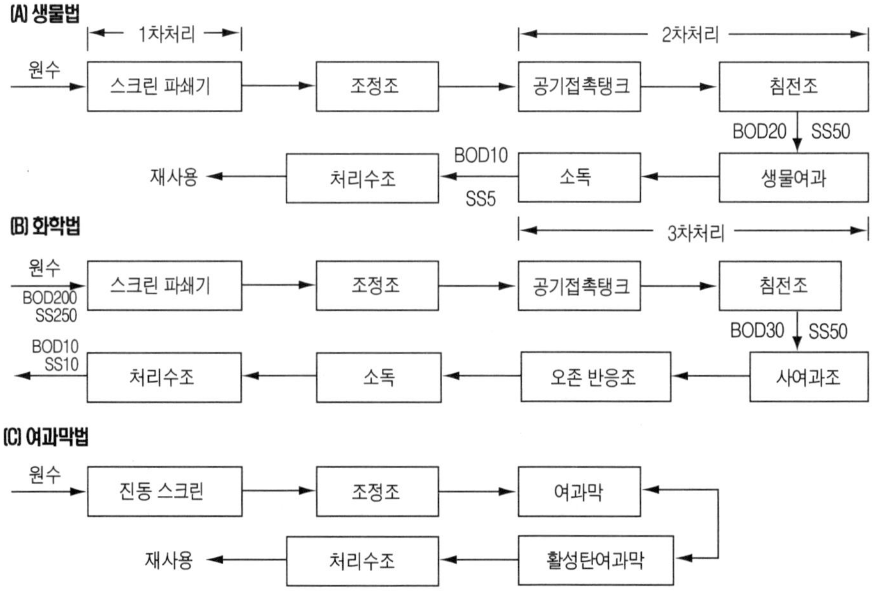

〈그림 6.42〉 중수도의 처리 프로세스

【주】 * 이 경우 염이란 인, 염소, 질소 등의 무기물질 이온을 말한다.

〈표 6.100〉 한외막과 역침투막의 비교 (문헌 652)

	역침투막 (RO)	한외막 (UF)
막재질	초산 셀룰로즈	유기합성
조작압력(kg/cm²)	28	4~8
사용온도(℃)	MAX 35	MAX 40
pH 범위	4~7	3~12
탈염률(%)	30~97	100
회수율(%)	50~70	50~80
처리수질	RO > UF	
막투과수량(m³/m²)	RO < UF	
처리수 코스트	RO > UF	

(4) 중수도장치의 설계

① 중수도장치를 사용할 때는 급수계통을 음료수 계통과 잡용수 계통으로 분리하여 중수도는 잡용수로 사용한다. 이 사용비율은 〈표 6.26〉에 나타낸다.

잡용수로 중수도를 사용할 때에는 특히 음료수와 섞이지 않도록 주의한다. 즉 중수도의 수에는 착색하고 준공후에 음료수와의 교차배관을 피하기 위해 배관의 보온외피 위에 색밴드로 중수라는 것을 명시하고, 급수전을 사용할 때에는 그 곳에 중수라는 것을 표시하는 주의문을 게시한다.

중수도 계통은 모두 방식재료를 사용한다. 이 때문에 배관에는 염화비닐 라이닝강관이 적당하다. 동관을 사용할 경우에는 방식제를 주입하여 수질을 콘트롤하는 것이 필요하다.

② 중수도의 처리설비의 선정과 설계는 전문업자에게 위탁하는 경우가 많다. 중수도의 원수를 잡배수만으로 하면 설비비, 운전비 모두가 유리해지지만 수량이 적어지므로 이것에 주방 배수 또는 오수를 더하는 것은 경제적 조건이나 기계실의 소요 스페이스 등도 고려해서 판단해야 한다.

(c) 중수도의 원가를 〈표 6.101〉에 나타낸다. 이것은 처리설비에 대한 고정비와 운전비의 합계이며, 위에서 설명한 급수계통을 2계통으로 분리하기 위한 증액비는 포함되지 않는다. 표에 나타낸 것 같이 중수 코스트는 상수도 코스트에 비해 2~4배가 되며 특히 장치가 작을수록 고액이 되는 것을 알 수 있다.

〈표 6.101〉 중수 코스트

중수의 공급량(m³/d)	50	100	200	300
위의 공급량에 상당하는 오피스빌딩의 개략 연면적(m²)	10,000	20,000	40,000	60,000
중수 코스트(¥/m³)	870	700	570	510

【주】 공공하수도의 어떤 지역에 설치된 경우의 코스트이며, 2차 처리, 3차 처리 설비의 고정비도 포함한다.

6 · 5 소화설비

소방법, 동시행령(법령), 동시행규칙(규칙)의 거듭된 개정에 따라 소화설비 규제는 점점 더 엄격해지고 있다. 본절에서는 이 법규(2001년 현재)에 대한 간단한 소개와 그 대용법에 대해 기술한다. 이 법규의 소개는 어디까지나 발췌한 것으로 실제 설계시에는 상기 법규를 참조하고 또 불명확한 점은 관할 소방서에 문의하는 것이 필요하다.

〈표 6.102〉 옥내소화전의 적용기준(법령 11조)(연면적 m^2가 아래표 이상인 경우에는 필요)

방화대상물의 구분	일반	지하층, 무창층 또는 4층 이상
(1) 극장, 영화관, 연예장, 관람장, 공회당 또는 집회장	500	100
(2) 카바레, 카페, 나이트클럽, 유기장 또는 댄스홀 (3) 대합실, 요리점, 음식점 (4) 백화점, 슈퍼마켓 기타 물품판매업을 영위하는 점포 또는 전시장 (5) 여관, 호텔, 기숙사, 하숙 또는 공동주택 (6) 병원, 진료소, 조산소, 노인복지시설, 유치원 *1 (7) 초등학교, 중학교, 고교, 대학 (8) 도서관, 박물관, 미술관 (9) 증기사우나, 찜질방 (10) 정차장, 선박 또는 항공기의 발착장	700	150
(11) 절, 교회, 사원	1,000	200
(12) 공장, 작업장, 영화 · TV 스튜디오	700	150
(14) 창고	700	150
(15) 전 각항에 해당하지 않는 사업장	1,000	200
(16의 2) 지하거리	450	–

【주】 * ※지정가연물(가연성 액체류에 관계된 것을 제외)을 위험물 규제에 관한 정령 별표 제4에 정해진 수량의 750배 이상 저장하고 또 취급하는 건축물

* 1 노인복지시설, 유료노인홈 등 신체상 또는 정신상의 이유에 의해 스스로 피난하는 것이 곤란한 자가 입소하는 관계법령에 정해진 방화대상물에 대해서는 1,000m^2

주요구조부	벽 · 천장의 마감(실내측)	상기표 수치의 3배
내화구조	난연재료	상기표 수치의 2배
내화구조	–	
준내화구조	난연재료	
준내화구조와 동등의 준내화성을 가지며 정령에 정해진 기술기준에 적합한 것	난연재료	

6·5·1 설치기준

법령에 의한 설치기준의 개략을 〈표 6.103〉~〈표 6.106〉에 나타낸다. 본표에는 위험물 저장에 관한 항목과 소화기 항목은 생략했으므로 이것에 관해서는 정령 및 법규를 참조하기 바란다.

〈표 6.103〉 스프링클러의 적용기준(소방법 시행령 12조)(연면적 m^2이 아래표 이상인 경우에는 필요)

<table>
<tr><th>방화대상물의 예</th><th>일반
(단층집 이외)</th><th>지하층
·무창층</th><th>4층 이상,
10층 이하</th><th>11층 이상</th></tr>
<tr><td>(1) 극장, 영화관, 연예장, 관람장, 공회당 또는 집회장 *1</td><td>6,000</td><td rowspan="9">1,000</td><td>1,500</td><td rowspan="13">전부 *8</td></tr>
<tr><td>(2) 캬바레, 카페, 나이트클럽, 유기장 또는 댄스홀</td><td>6,000</td><td>1,000</td></tr>
<tr><td>(3) 대합실, 요리점, 음식점</td><td>6,000</td><td>1,500</td></tr>
<tr><td>(4) 백화점, 슈퍼마켓 기타 물품판매업을 영위하는 점포 또는 전시장</td><td>6,000</td><td>1,000</td></tr>
<tr><td>(5) 여관, 호텔 또는 숙박업소</td><td>6,000</td><td>1,500</td></tr>
<tr><td>(6) ① 병원, 진료소 또는 조산소</td><td>6,000 *3</td><td>1,500</td></tr>
<tr><td>② 노인복지시설, 유료노인홈, 노인보건시설, 교호시설 등</td><td>6,000 *2</td><td>1,500</td></tr>
<tr><td>③ 유치원, 맹인학교 또는 양호학교</td><td>6,000</td><td>1,500</td></tr>
<tr><td>(9) ① 공중목욕탕의 내부, 증기사우나, 찜질방 등</td><td>6,000</td><td>1,500</td></tr>
<tr><td>(14) 창고</td><td>*4</td><td>–</td><td>1,500</td></tr>
<tr><td>(16) ① 복합용도 방화대상물의 내부, 그 일부가 (1)항에서 (4)항까지, (5)항 ①, (6)항 또는 (9)항 ①에 걸친 용도로 공급되고 있는 것</td><td>*6</td><td>*7</td><td>*7</td></tr>
<tr><td>(16의 2) 지하가</td><td>6,000</td><td>–</td><td>–</td></tr>
<tr><td>(16의 3) 건축물 지하층에 연속해 지하도에 면해 설치된 것</td><td>*5</td><td>–</td><td>–</td></tr>
</table>

【주】 *1 무대부의 바닥면적이 지하층, 무창층 또는 4층 이상의 층에 있는 경우는 300m^2, 기타 층인 경우는 500m^2 이상

*2 신체상 또는 정신상의 이유에 의해 스스로 피난하는 것이 곤란한 사람이 입소하는 경우는 관계법령에 정해진 것은 1,000m^2 이상

*3 병원은 3,000m^2 이상

*4 천장 높이가 10m 를 넘으면서 동시에 연면적이 700m^2 이상인 트랙식 창고

*5 연면적이 1,000m^2 이상이면서 (1)항에서 (4)항까지, (5)①, (6)항 또는 (9)항① 에 걸친 용도로 공급되는 부분의 바닥면적 합계가 500m^2 이상인 경우.

*6 (1)항에서 (4)항까지, (5)항 ①, (6)항 또는 (9)항 ①에 걸친 용도로 공급되는 부분의 바닥면적의 합계가 3,000m^2 이상인 경우의 층 내부, 해당부분이 존재하는 층

*7 (1) 항에서 (4)항까지, (5)항 ①, (6)항 또는 (9)항 ①에 걸친 용도로 공급되는 부분이 존재하는 층으로 해당부분의 바닥면적이 지하층 또는 무창층에 있어서는 1,000m^2 이상, 4층 이상 10층 이하의 층에 있어서는 1,500m^2 ((2)항 또는 (4)항의 용도로 공급되는 부분이 존재하는 층에 있어서는 1,000m^2) 이상의 경우

*8 관계법령에 정해진 부분을 제외

※ 기타, 지정가연물(가연성 액체류에 관계된 것을 제외)을 위험물 규제에 관한 법령 별표 제4에 정해진 수량의 1,000배 이상 저장하고 또는 취급하는 경우

〈표 6.104〉 스프링클러의 적용 제외 규정(소방법 시행규칙 13조)

① 내화구조의 벽 및 바닥에 구획된 부분으로 이하에 해당하는 것

ㄱ : 벽 및 천장의 실내에 면한 부분(툇마루, 창대 등의 부분을 제외)의 마감을 지상으로 통하는 주복도 등의 통로에는 준불연재료로, 기타 부분에 있어서는 난연재료로 할 것

ㄴ : 구획하는 벽 및 바닥의 개구부 면적의 합계가 8㎡ 이하인 동시에 1개의 개구부 면적이 4㎡ 이하

ㄷ : ㄴ의 개구부에는 특정방화설비인 방화호*2로, 수시로 열 수 있는 자동 폐쇄장치식일 것, 또는 *3의 구조의 것 또는 철제망 첨가 유리첨가문*4을 설치한 경우일 것

ㄹ : 바닥면적이 방화대상물인 10층 이하의 층에서는 200㎡ 이하, 11층 이상의 층에 있어서는 100㎡ 이하일 것

② 내화구조물의 벽 및 바닥으로 구획된 복도로 ①의 ㄱ 및 ㄷ에 해당할 것

③ 계단*5, 욕실, 변소 등

④ 통신기기실, 전자계산기실, 전자현미경실 등

⑤ 엘리베이터 기계실, 기계환기설비의 기계실 등

⑥ 발전기, 변압기 등의 전기설비가 설치되어 있는 장소

⑦ 엘리베이터 승강로, 리넨슈트, 파이프 덕트 등

⑧ 직접 외기에 개방되어 있는 복도 기타 외부의 기류가 유통하는 장소

⑨ 수술실, 분만실, 내시경검사실, 인공투석실, 마취실, 중증환자집중치료간호실 등

⑩ 렌트겐 등 방사선원을 사용하고 저장하고 또는 파기하는 실

⑪ *6에 나타낸 부분에 스프링클러 헤드의 설치면(스프링클러 헤드를 설치한 천장 실내에 면한 부분 또는 상층의 바닥 또는 지붕의 아래면)의 높이가 8m 이상인 장소

⑫ *7에 나타낸 부분 중 승강장 및 이것에 통하는 계단 및 통로

⑬ 부록 2의 (16의 3)에 걸친 방화대상물의 지하도로, 통행용으로 제공된 부분

⑭ *8에 나타낸 부분 이외의 부분과 내화구조의 벽 및 바닥으로 구획된 부분으로 이하에 해당하는 것

⑮ *9에 나타낸 부분 이외의 부분과 내화구조의 벽 및 바닥으로 구획된 부분으로 이하에 해당하는 것

ㄱ : 구획하는 벽 및 바닥의 개구부 면적의 합계가 8㎡ 이하이면서 1개의 개구부 면적이 4㎡ 이하

ㄴ : ㄱ의 개구부에는 ① ㄷ에 나타낸 특정방화설비인 방화호를 설치한 경우일 것

【주】 ①, ②에 대해서는 주요구조부를 내화구조로 한 방화대상물*1의 층(지하층 및 무창층을 제외)부분

*1 (2), (4) 및 (5) ㄴ, (16)의 방화대상물로 (2), (4) 및 (5) ㄴ의 용도로 제공된 부분이 존재하는 층을 제외

*2 복도와 계단을 구획한 부분 이외의 개구부에 있어서는 방화 셔터를 제외

*3 (1) 수시로 폐쇄할 수 있는 동시에 연기감지기의 동작과 연동해 폐쇄하는 것

(2) 거실에서 지상으로 통하는 주복도, 계단 기타 통로에 설치한 것에서는 직접 손으로 열 수 있는 동시에 자동적으로 폐쇄하는 부분을 가지고 그 부분의 폭, 높이 및 하단 바닥면에서의 높이가 각각 75cm 이상, 1.8m 이상 및 15cm 이내일 것

*4 2 이상의 다른 경로에 의해 피난할 수 있는 부분의 출입구 이외의 개구부로 직접 외기에 개방되어 있는 복도, 계단 기타의 통로에 면하고 동시에 그 면적의 합계가 4 이내의 것에 한정한다.

*5 (2) 및 (4)항, (16)항 ㄱ 중 일부가 (1)~(4), (5) ㄱ, (6), (9) ㄱ의 용도로 공급되고 있는 것, (16의 2)항의 방화대상물 중 (2) 및 (4)의 용도로 공급된 부분에 설치된 것에 있어서는 건축기준법시행령 123조에 규정하는 피난계단 또는 특별피난계단에 한정한다.

*6 부록 2의 (1), (16) ㄱ, (16의 3)항 나타낸 방화대상물 중 (1)의 용도로 공급된 부분(고정식 의자를 설치한 부분으로 한정한다)

*7 (16)ㄱ항 중 정류장, 선박 또는 항공기 발착장의 용도로 공급된 부분

*8 주요구조부를 내화구조로 한 (16) ㄱ(지층을 제외하고 층수가 11 이상의 것을 제외)의 층(지하층 및 무창층을 제외)으로 (7), (8), (9) ㄴ, (10)~(15)항의 용도로 공급된 부분 중 이들 용도로 공급된 부분

〈표 6.105〉 특수소화설비의 적용 기준 (법령 13조)

방화대상물		수분무	포소화	이산화탄소	할로겐화합물	분말
비행기 및 헬리콥터 격납고			○			○
옥상 헬리포트			○			○
도로	옥상부분 600㎡ 이상	○	○	○		○
	상기 이외 400㎡ 이상	○	○	○		○
자동차 수리공장	지하층 · 2층 이상 200㎡ 이상		○	○	○	○
	1층 500㎡ 이상		○	○	○	○
주차장 *1	지하층 · 2층 이상 200㎡ 이상	○	○	○	○	○
	1층 500㎡ 이상	○	○	○	○	○
	옥상 부분 300㎡ 이상	○	○	○	○	○
	승강기 등 기계장치에 의한 주차장으로 수용대수가 10대 이상	○	○	○	○	○
전기실(발전기실, 변압기실 등) 200㎡ 이상				○	○	○
보일러실, 건조실 200㎡ 이상				○	○	○
통신기계실 500㎡ 이상				○	○	○
지정가연물을 위험물의 규제에 관한 정령 별표 제4에서 정한 수량의 1,000배 이상 저장하고 취급하는 경우	면화류, 목모 및 넝마, 휴지(동식물유가 스며들어 있지 않은 것), 실류, 짚류 또는 합성수지류 등	○	○	○ (전역방출 방식)		
	넝마 및 휴지(동식물유가 스며들어 있는 것), 석탄, 목탄류 등	○	○			
	가연성 고체류, 가연성 액체류 또는 합성수지류 등	○	○	○	○	○
	목재가공품 및 폐목재 등	○	○	○ (전역방출 방식)	○ (전역방출 방식)	○

【주】 *1 옥상부분을 포함하며 주차하는 모든 차량이 동시에 옥외로 나와 있는 구조의 층을 제외

※ 상기표에 있는 지정가연물(가연성액체류에 관련된 것을 제외)을 저장하고 또는 취급하는 건축물 등에 스프링클러 설비를 소방법 시행령 12조에 정한 기술상의 기준에 따르고 또는 당해 기술상의 기준 예에 의해 설치했을 때는 당해설비의 유효범위내의 부분에 대해서 상기표에 있는 소화설비를 설치하지 않을 수 있다.

〈표 6.106〉 옥외소화전 등의 설치기준

	적용범위
옥외소화전 (소방법 시행령 19조)	(1) *1에 나타낸 건축물로 바닥면적(지하층을 제외하고 층수가 1의 경우는 1층의 바닥면적, 2 이상의 경우는 1층 및 2층의 바닥면적 합계)이 내화 건축물에 있어서는 9,000m² 이상, 준내화건축물에 있어서는 6,000m² 이상, 기타의 것에 있어서는 3,000m² 이상인 것 (2) 동일 부지내에 있는 2 이상의 *1에 나타낸 건축물(내화 · 준내화 건축물을 제외)로 해당 건축물 상호의 1층 외벽의 중심선에서 수평거리가 1층에 있어서는 3m 이하, 2층에 있어서는 5m 이하인 부분은 (1)의 규정 적용에 대해서 1의 건축물로 간주한다.
연결살수설비 (소방법 시행령 28조의 2) (소방법 시행규칙 30조의 2)	(1) *2에 나타낸 건축물로 지하층의 바닥면적의 합계((16의 2)항에 있어서는 연면적)가 700m² 이상인 것 (2) (1)의 방화대상물에 송수구를 부설한 스프링클러설비, 수분무소화설비, 포소화설비, 이산화탄소소화설비, 할로겐화물소화설비 또는 분말소화설비를 소방법시행령 12~18조의 기술상 기준에 따라 또는 해당 기술상의 기준 예에 의해 설치했을 때는 해당 설비의 유효범위내의 부분에 있어서 연결살수전 설비를 설치하지 않을 수 있다. (3) 소방법시행령 13조의 기술상 기준에 따라 또는 당해 기술상의 기준 예에 의해 설치했을 때는 소화활동상 지장이 없는 경우로 관계법령에 정해진 방화대상물의 부분에는 연결살수전설비를 설치하지 않을 수 있다.
연결송수관 (소방법시행령 29조)	(1) *3에 나타낸 건축물로 지하층을 제외한 층수가 7 이상인 것 (2) 지층을 제외한 층수가 5 이상의 *3에 나타낸 건축물로, 연면적이 6,000m² 이상인 것 (3) 지하가로 연면적이 1,000m² 이상인 것 (4) 연장 50m 이상의 아케이드 (5) *3에 나타낸 건축물로 도로용으로 제공된 부분을 가지고 있는 것

【주】 *1 부록 2 소방법 시행령 별표에 나타낸 것 중 (1)항 ~(15)항, (17)항 및 (18)항
*2 부록 2 소방법 시행령 별표에 나타낸 것 중 (1)항 ~(15)항, (16의 2)항 및 (17)항
*3 부록 2 소방법 시행령 별표에 나타낸 방화대상물

6 · 5 · 2 옥내소화전 (정령 11조, 규칙 12조)

옥내소화전의 기술기준에 관한 규제를 〈표 6.107〉에 나타낸다. 성능기준에 의해 1호 소화전과 2호 소화전이 있으며 1호 소화전은 노즐 선단에서 최저방수압력 1.7kgf/m² 이상, 최소방수량 130ℓ/mm 이상, 2호 소화전은 최저방수압력 2.5kgf/m² 이상, 최소방수량 60ℓ/mm 이상이다.

호수 끝의 압력을 17m로 하기 위한 펌프의 전양정 H(m)는

$$H = h_1 + h_2 + h_3 + 17 \quad \cdots\cdots\cdots (6.25)$$

여기서, h_1 = 소방호스의 저항(m) (〈표 6.108〉)

h_2 = 배관저항 (m)

h_3 = 압상 높이(m)

〈그림 6.43〉은 연결송수관을 비치한 경우의 옥내소화전 계통도를 나타낸다. 단 펌프에는 〈표 6.107〉의 (5)항에 있는 것 같은 비상전원설비를 설치한다.

소화전함에는 40A(또는 50A)의 호스 15m인 것 2개와 노즐 40A(또는 50A)를 설비하고, 이것들

과 소화전 밸브 40A(또는 50A)를 접속한다. 소화전함 상부에 누름 버튼을 달고 이것을 소화펌프의 기동과 화재경보기로의 발신에 사용한다.

〈표 6.107〉 옥내소화전 기술기준(소방법 시행령 제11조, 소방법 시행규칙 제12조)

	1호 소화전 *1에 나타낸 방화대상물	2호 소화전 *1 이외의 방화대상물
(1)	옥내소화전은 방화대상물 층마다 그 층의 각 부분에서 1의 호스 접속구까지 수평거리가 25m 이하가 되도록 설치할 것	옥내소화전은 방화대상물 층마다 그 층의 각 부분에서 1의 호스 접속구까지 수평거리가 15m 이하가 되도록 설치할 것
(2)	수원은 그 수량이 옥내소화전의 설치 개수가 가장 많은 층에 있어서 해당 설치 개수(해당 설치 개수가 2를 넘을 때는 2로 한다)에 2.6m³을 곱해 얻은 양 이상의 양이 되도록 설치할 것	수원은 그 수량이 옥내소화전의 설치 개수가 가장 많은 층에 있어서 해당 설치 개수(해당 설치 개수가 2를 넘을 때는 2로 한다)에 1.2m³을 곱해 얻은 양 이상의 양이 되도록 설치할 것
(3)	옥내소화전설비는 어느 층에 있더라도 해당 층의 모든 옥내소화전(설치개수가 2를 넘을 때는 2개의 옥내소화전으로 한다)을 동시에 사용했을 경우에 각각의 노즐 선단에 있어서, 방수압력이 0.17MPa 이상인 동시에 방수량이 130ℓ/분 이상의 성능인 것으로 할 것	옥내소화전설비는 어느 층에 있더라도 해당 층의 모든 옥내소화전(설치개수가 2를 넘을 때는 2개의 옥내소화전으로 한다)을 동시에 사용했을 경우에 각각의 노즐 선단에 있어서, 방수압력이 0.25MPa 이상이며 동시에 방수량이 60ℓ/분 이상의 성능인 것으로 할 것
(4)	수원에 연결하는 가압송수장치는 점검이 편리한 동시에 화재 등의 재해로 인한 피해를 적게 받는 곳에 설치할 것	
(5)	옥내소화전설비에는 비상전원을 부설할 것	

【주】 *1 부록 2 소방법 시행령 별표에 나타낸 것 중 (2)항~(10)항, (12)항 및 (14)항의 방화대상물로 연면적이 700m² 이상인 것
상기 이외의 방화대상물의 지층, 무창층 또는 4층 이상의 층으로 (1)항은 100m² 이상, (2)~(10), (12) 및 (14)는 150m² 이상, (11)항 및 (15)항은 200m² 이상인 것
기타 지정가연물(가연성액체류에 관계되는 것은 제외)을 위험물 규제에 관한 법령 별표 제4에 정해진 수량의 750배 이상 저장하고 또는 취급하는 건축물

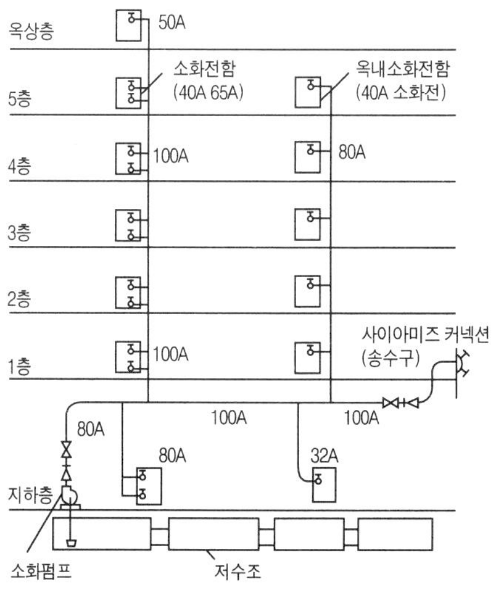

〈그림 6.43〉 옥내소화전 계통도

〈표 6.108〉 100m당 호스의 저항(m) (도쿄소방청)

호스구경 (mm)	40	50	65
유량 = 130ℓ/min 350ℓ/min	26(12) –	7(3) –	– 10(4)
( )가 없는 숫자는 포(布)호스, ( )안의 숫자는 고무내장 호스의 저항			

〈표 6.109〉 옥내소화전용 펌프와 수조의 수량

		소화전의 설치개수가 가장 많은 층에 있어서 해당 설치개수	
		1	2 이상(2를 넣는 경우)
＊1	펌프의 토출량(ℓ/분)	150 이상	300 이상
	수량(m^3)	2.6 이상	5.2 이상
＊1 이외	펌프의 토출량(ℓ/분)	70 이상	140 이상
	수량(m^3)	1.2 이상	2.4 이상

【주】 ＊1 부록 2 소방법 시행령 별표에 나타낸 것 중 (2)항~(10)항, (12)항 및 (14)항의 방화대상물로 연면적이 700m^2 이상인 것
상기 이외의 방화대상물의 지층, 무창층 또는 4층 이상의 층으로 (1)항은 100m^2 이상, (2)~(10), (12) 및 (14)는 150m^2 이상, (11)항 및 (15)항은 200m^2 이상인 것
기타 지정가연물(가연성 액체류에 관계되는 것은 제외)을 위험물 규제에 관한 정령별표 제4에 정해진 수량의 750배 이상 저장하고 또는 취급하는 건축물

6·5·3 스프링클러설비(정령 13조, 법칙 14조)

스프링클러 헤드는 개방식과 폐쇄식이 있으며, 개방식은 무대부분에 쓰이고 발화가 되면 수동 또는 자동으로 밸브를 전개한다. 폐쇄식은 각 헤드에 퓨즈가 달려 있어 발화시에는 이것이 녹아서 수압에 의해 자동적으로 열리고 물이 분출한다. 따라서 폐쇄식의 경우, 배관은 항상 만수가 되어 있다.

폐쇄식의 다이어그램을 〈그림 6.44〉에 나타냈는데 그림과 같이 각층마다 자동경보밸브를 설치하고 또 펌프의 기동은 헤드 개방시의 압력저하에 따라 압력스위치에 의해 자동기동한다. 옥내소화전과 같이 펌프는 호수장치가 필요하다.

〈표 6.110〉 스프링클러 헤드의 설치 간격

<table>
<tr><th colspan="2">방화대상물 또는 그 부분</th><th>거리(m)</th></tr>
<tr><td colspan="2">(1) 극장, 영화관, 연예장, 관람장, 공회당 또는 집회장 *1
(2) 카바레, 카페, 나이트클럽, 유기장 또는 댄스홀
(3) 대합실, 요리점, 음식점
(4) 백화점, 슈퍼마켓 기타 물품판매업을 영위하는 점포 또는 전시장
(5) ㄱ 여관, 호텔, 또는 숙박업소
(6) 병원, 진료소 또는 조산소, 노인복지시설, 유료노인홈, 노인보건시설, 교호시설, 유치원, 양호학교 등
(9) ㄱ 공중목욕탕 중 증기욕장, 열기욕장 등
(16) ㄱ 복합용도 방화대상물 중 그 일부가 (1)항에서 (4)항까지, (5)항 ㄱ, 6항 또는 (9)항 ㄱ에 걸친 용도로 제공되고 있는 것</td><td>1.7 이하</td></tr>
<tr><td colspan="2">지정가연물(가연성 액체류에 관계되는 것은 제외)을 위험물 규제에 관한 법령 별표 제4에 정해진 수량의 1000배 이상 저장 또는 취급하는 것 1.7 이하</td><td>1.7 이하 *2</td></tr>
<tr><td rowspan="2">(1) 극장, 영화관, 연예장, 관람장, 공회당 또는 집회장 *3
(2) 카바레, 카페, 나이트클럽, 유기장 또는 댄스홀
(3) 대합실, 요리점, 음식점
(4) 백화점, 슈퍼마켓 기타 물품판매업을 영위하는 점포 또는 전시장
(5) ㄱ 여관, 호텔, 또는 숙박업소
(6) 병원, 진료소 또는 조산소, 노인복지시설, 유료노인홈, 노인보건시설, 교호시설, 유치원, 양호학교 등
(9) ㄱ 공중목욕탕 중 증기욕장, 열기욕장 등
(16) ㄱ 복합용도 방화대상물 중 그 일부가 (1)항에서 (4)항까지, (5)항 ㄱ, 6항 또는 (9)항 ㄱ에 걸친 용도로 제공되고 있는 것</td><td>내화건축물 이외의 건축물</td><td>2.1 이하 *2</td></tr>
<tr><td>내화건축물</td><td>2.3 이하 *2</td></tr>
</table>

【주】 *1 무대부에 한 한다.
*2 고감도형 헤드는 스프링클러 헤드의 성능에 따라 관계법령으로 정해진 거리
*3 무대부를 제외한다.
※ 상기 이외의 다른 개구부(방화대상물의 10층 이하의 부분에 있는 개구부에 있어서는 연소의 그것이 있는 부분)에는 그 상틀에 해당 상틀의 길이 2.5m 이하 마다 하나의 스프링클러 헤드를 설치할 것, 단 10층 이하의 부분에 있는 개구부로 방화호 기타 법령에 정해진 방화설비가 설치되어 있는 경우는 제한하지 않는다.

〈표 6.111〉 스프링클러의 기술기준(소방법 시행령 제12조, 소방법시행규칙 제13조의 6)

<table>
<tr><th colspan="2">헤드 종류</th><th colspan="2">방화대상물의 구분</th><th>개수(n)</th><th>수량 (m^3)</th><th>수압 (Mpa)</th><th>방수량 (ℓ/분)</th></tr>
<tr><td rowspan="11">폐쇄식</td><td rowspan="7">표준형</td><td rowspan="3">(1) 극장, 영화관, 연예장, 관람장, 공회당 또는 집회장 *1
(2) 카바레, 카페, 나이트클럽, 유기장 또는 댄스홀
(3) 대합실, 요리점, 음식점
(4) 백화점, 슈퍼마켓 기타 물품 판매업을 영위하는 점포 또는 전시장
(5) ㄱ 여관, 호텔 또는 숙박소
(6) 병원, 진료소 또는 조산소, 노인복지시설, 유료양로원, 노인보건시설, 유아원, 유치원, 양호학교 등
(9) ㄱ 공중목욕탕 중 증기욕장, 열기욕장 등
(16) ㄱ 복합용도 방화대상물 중 그 일부가 (1)항에서 (4)항까지, (5)항 ㄱ, 6항 또는 (9)항 ㄱ에 걸친 용도로 제공되고 있는 것</td><td>백화점 및 복합용도 방화대상물 중 (4)항의 용도로 제공되고 있는 부분이 존재할 것</td><td>15
(고감도형은 12)</td><td rowspan="7">n×1.6*1</td><td rowspan="13">0.1
이상</td><td rowspan="7">80*2
이상</td></tr>
<tr><td>10층 이하</td><td>10
(고감도형은 8)</td></tr>
<tr><td>11층 이상</td><td>15
(고감도형은 12)</td></tr>
<tr><td rowspan="2">래크식 창고</td><td>등급 Ⅰ, Ⅱ 및 Ⅲ</td><td>30(표준형헤드 중, 감도종별이 1종인 것은 24)</td></tr>
<tr><td>등급 Ⅳ</td><td>20(표준형헤드 중, 감도종별이 1종인 것은 16)</td></tr>
<tr><td colspan="2">지하가, 건축물의 지하층에 연속해 지하도에 면해 설치된 것과 해당 지하도를 합친 것 ((1)항부터 (4)항까지, (5)항 ㄱ, (6)항 또는 (9)항 ㄱ에 걸친 용도로 제공되는 부분이 존재할 것)</td><td>15
(고감도형은 12)</td></tr>
<tr><td colspan="2">지정가연물(가연성 액체류에 관련된 것은 제외)을 위험물 규제에 관한 정령 별표 제4에 정해진 수량의 1,000배 이상 저장하고 또는 취급하는 것</td><td>20(표준형헤드 중, 감도종별이 1종인 것은 16)</td></tr>
<tr><td rowspan="2">소구획형</td><td colspan="2">10층 이하</td><td>8</td><td rowspan="2">n×1</td><td rowspan="2">50
이상</td></tr>
<tr><td colspan="2">10층 이상</td><td>12</td></tr>
<tr><td rowspan="2">측벽형</td><td colspan="2">10층 이하</td><td>8</td><td rowspan="2">n×1.6</td><td rowspan="4">80
이상</td></tr>
<tr><td colspan="2">10층 이상</td><td>12</td></tr>
<tr><td colspan="2" rowspan="2">개방형</td><td colspan="2">무대부가 10층 이하</td><td>최대 방수구역에 설치된 헤드 개수 × 1.6</td><td rowspan="2">n×1.6</td></tr>
<tr><td colspan="2">무대부가 11층 이상</td><td>헤드의 설치개수가 가장 많은 층에 있어서 해당 설치 개수</td></tr>
<tr><td colspan="2">방수형</td><td colspan="2">–</td><td>–</td><td>소방청장관이 정한 양</td><td colspan="2">소방청장관이 정한 성능</td></tr>
</table>

【주】 ※ 설치개수가 상기표 이상인 경우는 표의 개수를 만족하지 않는 경우는 해당 개수를 곱한다.
※ 건식 또는 예작동식의 유수검지장치가 설치되어 있는 경우의 개수는 1.5를 곱해 얻은 개수로 한다.
*1 래크식 창고 중, 등급이 Ⅲ 또는 Ⅳ로 수평 차폐판이 설치되어 있는 것은 2.28m^3, 설치되어 있지 않은 것은 3.42m^3 을 곱한다.
*2 래크식 창고는 114ℓ/분 이상

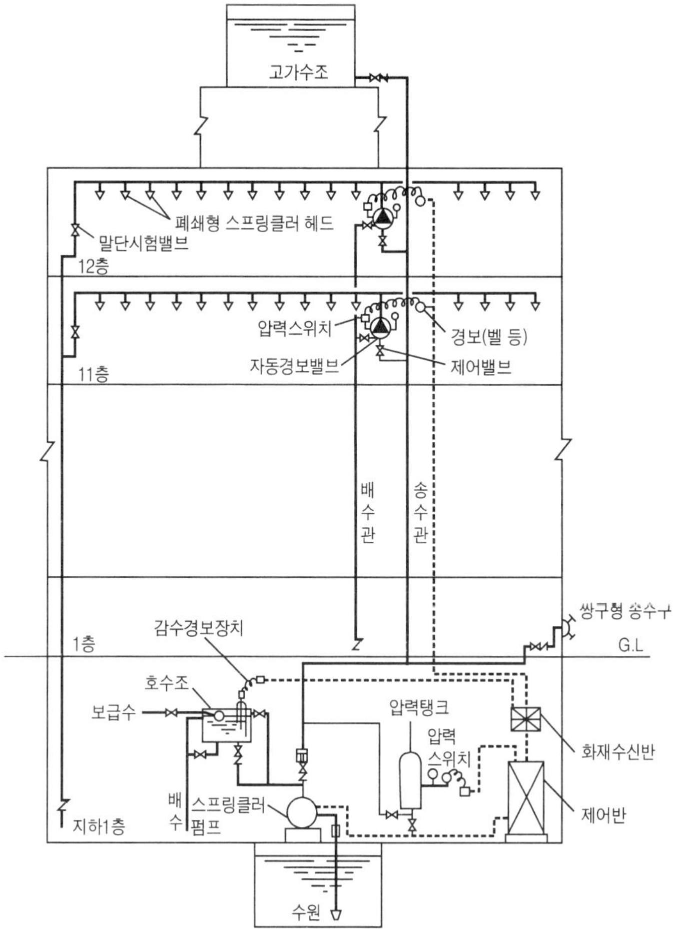

〈그림 6.44〉 스프링클러 설비(폐쇄식) 계통도 (문헌 620)

6·5·4 옥외소화전(영19조, 규칙22조)

옥외소화전은 큰 부지에 1층 또는 2층 건물이 있을 때나 체육관과 같이 큰 단층건물인 경우에 사용된다. 이런 경우 옥외소화전을 중심으로 한 40m 원내에 건물내의 모든 부분이 수용될 때에는 옥내소화전이 필요치 않다. 보통 옥외소화전 배치는 〈그림 6.45〉(A)와 같이 하고 각 소화전을 연결하는 배관을 소화펌프에 연결한다. 소화펌프의 용량, 소화용수의 수량 등은 〈표 6.112〉를 참조한다. 이 경우, 펌프의 기동은 수동으로 해도 된다.

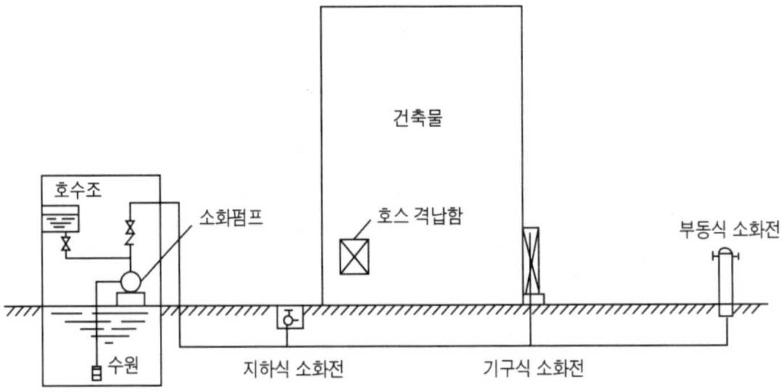

〈그림 6.45〉(A) 옥외소화전 설비계통도 (문헌 620)

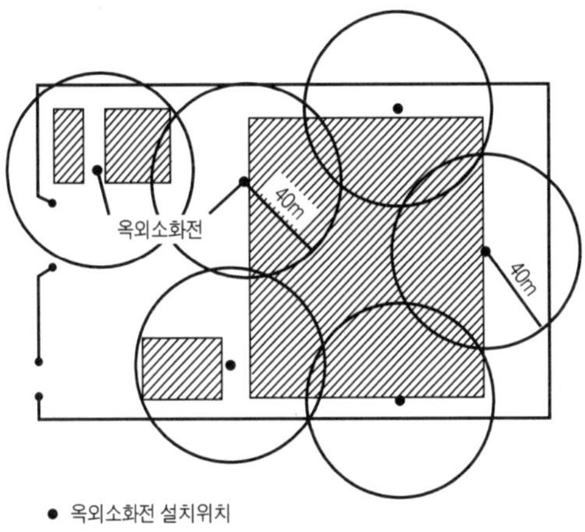

〈그림 6.45〉(B) 옥외소화전 배치예 (문헌 620)

〈표 6.112〉 옥외소화전의 기술기준(정령 19조, 시행규칙 22조)

(1)	옥외소화전은 건축물의 각 부분에서 1의 호스 접속구까지의 수평거리가 40m가 되도록 설치할 것
(2)	수원은 그 수량이 옥외소화전의 설치개수(해당 설치개수가 2를 넘을 때는 2로 한다.)에 7m³을 곱해 얻은 양 이상의 양이 되도록 설치할 것
(3)	옥외소화전설비는 모든 옥외소화전(설치개수가 2를 넘을 때는 2개의 옥외소화전으로 한다.)을 동시에 사용한 경우에 각각의 노즐 선단에 있어서 방수압력이 0.25MPa 이상인 동시에 방수량이 350ℓ/분 이상의 성능인 것
(4)	옥외소화전 및 옥외소화전 설비의 방수용 기구를 격납하는 함은 피난할 때 통로가 되는 장소 등 옥외소화전 설비의 조작이 현저히 저해하는 그것이 있는 개소에 설치하지 않을 것
(5)	옥외소화설비에는 비상전원을 부설할 것

6 · 5 · 5 연결살수설비(정령 28조의 2, 규칙 30조의 2, 3)

〈표 6.106〉에 나타낸 것과 같이 대규모 지하실의 소화에 사용되는 것으로 지하층에 큰 창고가 있을 경우에 적용된다. 〈그림 6.46〉과 같이 소화펌프는 설치하지 않고 외부에 송수구를 설치하여 이것에서 소방차로 송수를 한다. 살수헤드에는 개방식과 폐쇄식이 있으며 앞의 것은 설치간격 3.7m 이하, 뒤의 것은 〈표 6.110〉에 스프링클러 헤드의 배치에 따른다(시행규칙 30조의 3). 단 천장 속의 높이가 0.5m 이상일 때에는천장 속에도 헤드를 설치한다.

송수구는 쌍구형으로 하고(헤드수 4개 이하일 때는 단구형으로 해도 된다) 배관은 헤드수에 따라서 〈표 6.113〉에 따른다.

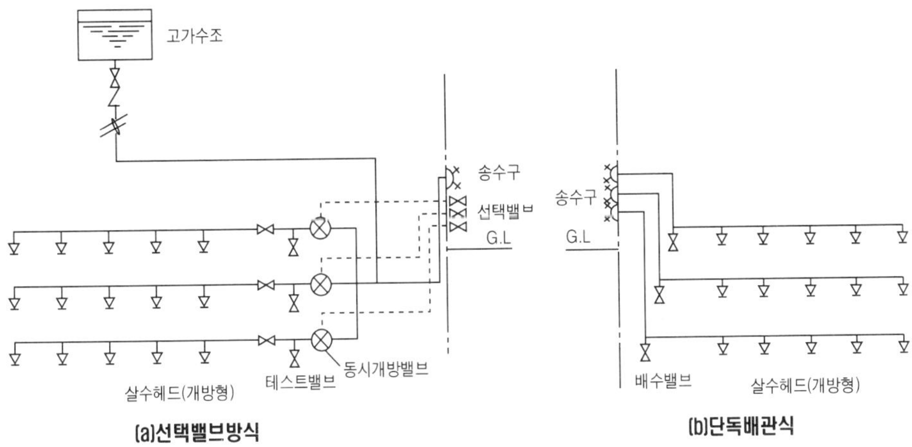

〈그림 6.46〉 연결살수설비 계통도

〈표 6.113〉 연결살수용의 배관경(소방법 시행규칙 30조의 3)

살수헤드 수	1	2	3	4~5	6~10
관경 (A)	32	40	50	65	80

6 · 5 · 6 연결송수관(정령 29조, 규칙 31조)

(1) 송수구(Siamese · Connection)

〈표 6.106〉의 적용범위에 나타낸 것과 같이 지상 7층 이상 또는 대규모 건축과 같이 소방차로부터 호스의 연장이 곤란한 경우에 설치되며, 옥외에 설치한 송수구(Siamese Connection)에 소방차의 호스를 연결하고 이것에서 배관을 통해 송수구(소방대 전용의 소화전)로 송수한다. 옥내소화전이 있을 때에는 배관을 이것과 공통으로 하는 경우가 많다. 이 경우 송수구부터 방수구에 이르는 배관을

연결송수관이라 하며 이 지름은 모두 100A로 한다.

송수구는 모두 쌍구형으로 하고 연결송수관의 수직관 개수와 동수로 설치한다.

(2) 방수구와 소화전함

방수구의 구경은 65A로 하며 지상 10층 이하일 경우는 방수구를 옥내소화전함 속에 설비해도 되지만, 지상 11층 이상은 각 방수구는 모두 단독소화전함에 넣고 3층마다 1개소씩 65A 호스 길이 20m인 것 4개 이상과 노즐 2개를 설치한다. 도쿄도에서는 각층에 이것을 설치한다.

(3) 가압펌프 (부스터 펌프)

건축 높이 70m 이상인 건물에서는 70m 이상의 방수구 압력을 2.5atg로 유지하기 위해 〈그림 6.47〉과 같이 가압펌프(Booster pump)를 설치한다. 이 펌프의 수량은 그림과 같은 수직관 2개의 경우, 도쿄도에서는 1600ℓ/min 이상으로 한다.

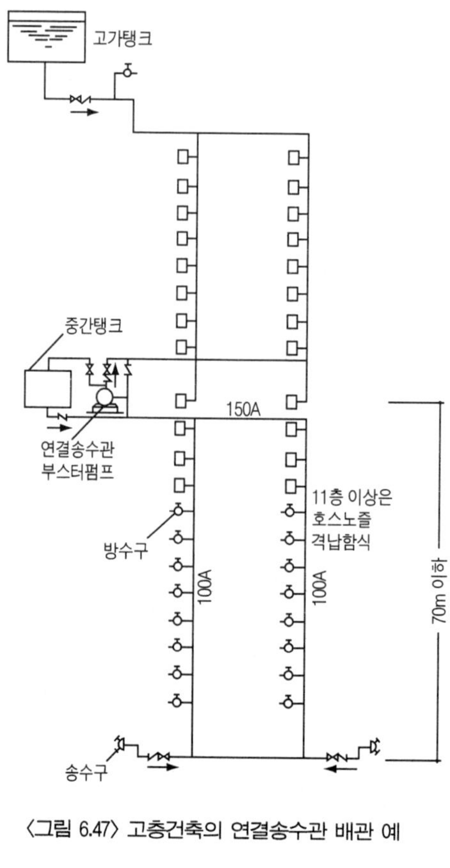

〈그림 6.47〉 고층건축의 연결송수관 배관 예

6·5·7 특수소화설비

〈표 6.114〉에 나타낸 5종류의 소화설비를 총칭해서 본서에서는 특수소화설비라고 한다.

〈표 6.114〉 특수소화설비의 해당항목

명칭	정령	규칙
수분무소화설비	14조	16조, 17조
포소화설비	15조	18조
이산화탄소(CO_2)소화설비	16조	19조
할로겐화물소화설비	17조	20조
분말소화설비	18조	21조

특수소화설비의 적용범위에 대해서는 〈표 6.105〉를 참조하는데, 이런 것은 보통의 소화전 또는 스프링클러로는 소화에 지장이 있는 차고나 변전실 등에 적용한다. 본서에서는 이런 것의 기술기준에 대해서는 생략하므로 법규 및 참고서를 참조해서 설계한다.

【예제 6.27】 〈그림 6.48〉과 같은 지상 8층, 지하 2층인 사무소 건축의 소화설비를 설계하시오? 이 건축은 (b)도와 같이 B1, B2 및 1~4층은 각층 모두 50×20m, 5층 이상은 30×20m의 크기로 한다.

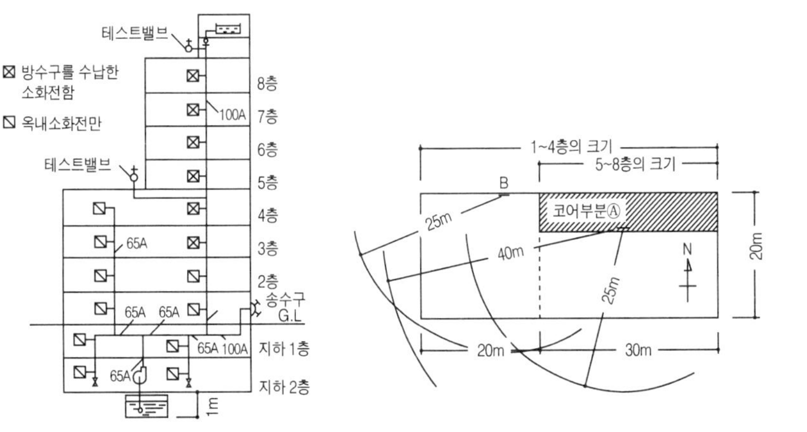

〈그림 6.48〉

풀이 이 건축의 바닥면적 합계는 다음에 나타낸 것 같이 8,400m²로 되어 〈표 6.102〉의 (15)항에 따라 옥내소화전이 필요하다.

$$50\times20\times6층+30\times20\times4층 = 8,400m^2$$

4층 이상의 바닥면적 합계도 3,400m^2 이상이 되어 이런 점에서도 〈표 6.102〉에 의해 옥내소화전이 필요하다. 또 7층 이상이므로 〈표 6.106〉에 의해 연결송수관이 필요하며, 3층 이상의 각 층에는 방수구를 설비해야 한다.

방수구와 옥내소화전을 수납한 소화전함을 평면도 A의 위치 (계단실의 내부)에 설치하며, 이 위치는 1~8층 공통으로 한다. A를 중심으로 25m 반경으로 원을 그리면 서쪽 일부는 이 원내에 들어오지 않으므로, 1~4층의 각층은 B위치에 옥내소화전을 설치한다. 방수구에 관해서는 A 위치를 중심으로 하여 반경 40m의 원으로 1~4층 부분의 전면적을 커버하므로 A 위치로 가능하다.

지상 각층의 층높이를 3.8m로 하고 지하층의 층높이를 4m로 하면 B2의 바닥면에서 지붕까지의 높이는

$$3.8\text{m} \times 8 + 4\text{m} \times 2 = 38.4\text{m}$$

수수조의 깊이를 1.0m, 옥상 테스트 밸브의 높이를 0.8m로 하면, 펌프의 실양정은

$$38.4 + 1.0 + 0.8 = 40.2\text{m}$$

노즐압력 = 1.7kg/cm^2 ≒ 17m 수주(水柱)

길이 30m의 포호스(40mmϕ)의 저항은 130ℓ/min일 때〈표 6.108〉에 의해

$$26 \times (30/100) = 7.8\text{m}$$

배관저항을 5m수주로 하면 펌프의 전양정은,

$$40.2 + 17 + 7.8 + 5 = 70\text{m}$$

여유를 두어 75m의 양정으로 한다. 펌프 수량은 〈표 6.109〉에 의해 300ℓ/min로 한다. 펌프의 소요동력은 (6.3)식에서 $\eta = 0.55$로 하여

$$\text{kW} = \frac{300 \times 75}{6{,}120 \times 0.55} = 6.7\text{kW}$$

즉 7.5kW의 전동기를 사용한다. 펌프의 용량은

300ℓ/min×75m×전동기 7.5kW

소화수조의 크기는 〈표 6.109〉에 의해 5.2m^3 이상이면 된다. 여유를 두어 6.0m^{3}로 한다.

배관경은 외벽의 송수구에서 옥상의 방수구에 이르는 주관을 100A로 하고 그 외는 65A로 한다.

6 · 5 · 8 대공간용 방수총

1996년 자치법령(당시)의 일부 개정으로 대규모, 고천장 공간내의 소화를 목적으로 한 새로운 타입의 스프링클러 설비를 방수형 헤드 등을 이용한 스프링클러 설비라고 부르게 되었다. 본 장치는 측벽형 개방식 스프링클러와 병행해 소화설비의 한가지로 자리잡고 있다. 여러 나라에서는 방수총

(water cannon)이라고도 부르며 공간의 한 모퉁이에서 화원(火源)에 걸쳐 방수하는 소화장치이다. 단 소방대의 본격 소화시와 같이 국소적으로 방수되는 것이 아니라 비교적 폭넓은 영역에 통상의 강우시 정도의 살수가 이루어진다.

방수거리는 최장 60m에서 100m 정도인 것이 개발되어 있으며 최근에는 보다 가까운 영역까지 커버할 수 있는 것도 개발되어 있다. 관리요원이 현장의 화재확인에 의해 현장에서 수동으로 조작이 가능한 현지조작을 하는 것이 일반적이며 감시용 TV카메라를 방수총과 일체화해 TV 카메라의 정보를 기초로 해 화재센터에서 원격수동조작에 의해 세밀하게 소화활동을 하는 것도 있다.

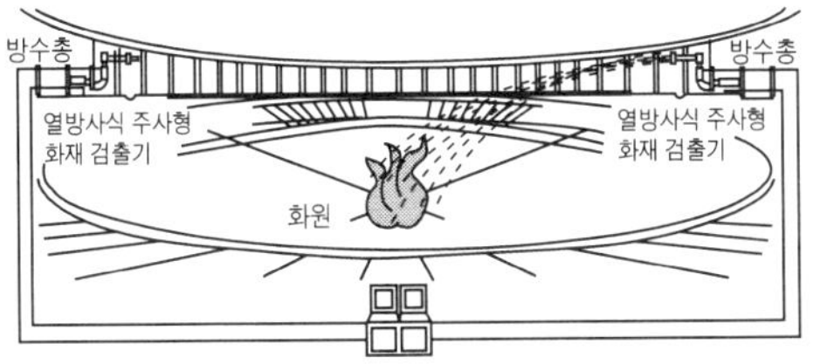

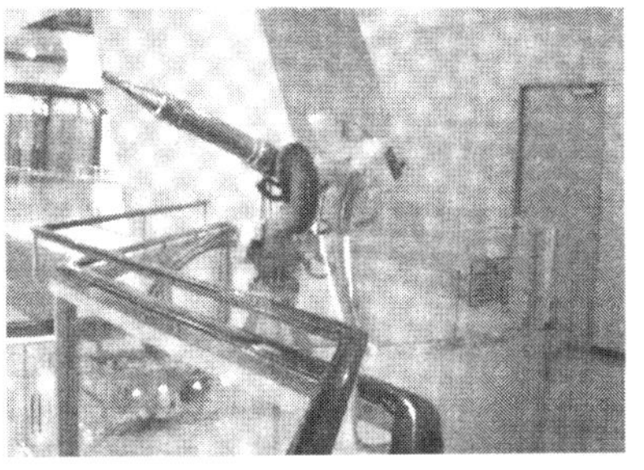

〈그림 6.49〉 대공간용 방수총

【부록 1】 수영풀(pool) 순환설비의 설계자료*

(1) 순환수량 Q(m³/h)의 결정

$$Q = \frac{NV}{24}$$

$$Q = \frac{k_1 n S}{24}$$

$$T = \sqrt{\frac{k_1 V}{n}}$$

N = 순환횟수(턴 오버)

T = 순환시간 = $24/N$

V = 풀(pool)수용적(m^3)

n = 1일간의 유영총인원수

S = 수영총인원 1인당의 순환수량(m^3/day)

k_1 = 동시수영률(옥내풀에서 0.8, 옥외풀에서 0.4) k_2 = 1~1.5

【주】 *: 문헌 (653), (654) 참조, 본항은 모두 사(砂)필터일 때이다.

N은 실내 수영풀의 경우, 혼잡한 실외 수영풀의 경우는 5~6으로 잡는데 일반적으로는 3~4로 잡는다. 다이빙 풀에서는 1~2로 잡는다.

n = 6~10인/m^2 수영풀면적 day(대도시의 혼잡한 실외수영풀)

n = 3~5인/m^2 풀면적 day(일반의 경우)

S = 1.5~2로 잡는다.

(2) 순환펌프

수량은 위의 순환수량에 의해 선정하며 양정은 역세(逆洗)시의 저항을 고려해서 15~20m로 잡는다. 또 펌프의 합계수량이 다음 항의 필터 1대의 역세수량보다 커지도록 선정하고, 부족할 때에는 역세펌프를 설치한다.

(3) 수(水)필터

여과면적 1m^2당 여과수량을 7.5m^3/h(고속식은 25~30m^3/h) 전후로 하고 역세용 수량은 이것의 2~3배로 잡는다.

(4) 순환수 가열설비

〈표 6.115〉 풀 수온

목적	일반용	경기용	초보자용
수온	27~30℃	23~26℃	27~32℃

풀 표면의 열손실 q_L(kcal/h)은 다음 식으로 구할 수 있다(문헌 655). 열교환기의 능력은 기타 열손실을 포함해 이것의 20~30% 증가로 선정한다. 만약 역세용 보급수량이 클 때는 거기에 50~100% 증가된다. 열교환기는 1패스로 관내에 순환수를 통과시킨다.

$$q_L = 0.011(p_w - p_a)\gamma A$$

단 p_w = 수온에 동일한 포화공기의 수증기압(mmHg)

p_a = 실내공기의 수증기압(mmHg)

γ = 수온에 동일한 포화공기의 증발잠열(kcal/kg)

A = 풀수 표면적(m^2)

(5) 약품주입설비

황산밴드, 소다를 피크시에 각각 5ppm, 2.5ppm 주입할 수 있게 한다. 염소멸균장치는 차아염소산소다를 3~5ppm으로 희석해 이것을 수압 펌프로 주입한다. 풀내의 잔류염소농도를 0.4ppm 정도로 한다.

(6) 오존처리설비

오존처리설비는 수질을 향상시키기 위한 고속처리설비 중 한 방법으로 오존처리에 의해 과망간산칼륨 소비량의 저감으로 보급수량 감소, 눈자극 및 자극적인 냄새의 감소, 풀수 투명도의 향상, 순환수의 살균 등의 효과가 있다. 오존처리장치로의 분기수량은 순환수량의 5~10%이고 오존주입량은 25m풀에서 15~35gO_3/h가 일반적이다.

오존처리장치의 처리플로우를 〈그림 6.50〉에 나타낸다.

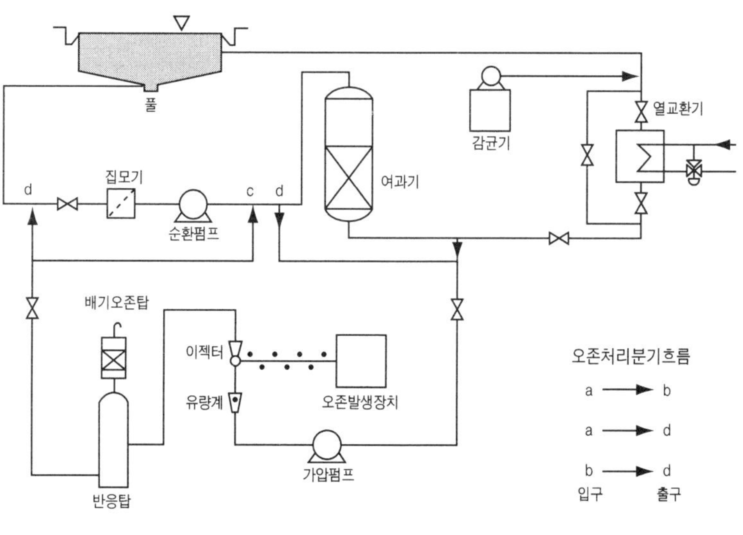

〈그림 6.50〉 오존처리장치의 처리 플로우

【부록 2】 소방법 시행령 별표

(1)	ㄱ 극장, 영화관, 연예장 또는 관람장 ㄴ 공회당 또는 집회장
(2)	ㄱ 카바레, 카페, 나이트클럽 기타 이것과 유사한 것 ㄴ 유기장 또는 댄스홀
(3)	ㄱ 대합실, 요리점 기타 이것과 유사한 것 ㄴ 음식점
(4)	백화점, 슈퍼마켓 기타 물품판매업을 영위하는 점포 또는 전시장
(5)	ㄱ 여관, 호텔 또는 숙박업소 ㄴ 기숙사, 하숙 또는 공동주택
(6)	ㄱ 병원, 진료소 또는 조산소 ㄴ 노인복지시설, 유료노인홈, 보호노인 보건시설, 구호시설, 갱생시설, 아동복지시설, 신체장해자 갱생원호시설, 지적 장해자 원호시설 또는 정신장해자 사회복귀시설 ㄷ 유치원, 장애인학교, 양호학교
(7)	초등학교, 중학교, 고등학교, 중등교육학교, 전문대학, 대학교, 각종 학교 기타 이것과 유사한 것
(8)	도서관, 박물관, 미술관 기타 이것과 유사한 것
(9)	ㄱ 공중목욕탕내, 증기욕장, 열기욕장 기타 이것과 유사한 것 ㄴ ㄱ에 걸친 공중목욕탕 이외의 공중목욕탕
(10)	차량 정차장 또는 선박 또는 항공기의 발차장(여객의 승강 또는 대합용으로 공급하는 건축물에 한한다.)
(11)	사원, 교회, 성당 기타 이것과 유사한 것
(12)	ㄱ 공장 또는 작업장 ㄴ 영화스튜디오 또는 TV 스튜디오
(13)	ㄱ 자동차 차고 또는 주차장 ㄴ 비행기 또는 회전날개 비행기의 격납고
(14)	창고
(15)	앞 각항에 해당하지 않는 사업장
(16)	ㄱ 복합용도 방화대상물 중 그 일부가 (1)항에서 (4)항까지, (5)항 ㄱ, (6)항 또는 (9)항 ㄱ에 걸친 방화대상물의 용도로 공급되고 있는 것 ㄴ ㄱ에 걸친 복합용도 방화대상물 이외의 복합용도 방화대상물
(16의 2)	지하거리

(16의 3)	건축물의 지하층((16의 2)항에 걸쳐있는 것의 각층을 제외)에 연속해 지하도에 면해 설치된 것과 해당 지하도를 합친 것의 ((1)항부터 (4)항까지, (5)항 ㄱ, (6)항 또는 (9)항에 걸친 방화대상물의 용도로 제공된 부분이 존재하는 것에 한한다.)
(17)	문화재보호법의 규정에 의해 중요문화재, 중요유형민속문화재, 사적 또는 중요한 문화재로 지정되고 또는 중요고미술품 등의 본존에 관한 법률 규정에 의해 중요미술품으로 인정된 건조물
(18)	연장 50m 이상의 아케이드
(19)	시군구의장이 지정하는 산림
(20)	관계법령으로 정해진 자가용

〈비고〉

① 2 이상의 용도로 제공된 방화대상물로 제1조의 2 제 2항 후단의 규정 적용에 의해 복합용도 방화대상물 이외의 방화대상물이 되면서 주된 용도가 (1)항에서 (15)항까지 각항에 걸쳐 있는 방화대상물의 용도일 때는 해당 방화대상물은 해당 각 항에 걸쳐 있는 방화대상물로 한다.

② (1)항에서 (16)항까지에 걸쳐 있는 용도로 제공된 건축물이 (16의 2)항에 걸쳐 있고 방화대상물 내에 존재할 때는 이들 건축물은 (16의 2)항에 걸쳐 있는 방화대상물 부분으로 간주한다.

③ (1)항에서 (16)항까지에 걸쳐 있는 용도로 제공된 건축물 또는 그 부분이 (16의 3)항에 걸쳐 있는 방화대상물 부분에 해당하는 것일 때는 이들 건축물 또는 그 부분은 동항에 걸쳐 있는 방화대상물 부분인 것 외에 (1)항에서 (16)항에 걸쳐 있는 방화대상물 또는 그 부분에도 있는 것으로 간주한다.

제7장 서비스설비

7·1 가스설비

7·2 주방설비

7·3 세탁장설비

7·4 고압증기 공급설비

제7장 서비스설비

7·1 가스설비

7·1·1 가스의 성질

(1) 가스 조성과 연소가스

현재 도시가스는 천연가스가 주로 공급되고 있다. 그래서 그 가스를 공급하고 있는 도시가스 사업자마다 가스 종류가 달라 가스사업법에는 도시가스를 사업자마다 각각의 비중, 열량, 연소속도의 차이(연소성의 차이)에 따라 구분하고 있다. 일본의 가스사업자 수는 235개사로 가스 종류는 웟베지수(WI)와 연소속도의 범위(MCP)에 따라 〈표 7.1〉의 7종류이다.

$$WI = \frac{H}{\sqrt{d}}$$

$$MCP = K\frac{H_2 + 0.6(CO + C_mH_n) + 0.3CH_4}{\sqrt{d}}$$

단, H = 가스의 총발열량(kcal/Nm^3)

d = 가스비중(공기 = 1.0)

H_2, CO, C_mH_n, CH_4 : 각 성분의 %

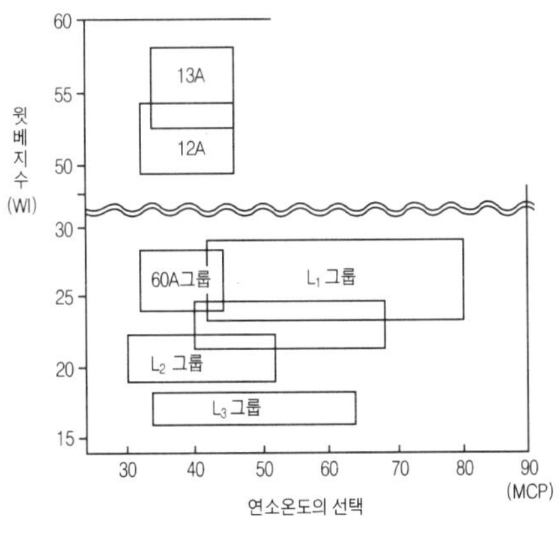

〈그림 7.1〉 가스사업법의 도시가스 그룹

〈표 7.1〉 도시가스의 종류

가스그룹	WI	MCP
13A	52.7~57.8	35.0~47.0
12A	49.2~53.8	34.0~47.0
6A	24.5~28.2	34.0~45.0
L_1 (6B, 6C, 7C)	23.7~28.9	42.5~78.0
5C	21.4~24.7	42.0~68.0
L_2 (5A, 5B, 5AN)	19.0~22.6	29.0~54.0
L_2 (4A, 4B, 4C)	16.2~18.6	35.0~64.0

* SI 단위환산식
Pa = 133.3224×mmHg
KJ/kg = 4.186×kcal/kg

〈표 7.2〉 연소가스 조성 예 (용적 %)

종류	발열량	비중	조성 예	이론공기량 4.2MJ (1.000kcal)당	폐가스량 4.2MJ (1.000kcal)당
13A	46MJ/M^3 (11,000kcal/m^3)	0.66	메탄 88.0% 에탄 5.8% 프로판 4.5% 부탄 1.7%	0.995m^3	1.095m^3
12A	42MJ/M^3 (10,000kcal/m^3)	0.66	메탄 88.0% 에탄 5.8% 프로판 4.5% 부탄 1.7% 펜탄 0.4% 탄산가스 0.1% 산소 0.9% 질소 5.4%	0.995m^3	1.095m^3

〈표 7.3〉 가스의 총발열량, 착화온도, 연소범위

도시가스 및 도시가스 성분	연소의 화학방정식	총발열량 MJ (kcal/Nm^3)	착화온도 예 (℃)	연소범위 (공기중에 있어서 용적 %)
CO	$CO + 1/2O_2 = 2CO_2$	12.6 (3,020)	310	13 ~74
H_2	$2H_2 + 1/2O_2 = 2H_2O$	12.8 (3,050)	530	4 ~ 75
CH_4	$CH_4 + 2O_2 = CO_2 + 2H_2O$	39.9 (9,920)	645	5 ~ 15
C_2H_6	$C_2H_6 + 7/2O_2 = 2CO_2 + 3H_2O$	70.4 (16,820)	530	3 ~ 13
C_3H_8	$C_3H_8 + 5O_2 = 3CO_2 + 4H_2O$	101.8 (24,320)	510	2 ~ 10
C_4H_{10}	$C_4H_{10} + 13/2O_2 = 4CO_2 + 5H_2O$	134.8 (32.010)	490	2 ~ 9
13A 가스	—	46.0 (11,000)	630	4.3 ~ 14.4

천연가스를 원료로 한 가스 조성, 발열량, 비중, 이론공기량, 폐가스량의 예를 〈표 7.2〉에 나타낸다. 이것은 어디까지나 일례로 이 조성은 가스회사마다 바뀔 수 있지만 〈표 7.1〉에 나타낸 WI, MCP 값은 일정하다. 도시가스 성분마다의 발열량 등 연소특성을 〈표 7.3〉에 나타낸다.

(2) 가스의 압력과 공급압

가스의 압력은 0.1MPa 미만을 저압, 0.1MPa 이상 1MPa 미만을 중압, 1MPa 이상을 고압이라고 한다. 도쿄가스에서는 저압은 38~250mmAq, 중압은 0.1~2.5MPa, 2.5~MPa 이상을 고압이라고 한다. 〈표 7.4〉에 나타낸 것 같이 소용량에서는 저압가스 (80~120mmAq)를 공급하지만 중용량에서는 중압으로 취출해 그대로 공급하든가 또는 가버너를 경유해 500~1,500mmAq의 중간압으로 공급한다.

〈표 7.4〉 공급압력의 예

호칭		가스사업법 상의 정의	
고압	1MPa (10kg/cm^2) 이상	1MPa (10kg/cm^2) 이상	고압
중압A	0.3MPa(3kg/cm^2) 이상 1MPa(10kg/cm^2) 미만	0.1MPa(1kg/cm^2) 이상 1MPa(10kg/cm^2) 미만	중압
중압B	0.1MPa(1kg/cm^2) 이상 0.3MPa(3kg/cm^2) 미만		
중간압	일반가스 공급규정 이상 0.1MPa(1kg/cm^2) 이상	0.1MPa(1kg/cm^2) 이상	저압
저압	일반가스 공급규정에 정해진 압력		

7·1·2 가스 소비량

〈표 7.5〉에 주방에서 사용하는 가스의 업종별 사용량과 부하 상당시간을 나타낸다.

〈표 7.5〉 업종별 가스사용량·부하 상당시간

업종	점포 (수)	평균점포 면적(m^2)	평균주방 면적(m^2)	가스 사용량 (kW)	단위면적(m^2)당 가스소비량		연간 가스사용량 (m^2)	1일당 부하상당시간 (h)	가동일 (일수)
					점포 (kW)	주방 (kW)			
일식당	14	135.9	40.9	138.6	1.0	3.4	15,771	4.0	365
양식당	22	265.2	73.8	229.2	0.9	3.1	25,850	4.0	365
중식당	3	195.8	60.0	402.8	2.1	6.7	46,536	4.0	365
커피숍	3	88.7	26.0	49.7	0.6	1.9	2,118	1.5	365
초밥집	2	115.0	52.5	144.4	1.3	2.7	13,958	3.4	365

【주】 증기의 표는 건물내 거주자(외식기업)의 데이터. 또 실적치에서 산출

7·1·3 도시가스의 배관설비

(1) 공급방식

중압 공급의 경우는 크게 나눠 「중압스트레이트 공급방식」(〈그림 7.2〉)과 「전용가버너 공급방식」(〈그림 7.3〉)이 있다. 중압스트레이트 공급방식은 중압본관에서 감압하지 않고 스트레이트로 구분 밸브(가스전)까지 배관하는 방식이며 전용 가버너 공급방식은 부지내에 설치한 가버너(정압기)에 의해 중간압이나 저압 등 필요한 압력으로 감압해 공급하는 방식. 또 가스 용도가 복수인 경우에는 이 양 방식을 병용하는 경우가 있다. 저압 공급은 〈그림 7.4〉와 같다. 또 가버너실을 설치하는 경우의 설치위치와 환기방식을 〈표 7.6〉에 나타낸다.

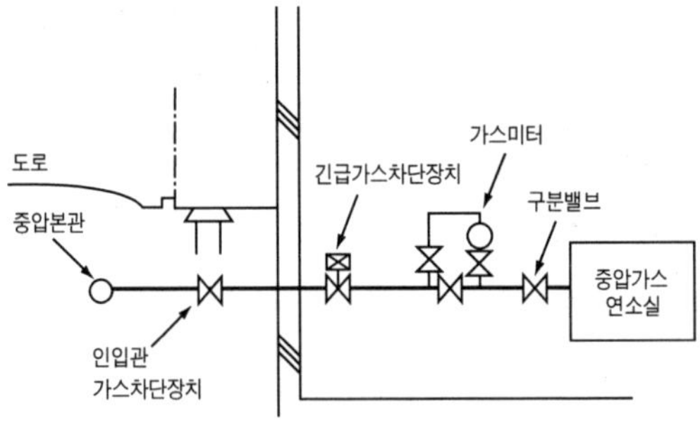

〈그림 7.2〉 중압스트레이트 공급방식의 예

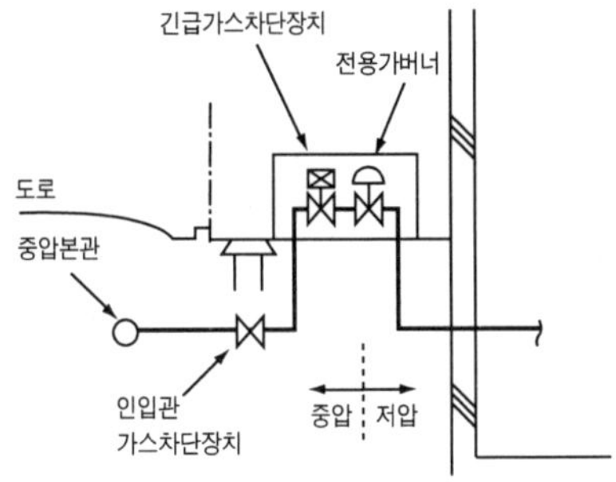

〈그림 7.3〉 전용가버너 공급방식의 예

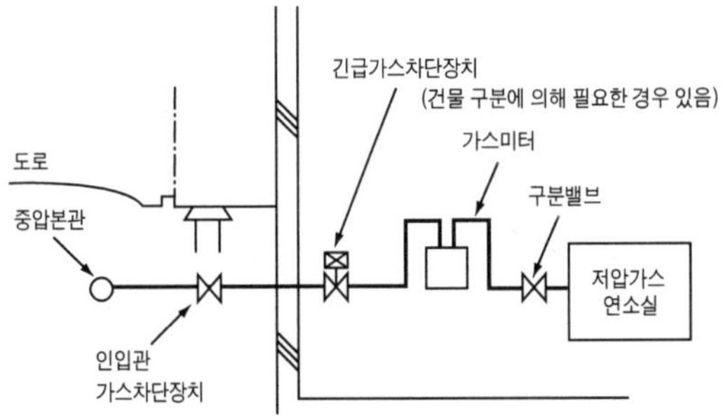

〈그림 7.4〉 저압 공급방식의 예

〈표 7.6〉 가버너실의 선정순위 및 환기방법(도쿄가스의 예)

선정순위	설치장소		환기설비	환기량	비고
1	옥외가버너실	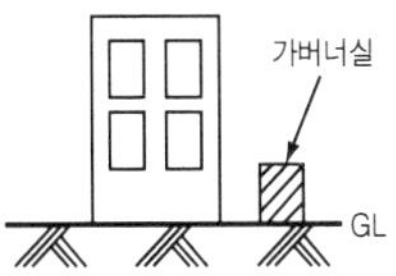	제4종 환기법 (자연환기)	환기횟수 2회/h 개구부 면적을 S라고 하면 S = 2AH/V A = 바닥면적 m^2 H = 높이 m V = 통상 해당시설 부근에서 상정되는 풍속	(1)거실(거주, 집무, 작업, 집회, 오락, 기타 이것과 유사한 목적을 위해 사용되는 실)에는 그 거실 바닥면적의 1/20 이상의 환기에 유효한 개구면적을 설치하는 것이 필요 (2)자연환기설비로서 배기통을 설치하는 경우, 그 유효단면적은 다음식에 의해 구한다. (시행령 20조의 2) $AV = \dfrac{Af}{250\sqrt{H}}$ 단 AV : 배기통의 유효단면적(m^2) Af : 거실의 바닥면적(m^2) H : 급기구 중심에서 배기통 정부(頂部)의 외기에 개방된 부분의 중심까지의 높이
2		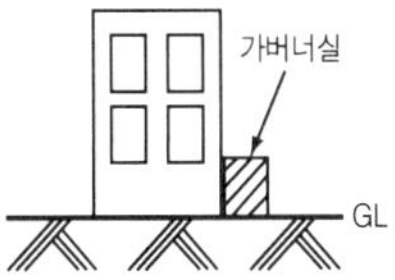			
3		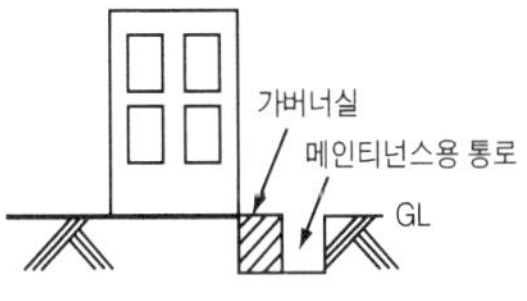			
4	옥내가버너실	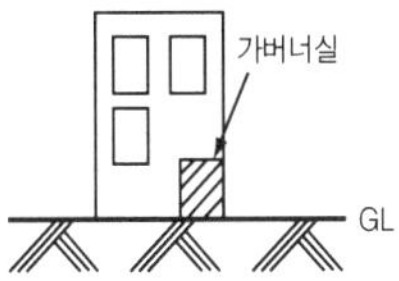	제1종 또는 제3종 환기 독립덕트		(1) 제1종 환기의 경우 상시 급기량 ≧ 배기량 (2) 각 지하의 문에는 급기구 또는 배기구를 설치한다. (3) 환기설비의 전원에는 예비전원을 부착한다. (4) 배기팬은 안전증방폭 이상으로 한다.(단 모터부가 배기 유로 밖에 있을 때는 제외한다.)
5		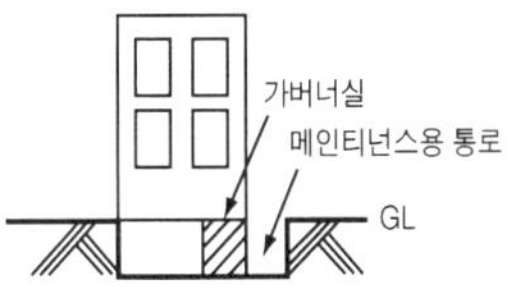			
6		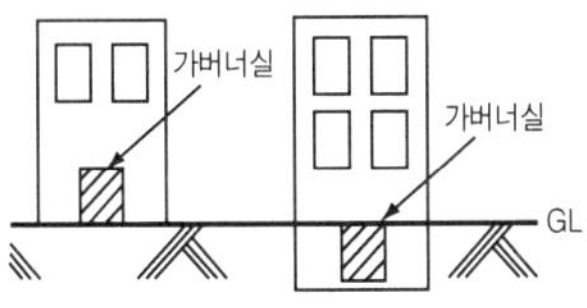			

【주】 빌딩 내에 독립된 미터실, 가버너실 등의 공급시설에 대해서는 특별히 정해진 법률·규제는 없으며 미터 가버너실 등을 설치하는 경우 미터, 가버너 등의 분해 점검작업을 고려해 해당실이 법령(건축기준법 제28조)에 규정된 거실이라고 고려해 〈표 7.6〉에 따른 환기설비를 설치한다.

(2) 가스유량

가스의 배치설계에 사용되는 수송공식으로는 식(7.1), (7.2)가 많이 사용된다.

(a) 저압의 경우

$$Q = K\sqrt{\frac{HD^5}{SL}} \quad \cdots\cdots (7.1)$$

$$D = \sqrt[5]{\frac{Q^2SL}{K^2H}}$$

Q = 유량(m³/h) D = 관의 내경(cm) H = 압력차(mm 수주)

L = 관의 길이(m) S = 가스의 비중(공기 = 1) K = 유량계수(폴 : 0.7055)

이 공식에 의해서 산출된 저압가스관 수송량의 일례를 〈표 7.7〉에 나타낸다.

(b) 중 · 고압의 경우

$$Q = K\sqrt{\frac{(P_1^2 - P_2^2)D^5}{SL}} \quad \cdots\cdots (7.2)$$

$$D = \sqrt{\frac{Q^2SL}{K^2(P_1^2 - P_2^2)}}$$

P_1 = 시압 (kgh/cm²(abs)) P_2 = 종압 (kgh/cm²(abs))

〈표 7.7〉 저압가스관 유량표(m³/h)

관경(mm)		관의 길이(m)							
공칭경	관의 근사내경	5	10	20	30	40	50	80	100
20	21.6	6.05	4.28	3.03	2.47	2.14	1.91	1.51	1.35
25	27.6	11.1	7.82	5.53	4.51	3.91	3.49	2.76	2.47
32	35.7	21.2	15.0	10.6	8.67	7.51	6.72	5.31	4.75
40	41.6	31.1	22.0	15.6	12.7	11.0	9.84	7.78	6.96
50	52.9	56.8	40.1	28.4	23.2	20.1	18.0	14.2	12.7
관경(mm)		관의 길이(m)							
공칭경	관의 근사내경	50	100	200	500	800	1,000	1,200	1,500
80	80.7	69.7	51.6	36.5	23.1	18.2	16.3	14.9	13.3
100	105.3	142	100	70.9	44.9	35.5	31.7	29.0	25.9
150	155	373	264	186	118	93.2	83.4	76.1	68.1
200	204.7	748	529	374	236	187	167	153	137
250	254.7	1,280	908	642	406	321	287	262	234
300	304.7	2,020	1,430	1,011	639	505	452	413	369

【주】 상기표는 (7.1)식에서 K = 0.7055로 해 구한 값 비중 = 0.64 압력차 = 구경 50mm 이하는 5mm수주, 구경 80mm 이상은 10mm 수주로 해 계산

또, 주요한 가스설비의 배관재료와 접속방법의 예를 〈표 7.8〉에 나타낸다.

〈표 7.8〉 주요 가스설비의 배관재료

직관의 재료	주요 적용구경	주요 접합방법
JIS G 3452(배관용 탄소강 강관)으로 규정한다. 「백관」	15 ~ 150A	나사
JIS G 3452(배관용 탄소강 강관)으로 규정한다. 「흑관」	20 ~ 80A	용접
JIS G 3452(배관용 탄소강 강관) 또는 JIS G 3457(배관용 아크용접 탄소강 강관)으로 「재료사양」에 정해진 폴리에틸렌에 의한 도복장을 한 것	100 ~ 750A	용접
JIS G 3452(배관용 탄소강 강관)으로 「재료사양」에 정해진 폴리에틸렌에 의한 도복장을 한 것	150 ~ 750A	용접 나사 메카니컬 이음
JIS G 3452(배관용 탄소강 강관)으로 「재료사양」에 정해진 폴리에틸렌에 의한 도복장을 한 것	15 ~ 40A	나사 메카니컬 이음
JIS G 3452(배관용 탄소강 강관)에 「재료사양」에 정해진 염화비닐에 의한 도복장을 한 것	15 ~ 40A	나사
「재료사양」에 정해진 닥타일 주철 직관	100 ~ 300A	나사
JIS K 6774(도시가스용 폴리에틸렌관)에서 규정하는 「폴리에틸렌관」	25 ~ 75A	융착 메카니컬 이음
JIS G 4305(냉간압연 스테인리스 강판 및 강대)에 의해 가스용으로 제조된 「가스용 스테인리스 후렉시블관」	8 ~ 32A	메카니컬 이음

7·1·4 가스누출방지와 가스누출 경보 (문헌 701)

가스누출경보장치는 〈표 7.9〉에 나타낸 대로 소방법 시행령 등에 설치기준이 규정되어 있다.

〈표 7.9〉 가스누출경보장치의 설치기준

소방법 시행령 21조 2	
(1)	지하에서 연면적 1,000m² 이상인 것
(2)	건축물의 지하층(지하의 각층을 제외)에서 연속해 지하도에 면해 설치된 것과 해당 지하도를 대면시킨 것으로 연면적이 1,000m² 이상인 동시에 *1에 나타낸 방화대상물의 용도로 공급된 부분의 바닥면적 합계가 500m² 이상인 것
(3)	*1에 나타낸 방화대상물의 지하층으로 바닥면적 합계가 1,000m² 이상인 것
(4)	*2에 나타낸 방화대상물의 지하층 가운데 바닥면적 합계가 1,000m² 이상인 동시에 *1에 나타낸 방화대상물의 용도로 공급된 부분의 바닥면적 합계가 500m² 이상인 것
건축기준법 고시 1099호 3층 이상의 층을 공동주택 용도로 공급하는 건축물의 주택 내의 장소 및 다음 장소에 설치한다. (1) 당해 주택에 관계되는 교양의 복도 또는 계단 등 (2) 관리사무소, 경비실 기타 상시 건축물을 관리하는 사람이 근무하는 장소	

【주】 *1 제6장 [부록2] 소방법시행령 별표에 나타낸 것 중 (1)항~(4)항, (5)항 2, (6)항 또는 (9)항 2의 방화대상물
*2 복합용도 방화대상물 중 그 일부가 *1의 용도로 공급되고 있는 것

경보기는 〈표 7.10〉과 같이 연소기(또는 외벽의 가스관 관통부)에서 8m 이내에 설치하고 천장면에서 0.3m 이내에 설치한다. 단 연소기와 경보기 사이에 높이 0.6m 이상 돌출한 보가 있어서는 안

된다. 천장면에 공조용의 리턴 그릴 또는 배기구가 있을 때는 연소기에 가장 가까운 배기구 근처에 설치한다. 공기보다 무거운 가스의 경우는 바닥면 위 0.3m 이내에, 연소기(또는 관통부)에서 4m 이내에 설치한다.

〈표 7.10〉 가스누출경보기의 설치 위치 예

	설치도		개요
1	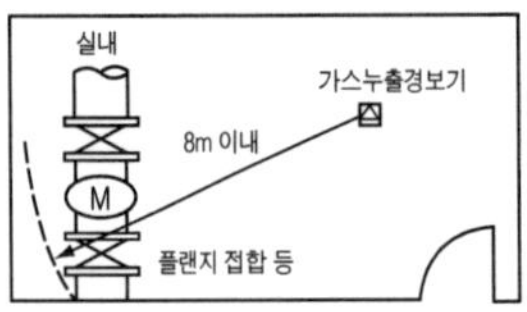	평면도	중압 이상의 가스가 공급되고 있는 가스연소기 및 용접 이외의 접합개소 등(이하 「플랜지 접합부」라고 한다.)에서 수평거리 8m 이내에 설치한다.
2	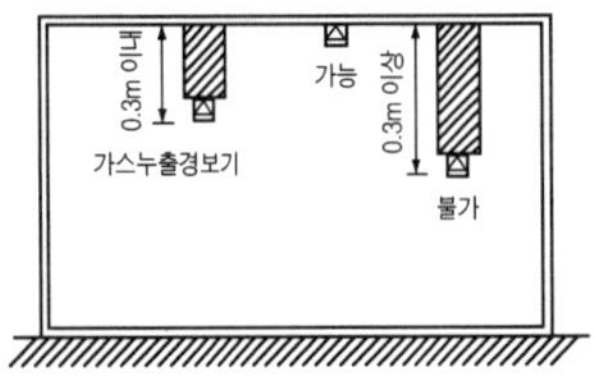	입면도	가스누출경보기의 하단은 천장면 등의 아래 방향 0.3m 이내에 설치한다.
3	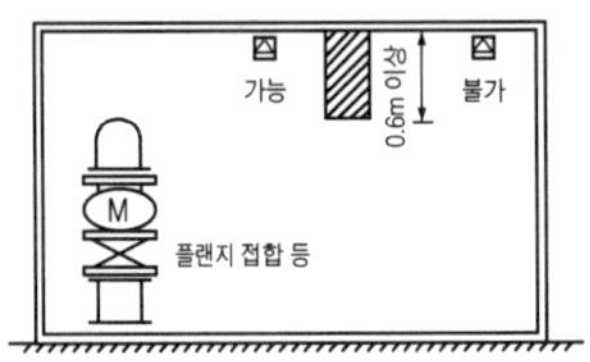	입면도	천장면 등이 0.6m 이상의 보 등에 의해 구획되어 있는 경우는 플랜지 접합부측에 설치한다.
4	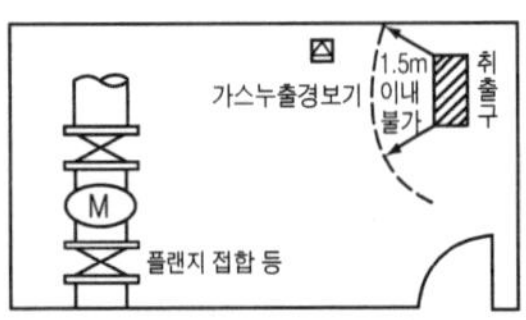	평면도	출입구 부근 등 외부 기류가 유통하는 장소, 환기구 등의 실내로의 공기취출구에서 1.5m 이내의 장소, 가스연소기의 폐가스에 접촉하기 쉬운 장소 등 가스 누출을 유효하게 검지할 수 없는 장소에는 설치하지 않는다.

또 긴급차단장치, 자동가스차단장치, 가스누출경보장치의 설치기준(가스회사 권장 포함)의 예를 〈표 7.11〉에 나타낸다.

(〈표 7.11〉을 보는 방법)

● · · · · · · 설치한다.

△ · · · · · · 설치를 권장한다.

– · · · · · · 협의 후 필요에 따라 설치한다.

*1 마이콤 미터가 없는 호수는 대상 제외

*2 경보기와의 연동은 업무용 자동가스차단장치와 마이콤미터가 설치된 경우는 업무용 자동가스 차단장

치와의 연동을 우선한다.

*3 자주(自主)기준에 의해 설치한다.

*4 (1) 최고 사용압력이 중압인 것 및 지하실·지하가 기타 지하실에 있어서 가스가 충만할 그것이 있는 장소에 가스를 공급하는 것은 설치한다. (법규제)

〈표 7.11〉 대상별 안전설비 설치기준(도쿄가스의 예)

	건물구분	개요	인입관 가스 차단 장치	긴급가스차단장치		가스누출경보기			자동가스차단장치			
				차단 밸브	감진기	설치	집중 감시	경보 설비	마이콤 미터	업무용자동가스차단장치 차단장치설치	업무용자동가스차단장치 개폐감시	경보기 연동
1	특정 지하가 등	대규모 지하가 등 및 준지하가 등 (지하부분만)	●	●	△	●	–	●	●	● *5	–	●
2	특정 지하실 등	대규모 지하실 등 (지하부분만)	●	●	△	●	–	●	●	● *5	–	●
3	초고층 건물	높이 60m를 넘는 건물 / 주택이외	●	●	●	●	●	–	●	●	●	●
		높이 60m를 넘는 건물 / 공동주택	●	●	●	● *6	● *7	–	●	–	–	–
4	고층 건물	높이 31m를 넘는 건물 / 비상용 엘리베이터 및 특별 피난계단의 설치가 필요한 건물 (고층건물(Ⅰ)) / 주택이외	●	●	●	●	–	–	●	●	●	●
		높이 31m를 넘는 건물 / 비상용 엘리베이터 및 특별 피난계단의 설치가 필요한 건물 (고층건물(Ⅰ)) / 집합주택	●	△	△	● *6	● *7	–	●	–	–	–
		높이 31m를 넘는 건물 / 비상용 엘리베이터 및 특별 피난계단의 설치가 필요하지 않은 건물 (고층건물(Ⅱ)) / 주택이외	●	△	△	● *6	–	–	●	● *5	–	● *8
		높이 31m를 넘는 건물 / 비상용 엘리베이터 및 특별 피난계단의 설치가 필요하지 않은 건물 (고층건물(Ⅱ)) / 집합주택	●	△	△	–	–	–	●	–	–	–
5	특정 대규모 건물	특정업무용도로 공급된 가스미터의 환산 총 호수가 180호 이상인 건물	●	●	△	●	–	–	●	● *5	–	●
6	특정 중규모 건물	특정업무용도로 공급된 가스미터의 환산 총 호수가 30호 이상인 건물	● *3 및 *4	△	△	● *8	–	–	●	● *5	–	● *8
7	특정 공공용 건물	특정공공용도(사회적 약자에 관계된다.)로 공급된 가스미터의 환산 총 호수가 180호 이상인 건물	● *3 및 *4	△	△	● *8	–	–	●	● *5	–	● *8
8	공업용 건물	공업용도로 공급된 가스미터의 환산 총 호수가 90호 이상인 건물	△ *4	–	–	△	–	–	●	△ *9	–	△
9	일반 업무용 건물	업무용도로 공급된 가스미터가 설치되어 있는 건물	△ *4	–	–	△	–	–	●	△ *9	–	△
10	일반 공동 주택	주거용도로 가스 사용자가 2 이상인 건물	△ *4	–	–	–	–	–	●	–	–	–
11	일반 주택	주용도가 주거용도로 가스의 사용자가 1인 건물	△ *4	–	–	–	–	–	●	–	–	–

(2) 인입관 내경이 50mm 이상인 것은 모두 설치한다. (단, 70mm 이상이 법규칙)

*5 사용장소마다 마이콤미터가 설치되어 있지 않은 것에 설치

*6 통기가 없는 차단밸브실, 미터실 등에 설치, 환기가 없는 주수직관 샤프트 내에 설치

*7 환기가 없는 주수직관 샤프트 내에 설치

*8 사용장소마다 마이콤미터가 설치되어 있지 않은 것에 설치(마이콤미터가 설치된 것은 △)

*9 사용장소마다 마이콤미터가 설치되어 있지 않은 것에 권장

7 · 2 주방설비

7 · 2 · 1 에너지 기타 사용량

(1) 병원 주방의 에너지 소비량의 실측치(Mcal/인)

주방의 소비에너지는 가스와 증기이며 이 내역은 〈표 7.12〉와 같이 식단(메뉴)에 따라 많이 달라지지만 그 합계치는 병원에서는 급식인원 1인당 대략 0.6~1.0Mcal/인이 된다. 〈표 7.12〉의 에너지는 1차 에너지 환산으로 한다. 이 에너지에는 조리용뿐 아니라 식기보온용이 포함된다.

〈표 7.12〉 병원에서 급식용 에너지 실측치(Mcal/인)

	TR 병원*1			JT 병원*2		
	아침	점심	저녁	아침	점심	저녁
증기	0.35 ~ 0.56	0.24 ~ 0.51	0.39 ~ 0.41	0.42 ~ 0.48	0.42 ~ 0.56	0.49 ~ 0.77
가스	0.19 ~ 0.22	0.24 ~ 0.47	0.38 ~ 0.66	0 ~ 0.23	0 ~ 0.47	0.35 ~ 0.58
합계	0.54 ~ 0.78	0.68 ~ 0.98	0.72 ~ 0.80	0.62 ~ 0.65	0.82 ~ 0.95	0.95 ~ 1.08

【주】*1 (문헌 702), *2 (문헌 703)

(2) 병원 · 호텔 · 음식점 등의 주방에 있어서 각종 소비량

〈표 7.13〉 주방에 있어서 각종 소비량(실측치)

급수량	병원, (〈표 6.9〉 참조) 호텔, (〈표 6.10〉(B) 참조) 음식점 기타, (〈표 6.15〉 참조)
급탕량	병원, (〈표 6.52〉 참조) 호텔, (〈표 6.53〉 참조) 음식점 (〈표 6.54〉 참조)
증기	〈표 7.10〉에 그 상세를 나타냈는데 대략 급식인원 1명당 0.3~0.7 Mcal/인 (0.4~1.0kg/인) 침상(베드)당 피크치 0.30~0.43kcal/h Bed(0.39~0.56kg/h Bed)

〈표 7.14〉 주방기구의 증기소비량 (문헌 704)

국솥	(20ℓ 당)	9kg/h
밥솥	(수량 1ℓ 당)	0.6 ~ 1.0kg/h
스팀테이블	(표면 1m² 당)	0.8kg/h
Bain Marie	(표면 1m² 당)	1.6kg/h
커피포트	(1ℓ 당)	0.36kg/h
에그보일러	(3구획)	8.3kg/h
접시세정기	(1열 당)	27kg/h
식기보온 찬장	(1m² 당)	28kg/h

【주】 본표는 취반기를 제외하며 District Handbook 1951에 의한다.

7·2·2 주방용 기기

〈표 7.15〉 증기용 라이스 보일러 (문헌 705)

취사량		수량 (ℓ)	솥 직경 (mm)	전폭 (mm)	급기밸브 (mm)	증기소비량 (kg/h)
15kg	1말	56	600	1,185	15	13
22kg	1.5말	81	700	1,310	15	18
30kg	2말	112	772	1,420	20	25
45kg	3말	168	902	1,523	20	36
60kg	4말	224	952	1,579	20	47
75kg	5말	280	1,012	1,643	20	59
90kg	6말	336	1,062	1,702	20	73

〈표 7.16〉 취반기 (라이스 쿠커) (문헌 705)

번호	취사량	본체 외경			내부 단수	밥통수	중량 (kg)	배관경		최고 사용 압력 (kg/cm²)	사용 전력 (V)	1회의 통기 시간 (분)	1회의 취사증기 소비량 (kg)
		높이Ⓔ	폭Ⓕ	길이Ⓖ				급배기	공기빼기				
2	30kg (36ℓ)	1,230	960	910	4	8	400	SGP 20A	SGP 15A	0.4	100	18	10
3	45kg (54ℓ)	1,360	990	1,025	4	8	500			〃	〃	20	11
4	60kg (72ℓ)	1,510	990	1,025	5	10	600			〃	〃	20	14
5	75kg (90ℓ)	1,550	1,280	1,140	5	15	900	SGP 25A		0.9	〃	25	18
6	90kg (108ℓ)	1,670	1,280	1,140	6	18	1,000			〃	〃	25	21
7	105kg (126ℓ)	1,670	1,400	1,140	6	18	1,100			〃	〃	25	23
8	120kg (144ℓ)	1,850	1,400	1,140	7	21	1,200			〃	〃	25	27
10	150kg (180ℓ)	1,550	1,280	1,550	5	30	1,500			〃	〃	30	31
12	180kg (216ℓ)	1,650	1,280	1,550	6	35	1,600			〃	〃	30	38

7 · 3 세탁장설비

7 · 3 · 1 세탁물량

〈표 7.17〉 세탁물 발생량의 개략치 (문헌 706)

	품명	세탁물량(kg/인 · d)	비고
일반가정	세탁 드라이크리닝	0.25 –	드라이크리닝은 전부 외주
기숙사	세탁 드라이크리닝	0.15 0.10	–
호텔	세탁 드라이크리닝	3.0~4.0 0.25	객실용 : 20~2.5kcal/Bed d 종업원용 : 0.3~0.4kg/인 · d 레스토랑, 연회용 : 0.2~0.3kg/객 · d
병원	세탁 드라이크리닝	1.8~2.0 0.2	기준침구 : 1kg/Bedd 백의 간호복 : 0.4kg/Bedd 가제, 포대 : 0.3kg/Bedd 일반종업원 : 0.1kg/Bedd
레스토랑	세탁 드라이크리닝	0.2~0.3	
공장사무소	세탁 드라이크리닝	0.25 0.15	
학교	세탁 드라이크리닝	0.4 0	

〈표 7.18〉 병원의 세탁량(실측치) (문헌 707)

각 장소마다	수술부	수술부 1회당	20.3~24.3kg/d
	외래부	외래환자수 1인당	0.060~0.071kg/d
	병동부	입원환자 1인당	1.42~1.70kg/d
	직원	직원 1인당	0.16~0.20kg/d
합 계		베드당	2.06~2.34kg/d Bed
		연면적당	0.058~0.062kg/d ㎡

【주】 본표는 JT병원(완전간호)의 1년간 매월 세탁량에서 구한 것으로, 계절에 의한 큰 차이는 없다.

7 · 3 · 2 세탁량에 따른 각종 소비량

〈표 7.19〉 세탁장의 급수 · 급탕 · 전기 소비량

급수량	병원 〈표 6.9〉 참조 호텔 〈표 6.10〉(B) 참조	
급탕량	병원 〈표 6.52〉 참조 호텔 〈표 6.53〉 참조	
증기(세탁량 1kg 당)	1일 량	피크 로드
	24~32kg/d	3.2~4.2kg/kgh
전기(동력용)	86~101 Wh/kgd	10~15 Wh/kgh

【주】 증기와 전기는 JT병원 실측치, 모두 1일간의 세탁물 1kg당

〈표 7.20〉 회전식 세탁기의 동력

내동경(mm)	내동장(mm)	소요동력(mm)	수용매수
750	900	0.735	18매(단의)
750	1,000	0.735	20매(단의)
900	900	0.735	27매(단의)
900	1,200	1.47	35매(단의)
1,000	1,300	1.47	50매(단의)

〈표 7.21〉 회전식 세탁기의 물과 증기의 소비량 (문헌 705)

내동경×길이(mm)	처리능력(kg/회)	소비량(kg/회)	
		물	증기
915 × 760	18	680	36
915 × 1,220	25	1,300	50
1,065 × 1,525	32	1,400	37
1,165 × 1,525	45	2,000	53
1,065 × 2,280	68	2,500	80
1,065 × 3,050	90	3,500	106

【주】 소비량은 세탁, 헹굼을 모두 포함한 수치. 1회의 세탁시간은 30~45분

〈표 7.22〉 탈수기의 동력

직경(mm)	소요동력(kW)	처리능력(kg/회)
450	0.735	10
550	0.735	18
600	1.47	24
650	1.47	32
750	3.675	45

【주】 1회당 소요시간 450D에서 6분, 750D에서 20분

〈표 7.23〉 탈수기의 증기

	증기			소요동력
	필요압력	관경	환수관경	
Ironer(Mangle)	5~7kg/cm^2	20A~25A	15A~20A	0.735~1.47kW
회전식건조기	0.3kg/cm^2 이상	25A~32A	20A	2.205~4.41kW

【주】 Ironer의 증기 및 환수관경은 롤 1개에 대해

〈표 7.24〉 각 세탁기계의 필요관경

	증기관	환수관	냉수관	온수관
건조실	20A	20A	–	–
풀 냄비	15A	15A	15A	15A
브레싱기	15A	15A	–	–
소독기	25A	25A	–	–

7·4 고압증기 공급설비

병원이나 호텔에서는 〈표 7.25〉에 나타낸 곳 또는 기구에 고압증기를 공급한다. 이들 기구중에서 8atg의 증기가 필요한 곳은 시트 로울러뿐이며, 그 외에는 거의 2~3 atg의 압력이면 충분하다.

병원에 있어서 증기소비량의 1일의 숫자 및 여름에 있어서의 피크시간 30분간의 값을 연면적으로 환산해서 〈표 7.26〉에 나타낸다. 표와 같이 난방을 제외하더라도 겨울철 2월의 값은 여름철 7월의

〈표 7.25〉 고압증기 공급개소

	장소	기구명
병원	주방	취반기, 밥솥, 국솥, 보온선반, 접시세정기, 스팀 테이블
	세탁실	세탁기, 시트로울러, 브레스기, 건조실, 건조기(텀블러)
	기계실	급탕용 저탕조
	외래진료	Simmer busch*[1]
	중재실	멸균기, 멸균수 제조기
	수술실	상동
	병동	변기소독기*[1], 욕조
호텔	주방	병원과 같음
	세탁장	병원과 같음
	기계실	급탕용 저탕조

【주】*[1] 구식인 것은 증기를 사용하는 형식이고, 신식인 것은 증기를 사용치 않는 것도 있다.

〈표 7.26〉 병원의 고압증기 소비량(평일) (문헌 702, 703, 707)

	1일 사용량 (kcal/m²d)				피크시 사용량 (kcal/m²30min)	
	TR병원*[1]		JT병원*[2]		TR	JT
	2월	7월	2월	7월	2월	7월
난방	666	0	600	51	0	0
급탕	445	166	248	123	9.5	9.7
주방	93	73	35	29	5.6	6.6
세탁	122	116	160	130	4.7	6.5
중재	22	22	12	12	1.1	0.8
배관 로스	187	154	173	144	5.1	5.2
기타	226	188	240	192	13.7	8.0
합계	1,761	719	1,469	682	25.7	33.7

【주】 연면적은 *1TR병원 20,600m², *2JT병원 14,340m²
본표의 kcal는 2차 에너지로 kg으로 환산하려면 이것을 약 520으로 나누면 된다.
피크시의 숫자는 각각 피크의 출현시간이 다르므로, 각 난의 합계와 표의 합계는 다르다.

값에 비해 모든 부문에서 커지며, 따라서 피크 값은 이 1일의 값(겨울/여름)의 비를 여름 실측값에 곱해서 겨울 피크로 환산하여 설계하는데 이용해야 할 것이다.

여름철에 있어서 어느 1일의 증기소비량의 변화와 내역을 〈그림 7.5〉에 나타낸다. 그림의 q_F는 중유소비량으로 환산한 값(1차 에너지)이며, 실제의 소비량(2차 에너지)은 그림의 q_P가 된다.

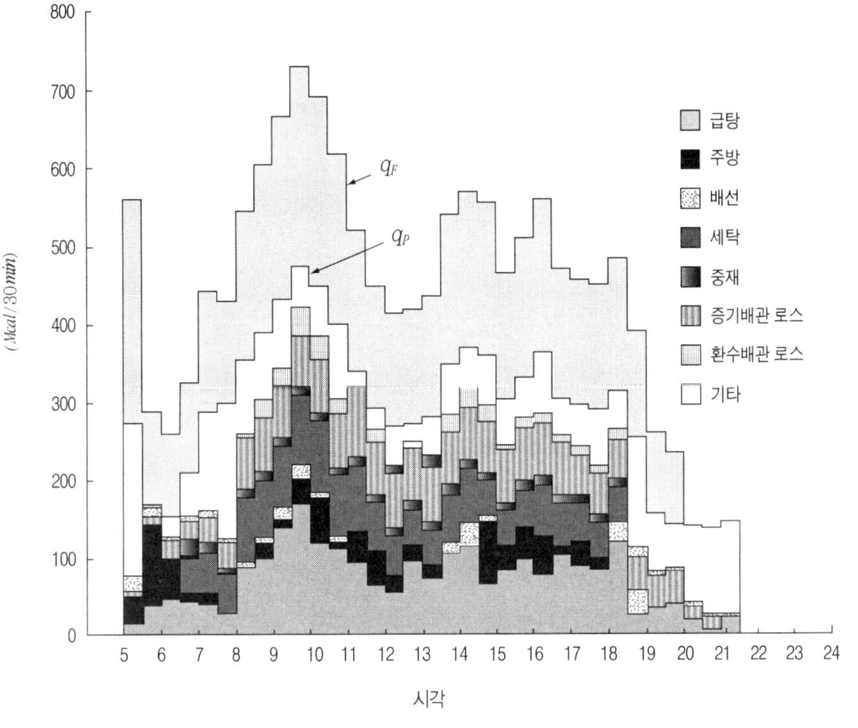

〈그림 7.5〉 TR병원에 있어서 고압증기 공급량의 시간변화 (1981년 7월 22일)

제8장 부표

8·1 장방형 덕트의 환산표

8·2 압력용기의 동판·경판의 개략 두께

8·3 배관용 탄소강 강관

8·4 건축배관용 동관의 치수

8·5 일반용 경질염화비닐관

8·6 일반용 폴리에틸렌관

8·7 등변산형강 중량표

8·8 아연철판

8·9 강판 중량표

제8장 부표

〈표 8.1〉 (A) 장방형 덕트의 환산표(1)

장변 \ 단변	5	10	15	20	25	30	35	40	45	50	55	60	65
5	5.5												
10	7.6	10.9											
15	9.1	13.3	16.4										
20	10.3	15.2	18.9	21.9									
25	11.4	16.9	21.0	24.4	27.3								
30	12.2	18.3	22.9	26.6	29.9	32.8							
35	13.0	19.5	24.5	28.6	32.2	35.4	38.3						
40	13.8	20.7	26.0	30.5	34.3	37.8	40.9	43.7					
45	14.4	21.7	27.4	32.1	36.3	40.0	43.3	46.4	49.2				
50	15.0	22.7	28.7	33.7	38.1	42.0	45.6	48.8	51.8	54.7			
55	15.6	23.6	29.9	35.1	39.8	43.9	47.7	51.1	54.3	57.3	60.1		
60	16.2	24.5	31.0	36.5	41.4	45.7	49.6	53.3	56.7	59.8	62.8	65.6	
65	16.7	25.3	32.1	37.8	42.9	47.4	51.5	55.3	58.9	62.2	65.3	68.3	71.1
70	17.2	26.1	33.1	39.1	44.3	49.0	53.3	57.3	61.0	64.4	67.7	70.8	73.7
75	17.7	26.8	34.1	40.2	45.7	50.6	55.0	59.2	63.0	66.6	69.7	73.2	76.3
80	18.1	27.5	35.0	41.4	47.0	52.0	56.7	60.9	64.9	68.7	72.2	75.5	78.7
85	18.5	28.2	35.9	42.4	48.2	53.4	58.2	62.6	66.8	70.6	74.3	77.8	81.1
90	19.0	28.9	36.7	43.5	49.4	54.8	59.7	64.2	68.6	72.6	76.3	79.9	83.3
95	19.4	29.5	37.5	44.5	50.6	56.1	61.1	65.9	70.3	74.4	78.3	82.0	85.5
100	19.7	30.1	38.4	45.4	51.7	57.4	62.6	67.4	71.9	76.2	80.2	84.0	87.6
105	20.1	30.7	39.1	46.4	52.8	58.6	64.0	68.9	73.5	77.8	82.0	85.9	89.7
110	20.5	31.3	39.9	47.3	53.8	59.8	65.2	70.3	75.1	79.6	83.8	87.8	91.6
115	20.8	31.8	40.6	48.1	54.8	60.9	66.5	71.7	76.6	81.2	85.5	89.6	93.6
120	21.2	32.4	41.3	49.0	55.8	62.0	67.7	73.1	78.0	82.7	87.2	91.4	95.4
125	21.5	32.9	42.0	49.9	56.8	63.1	68.9	74.4	79.5	84.3	88.8	93.1	97.3
130	21.9	33.4	42.6	50.6	57.7	64.2	70.1	75.7	80.8	85.7	90.4	94.8	99.0
135	22.2	33.9	43.3	51.4	58.6	65.2	71.3	76.9	82.2	87.2	91.9	96.4	100.7
140	22.5	34.4	43.9	52.2	59.5	66.2	72.4	78.1	83.5	88.6	93.4	98.0	102.4
145	22.8	34.9	44.5	52.9	60.4	67.2	73.5	79.3	84.8	90.0	94.9	99.6	104.1
150	23.1	35.3	45.2	53.6	61.2	68.1	74.5	80.5	86.1	91.3	96.3	101.1	105.7
160	23.7	36.2	46.3	55.1	62.9	70.0	76.6	82.7	88.5	93.9	99.1	104.1	108.8
170	24.2	37.1	47.5	56.4	64.4	71.8	78.5	84.9	90.8	96.4	101.8	106.9	111.8
180	24.7	37.9	48.5	57.7	66.0	73.5	80.4	86.9	93.0	98.8	104.3	109.6	114.6
190	25.3	38.7	49.6	59.0	67.4	75.1	82.2	88.9	95.2	101.2	106.8	112.2	117.4
200	25.8	39.5	50.6	60.2	68.8	76.7	84.0	90.8	97.3	103.4	109.2	114.7	120.0
210	26.3	40.3	51.6	61.4	70.2	78.3	85.7	92.7	99.3	105.6	111.5	117.2	122.6
220	26.7	41.0	52.5	62.5	71.5	79.7	87.4	94.5	101.3	107.6	113.7	119.5	125.1
230	27.2	41.7	53.4	63.6	72.8	81.2	89.0	96.3	103.1	109.7	115.9	121.8	127.5
240	27.6	42.4	54.3	64.7	74.0	82.6	90.5	98.0	105.0	111.6	118.0	124.1	129.9
250	28.1	43.0	55.2	65.8	75.3	84.0	92.0	99.6	106.8	113.6	120.0	126.2	132.2
260	28.5	43.7	56.0	66.8	76.4	85.3	93.5	101.2	108.5	115.4	122.0	128.3	134.4
270	28.9	44.3	56.9	67.8	77.6	86.6	95.0	102.8	110.2	117.3	124.0	130.4	136.6
280	29.3	45.0	57.7	68.8	78.7	87.9	96.4	104.3	111.9	119.0	125.9	132.4	138.7
290	29.7	45.6	58.5	69.7	79.9	89.1	97.7	105.8	113.5	120.8	127.8	134.4	140.8
300	30.1	46.2	59.2	70.6	80.9	90.3	99.0	107.3	115.1	122.5	129.5	136.3	142.8

* SI 단위환산식

Pa = 133.3224×mmHg

KJ/kg = 4.186×kcal/kg

〈표 8.1〉 (B) 장방형 덕트의 환산표(2)

장변＼단변	70	75	80	85	90	95	100	105	110	115	120	130	140	150
70	76.5													
75	79.2	82.0												
80	81.8	84.7	87.5											
85	84.2	87.2	90.1	92.9										
90	86.6	89.7	92.7	95.6	98.4									
95	88.9	92.1	95.2	98.2	101.1	103.9								
100	91.1	94.4	97.6	100.7	103.7	106.5	109.3							
105	93.2	96.7	100.0	103.1	106.2	109.1	112.0	114.8						
110	95.3	98.8	102.2	105.5	108.6	111.7	114.7	117.5	120.3					
115	97.3	100.9	104.4	107.8	111.0	114.1	117.2	120.1	122.9	125.7				
120	99.3	103.0	106.6	110.0	113.3	116.5	119.6	122.6	125.6	128.4	131.2			
125	101.2	105.0	108.6	112.2	115.6	118.8	122.0	125.1	128.1	131.0	133.9			
130	103.1	106.9	110.7	114.3	117.7	121.1	124.4	127.5	130.6	133.6	136.5	142.1		
135	104.9	108.8	112.6	116.3	119.9	123.3	126.7	129.9	133.0	136.1	139.1	144.8		
140	106.6	110.7	114.6	118.3	122.0	125.5	128.9	132.2	135.4	138.5	141.6	147.5	153.0	
145	108.4	112.5	116.5	120.3	124.0	127.6	131.1	134.5	137.7	140.9	144.0	150.3	155.7	
150	110.0	114.3	118.3	122.2	126.0	129.7	133.2	136.7	140.0	143.3	146.4	152.6	158.4	164.0
155	111.7	116.0	120.1	124.1	127.9	131.7	135.3	138.8	142.2	145.5	148.8	155.0	161.0	166.7
160	113.3	117.7	121.9	125.9	129.8	133.6	137.3	140.9	144.4	147.8	151.1	157.5	163.5	169.3
165	114.9	119.3	123.6	127.7	131.7	135.6	139.3	143.0	146.5	150.0	153.3	159.8	166.0	171.9
170	116.4	120.9	125.3	129.5	133.5	137.5	141.3	145.0	148.6	152.1	155.6	162.2	168.5	174.5
175	118.0	122.5	127.0	131.2	135.3	139.3	143.2	147.0	150.7	154.2	157.7	164.4	170.8	177.0
180	119.5	124.1	128.6	132.9	137.1	141.2	145.1	148.9	152.7	156.3	159.8	166.7	173.2	179.4
185	120.9	125.6	130.2	134.6	138.8	143.0	147.0	150.9	154.7	158.3	161.9	168.9	175.5	181.9
190	122.4	127.2	131.8	136.2	140.5	144.7	148.8	152.7	156.6	160.3	164.0	171.0	177.8	184.2
195	123.8	128.5	133.3	137.9	142.2	146.5	150.6	154.6	158.5	162.3	166.0	173.2	180.0	186.6
200	125.2	130.1	134.8	139.4	143.8	148.1	152.3	156.4	160.4	164.2	168.0	175.3	182.2	188.9
210	127.9	132.9	137.8	142.5	147.0	151.5	155.8	160.0	164.0	168.0	171.9	179.3	186.5	193.3
220	130.5	135.7	140.6	145.5	150.2	154.7	159.1	163.4	167.6	171.6	175.6	183.3	190.6	197.7
230	133.0	138.3	143.4	148.4	153.2	157.8	162.3	166.7	171.0	175.2	179.3	187.1	194.7	201.9
240	135.5	140.9	146.1	151.2	156.1	160.8	165.5	170.0	174.4	178.6	182.8	190.9	198.6	206.0
250	137.9	143.4	148.8	153.9	158.9	163.8	168.5	173.1	177.6	182.0	186.3	194.5	202.4	210.0
260	140.2	145.9	151.3	156.6	161.7	166.7	171.5	176.2	180.8	185.2	189.6	198.0	206.1	213.9
270	142.5	148.3	153.8	159.2	164.4	169.5	174.4	179.2	183.9	188.4	192.9	201.5	209.7	217.7
280	144.7	150.6	156.2	161.7	167.0	172.2	177.2	182.1	186.9	191.5	196.1	204.9	213.3	221.4
290	146.9	152.9	158.6	164.2	169.6	174.8	180.0	185.0	189.8	194.5	199.2	208.1	216.7	225.0
300	149.0	155.5	160.9	166.6	172.1	177.5	182.7	187.7	192.7	197.5	202.2	211.3	220.1	228.5

〈표 8.1〉 (C) 장방형 덕트의 환산표(3)

장변 \ 단변	5	10	15	20	25	30	35	40	45	50	55	60	65
150	164.0												
155	166.7												
160	169.3	174.9											
165	171.9	177.6											
170	174.5	180.3	185.8										
175	177.0	182.9	188.6										
180	179.4	185.4	191.2	196.8									
185	181.9	188.0	193.8	199.5									
190	184.2	190.4	196.4	202.1	207.7								
195	186.6	192.9	198.9	204.8	210.4								
200	188.9	195.3	201.4	207.3	213.1	218.6							
205	191.1	197.6	203.9	209.9	215.7	221.3							
210	193.3	199.9	206.3	212.4	218.3	224.0	229.6						
215	195.5	202.2	208.6	214.8	220.9	226.7	232.3						
220	197.7	204.5	211.0	217.3	223.4	229.2	235.0	240.5					
225	199.8	206.7	213.3	219.7	225.8	231.8	237.6	243.2					
230	201.9	208.9	215.5	222.0	228.3	234.3	240.2	245.9	251.4				
235	204.0	211.0	217.8	224.3	230.7	236.8	242.8	248.5	254.1				
240	206.0	213.1	220.0	226.6	233.0	239.3	245.3	251.1	256.8	262.4			
245	208.0	215.2	222.2	228.8	234.4	241.7	247.8	253.7	259.5	265.1			
250	210.0	217.3	224.3	231.1	237.7	244.1	250.2	256.2	262.1	267.8	273.3		
255	211.9	219.3	226.4	233.3	240.0	246.4	252.7	258.7	264.7	270.4	276.0		
260	213.9	221.3	228.5	235.5	242.2	248.7	255.1	261.2	267.2	273.0	278.7	284.2	
265	215.8	223.3	230.6	237.6	244.5	251.0	257.4	263.7	269.7	275.6	281.3	286.9	
270	217.7	225.3	232.7	239.8	246.7	253.3	259.8	266.1	272.2	278.2	284.0	289.6	
275	219.5	227.2	234.7	241.8	248.8	255.6	262.1	268.5	274.7	280.7	286.6	292.3	
280	221.4	229.2	236.7	243.9	251.0	257.8	264.4	270.8	277.1	283.2	289.1	294.9	306.1
285	223.2	231.1	238.6	246.0	253.1	260.0	266.7	273.2	279.5	285.6	291.6	297.5	308.8
290	225.0	232.9	240.6	248.0	255.2	262.1	268.9	275.5	281.9	288.1	294.1	300.1	314.5
295	226.8	234.8	242.5	250.0	257.3	264.3	271.1	277.7	284.2	290.5	296.6	302.6	316.2
300	228.5	236.6	244.4	252.0	259.3	266.4	273.3	280.0	286.5	292.9	299.1	305.1	316.8

〈표 8.2〉 압력용기의 동판 · 경판의 개략 두께(mm)

(1) 동판의 두께

관동(罐胴)의 최대내경(mm)	제한압력(kg/cm²)				
	4	5	6	7	8
300	3.2	3.2	3.2	3.2	
350					4.5
400				4.5	
450			4.5		
500		4.5			
550					6
600				6	
650	4.5				
700			6		
750					8
800		6			
850				8	
900					
950			8		
1,000					9
1,100	6				
1,200		8		9	10
1,300					
1,400			9	10	12
1,500	8			12	
1,600		9	10		16
1,700					
1,800			12		
1,900		10		16	
2,000					
2,100	9	12			
2,200			16		18
2,300					
2,400	10				
2,500					

(2) 경판의 두께

접시형 경판의 곡반경(mm)	제한압력(kg/cm²)				
	4	5	6	7	8
300	6	6	6	8	8
400			8		
500		8			9
600	8			9	
700			9		
800		9			
900					
1,000	9				16
1,100		10	12		
1,200				16	
1,300	10	12			
1,400			16		
1,500	12				
1,600					
1,700		16		19	19
1,800					
1,900					
2,000	16		19		22
2,100					
2,200				22	
2,300					
2,400		19			
2,500					25

〈표 8.3〉 배관용 탄소강 강관(가스관) (JIS G 3452-1988)

관의 호칭법		외경 (mm)	근사내경 (mm)	두께 (mm)	소켓을 포함하지 않은 중량 (kg/m)	관내단면적 (cm^2) *	유속 1m/s 일 때 유량 (m^3/h) *	유량 $1m^3/s$ 일 때 유속 (m/s) *
(A)	(B)							
6	1/8	10.5	6.5	2.0	0.419	0.332	0.1195	8.367
8	1/4	13.8	9.2	2.3	0.652	0.665	0.2394	4.177
10	3/8	17.3	12.7	2.3	0.851	1.267	0.4561	2.193
15	1/2	21.7	16.1	2.8	1.31	2.036	0.7330	1.364
20	3/4	27.2	21.6	2.8	1.68	3.664	1.319	0.7582
25	1	34.0	27.6	3.2	2.43	5.982	2.154	0.4643
32	1 1/4	42.7	35.7	3.5	3.38	10.01	3.604	0.2775
40	1 1/2	48.6	41.6	3.5	3.89	13.69	4.892	0.2044
50	2	60.5	52.9	3.8	5.31	21.98	7.913	0.1264
65	2 1/2	76.3	67.9	4.2	7.47	36.21	13.04	0.07669
80	3	89.1	80.7	4.2	8.79	51.15	18.41	0.05431
90	3 1/2	101.6	93.2	4.2	10.1	68.20	24.56	0.04072
100	4	114.3	105.3	4.5	12.2	87.09	31.35	0.03190
125	5	139.8	130.8	4.5	15.0	134.37	48.37	0.02267
150	6	165.2	155.2	5.0	19.8	189.18	68.10	0.01468
175	7	190.7	180.1	5.3	24.2	254.75	91.71	0.01090
200	8	216.3	204.7	5.8	30.1	329.10	118.48	0.00844
225	9	241.8	229.4	6.2	36.0	413.31	148.79	0.00672
250	10	267.4	254.2	6.6	42.4	507.51	182.70	0.00547
300	12	318.5	304.7	6.9	53.0	729.18	262.50	0.00381
350	14	355.6	339.8	7.9	67.7	906.85	326.47	0.00306
400	16	406.4	390.2	7.9	77.6	1,195.21	430.28	0.00232
450	18	457.2	441.4	7.9	87.5	1,640.90	590.72	0.00169
500	20	508.2	492.4	7.9	97.4	2,027.40	729.86	0.00137

【주】 1. 관의 호칭 방법에는 (A) 및 (B)가 모두 사용된다. 단지 필요에 맞게 (A)에 의한 경우는 A, (B)에 의한 경우는 B의 부호를 각각의 숫자 뒤에 붙여 구분한다.

2. 관 1본의 길이는 3,600m 이상으로 한다.

* 표시는 저자의 계산에 의한다.

〈표 8.4〉 (A) 건축배관용 동관의 치수 (N타입을 제외 JIS H 3300)

타입	지름 (in)	평균 외경 (mm)	두께 (mm)	구멍의 표면적 (m^2/m)	외측의 표면적 (cm^2)	중량 (kg/m)	용도
K타입	1/4 (8A)	9.52	0.89	0.471	0.0299	0.216	고압배관
	3/8 (10A)	12.70	1.24	0.820	0.0399	0.399	
	1/2 (15A)	15.88	1.24	1.41	0.0499	0.510	
	5/8	19.05	1.24	2.16	0.0598	0.620	
	3/4 (20A)	22.22	1.65	2.81	0.0698	0.953	
	1 (25A)	28.58	1.65	5.02	0.0898	1.25	
	1 1/4 (32A)	34.92	1.65	7.85	0.110	1.54	
	1 1/2 (40A)	41.28	1.83	11.1	0.130	2.03	
	2 (50A)	53.98	2.11	19.4	0.170	3.07	
L타입	1/4 (8A)	9.52	0.76	0.503	0.0299	0.187	가스배관 급수 급탕
	3/8 (10A)	12.70	0.89	0.937	0.0399	0.295	
	1/2 (15A)	15.88	1.02	1.50	0.0499	0.426	
	5/8	19.05	1.07	2.25	0.0598	0.540	
	3/4 (20A)	22.22	1.14	3.12	0.0698	0.675	
	1 (25A)	28.58	1.27	5.33	0.0898	0.974	
	1 1/4 (32A)	34.92	1.40	8.10	0.110	1.32	
	1 1/2 (40A)	41.28	1.52	11.5	0.130	1.70	
	2 (50A)	53.98	1.78	20.0	0.170	2.61	
	2 1/2 (65A)	66.68	2.03	30.8	0.209	3.69	
	3 (80A)	79.38	2.29	43.9	0.249	4.96	
	4 (100A)	104.78	2.79	77.3	0.329	7.99	
	5 (125A)	130.18	3.18	120	0.409	11.3	
	6 (150A)	155.58	3.56	173	0.489	15.2	
	8 (200A)	206.38	5.08	302	0.648	28.7	
	10 (250A)	257.18	6.35	469	0.808	44.7	
	12 (300A)	307.98	7.11	678	0.968	60.1	
M타입	3/8 (10A)	12.70	0.64	1.02	0.0399	0.217	급수 급탕 일반배관
	1/2 (15A)	15.88	0.71	1.64	0.0499	0.302	
	3/4 (20A)	22.22	0.81	3.33	0.0698	0.487	
	1 (25A)	28.58	0.89	5.64	0.0898	0.692	
	1 1/4 (32A)	34.92	1.07	8.44	0.110	1.02	
	1 1/2 (40A)	41.28	1.24	11.8	0.130	1.39	
	2 (50A)	53.98	1.47	20.5	0.170	2.17	
	2 1/2 (65A)	66.68	1.65	31.5	0.209	3.01	
	3 (80A)	79.38	1.83	45.0	0.249	3.99	
	4 (100A)	104.78	2.41	78.5	0.329	6.93	
	5 (125A)	130.18	2.77	122	0.409	9.91	
	6 (150A)	155.58	3.10	175	0.489	13.3	
	8 (200A)	206.38	4.32	307	0.648	24.5	
	10 (250A)	257.18	5.38	477	0.808	38.0	
	12 (300A)	307.98	6.45	684	0.964	54.6	
N타입	1/4 (8A)	9.52	0.46	0.581	0.0299	0.117	배수 통기 일반배관
	3/8 (10A)	12.70	0.46	1.09	0.0399	0.158	
	1/2 (15A)	15.88	0.51	1.73	0.0499	0.220	
	3/4 (20A)	22.22	0.56	3.50	0.0698	0.341	
	1 (25A)	28.58	0.61	5.88	0.0898	0.479	
	1 1/4 (32A)	34.92	0.71	8.81	0.110	0.682	
	1 1/2 (40A)	41.28	0.81	12.4	0.130	0.921	
	2 (50A)	53.98	0.91	21.4	0.170	1.36	
	2 1/2 (65A)	66.68	1.02	32.8	0.209	1.88	
	3 (80A)	79.38	1.22	46.5	0.249	2.68	
	4 (100A)	104.78	1.22	82.3	0.329	3.55	
	5 (125A)	130.18	1.42	127	0.409	5.14	
	6 (150A)	155.58	1.63	182	0.489	7.05	

〈표 8.4〉 (B) 수도용 동관의 치수와 상용압력 (JWWA H 101) (mm)

형 구분	지름 (공칭내경)	외경	두께	구멍의 단면적 (cm^2)	외측의 표면적 (m^2/m)	참고중량 (kg/m)	상용압력 (kgf/cm^2)
1형	10A	12	0.85	0.833	0.0377	0.266	51
	13A	15	0.85	1.39	0.0471	0.338	40
	20A	23	1.00	3.46	0.0723	0.618	31
	25A	28	1.00	5.31	0.0880	0.758	25
	30A	33	1.25	7.31	0.104	1.115	27
	40A	43	1.50	12.6	0.135	1.748	24
	50A	53	1.65	19.4	0.167	2.380	22

<table>
<tr><th rowspan="3">형 구분</th><th rowspan="3" colspan="2">지름</th><th rowspan="3">외경</th><th colspan="4">두께 및 허용차</th></tr>
<tr><th colspan="2">L타입</th><th colspan="2">M타입</th></tr>
<tr><th>두께</th><th>허용차</th><th>두께</th><th>허용차</th></tr>
<tr><td rowspan="7">2형</td><td>10A</td><td>3/8 B</td><td>12.70</td><td>0.89</td><td>±0.13</td><td>0.64</td><td rowspan="2">±0.10</td></tr>
<tr><td>15A</td><td>1/2 B</td><td>15.88</td><td>1.02</td><td rowspan="4">±0.15</td><td>0.71</td></tr>
<tr><td>20A</td><td>3/4 B</td><td>22.22</td><td>1.14</td><td>0.81</td><td rowspan="4">±0.15</td></tr>
<tr><td>25A</td><td>1 B</td><td>28.58</td><td>1.27</td><td>0.89</td></tr>
<tr><td>30A</td><td>1 1/4 B</td><td>34.92</td><td>1.40</td><td>1.07</td></tr>
<tr><td>35A</td><td>1 1/2 B</td><td>41.28</td><td>1.52</td><td>±0.18</td><td>1.24</td></tr>
<tr><td>40A</td><td>2 B</td><td>53.98</td><td>1.78</td><td>±0.22</td><td>1.47</td><td>±0.22</td></tr>
</table>

〈표 8.5〉 일반용 경질염화비닐관 (JIS K 6741)

구분	VP (10atg)							VU (10atg)					
	외경			두께		근사 내경 (mm)	1m당의 중량그램 (참고)	외경		두께		근사 내경 (mm)	1m당의 중량그램 (참고)
지름 (mm)	기본 치수 (mm)	최대·최소 외경의 허용차 (mm)	평균 외경의 허용차 (mm)	최소 치수 (mm)	허용차 (mm)			기본 치수 (mm)	평균 외경의 허용차 (mm)	최소 치수 (mm)	허용차 (mm)		
13	18	±0.2	±0.2	2.2	±0.6	13	174	–	–	–	–	–	–
16	22	±0.2	±0.2	2.7	±0.6	16	256	–	–	–	–	–	–
20	26	±0.2	±0.2	2.7	±0.6	20	310	–	–	–	–	–	–
25	32	±0.2	±0.2	3.1	±0.8	25	448	–	–	–	–	–	–
30	38	±0.3	±0.2	3.1	±0.8	31	542	–	–	–	–	–	–
40	48	±0.3	±0.2	3.6	±0.8	40	791	48	±0.2	1.8	±0.4	44	413
50	60	±0.4	±0.2	4.1	±0.8	51	1,122	60	±0.2	1.8	±0.4	56	521
65	76	±0.5	±0.3	4.1	±0.8	67	1,445	76	±0.3	2.2	±0.6	71	825
75	89	±0.5	±0.3	5.5	±0.8	77	2,202	89	±0.3	2.7	±0.6	89	1,159
100	114	±0.6	±0.4	6.6	±1.0	100	3,409	114	±0.4	3.1	±0.8	107	1,737
125	140	±0.8	±0.5	7.0	±1.0	125	4,464	140	±0.5	4.1	±0.8	131	2,739
150	165	±1.0	±0.5	8.9	±1.4	146	6,701	165	±0.5	5.1	±0.8	154	3,941
200	216	±1.3	±0.7	10.3	±1.4	194	10,129	216	±0.7	6.5	±1.0	202	6,572
250	267	±1.6	±0.9	12.7	±1.8	240	15,481	267	±0.9	7.8	±1.2	250	9,758
300	318	±1.9	±1.0	15.1	±2.2	286	21,962	318	±1.0	9.2	±1.4	298	13,701
350	–	–	–	–	–	–	–	370	±1.2	10.5	±1.4	348	18,051
400	–	–	–	–	–	–	–	420	±1.3	11.8	±1.6	395	23,059
450	–	–	–	–	–	–	–	470	±1.5	13.2	±1.8	442	28,875
500	–	–	–	–	–	–	–	520	±1.6	14.6	±2.0	489	35,346
600	–	–	–	–	–	–	–	630	±3.2	17.8	±2.8	592	52,679
700	–	–	–	–	–	–	–	732	±3.7	21.0	±3.2	687	72,018
800	–	–	–	–	–	–	–	835	±4.2	23.9	±3.8	783	93,781

〈표 8.6〉 일반용 폴리에틸렌관 (JIS K 6761)

	지름 (A)	외경 (mm)		두께 (mm)		길이 (mm)	참고	
		기본치수	평균외경의 허용차	치수	허용차		내경	질량 (kg/m)
제 1 종	10	17.0	±0.20	2.0	±0.20	120	13	0.088
	13	21.5	±0.20	2.7	±0.25	120	16	0.148
	20	27.0	±0.25	3.0	±0.25	120	21	0.210
	25	34.0	±0.35	3.0	±0.25	90	28	0.272
	30	42.0	±0.40	3.5	±0.30	90	35	0.394
	40	48.0	±0.50	3.5	±0.30	90	41	0.455
	50	60.0	±0.60	4.0	±0.35	60	52	0.654
	65	76.0	±1.10	5.0	±0.40	5	66	1.04
	75	89.0	±1.30	5.5	±0.45	5	78	1.34
	100	114	±1.45	6.0	±0.50	5	102	1.89
	125	140	±1.80	6.5	±0.55	5	127	2.53
	150	165	±2.00	7.0	±0.60	5	151	3.23
제 2 종	10	17.0	±0.20	2.0	±0.20	120	13	0.090
	13	21.5	±0.20	2.4	±0.20	120	17	0.138
	20	27.0	±0.25	2.4	±0.20	120	22	0.178
	25	34.0	±0.35	2.6	±0.25	90	29	0.246
	30	42.0	±0.40	2.8	±0.25	90	36	0.331
	40	48.0	±0.50	3.0	±0.25	90	42	0.407
	50	60.0	±0.60	3.5	±0.30	60	53	0.596
	65	76.0	±1.10	4.0	±0.35	5	68	0.869
	75	89.0	±1.30	5.0	±0.40	5	79	1.27
	100	114	±1.45	5.5	±0.45	5	103	1.80
	125	140	±1.80	6.5	±0.55	5	127	2.62
	150	165	±2.00	7.0	±0.60	5	151	3.34
	200	216	±2.30	8.0	±0.65	5	200	5.02
	250	267	±2.70	9.0	±0.75	5	249	7.00
	300	318	±3.20	10.0	±0.85	5	298	9.29

〈표 8.7〉 등변산형강 중량표 (JIS G3195에서 발췌)

폭 (mm)	두께 (mm)	중량 (kg/m)	폭 (mm)	두께 (mm)	중량 (kg/m)
25×25	3	1.12	65×65	8	7.66
30×30	3	1.36	70×70	6	6.38
40×40	3	1.83	75×75	6	6.85
40×40	5	2.95	75×75	9	9.96
45×45	4	2.74	75×75	12	13.00
45×45	5	3.38	80×80	6	7.32
50×50	4	3.06	90×90	6	8.28
50×50	5	3.77	90×90	7	9.59
50×50	6	4.43	90×90	10	13.30
60×60	4	3.68	90×90	13	17.00
60×60	5	4.55	100×100	7	10.70
65×65	5	5.00	100×100	10	14.90
65×65	6	5.91	100×100	13	19.10

〈표 8.8〉 아연철판 (JIS G3302)

두께 (番手)	두께 (mm)	아연 부착량 (g/m²)	판의 크기						단위중량 (kg/m²)
			3×6 판의 길이 1,829mm 판의 폭 914mm	3×7 2134 914	3×8 2438 914	3×9 2743 914	3×10 3048 914	1m×2m 2000 914	
			1매의 중량 (kg)						
28	0.397	214	5.42	6.32	7.22	8.12	9.03	6.48	3.240
26	0.476	244	6.51	7.59	8.67	9.75	10.8	7.78	3.891
24	0.635	305	8.69	10.1	11.6	13.0	14.5	10.4	5.200
22	0.794	305	10.8	12.6	14.4	16.2	18.0	12.9	6.448
20	0.953	305	12.9	15.0	17.1	19.3	21.4	15.4	7.696
18	1.270	381	17.2	20.0	22.9	25.7	28.6	20.5	10.261
16	1.590	381	21.4	24.9	28.5	32.0	35.6	25.5	12.771

【주】 두께는 아연도금 직전의 것
아연부착량은 위생공업협회 제정, 덕트용 아연철판에 지정된 최소량을 나타낸다.
1매의 중량 및 단위중량은 각 아연부착량에 대한 것

〈표 8.9〉 강판 중량표 (kg)

두께 (mm) \ 종류	915×1,830 (3′×6′)	1,220×2,440 (4′×8′)	1,530×3,060 (5′×10′)	중량	
				kg/㎡	kg/ft²
1.0	13.10	23.30	36.50	7.85	0.73
1.6	21.00	37.30	58.40	12.56	1.17
2.0	26.30	46.70	73.00	15.70	1.46
2.3	30.20	53.70	83.90	18.05	1.68
3.2	42.00	74.70	117.00	25.12	2.33
4.0	52.50	93.30	146.00	31.3	2.92
5.0	65.60	117.00	182.00	39.2	3.65
6.0	78.80	140.00	219.00	47.1	4.38
8.0	105.00	187.00	292.00	62.8	5.83
10.0	131.00	233.00	365.00	78.5	7.29
12.0	158.00	280.00	438.00	94.2	8.75
16.0	210.00	373.00	584.00	125.6	11.7
19.0	249.00	444.00	693.00	149.2	13.9

- 참고 인용문헌 -

- 정기간행물 약칭 -

空衛誌：空気調和・衛生工学会誌	空衛便：空気調和・衛生工学便覧
衛工誌：衛生工業協会誌	ASHRAE J.：ASHRAE Journal
冷凍：冷凍協会誌	GI：Gesundheits Ingenieur
空衛論：空気調和・衛生工学会論文集	HLH：Heizung Lüftung u. Haustechnik
空衛講：空気調和・衛生工学会学術講演会 論文集	HPAC：Heating Piping and Air Conditioning
建学論：日本建築学会論文報告集	HV: Heating and Ventilating
建学講：日本建築学会学術講演梗概集	JIHVE：the Journal of IHVE
空調冷凍：空気調和と冷凍	RE：Refrigerating Engineering
設備：建築設備	

- 제1장 -

(101) 空気調和・衛生工学会 ： 空気調和・衛生工学便覧, 改訂第10版, 1981

(102) 日本機械学会：伝熱工学資料, 1962

(103) 日本建築学会：建築学便覧 I, 環境, 丸善, 1978

(104) 渡辺要編 ： 建築設備ハンドブック, 朝倉書店, 1967

- 제2장 -

(201) 井上宇市：建築設備シリズ9 高温水暖房, 丸善, 1968

(202) 渡辺 要：建築学会論文報告集 No.66

(203) 渡辺 要編 ：建築設備ハンドブック, 朝倉書店, 1967

(204) The Institution of Heating and Ventilating Engineers(IHVE):A Guide to Current Practice, 1959

(205) Recknagel, Sprenger：Tachenbuch für Heizung Lüftung u. Klimatechnik, Oldenbourg, 1964

(206) 空気調和・衛生工学会 ： 空気調和・衛生工学便覧, 改訂第12版, 2 汎用機器・空調機器編, 1995

(207) 井上宇市 ： 空気調和ハンドブック, 改訂4版, 丸善 1990

(208) 菱和調温 ： 空調技術デ-タブック, 森北出版, 1974

(209) 平川鉄工所：平川ボイラ・便覧

(210) 菱田一雄 ： 特別排出基準と ボイラ- 運転の考え方 設備と管理, 1970.2

(211) ASHRAE：Handbook 1997, Fundamentals,

(212) ASHRAE：Ditto Equipment, 1978

(213) Ditto ：Taschenbuch für Heizung + Klima-technik, Oldenbourg, 1979/80

(214) 空衛講, 1976

(215) 建築設備, No.163, 1964.8

(216) 空衛講, 1980
(217) 空気調和・衛生工学会 : 空気調和・衛生工学便覧, 改訂第12版, 3 空気調和設備設計編, 1995
(218) 空気調和・衛生工学会 : 空気調和・衛生工学便覧, 改訂第10版, 2 1981
(219) 渡辺要 : 建築計画原論Ⅲ, 丸善, 1965
(220) ASHRAE : Guide, 1950
(221) 熱交換器ハンドブック, 日刊工業新聞, 1975
(222) 日本機械学会 : 伝熱工学資料, 1962

- 제3장 -

(301) 空衛誌 46券 12号
(302) 日本空気清浄学会 : 空気清浄ハンドブック, オーム社, 1981
(303) 空気調和・衛生工学会 : 空気調和の実務の知識, 改訂第3版, 1994
(304) 空衛誌 55券 4号
(305) 空衛誌 55券 5号
(306) 井上宇市 : ダクト設計施工便覧 丸善 1980
(307) Batürin, V. V. : Fundamentals of Industrial Ventilation, 3rd Ed., pergamon Press, 1972
(308) 空気調和・衛生工学 36券 No.5
(309) ASHRAE : Guede&Databook Systems& Equipments for, 1967
(310) ASHRAE : Hanbook 1995, Appilications
(311) ASHRAE : Ditto 1980, Systems
(312) ASHRAE : Hanbook&Product Directory 1976, Systems
(313) Hanbook 1984, Systems
(314) 坂本守正 : 空調設備の消音設計, 理工学社, 1979
(315) ASHRAE : Hanbook 1999, HVAC Appilications
(316) 熱交換器ハンドブック, 日刊工業新聞, 1965
(317) 渡辺要編 : 建築計画 原論Ⅲ, 丸善, 1965

- 제4장 -

(401) ASHRAE : Handbook 1972
(402) 空気調和・衛生工学会 : 空気調和・衛生工学便覧, 改訂第12版, 3 空気調和設備設計編, 1995
(403) 田中俊六 : 太陽熱冷暖房システム, オ・ム社, 1977
(404) 井上宇市 : 空気調和ハンドブック, 改訂 4版, 丸善, 1990
(405) 日本機械学会 : 伝熱工学資料, 1962
(406) 空衛誌 36券 12号
(407) 中島康孝 : 三訂版 建築設備, 朝倉書店, 1995

- 제5장 -

(501) 空気調和・衛生工学会 : 空気調和・衛生工学便覧, 改訂第10版, 1 1981
(502) 長岡順吉 : 冷凍工学
(503) 日本冷凍空調工業会編 : 冷凍空調実務テキスト・基礎編, 1971
(504) 内田秀雄 : 湿空気と冷却塔, 裳華房, 1972
(505) Berman : Evaporarative Cooling of Cirsulation Water, Pergamon Press, 1961
(506) 病院設備 24巻2号
(507) 空衛誌 37券 1号

- 제6장 -

(601) 空気調和・衛生工学会 : 空気調和・衛生工学便覧, 改訂第12版, 4 給排水・衛生設備設計編 1995
(602) Svend Plum : Plumbing Practice and Design vol. 1.2.1943, John Wiley
(603) 空衛誌 51券 5号
(604) 建学講, 1973.10
(605) 衛工誌 32券 1号
(606) 空衛誌 52券 2号
(607) 空衛誌 54券 8号
(608) 衛工誌 34券 6号
(609) 空衛誌 56券 1号

(610) 空衛誌 52巻 6号
(611) 空衛誌 34券 6号
(612) 病院設備 24巻 6号
(613) 病院設備 25巻 2号
(614) 紀谷, 村川：給水設備の負荷設計, 井上書院, 1978
(615) 衛工誌 35巻 4号
(616) 建学講, 1978
(617) S社資料
(618) 空衛誌 48巻 4号
(619) 空気調和・衛生工学会 ： 空気調和の実務の知識, 改訂第3版, 1994
(620) 森村武雄, 前島健編 ： 給排水ガス設備, 朝倉書店, 1972
(621) 吉武泰水：建築学便覧 I (計画), 丸善 1980
(622) 空衛誌 48券 6号
(623) 設備配管 8巻 11号
(623) 設備配管 10巻 12号
(623) 設備配管 13巻 5号
(626) 空気調和・衛生工学会 ： 空気調和・衛生工学便覧, 改訂第10版, 1, 1981
(627) 吉沢四郎役 ： 金属の腐食防食序論, 化学同人, 1974
(628) 白根文男：腐食工学の概要, 化学同人, 1981
(629) 空衛誌 56券 4号
(630) Richter：Rohrhydraulik 3版
(631) 空衛誌 36券 7号
(632) ソ-ラ-システム振興協会編 ：太陽熱給湯温暖冷房システムの 計画入門
(633) 建学講, 1969
(634) 空調学会北海道支部 ： 地域煖房の運転実績に関する 調査報告, 1976
(635) 建学講, 1971
(636) ASHRAE：1991
(637) 菱和調温編 ： 空調衛生技術デ-タブック, 森北出版, 1981
(638) 田中俊六 ： 太陽熱冷暖房システム, オ-ム社, 1977
(639) 木村建一：ソ-ラ-ハウス 入門, オ-ム社, 1980
(640) 中島康孝他：ソ-ラ-ハウスの設計の実際, オ-ム社, 1980
(641) 三建設備工業：ソ-ラ-システム 設計資料, 1981
(642) 田中俊六 ：太陽エネルギ-利用ハンドブック
(643) 田中俊六：国鉄省エネ委員会報告, 1982.3
(644) Manas：National Plumbing Code Hanbook 1957, McGraw Hill
(645) ヒュ-ム管便覧, 1970
(646) 白戸四郎 ：設備配管 14巻 14号(No.174)
(647) Perry：Chemical Engineering Hanbook 4th. Ed 1963, McGraw Hill
(648) 空衛誌 42券 12号
(649) 空衛誌 53券 2号
(650) 化学工業協会編 ：排水の高度処理と再利用, 培風館, 1979
(651) 化学工業協会編 ：物理及び化学的水処理技術と 装置(上) (下), 培風館, 1982
(652) 建築設備 369号, 1981.12
(653) 空衛誌 36券 12号
(654) 空衛誌 54券 8号
(655) 空衛講, 1972.10

– 제7장 –

(701) 建築設備 366号, 1981.9
(702) 空衛誌 56券 1号
(703) 病院設備 24巻 6号
(704) District Heating Hanbook 1951
(705) 橋本, 井上, 阿久津監修 ：病院設備総覧, 商業調査会, 1978
(706) 日本建築学会：建築学設計便覧, 1(計画), 丸善, 1978
(707) 病院設備 25巻 2号

개정4판 건축설비 포켓북

초판인쇄 2007년 2월 15일
초판발행 2007년 2월 26일

저자 : 이노우에 우이찌 · 나카지마 야스타카 공저
역자 : ㈜신성이엔지 · ㈜신성엔지니어링
발행인 : 김정석
발행처 : 도서출판 한미
(우)07217 서울시 영등포구 당산로 41길 11,
E동 1306호(당산동4가, 당산 SK V1 Center)
전화 : (02)2633-4995~8
전송 : (02)2632-3906
E-mail:sulbeetech@naver.com
홈페이지 : www.sulbee.co.kr
등록번호 : 제13-1302호
등록일자 : 2002년 5월 27일
ISBN 89-90559-04-9

정가 40,000원